石油教材出版基金资助项目

石油高等院校特色规划教材

中国东北东部地区
地质实践教程

袁红旗　付晓飞　柳成志　主编

石油工业出版社

内 容 提 要

本书分为四个部分：第一部分主要介绍了东北地区区域地质概况以及实习区所涉及主要地质单元的地质概况（第一章和第二章）；第二部分主要介绍了松辽盆地东部及南缘露头的实习路线及各项教学内容（第三章），包括白垩系各组的沉积岩及火山岩特征；第三部分主要介绍了黑、吉、辽三省内松辽盆地外围露头的实习路线及各项教学内容（第四章），包括太古宇、元古宇、古生界、中生界和新生界的地层、岩石、古生物及各种构造特征；第四部分主要介绍了各条实习路线所涉及的各种矿产（第五章）。

本书可供广大师生和地质工作者在中国东北东部地区野外实践教学或工作中参考使用。

图书在版编目（CIP）数据

中国东北东部地区地质实践教程 / 袁红旗，付晓飞，柳成志主编. —北京：石油工业出版社，2020.12

石油高等院校特色规划教材

ISBN 978-7-5183-4232-7

Ⅰ. ①中… Ⅱ. ①袁…②付…③柳… Ⅲ. ①区域地质—东北地区—高等学校—教材 Ⅳ. ① P562.3

中国版本图书馆 CIP 数据核字（2020）第 181270 号

出版发行：石油工业出版社
（北京市朝阳区安华里2区1号　100011）
网　　址：www.petropub.com
编辑部：(010) 64523693
图书营销中心：(010) 64523633　　(010) 64523731
经　　销：全国新华书店
排　　版：北京中图兴业文化发展有限公司
印　　刷：北京晨旭印刷厂

2020年12月第1版　2020年12月第1次印刷
787毫米×1092毫米　开本：1/16　印张：19.5
字数：502千字

定价：98.00元
（如出现印装质量问题，我社图书营销中心负责调换）
版权所有，翻印必究

前 言
PREFACE

东北石油大学地质学专业是黑龙江省唯一的地质学本科专业，2014年开始招生，目标是培养"能伸出手，能迈开腿"的地质学人才。强化学生的野外地质实践技能一直是该专业最大的培养特色，因此该专业本科生在一、二、三年级均设置了集中性野外地质实践活动。其中大学三年级的野外地质实践活动主要以中国东北东部地区为实践场所，行程包括黑龙江省绥化市、海伦市、宾县、密山市、穆棱市，吉林省松原市、农安县、德惠市、九台区、舒兰市、蛟河市、吉林市、长春市、永吉县、磐石市、桦甸市、伊通满族自治县、四平市、梨树县、辽源市、白山市、通化市，辽宁省昌图县、开原市、清原县、本溪市、宽甸县、鞍山市等28个市区县，跨越了松嫩—张广才岭微板块、佳木斯微板块、兴凯微板块和华北板块4个大地构造单元，对学生区域构造、地层、沉积及各类矿产的认知有着不可替代的作用。

本书主要有3个方面的特色：首先，书中涉及59条野外实践路线，跨越了华北板块北缘的后陆褶皱逆冲带、基底隆起带、早古生代增生褶皱带、晚古生代增生褶皱带、松辽盆地东部逆冲推覆带、基底卷入型褶皱逆冲带与岩浆岩带、兴凯微板块、佳木斯微板块等多个构造单元，地质现象异常丰富；其次，本书对中国东北东部地区重要矿产资源均设计了相应的实践教学路线，能够很好地加深学生对中国东北东部地区矿产资源的认知程度；再次，书中引用了大量中国东北东部地区的最新地质研究成果（例如中国东北东部地区的花岗—绿岩带、韧性剪切带、构造杂岩体、太古宇表壳岩、TTG片麻岩、新元古界叠层石等），这些成果对于开拓学生专业视野意义重大。鉴于此，本书既可以作为本科实践教学配套教材，也可以作为东北地区地质工作者的区域工作入门手册。

本书第一章主要由付晓飞编写，第二、五章主要由柳成志编写，第三章和第四章主要由袁红旗编写。张景军、平贵东、许凤鸣、刘金霖参与了野外路线的踏勘及测量工作。王成龙对本书所涉及的所有古生物种属进行了校正。研究生曹文瑞、陈达、耿乐和本科生张乾清绘了书中所涉及的图件。本科生张乾对全书图号进行了核对。郑常青和姜耀俭两位教授详细审读了全书，提出许多宝贵的修改意见。同时，在本书的完成过程中，得到了东北石油大学地球科学学院、教务处、成人教育学院的支持，在此一并表示感谢。

由于水平有限，而地质认识永无止境，书中难免有不足和错误，不当之处在所难免。敬请各位读者批评指正，编者将尽快予以更正和补充。

编者

2020年6月于大庆

目 录
CONTENTS

第一章 东北地区区域地质概况 /1
第一节 东北地区构造单元划分 /1
第二节 东北地区东部区域地层特征 /3
第三节 东北地区东部区域岩浆作用与变质作用 /10
第四节 东北地区构造演化简史 /12

第二章 东北地区东部区域主要地质单元地质概况 /14
第一节 东北地区东部区域主要缝合带基本特征 /14
第二节 东北地区东部区域主要断裂带基本特征 /16
第三节 佳木斯微板块地质概况 /21
第四节 松嫩—张广才岭微板块地质概况 /24
第五节 那丹哈达地体地质概况 /27
第六节 华北地块北缘地质背景 /29
第七节 松辽盆地地质概况 /30

第三章 松辽盆地周边实习路线描述及教学内容 /43

第一节 松辽盆地周边辽宁省境内实习路线描述及教学内容 / 43
  实习路线 昌图县泉头镇籍家岭村五色山泉头组建组剖面 / 43

第二节 松辽盆地周边吉林省境内实习路线描述及教学内容 / 51
  实习路线一 前郭尔罗斯蒙古族自治县王府站镇哈达山水电站青山口组二、三段及第四系剖面 / 51
  实习路线二 农安县青山口乡后金家沟村松花江沿岸嫩江组一、二段剖面 / 54
  实习路线三 农安县永安乡沈家屯嫩江组三、四段剖面 / 57
  实习路线四 农安县青山口乡李家坨子青山口组一、二段剖面 / 60
  实习路线五 德惠市姚家站姚家组—嫩江组剖面 / 63
  实习路线六 菜园子镇姚家站松花江桥嫩江组剖面 / 71
  实习路线七 长春市九台区城子街斜尾巴沟—关马山—团结村剖面 / 73
  实习路线八 长春市九台区营城煤矿地区银矿山剖面 / 85
  实习路线九 长春市九台区卢屯河西村营城组流纹岩柱状节理露头 / 88
  实习路线十 长春市九台区三台地区营城组古火山机构 / 90
  实习路线十一 长春市九台区影背山—双顶山下三叠统卢家屯组建组剖面 / 96
  实习路线十二 松辽盆地中部东缘五台子—卡伦水库早白垩世剖面 / 99

第三节 松辽盆地周边黑龙江省境内实习路线描述及教学内容 / 107
  实习路线一 哈尔滨宾县凹陷白垩纪地层剖面 / 107
  实习路线二 绥化海伦市海南乡小徐家围子嫩江组剖面 / 115
  实习路线三 绥化市望奎县前头村—幺屯村四方台组剖面 / 117

第四章 松辽盆地外围实习路线描述及教学内容 /120

第一节 松辽盆地外围辽宁省境内实习路线描述及教学内容 / 120
  实习路线一 鞍山市东南花岗—绿岩带 / 120
  实习路线二 本溪市牛毛岭、田师傅早—中石炭世本溪组剖面 / 125
  实习路线三 清原花岗—绿岩带 / 130
  实习路线四 宽甸火山群地质遗迹 / 135
  实习路线五 辽北开原构造混杂岩王小堡基性变质岩岩块 / 136
  实习路线六 昌图县下二台镇附近下二台岩群剖面 / 142
  实习路线七 佳木斯—伊通断裂昌图段南城水库附近三叠纪韧性剪切带 / 147

第二节　松辽盆地外围吉林省境内实习路线描述及教学内容 / 152

实习路线一　吉林省中南部红旗岭—呼兰镇呼兰群剖面 / 152

实习路线二　吉林红旗岭超基性岩体 / 157

实习路线三　吉林中部早古生代弧—盆构造系地质特征 / 159

实习路线四　吉林中部伊通县景台镇放牛沟火山岩及后庙岭岩体 / 164

实习路线五　佳木斯—伊通断裂带舒兰段水曲柳地区韧性剪切带 / 166

实习路线六　吉林大玉山花岗岩体 / 168

实习路线七　吉林中部地区二叠纪剖面 / 170

实习路线八　新站—上营中二叠世杨家沟组（P_2y）剖面 / 183

实习路线九　吉林市环城公路二道沟上二叠统杨家沟组沉积环境 / 185

实习路线十　长春东南劝农山地区早二叠世范家屯组岩石变形组构及流变学特征 / 188

实习路线十一　长春市九台区张家屯东—李家窑二叠系范家屯组剖面 / 193

实习路线十二　双阳光屁股山—后夹槽子磨盘山组剖面 / 195

实习路线十三　双阳区烟筒山林场余富屯组剖面 / 196

实习路线十四　吉林省中部磐石市鹿圈屯组剖面 / 198

实习路线十五　长春市九台区石头口门水库西岸晚石炭世威宁期石头口门组建组剖面 / 202

实习路线十六　吉林省白山市板石沟地区太古宇表壳岩及TTG片麻岩 / 207

实习路线十七　通化市辽吉花岗岩典型代表——钱桌沟岩体 / 210

实习路线十八　吉林南部通化二道江新元古界万隆组剖面 / 213

实习路线十九　白山市上甸子铁路边陡崖处八道江组剖面 / 220

实习路线二十　浑江地区青沟子青白口系、震旦系剖面 / 222

实习路线二十一　白山市八道江区青沟子下寒武统剖面 / 227

实习路线二十二　白山市大阳岔小洋桥剖面——全球寒武系与奥陶系界线层型候选剖面 / 229

实习路线二十三　伊通火山群地质遗迹 / 241

实习路线二十四　辽源建安火山群 / 245

实习路线二十五　四平市石岭镇榆树林子—放牛沟登娄库组剖面沉积特征 / 247

实习路线二十六　吉林省四平市叶赫地堑石岭镇哈福村—放牛沟构造特征 / 256

实习路线二十七　吉林省四平市叶赫地堑叶赫满族镇—转山湖构造特征 / 266

第三节　松辽盆地外围黑龙江省境内实习路线描述及教学内容 / 269

实习路线一　牡丹江地区磨刀石、椅子圈一带的黑龙江杂岩特征 / 269

实习路线二　密山市知一镇敦化—密山断裂带走滑韧性剪切带 / 273

第五章 重要矿产实习路线描述及教学内容 /276

第一节 辽宁省境内重要矿产实习路线描述及教学内容 /276
实习路线一 西鞍山铁矿地质特征 /276
实习路线二 辽宁清原树基沟铜锌矿矿床成矿特征 /279

第二节 吉林省境内重要矿产实习路线描述及教学内容 /280
实习路线一 磐石市西错草硅灰石矿床 /280
实习路线二 通化东热石膏矿地质特征及找矿方向 /283
实习路线三 吉林省大阳岔金矿床地质特征及成因探讨 /288
实习路线四 通化县水洞磷矿 /290
实习路线五 通化板石沟铁矿 /292

参考文献 /294

第一章
东北地区区域地质概况

中亚造山带（Central Asian Orogenic Belt）西起乌拉尔山，经哈萨克斯坦、阿尔泰山、天山、蒙古，东到太平洋西岸，具有中元古代—晚古生代长达约800Ma的构造演化史。在大地构造位置上，它夹持于西伯利亚板块、塔里木板块和华北板块之间，是地球上显生宙期间发展历史最长、地壳增生与改造作用最显著的俯冲—增生型造山带。中亚造山带东段的主体部分出露在我国境内的东北地区，被取名为兴蒙造山带（Xing'an-Mongolia Orogenic Belt）。兴蒙造山带是由众多不同时代的微陆块与岛弧、洋岛、堆积杂岩、蛇绿岩等拼合而成，古生代受控于古亚洲洋构造域，是古亚洲洋俯冲、消减、闭合的产物；中生代再次受到环太平洋构造域和蒙古—鄂霍次克构造域的叠加和改造，因此拥有复杂的构造演化史而成为地学研究的热点，已成为探索大陆动力学的天然实验室。

从板块观点出发，中国东北地区主体为华北板块、西伯利亚板块和太平洋板块所夹持，处于华北板块与西伯利亚板块间的中亚造山带东端，为古亚洲洋构造域与环太平洋构造域的叠加复合区域。该地区以德尔布干深断裂为界，西北为早古生代褶皱带，其余地区为晚古生代褶皱带。但广大学者在两大板块对接缝合位置与时代上曾长期存在分歧，主要是晚志留世、泥盆纪或早石炭世贺根山缝合带和晚二叠世—早三叠世西拉木伦河缝合带之争，目前主流意见倾向于晚二叠世—早三叠世西拉木伦河缝合带。

震旦纪开始，在西伯利亚板块和华北板块之间存在一个浩瀚的古大洋，即古亚洲洋。随着古大洋洋脊的扩张，洋壳分别向西伯利亚板块和华北板块北缘俯冲（Dobretsov et al., 2004）。在古生代，所有本区微板块都是作为西伯利亚板块边缘的附着体而存在。也就是说，中国东北地区由多个微板块主体在前中生代拼合成统一的复合板块。

第一节　东北地区构造单元划分

中国东北地区传统上被认为是华北准地台北部与西伯利亚地台南缘地槽褶皱带的一部分，由内蒙古—大兴安岭和吉黑两个多旋回发展的地槽褶皱系组成，进一步分为额尔古纳、内蒙古—大兴安岭、吉黑、延边（滨太平洋）褶皱系。任纪舜等划分出萨彦—额尔古纳萨拉伊尔（兴凯）造山系、天山—兴安华力西造山系和中朝准地台，认为萨彦—额尔古纳造山系中的额尔古纳等地块群是亲西伯利亚陆块群，天山—兴安造山系中的锡林浩特、扎兰屯、鄂伦春、松嫩、佳木斯、兴凯等地块群是古中华陆块群，中朝准地台也是古中华陆块群之一，同时将那丹哈达地体及其东部大陆边缘称为亚洲东缘燕山造山系及西太平洋晚喜马拉雅岛弧系。

近年来，潘桂棠等也将东北地区划分为华北陆块区和天山—兴蒙造山系2个部分，在造山系中又划分了松辽地块、佳木斯地块、兴凯地块、小兴安岭—张广才岭岩浆弧、大兴安岭弧盆系和完达山（那丹哈达）结合带、索伦山—西拉木伦结合带等构造单元。

刘训等在"新全球构造"思想的指导下，以板块构造学说为基础，以大陆动力学为线索，对中国区域地质构造和演化进行讨论，并将中国大地构造单元划分为西伯利亚板块、塔里木板块、柴达木—华北板块、羌塘—扬子—华南板块、冈瓦纳板块、太平洋板块和菲律宾海板块。东北地区跨越西伯利亚板块、柴达木—华北板块和太平洋板块，进一步划分为额尔古纳微陆块、兴蒙古生代造山带、松辽盆地、华北陆块（克拉通）和那丹哈达岭中生代造山带。

张兴洲等依据板块构造观点，结合重磁资料和深部构造体系分析，目前东北及其邻区通常由西向东被划分为额尔古纳地块、兴安地块、松嫩地块、布列亚—佳木斯地块和最东部的侏罗纪以来的陆缘增生带，以及各个地块之间的主要构造拼合带。额尔古纳地块的主体在西部俄罗斯和蒙古境内，向南与中蒙古地块相连，向北与俄罗斯的岗仁地块相连，以德尔布干构造带为界与东侧的兴安地块相邻。兴安地块在现今的地理位置上相当于大兴安岭，其基底主要由兴华渡口群变质岩组成，与东侧松嫩地块之间以传统的贺根山构造带为界。松嫩地块包括其西南部的锡林浩特地块，其北部与俄罗斯境内的马门地块相连，与东侧的布列亚—佳木斯地块以牡丹江构造带为界。佳木斯地块是东北地区结晶基底出露面积最大的古老地块，主体由高级变质的麻山群和黑龙江构造混杂岩组成，该地块北部与俄罗斯境内的布列亚地块相连，构成布列亚—佳木斯地块。

刘少峰等结合前人的资料，从构造演化角度，根据块体边界主缝合带构造特征和块体内部构造演化，将东北地区主要构造单元划分为：

（1）华北板块北缘，包括华北板块北缘后陆褶皱逆冲带、华北板块北缘基底隆起带、华北板块北缘早古生代增生褶皱带、华北板块北缘晚古生代增生褶皱带。

（2）松嫩—张广才岭微板块，包括锡林浩特复合褶皱逆冲带、松辽盆地西部逆冲推覆带、松辽盆地东部逆冲推覆带、张广才岭基底卷入型褶皱逆冲带与岩浆岩带、绥芬河逆冲推覆带。

（3）大兴安岭微板块，包括甘南逆冲拆离构造及华力西期板块俯冲带、乌奴尔逆冲拆离构造带。

（4）额尔古纳微板块，包括喜桂图旗逆冲拆离构造带、额尔古纳基底隆起带。

（5）兴凯微板块。

（6）佳木斯微板块。

（7）那丹哈达增生地体。

第二节　东北地区东部区域地层特征

一、前寒武系

新太古代地层主要由高级变质岩系——典型孔兹岩系组成，见于佳木斯—兴凯地块的萝北、麻山、虎头等地。它们由下部富含夕线石的片岩和片麻岩，中部黑云石英片岩（变粒岩）、黑云斜长片麻岩、石英片岩（变粒岩），以及上部层位的黑云石墨片岩（片麻岩）组成。整个岩系普遍夹有大理岩，主要出现于上部，以含磷为特点，总厚度大于 4000m，变质作用达角闪岩相—麻粒岩相。原岩自下而上为富铝黏土岩、富铝砂岩—粉砂岩、砂岩、硅泥质岩—富碳黏土岩夹碳酸盐岩和钙硅碳酸盐岩，形成于陆缘浅海环境。同期见有基性—超基性及中酸性岩浆活动，后者为富铝巨大岩基及较小的紫苏花岗岩株。它们与高级变质岩系共同构成佳木斯—兴凯地块古老基底——高级变质区。

古元古代地层主体为绿岩带，它们分布于佳木斯—兴凯地块上的太平沟、依兰、桦南、牡丹江、虎林、道河等地。绿岩带由 3 个火山—沉积旋回构成。每个旋回从底部的拉斑玄武岩为主开始，见有科马提岩，然后以火山岩为主，上部为硅质岩和细碎屑岩。这些岩性在旋回中普遍存在，但主次不同。下部伴有基性—超基性侵入岩。变质作用为绿片岩相—低角闪岩相，并且韧性剪切带发育。这些绿岩形成于陆上拉伸环境的小洋盆（次生洋盆）之中。

新元古代地层可分为两部分：一部分以火山岩为主，另一部分则以陆源碎屑岩为主。二者之间的关系不很清楚，但从张广才岭岩群碎屑岩层位于上部来看，很可能陆源碎屑岩在时代上稍晚于以火山岩为主的岩群。以火山岩—碎屑岩为主的张广才岭岩群分布于张广才岭山脊及东坡，由下部碱性、中基—中酸性火山岩和凝灰岩以及上部砂岩、板岩和少量石灰岩组成，厚度 3000m 左右。下部的火山岩自下向上逐渐减少，并由中酸性变成中基性。在敦化塔东地区有含铁中基性火山岩为主的塔东岩群（岩块）；在辽源市有以西保安村一带含铁基性火山岩为主的西保安组。分布于该组以北以火山岩为主岩群的是：东风山岩群分布于小兴安岭东南坡的东风山地区，为陆源海相碎屑岩—火山岩—碳酸盐建造，厚度大于 2000m；一面坡岩群分布于尚志——面坡—尔站一带，为陆源海相碎屑岩建造，最厚可达 4000m。张广才岭岩群、东风山岩群是当时陆源裂陷的产物，晚期见有闭合隆升（造山）花岗岩带生成。

二、下古生界

吉黑东部地区早古生代地层多产有能证明时代的化石，它们多分布于佳木斯—兴凯地块西侧的小兴安岭—张广才岭地区和吉林中部地区。其中寒武纪地层目前只有早寒武世晚期沉积可以肯定，与奥陶系之间的地层是能够认可的，在黑龙江的晨明可见早奥陶世宝泉组不整合于早寒武世晨明组之上。

1. 寒武纪地层

该套地层只有早寒武世晚期沉积，地层仅分布于佳木斯—兴凯地块西缘伊春五星镇西林—晨明一带。西林群是其唯一的代表。该群以碳酸盐岩—碎屑岩为主，下部和中部以镁质的碳酸盐岩为主，底部含沥青质，上部为钙质大理岩，并含早寒武世晚期勒拿期三叶虫；所夹的砂岩和页岩下部较为发育，从中部开始有一些碳质页岩出现；属于局限海的沉积，多数时间处于准还原环境，不整合于震旦纪地层之上。

2. 奥陶—志留纪地层

该套地层发育于佳木斯地块以西以及吉林中、东部地区。两个地区有着不同的内容，但它们之上均被晚古生代地层不整合覆盖。

在佳木斯地块西缘，只出露早—中奥陶世的尚志群，呈南北向分布于伊春、铁力、通河、木兰及尚志等地，为一套海相火山—碎屑岩建造；早期为以喷发相酸性凝灰岩为主的火山岩及碎屑沉积，以后逐渐过渡为中性凝灰岩及溢流相熔岩；在边缘地区以石英砂岩或石英砾岩等不整合于下寒武统的西林群晨明组之上，总厚度约1300m。

在吉林中部地区，奥陶纪的下二台群和呼兰群、景家台大理岩、放牛沟火山岩和桃山组共同出露于长春市九台区一带，由下部约厚400m的板状大理岩、中部厚度大于1500m的钙碱性火山岩和上部的板岩组成。辽源群分布于以椅山乡为中心的地区，其下部为可与桃山组相比的砂岩、板岩和结晶灰岩；中部为石英砂岩和结晶灰岩；上部以酸性熔岩为主夹大理岩，与内蒙古中部和小兴安岭地区的活动陆缘的弧盆体系相比，这一套地层组合很可能是岛弧的一部分。而分布于从辽宁昌图到吉林四平一带的下二台群下部为酸性火山岩和碎屑岩及大理岩，与其相当的呼兰群为一套陆源碎屑岩和大理岩，厚度都可达3000m以上。它们都有递进变质的特点，含有蓝晶石、十字石、石榴子石和夕线石等矿物。与内蒙古中部弧后盆地的塔林宫群十分相似，它们也是弧后盆地的地层组合。下二台群有更多的火山弧来源物质，构成火山复理石建造及弧后碳酸盐岩建造。而呼兰群则由陆源碎屑建造和硅质碳酸盐岩建造组成，代表弧后陆侧沉积。伴生的中酸性花岗岩，构成以东西向展布的构造花岗岩带。

三、上古生界

晚古生代地层在东北地区广泛分布，但各地的组合情况不同。它们都是板块对接后陆壳固化成熟构造阶段的产物。该套地层包括不整合面且部分地层缺失。多数地区缺失晚泥盆世地层，石炭纪地层直接不整合覆盖于早—中泥盆世地层之上。而石炭纪和二叠纪地层多为整合接触，二叠纪和早三叠世地层之间未见有间断（图1-1）。晚三叠世地层不整合于较老时代地层和岩浆岩之上。

1. 泥盆纪地层

泥盆纪地层在吉中地区可下延至晚志留世晚期张家屯组，在佳木斯地块东侧的密山—宝清地区还可上延至早石炭世早期。在东北地区东部内，除延边地区和佳木斯地块以外，都有泥盆纪地层的广泛分布，如在佳木斯西侧的张广才岭地区为下黑龙宫组、宏川组和福兴屯组。下黑龙宫组为海相中、细碎屑岩及碳酸盐岩，分布于尚志市至伊春市的近南北向条带中，木兰县二合营子一带见有中性及酸性火山岩；在尚志市一带有较多的石灰岩，含丰富化石，以腕足动物为主，时代为早泥盆世晚期（埃姆斯期，一部分曾被定为宏川组，属中泥盆世艾菲尔期）。宏川组分布局限，仅分布于伊春市西北部，主要为凝灰质角砾岩和砂砾岩，是海盆地边缘沉积，应相当于下黑龙宫组的上部。福兴屯组仅见于延寿县，由陆相碎屑岩组成，含植物化石，时代为中泥盆世，厚达1300m。这套地层组合代表了一种裂陷沉积（裂陷

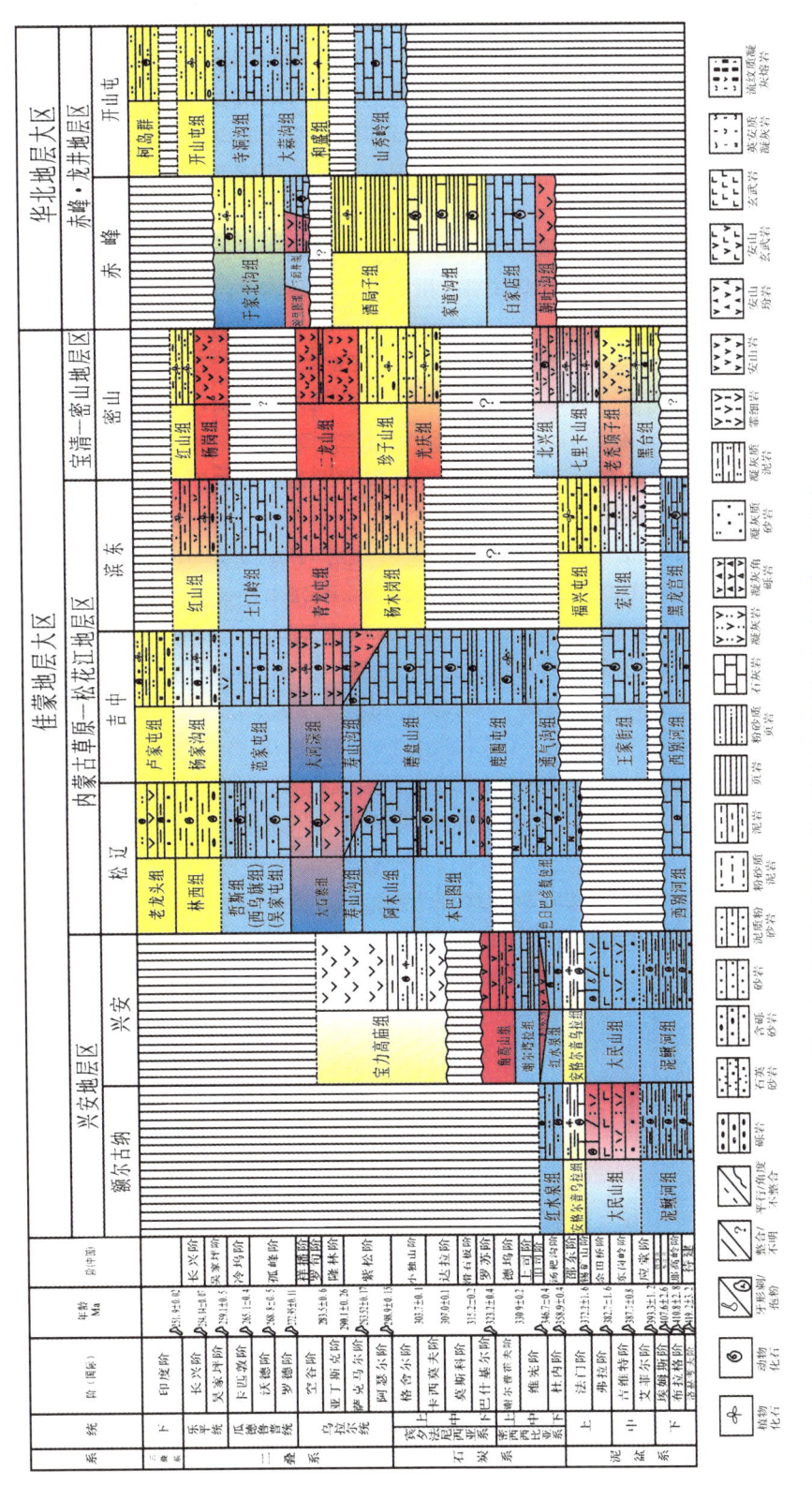

图 1-1 东北地区晚古生界地层柱状图（据朴跃武，2011）

槽），形成西厚（3000m，含火山岩）东薄（1000m，发育碳酸盐岩沉积）的楔状体，喷发中心位于西部，并伴生有基性—超基性岩和花岗岩类的侵入，从吉黑东部乃至东北地区的实际材料看，是陆壳固化成熟过程中的一种地质作用，不管这种基底是否是显生宙的。在裂陷槽中岩浆活动的强烈程度及拉伸作用的强烈程度与裂陷深度有关，有的情况下并没有基性—超基性岩的伴生，有的只是酸性火山岩的喷出。沉积建造复杂，与拗拉谷的建造组合十分相似，一般在裂陷槽发育后期，沉积盆地扩大，地层向一侧或两侧超覆，晚期可有陆相盆地沉积和酸性火山岩形成。

在吉林中部，地层沉积开始于晚志留世晚期的张家屯组，不整合于加里东期花岗岩之上。它与小绥河组及二道沟组一起构成早期沉积。它与内蒙古中部不整合于加里东期岛弧岩系及蛇绿岩之上的西别河组一样，为一套发育不完整的磨拉石建造。它的下部为以下伏地层岩块和岩屑为主的粗碎屑岩，中部为红层，上部为浅色碎屑岩和石灰岩，厚约900m，时代为志留纪普里道利世至早泥盆世洛赫考夫期。在早泥盆世晚期至可能的中泥盆世早期艾菲尔期，这个地区发育了一套裂陷槽地层组合，由徐家屯组和王家街组组成。早泥盆世晚期徐家屯组仅见于梨树县三家子乡一带。下部为安山岩、流纹岩和角岩夹石灰岩透镜体，上部为结晶灰岩、泥灰岩和板岩，含珊瑚、腕足化石，厚度大于1300m。可能形成于中泥盆世早期的王家街组仅出露于黄榆乡一带，下部以泥质粉砂岩为主，上部以石灰岩为主，含珊瑚、腕足等化石。结合在内蒙古赤峰市敖汉旗早泥盆世晚期的火山岩—碎屑岩组合，可以考虑它为一东西向分布的裂陷槽沉积，但由于后期剥蚀和构造、岩浆活动的破坏而保存较少。

在佳木斯东侧的密山—宝清地区有一呈南北向分布的边缘凹陷，时代为中泥盆世至早石炭世。该凹陷为一套海陆交互相地层。下部黑台组以底部的砂泥质沼泽沉积覆盖于花岗岩的风化壳之上，以后为石英砂岩及海相生物碎屑灰岩和钙质页岩，其上为构成本组主体的凝灰质砂泥岩的韵律层，其内含有与福兴屯组相同的植物化石，夹少量海相碎屑灰岩。上泥盆统下部老秃顶子组为酸性火山碎屑岩；上部为七里卡山组红色陆相含植物地层；早石炭世杜内中期北兴组为海相凝灰质砂岩，含腕足类化石。本套地层总厚度最大约1100m。

由上可见，本区除密山—宝清等个别地区外，普遍缺失晚泥盆世地层。中泥盆世晚期有陆相地层的事实表明，从中泥盆世早期以后，东北地区普遍上升，经受了一次重要的剥蚀阶段。

2. 石炭—二叠纪地层

东北地区北部，即佳木斯地块的东西两侧，晚石炭世晚期陆相地层不整合于下伏各时代地层之上；在南部地区的吉中部分，海相早石炭世晚期地层也不整合覆盖于此前的下伏地层之上；而东南部延边地区的晚石炭世晚期地层则呈外来岩块存在于晚二叠世地层之中。在本套地层中，石炭—二叠纪地层均为整合接触。早二叠世地层除佳木斯地块以外，均为海相；而晚二叠世地层，除延边地区有少量海相地层以外，其余皆为陆相。

在北部地区，地层沉积从晚石炭世晚期开始。张广才岭的宾县、五常、尚志、阿城一带，晚石炭世晚期唐家屯组陆相酸性—中酸性火山岩为主的火山—碎屑岩的出现拉开了新一轮裂陷槽的序幕，并与杨木岗组含安加拉植物的陆相砂板岩及青龙屯组的中基性火山沉积岩组成了这个裂陷槽的下部地层组合，总厚度达2500～3000m；上部地层组合为海相土门岭组的砂板岩夹石灰岩，局部石灰岩增厚（玉泉组）至500m，总厚近2000m。在佳木斯地块的东部地区不整合于早石炭世早期北兴组之上的是晚石炭世晚期陆相珍子山组含煤的砂板岩，下部有大量凝灰物质，厚约900m；随后是陆相二龙山组的中性—中基性火山岩—碎屑岩，最厚达2226m。本套地层在北部地区的最后沉积是晚二叠世—早三叠世的陆相红山组碎屑岩和五道岭组中酸性火山岩。红山组在伊春、铁力、阿城一带分布，在铁力一带与土门岭组整合接触，岩性以砾岩、长石砂岩和板岩组成，含安加拉植物。至佳木斯地块东侧密山地区岩石变紫，碎屑较粗，最厚达1000m。

延边地区，石炭纪地层多呈岩块分布在后期地层之中，在天宝山地区有一些轻变质地层，石灰岩中含石炭纪珊瑚化石，确切情况不明。早二叠世地层有广泛的分布，主要在东部，由中心部位的满河酸性火山岩及出露于两侧的庙岭组碎屑岩夹石灰岩组成。在南部边缘有陆相含华夏植物群的开山屯组，总厚约3000m。在它们之上是晚二叠世的柯岛组和解放村组。柯岛组在西部为砾岩等粗碎屑岩，东部为杂色砂板岩。该组以东为解放村组黑色砂板岩，下部为海相沉积于庙岭组，上部为陆相。含安加拉植物，厚达2000余米。

吉林中部地区，裂陷槽开始于磐石—双阳交界处的早石炭世晚期余富屯组细碧岩—角斑岩和碎屑岩—碳酸盐岩沉积，在其侧和其上为鹿圈屯组细碎屑岩和磨盘山组石灰岩。最厚为石咀子组的碎屑岩、石灰岩、大理岩和大致同时期的窝瓜地组中酸性火山岩，总厚达6000m。这个地层组合分布于双阳、永吉、磐石和桦甸一带。以后，在其东侧磐石—桦甸境内又发育有整合于窝瓜地组之上的早二叠世寿山沟组，是一套细碎屑岩夹石灰岩的地层，然后为海陆交互相的大河深组中酸性火山岩—碎屑岩，含安加拉植物，最后以范家屯组的砂岩、板岩夹石灰岩透镜体和上二叠统杨家沟组陆相碎屑岩结束了裂陷槽的发育，总厚3000余米。此后，在九台—永吉一带，晚二叠世—早三叠世含海豆芽的海陆交互相卢家屯组，由下部杂色砂砾岩和上部黑色砂板岩组成，厚近500m，覆盖于石炭—二叠纪地层组合之西北一侧，结束了古生代构造阶段沉积。

四、中生界

在中生代，吉黑东部地区进入环太平洋构造域与古亚洲洋构造域的相互作用阶段，即全区开始向濒太平洋构造域进行转换。区内中生代地层包括中三叠世至晚白垩世沉积（图1-2）。

1. 三叠纪地层

在东北地区东部完达山地区，于中三叠世至早侏罗世早期沉积了一套远洋深海硅泥质岩—细碎屑岩建造，含有放射虫、牙形刺化石，厚度大于5000m，其内有基性—超基性岩、堆积岩构造岩块及枕状熔岩等，呈蛇绿混杂岩出现，构成了东北地区地质学家公认的唯一残留洋壳——完达山中生代早期增生杂岩带。带内见有构造混杂中的石炭—二叠纪构造岩块。除这一地区外，其他地区缺失中三叠世沉积，而晚三叠世沉积发育。在紧靠完达山增生杂岩带的西侧宝清先锋工段、南双鸭山一带，沉积了含化石的晚三叠世南双鸭山组海陆交互相富含硬砂质的陆源碎屑岩建造。由于沉积区及其附近有频繁的火山活动，因此沉积物中夹有凝灰物质及流纹斑岩质凝灰岩、层状凝灰岩。此外，其他地区于晚三叠世皆为陆相火山岩—碎屑岩沉积建造，局部地段构成陆缘火山弧构造（老黑山、天桥岭、太兴沟）。早侏罗世早期仅在密山、双阳等盆地见有陆相含煤碎屑岩夹火山岩沉积，从区域上看，这一时期自完达山向西可见由大洋深海—陆缘海—大陆的古地理格局。这是由法拉隆大洋板块向古亚洲大陆俯冲作用形成的安第斯型构造格局。

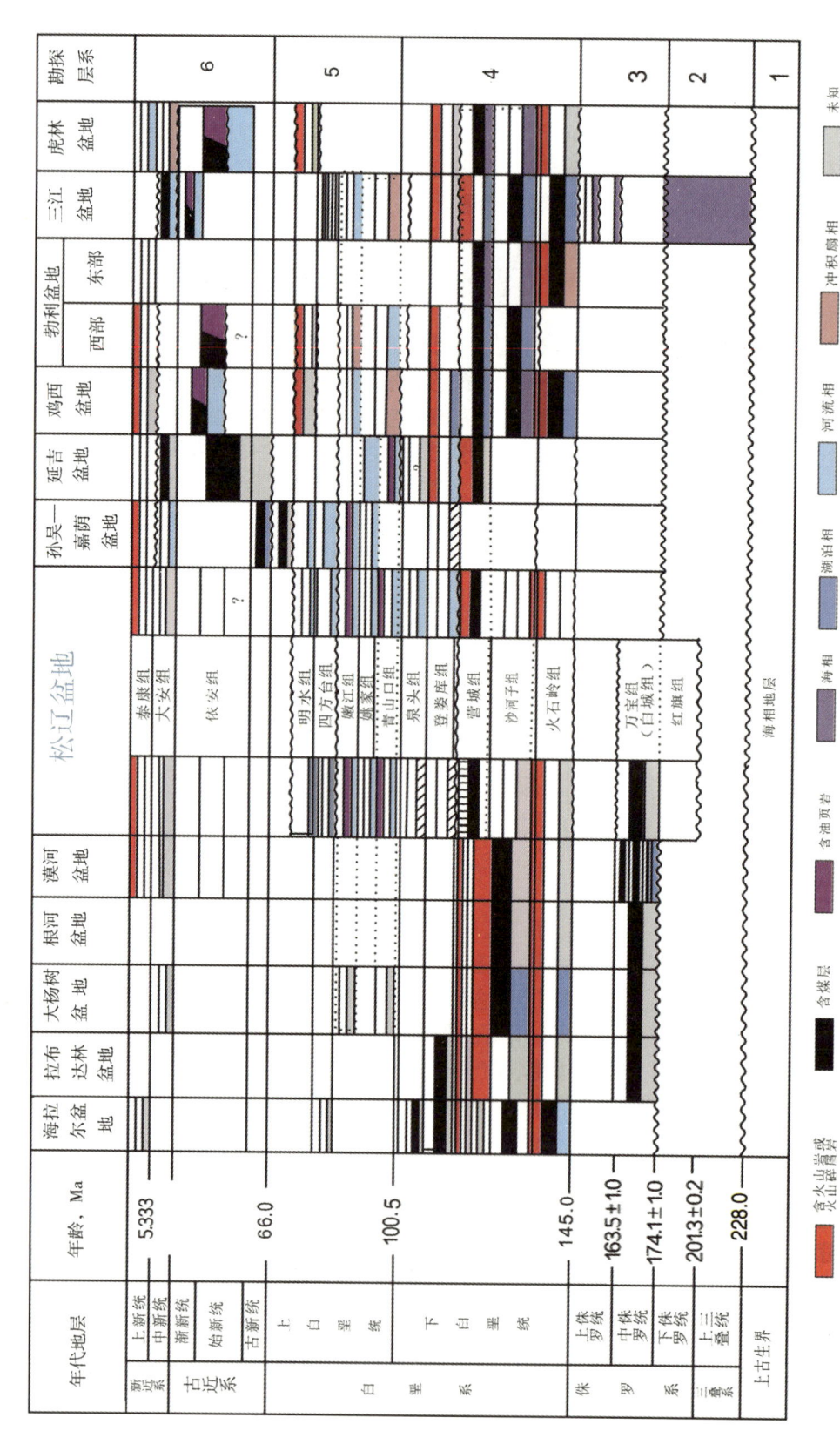

图1-2 东北地区中—新生界地层柱状图（据张兴洲、薛林福，2008）

2. 侏罗—白垩纪地层

该套地层的形成时间为早侏罗世中期至晚白垩世。在佳木斯地块及其以东地区最早于完达山、密山、绥芬河一带，沉积了浅海—海陆交互相凯北群。该群下部大架山组为浅海相陆源碎屑岩，厚度大于660m，不整合在印支期的硅质岩层之上；中部白鹤山组为海陆交互相砂泥质岩，含动植物化石，厚度大于1000m；上部绥芬河组为陆相中基性火山岩，厚度2000m。该群为海陆交互相碎屑岩—火山岩建造。早侏罗世中—晚期沉积，仅在上述地点见到。而佳木斯地块及其以东的其他地区，则于中侏罗世至晚白垩世沉积了龙爪沟群、鸡西群、延吉群，总体上中侏罗世为陆相—海陆交互相含煤碎屑岩—火山岩建造；晚侏罗世至早白垩世早期基本继承了前期沉积特征，仅鸡西等盆地的鸡西群以陆相含煤碎屑岩为主。这里是唯一见有中侏罗世—早白垩世早期海相沉积的地区。晚白垩世延吉群为陆相碎屑岩—火山岩建造。在佳木斯地块以西的小兴安岭—张广才岭地区，燕山期地层的发育远不及东部，所构成的地层分布局限，面积不大。在这里，早侏罗世中期仅见二浪河组陆相火山岩建造沉积，虽然厚度大于2900m，但仅于海林市二浪河林场一地发育。中侏罗世太安屯组为陆相碎屑岩—火山岩建造，也仅见于尚志、宾县。晚侏罗世帽儿山组陆上爆发相火山岩分布不广。至早白垩世，早期（板房子组、宁远村组沉积时）为陆相火山岩建造，此后均为陆相碎屑岩建造，局部夹有煤层或煤线。晚白垩世则为陆相火山岩—含煤碎屑岩建造。

在吉中地区，双阳盆地于早侏罗世沉积了陆相碎屑岩含火山碎屑岩建造，厚度312～654m，此后即为大面积的中—晚侏罗世沉积，中侏罗世为陆相含煤碎屑岩—火山岩建造，晚侏罗世基本继承了其沉积特征，至白垩纪则皆为陆相碎屑岩建造。延边地区未见早侏罗世沉积，于中侏罗世晚期至晚侏罗世早期沉积了近2000m的中性—中基性火山岩；晚侏罗世晚期西山坪组为含煤碎屑岩。这一地区的侏罗纪为陆相火山—碎屑岩建造。这里除早白垩世早期见有营城子组1176m的中基性火山岩夹碎屑岩沉积外，区内盆地在整个白垩纪时期皆为陆相碎屑岩建造，其内含煤系及油页岩（泉水村、大砬子组）。

综上所述，燕山期地层总体上为陆上碎屑岩—火山岩建造。由于区内古地理环境的不同，在中侏罗世晚期至早白垩世早期于佳木斯地块之上发生了来自北方的海侵，发育了浅海—海陆交互相沉积，而除此地之外的广大地区均为陆上盆地沉积。全区盆地总体走向为北东向排列。

五、新生界

在吉林省，古近—新近系主要为松辽平原富峰山组玄武岩，第四系则有长白地区船底山组、松辽盆地内河湖相沉积和军舰山组玄武岩的大面积喷发；而在黑龙江省，玄武岩主要分布于穆棱市与鸡东县之间，沿密山—敦化岩石圈断裂呈NE向展布，第四系中中粗砂、砂砾、亚黏土和近代堆积物组成，厚度在2.0～67.8m，主要分布在乌苏里江西岸、虎林盆地、七里沁河及其支流河谷一带。

第三节　东北地区东部区域岩浆作用与变质作用

一、区域侵入作用

吉黑东部地区构造岩浆活动强烈，侵入期次多，主要以花岗质岩石为主体，它们时空格架复杂，与区内矿产资源关系密切。

1. 前寒武纪侵入岩

吉黑东部地区前寒武纪侵入岩出露较少，主要分布在佳木斯地块和邻区的龙岗地块内，与隆起区古元古代变质岩群伴生，岩体多表现为不规则小岩基，与围岩以侵入接触关系为主，局部可见渐变过渡关系。镁铁—超镁铁质岩石主要有凉水河子变质橄榄岩、柳河变质橄榄岩、红石橄榄岩、西南岔变质辉长岩、那尔轰变质橄榄岩、夹皮沟变质辉长岩和板庙子变质辉长岩等，目前没有获得较为精确的同位素年代学证据。酸性岩类主要有花岗岩类、混合花岗岩、花岗片麻岩，其中佳木斯—兴凯地块中岩体多属元古宇，花岗质片麻岩 SHRIMP 锆石 U-Pb 年龄为 1129Ma±3Ma，龙岗地块内花岗质岩类或变质花岗岩类则多产出于太古宇，典型岩体为白山镇—夹皮沟地区的大东岔变质二长花岗岩，前人测得其年龄为 2550Ma，TTG 岩套内白山镇片麻岩结晶年龄为 2570Ma。

2. 加里东期侵入岩

早古生代侵入岩在吉黑东部地区各单元均有分布，就位时间多集中于晚寒武—早志留世，镁铁—超镁铁质侵入岩少见，主要有橄榄岩、辉长岩和角闪石岩等。中酸性侵入岩受构造活动影响多呈片麻状，黑云母发育，主要岩性有闪长岩、石英闪长岩、石英二长闪长岩、花岗闪长岩、二长花岗岩和正长花岗岩组合，多表现为不规则岩基侵入到寒武系地层，岩石地球化学特征显示该组合多为 I 型花岗岩。佳木斯地块中主要为石榴子石花岗岩和片麻斑状花岗岩组合（530~474Ma），其中柳毛片麻状闪长岩 SHRIMP 锆石 U-Pb 年龄为 502Ma±10Ma~498Ma±1Ma，鸡西三道沟地区的黑云母花岗质片麻岩 SHRIMP 锆石 U-Pb 年龄为 528Ma±8Ma。

3. 海西期侵入岩

吉黑东部地区海西期岩浆活动并不发育，主要为碱长花岗岩—碱性花岗岩组合（290~260Ma），出露于西侧的小兴安岭西北黑河—嫩江拼合带附近；片麻状花岗闪长岩—二长花岗岩组合（270~254Ma），分布在佳木斯地块的西南缘；石英闪长岩—二长花岗岩—片麻状花岗闪长岩组合（325~300Ma），出露于伊春—鹤岗一带；大红石砬子碱长花岗岩岩体、大玉山花岗闪长岩岩体、西北岔二长花岗岩岩体和人顶子英云闪长岩岩体等，分布在吉中地区；镁铁—超镁铁质岩主要为延边地区江源橄榄岩岩体；西北岔橄榄辉长岩、大桥岭辉长岩岩体、辉长岩岩体、前山辉长岩岩体、开山屯橄榄岩岩体、卧龙橄榄辉石岩岩体和头龙山辉长岩岩体，吉中地区的榆木桥辉长岩岩体，小绥芬河橄榄岩岩体以及放牛沟橄榄岩—辉长岩岩体，这些岩体一般规模小，呈岩墙状、脉状产出，并具东西呈带、北西成群的分布特点。

4. 印支期侵入岩

在三叠纪，吉黑东部地区由古亚洲洋构造域向环太平洋构造域转换，区内岩浆岩主要呈

NNE、NE 向展布，与太平洋板块的西向俯冲作用相对应。岩体多以大的岩基产出，岩石类型主要为二长花岗岩—正长花岗岩—碱长（性）花岗岩和石英闪长岩—花岗闪长岩—二长花岗岩组合，主要分布于吉黑东部地区西部的小兴安岭地区，佳木斯—兴凯地块及完达山陆缘增生带也有出露，其中完达山地区主要为双峰式超基性岩—流纹岩组合（234～201Ma）。

5. 燕山期侵入岩

燕山期侵入岩体分布范围广，出露面积较大，与断裂构造和火山活动关系密切，基性、超基性、中性、酸性及碱性岩类均广泛分布，并以花岗岩类分布范围最广。其中，燕山早期侵入岩主要呈 NE、NNE 向展布，岩石类型主体为石英闪长岩—花岗闪长岩—二长花岗岩组合，并伴有少量碱长—碱性花岗岩和闪长岩；燕山中晚期多为小岩株状、岩脉状分布的斑岩体和脉岩，它们往往与同时代的火山岩相伴产出，主要岩石类型有闪长岩、闪长玢岩、花岗斑岩以及花岗闪长斑岩等，锆石同位素年龄为 120～100Ma。

二、区域火山作用

东北地区火山岩分布广泛，但主要分布在大小兴安岭、张广才岭、太平岭及中生代沉积盆地中。其中海相火山岩形成于古亚洲洋生成及演化过程中裂谷盆地的伸展构造环境，主要包括新元古代及古生代火山岩；而陆相火山岩从晚古生代到新生代均有分布，以中生代火山岩为主体。

1. 前寒武纪火山岩

太古宙早期，地球尚未形成陆地，全球被洋壳包围，随后由于洋壳扩张，形成大规模的火山喷发，喷发物质为超基性、基性熔岩。这套火山岩经过深埋等变质作用，形成一套角闪岩相的中级变质岩系，其母岩以拉斑玄武岩为主，偶有科马提岩，出露于吉林省桦甸、抚松、通化和靖宇等地；随后，古元古代以弧后海盆构造环境为特征的火山活动发生，这期火山活动规模较小，火山作用不强烈，喷发物以钙碱性系列的玄武岩和安山岩为特征，其变质产物为角闪岩相的斜长角闪岩、斜长角闪变粒岩；到了中—新元古代，大陆边缘活动带的海底中心—裂隙式火山活动较强烈，火山产物为钙碱性系列的玄武岩—安山岩—流纹岩组合，变质后为斜长角闪岩、蚀变安山岩、片理化流纹岩，分布在桦甸色洛河一带。

2. 加里东期火山岩

早古生代晚期，古大陆与古大洋接合部位的海沟地带（EW 向展布），在开始接受快速沉积的同时，伴有少量海底火山活动。火山活动产物为钙碱性系列的超基性—基性—中性—酸性火山岩，这套岩石在水下多变质成蛇绿岩—细碧岩—角斑岩—石英角斑岩，而后又经广泛的区域变质作用，成为低角闪岩相—绿片岩相的变质岩。这套岩石虽经变质，但由于变质程度较浅，普遍保留了原火山岩结构特征，近东西向分布在延边青龙村、塔东、吉中呼兰、四平放牛沟、西保安等地。

3. 海西期火山岩

海西期火山岩除早泥盆世为海相喷发外（受海底自变质作用影响，发生细碧—角斑岩化），晚泥盆世、晚石炭世和二叠纪均为海陆交互相、陆相的中心式或裂隙式喷发，分布较为局限，形成以玄武安山岩—安山岩—流纹岩为组合的一套钙碱性火山岩。石炭系火山岩见于吉中地区罗圈屯等地，早泥盆世火山岩仅见于佳木斯地块西侧的小兴安岭罕达汽等地，晚泥盆世火山岩见于宝清地区，晚石炭世火山岩则出露于玉泉和宝清等地，二叠纪火山岩分布范围与前面相比较大。

4. 印支—燕山期火山岩

中生代伊始，东北地区陆续抬升为陆地，成为欧亚大陆板块的东缘部分，在太平洋板块向北西向俯冲构造背景下，形成了一系列近北东走向的褶皱和断裂，并形成与之对应的、从东到西平行分布的山脉—断陷盆地—山脉构造，并伴有中心式和裂隙式的火山活动，产物以钙碱性系列的安山岩、英安岩、流纹岩及其火山碎屑岩等过渡类型岩石为特征的玄武安山岩—安山岩—流纹岩组合，主要分布在长春、蛟河、延边和黑龙江省东南部等地区。

5. 喜马拉雅期火山岩

新生代继中生代构造格架进一步活化后，在近北东向平行分布了一系列深大断裂和相伴生的火山喷发活动。新生代火山喷发以裂隙式喷溢为主，中心式喷发和超浅成火山侵入活动很少。火山喷发物以碱性、钙碱性橄榄玄武岩、石英粗面岩和碱流岩为主，形成一套碱性橄榄玄武岩—拉斑玄武岩—石英粗面岩—碱流岩岩石共生组合，主要分布在密—敦喷发带及其附近、长春、伊通、汪清、长白山等广大地区。

三、区域变质作用

吉黑东部地区变质岩主要以古老结晶基底形式分布于佳木斯—兴凯地块。新太古代孔兹岩系是佳木斯—兴凯地块的核心，分布在西麻山、虎头、桦甸、柳河、靖宇等地，由麻山群、兴东群、西麻山岩组、集安岩群、老岭群等组成。在羊鼻山、寒葱沟等地，兴东群大盘道组含铁石英岩含矿品位较高，构成一定规模的形成磁铁矿床。中元古代变质岩主要由黑龙江群的蛇绿混杂岩带组成，主要分布在虎林—杨木裂谷带和太平沟—穆棱裂谷带，韧性剪切带发育，岩石发生强烈变形，达绿片岩相—低角闪岩相，为区域热动力变质作用的结果。

第四节　东北地区构造演化简史

兴蒙造山带及邻区在古生代期间经历了古亚洲洋的关闭与多陆块之间的相互拼合，形成佳木斯—蒙古地块（简称佳—蒙地块）。随后佳—蒙地块在晚二叠世—早三叠世沿索伦—西拉木伦河—长春—延吉缝合带与华北板块完成拼接。

继额尔古纳地块和兴安地块沿喜桂图—塔源缝合带于早古生代拼合之后，联合的额尔古纳—兴安地块与松嫩—张广才岭地块在晚古生代晚期沿黑河—贺根山缝合带发生拼合。而松嫩—张广才岭地块南部沿着索伦缝合线在古生代末又与华北克拉通拼合，并在该缝合线南部残留有早期大洋向南俯冲阶段形成的增生杂岩带——辽源地体。随后，东北地区受到古太平洋俯冲的影响。松嫩—张广才岭地块与佳木斯地块沿嘉荫—牡丹江缝合带发生拼贴，拼贴带上以出现黑龙江增生杂岩为特征。一些学者认为，这两个地块的拼合发生在古太平洋板块俯冲背景下，时间为晚三叠—早侏罗世或早侏罗世。但是，也有学者认为，两个地块的拼合发生在早古生代末古亚洲洋闭合中，或者经历了早古生代末和早中生代两次拼合。位于东北地区东北缘的那丹哈达岭地体（也称为完达山地体）是锡霍特—阿林增生带的一部分，代表了侏罗—白垩纪期间古太平洋俯冲形成的增生杂岩带，也是古太平洋板块向东北大陆下俯冲的真实记录。那丹哈达岭地体（完达山陆缘增生带）是中国东北地质版图上最后一部分，加积到了我国东部大陆边缘。东北地区西北侧的蒙古—鄂霍次克洋，在中生代期间自西向东"剪刀式"关闭，最终于晚侏罗世末—早白垩世初快速闭合，从而使得西伯利亚克拉通与兴蒙—华北联合大陆最终完全焊合。

从中生代开始，东北地区开始受到北部的鄂霍次克洋俯冲和东部古太平洋俯冲作用的影响，形成了一系列中—新生代盆—岭构造，沿着盆地边界形成了一系列呈北东或北北东走向的大型断裂。

在中—新生代时期，在板块的东缘受到环太平洋板块拼贴和洋壳俯冲作用，北缘受到蒙古—鄂霍次克海缝合带俯冲碰撞作用的多重影响。区域构造变形经历了前中生代不同时期、不同方向的板块拼合造山作用及其之后的中—新生代板内构造作用改造，具有不同的构造指向和复杂的变形样式。东北地区早期板块同碰撞造山作用决定了其主要造山带总体展布和基本构造样式，后期板内变形控制了其造山带的拆离、伸展塌陷和逆冲、走滑作用改造。因此中国东北地区构造演化具有其特殊性和复杂性。

第二章

东北地区东部区域主要地质单元地质概况

第一节 东北地区东部区域主要缝合带基本特征

一、嘉荫—牡丹江缝合带

嘉荫—牡丹江缝合带大致沿南北向的牡丹江断裂分布，是分隔松嫩—张广才岭微板块与佳木斯微板块的一条缝合带。嘉荫—牡丹江缝合带西侧为南北向展布的花岗岩带，东侧为黑龙江岩系。黑龙江岩系是一套与洋壳俯冲有关的构造混杂带，其中夹有解体的蛇绿岩和蓝片岩。黑龙江岩系主体岩石为长英质变质岩，遭受了绿片岩相—低角闪岩相变质作用。这些岩石中混杂了橄榄岩、二辉橄榄岩、斜辉橄榄岩、辉石岩、辉长岩、斜长角闪岩等超基性、基性岩块。这种岩块在嘉荫和依兰地区大量出现，牡丹江地区少见。它们均为无根的构造侵位岩块，是构造冷侵位的产物，可以称为蛇绿岩的残块或残片。除此之外，黑龙江岩系中还发育了蓝闪绿帘绿泥片岩、蓝闪绿泥钠长片岩等基性熔岩变质的蓝片岩。这些岩石大多遭受强烈韧性变形改造。蓝片岩全岩及其中单矿物 $^{40}Ar/^{38}Ar$ 同位素年龄测试结果表明，早期蓝片岩变质年龄为 644.9～599.6Ma，代表蓝片岩的形成年龄，晚期广泛强变形年龄为 445～410Ma。地层记录表明，奥陶纪—志留纪，沿缝合带仍存在陆间海，发育含放射虫和几丁虫的深水硅质岩沉积，在牡丹江地区发现早奥陶世的几丁虫化石。沿缝合带分布的黑龙江岩系即代表两个微板块间洋壳俯冲、板块拼接的构造混杂岩带。黑龙江岩系中蓝片岩年龄（664～599Ma）和变质变形事件年龄（440～410Ma）显示，该带发生两次洋壳俯冲、碰撞事件。因此，沿嘉荫—牡丹江缝合带在新元古代以前存在洋盆，新元古代洋壳开始俯冲，佳木斯微板块与松嫩—张广才岭微板块开始拼合，形成蓝片岩，但是洋壳并未完全关闭，而在残余洋盆中继续接受了古生代深水沉积，出现了放射虫、几丁虫和生物沉积。直至志留纪洋盆关闭，块体间发生碰撞造山，使早期的蛇绿岩、蓝片岩和硅质岩等遭受强烈变形，形成构造混杂带。缝合带西侧小兴安岭—张广才岭出露的大规模南北向分布的花岗岩带（435～404Ma）和中酸性火山岩带（437～411Ma）也反映了后一次俯冲作用。

二、八面通缝合带

八面通缝合带也称牡丹江—穆棱缝合带，将佳木斯微板块与兴凯微板块隔开。该缝合带在中生代被敦化—密山断裂左行错动。沿八面通缝合带由牡丹江东至穆棱一线，出露一套长75km，宽约20km，混有解体出蛇绿岩、蓝片岩及硅质岩残块的构造混杂岩带。带内已发现含有奥陶纪几丁虫化石的岩块和含有蓝闪石的枕状熔岩块体，反映该带早古生代为洋盆环境。对沿缝合带分布的八面通杂岩进行原岩恢复发现，缝合带南缘杂岩片具被动陆缘特征，存在奥陶纪古海洋中堆积的陆源碎屑岩，其中含有奥陶纪微体化石，揭示出该区在奥陶纪时还有古海洋存在；缝合带北缘杂岩片在中元古代晚期至早古生代期间具活动陆缘特征，可以推测两板块之间的古洋壳为向北俯冲。佳木斯微板块与兴凯微板块含相似植物化石的陆相地层最早出现在中泥盆世，推测洋壳消失和两微板块的拼合发生于志留纪末期或早泥盆世。

三、温都尔庙—西拉木伦河缝合带

温都尔庙—西拉木伦河缝合带分布于华北板块北缘、松嫩—张广才岭微板块南部。在西拉木伦河沿线分布一系列孤立的蛇绿岩，它们由变质橄榄岩、镁铁质堆积岩、辉绿岩、枕状基性熔岩组成。其中辉绿岩和枕状基性熔岩属亚碱性大洋拉斑玄武岩。蛇绿岩中的硅质岩、石灰岩透镜体中含有深海远洋环境的放射虫、有孔虫、薄壳介形虫等化石，有奥陶纪的牙形虫和前寒武纪—早古生代的微体化石。蛇绿岩形成时代为新元古代—早古生代，侵位时代为志留纪末。在西段的巴特敖包，位于乌兰宝力格断裂（区域上称白云鄂博—赤峰断裂）北部的奥陶系包尔汗图群为一套活动陆缘沉积。下部布龙山组深水环境下的硅泥岩、粉砂岩、石灰岩夹陆缘火山岩为近陆弧后盆地沉积，在弧后扩张期发生了细碧岩和拉斑玄武岩喷发。上部哈拉组为陆缘岛弧型安山岩、英安岩系。志留系顶部西别河组与下伏地层区域性不整合，标志着早古生代岛弧增生作用的结束。可见，温都尔庙—西拉木伦河缝合带主体在早古生代向南俯冲，志留纪末期实现了岛弧向华北北缘的增生。

关于温都尔庙—西拉木伦河缝合带是不是中朝板块与西伯利亚板块最终的缝合线和缝合的时间、位置，学术界存在很多不同的认识。

四、索伦—林西缝合带

索伦—林西缝合带（也称索伦缝合带）的存在和延伸仍然存在着争论，但近期的研究进展已经显示了其存在，并作为南戈壁古陆块或蒙古弧形地体（西伯利亚板块）与华北板块的边界，代表了华北板块与蒙古地区微板块（西伯利亚板块）在二叠纪的碰撞带，记录了两板块在晚二叠世至早三叠世的拼贴过程，其碰撞变形可能持续到三叠纪。该缝合带西段的巴彦敖包东侧的上石炭统本巴图组一、二段可分解为早泥盆世超基性岩、基性岩和中酸性火山岩，早二叠世超基性岩、基性熔岩和中酸性侵入岩，早泥盆世至早二叠世粉砂质板岩、硅泥质板岩、硅质岩等组成的深水复理石和深水火山岩；三段为上石炭统碎屑岩、碳酸盐岩夹火山岩。本巴图组实际为由基质和不同时代岩块组成的蛇绿构造混杂带，形成于早—中二叠世。在索伦、巴彦敖包地区，与蛇绿岩伴生的辉长岩中单颗粒锆石 U-Pb 同位素年龄值为 385.6Ma±1.7Ma、434 Ma±3.6Ma，酸性熔岩单颗粒锆石 U-Pb 同位素年龄值为 398Ma±18Ma，在蛇绿岩中的硅质岩夹层中发现了早二叠世晚期至中二叠世早期的放射虫化石，推测位于索伦、巴彦敖包地区的蛇绿岩形成年代为早泥盆世，而洋盆演化持续至中二叠世。此外，与巴彦敖包东侧的呼吉尔特蛇绿岩伴生的玄武岩和角闪辉长岩单颗粒锆石 U-Pb 年龄有 285Ma、280Ma、371Ma 和 252Ma，主体为早二叠世。沿索伦、巴彦敖包等地分布的中二叠统哲斯组粗碎屑岩不整合于下伏地层之上，标志着索伦—林西缝合带俯冲作用的结束。锡林浩特地区中二叠统哲斯组硅质黏土层发现的放射虫，指示在中二叠世还存在深海相沉积物，据此认为华北板块与西伯利亚板块之间的海直到晚瓜德鲁普期（Guadalupian）才关闭。对内蒙古中北部满都拉地区出露的蛇绿混杂岩进行岩石学、岩石地球化学分析，结合蛇绿岩上覆岩系硅质岩等深海沉积物和基性火山岩十分发育、含放射虫生物化石，认为其形成于陆间小洋盆环境。通过单颗粒锆石 U-Pb 测年，判定其形成时代应当在 433.6Ma±3.6Ma 之前。通过对索伦—林西缝合带岩片进行 $^{206}Pb/^{238}U$ 锆石和 Rb-Sr 测年，得出 309Ma±8Ma 和 250~230Ma。309Ma 是中古生代俯冲作用有关的火成岩的年龄（360~310Ma），250~230Ma 是代表晚二叠世—三叠纪同碰撞期或后碰撞期火成岩的年龄。

索伦—林西缝合带洋壳可能形成于泥盆纪，早中二叠世向南俯冲，中二叠世实现了蒙古地区微板块（西伯利亚板块）与华北板块的碰撞，其碰撞变形可能持续到三叠纪。

第二节　东北地区东部区域主要断裂带基本特征

郯庐断裂带以其醒目的地质地貌标志出露在中国大陆东部，是一条分布在东亚大陆边缘、切穿不同大地构造单元的巨型平移断裂带。它以线性延伸、产状陡立、切穿地壳为特征，在我国东部绵延 2400 多千米，主体呈北东 20°左右方向展布，两端呈北东 40°~50°方向，整体呈缓 S 形，宽 10~50km。郯庐断裂带切过的构造单元包括扬子板块中北部，中朝板块中的下辽河断陷、辽东隆起，北部吉黑造山带中的松嫩—张广才岭地块、佳木斯地块、兴凯地块。

实习区跨越郯庐断裂带的北段。郯庐断裂带北段是指郯庐断裂带经沈阳向北东方向延伸，从西往东依次由沈阳—哈尔滨断裂、佳木斯—伊通断裂以及敦化—密山断裂 3 部分组成（图 2-1）。沿断裂带形成了地堑或谷地地貌。这些分支断裂带对东北地区东部中—新生代区域构造演化与含油气盆地的形成具有重要的制约作用。对中—新生代岩浆活动、矿产分布及地震活动起着重要的探测、预防作用。

郯庐断裂带以安徽庐江至山东郯城段特征最为典型。目前的研究表明，郯庐断裂向北延伸至鄂霍次克海，向南至北部湾，全长大约 5000km。郯庐断裂带是中国东部一条重要的强烈的构造变形带，对中国东部构造、沉积古地理、岩浆活动等具有重要的控制作用。很多学者对该断裂的构造变形与演化进行了详细的工作，取得了一系列丰硕的成果。已有的研究表明，郯庐断裂带可能存在三期强烈的走滑运动，分别是三叠纪基底左旋走滑、晚侏罗—早白垩世左行韧性走滑以及晚白垩世左行走滑。

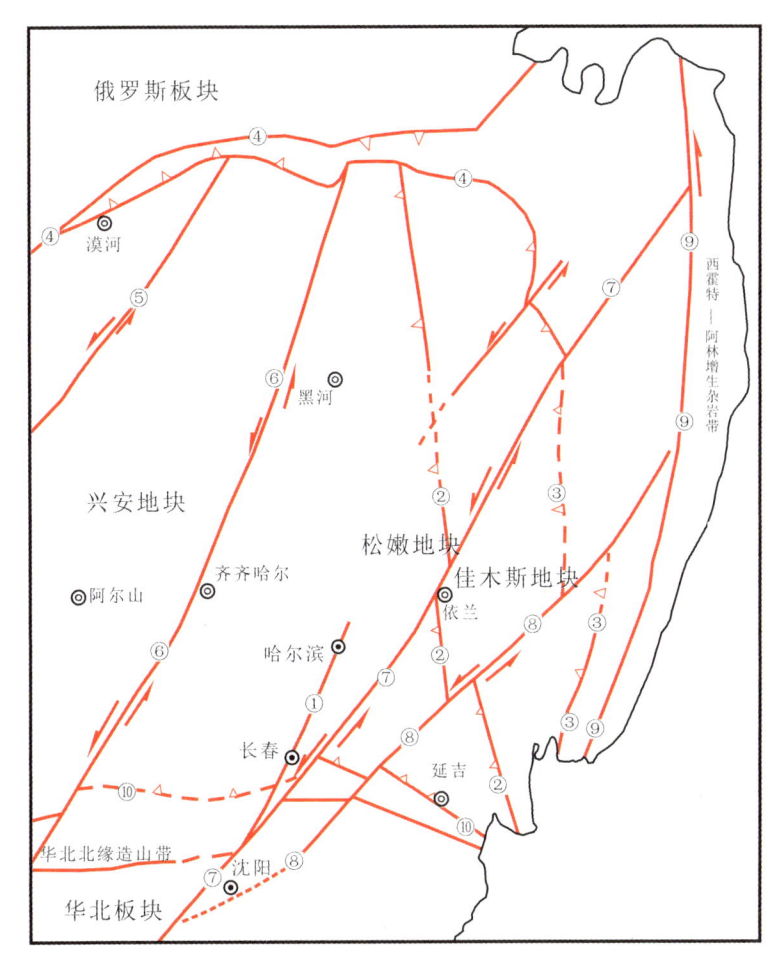

图 2-1　郯庐断裂带北段分支断裂分布图（据周建波等，2009；孙晓猛，2010，有修改）

①—沈阳—哈尔滨断裂；②—牡丹江缝合带；③—同江—月季山缝合带；④—蒙古—鄂霍次克缝合带；
⑤—德尔布干断裂；⑥—嫩江—开鲁断裂；⑦—佳木斯—伊通断裂；⑧—敦化—密山断裂；
⑨—西霍特—阿林中央断裂；⑩—西拉木伦河—长春—延吉缝合带

一、佳木斯—伊通断裂带

佳木斯—伊通断裂带和敦化—密山断裂带作为郯庐断裂带东北延伸的重要组成部分而受到广泛关注，佳木斯—伊通断裂带和敦化—密山断裂带对中国东北地区中生代以来的构造具有明显的控制作用。

佳木斯—伊通断裂带南端起始于辽宁省沈阳市，向北经过铁岭、伊通、舒兰、尚志、方正、依兰、佳木斯、鹤岗等地，于萝北一带进入俄罗斯，在中国境内全长约 900km。该断裂带沈阳—开原段位于华北克拉通北缘燕山褶断带内，而开原以北则处于中亚造山带内（东北地区也称为兴蒙造山带）。在中亚造山带内，该断裂带自南向北分别穿过索伦缝合线（也称为西拉木伦—长春—延吉缝合线）以南（长春以南）的古生代增生杂岩带（也称为辽源地体）和以北的松嫩—张广才岭地块、佳木斯地块及其间近南北向的拼合带（图 2-2）。该断裂带走向为 NE45°，宽度不一，鹤岗、尚志地区能达到 28km，吉林岔路河地区略窄，约

20km，其他地区的宽度在5～20km。地壳测深资料表明，佳木斯—伊通断裂为切穿下地壳进入上地幔的深大断裂，属于岩石圈断裂。另外沿断裂带的橄榄玄武岩具幔源岩浆性质，指示断裂的切割深度65～70km，也表明它属岩石圈断裂。

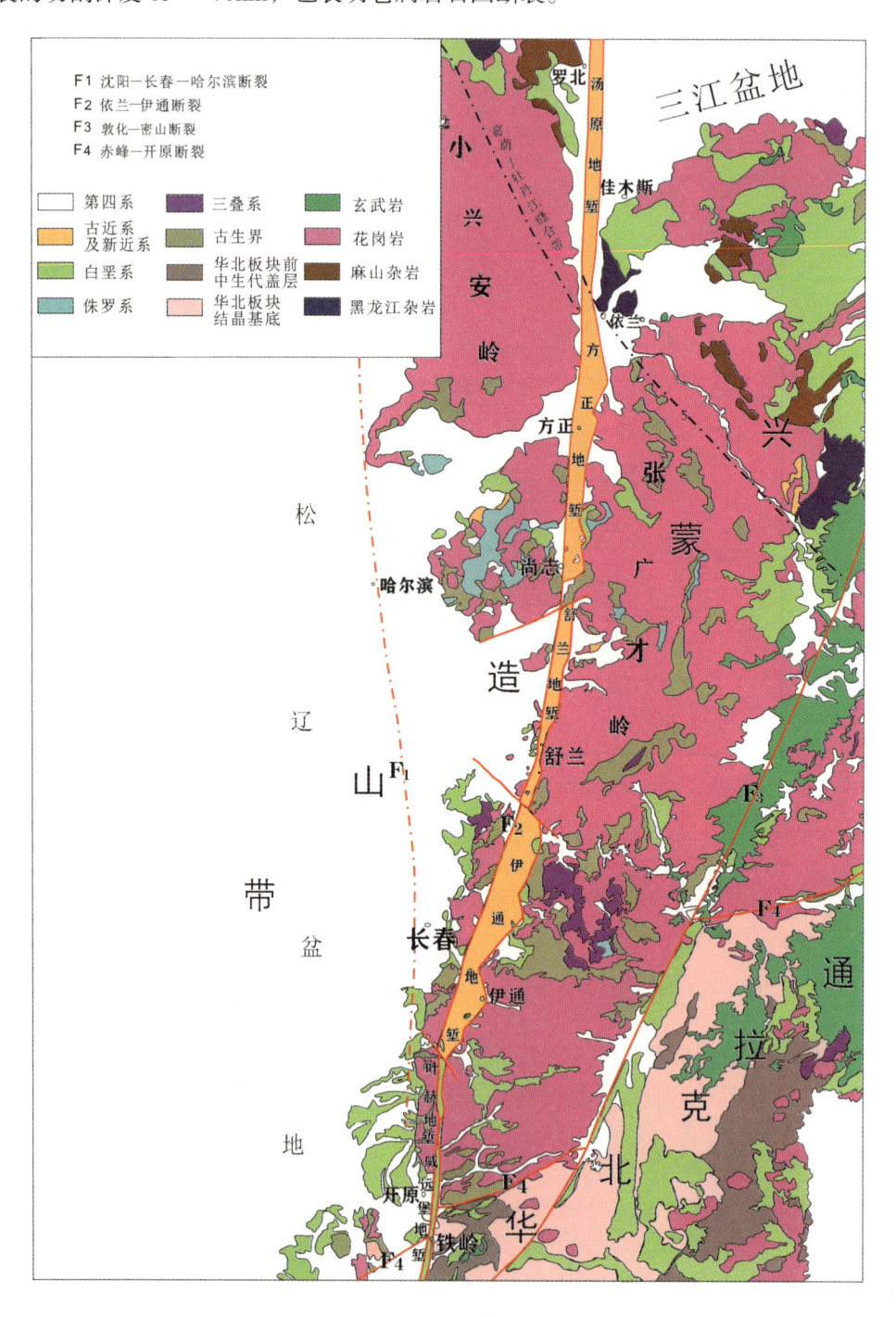

图2-2　依兰—伊通断裂带及周边构造简图
（据周建波等，2009，有修改）

佳木斯—伊通断裂带在太平洋板块等应力场影响下，形成一系列带状分布的地堑—半地堑式盆地，自南西向北东可分为叶赫断隆、伊通盆地、乌拉街断隆、舒兰盆地、尚志断隆、方正盆地、依兰断隆和汤原盆地，整个地堑呈现断隆与断陷相间排列的构造格局（图2-2）。

前人对郯庐断裂带南段的构造属性与演化研究较多，普遍认为郯庐断裂带发生过大规模的左行平移运动，在中生代主要表现为左旋扭动，在新生代表现为右旋活动；对于北延分支研究相对较少，但也有部分学者通过不同研究方法证实北段中生代也经历了类似左旋剪切活动，从晚三叠世开始，在晚侏罗世达到高潮，结束于早白垩世。

佳木斯—伊通断裂带主要经历5个构造演化阶段：（1）左旋走滑阶段（J_3—K_1），与松辽盆地断陷期对应，标志着板块重组背景下一个新生陆缘断裂系统的形成。（2）区域伸展阶段（K_1晚期—K_2早期），持续进行的左旋走滑导致区域张扭—伸展，表现为松辽盆地初始坳陷沉积越过佳木斯—伊通断裂向东部扩展，在佳木斯—伊通断裂带附近沉积了登娄库组—泉头组。持续的张扭—深切割作用在青山口组达到高峰，于青山口组晚期出现板内玄武岩喷发。（3）挤压逆冲阶段（K_2—E_1），表现为松辽盆地嫩江组沉积末期的区域抬升剥蚀事件，使本区普遍缺失上白垩统和古新统，使始新统与下白垩统呈角度不整合接触。（4）右旋走滑—断陷阶段（始新世—渐新世），在地堑中沉积了厚的新安村组—宝泉岭组（奢岭组—齐家组），表现出与松辽盆地的显著差异，与之相当的依安组仅在松辽盆地西北部少量发育，标志着松辽盆地演化已经结束。（5）挤压反转阶段（渐新世末期），表现为古生代地层或海西期花岗岩逆冲于新近系之上，同时古近系发生褶皱；在松辽盆地表现为东南隆起区的进一步抬升。

西太平洋板块向欧亚板块的俯冲对中国东部地区中生代的构造起着至关重要的作用。早白垩世初期（135～127Ma），西太平洋伊泽纳崎板块突然改变了运动方向和速度，俯冲方向由NWW向转变为NNW向，由低速俯冲（4.7cm/a）转变为30cm/a的高速俯冲（俯冲带走向北东），在早白垩世中期还保持着高速俯冲（20.7cm/a），高斜度斜向俯冲于欧亚大陆之下，使中国东部地区呈现左旋压扭及活动大陆边缘环境，形成以郯庐断裂为主的一系列的NNE向走滑断裂带及同期的岩浆活动。

二、敦化—密山断裂带

敦化—密山断裂带南起沈阳，经抚顺、桦甸、敦化、密山等地，呈北东方向延伸至密山东北，至虎头过乌苏里江进入俄罗斯境内，斜贯了辽、吉、黑三省。1959年黄汲清教授最早称之为密山—敦化断裂和抚顺—海龙大断裂，分别代表本断裂的北、南两段，翌年定全称为密山—敦化断裂，也称为敦化—密山断裂。

敦化—密山断裂带由东西两条相互平行的高角度主干逆冲断裂组成，并相向对冲，总体走向北东50°，全长>1000km，倾角在30°～80°之间，为"逆地堑式"断裂，两条断裂一般相距10～20km。

敦化—密山断裂带两侧的构造特征截然不同。敦化—密山断裂以东，以走滑、挤压为主，出现一系列推覆构造，并伴随有火山岩喷发；敦化—密山断裂带以西，则是以走滑、拉张为主，形成盆岭构造体系和张性火山岩带。同时，敦化—密山断裂带的左旋走滑作用错开了华北板块北缘断裂、西拉木伦河—长春—延吉拼接带、安加拉植物群与华夏植物群混生带、古老变质结晶基底与印支燕山期花岗岩的分界线等（图2-3）。

敦化—密山断裂的形成时间为印支期。断裂带之间分布有大量中—新生代盆地，受断裂控制的盆地呈北东方向展布与断裂相伴延伸。断裂带控制大量火山岩和火山碎屑岩的沉积，主要分布在辉南至敦化一带，有巨厚的古近系沉积。该断裂带还控制了燕山晚期花岗岩的侵入，控制古近纪、新近纪的大规模火山喷发，构成带状玄武岩台地，即敦化火山岩带。除主断裂外，在断裂两侧，牵引构造和平行主断裂的次级相同性质的断层均较发育，并伴生挤压片理。

重磁资料显示，断裂带表现为一条线性磁场带，其强度为 50～300nT，峰值达 500nT，以桦甸一带为界，磁场带可分为南北两段。布格异常图上，敦化—密山断裂带在负异常的背景上等值线呈现北东方向直线状延伸。遥感图像反映出断裂南段为延长较远的直线构造，而北段玄武岩的分布范围和全貌反映得非常清晰，影像表现为暗灰色的高山地貌。在其上部发育着走向为北东的直线状构造。

以上地质、物探、遥感等资料表明，敦化—密山断裂带是分布在东亚大陆边缘一条巨型的岩石圈断裂。敦化—密山断裂带左旋走滑量明显大于其他分支断裂，因此，它是郯庐断裂带北段最重要的主干断裂（图 2-3）。

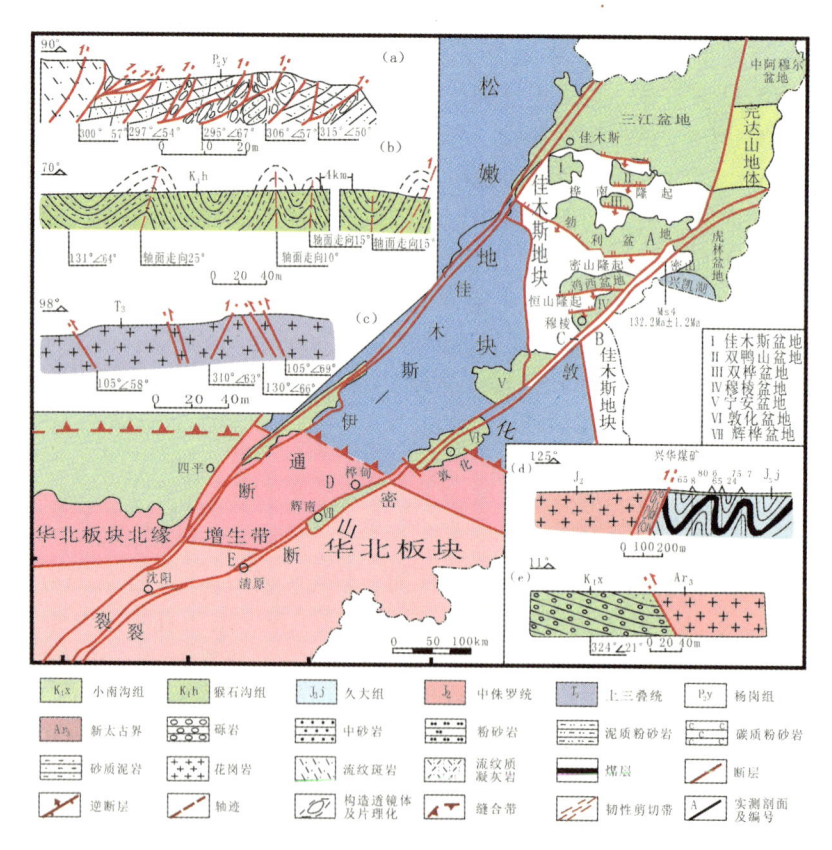

图 2-3　敦化—密山断裂带构造特征图（据孙晓猛等，2016）

（a）密山市裴德镇畅峰选煤厂压扭性断裂带，断层向地堑中逆冲；（b）穆棱市下城子镇西部主干断裂带附近的褶皱带，轴面走向为NNE，卷入褶皱的地层是上白垩统猴石沟组；（c）穆棱市兴源镇西部主干断裂带附近的压扭性断层，断层切割了三叠纪花岗岩；（d）桦甸市四道沟煤矿附近西部主干边界断裂带，中侏罗世二长花岗岩被断层逆冲至地堑中晚侏罗世—早白垩世含煤盆地之上；
（e）清原县西部主干边界断裂，太古宙花岗岩被断层逆冲至地堑中下白垩统小南沟组之上

三、沈阳—哈尔滨断裂带

沈阳—哈尔滨断裂带仅在辽宁省昌图县泉头镇至吉林省四平市山门镇一带断续出露，向北潜入松辽盆地，构成大黑山地垒与松辽盆地的分界线，通常称为"松辽盆地东缘断裂"，总体走向北东35°，向南东倾斜，倾角在50°～80°。沿断裂可见大黑山地垒中的奥陶纪–志留纪下二台群变质岩、二叠系、三叠系、侏罗纪花岗岩和营城组火山岩向西逆冲到白垩纪泉头组之上。由于沈阳—哈尔滨断裂大部分被覆盖，难以进行时代研究。

第三节　佳木斯微板块地质概况

佳木斯微板块（或称佳木斯地块）是东北地区具有前寒武纪结晶基底的古老微陆块，东以跃进山杂岩与那丹哈达地体相邻，西以黑龙江杂岩和松嫩—张广才岭地块相连（图2-4），北与布列亚地块相接，南与兴凯地块相连。以往曾认为布列亚地块、佳木斯地块以及兴凯地块是三个不同的微陆块，但是近年来的研究认为三者为统一地块，统称布列亚—佳木斯—兴凯地块，并被后期伊通—依兰断裂和敦化—密山断裂改造。

一、区域地层

佳木斯地块除发育黑龙江杂岩、麻山杂岩和马家街群变质岩系以外，还发育晚古生代地层和中—新生代地层。

黑龙江杂岩主要呈南北向带状展布在黑龙江萝北—嘉荫、依兰—桦南以及牡丹江地区（图2-4），岩石类型包括蓝片岩、斜长角闪岩、绿片岩、蛇纹岩、云母片岩（石英片岩）、变硅质岩以及大理岩等。近年来相关的锆石U-Pb年代学研究显示，黑龙江杂岩斜长角闪岩的原岩主要形成于二叠纪，但部分斜长角闪岩也存在三叠纪和侏罗纪的原岩年龄；绿片岩原岩形成于162Ma±3.9Ma（岩浆锆石年龄），并认为这些绿片岩具有洋岛属性。通过对黑龙江杂岩变质沉积岩的碎屑锆石进行年代学研究（碎屑锆石的U-Pb年龄分布）认为黑龙江杂岩变质沉积岩于约170Ma之后沉积。

麻山杂岩主要含有大量的早古生代变质变形侵入岩和时代不清的表壳岩。表壳岩从下而上分别为西麻山组、柳毛组与建堂组，以富含石墨、夕线石和石榴子石的孔兹岩系为特征，原岩主要为含碳、富铝泥质岩—粉砂岩以及富镁白云岩—石灰岩。通过对鸡西三道沟与西麻山副片麻岩中碎屑锆石的年代学研究，初步限定了表壳岩的沉积下限为中—新元古代。结合野外穿切关系，通过对佳木斯地块新元古代岩浆岩的识别，确定了该表壳岩原岩的沉积时限1064～898Ma。

马家街群仅分布于桦南隆起的双鸭子—马家街一带，曾代表了前寒武纪区域变质岩系，时代置于新元古代或震旦纪。但是近年来的研究认为，马家街群并非区域变质岩系，而是一套具有变质矿物分带特征的接触变质岩，原岩主要为富铝富碳沉积碎屑岩，主体沉积时代为中二叠世，并于晚二叠世早期发生接触变质作用。最新研究认为，以往称为马家街群的岩石组合可能包括两套独立的沉积地层，其中一套为二叠纪沉积地层，另一套则于新元古代沉积。

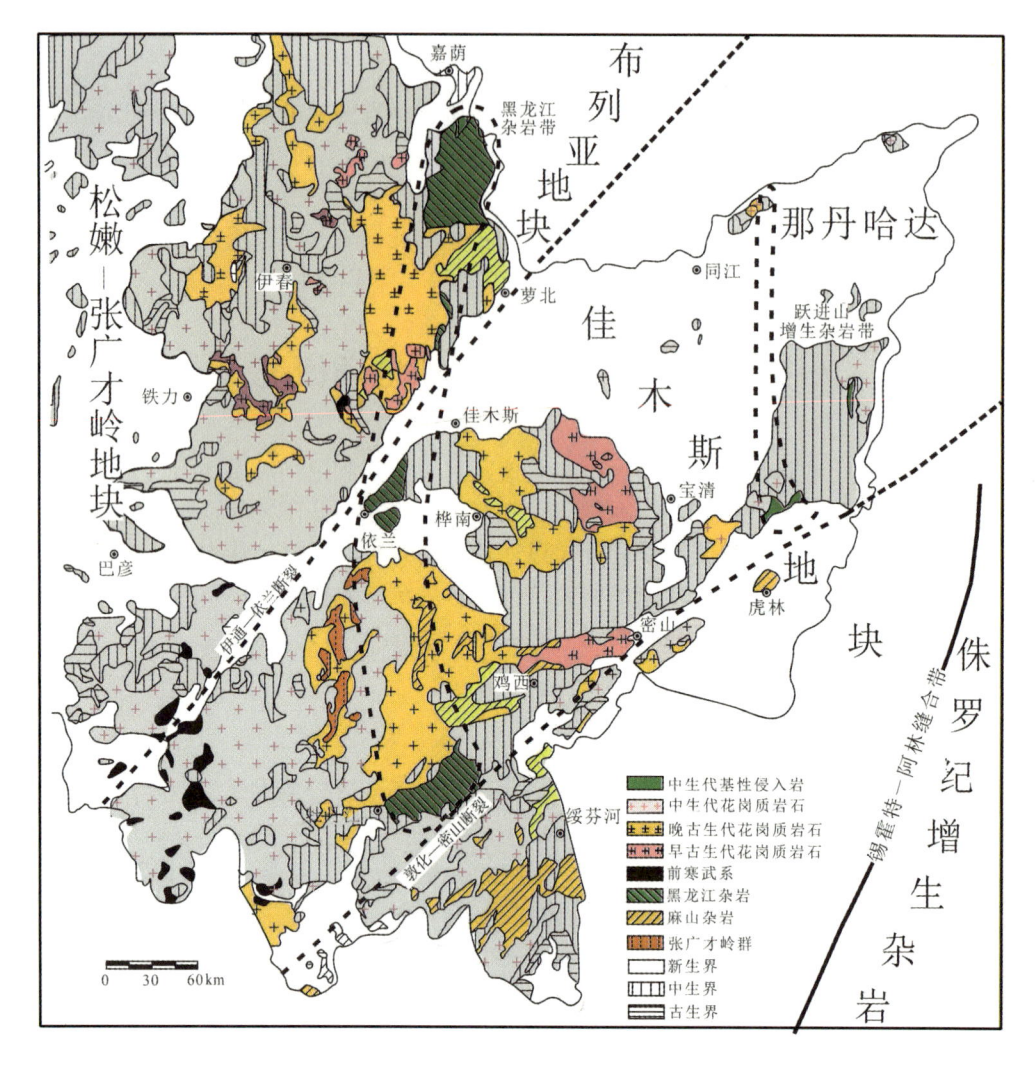

图 2-4　佳木斯微板块及邻区地质略图（据 Dong et al.，2017）

晚古生代地层主要分布于黑龙江省双鸭山地区，尤其是该地块的东缘（宝清地区）。其中泥盆系主要为黑台组、老秃顶子组以及七里卡组，石炭系主要为北兴组、光庆组以及珍子山组，二叠系为二龙山组和杨岗组。中—新生代地层广泛发育于佳木斯地块，包括侏罗系滴道组，白垩系城子河组、穆棱组、东山组、猴石沟组、松木河组，古近系虎林组，新近系富锦组、船底山组。具体地层特征介绍如下。

泥盆系：黑台组（$D_{1-2}ht$）主要分布于黑龙江密山—宝清地区，岩性主要为碳酸盐岩—碎屑岩，与上覆老秃顶子组呈整合接触关系；老秃顶子组（D_3l）也主要发育在黑龙江密山—宝清地区，主要岩石组合为流纹质熔岩、凝灰岩、板岩、砂岩以及硅质板岩，与上覆地层七里卡组整合接触；七里卡组（D_3q）分布于密山地区，其岩性主要为流纹质凝灰熔岩、英安质凝灰岩、细砂粉砂岩以及凝灰质板岩。

石炭系：北兴组（C_1b）分布于黑龙江密山地区，与七里卡组呈整合接触关系，岩石类型主要为英安质凝灰岩和凝灰质板岩；光庆组（$C_{2-3}g$）也主要分布于密山地区，与上覆珍子山组呈整合接触，但底界不清，可能与北兴组呈平行不整合接触关系，岩性为凝灰质板岩、凝灰岩、杂砂岩以及砾岩；珍子山组（C_3z）分布于黑龙江密山—宝清地区，岩石类型为夹煤层碎屑沉积岩和少量凝灰质板岩。

二叠系：二龙山组（P_1e）分布于黑龙江密山—宝清地区，与下伏地层珍子山组整合接触，岩性主要为安山岩、安山玄武岩以及凝灰岩；杨岗组（P_2y）分布于密山—虎林地区，未见顶底，岩石类型为酸性—中酸性火山岩，夹少量中基性火山岩以及正常沉积碎屑岩。

侏罗系：滴道组（J_3dd）分布于黑龙江鸡西—勃利地区，平行不整合于城子河组之下，岩性以砾岩、砂岩、粗砂岩以及火山岩为主。

白垩系：城子河组（K_1c）分布于黑龙江鸡西—勃利地区，整合于穆棱组之下，岩石类型主要是夹粉砂岩、泥岩、凝灰岩以及煤层的砂岩；穆棱组（K_1m）发育于鸡西—穆棱—勃利—双鸭山—鹤岗等地，与上覆东山组呈整合接触关系，岩性主要为细砂岩和粉砂岩；东山组（K_1d）主要分布于鹤岗—鸡西地区，与上覆猴石沟组呈平行不整合接触关系，主要岩性为安山质集块岩、火山角砾岩以及熔岩，夹凝灰岩、凝灰砂岩以及正常沉积岩；猴石沟组（K_1h）分布于黑龙江东部地区，平行不整合于东山组之上，岩石类型以粗碎屑岩为主，夹砂泥质和凝灰质岩石；松木河组（K_2s）发育于牡丹江—鹤岗地区，主要分布于穆棱、双桦、佳木斯以及鹤岗等地，岩性主要为中基性熔岩和酸性熔岩。

古近系：虎林组（Eh）分布于敦化—密山断裂带虎林、鸡东以及牡丹江等地区，平行不整合于富锦组之下，主要岩石类型为砾砂岩、砂岩、泥岩、黏土岩、凝灰质砂页岩、凝灰岩以及油页岩等。

新近系：富锦组（Nf）发育于黑龙江尚志—依兰、宁安—密山以及三江盆地等地区，与上覆船底山组呈平行不整合接触，岩性主要为细砂岩、粉砂岩、泥岩以及砂砾岩等；船底山组（Nc）主要发育于黑龙江东部山地及各断裂带内，岩性主要为橄榄玄武岩、玄武岩、安山玄武岩以及凝灰质砂岩。

二、区域岩浆岩

岩浆作用广泛发育于佳木斯地块，形成了大面积展布的显生宙岩浆岩。这些岩浆岩大部分为花岗质岩石，与东北地区其他微陆块上发育的显生宙花岗质岩石一起，共同组成了中国东北地区极为醒目的"花岗岩海"。目前，根据已发表资料，大致可将佳木斯地块的显生宙花岗质岩石划分为四个期次：早古生代寒武纪、晚古生代二叠纪以及中生代三叠纪和白垩纪。

佳木斯地块的早古生代花岗质岩石主要分布于黑龙江鸡西—密山和双鸭山—宝清等地区，其岩石组合为斑状花岗岩、石榴子石花岗岩、花岗闪长岩、二长花岗岩以及正长花岗岩，发育块状构造或片麻状构造。高精度年代学研究认为佳木斯地块的早古生代花岗质岩石主要形成于541～484Ma（寒武纪）。这些寒武纪花岗质岩石可能形成于区域麻粒岩相峰期变质作用之后，与加厚造山带的地壳伸展垮塌作用有关。

此外，佳木斯地块二叠纪岩浆作用的分布范围广泛，持续时间较长。岩浆作用的产物也以花岗质岩石为主，并伴随少量的辉长岩与闪长岩，且这些岩浆岩多具有弧属性特征。但是，目前关于该期岩浆作用相关的地球动力学机制仍然存在很大争议。

中生代岩浆作用同样也是佳木斯地块的重要地质事件之一，其产物主要为三叠纪岩浆岩和白垩纪岩浆岩。其中，三叠纪岩浆岩类型多样，主要以花岗质岩石为主，含少量辉长岩、闪长岩以及流纹岩。但是该期岩浆作用相关的地球动力学机制问题争议颇多，可能与俯冲作用相联系，也可能与造山后伸展作用相关。此外，白垩纪岩浆作用也逐渐被报道，但是其分布面积并不广泛，仅零星出露，产物多为火山岩—火山碎屑岩和少量侵入岩。关于这些白垩纪岩浆岩形成的地球动力学机制，目前推断其可能与古太平板块的俯冲作用有关。

近年来还报道了佳木斯地块临山地区始新世花岗闪长岩的 LA-ICP-MS 锆石 U-Pb 年龄约 54Ma，这是东北地区首次发现的新生代古近纪花岗质侵入体，具有重要的地质意义。此外，还确定了佳木斯地块新元古代（898~891Ma 和 757~751Ma）岩浆作用的存在，该期岩浆作用对于限制佳木斯地块的亲缘性与麻山杂岩表壳岩的沉积时限具有重要意义。

第四节　松嫩—张广才岭微板块地质概况

松嫩—张广才岭地块是中国东北地区重要的构造单元之一，其分布面积广泛，主要由三部分组成：大兴安岭南段（西部）、松辽盆地（中部）以及小兴安岭—张广才岭（东部）。该地块存在广泛的岩浆—构造作用事件，研究其形成与演化过程对于理解东北地区微陆块的拼贴历史具有重要意义。其中，大兴安岭南段的岩浆作用主要发生于晚古生代和中生代，并发育古生代和中—新生代地层。松辽盆地作为中国东北地区最大的中—新生代陆相含油气盆地（面积约 $26×10^4 km^2$，长约 700km，宽约 350km），基底主要由浅变质—未变质的古生代地层、花岗质岩石以及片麻岩组成，其沉积盖层为侏罗系、白垩系、古近系、新近系以及第四系，厚度为 3000~7000m，最厚可超过 10000m。此外，小兴安岭—张广才岭地区的岩浆—构造作用频繁，岩浆岩类型多样（酸性、中性、基性以及超基性岩石均发育，但以花岗质岩石为主），形成了小兴安岭—张广才岭地区规模宏大的地质景观。

小兴安岭—张广才岭位于松嫩—张广才岭地块东缘。该地块西以贺根山—黑河缝合带与兴安地块相邻，东以黑龙江杂岩与佳木斯地块相连，南以索伦—西拉木伦—长春缝合带与华北克拉通北缘增生带相接。其中，松嫩—张广才岭地块东缘的小兴安岭—张广才岭与佳木斯地块一样，都发育郯—庐断裂带北延的两条重要分支：伊通—依兰断裂和敦化—密山断裂。

一、区域地层

前人普遍认为松嫩—张广才岭地块东缘的小兴安岭—张广才岭具有由前寒武纪变质岩系组成的基底，包括古元古界东风山群，新元古界张广才岭群、塔东群、一面坡群以及风水沟河群。但是高精度年代学研究认为这些前人厘定的元古宇并非前寒武纪地层，大部分形成于古生代—早中生代，仅在小兴安岭东部出露的东风山群与张广才岭南部发育的塔东群中存在新元古界。前人定义的东风山群、张广才岭群以及塔东群并非连续的沉积地层，而是由新元古代—早中生代的不同时代地质体组成的构造混杂岩。其中，原定东风山群自下而上由亮子河组、桦皮沟组以及红林组组成，主要岩石组合为二云母片岩、石英片岩、磁铁石英岩、大理岩、浅粒岩、花岗片麻岩、混合岩以及变质粉砂岩等。前人认为其变质程度不同，虽然以角闪岩相为主，但是在韧性变形带中普遍发生绿片岩相变质作用。通过对原定东风山群中亮子河组、桦皮沟组以及红林组中代表性样品进行碎屑锆石年代学研究发现，东风山群中上下地层的沉积时间混乱无序，而且不同样品的沉积年龄跨度很大，暗示该群并非连续的沉积地层。此外，原定塔东群包括拉拉沟组和朱敦店组（自下而上），主要由石英片岩、变粒岩、浅粒岩、大理岩、角闪岩、磁铁斜长角闪岩、斜长角闪岩、浅粒岩以及绿片岩组成。通过对原定塔东群中拉拉沟组和朱敦店组的代表性样品进行碎屑锆石年代学研究，获得了与东风山群相似的年龄结果。结合详细的野外地质踏勘、年代学以及地球化学研究，认为这些由不同时代的地质体组成的构造混杂岩与松嫩—张广才岭地块和佳木斯地块的碰撞—拼合历史有关，并且将其构造混杂时限限定于晚三叠世—早侏罗世。

松嫩—张广才岭地块东缘的小兴安岭—张广才岭地区发育的地层主要为寒武系晨明组、老道庙沟组、铅山组以及五星镇组，奥陶系宝泉组、小金沟组以及大青组，泥盆系黑龙宫组、宏川组以及福兴屯组，石炭系唐家屯组和杨木岗组，二叠系青龙屯组、土门岭组、五道岭组以及红山组，三叠系老龙头组，侏罗系二浪河组、太安屯组以及帽儿山组，白垩系板子房组、宁远村组、建兴组、甘河组、永青组以及福民河组，古近系宝泉岭组，新近系富锦组以及船底山组，具体地层特征介绍如下。

寒武系：晨明组（$\epsilon_1 c$）主要发育于伊春市晨明镇和五星镇，与上覆老道庙沟组整合接触，岩石类型主要为粉砂岩、薄层灰岩、沥青质灰岩夹页岩以及沥青质白云质灰岩；老道庙沟组（$\epsilon_1 l$）分布在伊春市晨明镇以及五星镇等地区，整合于上覆铅山组之下，岩性为细砂岩、硅质泥质板岩以及粉砂质板岩；铅山组（$\epsilon_1 q$）主要分布在伊春市、铁力市朗乡以及通河县等地，与上覆五星镇组整合接触，岩石类型为石灰岩、白云质灰岩、白云岩、大理岩等；五星镇组（$\epsilon_1 w$）主要发育在伊春市五星镇等地，主要岩石类型为板岩和大理岩等。

奥陶系：宝泉组（$O_{1-2}b$）主要发育在汤旺河流域以及尚志、木兰和鹤岗东风铁矿等地，岩石类型为熔岩、凝灰岩、板岩、石灰岩以及石英岩等；小金沟组（O_2x）发育在尚志市小金沟、通河县、宾县、铁力市以及汤旺河两岸，与下伏宝泉组整合接触，岩性主要为细砂岩、粉砂岩、细砂质粉砂岩、大理岩以及熔岩等；大青组（O_2dq）发育于尚志市小金沟、延寿以及伊春市新林等地区，与下伏小金沟组呈整合接触关系，岩石类型主要为安山岩、英安岩夹变质粉砂岩以及凝灰砂岩。

泥盆系：黑龙宫组（D_1hn）分布在尚志黑龙宫、富锦和伊春五星镇与宏川地区，岩石类型为砂砾岩、砂岩、凝灰砂岩、板岩以及灰岩等；宏川组（D_2h）发育在伊春宏川和木兰二合营等地区，岩性为凝灰质砂砾岩、角砾岩以及砂板岩夹灰岩；福兴屯组（D_2f）发育于延寿马鞍山和福兴屯等地，岩石类型为砂岩、砂砾岩以及板岩等。

石炭系：唐家屯组（C_3t）主要发育于阿城、宾县以及五常等地，岩性主要为强片理化酸性、中酸性火山岩，夹少量中性火山岩以及沉积岩；杨木岗组（C_3y）分布于尚志杨木岗、阿城、延寿、宁安以及鸡东等地，岩石类型主要为砂板岩，夹少量碎屑岩和熔岩。

二叠系：青龙屯组（P_1q）分布在延寿县青龙屯南山，岩石类型为中基性火山岩夹凝灰砂岩和凝灰质板岩；土门岭组（P_1t）主要发育于小兴安岭东南部—张广才岭地区，岩性主要为砂板岩，夹石灰岩、凝灰岩以及凝灰砂岩；五道岭组（P_2w）分布于张广才岭、小兴安岭东南以及北部地区，与下伏土门岭组呈不整合接触关系，岩性主要为中酸性火山岩；红山组

（P_2h）主要发育于伊春、铁力、密山以及东宁等地区，岩石类型主要为砾岩、砂岩以及板岩。

侏罗系：二浪河组（J_1e）分布于张广才岭主峰高岭子—海浪林场地区，被太安屯组整合覆盖，岩石类型以安山岩为主，夹中酸性凝灰岩和火山熔岩；太安屯组（J_2t）发育于高岭子—冷山一带，与帽儿山组不整合接触，岩性主要为砂砾岩夹酸性火山岩和酸性熔岩夹沉积岩；帽儿山组（J_3m）发育在尚志、阿城、宾县、巴彦以及伊春等地，岩性以中酸性凝灰熔岩和火山碎屑岩为主，夹流纹岩和安山质凝灰角砾岩。

白垩系：板子房组（K_1bn）分布在伊春和宾县等地，与上覆宁远村组整合接触，岩石类型主要为安山岩和安山质凝灰熔岩；宁远村组（K_1n）主要发育在尚志、宾县以及阿城等地区，与上覆建兴组平行不整合接触，岩性主要为熔岩、凝灰熔岩以及凝灰岩，夹沉积岩和珍珠岩；建兴组（K_1jx）分布于绥棱、逊克以及木兰等地，岩性主要为砂砾岩、砂岩夹粉砂岩、泥岩以及煤层；甘河组（K_1g）发育在伊春美丰林场—逊克阿廷河一带，主要为中基性火山岩；永青组（K_1y）分布在伊春永青与英雄岭农场附近，与下伏甘河组呈平行不整合接触关系，并与上覆福民河组不整合接触，岩石类型主要为中性火山碎屑岩和沉积岩；福民河组（K_2f）主要发育在黑河、嫩江以及伊春等地，岩性主要为流纹岩和凝灰岩夹珍珠岩。

古近系：宝泉岭组（Eb）主要发育在依兰达连河、萝北宝泉岭农场以及富锦大兴农场，主要岩石类型为砂砾岩、砂岩、粉砂岩以及泥岩，夹多层黑褐色褐煤和油页岩。

新近系：富锦组（Nf）发育于黑龙江尚志—依兰、宁安—密山以及三江盆地等地区，岩性主要为细砂岩、粉砂岩、泥岩以及砂砾岩等；船底山组（Nc）主要发育于黑龙江东部山地及各断裂带内，岩性主要为橄榄玄武岩、玄武岩、安山玄武岩以及凝灰质砂岩组成的旋回层。

二、区域岩浆岩

松嫩—张广才岭地块东缘的小兴安岭—张广才岭的岩浆岩类型多样，从酸性岩、中性岩到基性—超基性岩均有发育（以花岗质岩石为主）。近年来高精度的年代学研究显示该地区的岩浆岩主要形成于晚古生代—早中生代，仅有少量新元古代和早古生代岩浆岩。根据目前已发表的年代学资料，将松嫩—张广才岭地块东缘的岩浆作用划分为四个期次：新元古代、早古生代、晚古生代以及中生代。

松嫩—张广才岭地块东缘的新元古代岩浆岩并不广泛发育，仅零星出露，但意义重大，为该地区存在前寒武纪结晶基底提供了重要的地质证据。有人报道过该地区的新元古代岩浆作用，通过锆石 U-Pb 测试获得了张广才岭中段东风经营所附近花岗质片麻岩的原岩结晶年龄（850.2 Ma±2.0 Ma）。但该期岩浆作用事件在松嫩—张广才岭地块东缘并未广泛报道，相关岩石学和地球动力学的问题有待进一步研究。

此外，在松嫩—张广才岭地块东缘也识别出了早古生代岩浆作用的产物，主要为中酸性侵入岩，含少量酸性和中基性火山岩。通过对松嫩—张广才岭地块东缘的早古生代岩浆岩进行详细年代学研究，并结合前人的研究成果，将松嫩—张广才岭地块东缘的早古生代岩浆作用划分为五个期次：约516Ma（早寒武世）、505～490Ma（中—晚寒武世）、482～461Ma（早—中奥陶世）、460～450Ma（晚奥陶世）以及432～420Ma（志留纪）。松嫩—张广才岭地块东缘早古生代岩浆岩的形成与松嫩—张广才岭地块和佳木斯地块的拼贴演化历史密切相关。

晚古生代和中生代岩浆岩在松嫩—张广才岭地块东缘广泛发育。目前已获得的年代学结果认为松嫩—张广才岭地块东缘的晚古生代花岗质岩石主要形成于二叠纪，并且这些花岗质岩石的形成可能与松嫩—张广才岭地块和佳木斯地块之间牡丹江洋的演化历史相关。此外，松嫩—张广才岭地块东缘还存在持续的中生代岩浆作用事件（三叠纪—侏罗纪）。但是，目前关于该期岩浆作用事件的地球动力学机制问题尚存在较大分歧，它是古亚洲洋闭合后伸展作用产物、古太平洋板块俯冲作用产物，或是松嫩—张广才岭地块与佳木斯地块碰撞拼贴的产物。

第五节　那丹哈达地体地质概况

那丹哈达地体（又称完达山地体）位于中国东北地区最东部，与俄罗斯远东的比金地体相接，是那丹哈达—锡霍特阿林增生杂岩带的重要组成部分。该增生杂岩带主要分布在俄罗斯境内，由一系列次级地体构成，包括早白垩世岛弧（如科姆地体）、早白垩世同走滑浊积岩盆地的碎片（如乳茹拉伏列夫地体）、侏罗纪—早白垩世增生楔（如那丹哈达地体、萨玛尔京地体、哈巴罗夫斯克地体和巴热尔地体）。那丹哈达地体呈南北向展布，东邻乌苏里江，西侧由跃进山杂岩将其与佳木斯地块相隔，南面与兴凯地块相接，向北可以延伸至黑龙江。许多学者认为中国东北地区东部的那丹哈达地体、俄罗斯远东地区的锡霍特阿林地体和日本的美浓—丹波地体曾经是一个超级地体，它们在中生代期间由古太平洋低纬度地区增生到欧亚大陆东缘。

那丹哈达地体内的断裂较为发育，主要包括敦化—密山断裂、大和镇断裂、富锦—小佳河断裂。

一、区域地层

那丹哈达地体发育中生代海相沉积地层，介绍如下。

1. 三叠系中上统

十八垧地组（T_2s）：该组分布在饶河县的十八垧地、四合顶子，虎林市和平桥、炮手营林场东山、三元坝和宝清县马鞍山等区域，呈北东接近南北向展布，局部地区呈北北西向展布。该组岩性较为单一，主要为硅质岩，夹少量砂岩。硅质岩颜色多为浅灰色、褐色，发育层理、节理，应为稳定的深水环境沉积而成，产出丰富的放射虫和牙形刺。该组厚度大于325m。

大坝北山组（T_3d）：该组分布在饶河县大坝北山、五林洞，虎林市三元坝、独木河、大木河山、龙间山和宝清县马鞍山地区。该组主要由泥岩、粉砂岩和硅质岩组成，发育放射虫，呈北东向和南北向展布，厚度大于1362m。

大佳河组（T_3dj）：该组主要分布在宝清县的八五三农场、大花砬子，饶河县胜利农场、大佳河、小佳河、西丰沟和山里屯，虎林市独木河、张发岭和挠力河沿岸等地区。该组岩性以硅质岩为主，局部夹有泥岩、粉砂岩或透镜状灰岩。硅质岩多为蓝灰色、浅褐色、灰白色薄层碧玉状或层状，页岩多为紫色，硅质岩和页岩均产出丰富的牙形刺和放射虫化石，局部形成放射虫生物岩。该层厚度大于304m。

2. 三叠系上统—侏罗系下统

大岭桥组（T_3-J_1d）：该组分布在宝清县八五三农场和马鞍山，饶河县大岱河两岸的向阳屯，虎林市西南沟老爷岭、青山林场、西南岔林场南部等地区，岩性变化较大，主要以杂砂岩和泥岩夹薄层硅质岩为主，并夹有一些镁铁质岩和超镁铁质岩。该组厚度大于1670m。

3. 侏罗系下统

永福桥组（J_1y）：该组分布在饶河县四帮山和头道山地区，是三叠纪深海沉积物之上的一套复理石沉积。岩性主要有浊流杂砂岩、含砾砂岩、粉砂岩和粉砂质泥岩，基本不出现深海相的硅质岩和泥岩。砂岩多为灰绿色、黄绿色。该组厚度大于1017.03m。

大架山组（J_1dj）：该组分布在虎林市大架山至云山附近，是一套海相陆源碎屑岩，主要包括灰白色硅质砾岩、灰黑色或黄褐色砂岩和灰黑色板岩。砂岩内发育丰富的腕足类、双壳类、菊石类等生物化石。该组厚度大于1021m。

白鹤山组（J_1b）：该组分布在虎林市大架山至云山地区，是一套海相—海陆交互相的砂泥质沉积地层。发育的岩石类型主要包括黄绿色、灰白色砂岩和灰黑色粉砂质板岩，夹凸镜状砾石，产出双壳类、菊石、腕足类、腹足、珊瑚、海百合茎和放射虫等海相动物化石。该组厚度大于651m。

二、区域岩浆岩

那丹哈达地体主要发育一套南北向展布的中生代超镁铁质—镁铁质杂岩和大面积展布的白垩纪酸性侵入岩。

超镁铁质—镁铁质杂岩呈南北弧形带状分布，与围岩呈断层接触。岩石类型主要包括枕状玄武岩、科马提岩、辉石岩、辉长岩、斜长岩和斜长花岗岩。前人多将这套超镁铁质—镁铁质杂岩看作构造混杂岩。最新研究根据它们的地球化学特征和同位素组成将其视为洋岛型火成岩。

白垩纪酸性侵入岩广泛出露，主要形成于早白垩世和晚白垩世。早白垩世酸性侵入岩以蚂蚁河岩体和太平村岩体为代表。其中饶河县北部蚂蚁河岩体南北向展布呈岩基状，出露面积约630km^2。该岩体于新开一带侵入饶河杂岩的枕状玄武岩中，岩性主要包括黑云母花岗闪长岩、含堇青石黑云母花岗闪长岩、似斑状黑云母花岗闪长岩、似斑状黑云母正长花岗岩及似斑状黑云母二长花岗岩，其形成年龄为111～124Ma。而饶河县东部的太平村岩体，出露面积约85km^2，岩性主要包括似斑状黑云母正长花岗岩、似斑状含堇青石二云母正长花岗岩、中粒黑云母正长花岗岩、似斑状黑云母二长花岗岩和似斑状含堇青石二云母碱长花岗岩（114Ma）以及含堇青石黑云母二长花岗岩（128～129Ma）。晚白垩世酸性侵入岩主要分布在那丹哈达地体北部的抚远—同江地区，主要包括抚远、勤得利和街津口三个岩体。抚远岩体位于那丹哈达地体北部抚远镇附近，呈北北东向展布，主要由含角闪石和黑云母的花岗闪长岩构成，其形成时代为88.9Ma±1.4Ma～90.9Ma±0.6Ma；勤得利岩体位于勤得利镇南侧，岩体以岩株状产出呈北北东向展布，岩石类型为含角闪石和黑云母的花岗闪长岩，其形成时代为94.7Ma±0.4Ma～95.1Ma±0.9Ma；街津口岩体出露在街津口附近，呈不规则岩枝状产出，主要岩石类型为含黑云母和角闪石花岗闪长斑岩，其形成时代为 94.0Ma±0.7Ma～94.8Ma±0.5Ma。

第六节 华北地块北缘地质背景

华北地块北缘毗邻中亚造山带东段，区内前寒武系、古生界和中生界出露广泛。前寒武系基底主要由变质岩构成，其中太古宙中—高级变质岩广泛出露于阴山、燕山、辽西和吉南一带，主要岩石类型有片麻岩、混合岩和斜长角闪岩。元古宙为变质火山—沉积岩，主要分布于阴山、冀北、辽西及中亚造山带部分地区，主要岩石类型为碳酸盐岩、碎屑岩、泥质岩及碱性火山岩。古生界分布广泛，中—上寒武统和中—下奥陶统最为发育，下寒武统发育不全，上奥陶统、志留系、泥盆系和下石炭统缺失。其中，中—上寒武统和中—下奥陶统大多以碳酸盐岩为主，局部见碎屑岩和泥质岩；石炭系和二叠系为一套海陆交互相含煤碎屑岩—泥质岩。三叠系岩石类型以河湖相碎屑岩和泥质岩为主，局部见火山岩。侏罗系和白垩系在各个中生代盆地均有出露，岩石类型以泥质岩和细碎屑岩为主，个别盆地为巨厚的基性—中酸性火山岩所充填。

华北地块在太古宙到古元古代末形成，之后时有岩浆扰动。1.35Ga的基性岩床和岩墙群事件代表了华北地块与北美地块的裂解，说明华北地块曾经是哥伦比亚超大陆的组成部分。自从经历了中元古代中期裂解之后，华北地块北缘进入被动大陆边缘发展阶段。早古生代期间，在华北地块北缘发育了白乃庙岛弧岩带，该带可能开始于早奥陶世（约475Ma）或更早，结束于晚志留世（约420Ma），为一套以玄武岩、流纹岩为主体，含少量玄武安山岩、英安岩组成的亚碱性岩石组合。志留纪末期，白乃庙岛弧与华北地块北缘发生弧—陆碰撞，白乃庙岛弧增生拼贴在华北地块北缘之上。泥盆纪岩浆岩（400～360Ma）以碱性岩为主，其次为基性—超基性岩、二长闪长岩、碱性花岗岩及流纹岩，出露面积较小，可能与白乃庙岛弧岩带与华北地块弧陆碰撞后的伸展作用有关。早石炭世晚期—中二叠世岩浆岩（330～265Ma），以闪长岩、石英闪长岩、花岗闪长岩及花岗岩为主，其次为辉长岩及英云闪长岩，可能与古亚洲洋向华北地块的俯冲作用相关。二叠纪末—三叠纪岩浆岩（250～200Ma）主要为钾长花岗岩、二长花岗岩及碱性杂岩，其次为基性—超基性岩及少量中酸性火山岩，可能与华北地块与西伯利亚南缘蒙古增生褶皱带拼合后的伸展及岩石圈拆沉作用相关。侏罗—白垩纪岩浆活动主要沿NE-NNE向展布，发育陆内构造运动，陆相火山活动和花岗质岩浆侵位广泛，该期岩浆作用可能是欧亚构造动力学体系与西太平洋动力学体系复合、叠加作用的结果。

该区断裂构造发育，区域断裂以EW、NE-NNE向断裂为主。EW向断裂有赤峰—白云鄂博断裂、集宁—承德—凌源断裂、西拉木伦河断裂等，其中赤峰—白云鄂博断裂是最重要的EW向断裂，长约600km，宽15～60km，为南部的华北地块和北部的兴蒙古生代造山带的构造分界，它们对区域构造演化及成矿作用起着重要的控制作用。NE-NNE向断裂主要有依兰—伊通断裂、大兴安岭—太行山断裂、二连—黑河断裂等，并以大兴安岭—太行山断裂和依兰—伊通断裂为界，把华北地块北缘自西向东分为狼山—渣尔泰山—张北、燕山—辽西、辽东—吉南三个区（图2-5）。

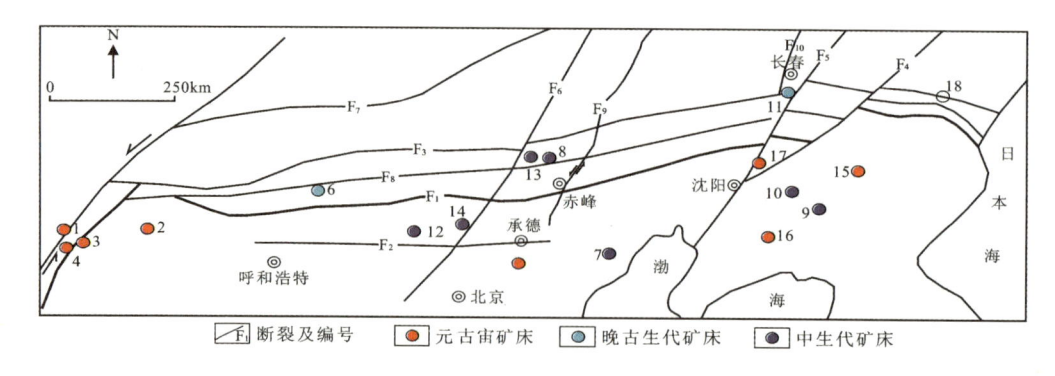

图 2-5　华北地块北缘铅锌矿床分布简图

断裂：F$_1$—赤峰—白云鄂博断裂；F$_2$—集宁—承德—凌源断裂；F$_3$—西拉木伦河断裂；F$_4$—抚顺—密山断裂；F$_5$—依兰—伊通断裂；F$_6$—大兴安岭—太行山断裂；F$_7$—二连—黑河断裂

矿床位置及编号：1—霍各乞；2—甲生盘；3—东升庙；4—炭窑口；5—高板河；6—别鲁乌图；7—八家子；8—小营子；9—二棚甸子；10—桓仁；11—放牛沟；12—蔡家营；13—峒子；14—牛圈—营房；15—荒沟山；16—张家堡子；17—关门山；18—天宝山

第七节　松辽盆地地质概况

松辽盆地位于蒙古—华北、西伯利亚和太平洋三大板块交汇区，是发育在蒙古—华北板块之上，以白垩系为主、含侏罗系和新生界的富油气盆地。

松辽盆地基底主要为石炭—二叠纪碎屑岩、火山碎屑岩和中酸性侵入岩，局部见石灰岩，多经历板岩—千枚岩浅变质作用，是前中生代古亚洲洋构造域众多微板块、地体拼贴形成的复合陆块。盆地北部通过蒙古—鄂霍次克缝合带与西伯利亚板块（陆壳）相连。盆地东部于白垩纪时期通过锡霍特—阿林构造带与太平洋板块（洋壳）相连，当时日本海尚未形成。

一、下伏地壳

松辽盆地下伏地壳中生代以来一直属于减薄陆壳。杨宝俊等根据地学断面和深反射地震及区域重磁资料，系统总结了松辽盆地及邻区岩石圈结构特征。本区地壳厚度为 30～40km，中部盆地区的地壳薄，最薄处大致位于哈尔滨附近为 30km，最厚 40km 位于大兴安岭西侧。中部盆地区岩石圈厚度也比周边山区薄，为 60～70km，大兴安岭及西侧山区厚约 120km。东北地区的岩石圈厚度南部比北部变化范围大，为 60～100km。岩石圈内存在多组超壳断裂，如郯庐断裂北延断裂系（佳木斯—伊通断裂和敦化—密山断裂）、嫩江断裂、牡丹江断裂、大兴安岭—太行山断裂。在额尔古纳地区、滨北地区、饶河宝清地区，地壳上部存在多组逆冲断裂。松辽盆地下伏莫霍（Moho）面与盆地底部呈非对称式双斜镜像关系，即盆地下面有两个盆底凹陷和两个莫霍面隆起，但二者不呈双双对应的镜像关系（图 2-6）。盆底凹陷分别在大庆和哈尔滨，而相应的莫霍面隆起分别在齐齐哈尔（较盆底偏西）和宾县帽儿山（较盆底偏东）。西部的莫霍面隆起规模较小，对应的盆地底部规则，与坳陷期盆地相吻合。东部的莫霍面隆起不仅规模较大，而且对应的盆地底部也不规则，可能反映的是经过改造的断陷期盆底特征。

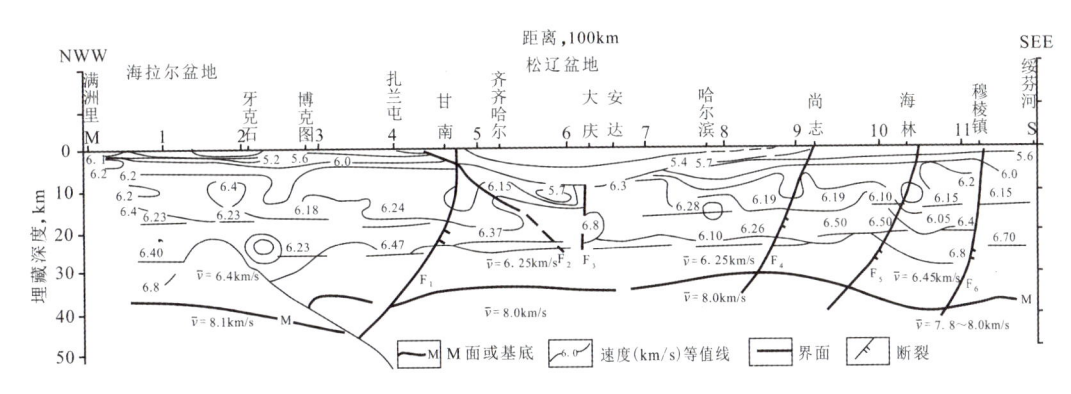

图 2-6 松辽盆地及邻区下伏地壳结构（据杨宝俊等，1996）

F₁—黑河—贺根山拼接带；F₂—嫩江断裂；F₃—孙吴断裂；F₄—佳木斯—伊通断裂；
F₅—牡丹江拼接带；F₄—敦化—密山断裂

二、构造单元划分

松辽盆地坳陷构造层可划分成6个一级构造单元，即北部倾没区、中央坳陷区、东北隆起区、东南隆起区、西南隆起区、西部斜坡区，进一步可划分为32个二级构造单元，包括1个长垣、7个背斜带、7个隆起带、6个阶地和11个凹陷（图2-7）。

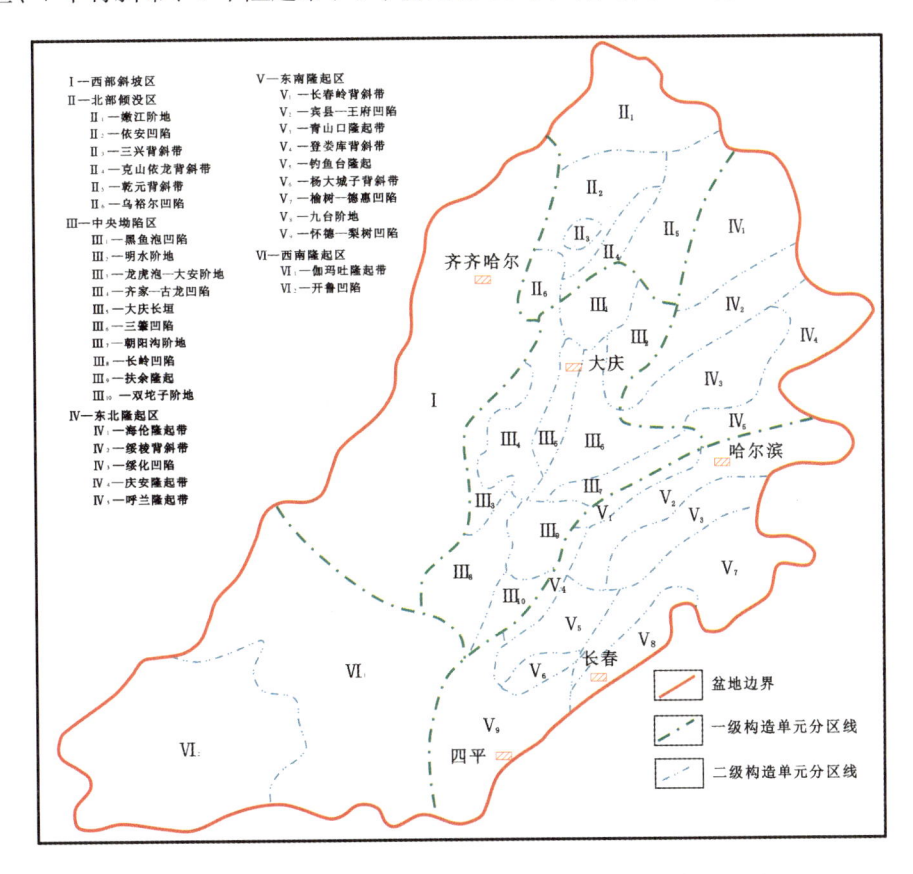

图 2-7 松辽盆地坳陷层构造单元划分图（据高瑞祺，1997）

三、地层层序及特征

松辽盆地白垩系发育较好，出露较全，各地层单位划分清楚，地层特征具有一定的代表性。松辽盆地沉积层由中—新生代地层组成，总厚度可达万米以上，其发育特征明显受盆地演化各阶段的构造背景制约。从中—上侏罗统的白城组和火石岭组，到下白垩统的沙河子组和营城组，主要为一套含煤和火山岩的碎屑岩沉积，仅在各个断陷盆地发育。登娄库组是断坳转换过渡沉积的一套地层，具"填平补齐"作用，在西部斜坡区部分缺失。泉头组至嫩江组下部是由一套含油气的砂泥碎屑岩组成。四方台组和明水组属盆地萎缩期的沉积，分布范围较小。古近—新近系发育了以河流相沉积为主的依安组、大安组和泰康组。第四系沉积非常发育，主要为风成堆积和河湖相沉积。

松辽盆地地层发育有中侏罗统白城组，上侏罗统洮南组，下白垩统火石岭组、沙河子组、营城组、登娄库组、泉头组，上白垩统青山口组、姚家组、嫩江组、四方台组、明水组，古近系依安组，新近系大安组、泰康组，第四系（图2-8）。

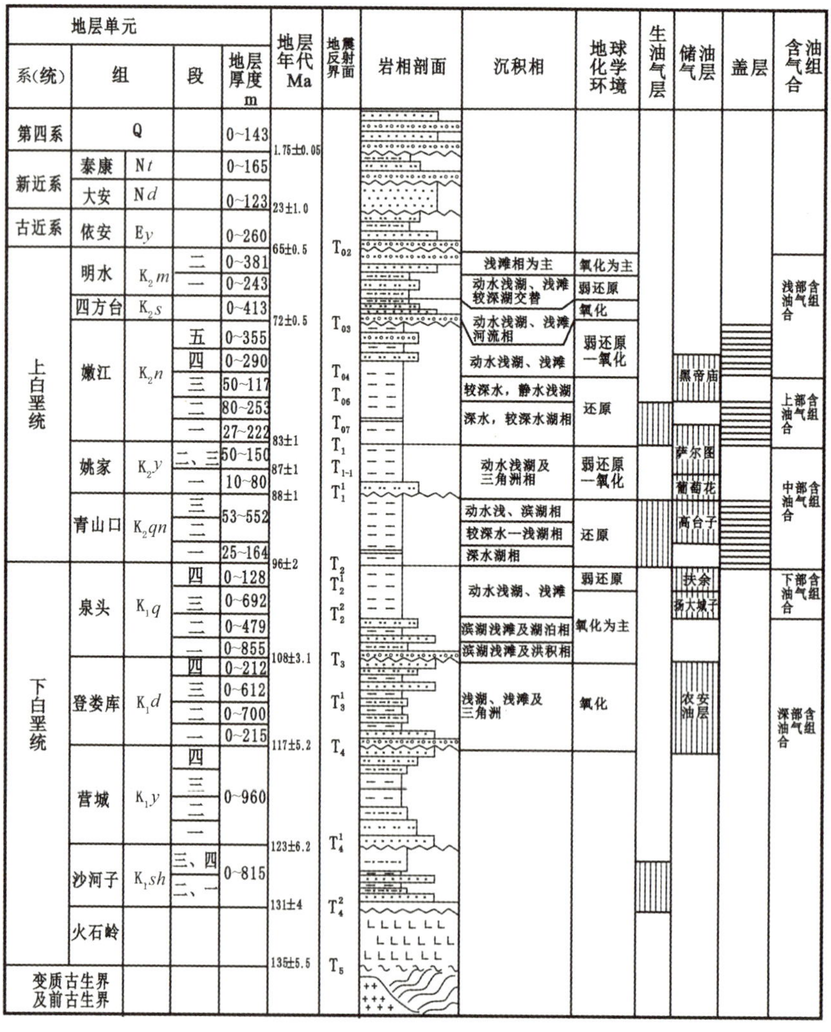

图2-8 松辽盆地地层划分与含油气组合（据王璞珺，2009，2015；宋鹰，2016，有修改）

1. 侏罗系

1）中侏罗统

中侏罗统仅见白城组（J_2b），该组主要在吉林省西部白城市、洮南镇、平安镇一带有零星分布，为山间盆地型沉积。该组主要岩性为灰绿色、灰白色砂岩、砂砾岩，灰黑色泥岩、粉砂岩夹灰色、灰紫色凝灰岩及薄煤层，底部常见有凝灰质砾岩，角度不整合于二叠系之上。

2）上侏罗统

上侏罗统分布比较广泛，是盆地断陷阶段初期沉积的一套火山岩和火山碎屑岩建造。主要发育在盆地西部白城、平安镇、保康一带，称洮南组，其岩性以火山岩为主，底部角度不整合于白城组或二叠系之上。

2. 白垩统

1）下白垩统

下白垩统包括火石岭组、沙河子组、营城组、登娄库组和泉头组。

火石岭组（K_1h）岩性主要为凝灰质角砾岩、凝灰岩、安山岩、玄武岩及凝灰质砾岩等，底部角度不整合于白城组或二叠系之上。

沙河子组（K_1sh）广泛分布于盆地各断陷内，主要为一套水体相对较深的半深湖—湖沼沉积，岩性以灰黑色、深灰色泥岩为主，夹有灰白色砂岩、粉砂岩及少量凝灰岩，与下伏地层呈局部不整合接触。

营城组（K_1y）的分布范围较为广泛，由于这一时期伊泽奈崎板块向亚洲板块斜向俯冲引发大规模走滑断裂活动，伴随的火山活动也比较强烈，因此，营城组发育了一套火山—陆源碎屑含煤沉积建造，下部主要岩性为安山玄武岩、火山角砾岩、凝灰砂岩及灰色砂岩、砂砾岩、灰黑色泥岩夹煤层；上部主要岩性为酸性火山岩、火山碎屑岩及砂岩、粉砂岩和黑色泥岩，含可采煤层。营城组与下伏地层呈整合或平行不整合接触。由于燕山运动的影响，盆地内部分地区缺失营城组顶部地层。

登娄库组（K_1d）是断坳转化过渡时期沉积的一套地层，岩性下部以灰白色、杂色砂砾岩为主，夹灰绿色、紫红色泥岩及少量凝灰岩；上部为灰绿、灰褐色泥岩与杂色砂砾岩互层。登娄库组与下伏营城组呈角度不整合接触。盆地西部斜坡部分地区缺失部分登娄库组。

泉头组（K_1q）是松辽盆地坳陷期早期阶段的沉积，盆地内以河流相为主，向盆地边缘粒度变粗，按岩性可将该组分为四段：泉一段以紫灰色、灰白色砂砾岩与暗紫红色泥岩互层为主，局部夹少量凝灰岩；泉二段以紫红色、褐红色泥岩为主，夹紫灰色、灰白色砂岩；泉三段以灰绿色、紫灰色粉—细砂岩与紫红色泥岩互层为主；泉四段为灰绿色、灰白色粉—细砂岩与紫红色、棕红色泥岩互层，顶部常为灰绿色泥岩。泉头组与下伏登娄库组呈整合—平行不整合接触。盆地边部常超覆于不同层位老地层之上。

2）上白垩统

松辽盆地上白垩统由青山口组、姚家组、嫩江组、四方台组和明水组组成。

青山口组（K_2qn）沉积时期是松辽盆地沉积范围比较大的一个时期，下部以深湖—半深湖相泥岩、页岩为主，夹油页岩；上部为黑色、深灰色泥岩夹灰色、灰绿色钙质粉砂岩和多层介形虫层。本组向边部粗碎屑增多，与下伏地层泉头组呈整合—平行不整合接触。古生物研究发现，在西部斜坡一带可能缺失青山口组顶部部分地层，梨树断陷的青山口组顶部也有部分被剥蚀。

姚家组（K_2y）以紫红色、棕红色、灰绿色泥岩与灰白色砂岩互层为主。盆地中部可见有姚家组黑色泥岩，与下伏青山口组呈整合—不整合接触。姚家组在区内分布较广，但在梨树断陷一带被剥蚀。

嫩江组（K_2n）是盆地内分布范围最广的地层，在北部和东北部已超出现今盆地边界。下部岩性主要为黑色、灰黑色泥岩、页岩，夹油页岩；上部岩性为灰绿色、深灰色、棕色泥岩与粉砂岩、细砂岩互层。嫩江组与下伏姚家组呈整合接触。由于嫩江组沉积末期受燕山运动四幕的影响，在西部斜坡部地区嫩江组上部被部分剥蚀，德惠断陷和梨树断陷地区被完全剥蚀。

四方台组（K_2s）属盆地萎缩期的沉积，其分布范围已大大缩小，且沉积中心也已向盆地西移，主要分布于盆地的中部和西部，以浅湖及河流相为主。该组主要岩性是：下部为砖红色含细砾的砂泥岩夹棕灰色砂岩和泥质粉砂岩；中部为灰色细砂岩、粉砂岩、泥质粉砂岩与砖红色、紫红色泥岩互层；上部以红色、紫红色泥岩为主，夹少量灰白色粉砂岩、泥质粉砂岩。四方台组与下伏嫩江组呈角度不整合接触。

明水组（K_2m）比四方台组分布范围更为局限，主要分布于盆地中部和西部，东部普遍缺失。明水组岩性主要为灰绿色、灰黑色泥岩与灰色、灰绿色砂岩、泥质砂岩交互组成。明水组与下伏四方台组呈整合—平行不整合接触。明水组除分布局限外，在西部斜坡和乾安坳陷地区也有部分缺失。

3. 古近—新近系

古近—新近系主要分布于松辽盆地西部，自下而上有依安组、大安组和泰康组等三个组。其中以泰康组分布最为广泛，主要岩性为一套河流相为主的灰绿色、黄绿色、深灰色泥岩与砂岩、砾岩互层组成，与下伏地层呈角度不整合接触。

4. 第四系

盆地内第四系沉积非常发育，厚度可在 10～200m 之间，主要为风成堆积和河湖相沉积。岩性多为黄土状亚黏土、黑色淤泥质亚黏土、亚黏土、砂土及砂砾层。与下伏地层呈平行不整合—角度不整合接触。

四、松辽盆地坳陷期湖盆发育进程

松辽盆地坳陷期湖盆发育可划分为六个阶段，即扩张期、兴盛期、衰退期、再度扩张期、极盛期和萎缩期，可以总结为"两兴""两衰"，就其兴衰的速度而言，又可描述为"兴急""衰缓"。

"两兴"指青一、二段和嫩一、二段沉积时期。大量研究成果表明，松辽盆地遭受了两次大规模的海侵，形成了青山口组沉积时和嫩江组沉积时水域宽阔的松辽深水坳陷湖盆，表现为湖盆面积急剧增加：泉四段沉积时期早、中期至青一段沉积时期之间湖盆面积由约 8000km² 变化为 87700km²，扩大了约 10 倍之多；姚二+三段沉积时期至嫩一段沉积时期之间湖盆面积由约 9800km² 增加到超过 100000km²，又扩大了约 10 倍之多（图 2-9）。

"两衰"指青山口组沉积末期和嫩江组沉积末期。青山口组沉积末期发生了构造整体抬升，与此同时，全球海平面大幅度下降，造成松辽盆地湖平面大规模下降，湖区面积大幅度萎缩。到姚家组一段沉积时期，湖区面积萎缩到不足 10000km²。青山口组与姚家组的分界

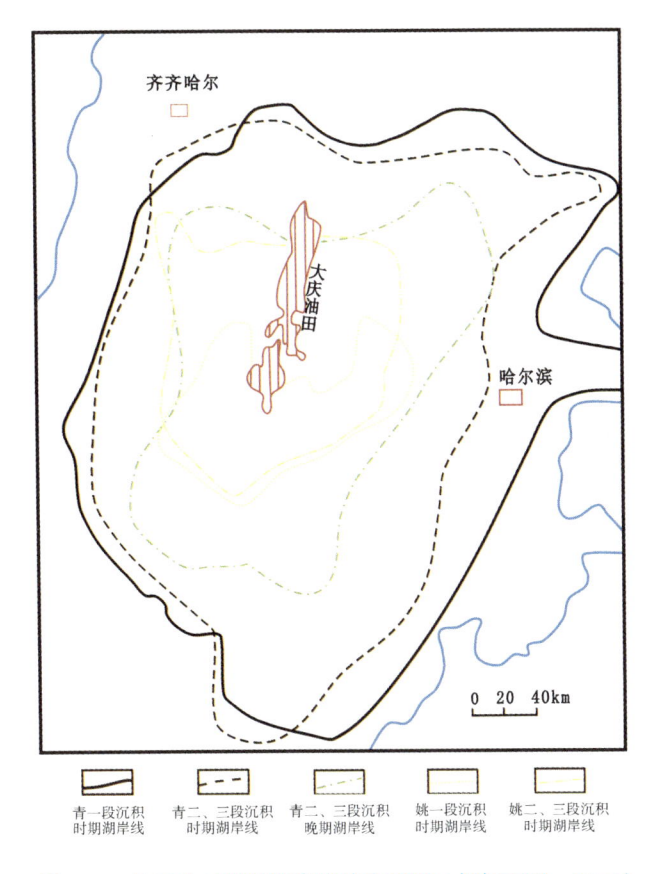

图 2-9　松辽盆地坳陷期湖岸线变迁图（据杨万里，1985）

面是坳陷湖盆阶段一个明显的不整合面。嫩江组沉积末期湖盆的衰退则表现为嫩江组与上覆地层呈区域不整合关系。

湖盆兴衰急缓的发育过程，具有特殊的石油地质意义。湖盆急剧发育导致非补偿性深湖相沉积，加上当时气候条件适于生物繁衍，为生油物质的沉积和保存提供了良好的条件，因此，两次兴盛期成为盆地的有利生油期。湖盆的两次衰退，发育了规模较大的低位体系域砂体，又为油气的聚集提供了良好的储集空间。兴衰的交替形成了上、中、下多套含油组合。

五、松辽盆地构造—盆地充填

松辽盆地构造—盆地充填主要包括三部分：（1）构造层类型、特征及其地质属性；（2）火山事件和海侵事件的时限、方式、范围及其与构造和盆地演化的关系；（3）盆地充填方式、序列特征及其所反映的成盆动力学含义。

1. 区域性不整合面

松辽盆地各个组段之间通常发育规模不等的不整合界面，但重要的区域性不整合面主要有三个，即基底顶界面、营城组顶面、嫩江组顶面。

基底顶界面（T_5 反射层）为以石炭—二叠系为主的各类岩石（主要包括碎屑岩、火山碎屑岩、侵入岩、浅变质岩类），于三叠纪及侏罗纪早期普遍遭受抬升剥蚀，形成的区域性剥蚀不整合面。它相当于裂前剥蚀不整合面。该界面在断陷期由于差异性块断作用，有些沉入基准面（沉积与剥蚀相当，大致为地下水面）以下，被断陷层掩埋；有些则掀斜抬升，继续遭受剥蚀。因此，该界面之上的地层时代变化很大，可出现从下—中侏罗统、火石岭组—营城组，一直到嫩江组，各个时代地层。

营城组顶面（T_4反射层）主要表现为三种类型的剥蚀不整合界面，即断陷肩部隆起剥蚀面、断陷中部火山机构高部位剥蚀面、断陷外围基底剥蚀面（此时与T_5重合）。该界面之上为登娄库组超覆式沉积，且通常为登娄库组二段细碎屑岩。登娄库组一段砂砾岩层在T_4面之上经常缺失，代表该界面在早阿尔布期的时代间断。其构造特征和上下地层充填方式的显著差异，表明该界面相当于裂开不整合面。

嫩江组顶面（T_{03}反射层）表现为全盆地范围内的东部抬升与大范围剥蚀，以及盆地内部普遍褶皱和褶隆高部位的剥蚀。东南隆起区松花江沿岸青山口组下部的油页岩广泛出露，按青山口组—嫩江组地层平均厚度计算，该界面的累计剥蚀厚度超过800m。盆地横向剖面显示，嫩江组及其以下的沉积地层以褶皱挠曲变形为主，表明该期的区域构造应力场以南东—北西向挤压为主。

2. 构造层及其充填特征

上述三个不整合面把松辽盆地分成三个构造层：断陷、坳陷和挤压反转层（图2-10、图2-11）。每个构造层在控盆断裂、沉降机制、充填样式和纵向序列上有明显差别。基底顶界面（T_5）相当于断陷层底界面，营城组顶面（T_4）为断陷层顶界面（坳陷层底界面），嫩江组顶面（T_{03}）为坳陷层顶界面（构造反转层底界面）。

下部的断陷层（150～110Ma）包括火石岭组、沙河子组、营城组，为厚达3000M的火山—沉积序列，表现为大范围的、分散的中小型断陷充填。单个断陷规模数百到数千平方千米，断陷群分布远超出现今盆地范围。控盆/控陷断裂为张性或张扭，走向北西、北东和近南北。徐家围子等大型断陷的控盆断裂以北西向为主[图2-12（a）]。沉降特点表现为区域地壳伸展、张性破裂、差异性裂陷和块断。断陷充填的特点是边界陡倾且为断裂所围限，呈双断地堑状或单断半地堑—箕状。内部充填为火山—沉积序列，火山岩类占充填体积的一半以上。沉积岩主要出现在序列中部的沙河子组，呈现快速变深变细变薄的非补偿型沉积，烃源岩和煤层发育。依据沉降机制、断裂性质和充填特征，该构造层属于同裂谷期火山-裂谷盆地充填。

中部的坳陷层（110～79.1Ma）包括登娄库组、泉头组、青山口组、姚家组、嫩江组，为厚达4300m的河湖相沉积，总体表现为持续的盆地扩张，其中部的青山口组盆地最深，顶部的嫩江组沉积范围最大。盆地具有基本统一的汇水区，呈逐层上超状披盖在下伏分散断陷群和基底之上[图2-12（b）]。整个充填样式呈向下挠曲的凹陷状或碟状。各沉积层序在盆地中部较厚，向两侧逐渐减薄，在盆缘尖灭，地层终止方式与断层无关。松辽盆地热史结果表明火山期升温，之后降温。据此并结合坳陷层序充填样式，认为这一时期的沉降机制主要表现火石岭组—营城组和青山口组火山作用，导致的火山期后热挠曲沉降。纵向上的沉积层序自下而上构成粗（登娄库组—泉头组）—细（青山口组—嫩江组下部）—粗（嫩江组上部）全韵律粒度旋回。该构造层属于后裂谷期坳陷沉积层序。

上部的构造反转层（79.1～40Ma）包括四方台组、明水组、依安组，为厚达900m的河湖相粗碎屑沉积。该期盆地大体继承了坳陷期格局，仍保持基本统一的汇水区，但沉积沉

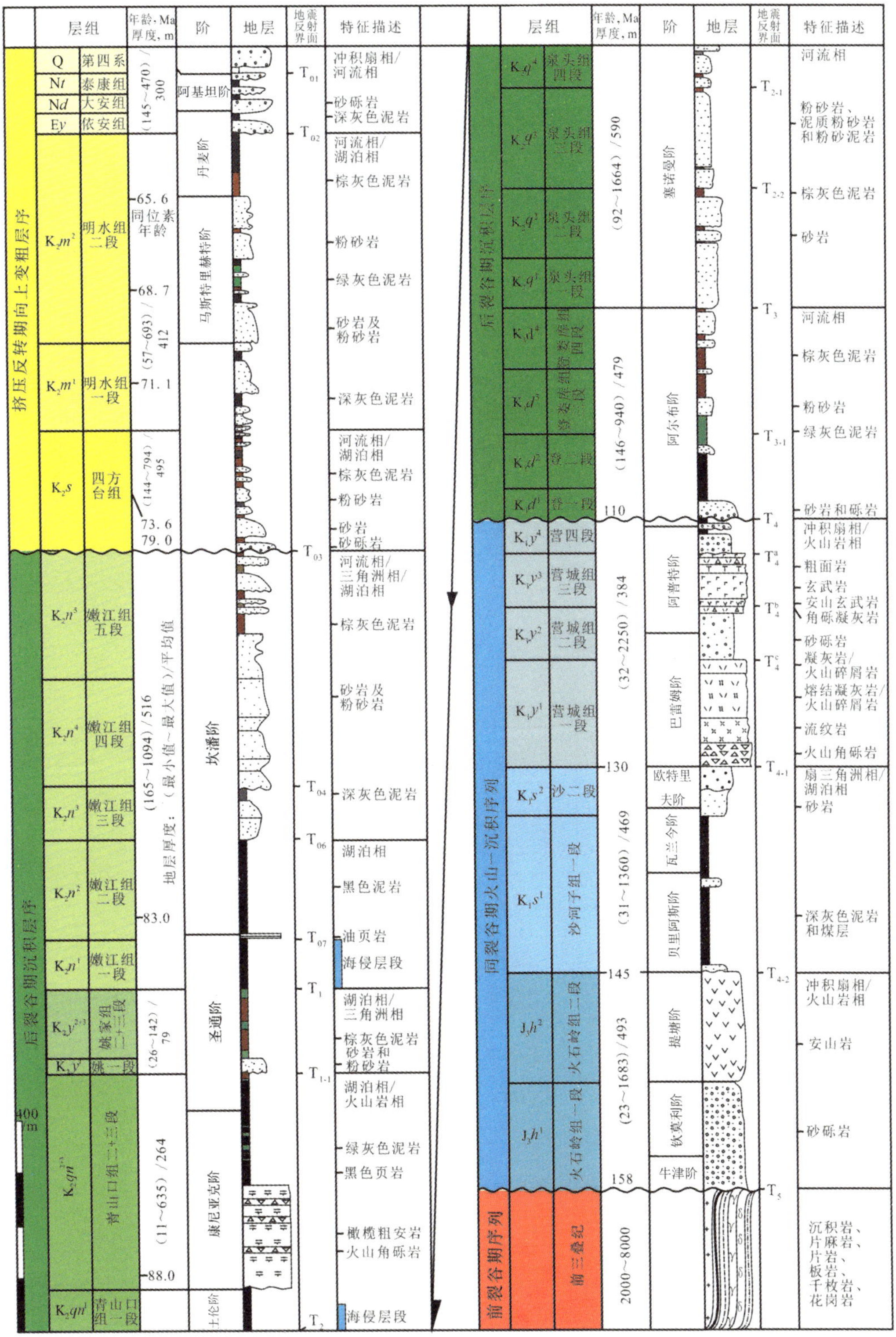

图 2-10 松辽盆地构造层和火山/海侵事件综合柱状图（据王璞珺等，2014）

降中心持续向西向北迁移，范围逐渐萎缩，到顶部沉积范围仅限于西北隅的万余平方千米，盆地趋于消亡［图 2-12（c）］。盆地边界不受断层围限，充填形态呈碟状，地层向两侧减薄尖灭。与坳陷期相比，这一时期的平均沉积速率大大降低，仅 23m/Ma。这一时期的热史表现为沉降—升温与隆起—降温的幕式交替，可能代表挤压—抬升、挠曲—沉降时空交替背景下的沉积—剥蚀响应关系。这一时期的最大特点是在全盆地范围内形成了挤压反转构造，表现为北东向雁列式条带状排列的褶皱、冲断层和反转断层。上部的构造反转层应归属于区域挤压、构造反转，在盆地向远离挤压带方向迁移过程中，形成的挤压—挠曲型盆地充填。

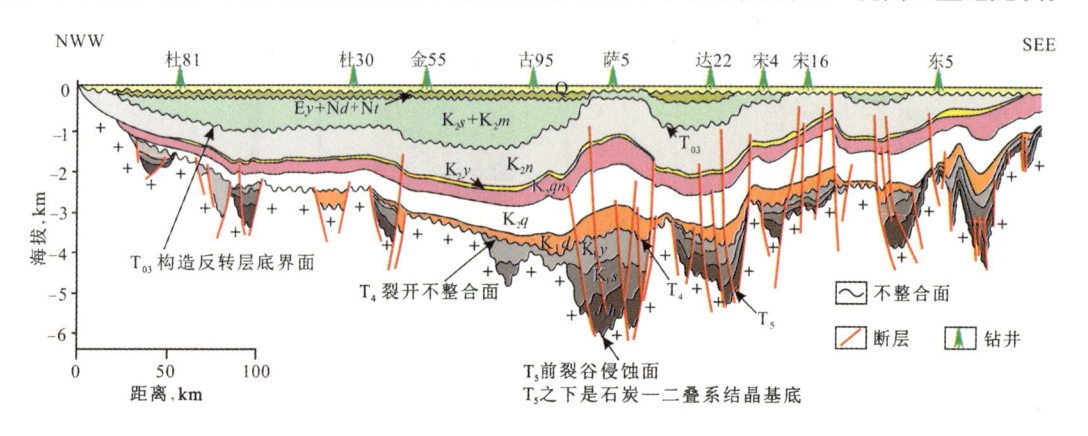

图 2-11　松辽盆地横向地质剖面图，反映断陷、坳陷和反转三期充填及其改造特征
（据王璞珺等，2014）

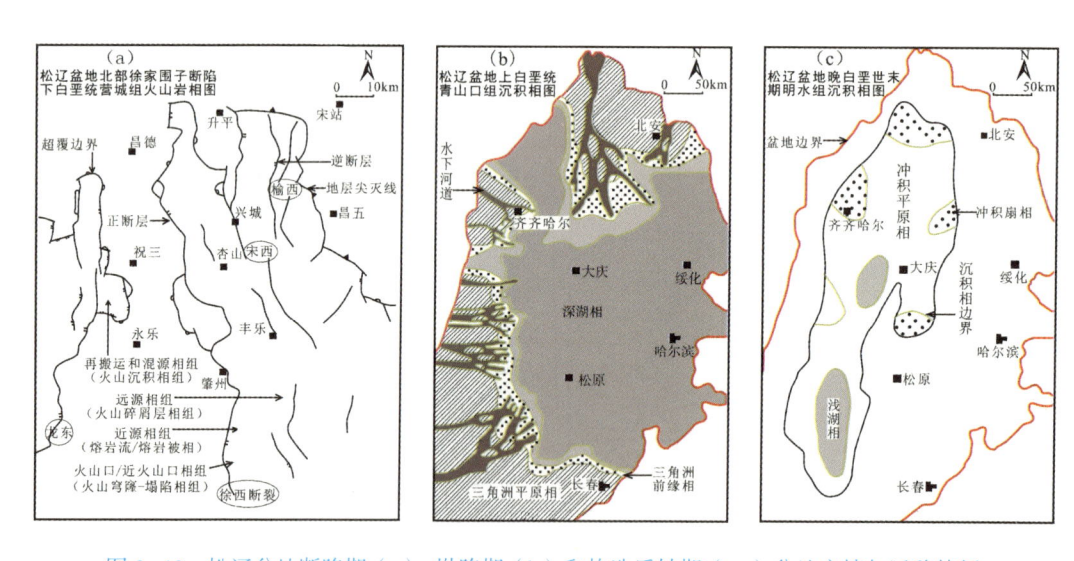

图 2-12　松辽盆地断陷期（a）、坳陷期（b）和构造反转期（c）盆地充填与迁移特征

3. 重要地质事件

火山和海侵是与松辽盆地白垩纪形成演化密切相关的两类主要地质事件。火山事件有四期，分别为火石岭组沉积晚期（火二段）、营城组沉积早期和晚期（营一段和三段）、青山口组沉积晚期。海侵事件有两期，分别是青山口组沉积早期（青一段）和嫩江组沉积早期（嫩一、二段）。下面简要叙述火山事件的地质时代、岩石学和地球化学特征和构造意义，以及海侵时限、沉积和生物记录、环境变化及其对盆地演化的影响。

1）火石岭组和营城组火山事件

火石岭组地质时代150～140Ma，火山岩可分为5个喷发旋回，自下而上为安山岩、流纹岩、安山岩、粗面安山岩、流纹岩，总厚度300m左右。营城组火山岩时代130～110Ma，可分为2段7个喷发旋回，累计厚度千余米。营一段以酸性岩为主，4个旋回自下而上为薄层玄武岩、厚层流纹质火山碎屑岩、巨厚流纹岩、薄层流纹质凝灰岩。营三段以玄武岩为主，3个旋回自下而上为薄层流纹岩、厚层玄武岩、薄层流纹岩。两组火山岩无论喷发序列还是常量元素TAS图解，都反映一定的双峰特点。稀土元素总量高，轻稀土富集重稀土亏损，Eu及Ce负异常。大离子亲石元素LILE（如K、Ba和Th）富集，高场强元素HFSE（如Nb、Ti和Y）亏损。两组火山岩的岩浆是多源的（图2-13），其形成的构造背景总体显示活动陆缘与裂谷双重特点。

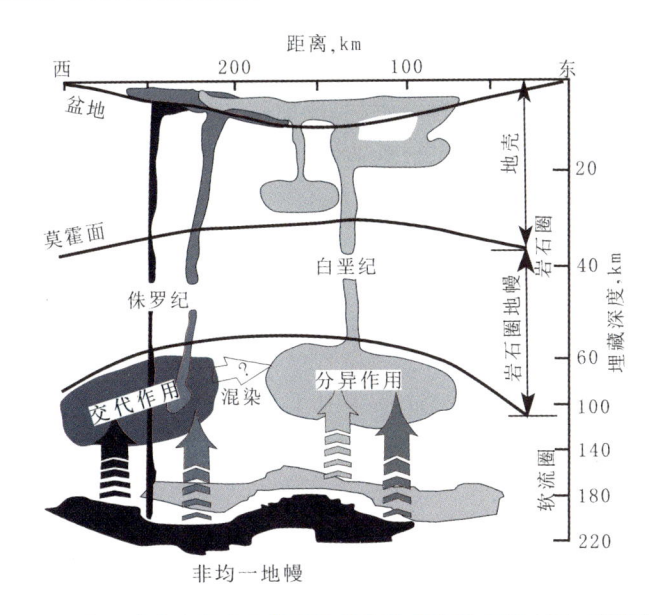

图2-13 松辽盆地晚中生代火山作用及其岩浆系统示意图（据王璞珺等，2014）

2）青山口组沉积时期火山事件

事件属晚白垩世康尼亚克阶（88.3Ma左右）；橄榄粗安岩厚度可达200m，夹在青二段湖相泥岩中，呈典型水下喷发就位的玻基碎屑结构，仅表现为局部孤立的玄武岩隆起。岩石富Na、Al、轻稀土，以及U、Th、Pb、Rb、Sr、Ba等不相容的大离子亲石元素，Rb/Sr高，Sm/Nd低，δEu = 0.95‰～1.36‰，高镁（0.61%～0.64%），高氧化度（0.62%～0.68%），低分异指数（3.4～5.3）。MgO/Al_2O_3和标准矿物压力计算得到岩浆源区深度大于60km。岩浆源于富集型地幔，表现为板内玄武岩特征。另一方面，15s深反射地震揭示，松辽盆地中部存在15～22km宽、大于250km长的近南北向的莫霍面断开带，在断开带附近伴生一系列剪切断层，该断开带形成时间为晚中生代至新生代。青山口组橄榄粗安岩发育区通常位于莫霍面断开带之上，在空间及时间上二者均具有相关性。结合该期锡霍特—阿林带和盆地东缘佳—伊断裂的走滑性质，通常认为该期火山岩应为区域剪切背景下、拉分作用发育到最大深切割期、岩石圈破裂岩浆上侵的结果。这种除热沉降之外的附加成盆作用，可能是导致青山口组乃至整个坳陷阶段快速沉降的重要因素。

3）晚白垩世海侵事件

高瑞祺从沉积特征、生物组合和元素地球化学等方面系统论述了嫩江组沉积早期海侵的正论与悖论，指出需要进一步研究。顾知微和陈丕基（1986）在参加中白垩世事件研究计划中已经注意到松辽盆地嫩江组的半咸水双壳类（*Mytilus, Musculus, Fulpioides*, etc）可能与海侵事件有关。至20世纪80年代后期至90年代初，我国学者便提出周期性海侵造成的湖—海沟通事件是导致水体咸化和耐盐生物出现的可能因素。高瑞祺等指出青山口组和嫩江组的沟鞭藻类可能为海侵成因。王璞珺等对松辽盆地泉头组—嫩江组可能海侵层的沉积层序、矿物组成、自生组分的元素与同位素地球化学特征进行了系统研究，提出海侵的可能时限和方式。

然而，对晚白垩世海侵事件研究起到关键性推动作用的还是近年的松辽盆地大陆科学钻探。钻探取得了收获率大于99%的连续上白垩统高分辨率沉积记录。在科探井岩心的嫩江组一、二段和青山口组一段，发现典型的海相有孔虫化石，从而确定了确切海相地层的存在。从有孔虫化石出现井段的地层厚度看，海侵时限是短暂的（<1 Ma）。海侵事件反映了盆地快速沉降、毗邻海水倒灌，进而使盆地转化为正常海相环境。同时，松辽盆地大规模烃源岩形成也与两期海侵相吻合。

六、松辽盆地构造演化及其成盆动力学

1. 盆地演化

盆地演化是指盆地的构造—沉积演化，集中表现为构造样式和盆地充填特征随时间的变化。表征盆地尺度构造样式的主要指标为控盆断裂系统（走向及张/压/扭等属性）和断裂对盆地/断陷边界的控制关系（单断、双断、凹陷等）。盆地充填指盆地平面展布特征（方向、范围、连通性）和纵向序列关系（构造层、不整合面、岩性岩相序列、充填体的剖面形态）。营城组顶面（T_4反射界面）是划分松辽盆地演化的最主要界面（相当于裂开不整合），之下是断陷层，之上为坳陷层。

松辽盆地断陷期构造—充填特征为：（1）充填体剖面上呈现边界被断层限定的地堑—半地堑状；（2）平面上控陷断裂主体走向和断陷充填展布方向以北北西向为主，单个断陷面积几百至数千平方千米，断陷间互不连通但断陷群大范围分布（超出现今盆地范围）；（3）纵向上充填序列为火山岩、火山碎屑岩夹沉积岩。

松辽盆地坳陷期构造—充填特征为：（1）充填体剖面上呈碟状超覆在断陷层之上，断层对盆地充填边界没有明显控制；（2）平面上控盆断裂系统和盆地充填展布方向均为北北东向，且表现为具有统一沉积沉降中心的大型沉积盆地；（3）纵向上充填序列为沉积层序，只在层序中部的青山口组夹少量玄武岩。

值得指出的是，坳陷层序上部的嫩江组顶面（T_{03}反射界面）为区域性不整合面，表现为盆地东部和南部隆升剥蚀、盆地内部褶皱和褶曲高部位剥蚀。之后，盆地沉积沉降中心明显向西向北迁移，且盆地范围逐渐缩小，即T_{03}界面之上的盆地充填特征没有明显变化，但构造样式从伸展变为挤压、盆地趋于萎缩。

综合上述，松辽盆地演化可明显分为三期，即断陷期（T_5—T_4反射层之间包括火石岭组、沙河子组和营城组）、坳陷期（T_4—T_{03}反射层之间包括登娄库组、泉头组、青山口组、姚家组和嫩江组）和构造反转期（T_{03}反射层之上包括四方台组、明水组、依安组）。

2. 盆地类型

盆地类型指控制盆地形成演化的造盆—构造作用类型。不同类型的盆地在下伏地壳性质（陆壳、洋壳、过渡壳）、区域应力场特征（方向和性质如伸展、挤压、走滑）、盆地沉降与充填特征及其机制等方面，往往表现出明显的差别。松辽盆地自中生代以来下伏地壳均为陆壳，但从断陷期到坳陷期下伏地壳的结构有所不同，主要表现为两期的莫霍面隆起位置、盆地底部变形和保存程度的显著差别。两期盆地区域应力场的共同特点是伸展与挤压交替，同时有走滑，差别在于坳陷期北东向断裂系统控制北东向坳陷形沉积盆地，而断陷期北东和北西两组断裂系统，徐家围子等大型断陷为北西向断裂所控制。两期盆地的沉降和充填特征差别十分明显，断陷期主要表现为张性破裂和伸展裂陷，断层控制断陷边界，呈现边界陡倾的地堑、半地堑、箕状充填。而坳陷期则主要表现为火山期后热沉降并叠加有走滑拉分沉降（表现为青山口组玄武岩和莫霍面断开），盆地边界呈缓倾的侧向尖灭状，不受断层控制，盆地充填呈碟状的统一体。构造反转期区域应力场主要表现为挤压，但在下伏地壳、盆地沉降与充填特征等方面基本继承了坳陷期盆地的属性。

综上所述，断陷期盆地主要表现为裂谷盆地特点，属同裂谷期成盆作用。相应的坳陷期盆地称为后裂谷期。坳陷期和反转期盆地在类型上表现出相似或一致性，与典型的陆内坳陷盆地特点比较接近。

3. 成盆动力学机制

成盆动力学机制主要是指导致造盆—构造作用的深部和区域驱动力。由于驱动力和盆地之间存在着一因多果和一果多因的复杂关系，同时沉积过程又受到古地理、古气候和沉积物供给等局部和区域因素影响，因此单从盆地自身特点难以确切恢复其成盆动力学过程。在此，从松辽盆地区域地质背景（相关板块和构造带及下伏地壳）和构造—盆地充填特征，探讨其成盆动力学（图 2-14）。首先，以 T_4 反射层为分界面，其上下的构造层似乎应属于不同构造体制的产物。如前所述，它们在下伏地壳特征、断裂—盆地充填关系、沉降机制和充填序列等主要方面，均存在显著差异。松辽盆地位于蒙古—华北板块东北缘。考虑到与之相邻两个板块（西伯利亚板块和太平洋板块）和 3 个大型构造/缝合带（西拉木伦河、蒙古—鄂霍次克、锡霍特—阿林）的时空演化及其与松辽盆地各构造层的亲缘关系，认为 T_4 界面以下的断陷层是在两个构造体制共同影响下形成的，而 T_4 界面之上层序的形成应主要受控于太平洋构造域。

松辽盆地断陷层形成于晚侏罗世—早白垩世，该期正是全球板块重组、大西洋裂开的时期。此时位于蒙古—华北板块与西伯利亚板块之间的鄂霍次克洋也演化至俯冲关闭的晚期，并已出现碰撞导致的边缘块体旋转。这种构造环境是原有断层活化和新的断裂系统产生的重要地质时期。从海拉尔、松辽，到三江、虎林的广大地区，均有该期（以早白垩世为主）的断陷盆地发育。它们介于蒙古—鄂霍次克缝合带与锡霍特—阿林构造带两个活动陆缘之间，是区域地壳伸展和裂陷的结果，应归属于具有成因联系的活动陆缘裂谷系。以火山岩类为主要充填单元的松辽盆地断陷层，就是在这样背景下形成了早白垩世火山裂谷盆地。

早白垩世晚期（阿普特期）蒙古—鄂霍次克缝合带拼合后的块体旋转和剪切作用逐渐减弱，蒙古—华北板块与西伯利亚板块的主要部分（最东部地段除外）此时已经拼合成为一体。因此推测，阿普特期之后（110Ma，相当于营城组顶界面），蒙古—鄂霍次克活动陆缘带对松辽盆地成盆作用的影响应该趋于湮灭。坳陷层序可能主要受火山期后热沉降影响。与此同时，太平洋板块向欧亚大陆边缘俯冲的速率（20cm/a）和交角都比较大，二者相互作用趋于活跃。在此过程中，青山口组沉积中期玄武岩喷发（88.3Ma）可能代表盆地东缘断裂系统左旋走滑拉分导致岩石圈破裂。这种叠加沉降效应可能是青山口组水体迅速变深、形成非补偿型烃源岩大规模堆积的重要因素。T_{03}反射层之上的构造反转期时限为79.1～60Ma，与太平洋板块于85～53Ma向欧亚大陆边缘近于正向俯冲的时间相当。据此认为，松辽盆地后期的构造反转和盆地沉积沉降中心向西北迁移，直至盆地萎缩消亡，应归咎于太平洋板块俯冲的区域挤压效应。

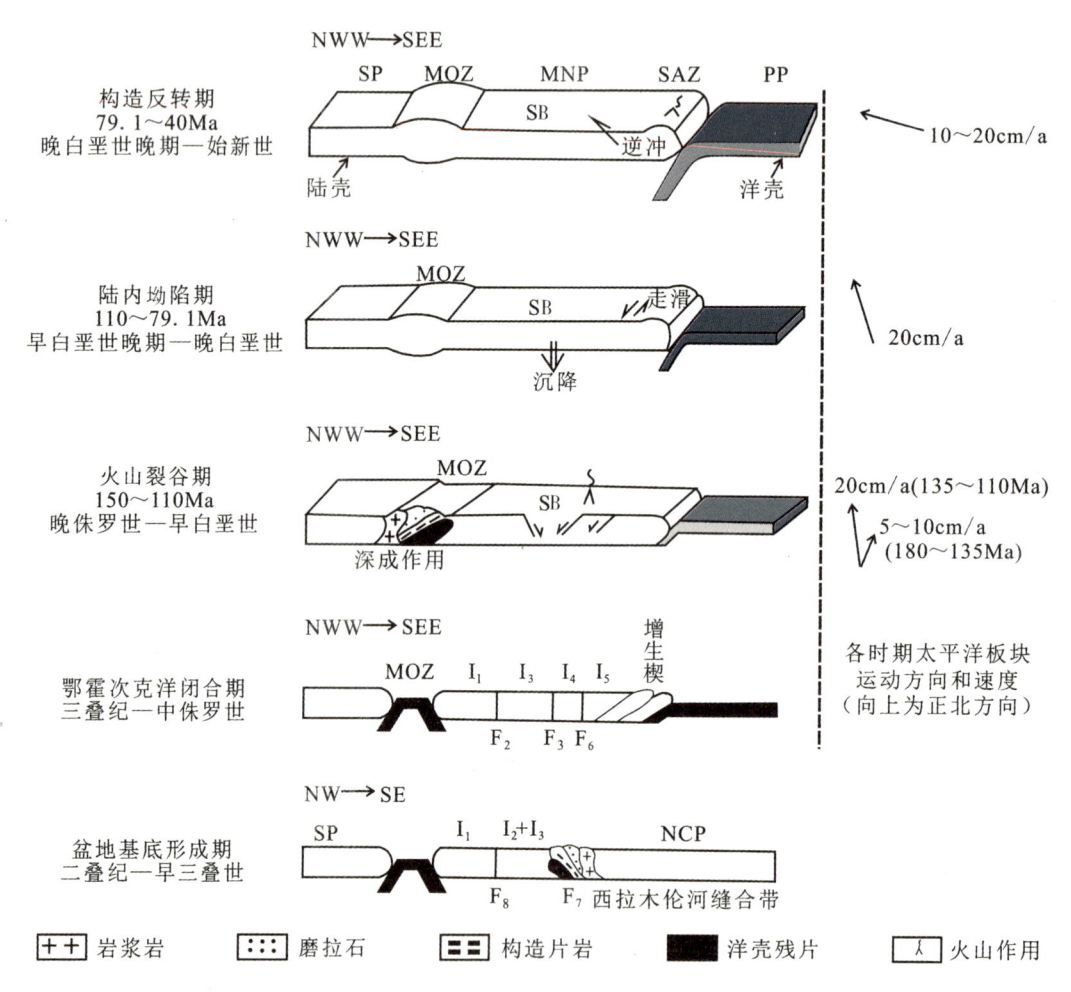

图2-14 从火山裂谷到陆内坳陷的双活动陆缘模式（据王璞珺等，2014）

SP—西伯利亚板块；NCP—华北板块；MNP—蒙古—华北板块；PP—太平洋板块；MOZ—蒙古—鄂霍次克缝合带；SAZ—锡霍特—阿林构造带；SB—松辽盆地；I_1—额尔古纳—兴安板块；I_2—温都尔庙—贺根山大陆边缘增生带；I_3—松辽—张广才岭微板块；I_4—佳木斯微板块；I_5—那丹哈达大陆边缘增生带；F_2—嫩江断裂带；F_3—牡丹江断裂带；F_6—下黑龙江断裂带；F_7—西拉木伦河断裂带；F_8—贺根山断裂带

第三章

松辽盆地周边实习路线描述及教学内容

第一节 松辽盆地周边辽宁省境内实习路线描述及教学内容

实习路线 昌图县泉头镇籍家岭村五色山泉头组建组剖面

泉头组在辽宁省昌图县泉头车站附近籍家岭村出露，指一套红绿色砂砾岩夹泥岩沉积（全国地层委员会，1962），日本学者羽田重吉（1927）首次将其命名为"泉头统"，与森田义人（1943）命名的"长春赤色层"为同一地层。1959年松辽平原地层分层中用开始使用"泉头组"。勘探早期利用"松基2井"将泉头组划分为4个段，依据是岩屑录井剖面。经多年的实践认识，目前所运用的泉头组仍划分为4个段。

昌图泉头组剖面除了出露有泉头组外，还可见到与泉头组呈断层接触的营城组流纹质沉凝灰岩和流纹质火山角砾岩。剖面全长1470.86m。

剖面详细描述如下：

<u>泉头组</u>（未见顶）：

173. 灰白色细砂岩，波状交错层理，少量虫孔　　　　　　　　　　　　　　6.37m
172. 棕红色泥岩，见钙质结核；夹浅绿灰色细砂岩薄层，发育波状交错层理，见虫孔
　　　　　　　　　　　　　　　　　　　　　　　　　　　　　　　　　　6.92m
171. 浅棕灰色细砂岩，发育波状交错层理，见虫孔　　　　　　　　　　　　0.24m
170. 棕红色泥岩夹浅绿灰色细砂岩薄层，见钙质结核　　　　　　　　　　　9.55m
169. 浅棕灰色细砂岩　　　　　　　　　　　　　　　　　　　　　　　　　1.59m
168. 棕红色泥岩，见钙质结核　　　　　　　　　　　　　　　　　　　　　1.59m
167. 浅棕灰色泥岩，见钙质结核　　　　　　　　　　　　　　　　　　　　1.99m
166. 棕红色泥岩，见钙质结核　　　　　　　　　　　　　　　　　　　　　4.38m
165. 浅绿灰色砂岩，底部见较多泥砾，发育波状交错层理　　　　　　　　　8.03m
164. 棕红色泥岩，见钙质结核。在37m处夹一层20cm厚浅棕灰色细砂岩，发育波状层理，虫孔发育；上部几层薄层浅绿灰色细砂岩，虫孔发育，见波状交错层理　　7.25m
163. 浅棕灰色细砂岩，具平行层理、波状交错层理，见少量虫孔　　　　　　2.18m

162. 棕红色泥岩夹浅绿灰色细砂岩，含少量钙质结核　　　　　　　　　　　2.76m
161. 浅棕灰色细砂岩，生物扰动极强烈　　　　　　　　　　　　　　　　0.22m
160. 棕红色泥岩夹浅绿灰色细砂岩薄层，含少量钙质结核，细砂岩中有虫孔发育　2.83m
159. 浅棕红色细砂岩，发育变形层理，生物扰动强　　　　　　　　　　　　0.51m
158. 棕灰色泥岩夹浅绿灰色细砂岩　　　　　　　　　　　　　　　　　　2.76m
157. 浅棕灰色中砾岩，发育平行层理，见虫孔　　　　　　　　　　　　　5.44m
156. 棕灰色泥岩夹浅绿灰色细砂岩薄层　　　　　　　　　　　　　　　　6.53m
155. 浅绿灰色细砂岩，下部见波状交错层理，上部见平行层理；见波痕，波高1.4cm，波长6cm。下部30cm细砂岩，中部夹40cm棕红色泥岩，上部为虫孔十分发育的细砂岩
　　　　　　　　　　　　　　　　　　　　　　　　　　　　　　　　　　2.53m
154. 浅棕灰色粉砂岩，见夹浅灰色细砂岩，细砂岩中有虫孔　　　　　　　3.21m
153. 浅棕灰色细砂岩，生物扰动非常强烈，虫孔直径1～2cm，长可达10cm；上部见平行层理　　　　　　　　　　　　　　　　　　　　　　　　　　　　　　　1.23m
152. 棕红色泥岩，在中部夹几个绿灰色细砂岩薄层，发育虫孔，局部见钙质结核富集层，含量20%；该层中分布有网状裂缝，充填钙质　　　　　　　　　　　　9.42m
151. 浅灰色细砂岩，顶部见大量虫孔，具楔状交错层理　　　　　　　　　0.27m
150. 棕红色泥岩　　　　　　　　　　　　　　　　　　　　　　　　　　1.36m
149. 浅棕红色细砂岩，发育平行层理、爬升层理，顶面虫孔发育　　　　　1.08m
148. 棕红色泥岩与浅灰色细砂岩薄层互层，细砂岩中见有虫孔、泄水构造、波状交错层理
　　　　　　　　　　　　　　　　　　　　　　　　　　　　　　　　　　1.85m
147. ①：钙质结核富集层（钙质结核含量90%）
②：浅绿灰色细砂岩，发育变形层理、平行层理、波纹层理、爬升层理。
③：浅棕灰色粗砂岩，含有较多钙质结核砾石，底部见重荷构造。
从底部向顶部依次分布：① 5.8cm；③夹①薄层8.7cm；② 8.7cm；③ 34.8cm　　0.58m
146. 棕红色泥岩，见夹薄层浅绿灰色细砂岩（5cm左右），上部夹两层钙质结核富集层
　　　　　　　　　　　　　　　　　　　　　　　　　　　　　　　　　　1.11m
145. 浅棕红色细砂岩，见波状交错层理，向上规模变小，顶部见虫孔发育　0.62m
144. 棕红色泥岩　　　　　　　　　　　　　　　　　　　　　　　　　　1.75m
143. 棕红色泥岩与浅绿灰色细砂岩互层，细砂岩中见虫孔，具有波状交错层理。局部见有细砂岩呈透镜体　　　　　　　　　　　　　　　　　　　　　　　　　2.40m
142. 浅棕灰色细砂岩，泥质胶结。下部为波状交错层理，见变形层理，见虫孔。上部为平行层理　　　　　　　　　　　　　　　　　　　　　　　　　　　　　0.92m
141. 棕红色泥质粉砂岩夹浅绿灰色粉砂岩薄层，浅绿灰色粉砂岩中见虫孔　3.54m
140. 浅灰色中砂岩，具有平行层理、重荷模，见生物扰动，虫孔发育　　　1.99m
139. 棕红色泥岩，上部见有少量陷落的细砂岩砂球　　　　　　　　　　　1.06m
138. 浅绿灰色细砂岩，下部具有爬升层理，见有少量的虫孔，中上部为平行层理 0.93m
137. 棕红色泥岩　　　　　　　　　　　　　　　　　　　　　　　　　　1.66m
136. 浅棕灰色细砂岩，具有波状交错层理，上部见有平行层理，见有虫孔；上部夹薄层棕红色泥岩层　　　　　　　　　　　　　　　　　　　　　　　　　　　　1.66m

135. 棕红色泥岩夹浅绿灰色细砂岩薄层　　　　　　　　　　　　　　　　　1.33m
134. 浅绿灰色含砾粗砂岩，底部砾较多并见有泥砾和冲刷面。底部见一层厚10cm 的粗砂质细砾岩，向上变细为粗砂岩　　　　　　　　　　　　　　　　　　　0.33m
133. 棕红色泥岩夹浅绿灰色细砂岩薄层，细砂岩一般厚10cm　　　　　　　2.32m
132. 浅棕灰色细砂岩夹浅绿灰色细砂岩，波状交错层理　　　　　　　　　1.46m
131. 浅棕灰色中粒砂岩，泥质胶结　　　　　　　　　　　　　　　　　　0.27m
130. 浅绿灰色中粒砂岩，具有平行层理　　　　　　　　　　　　　　　　0.27m
129. 棕红色泥岩，顶部见有5cm 具有波纹层理的细砂岩　　　　　　　　　0.66m
128. 灰白色中砂岩，下部见有波状交错层理，上部见有平行层理　　　　　1.92m
127. 浅棕灰色中砂岩，底部见有棕红色泥砾　　　　　　　　　　　　　　4.93m
126. 浅棕灰色中砂岩，具有平行层理，底部见有一层10cm 细砾滞留沉积　　0.91m
125. 棕红色泥岩夹浅绿灰色细砂岩　　　　　　　　　　　　　　　　　　5.02m
124. 浅棕灰色细砂岩，具有平行层理，虫孔发育　　　　　　　　　　　　0.73m
123. 棕红色泥岩与浅绿灰色细砂岩互层，细砂岩中见有波状交错层理、平行层理。发育大量的虫孔。上部和下部砂岩与泥岩层均较厚，中部互层较薄　　　　　　1.09m
122. 浅棕灰色细砂岩，下部具有爬升层理，规模较小，一个层系厚3～5cm。层面见波痕，产状315°∠72°。上部见平行层理，见较多虫孔　　　　　　　　　　　0.55m
121. 浅棕红色细砂岩夹浅绿灰色粉砂岩，发育波状层理、变形层理　　　　1.09m
120. 棕红色泥岩夹浅棕红色粉砂岩　　　　　　　　　　　　　　　　　　4.74m
119. 浅棕红色细砂岩，底部见粗粒质中砂岩薄层，发育平行层理，泥质胶结　9.12m
118. 浅棕灰色粗砂质中砂岩与浅绿灰色中砂岩互层，见有大量虫孔。见有波状层理，层面见波痕　　　　　　　　　　　　　　　　　　　　　　　　　　　　　3.09m
117. 棕红色砂质泥岩　　　　　　　　　　　　　　　　　　　　　　　　0.17m
116. 浅灰绿色细砂岩，发育波状层理，层面见波痕，见较多虫孔　　　　　0.61m
115. 棕红色泥岩　　　　　　　　　　　　　　　　　　　　　　　　　　0.50m
114. 浅棕红色粉砂岩，具有波状层理　　　　　　　　　　　　　　　　　0.61m
113. 棕红色泥岩，见有少量姜结石和浅灰绿色斑点　　　　　　　　　　　2.09m
112. 浅棕红色中砂岩，泥质胶结，具有平行层理　　　　　　　　　　　　0.94m
111. 棕红色泥岩　　　　　　　　　　　　　　　　　　　　　　　　　　0.55m
110. 浅棕红色中砂岩　　　　　　　　　　　　　　　　　　　　　　　　0.55m
109. 棕红色粉砂质泥岩夹浅棕红色细砂岩，细砂岩中具有水平层理　　　　0.72m
108. 浅灰绿色粉砂岩，底部见有棕红色泥砾和冲刷面　　　　　　　　　　0.11m
107. 棕红色泥岩，含有较多钙质结核　　　　　　　　　　　　　　　　　4.53m
106. 浅棕红色泥质粉砂岩　　　　　　　　　　　　　　　　　　　　　　4.06m
105. 棕红色细砂岩，杂基支撑　　　　　　　　　　　　　　　　　　　　2.66m
104. 浅绿灰色细砂岩　　　　　　　　　　　　　　　　　　　　　　　　0.16m
103. 棕红色细砂岩，杂基支撑，向上泥质含量增多　　　　　　　　　　　4.22m
102. 浅绿灰色细砂岩，具有小型槽状交错层理　　　　　　　　　　　　　0.78m
101. 棕红色泥岩，含有较多钙质结核（姜结石）　　　　　　　　　　　　3.60m
100. 浅绿灰色细砂岩，见钙质结核，底部见有泥岩条带　　　　　　　　　0.16m

99. 棕红色泥岩（无结核） 3.36m
98. 灰白色中砂岩，见有平行层理和楔状交错层理 0.86m
97. 浅棕红色细砂岩，具平行层理 3.60m
96. 灰白色中砂岩，底部见泥砾和冲刷面，下部具槽状交错层理。见有油浸斑点 0.94m
95. 棕红色泥岩，中部夹浅绿色灰色细砂岩，为泛滥平原和决口水道沉积 11.92m
94. 浅棕色中砂岩 1.67m
93. 上部为浅绿灰色含砾粗砂岩，下部为30cm的浅绿灰色粗砂岩，具有波状层理 0.33m
92. 棕红色泥岩，中部夹几层浅绿灰色细砂岩，为泛滥平原和决口水道沉积 3.23m
91. 浅绿灰色含砾粗砂岩 0.67m
90. 棕红色泥岩，中部夹几层浅灰绿色透镜体状的中砾砂岩，决口水道发育有槽状交错层理，上部见少量钙质结核，粒径5～10mm 7.05m
89. 浅棕红色中砂岩，泥质胶结，具有平行层理，中部见夹薄层泥岩 0.60m
88. 棕红色泥岩，含有大量钙质结核（约10cm，最大5cm），结核含量约20%，顶部见浅绿灰色条带 0.75m
87. 棕红色细砂岩，杂基支撑，泥质含量高 0.22m
86. 浅绿灰色中砂岩 0.37m
85. 浅棕红色细砂岩 0.90m
84. 浅绿灰色细砂岩，发育槽状交错层理 0.37m
83. 浅棕红色细砂岩和棕红色泥岩互层，细砂岩中发育平行层理，见垂直于层面的虫孔 1.42m
82. 棕红色泥岩，含有较多的钙质结核（姜结石），见有浅灰绿色细砂岩条 2.55m
81. 浅棕红色中砂岩，泥质胶结 1.72m
80. 浅棕红色细砂岩与棕红色泥岩互层 3.07m
79. 棕红色泥岩，含较多钙质结核（姜结石），见有浅灰绿色条带状，不规则状，杂基支撑，细砂顶部多 7.34m
78. 灰白色含砾粗砂岩，底部有冲刷 1.46m
77. 棕红色泥质粉砂岩，含泥砾和陷落的砂球、砂枕 0.51m
76. 灰白色含砾粗砂岩，底部见冲蚀模。见有河道充填沉积，底部见冲刷棕红色泥砾，5～80mm，大的可达22cm 2.41m
75. 棕红色泥岩，含有大量的姜结石 5.77m
74. 浅灰色中砾质细砾复成分砾岩与浅灰色含砾粗砂岩互层。见三期河道沉积 1.17m
73. 棕红色泥岩，含有大量钙质结核（姜结石），串珠状分布或聚堆分布 5.41m
72. 浅绿灰色粗砂质细砾岩，分选极差，杂基支撑，混有棕红色泥砾。底部为滞留沉积，上部过渡到粗砂岩 0.58m
71. 浅灰色含砾粗砂岩，河道冲刷底部可见砾岩沉积（底部滞留），见槽状交错层理 0.80m
70. 浅灰色粗砂质细砾岩，砾石大小为2～10mm。砾石成分为花岗岩、流纹岩、石英质。磨圆为次圆状，分选较差。夹一层具有楔状交错层理的含砾粗砂岩 3.58m
69. 棕红色泥岩夹浅棕红色泥质粉砂岩，泥质粉砂岩具变形波纹层理、水平层理，见虫孔 2.19m

68. 棕红色泥岩，含有大量钙质结核（姜结石），含量达30%，聚集成堆分布　　3.65m
67. 棕红色泥岩，含有少量钙质结核　　2.92m
66. 由浅灰色含砾粗砂岩、粗砂质砾岩、中粒砂岩、细砂岩构成的8个旋回沉积，发育冲刷面、槽状交错层理、平行层理，见泥砾　　7.66m
65. 浅灰绿色含砾粗砂岩，杂基支撑，含有泥砾，向上向下都变薄，半透镜状　　0.18m
64. 棕红色泥岩，楔形，向上尖灭　　0.18m
63. 浅灰绿色泥岩　　0.18m
62. 浅灰色含砾粗砂岩，发育槽状交错层理　　1.92m
61. 浅灰色中粒质粗砂岩，发育槽状交错层理　　1.64m
60. 浅灰色含中粗砾粗砂质细砾复成分砾岩与浅灰色细砾质中砾复成分砾岩　　3.81m
59. 土黄色复成分砾岩，砾石最大达15cm，小到2mm，一般为2~5cm，分选极差，次棱角状—次圆状，砾石成分以花岗质、流纹质为主，发育冲刷面　　1.00m
58. 浅灰色中砾质细砾复成分砾岩　　4.95m
57. 浅灰色含砾粗砂岩夹浅绿灰色粉砂岩，发育槽状交错层理　　1.40m
56. 棕红色含砾粗砂岩，含有大量姜结石，含量70%，也见有植物根系造成的古土壤变色灰色条带　　0.88m
55. 棕红色泥岩，含大量姜结石垂直于原始层面分布。姜结石串珠状排列，直径1~3cm，含量可达40%。另见较多垂直于层面分布的颜色条带，可能由古土壤中植物根系导致　　2.79m
54. 浅灰绿色粗砂质细砾岩，砾石大小一般在2~5mm间，见有较大砾石，大小在3cm左右　　1.27m
53. 浅灰绿色粗砂质细砾岩，向上过渡为浅绿灰色含砾粗砂岩　　0.80m
52. 浅绿灰色含砾粗砂岩，见有槽状交错层理　　0.42m
51. 浅灰绿色粗砂质细砾岩，见少量中砾、粗砾。为一套向上变细的正粒序沉积　　0.37m
50. 棕红色含砾泥质粗砂岩，杂基支撑，分选差　　0.64m
49. 浅灰绿色含砾粗砂岩　　0.21m
48. 棕红色含大量聚集姜结石的泥岩、根土岩，古土壤层内部见断层错动形成的断层面阶步，见方解石充填　　0.83m
47. 浅灰绿色粗砂质砾岩过渡到含砾粗砂岩　　1.43m
46. 浅绿灰色含砾粗砂岩与细砂岩互层　　0.48m
45. 棕红色泥岩，含姜结石　　0.16m
44. 浅棕红色含砾粗砂岩，具有平行层理　　0.16m
43. 棕红色泥岩，含较多姜结石，大小为3~15cm，有些聚堆分布　　1.70m
42. 浅灰绿色含砂质砾岩，砾石磨圆为次棱角状，分选差　　0.95m
41. 棕红色泥岩，含较多钙质结核（姜结石），有的核心处结晶完好，可见方解石晶体。姜结石形状不规则，大小为10cm左右，大的可达15cm　　1.42m
40. 浅绿灰色粗砂质含中砾细砾岩，分选差，磨圆为次棱角状—次圆状。成分以花岗岩、火山角砾熔岩、流纹岩为主　　0.16m
39. 棕红色泥岩　　2.36m
38. 浅绿灰色含砾粗砂岩　　0.24m

37. 棕红色泥岩　　　　　　　　　　　　　　　　　　　　　　　　　　　　　2.44m
36. 浅灰绿色含砾粗砂岩，中间夹薄层、棕红色泥岩、中粒泥岩　　　　　　　　0.16m
35. 棕红色泥质中粒砂岩，杂基支撑，杂基泥质物质含量30%。见夹浅绿灰色中粒质细粒砂岩，厚10cm左右　　　　　　　　　　　　　　　　　　　　　　　　　0.79m
34. 棕红色泥岩　　　　　　　　　　　　　　　　　　　　　　　　　　　　　1.91m
33. 浅绿灰色粗砂质砾岩（砾石大小混杂）与含砾粗砂岩互层。砾石层由下至上逐渐变厚，粗砂岩中发育平行层理，砂岩中可见砾石定向排列　　　　　　　　　　　1.79m
32. 棕红色泥岩，该层顶部的局部地方见一套泥石流沉积的混杂砾岩。分选极差，泥砂混杂　　　　　　　　　　　　　　　　　　　　　　　　　　　　　　　　1.26m
31. 棕红色含砾粗砂岩，杂基支撑，磨圆为次棱角状—次圆状，分选差　　　　　0.16m
30. 棕红色泥岩　　　　　　　　　　　　　　　　　　　　　　　　　　　　　0.95m
29. 棕红色含砾粗砂岩，杂基支撑，磨圆为次棱角—次圆状，分选差，局部见浅绿灰色斑点　　　　　　　　　　　　　　　　　　　　　　　　　　　　　　　　0.39m
28. 棕红色泥岩　　　　　　　　　　　　　　　　　　　　　　　　　　　　　1.02m
27. 浅灰绿色粗砂质细砾岩和含砾粗砂岩互层，正粒序，局部见含砾粗砂岩透镜体、冲积扇上河道迁移形成的砾岩与砂岩互层　　　　　　　　　　　　　　　　　0.35m
26. 棕红色泥岩　　　　　　　　　　　　　　　　　　　　　　　　　　　　　0.55m
25. 浅绿灰色粗砂质细砾岩，砾石大小2～20mm，一般在5～8mm。磨圆为次棱角状—次圆状，分选差，夹有粗砂岩透镜体，见两期河道　　　　　　　　　　　0.43m
24. 棕红色细砂质泥岩　　　　　　　　　　　　　　　　　　　　　　　　　　1.06m
23. 棕红色粗砾质细砾岩。顶部和底部见两薄层浅灰绿色含砾粗砂岩　　　　　　0.20m
22. 棕红色泥岩　　　　　　　　　　　　　　　　　　　　　　　　　　　　　0.55m
21. 棕红色含砾粗砂岩，泥质胶结。长石含量较高，可达25%。分选差。磨圆为次棱角状，杂基支撑，砾石磨圆次圆状。见有浅绿灰色斑点浸染现象　　　　　　0.24m
20. 棕红色泥岩　　　　　　　　　　　　　　　　　　　　　　　　　　　　　0.79m
19. 棕红色粗砾质中砾复成分砾岩　　　　　　　　　　　　　　　　　　　　　0.44m
18. 棕红色泥岩　　　　　　　　　　　　　　　　　　　　　　　　　　　　　0.62m
17. 棕红色粗砾质中砾复成分砾岩，砾石大小1～4cm，一般为1～2cm，分选较差，磨圆为次棱角状—次圆状，砾石成分为火山角砾岩、流纹岩，砂岩为主，杂基支撑，杂基主要为泥质和粗砂　　　　　　　　　　　　　　　　　　　　　　　　　　　0.28m
16. 棕红色泥岩　　　　　　　　　　　　　　　　　　　　　　　　　　　　　1.18m
15. 棕红色粗砾质中砾复成分砾岩。砾石大小0.5～10cm，一般在2～3cm间，磨圆为次棱角状，分选差。砾石成分以火山角砾熔岩和流纹岩为主，杂基为10%左右，为粗粒砂岩，19.1～19.25m层段 杂基支撑，发育粗细粒旋回　　　　　　　　　　　　1.10m
14. 棕红色泥岩　　　　　　　　　　　　　　　　　　　　　　　　　　　　　1.02m
13. 棕红色中砾质粗砾复成分砾岩。砾石大小1～8cm，一般为2～3cm，磨圆为次棱角状为主，分选差　　　　　　　　　　　　　　　　　　　　　　　　　　0.71m
12. 浅灰色粗砾质中砾复成分砾岩，颗粒支撑，杂基含量10%左右，砾石呈次棱角—次圆状，分选差，大小2～15cm，以5～10cm为主，成分以火山角砾熔岩和流纹岩为主　　　　　　　　　　　　　　　　　　　　　　　　　　　　　　　　　2.05m

11. 棕红色泥岩　　　　　　　　　　　　　　　　　　　　　　　　　　1.89m
10. 浅灰色粗砾质中砾复成分砾岩，杂基支撑，砾石成分以火山角砾熔岩、流纹岩为主。砾石大小为1～7cm，以2～4cm为主　　　　　　　　　　　　0.39m
9. 棕红色泥岩，块状构造　　　　　　　　　　　　　　　　　　　　　0.39m
8. 棕红色中砾质粗砾复成分砾岩，分选差，磨圆以次棱角状为主，颗粒支撑。砾石大小为1～12cm，一般为2～5cm，最大达15cm。砾石成分以流纹岩、火山角砾岩为主　　　2.52m
7. 浅灰色粗砾质中砾复成分砾岩，杂基支撑。砾石成分以流纹质火山角砾熔岩为主，见少量流纹岩和花岗岩砾石。砾石大小为1～7cm，以2～4cm为主　　　　　0.39m
6. 棕红色粗砾质中砾岩，分选差，磨圆以次棱角状为主，粒径一般为2～4cm，个别大于7cm。砾石含量大于上一层，颗粒支撑，杂基含量<15%　　　　　　　1.18m
5. 浅灰色粗砾质中砾岩，中部夹一层（5cm）红棕色粉砂质泥岩，杂基支撑。砾石成分主要为角砾熔岩、流纹岩，少量花岗岩砾石。砾石直径1～6cm，一般为2～3cm　　0.43m
4. 红棕色中砾质粗砾岩，砾石成分：灰色角砾熔岩（50%）、流纹岩（40%）、花岗岩（5%）、砂岩砾石（5%）。杂基支撑，杂基主要为红棕色泥和砂。粒径2～11cm，一般为3～5cm，最底部砾石直径达11cm，分选差，次棱角—次圆状　　　　　　　　　　1.38m
--- 断层接触 ---

营城组：
3. 浅灰色流纹质沉凝灰岩，风化严重，碎成片状，片理方向与接触面平行　　　1.97m
2. 灰色流纹质凝灰质角砾熔岩，角砾主要为流纹质，棱角状，大小在0.2～1.5cm之间。最大可见7cm集块，普遍具流纹构造。基质为含有凝灰质的熔岩物质。局部可见流动构造，见较多炭化植物碎片　　　　　　　　　　　　　　　　　　　　　　　　　　29.10m
1. 灰色流纹质角砾熔岩。风化较严重，角砾主要为流纹质角砾，2～8mm，最大12cm。见少量炭化的植物碎片和花岗岩砾石（粒径2cm左右），偶见流纹岩集块（粒径25cm）、火山弹（粒径8cm）　　　　　　　　　　　　　　　　　　　　　　　　　　33.69m

（未见底）

籍家岭泉头组露头自下而上发育冲积扇相、辫状河相及曲流河相3种相类型（图3-1）。其中，冲积扇相发育扇中、扇端2种亚相，区分出泥石流沉积、泥流沉积、扇面河道沉积、漫流沉积和淤积物5种微相。辫状河相发育河道、河漫2种亚相，河道亚相区分为滞留沉积、心滩2种微相，河漫亚相只发育河漫滩微相。曲流河相发育河道、堤岸及河漫3种亚相，河道沉积区分出滞留沉积、边滩2种微相，堤岸亚相区分出天然堤、决口扇2种微相，河漫亚相以河漫滩微相为主。

图3-1　五色山剖面全貌

籍家岭泉头组露头冲积扇沉积垂向上主要表现为砾岩与粉砂质泥岩不等厚互层，识别出扇中和扇端2种亚相。扇中亚相表现为从砾、砂、泥混杂堆积演化至含砾石泥岩夹中砾岩，发育泥石流沉积、泥流沉积、扇面河道沉积3种微相。扇端亚相表现为砂砾岩与粉砂质泥岩互层，发育漫流沉积和淤积物2种微相。泥石流沉积垂向上发育于扇中亚相底部，层厚约9m，表现为砾、砂、泥混杂堆积，分选差，块状构造。砾石大小混杂，最小粒径1cm，最大粒径可达20cm。砾石多为次棱角状，含量在30%～40%之间。砾石成分主要为火山晶屑凝灰岩。砾石排列略具定向性，具典型扇中泥石流的特征。泥流沉积垂向上发育于扇中亚相中上部，表现为厚层褐红色块状粉砂质泥岩，局部见钙质结核。泥岩中含少量砾石，为泥岩流动过程中将沿途砾石卷入一起搬运所致。砾石粒径0.5～2cm不等，多为次棱角状，其成分主要为火山晶屑凝灰岩。扇面河道沉积垂向上发育于扇中亚相中上部，岩性为中砾岩，砾石含量60%～70%，分选中等，磨圆为次棱角状到次圆状。砾石排列具有一定的定向性，层内见不清晰大型交错层理。岩层底部凹凸不平，含泥砾，单层厚度1～2m。漫流沉积是水流从冲积扇河道末端漫出堆积下来形成，水流能量较强，垂向上发育于整个扇端，岩性以中细砾岩为主，单层厚度多在0.3～0.5m之间。砾石分选中等，磨圆多为次棱角状到次圆状，颗粒支撑，基质以砂为主，含少量泥质。砾石排列定向性明显，层内发育大型交错层理。淤积物是漫流沉积搬运粗粒沉积物后剩余的细粒部分在低能环境中的产物，是冲积扇体中最细的沉积物，垂向上发育于整个扇端，以泥岩、粉砂质泥岩为主，与漫流沉积的中细砾岩互层。淤积物单层厚度约0.3～0.8m，层理不发育。

辫状河沉积垂向上以灰白色和浅黄色砂砾岩及含砾砂岩为主，褐红色泥质粉砂岩次之，含砂率约80%，呈"砂包泥"的特征，识别出河道及河漫2个亚相。河道亚相单套厚层砂体最大厚度可达20m，表现为多期河道切割叠加形成的砂砾岩体，识别出滞留沉积和心滩2个微相，可见明显的滞留—心滩—滞留—心滩的沉积模式。河漫亚相发育于河道沉积之上，表现为红褐色粉砂质泥岩，无植物根茎，为河漫滩沉积。滞留沉积发育于河道最底部，是河流水动力最强时短距离搬运的产物。籍家岭露头的河床滞留沉积主要为灰白色、浅黄色细砾岩及褐红色泥砾。砾石主要来自源区，也有侵蚀冲积扇扇端泥岩而带来的泥砾，砾石磨圆多为次棱角状到次圆状，分选中等，具叠瓦状定向排列。滞留沉积的单层厚度不大，15～40cm，底部具明显冲刷面，向上过渡为心滩沉积。心滩发育在滞留沉积之上，下部粒度最粗，主要为含砾粗砂岩，向上粒度略微变细，总体上呈不太清晰的向上变细的沉积旋回。砂岩分选中等，磨圆多为次棱角状到次圆状，砂岩成分以石英和岩屑为主，成熟度偏低。心滩内普遍发育大型槽状交错层理，间或出现平行层理。由于前一期的心滩常遭受后一期河道的冲刷切割，因此心滩在垂向上可能保存不完整。河漫滩沉积表现为褐红色粉砂质泥岩，块状层理，层内见大量钙质结核，结核平均直径可达6cm，有些钙质结核集合体的直径可达10cm。泥裂大范围分布于整个漫滩沉积内部，无植物根茎，反映了泉头组沉积时干旱—半干旱的气候条件。

曲流河下部主要表现为浅黄、灰白色含砾砂岩与褐红色粉砂质泥岩互层，识别出河道及河漫两种亚相。河道亚相表现为多期河道侧向叠加形成的砂体，叠加厚度最大可达7m，识别出滞留沉积和边滩两个微相，可见明显的滞留—边滩—滞留—边滩的沉积模式。河漫亚相主要表现为褐红色粉砂质泥岩，层内见大范围钙质结核和泥裂，无植物根茎，为河漫滩沉积。曲流河上部主要表现为灰白色中—细砂岩、灰白色粉—细砂岩与褐红色粉砂质泥岩不等厚互层及褐红色泥岩，识别出河道、堤岸及河漫3种亚相。河道亚相主要表现为灰白色中—

细砂岩，偶见砾岩，砂体厚度明显减小，1~4m不等，主要为边滩沉积，偶见滞留沉积。堤岸亚相主要表现为灰白色粉—细砂岩与褐红色粉砂质泥岩不等厚互层及灰白色中—细砂岩，识别出天然堤和决口扇两种微相。河漫亚相主要表现为褐红色粉砂质泥岩夹薄层粉—细砂岩，为河漫滩沉积。滞留沉积主要由灰白色、浅黄色砂砾岩及含砾粗砂岩组成，多见于曲流河下部。砾石主要来自源区，也有侵蚀辫状河河漫滩泥岩而带来的泥砾。砾石磨圆多为次圆状，分选中等，具叠瓦状定向排列。滞留沉积的单层厚度比辫状河略小，约10~30cm，底部具明显冲刷面，向上过渡为边滩沉积。边滩沉积发育在河床滞留沉积之上，边滩下部主要为粗—中砂岩，向上逐渐变为中—细砂岩，相比于辫状河心滩沉积，沉积物粒度变细。砂岩分选中等，磨圆中等。曲流河下部的边滩厚度较大，内部发育大型板状交错层理，间或出现平行层理。曲流河中上部的边滩厚度较小，内部发育小型槽状交错层理。天然堤沉积发育与曲流河中上部，属垂向加积，主要表现为细砂岩、粉砂岩与褐红色泥岩的不等厚互层。天然堤间歇性受河水影响，受河水影响时，主要沉积细砂岩和粉砂岩；不受河水影响时，主要沉积泥岩。天然堤沉积的细砂岩和粉砂岩中主要发育小型交错层理、波纹交错层理和上攀层理。天然堤沉积的泥岩中常发育钙质结核和泥裂。决口扇的形成主要有两种方式：一种是迅速决口，决口后水流能量由强到弱，一般发育正粒序，此时决口扇底部一般可见冲刷面；另一种是缓慢决口，决口处范围逐渐扩大，直至被水流彻底冲开，这种情况一般发育反粒序。露头决口扇主要由细砂岩和粉砂岩组成，垂向上有正粒序的特征，应为迅速决口。决口扇主要发育小型交错层理。河漫滩沉积发育于天然堤外侧，为褐红色粉砂质泥岩，但漫滩沉积厚度明显比辫状河漫滩沉积大，从曲流河下部到上部，漫滩沉积内的钙质结核含量逐渐降低，结核粒径逐渐变小，泥裂的分布范围也逐渐减小。

第二节　松辽盆地周边吉林省境内 实习路线描述及教学内容

实习路线一　前郭尔罗斯蒙古族自治县王府站镇哈达山 水电站青山口组二、三段及第四系剖面

该剖面位于吉林省松原市前郭尔罗斯蒙古族自治县王府站镇吉拉吐乡哈达山、松花江吉林省段干流下游，在松原市东南20km处，下距松花江与嫩江汇合口约60km，地形具有东南高西北低的特点。其中东南部地面高程为200~260m，最高处达285m，位于王府站镇南部；西北部地势较低平，地面高程为150~200m。松花江吉林省段谷底宽阔，一般宽4~6km，地势低凹，地面高程135~160m。在地形上，松花江吉林省段两岸地形不对称，明显发育三个阶梯，发育五种类型地貌，即左岸丘陵状台地、右岸微波状岗地、风砂覆盖的微波状岗地、谷底低漫滩及风砂覆盖的漫滩阶地。

该区跨越松辽盆地东南隆起带和中央坳陷带，发育的褶皱构造有青山口穹窿式背斜、登娄库背斜带和大房深向斜（鹰山—杏山凹陷），较大的断层有松花江大断层（扶余断裂带）、青山口—五家站正断层、哈玛正断层和伊通河断裂。

哈达山出露的泥岩露头层位相当于高台子油层，即青山口组二、三段，出露情况良好，地层近似水平，且侧向延伸稳定，可沿标志层连续追索。剖面岩性主要为棕红色、灰绿色、

灰紫色、紫红色、黄绿色、土黄色等各色泥岩交替混杂出现。剖面上部主要为棕红色、灰紫色、灰绿色泥岩，剖面下部主要为黄绿色、灰紫色泥岩（图3-2）。剖面厚度＞19m。

图3-2 哈达山剖面野外照片

哈达山剖面描述如下：
青山口组二、三段：

（未见顶）

23. 棕红色泥岩	＞3m
22. 灰紫色泥岩	0.22m
21. 黄绿色泥岩与黄色泥岩互层	0.68m
20. 灰紫色泥岩	0.6m
19. 棕红色泥岩	0.31m
18. 黄绿色泥岩与紫红色泥岩互层	0.7m
17. 紫红色泥岩，薄层与厚层泥岩互层	2.05m
16. 灰绿色泥岩，上部夹两层黄色薄层泥岩	0.41m
15. 泥质角砾岩，含泥质角砾，棱角状—次棱角状	0.03m
14. 灰绿色泥岩	0.25m
13. 紫红色泥岩。含钙质较少的较厚层泥岩与含钙质较多的薄层泥岩互层，含钙质泥岩层厚1~2cm，泥岩厚5~10cm	1.5m
12. 灰绿色泥岩，含较丰富的介形虫化石	1.5m
11. 钙质泥岩，土黄色	0.35m
10. 浅灰绿色泥岩	0.42m
9. 黄绿色泥岩，含有丰富的介形虫化石，钙质含量较高，具有一定层理，含有三层黄色泥灰岩层，位于距底约50cm、70cm、105cm处，呈断续分布。产孢粉化石 *Schizaeoisporites*、*Cythidites* 等	1.14m
8. 灰绿色泥岩，产孢粉化石 *Schizaeoisporites*、*Interulobites*、*Classopollis* 等	2.56m
7. 灰紫色泥岩，含丰富的介形虫	0.03m
6. 灰绿色泥岩，具有断续的薄层介形虫层，有一定的水平纹层，含有一层约2cm厚的黄色钙质泥岩（？）。产孢粉化石 *Schizaeoisporites*、*Classopollis*、*Podocarpidites* 等	0.86m

5. 灰紫色泥岩，含较丰富的介形虫化石，钙质含量较高，含介形虫的灰紫色泥岩与灰黑色泥岩互层。产孢粉化石 *Schizaeoisporites*、*Cythidites*、*Classopollis*、*Parcisporites*、*Cedripites*、*Quercoidites* 等   0.22m

  4. 土黄色泥岩   0.17m

  3. 黄绿色泥岩，具水平纹层   0.56m

  2. 灰绿色泥岩。产孢粉化石 *Cythidites*、*Classopollis*   0.4m

  1. 灰紫色泥岩，下伏地层为灰绿色泥岩夹紫红色泥岩   0.29m

（未 见 底）

哈达山剖面的孢粉化石可建立组合 *Schizaeoisporites–Classopollis–Cyathidites*。该组合特征为：（1）蕨类植物孢子含量占优势，其次为裸子植物花粉，被子植物花粉含量最少；（2）蕨类植物孢子中 *Schizaeoisporites* 含量最高，平均为30.4%，其次为 *Cyathidites*，平均占7.1%，此外还见有 *Lygodiumsporites*、*Dictyotriletes*、*Cicatricosisporites*、*Polycingulatisporites* 等；（3）裸子植物花粉中以 *Classopollis* 含量最高，平均为16.7%，此外常见分子还有 *Podocarpidites*、*Cedripite*、*Parcisporites*、*Parvisaccites*、*Taxodiaceaepollenites*、*Cycadopites*、*Pinuspollenites*、*Piceaepollenites*、*Jiaohepollis* 等；（4）被子植物花粉只见零星出现，主要有 *Quercoidites*、*Cupuliferoidaepollentis* 等。

综合哈达山剖面的孢粉化石所代表的植被、气温带、干湿度类型，推测青山口组二、三段沉积期的气候面貌为半湿润半干旱的热带气候，植被景观主要为针叶—阔叶混交林。本剖面的孢粉组合属于东北温暖中生孢粉植物区，序列上属于晚白垩世初期孢粉植物群。

X射线衍射分析结果表明，泥岩中硅酸盐矿物主要为石英（3.2%～35.6%，平均为17.3%）和斜长石（2.5%～17.4%，平均为10.6%），钾长石含量较低（0～2.4%，平均为1.2%）。碳酸盐矿物主要为方解石（0.8%～80%，平均为27.5%），其次为白云石（3.3%～26.3%，平均为9.4%）。黏土矿物以伊蒙混层为主（6.3%～57.6%，平均为30.8%），其次为伊利石（0.9%～9.1%，平均为5.1%）、高岭石（0.1%～1.9%，平均为1%），绿泥石含量极低（0.1%～2.1%，平均为1.1%），方沸石含量为0.2%～12.9%，平均为5.1%（图3-3）。

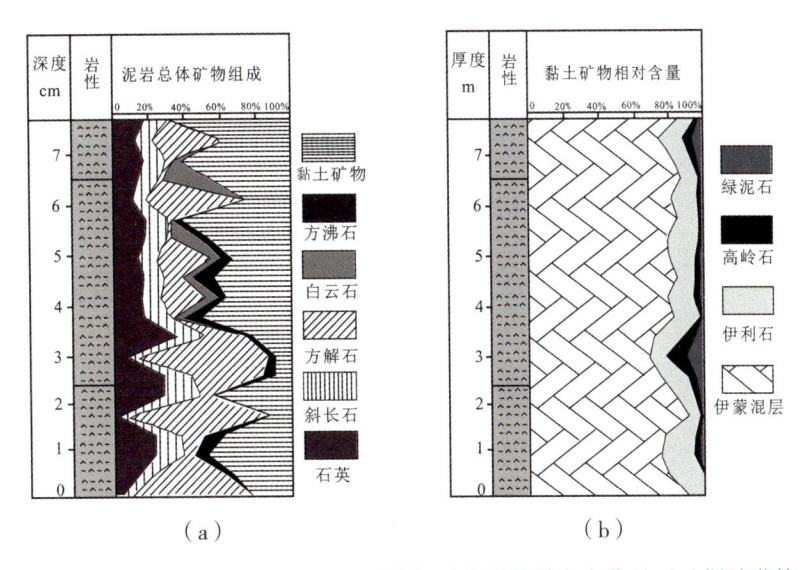

图3-3 泥岩的总体矿物组成（a）和黏土矿物相对含量的纵向变化（b）（据孙瀟等，2017）

根据黏土矿物、碳酸盐矿物及方沸石的含量，将松辽盆地南部哈达山青山口组二、三段泥岩细划为富黏土矿物泥岩和富碳酸盐矿物泥岩两种类型。

上白垩统青山口组一段是松辽盆地第一次大规模湖侵的产物，其沉积边界超过了现今松辽盆地的范围；青山口组二、三段属于湖平面下降期的沉积产物，该时期古湖泊的分布范围已大大缩小。青山口组二、三段沉积时期，湖盆处于明显的充填阶段，沉积速度大致等于或超过沉降速度。水体变浅的标志是暗色泥岩减少和红色泥岩增多。估计当时湖泊涨落频繁，岸线摆动带在盆地长轴方向十分宽阔，使沉积物不时出露水面，形成广泛的泥滩环境。以上推测已被淤积物中大量介形虫化石层和膏盐层的沉积证明。因为每次大的湖退都会引起大面积水域脱离主要湖区，它们干枯后则造成大量生物的死亡，并成层沉积在地层中。膏盐层的出现一方面与古气候干热有关，另一方面也与蓄水体平浅有关。蒸腾作用使浅水中的硫酸盐、碳酸盐浓缩沉淀，最后成层保存下来。

第四纪沉积物广布全区，松花江吉林省段左岸冲积—洪积—冰水堆积平原松散层厚度约 10～100m，冲积—洪积平原及冲积平原松散层厚度为 10～30m；右岸松散层厚度约为 40～120m；河谷平原松散层厚度为 15～30m。下更新统白土山组（Q_1b）为冰水堆积的砂、砂砾石夹黏性土薄层，主要分布于冲积—洪积—冰水堆积平原，在其他地区零星分布；中更新统荒山组（Q_2h）冲积湖积层分布于松花江右岸的下部，冲积—洪积层主要分布于两岸冲积—洪积平原、冲积—洪积—湖积平原的波状台地和冲积—洪积—冰水堆积平原的上部；上更新统顾乡屯组（Q_3g）分布于微波状岗地；全新统（Q_4）以冲积层为主，分布于河谷冲积平原。

实习路线二　农安县青山口乡后金家沟村松花江沿岸嫩江组一、二段剖面

后金家沟剖面位于农安县青山口乡后金家沟村松花江沿岸（图3-4），露头良好，产有丰富的介形类、孢粉、叶肢介等化石，地层厚度28m。剖面位置为北纬44°52′29.4″，东经125°30′57.8″。

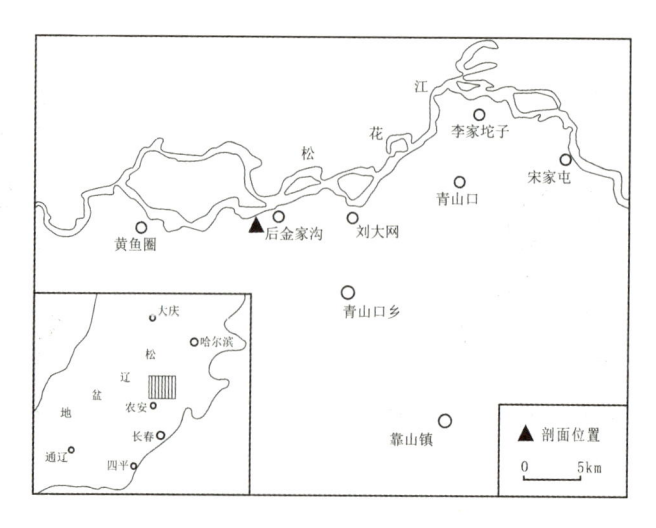

图3-4　后金家沟剖面地理位置图

根据介形类、孢粉化石组合，结合叶肢介化石和岩性等资料，认为后金家沟剖面属于嫩江组一、二段（萨零组）。野外共划分为14个层位，中下部主要为黄绿色、灰绿色水平层理泥岩，上部有数米厚的黑色页岩夹油页岩，最顶部为灰绿色泥岩。中下部的黄绿色、灰绿色泥岩中产有大量介形类化石，上部的黑色页岩中产出大量孢粉和叶肢介化石，还发现少量的沟鞭藻化石。

嫩江组二段（未见顶）：

14. 厚层状黄绿色泥岩。产少量介形类 *Cypridea* sp. 等，孢粉 *Schizaeoisporites* 含量很高　　　　　　　　　　　　　　　　　　　　　　　　　　　　　　　　　　　4.00m

13. 黑色页岩与油页岩互层，呈水平层理。在下部的黑色页岩中产少量介形类 *Cypridea* sp.、*Candona* sp. 等，壳体呈黑色，多被压扁；孢粉 *Cyathidites*、*Cicatricosisporites*、*Schizaeoisporites*、*Cycadopites* 等，含量丰富。此外，在黑色页岩中产有丰富的叶肢介化石　　　　8.00m

------------------------------------- 整　　合 -------------------------------------

嫩江组一段：

12. 黄绿色泥岩，水平层理清晰。产少量介形类化石 *Cypridea* sp.、*Adnenocypris* sp. 等；孢粉含量高，类型丰富，产 *Dictyotriletes*、*Laevigatosporites*、*Foveotriletes*、*Foraminisporis*、*Gabonisporis*、*Cycadopites*、*Aquilapollenites* 等。此外，还产有少量沟鞭藻化石　　　7.00m

11. 黄褐色介形虫泥岩层，介形类化石个体较大，含量丰富。产介形类 *Cypridea gunsulinensis*、*C.gunsulinensis* var.*carinata*、*C.gracila*、*C.acclinia*、*C.lunata*、*C.*sp.、*Limnocypridea mediocris*、*L.*sp.、*Adnenocypris* sp. 等　　　　　　　　　　　　　　0.30m

10. 介形虫层与灰绿色泥岩互层，介形虫层氧化强烈。产介形类 *Cypridea gunsulinensis*、*C.gunsulinensis* var.*carinata*、*C.gracila*、*C.acclinia*、*C.lunata*、*C.*sp.、*Limnocypridea mediocris*、*L.*sp. 等，孢粉 *Pinuspollenites*、*Piceaepollenite*、*Piceites* 等　　　　　　　　　　1.00m

9. 灰绿色泥岩，介形虫成层分布，介形虫层最厚达30mm。产介形类 *Cypridea gunsulinensis*、*C.gunsulinensis* var.*carinata*、*C.gracila*、*C.acclinia*、*C.lunata*、*C.*sp.、*Limnocypridea mediocris*、*L.*sp. 等，孢　粉 *Cyathidites*、*Cicatricosisporites*、*Schizaeoisporites*、*Classopollis*、*Taxodiaceaepollenites*、*Cycadopites*、*Foraminisporis* 等　　　　　　　　　　　　　6.00m

8. 灰绿色角砾状泥岩，泥质胶结，角砾较大，最大者为 50mm×30mm　　　0.07m

7. 灰绿色页岩，呈水平层理。偶见介形类 *Cypridea* sp. 等、孢粉 *Cyathidites* 等　　0.44m

6. 灰绿色泥岩层，含化石稀少　　　　　　　　　　　　　　　　　　　　0.18m

5. 灰绿色泥岩，层理发育。产介形类 *Cypridea gunsulinensis*、*C.gunsulinensis* var. *carinata*、*C.gracila*、*C.acclinia*、*C. lunata*、*C.*sp.、*Limnocypridea* sp. 等，孢粉 *Cyathidites*、*Dictyotriletes*、*Laevigatoporites* 等　　　　　　　　　　　　　　　　　　　　　　　　1.52m

4. 灰绿色泥岩与介形虫层互层，介形虫层遭受风化强烈　　　　　　　　　0.16m

3. 灰绿色泥岩，水平层理，介形虫含量分布不均匀。产介形类 *Cypridea* sp.、*Limnocypridea* sp. 等，孢粉 *Cyathidites*、*Pinuspollenites* 等　　　　　　　　　　　　0.35m

2. 含角砾泥岩，泥质胶结　　　　　　　　　　　　　　　　　　　　　　0.05m

1. 黄绿色和青灰色泥岩，水平层理发育，介形虫顺层分布，壳体薄，多为乳白、浅黄色，以碎片居多。见有黄褐色眼球状氧化黄铁矿，夹石灰岩结核。产介形类 *Cypridea* sp.、*Limnocypridea* sp. 等，孢粉 *Cyathidites*、*Classopollis*、*Schizaeoisporites* 等（未见底）　　1.42m

（未见底）

剖面下部和中部的黄绿色、灰绿色水平层理泥岩中含丰富的介形类化石，主要有 *Cypridea gunsulinensis*、*C.gunsulinensis* var.*carinata*、*C.gracila*、*C.acclinia*、*C.lunata*、*C.*sp.、*Limnocypridea mediocris*, *L.*sp.、*Adnenocypris? mundulafomis* 等。其中优势种为 *C.gunsulinensis*、*C.gracila* 和 *C.acclinia*，属于嫩江组一段 *Cypridea gunsulinensis-Cypridea ardua* 组合，以壳体中部膨大为特征而与其他组合相区别。

剖面上部黑色页岩夹油页岩中，介形类化石稀少，仅在19m处发现少量的介形虫化石，鉴定出 1 个 *Cypridea* sp.、10 个 *Candona*? sp.。黑色页岩中主要见叶肢介化石，属于 *Estheritilis mituishi* 化石组合。该组合分布于嫩江组二段下部，以其典型的金黄色壳瓣为特征。在剖面最上部的灰绿色泥岩中，仅处理出一个介形类化石，壳体破碎，经鉴定属于 *Cypridea* sp.，它的壳饰复杂，具瘤和比较深大的蜂孔，具有嫩江组二段 *Ilyocyprimorpha netchaevae-Periacanthella portentosa-Cypridea ordinatehell* 组合的特征。该组合产出于黑色页岩夹油页岩地层，在松辽盆地广布于嫩江组二段，其中油页岩层为嫩江组二段下部标志层。因此，将该研究剖面的上部地层归于嫩江组二段下部。

嫩江组一段沉积后期，湖盆沉降速度减缓，沉积物补给充足，沉积速度大于沉降速度，导致了古湖盆不同地域有不同的沉积相态；进入嫩江组二段沉积时期，松辽古湖盆又一次快速沉降，水体迅速扩充，导致饥饿湖盆的再次形成，在全盆地发育了一套广泛的黑色页岩及油页岩，至嫩江组二段中上部沉积时期，沉降减慢，湖水开始变浅。

在嫩江组一段—二段沉积过渡期，发生了一次大规模的湖侵。伴随着湖侵，介形类生物经历了一个衰退、消亡、复苏的过程。

嫩江组一段—二段的孢粉资料显示，该沉积期总体为湿润到半湿润的热带、亚热带气候，其中嫩江组二段下部的黑色页岩沉积期显得更加湿热，向上开始逐渐变得干凉。

该剖面介形类总体演化及化石保存特征变化大，不同深度具有不同的类型和保存特征。通过介形类化石的保存特征，结合丰度、分异度及其他资料，可以把古湖泊的演化分为 5 种环境，每种环境的介形类化石都有自己的古生态和古环境特征（图 3-5）。

浅湖—半深湖环境（0～4m 处）：介形类壳体以碎片居多，整壳很少见，且无充填；壳体薄，呈乳白色、浅黄色，大小混杂，以幼体居多；分异度在 2～3 之间，丰度 10～100 个/cm^2，相对较高。从壳体的颜色和厚度来看，当时的沉积环境主要为浅湖—半深湖，并逐渐变浅。

滨湖—浅湖环境（4～12m 处）：岩性以灰绿色薄层泥岩为主，介形类壳体大多比较完整，少量出现较多的碎片，壳体较大，壳壁厚，以土黄色、褐黄色为主，介形类的分异度适中，丰度比较高，总体为滨湖—浅湖环境，并且水体逐渐加深，水动力逐渐变弱。

半深湖环境（12～16.5m 处）：岩性为厚层灰黄色泥岩，介形类化石很少见，当时水域急剧加深，所含营养物比较贫乏，pH 可能有所下降，再加上一些其他条件，不利于介形类的生存和化石的保存。

深湖环境（16.5～24m 处）：岩性为黑色页岩夹油页岩，富含叶肢介化石，介形类化石很少见，为深湖环境，水动力很弱。仅在 18m 处发现少量介形类化石，壳体中等、壳壁中等，被压扁，且为黑色，其中 *Candona*? sp. 代表深水环境下生活的浮游类型。

浅湖—半深湖环境（24～28m 处）：岩性为厚层黄褐色泥岩，介形类化石很少见，但从一个已发现的破碎的化石看，其壳壁较厚，颜色为乳白色，瘤和蜂孔都比较发育，显示湖水开始变浅，代表浅湖—半深湖环境，水动力条件开始有所加强，但仍处于相对低的水平。

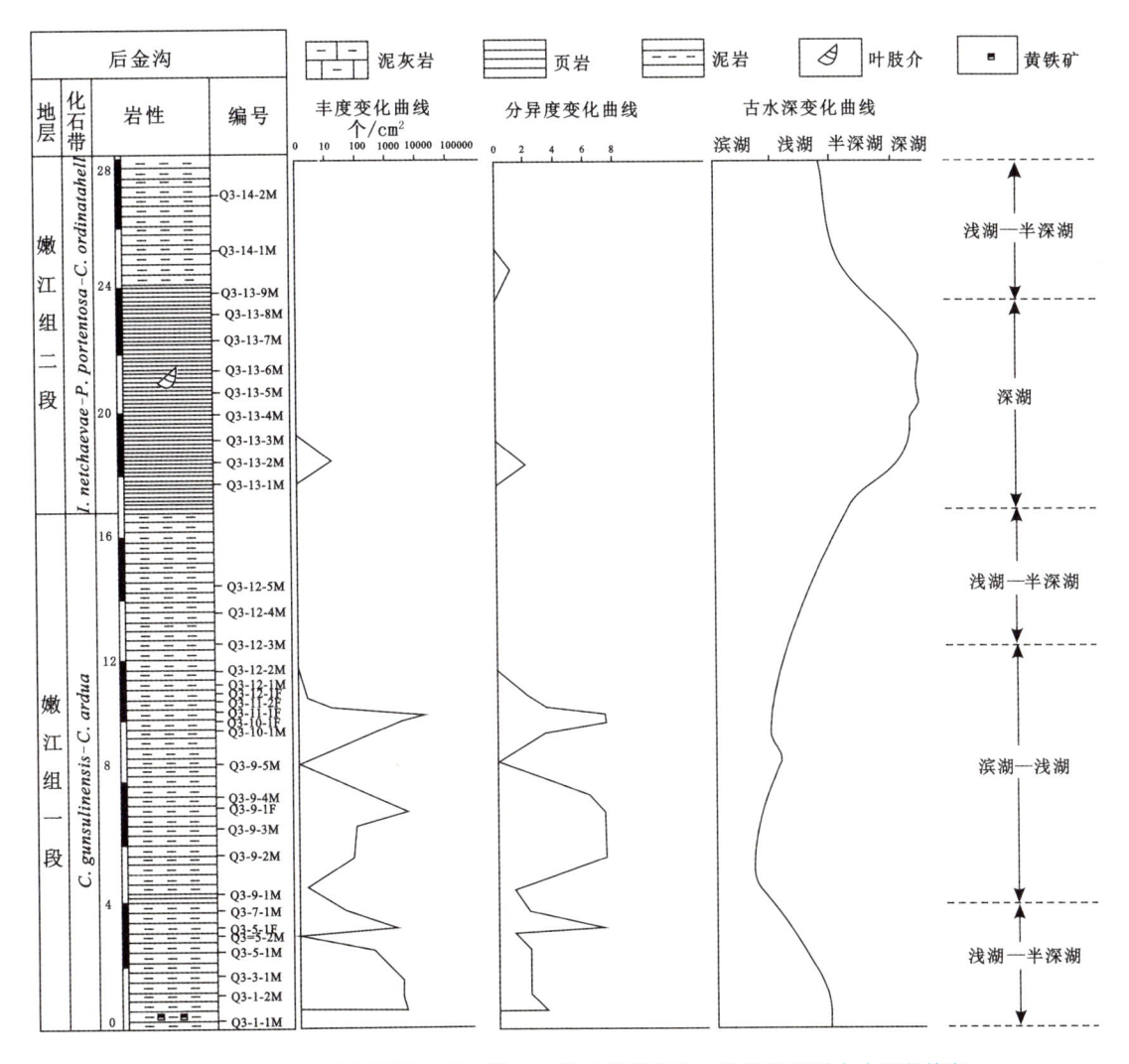

图 3-5　后金家沟剖面嫩江组一段—二段介形类丰度、分异度及对古水深的恢复

实习路线三　农安县永安乡沈家屯嫩江组三、四段剖面

该剖面位于松辽盆地东南部的吉林省农安县永安乡沈家屯冲沟内（图3-6），层位为白垩系嫩江组三、四段。1929年谭锡畴和王恒升将黑龙江省嫩江县附近的页岩命名为"嫩江页岩系"，大体相当于现在嫩江组的一、二段；1942年日本地质学家小林贞一等在农安县伏龙泉地区建立了"伏龙层"，相当于现今嫩江组三、四段。后根据命名优先原则，采用"嫩江组"而弃用"伏龙泉组"。该剖面位于伏龙泉镇附近，属于嫩江组命名剖面所在地区，地层序列清晰完整，保存有丰富而完好的多门类化石，具有较高的研究价值。

该剖面分上下两部分，二者相距不远，侧向追索，可以对接。地层岩性主要为泥岩，夹少量粉砂岩与结核层，含有丰富的孢粉、介形虫、叶肢介、腹足类、双壳类等化石。地层总厚度为41m。

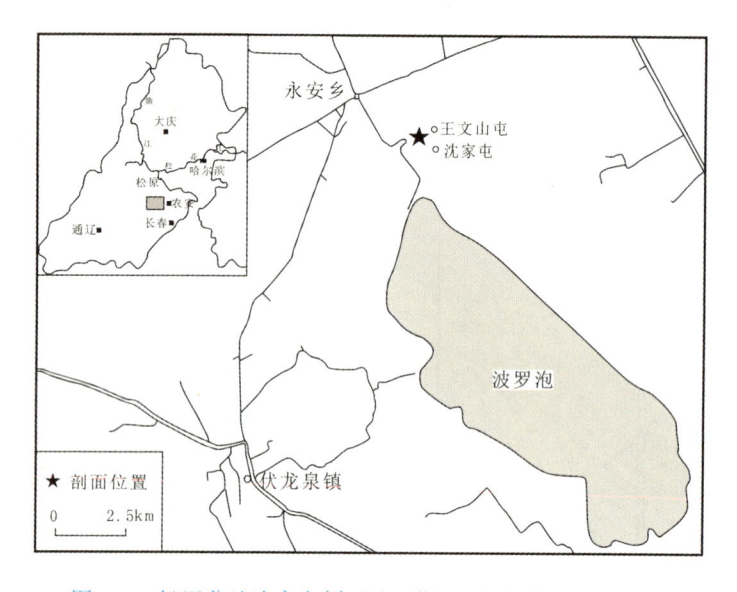

图 3-6 松辽盆地沈家屯剖面地理位置图（据荆夏，2011）

沈家屯剖面描述如下：
嫩江组三、四段：
剖面起点：N44°30′24.2″，E124°43′00.8″。

(未见顶)

14. 深灰色泥岩，局部颜色为黄绿色。向上夹土黄色层增多，厚度>5m，顶部为第四纪黑土所覆盖。产孢粉化石 Schizaeoisporites、Cyathidites、Classopollis、Rugubivesiculites、Quercoidites、Cupuliferoidaepollenites、Plicapollis、Salixipollenites 等　　　　　>5m

13. 黄绿色碳酸盐结核层，结核呈扁椭球状，长45cm，厚30cm，结核外层为褐黄色，向内变为黄色，内部为浅黄色　　　　　0.3m

12. 深灰色泥岩，局部颜色为黄绿色，含较丰富的介形虫化石。产孢粉化石 Schizaeoisporites、Cyathidites、Classopollis、Cedripites、Rugubivesiculites、Piceaepollenites、Taxodiaceaepollenites、Quercoidites、Gothanipollis、Beaupreaidites 等　　　　　5.6m

11. 黄—绿色粉砂质泥岩与灰绿色泥岩互层，含较多腹足类化石。产孢粉化石 Schizaeoisporites、Cyathidites、Dictyotriletes、Classopollis、Cedripites、Quercoidites、Salixipollenites、Tricolpopollenites、Beaupreaidites 等　　　　　1.49m

10. 灰绿色泥岩与黄绿色泥岩互层，含腹足类化石。产孢粉化石 Schizaeoisporites，含量很高，此外还产 Classopollis、Taxodiaceaepollenites、Quercoidites、Cupuliferoidaepollenites、Salixipollenites 等　　　　　1.3m

9. 灰绿色泥岩，含丰富介形类、腹足类化石。孢粉化石含量较少，产 Schizaeoisporites、Podocarpidites、Cedripites、Pinuspollenites、Abiespollenites 等，产介形类 Cypridea liaukhenensis、Candona sp.、Mongolocypris magna、Limnocypridea dongbeiensis、Daqingella elegana　　　　　2.44m

8. 灰绿色薄层粉砂岩。产介形类 Cypridea liaukhenensis　　　　　0.02m

7. 深灰色泥岩，含丰富的介形虫、腹足类、双壳类及少量叶肢介化石。产孢粉化石 Schizaeoisporites、Classopollis、Cedripites、Taxodiaceaepollenites、Quercoidites、Salixipollenites、Beaupreaidites 等，产大量介形类 Cypridea liaukhenensis、Candona fabiforma、C. longiovata、C.

sp.、*Periacanthella* sp.、*Mongolocypris magna*、*Daqingella bellia*　　　　　　　8.42m
（剖面向西南平移约200m）

剖面起点：N44°30′15.1″，E124°42′39.4″。

6. 深灰色泥岩夹数层粉砂岩结核层，呈扁椭球状，长约10cm，宽约8cm，厚2～3cm，含介形类化石，呈黄褐色，顺层分布。产孢粉化石 *Schizaeoisporites*、*Cyathidites*、*Dictyotriletes*、*Classopollis*、*Cedripites*、*Taxodiaceaepollenites*、*Quercoidites*、*Salixipollenites*、*Tricolporopollenites*、*Aquilapollenites* 等　　　　　　　　　　　　　　　　　　4.25m

5. 深灰色泥岩，产孢粉化石 *Schizaeoisporites*、*Cyathidites*、*Dictyotriletes*、*Classopollis*、*Taxodiaceaepollenites*、*Cupuliferoidaepollenites*、*Gothanipollis*、*Tricolporopollenites* 等，含丰富介形类化石，含双壳、腹足类化石　　　　　　　　　　　　　　　　　　3.8m

4. 薄层钙质粉砂岩　　　　　　　　　　　　　　　　　　　　　　　　　　　　0.04m

3. 深灰色泥岩，产孢粉化石 *Schizaeoisporites*、*Classopollis*、*Cedripites*、*Rugubivesiculites*、*Taxodiaceaepollenites*、*Quercoidites*、*Salixipollenites*、*Callistopollenites* 等，含大量介形类化石 *Cypridea liaukhenensis*、*Candonafabiforma*、*Mongolocypris magna*、*M.heiluntszianensis*、*Strumosia sungarinensis*，及少量叶肢介　　　　　　　　　　　　　　　　　　4.88m

2. 褐黄色泥岩。产孢粉化石 *Schizaeoisporites*、*Cyathidites*、*Dictyotriletes*、*Trilobosporites*、*Classopollis*、*Taxodiaceaepollenites*、*Quercoidites*、*Aquilapollenites* 等，产大量介形类 *Candona* sp.、*Mongolocypris magna*、*M. heiluntszianensis*、*Limnocypridea* sp.、*Strumosia sungarinensis*、*Daqingella elegana*、*D. microstriata*　　　　　　　　0.08m

1. 深灰色泥岩，产孢粉化石 *Schizaeoisporites*、*Cyathidites*、*Dictyotriletes*、*Classopollis*、*Taxodiaceaepollenites*、*Salixipollenites*、*Aquilapollenites* 等，含有丰富的介形类化石以及腹足类、双壳类、叶肢介化石，后三者多以碎片形式出现　　　　　　　　　　　3.45m

（未见底）

该剖面中自下而上识别出 *Aquilapollenites-Dictyotriletes-Rugubivessiculites*、*Schizaeoisporites-Classopollis-Beaupreaidites* 和 *Rugubivessiculites-Schizaeoisporites-Quercoidites* 三个孢粉组合，属于嫩江组三、四段。通过对孢粉化石属种的分析，得出本剖面孢粉组合的时代为晚白垩世坎潘（Campanian）期。

在沈家屯剖面中（图3-7），针叶树的含量较高，为22.6%～37.5%，灌木的含量也较高，为12.5%～20.7%，植被类型为针叶林、灌木丛。植被中热带成分占20.8%～35%，亚热带成分占9.7%～20.8%，热带—亚热带成分占6.7%～22.6%。植被中湿生、沼生、水生的成分占29.2%～41.6%。因此该地区嫩江组三、四段沉积期的气候总体呈半湿润的中亚热带气候，植被景观主要为针叶林和灌丛。各大类的百分含量变化范围不大，气候比较稳定，波动幅度较小。本剖面的孢粉组合属于东北温暖中生孢粉植物区，序列上属于晚白垩世中期孢粉植物群。

沈家屯剖面总体上反映了一种半湿润的中亚热带气候面貌，发生了由温暖潮湿—炎热干旱—温暖潮湿的变化，但总体而言在嫩江组三、四段沉积期气候较稳定，波动较小，湖泊水体稳定，生物繁盛。

在该沉积期，古湖盆处于一个相对平稳期，气候温暖湿润，水域平坦宽阔，有利于介形类、叶肢介、双壳类、腹足类等湖生物的繁盛。嫩江组三、四段沉积期稳定的古气候条件导致了湖泊水体状态的稳定。

沈家屯剖面孢粉化石分异度与优势度变化见图 3-7。

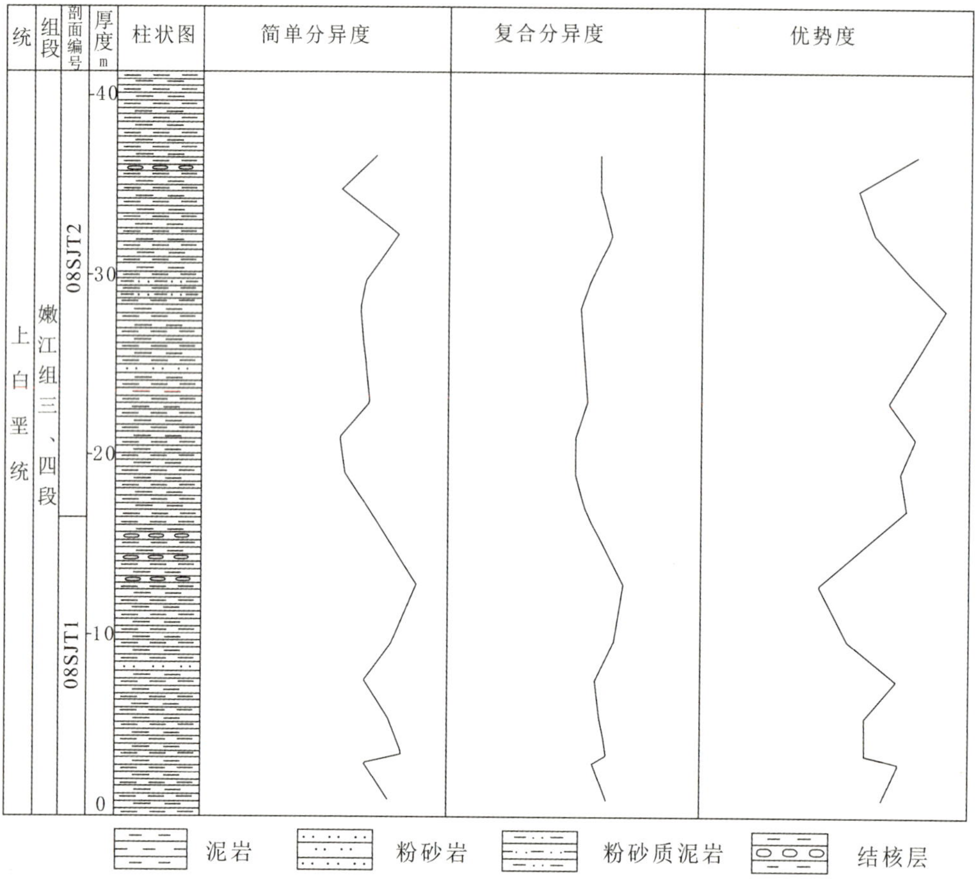

图 3-7 沈家屯剖面孢粉化石分异度与优势度变化曲线（据荆夏，2011）

实习路线四 农安县青山口乡李家坨子青山口组一、二段剖面

该剖面位于松辽盆地东南部的吉林省农安县青山口乡李家坨子村松花江南岸（图 3-8），层位为白垩系嫩江组一、二段。

剖面起点为 E125°39′34″，N44°54′42″，终点为 E125°37′43″，N44°54′1″。岩性主要为灰绿色、黄绿色泥岩夹页岩，含大量介形类、孢粉以及少量叶肢介化石，并且含有多层黄铁矿层。该剖面地层属于青山口组一、二段地层（高四油层组），湖水总体处于浅湖—半深湖环境。

李家坨子剖面描述如下：

青山口组一、二段：

（未见顶）

26. 泥灰岩层。产孢粉化石 *Schizaeoisporites*、*Taxodiaceaepollenites*、*Classopollis*、*Rugubivesiculites*、*Quercoidites*、*Callistopollenites* 等　　　　　　　　　　　　　　　　0.04m

25. 黄绿色泥岩，具水平层理　　　　　　　　　　　　　　　　　　　　　　　　　0.82m

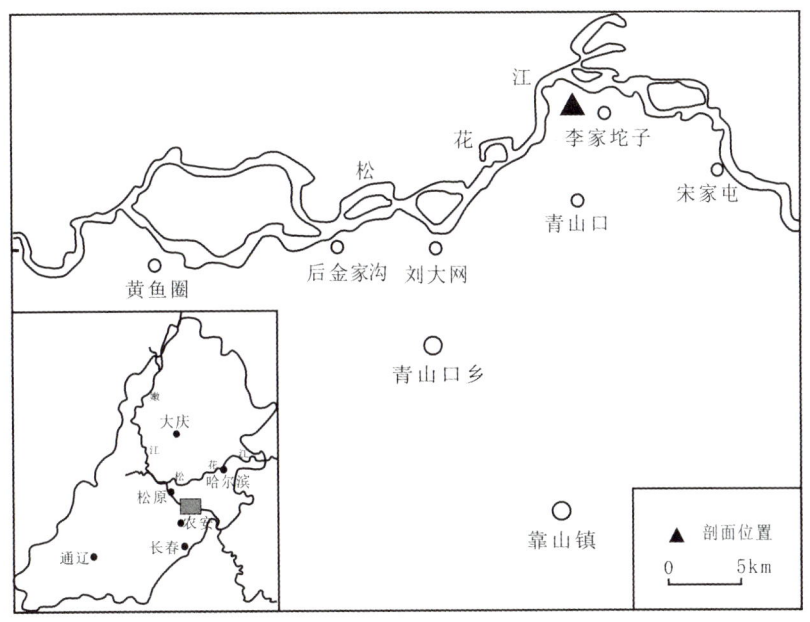

图 3-8　李家坨子剖面地理位置示意图（据闫晶晶等，2007）

24. 结核层，顺层呈透镜状分布　　　　　　　　　　　　　　　　　　　　　　0.1m
23. 灰黑色页岩，含黄铁矿层，位于 1.16m 处　　　　　　　　　　　　　　　2.56m
22. 深灰色泥灰岩（？），具水平层理，含有生物碎屑　　　　　　　　　　　0.14m
21. 灰色页岩，含大量叶肢介化石及生物碎屑　　　　　　　　　　　　　　　0.25m
20. 黄绿色泥岩　　　　　　　　　　　　　　　　　　　　　　　　　　　　0.93m
19. 黄绿色泥灰岩，含大量生物碎屑　　　　　　　　　　　　　　　　　　　0.12m
18. 土黄色泥灰岩与黄绿色泥岩互层，其中泥灰岩厚度有 1cm、3cm 或 10cm。泥岩具水平层理。产孢粉化石 *Cyathidites*、*Pinuspollenites*、*Podocarpidites*、*Cedripites* 等　　0.92m
17. 黄绿色粉砂质泥岩，夹数层结核层。具水平层理，含大量生物碎屑。产孢粉化石 *Cyathidites*、*Classopollis*、*Chenopodipollis* 等　　　　　　　　　　　　　　　3.43m
16. 灰绿色页岩，含叶肢介化石　　　　　　　　　　　　　　　　　　　　　0.18m
15. 黄绿色粉砂岩，具良好的水平层理，含有少量叶肢介化石。产孢粉化石 *Classopollis*、*Cedripites* 等　　　　　　　　　　　　　　　　　　　　　　　　　　　　0.27m
14. 灰绿色泥岩，具水平层理，含有丰富的生物碎屑。在该层顶部含有丰富的叶肢介化石。产孢粉化石 *Cyathidites*、*Schizaeoisporites*、*Pinuspollenites*、*Cedripites*、*Podocarpidites*、*Classopollis*、*Quercoidites* 等　　　　　　　　　　　　　　　　0.95m
13. 泥灰岩结核，顺层分布，厚 15cm，在部分位置连续分布　　　　　　　　0.15m
12. 灰绿色泥岩，具水平层理　　　　　　　　　　　　　　　　　　　　　　0.79m
11. 黄绿色泥灰岩　　　　　　　　　　　　　　　　　　　　　　　　　　　0.11m
10. 灰绿色泥岩，具水平层理，含生物碎屑。产孢粉化石 *Cyathidites*、*Schizaeoisporites*、*Podocarpidites*、*Cedripites*、*Abiespollenites*、*Piceaepollenites*、*Classopollis* 等　　0.165m
9. 黄绿色泥灰岩　　　　　　　　　　　　　　　　　　　　　　　　　　　　0.15m

8. 灰绿色泥岩，夹若干层黄铁矿层，黄铁矿层顺层分布，厚1～2cm。水平纹层发育。产孢粉化石 Cyathidites、Schizaeoisporites、Cedripites、Podocarpidites、Classopollis、Pinuspollenites、Piceaepollenites、Quercoidites、Chenopodipollis 等　　　　　　　　　　　　　　　　　2.34m

7. 灰绿色泥岩，具水平层理，含生物碎屑　　　　　　　　　　　　　　　　0.14m

6. 黄绿色泥灰岩结核，表层含有黄铁矿，风化后呈褐红色　　　　　　　　　0.14m

5. 灰绿色泥岩，具水平层理，含草莓状黄铁矿，顺层分布　　　　　　　　　0.18m

4. 黄绿色泥灰岩结核，表层含有黄铁矿，被风化成褐红色　　　　　　　　　0.06m

3. 灰绿色泥岩，含有较丰富的介形类化石，含草莓状黄铁矿，顺层分布。产孢粉化石 Cyathidites、Cedripites、Abiespollenites、Podocarpidites、Classopollis、Parcisporites、Tricolporopollenites 等　　　　　　　　　　　　　　　　　　　　　　　　　　　　　　　　0.31m

2. 黄绿色泥灰岩，泥灰岩中含有方解石层（？）　　　　　　　　　　　　　0.07m

1. 灰绿色泥岩，具水平层理，含草莓状黄铁矿，顺层分布。产孢粉化石 Cyathidites、Piceaepollenites、Cedripites、Pinuspollenites、Quercoidites 等　　　　　　　　　0.5m

（未见底）

剖面中自下而上识别出 Cedripites-Cyathidites-Classopollis、Classopollis-Schizaeoisporites-Callistopollenites 两个孢粉组合，属于青山口组一、二段。

根据对孢粉的分析，认为该沉积期总体属于温暖较湿润的热带、南亚热带气候。

在青山口组二段沉积初期，古湖盆总体为相对平稳的浅湖—半深湖环境。由下至上为滨浅湖环境→半深湖环境→半深湖—深湖环境→浅湖—半深湖环境→半深湖环境→浅湖—半深湖环境。

该露头中还发现3层单层厚约20cm的土黄色叠层石，呈中厚层产出，由下及上第二层叠层石横向展布稳定[图3-9（a）]。第一层和第三层叠层石横向展布变化较为明显[图3-9（a）、（c）]，呈透镜状、丘状和穹窿状。通过X射线衍射分析，矿物中白云石含量为94%，含有3.0%的石英和3.0%的方沸石，肉眼观察可看到灰黑色有机质层（藻类层）。垂向内部结构为垂直层面、平行紧密的锥形、柱状、波纹状，反映沉积时期蓝绿藻在生命活动中通过藻丝体的粘结作用形成叠层石白云岩的结果。在不同的水动力条件下形成的叠层石内部结构并不相同，在水动力条件较弱的静水区域（潮间带）形成的叠层石为稳定的薄层状；在潮间—潮下带水动力较强的环境中，由于波浪、潮汐作用的改造，叠层石呈现柱状、穹窿状和锥状。

通过观察叠层石断面，第一层叠层石纹层呈现波浪形[图3-9（b）]，第二层和第三层叠层石底部为波浪形叠层石，向上逐渐过渡为柱状和锥状叠层石[图3-9（d）]，其中单柱状高可达20cm，宽3cm[图3-9（d）]。所有的叠层石片状白色纹层和黑色有机质薄层组成韵律纹层，单韵律纹层为5mm左右，有机质层均小于1mm[图3-9（b）]。

在松辽盆地青山口组叠层石中，明暗纹层组交替分布，形成周期性韵律层。这一沉积现象记录了叠层石形成期间两种不同沉积环境之间的交替，分别为适宜叠层石生长的环境和妨碍叠层石生长的环境，两种沉积环境之间周期性相互更替。

现代研究表明，湖盆中的叠层石经常发育在受波浪改造的滨岸线附近，现今实例没有深水沉积的叠层石。

图 3-9 松辽盆地青山口组叠层石特征

(a) 青山口组下部两层叠层石，第一层稳定展布，发育波状叠层石；
(b) 第一、二层叠层石放大图；(c) 叠层石锥状体；(d) 叠层石表面锥状构造

在松辽盆地青山口叠层石凝块层中，可以见到少量具有厚胶鞘的管体（衣鞘）化石，其中胶鞘的厚度较大，约占整个管体厚度的 1/4～1/2。在单体锥状叠层石之间的沟道和洞穴均有溶蚀的痕迹，尤其在鸟眼状孔洞的叠层石中普遍发育渗流的碳酸盐沉积，可以指示沉积底部。以上现象说明，在成岩过程前后，叠层石经常短期暴露，接受溶蚀和渗流作用的改造。这些资料显示，松辽盆地青山口组叠层石与其他地区新生代湖相叠层石相似，波状叠层石上下均为暗色泥岩，且洞穴不发育，说明其沉积环境为浅湖静水环境，而锥状叠层石形成于水动力较强的浅湖环境。

实习路线五　德惠市姚家站姚家组—嫩江组剖面

该剖面位于吉林省德惠市菜园子镇姚家站松花江桥附近（图 3-10），发育一套连续的姚家组—嫩江组一段沉积，岩层产状近水平。姚家组是松辽石油普查大队 1958 年命名的，最初称为"姚家层"，建组剖面在吉林省德惠县姚家车站松花江桥南端，岩性以棕红色、灰绿色泥岩、灰白色砂岩为主。1962 年顾知微将"姚家层"改称"姚家组"，沿用至今。姚家组层型剖面位于吉林省扶余市大三井子乡的 12 号钻孔（东经 125°14′，北纬 45°20′），主要为一套湖相细碎屑沉积，以棕红色、砖红色、褐红色泥岩和灰绿色泥岩、粉砂岩互层为特点，总厚超过 200m。

该剖面中姚家组以棕红色泥岩为主，夹灰绿色泥岩、灰白色粉砂岩；嫩江组一段以深灰色、灰黑色泥岩、页岩为主，整合于姚家组之上，两者界线清晰。地层中含有丰富的介形类、叶肢介和孢粉等化石。

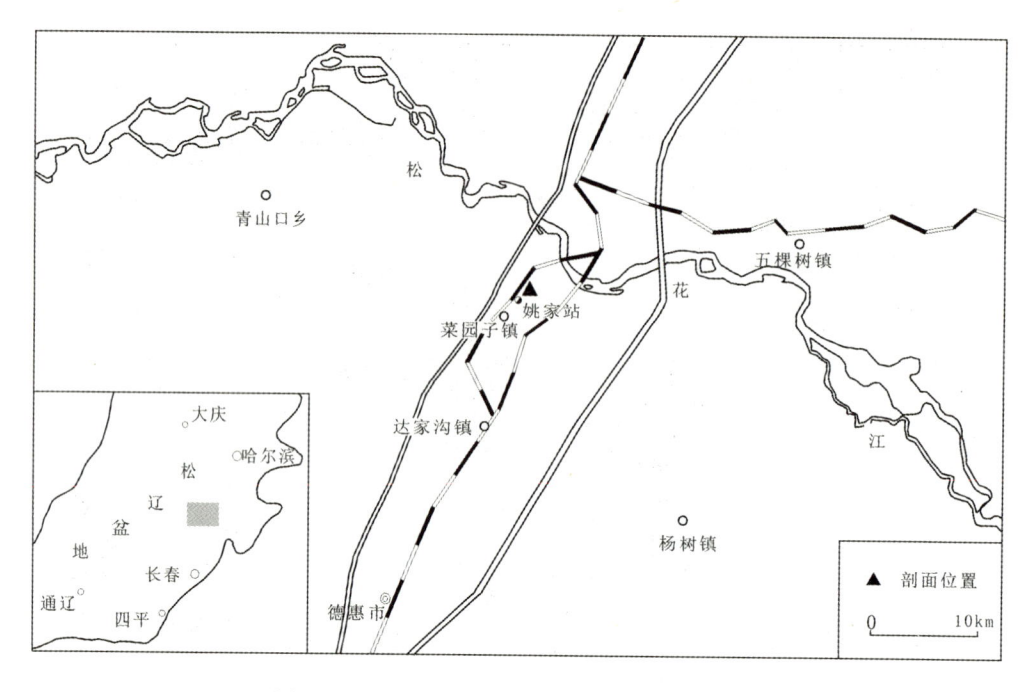

图 3-10　姚家站剖面位置（据席党鹏等，2009）

剖面详细描述如下：

（未见顶）

嫩江组一段：

58. 灰绿色泥岩，具水平层理，产丰富的介形类化石 *Cypridea gunsulinensis*、*C.gracila*、*C.acclinia*、*C.ardua* 　　　　　　　　　　　　　　　　　　　　　　　　　　　　　1.70m

57. 黄绿色泥岩，具水平层理，产介形类化石 *Cypridea* sp.、*Lycopterocypris* sp. 　　0.80m

56. 深灰色粉砂质泥岩，在 0.5m 处见一串珠状白云岩结核。产介形类化石 *Cypridea gunsulinensis*、*C. gracila*、*C.acclinia* 　　　　　　　　　　　　　　　　　　　　　2.20m

55. 黄绿色泥质粉砂岩，产介形类化石 *Cypridea* sp.、*Lycopterocypris* sp. 　　　2.10m

54. 深灰色粉砂质泥岩，产介形类化石 *Cypridea gunsulinensis*、*C.gracila*、*C.acclinia*、*C.ardua*、*Lycopterocypris* sp. 　　　　　　　　　　　　　　　　　　　　　　　　0.60m

53. 灰绿色粉砂质泥岩，顶部为厚 40cm 厚的介形虫灰岩，介形虫层具有波状层理和水平层理，与上下的泥岩之间为突变接触，下部泥岩中化石较多，上部泥岩中化石很少。介形类化石包括 *Cypridea gunsulinensis*、*C.gracila*、*C.acclinia*、*C.ardua*、*Lycopterocypris triangularis*、*L.valida* 　　　　　　　　　　　　　　　　　　　　　　　　　　　　　　2.80m

52. 下部为灰绿色泥质粉砂岩，中部为粉砂质泥岩，上部为灰绿色粉砂质泥岩，顶部为 5cm 厚的白云岩结核，单个呈扁球状，长 20cm 左右，串珠状顺层分布。仅见少量介形类化石 *Cypridea* sp.，而且保存较差 　　　　　　　　　　　　　　　　　　　　1.50m

51. 下部为深灰色粉砂质泥岩，在 1.2m 处出现串珠状白云岩结核，上部为泥质粉砂岩，顶部又见串珠状泥灰岩。仅见少量介形类化石 *Cypridea acclinia*、*C.sp.*，而且保存较差　　1.80m

50. 黄绿色页岩夹粉砂岩岩，顶部为 40cm 厚的介形虫层。介形虫层具有波状层理和水平层理，与上下的泥岩之间为突变接触，下部泥岩中化石较多，上部泥岩中化石很少。介形类化石包

括 *Cypridea acclniia*、*C.aculata*、*Lycopterocypris triangularis*、*Triangulicypris torsuosus*?   2.80m

49. 灰绿色泥岩夹薄层粉砂质泥页岩，顶部为厚约50cm的介形虫层。介形虫层具有波状层理和水平层理，与上下的泥岩之间为突变接触，下部泥岩中化石较多，上部泥岩中化石很少。介形类化石包括 *Cypridea gunsulinensis*、*C.gracila*、*C.acclinia*、*C.arudua*、*Lycopterocypris triangularis*   4.00m

48. 深灰色泥岩，具水平层理，顶部为10cm厚的白云岩结核，单个呈扁球状，长20cm左右，串珠状顺层分布。介形类化石很少，仅鉴定出 *Cypridea* sp.   1.40m

47. 灰绿色粉砂质泥岩，具断续水平层理，下部粒度相对粗，上部粒度略变细，顶部为30cm厚的介形虫层。介形虫层具有波状层理和水平层理，与上下的泥岩之间为突变接触，下部泥岩中化石较多，上部泥岩中化石很少。介形类化石包括 *Cypridea gunsulinensis*、*C.gracila*、*C.acclinia*、*Lycopterocypris triangularis*、*L.mediocris*、*Mongolocypris* sp.   4.10m

46. 灰绿色泥岩夹薄层泥灰岩，顶部为5cm厚的白云岩结核，单个呈扁球状，长20cm左右，串珠状顺层分布。产介形类化石 *Cypridea gunsulinensis*、*C.gracila*、*C.acclinia*、*Lycopterocypris triangularis*、*L.mediocris*、*Mongolocypris* sp.   2.80m

45. 下部为黄绿色粉砂岩，上部为灰绿色泥岩，顶部为20cm厚的白云岩结核，单个呈扁球状，长20cm左右，串珠状顺层分布。产介形类化石 *Cypridea gracila*、*C.acclinia*、*Mongolocypris* sp.   1.40m

44. 灰褐色油页岩，页理发育，产较丰富的介形类化石 *Cypridea* sp.、*Mongolocypris* sp.、*Lycopterocypris* sp.、*Candona* sp.   0.60m

43. 黄绿色粉砂岩和浅灰色泥岩互层，具水平层理，产丰富的介形类化石 *Cypridea* sp.、*Lycopterocypris* sp.、*Candona* sp.   2.20m

42. 灰褐色油页岩，页理发育，下部颜色较浅，上部颜色较深，产较丰富的介形类化石 *Cypridea* sp.、*Mongolocypris porrecta*、*Candona fabiforma*、*C.trigona*   1.90m

41. 下部为黄绿色粉砂岩，具断续水平层理；上部为褐色油页岩，产丰富的介形类化石和少量鱼化石碎片；顶部为5cm厚的白云岩结核，单个呈扁球状，长20cm左右，串珠状顺层分布。介形类化石包括 *Cypridea* sp.、*Mongolocypris orrecta*、*Candona fabiforma*   2.10m

40. 深灰色、灰褐色油页岩，页理发育，产丰富的介形类和少量叶肢介化石，上部有一薄层断续分布的介形虫层，顶部为4cm厚的泥质白云岩。介形类化石包括 *Cypridea anonyma*、*Cypridea* sp.、*Lycopterocypris triangularis*、*L.valida*、*L.mediocris*、*Triangulicypris torsuosus*(?)、*Candona fabiforma*、*C.taikangensis*，壳体多被溶蚀，仅留下白色薄膜；叶肢介化石包括 *Halysestheria yui*、*Plectestheria songhuaensis*   1.65m

39. 深灰色油页岩，页理发育，产丰富的介形类、少量叶肢介化石，以及少量鱼化石碎片，顶部为约10cm厚的泥质白云岩。介形类化石包括 *Cypridea anonyma*、*Lycopterocypris* sp.、*Candona fabiforma*，叶肢介化石包括 *Halysestheria yui*、*Plectestheria songhuaensis*   1.05m

38. 深灰色油页岩，产大量介形虫和叶肢介化石、少量鱼化石碎片，叶肢介化石的数量向上减少。顶部夹两层黄褐色泥质白云岩薄层，下层厚3cm，上层厚5cm。介形类化石包括 *Cypridea anonyma*、*Mongolocypris* sp.、*Candona fabiforma*，壳体多被溶蚀，仅留下白色薄膜；叶肢介化石包括 *Halysestheria yui*、*Plectestheria songhuaensis*   1.15m

37. 黄绿色页岩，具良好的水平层理发育，风化严重，产丰富的介形类和叶肢介化石。介形类化石在界线附近出现。叶肢介化石在界线之上15cm处出现，20cm处大量出现。底部页岩粉砂质含量较高，顶部为约10cm厚的泥质白云岩，呈土黄色。介形类化石包括

Cypridea anonyma、*Mongolocypris in fidelis*、*M.porrecta*、*Candona fabiforma*、*C.daqingensis*、*C.trigona*、*Lycopterocypris triangularis*、叶肢介化石包括 *Dictyestheria elongata*、*Halysestheria yui*、*Plectestheria songhuaensis*   1.15m

-- 整　　合 --

姚家组：

36. 黄绿色粉砂质泥岩，层理不发育，下部产介形类化石 *Cypridea formosa*、*C.sunghuajiangensis*、*C*.sp.、*Mongolocypri in fidelis*、*M*.sp.、*Lycopterocypris triangularis*、*L*.sp.，壳体比较破碎，上部不含化石   3.50m

35. 黄绿色粉砂岩，具断续水平层理   1.10m

34. 黄绿色泥岩，具水平层理，产介形类化石 *Cypridea formosa*、*C.sunghuajiangensis*、*C*.sp.、*Mongolocypri in fidelis*、*M*.sp.、*Lycopterocypris triangularis*、*L*.sp.，壳体大部分被溶蚀   0.70m

33. 灰绿色泥岩夹粉砂质泥岩，产介形类化石 *Cypridea formosa*、*C*.sp.、*Mongolocypris* sp.、*Lycopterocypris triangularis*、*L*.sp.、*Candona prona*，壳体大部分被溶蚀；此外，还发现少量叶肢介化石，保存不佳   1.10m

32. 灰白色粉砂岩，夹灰绿色粉砂质泥岩，产少量介形类化石 *Mongolocypris* sp.、*Cypridea* sp.、*Lycopterocypris* sp.，壳体大部分被溶蚀   1.70m

31. 紫红色粉砂质泥岩   3.00m

30. 黄绿色粉砂岩   1.50m

29. 灰绿色粉砂岩   2.10m

28. 黄褐色粉砂岩，夹粉砂质泥岩，产少量介形类化石，壳体保存很差，大部分被溶蚀   1.50m

27. 黄褐色粉砂质泥岩，覆盖严重   10.00m

26. 黄绿色粉砂岩，风化面呈土黄色   1.50m

25. 紫红色泥岩   5.00m

24. 黄绿色泥质和粉沙质泥岩互层，具一定的水平层理   3.50m

23. 紫红色粉砂质泥岩，中间夹黄绿色粉砂质泥岩   1.30m

22. 黄绿色泥质粉砂岩   0.30m

21. 紫红色泥岩，部分被覆盖   5.00m

20. 灰白色粉砂岩，具平行层理和小型交错层理   0.50m

19. 灰绿色泥岩，具断续水平层理   1.40m

18. 紫红色泥岩   5.00m

17. 灰绿色泥岩与泥质粉砂岩互层，具断续水平层理，中间粉砂岩略呈红色   0.90m

16. 紫红色泥岩   2.00m

15. 黄绿色粉砂岩与紫红色泥岩互层，粉砂岩具水平层理   0.70m

14. 紫红色泥岩，底部具有灰绿色、灰白色钙质结核   1.30m

13. 灰绿色粉砂质泥岩   2.50m

12. 紫红色泥岩，覆盖严重   3.00m

11. 黄绿色泥岩，顶部含钙质粉砂岩透镜体   0.70m

10. 紫红色泥岩，底部为20cm厚的灰黄绿色泥质粉砂岩　　　　　　　　　　　　0.80m
9. 紫红色泥岩，含底部含大量灰绿色、灰白色钙质结核　　　　　　　　　　　3.50m
8. 紫红色泥岩夹黄绿色泥质粉砂岩条带　　　　　　　　　　　　　　　　　　0.80m
7. 紫红色、灰紫色泥岩　　　　　　　　　　　　　　　　　　　　　　　　　0.50m
6. 黄绿色粉砂岩，含少量钙质结核，呈灰绿色　　　　　　　　　　　　　　　0.60m
5. 紫红色泥岩，中间夹30cm厚的黄绿色粉砂岩，其中含少量钙质结核，呈灰绿色或灰白色　　　　　　　　　　　　　　　　　　　　　　　　　　　　　　　　　　　1.60m
4. 黄绿色泥质粉砂岩，夹紫红色泥质条带　　　　　　　　　　　　　　　　　1.50m
3. 紫红色泥岩　　　　　　　　　　　　　　　　　　　　　　　　　　　　　0.50m
2. 下部为黄绿色泥岩，中间夹灰绿色粉砂岩，向上变为灰绿色泥质粉砂岩。产少量介形类化石 *Mongolocypris in fidelis*、*M.*sp.、*Cypridea* sp.、*Lycopterocypris* sp.，壳体比较破碎；此外还发现少量轮藻化石　　　　　　　　　　　　　　　　　　　　　　　　　　　2.00m
1. 紫红色粉砂质泥岩，含大量钙质结核，呈灰绿色或灰白色，粒径多为2～5cm　8.00m
（未见底）

姚家组下部以红色泥岩为主，夹黄绿色、灰白色泥质粉砂岩、粉砂岩，向上黄绿色泥岩的比例增大，到了最上部变为黄绿色泥岩、泥质粉砂岩。嫩江组的最底部一层1.15m厚的黄绿色页岩，水平层理发育，向上变为深灰色、褐灰色油页岩，夹泥质白云岩薄层，到了上部变为深灰色、灰绿色泥岩，夹白云岩结核和介形虫层。姚家组和嫩江组之间的接触关系为整合接触，界线明显，代表一套从滨浅湖环境向深湖环境转变的沉积序列（图3-11）。

图3-11　姚家组和嫩江组一段野外照片（据席党鹏等，2009）
（a）姚家组下部；（b）嫩江组一段中部；（c）姚家组/嫩江组界线；（d）嫩江组一段的介形虫层

从姚家组二+三段上部到嫩江组一段沉积期,根据沉积学、介形类化石的古生态特征、总有机碳 TOC 和岩石热解等特征,将古湖平面的演变分为 4 个阶段(图 3-12)。

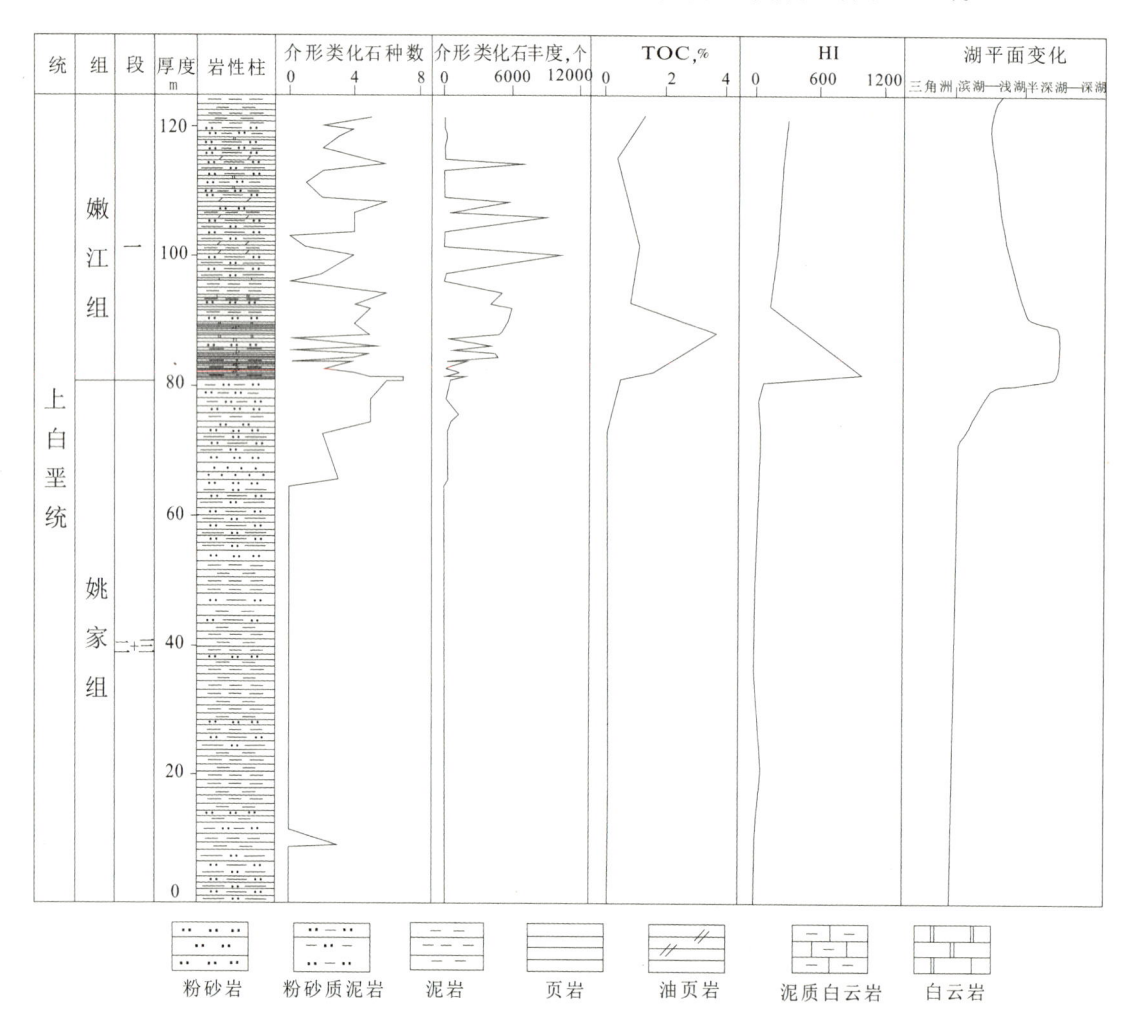

图 3-12 姚家组和嫩江组一段介形类化石种数、丰度、总有机碳 TOC、氢指数 HI 及对湖平面变化的恢复(据席党鹏等,2009)

第一阶段(0~65m):主要为紫红色泥岩夹黄绿色泥岩、粉砂岩,下部地层中多含钙质结核,介形类和孢粉化石均很稀少,TOC 值和 HI 值均很低,而 OI 值比较高。这些说明该地层沉积时期气候比较干热,水体很浅,主要为三角洲环境,沉积界面处于强氧化环境,不利于生物的繁盛和化石的保存,有机质的来源主要为高等植物。

第二阶段(65~81m):主要为黄绿色、灰绿色泥岩、粉砂岩,含有一定量的介形类化石,但化石保存较差,壳体可能在后来的成岩过程中被溶蚀,仅留下印模。TOC 值和 HI 值较下部的红层有所增加,但仍比较低。该阶段湖水开始逐渐加深,由三角洲环境变为滨湖—浅湖环境。

第三阶段(80~89m):最底部为一层黄绿色页岩,向上变为油页岩和薄层泥质白云岩的互层,中间夹一层粉砂岩。TOC 值和 HI 值均比较高。在最底部的黄绿色页岩中含有非常丰富的介形类化石,但是在油页岩中有很多介形类化石被溶蚀和压扁,不容易辨识,而在泥质白云岩中化石的数量则较少,以小个体的类型为主,保存相对比较完整。这些说明当时湖水显著加深,主要处于半深湖—深湖环境,可能还有周期性的短暂变浅,形成薄层的泥质白云岩和粉砂岩。当时下层水体处于贫氧环境,略呈偏酸性,上层水体富氧,生物繁盛,有机质以菌藻类和高等植物的混合来源为特征。

第四阶段（89~123m）：主要岩性为灰绿色泥岩、粉砂质泥岩,并且周期性地出现白云岩或介形虫层。在灰绿色泥岩中,壳体薄,呈乳白色、浅黄色；大小混杂,以幼体居多；大多数壳体没有填充,推测当时的水体较深,为半深湖—浅湖环境。而在介形虫层中,介形类化石的保存均很好,以腹部膨大为特征,大多数被碳酸盐所填充,显示当时主要为浅湖、滨浅湖环境,水体钙质含量较高。该阶段的沉积环境以浅湖为主,湖平面具有一定的波动性,在半深湖—浅湖至滨浅湖环境之间变动。

从以上可以看出,从姚家组至嫩江组一段沉积期,松辽古湖泊的湖平面由浅变深,又逐步变浅,经历了一次大规模的湖侵。在嫩江组一段下部的油页岩沉积期,湖水较深,湖水分层,下层水体缺氧,上层水体富氧,气候湿润,生物繁盛,有机质得以保存。缺氧层有机质的来源既有繁盛于湖泊的菌藻类,也有高等植物,形成了一套良好的烃源岩。

松辽盆地姚家车站剖面地层为姚家组二+三段上部至嫩江组一段下部,后金家沟剖面地层为嫩江组一段上部至二段下部,而沈家屯剖面地层为嫩江组三、四段,据此可知这3个剖面共同构成了近乎连续的地层序列,因此其孢粉化石所反映的古气候记录也可认为是连续的。姚家站剖面包含孢粉化石组合 *Proteacidites-Cyathidites-Dictyotrileles*，后金家沟剖面包含孢粉化石组合 *Proteacidites-Cyathidites-Dictyotriteles*（嫩江组一段）和 *Lythraites-Aquilapollenites-Schizaeoisporites*（嫩江组二段）。

根据对孢粉化石所做的分析,在姚家组三段上部沉积期,总体气候相对比较干热,属于半湿润半干旱的热带气候,湖面缩小,为浅湖环境。至嫩江组一段沉积期,气候开始变得相对温暖湿润,由半湿润半干旱的热带、亚热带气候变为湿润半湿润的热带、亚热带气候。至嫩江组二段下部沉积期,变为湿润的热带气候,有利于生物的繁盛和湖平面的上升。从嫩江组二段中部沉积期开始,反映喜干气候类型的 *Schizaeoisporites* 含量增多,气候开始有逐步变干的趋势,由湿润变为半干旱半湿润。至嫩江组三、四段沉积期,气候趋于稳定,处于半湿润的中亚热带气候状态,湖泊环境稳定,生物繁盛。

根据岩性、沉积相和旋回做嫩江组剖面综合柱状图（图3-13），相对可容空间变化曲线与沉积相间有很好的对应性。

该剖面嫩江组中碳酸盐岩有两种存在形式：一是层状介形虫生物灰岩；二是结核状白云岩。根据沉积层序和结构构造特点,可确定两者均为同生沉积成因。白云岩结核顺层产出,扁椭球状,最大扁平面平行于层面,均产于灰色—灰绿色水平层理或断续水平层理泥岩中。结核不切割层理或与层理的切割关系不十分清楚。结核内部具微细水平层理,未见核心与包壳结构。

结核状白云岩为淡水与海水混合成因,而其扁椭球外形为早期成岩过程中结晶收缩、层内微拉断、机械压实等作用的综合结果,其成因模式见图3-14。

该剖面中白云岩结核为同沉积或早期成岩结核,多形成于小型向上变深旋回的中部,每一结核层代表一次小规模的海水向湖盆地的注入事件。白云岩结核的扁椭球状外形是白云岩同生结晶成岩—收缩—微层间拉断—上覆沉积物持续压实等作用的综合结果。在这种情形下,只有扁椭球体状外形才能最有效地抵抗垂向静压力。

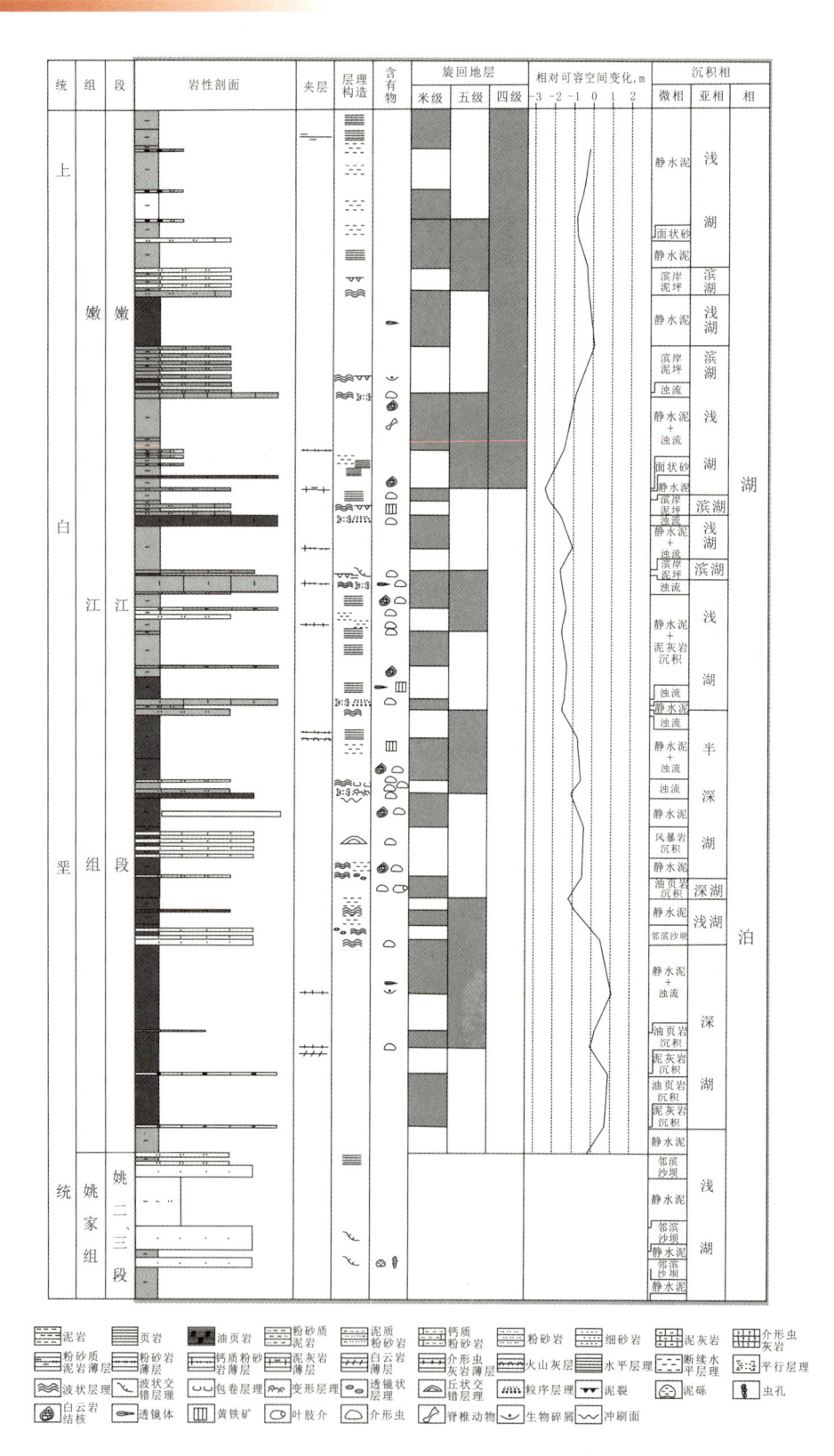

图 3-13 嫩江组剖面姚家组—嫩江组综合柱状图（据高有峰等，2010）

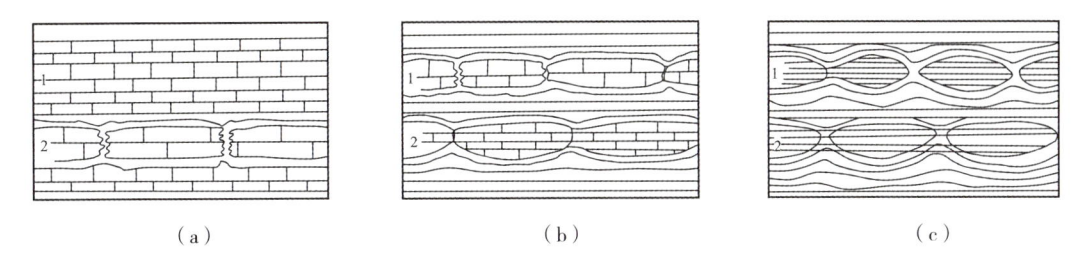

图 3-14 嫩江组白云岩结核扁椭球体的压实成因模式（据刘万洙等，1997）

（a）先期形成的白云石沉积物已开始结晶，由于上下泥质沉积物的围限和重荷作用，结晶导致的体积收缩产生侧向微拉断；后期形成的白云石沉积物（层1）仍处于准同生（交代）阶段；层2以下的泥质沉积物已处于压实排水阶段，白云石层的微拉断处可作为下伏泥质沉积物的泄水通道。（b）白云石沉积层内部的微拉断继续发展，为了最有效地抵抗上覆沉积物的持续垂向压力，微拉断的边缘外凸，整个块体趋于形成弧形轮廓；下伏（泥质）沉积物的排水作用会部分破坏结核边缘泥岩的原生层理构造。（c）白云岩结核形成，其内部保留了水平纹理，结核呈能有效抵抗静压力的扁椭球状；下伏泥质层压实排水作用基本结束，进入早期胶结成岩阶段；泥岩层理主要随结核呈弧形弯曲，结核间部位可由于泄水作用致使原生层理与结核的关系模糊不清

实习路线六 菜园子镇姚家站松花江桥嫩江组剖面

姚家站松花江桥嫩江组剖面位于姚家站松花江桥南、松花江西岸。图 3-15 中 B 为一冲沟观测点，于姚家站松花江桥 180°方向 1km 处（图 3-15 中 B 点），共划分出 15 层，层位为嫩江组一段上部。C-C′为一条长剖面，位于松花江老江桥西桥头 320°方向 400m 处（图 3-15 中 C-C′）。剖面水平长 190m，出露厚度仅 6.45m，主要为一套绿灰色泥岩夹浅灰色粉砂岩、细砂岩沉积，推测为姚家站剖面顶部已被剥蚀的地层。

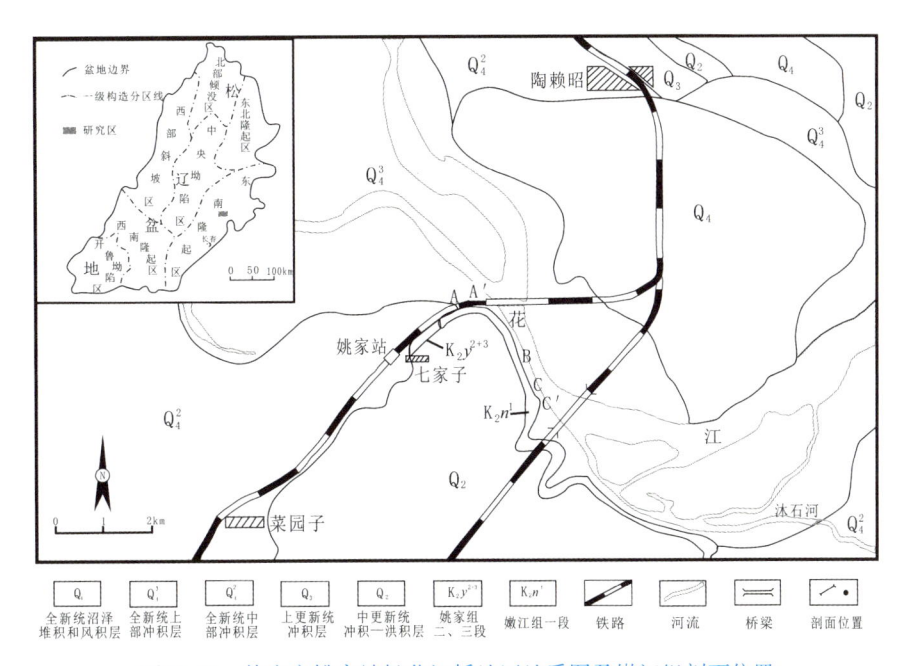

图 3-15 德惠市姚家站松花江桥地区地质图及嫩江组剖面位置

B 观测点剖面层序描述如下：

嫩江组一段（未见顶）：

15. 浅灰色介形虫灰岩，风化面呈土黄色 　　　　　　　　　　　　　　　　　　0.20m
14. 绿灰色泥岩，在距底 0.40m 处见一白云岩层。泥岩具水平层理，局部变形　　2.00m
13. 浅灰色粉砂岩，具波状层理，上部见粉砂岩与泥岩的极薄互层，互层中砂岩发育液化变形构造，见生物碎屑　　　　　　　　　　　　　　　　　　　　　　　　　　0.10m
12. 绿灰色泥岩，距顶 0.30m 处发育一层白云岩结核富集层　　　　　　　　　　1.20m
11. 浅灰色钙质粉砂岩，见较多生物碎屑和介形虫碎屑，具波状层理，生物碎屑顺层分布，顶部见粉砂岩与泥岩极薄互层，互层中砂岩具液化变形构造　　　　　　　　　0.10m
10. 绿灰色泥岩，在顶部夹一层白云岩结核　　　　　　　　　　　　　　　　　0.45m
9. 绿灰色泥岩与浅灰色钙质粉砂岩薄互层，具波状层理，砂岩呈透镜状　　　　　0.60m
8. 浅灰色介形虫灰岩，风化面呈土黄色，具水平层理。该层下部介形虫直径小，为 1～2mm；上部直径大，为 2～3mm，分界线在距底 0.25m 处　　　　　　　　　　0.50m
7. 绿灰色泥岩，下部夹薄层黄灰色粉砂岩　　　　　　　　　　　　　　　　　0.70m
6. 灰色粉砂质泥岩，具水平层理　　　　　　　　　　　　　　　　　　　　　0.10m
5. 绿灰色泥岩夹两层白云岩结核富集层，发育断续水平层理　　　　　　　　　0.40m
4. 深灰色泥岩，偶见介形虫化石，距顶 0.15m 处见一层厚 2cm 的黄灰色介形虫碎屑富集层　　　　　　　　　　　　　　　　　　　　　　　　　　　　　　　　　　1.00m
3. 深灰色粉砂质泥岩，中部和上部见两层黄灰色泥灰岩层，偶见介形虫化石　　　0.45m
2. 浅灰色介形虫灰岩，风化面土黄色。该层下部介形虫直径小，为 1mm 左右；上部直径大，为 1～2mm，分界线在距底 0.20m 处，具波状层理　　　　　　　　　　0.45m
1. 绿灰色泥岩，见介形虫化石　　　　　　　　　　　　　　　　　　　　　　0.50m

（未见底）

C—C′ 观测点剖面层序描述如下：

嫩江组一段（未见顶）：

11. 浅灰色细砂岩，风化面呈土黄色，底部与绿灰色泥岩互层，具波状层理　　　1.00m
10. 绿灰色泥岩　　　　　　　　　　　　　　　　　　　　　　　　　　　　0.60m
9. 浅黄灰色细砂岩，风化面呈土黄色，具波状层理　　　　　　　　　　　　　0.10m
8. 绿灰色泥岩　　　　　　　　　　　　　　　　　　　　　　　　　　　　　1.00m
7. 黄灰色泥质粉砂岩　　　　　　　　　　　　　　　　　　　　　　　　　　0.30m
6. 绿灰色泥岩，断续水平层理　　　　　　　　　　　　　　　　　　　　　　0.60m
5. 灰白色细砂岩与绿灰色泥岩薄互层，具波状层理、砂岩透镜体　　　　　　　1.50m
4. 绿灰色粉砂质泥岩，具水平层理　　　　　　　　　　　　　　　　　　　　0.20m
3. 灰白色细砂岩与绿灰色泥岩薄互层，砂岩具波状层理　　　　　　　　　　　0.35m
2. 黄灰色泥质粉砂岩　　　　　　　　　　　　　　　　　　　　　　　　　　0.30m

1. 绿灰色泥岩，断续水平层理 0.50m

（未见底）

沉积环境特征见实习路线五。

实习路线七　长春市九台区城子街斜尾巴沟—关马山—团结村剖面

该剖面位于吉林省长春市九台区城子街石场村，方位北东东，从斜尾巴沟经关马山至团结村（图3-16）。

吉林省地质局区域地质调查大队于1980年，测制了关马山—回回营（现称团结村）营城组地表剖面。1988年、2000年，吉林省地质矿产局将这个剖面选为营城组次层型剖面。1999年，王璞珺等将该剖面从关马山延伸至斜尾巴沟，从而使得剖面出露的地层更加完整，揭示的现象更加丰富。该剖面为营城组地层序列的研究提供了丰富、翔实的基础资料。

斜尾巴沟—关马山—团结村营城组剖面中发育明显的三个岩性段。

一段上部为厚层流纹岩夹珍珠岩和薄层膨润土，下部为流纹质火山碎屑岩夹流纹岩、熔浆胶结复成分砾岩及薄层的流纹质角砾熔岩，底部为一层膨润土。

二段为复成分砾岩、砂砾岩、砂岩、泥岩夹凝灰岩，在岩性段的中下部夹多个薄煤层。

三段下部为流纹质火山碎屑岩夹薄层的凝灰质砂岩和泥质粉砂岩，中部为玄武质集块熔岩、玄武岩，上部为流纹质隐爆角砾岩、流纹质角砾熔岩和柱状节理流纹岩。

剖面底部与下伏的二叠系呈角度不整合接触，一段和二段呈平行不整合接触，二段和三段呈整合或平行不整合接触。泉头组呈角度不整合覆盖在营城组火山岩之上。

一、营城组一段

营城组一段（K_1y^1）的厚度为20～650m，出露于长春市九台区斜尾巴沟—关马山—团结村剖面和三台、昌图县沙河子、四平市半拉山门、泉头镇籍家岭五彩山、长春市石碑岭、营城银矿山等地。九台区斜尾巴沟—关马山—团结村剖面可以作为营城组一段的标准剖面。营城组一段的岩性主要为流纹质火山碎屑岩，厚层的流纹岩夹珍珠岩，偶夹复成分砾岩。营城组一段的顶底均发育膨润土。在四平半拉山门和营城煤矿银矿山，该段发育少量安山岩（图3-17）。该段与下伏沙河子组或二叠系角度不整合接触。

营城组一段露头剖面特征如下（图3-18）：

（上覆地层：营城组二段 土黄色凝灰质砂岩）

------------------------------平行不整合------------------------------

营城组一段： 厚度1566.78m

29. 灰白色膨润土 1.88m

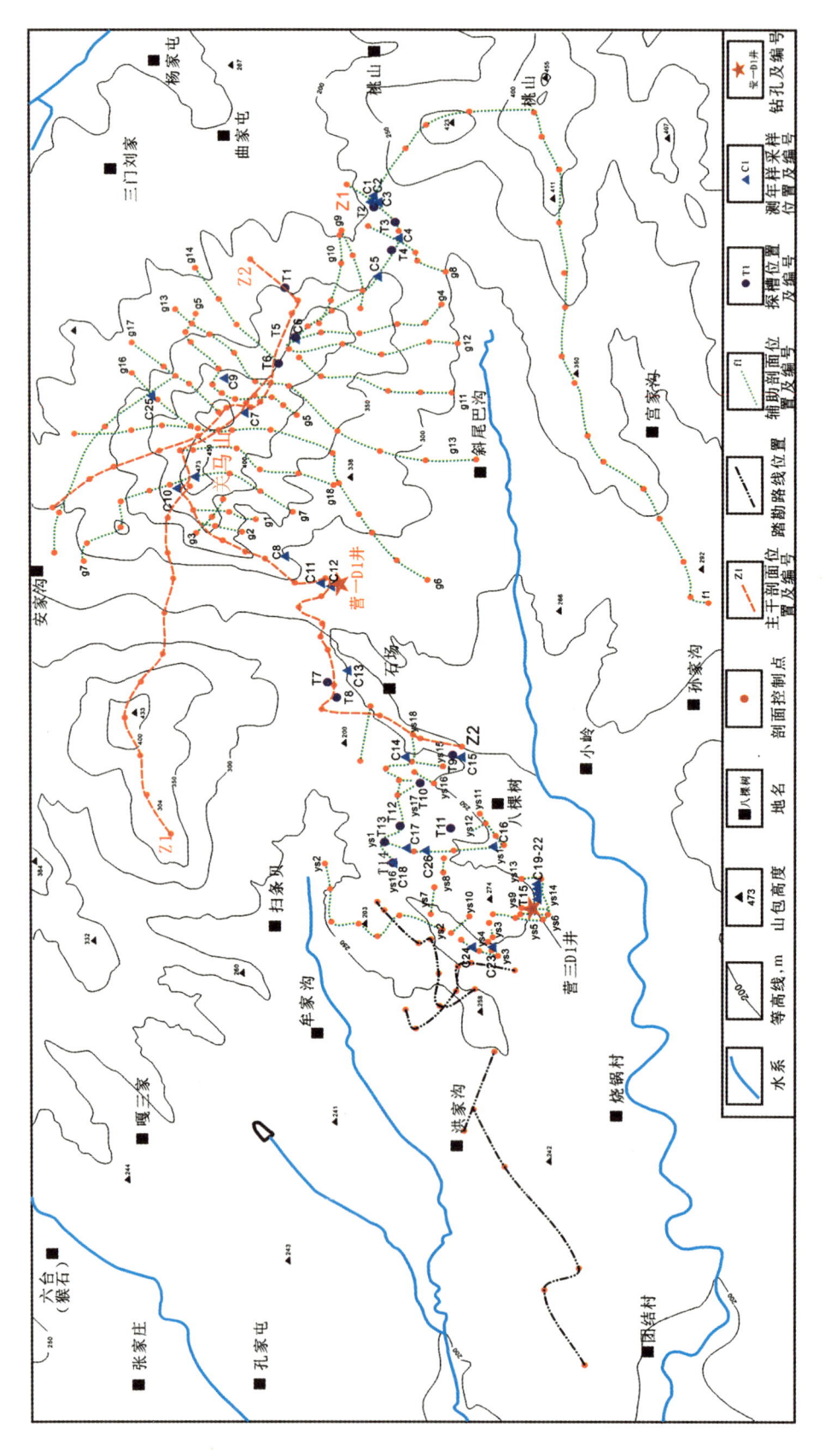

图3-16 长春市九台区城子街斜尾巴沟—关马山—团结村一带剖面位置及分布图（据沈艳杰，2012）

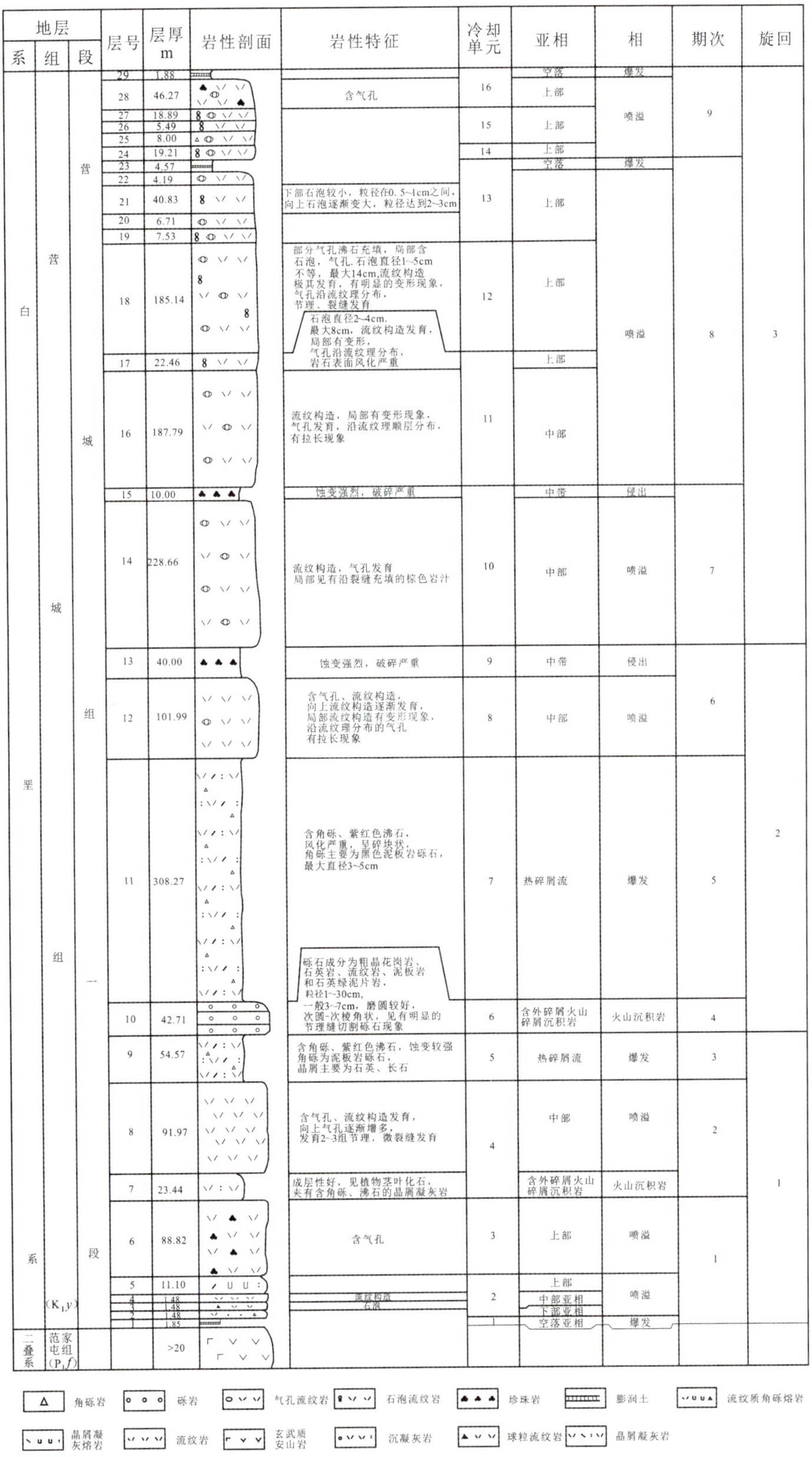

图 3-17 松辽盆地东南缘露头剖面营城组一段柱状图（据李飞，2012）

图 3-18 松辽盆地东南缘营城组一段露头剖面（据李飞，2012）

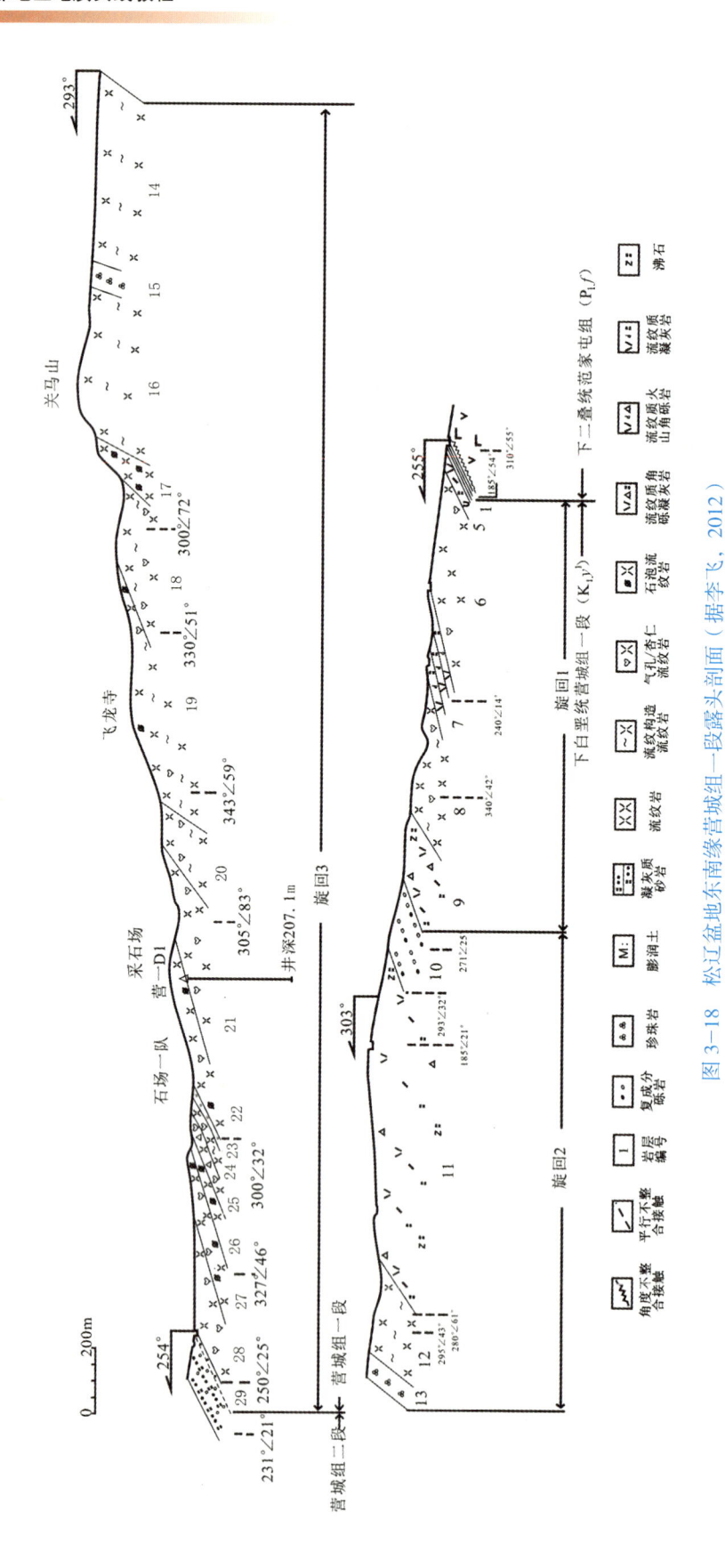

28. 浅灰紫色含气孔球粒流纹岩	46.27m
27. 灰白色气孔、石泡流纹岩	18.89m
26. 浅紫色石泡流纹岩	5.49m
25. 灰色含角砾气孔流纹岩	8.00m
24. 灰紫色气孔、石泡流纹构造流纹岩	19.21m
23. 灰白色膨润土	4.57m
22. 灰白色气孔流纹岩	4.19m

21. 浅灰色石泡流纹岩。下部石泡较小，粒径 0.5～1cm 之间；向上石泡逐渐变大，粒径达到 2～3cm　　　　　　　　　　　　　　　　　　　　　　　　　　　　　　　　40.83m

| 20. 灰色气孔流纹岩 | 6.71m |
| 19. 浅灰色含石泡气孔流纹岩 | 7.53m |

18. 灰紫色气孔流纹岩，部分气孔沸石充填，局部含石泡。气孔、石泡直径 1～5cm 不等，最大 14cm。流纹构造极其发育，有明显的变形现象。气孔沿流纹层理分布，节理、裂缝发育　　　　　　　　　　　　　　　　　　　　　　　　　　　　　　　185.14m

17. 棕红色石泡流纹岩。石泡直径 2～4cm，最大 8cm。流纹构造发育，局部有变形。气孔沿流纹层理分布，岩石表面风化严重　　　　　　　　　　　　　　　　　　22.46m

16. 灰色含气孔流纹构造流纹岩，流纹构造发育，局部有变形现象。气孔发育，沿流纹理顺层分布，有拉长现象　　　　　　　　　　　　　　　　　　　　　　　　187.79m

15. 灰黑色蚀变珍珠岩，蚀变强烈，破碎严重　　　　　　　　　　　　　　　　10m

14. 灰白色气孔、流纹构造流纹岩，气孔发育，局部见有沿裂缝充填的棕色岩汁　　　　　　　　　　　　　　　　　　　　　　　　　　　　　　　　　　　　228.66m

13. 灰黑色蚀变珍珠岩，蚀变强烈，破碎严重　　　　　　　　　　　　　　　　40m

12. 灰白色含气孔流纹构造流纹岩，向上流纹构造逐渐发育，局部流纹构造有变形现象，沿流纹理分布的气孔有被拉长现象　　　　　　　　　　　　　　　　　　101.99m

11. 灰白色含角砾、紫红色沸石晶屑凝灰岩，风化严重，呈碎块状。角砾主要为黑色泥板岩砾石，最大直径 3～5cm　　　　　　　　　　　　　　　　　　　　　308.27m

10. 灰白色熔浆胶结复成分砾岩。砾石成分主要为粗晶花岗岩、石英岩、流纹岩、泥板岩、石英绿泥片岩，粒径 1～30cm，一般 3～7cm。磨圆较好，次圆状—次棱角状，见有明显的节理缝切割砾石现象　　　　　　　　　　　　　　　　　　　　　　　42.71m

9. 灰白色含角砾、紫红色沸石晶屑凝灰岩，角砾为泥板岩砾石，晶屑主要为石英、长石，蚀变较强　　　　　　　　　　　　　　　　　　　　　　　　　　　　　54.57m

8. 灰白色含气孔流纹构造流纹岩，流纹构造发育，向上气孔逐渐增多，发育 2～3 组节理，微裂缝发育　　　　　　　　　　　　　　　　　　　　　　　　　　　　91.97m

7. 灰黑色流纹质凝灰岩，灰黑色、灰白色互层凝灰岩，成层性好，见有植物化石，中间夹有含角砾、紫红色沸石的晶屑凝灰岩　　　　　　　　　　　　　　　　　23.44m

| 6. 浅黄褐色含气孔球粒流纹岩 | 88.82m |

5. 灰白色晶屑凝灰熔岩　　　　　　　　　　　　　　　　　　　　　11.10m

4. 灰白色具流纹构造流纹岩　　　　　　　　　　　　　　　　　　　1.48m

3. 灰白色石泡流纹岩　　　　　　　　　　　　　　　　　　　　　　1.48m

2. 灰白色流纹质角砾熔岩　　　　　　　　　　　　　　　　　　　　1.48m

1. 灰白色膨润土　　　　　　　　　　　　　　　　　　　　　　　　1.85m

～～～～～～～～～～～～～～～～～角度不整合～～～～～～～～～～～～～～～～～

下伏地层：下二叠统范家屯组灰绿色安山岩　　　　　　　　　　　　　>20m

二、营城组二段

营城组二段（K_1y^2）的厚度为 92～640m，出露于长春市九台区斜尾巴沟—关马山—团结村剖面和四平市半拉山门。九台区斜尾巴沟—关马山—团结村剖面可以作为营城组二段的标准剖面，岩性为凝灰质砾岩、砂砾岩、砂岩夹凝灰岩，含煤层。该段自下向上凝灰质含量逐渐增多，顶部为凝灰岩夹透镜状流纹岩，含薄煤层（图 3-19）。该段与下伏营城组一段呈平行不整合接触。

营城组二段露头剖面特征如下（图 3-20）：

上覆地层：营城组三段（灰绿色含火山弹晶屑凝灰岩）

------------------------------整合或平行不整合------------------------------

营城组二段：　　　　　　　　　　　　　　　　　　　　　　　　厚度 247.71m

85. 黄绿色含砾粗砂岩　　　　　　　　　　　　　　　　　　　　　5m

84. 灰白色凝灰质砂岩　　　　　　　　　　　　　　　　　　　　　16m

83. 土黄色凝灰质砂岩　　　　　　　　　　　　　　　　　　　　　14.15m

82. 土黄色凝灰质砾岩　　　　　　　　　　　　　　　　　　　　　0.97m

81. 土黄色凝灰质砂岩　　　　　　　　　　　　　　　　　　　　　4.52m

80. 凝灰质砂岩　　　　　　　　　　　　　　　　　　　　　　　　19.15m

79. 砂砾岩　　　　　　　　　　　　　　　　　　　　　　　　　　5.95m

78. 含砾中砂岩　　　　　　　　　　　　　　　　　　　　　　　　7.1m

77. 含砾砂岩　　　　　　　　　　　　　　　　　　　　　　　　　6.1m

76. 黑色煤　　　　　　　　　　　　　　　　　　　　　　　　　　1.75m

75. 碳质泥岩　　　　　　　　　　　　　　　　　　　　　　　　　2m

74. 凝灰质砂岩　　　　　　　　　　　　　　　　　　　　　　　　2.5m

73. 砂砾岩　　　　　　　　　　　　　　　　　　　　　　　　　　6.9m

72. 黑色煤　　　　　　　　　　　　　　　　　　　　　　　　　　1.3m

71. 碳质泥岩　　　　　　　　　　　　　　　　　　　　　　　　　4.1m

70. 粉砂岩　　　　　　　　　　　　　　　　　　　　　　　　　　5.85m

69. 黑色煤　　　　　　　　　　　　　　　　　　　　　　　　　　1.7m

68. 碳质泥岩　　　　　　　　　　　　　　　　　　　　　　　　　8.65m

67. 凝灰质细砂岩　　　　　　　　　　　　　　　　　　　　　　　7.7m

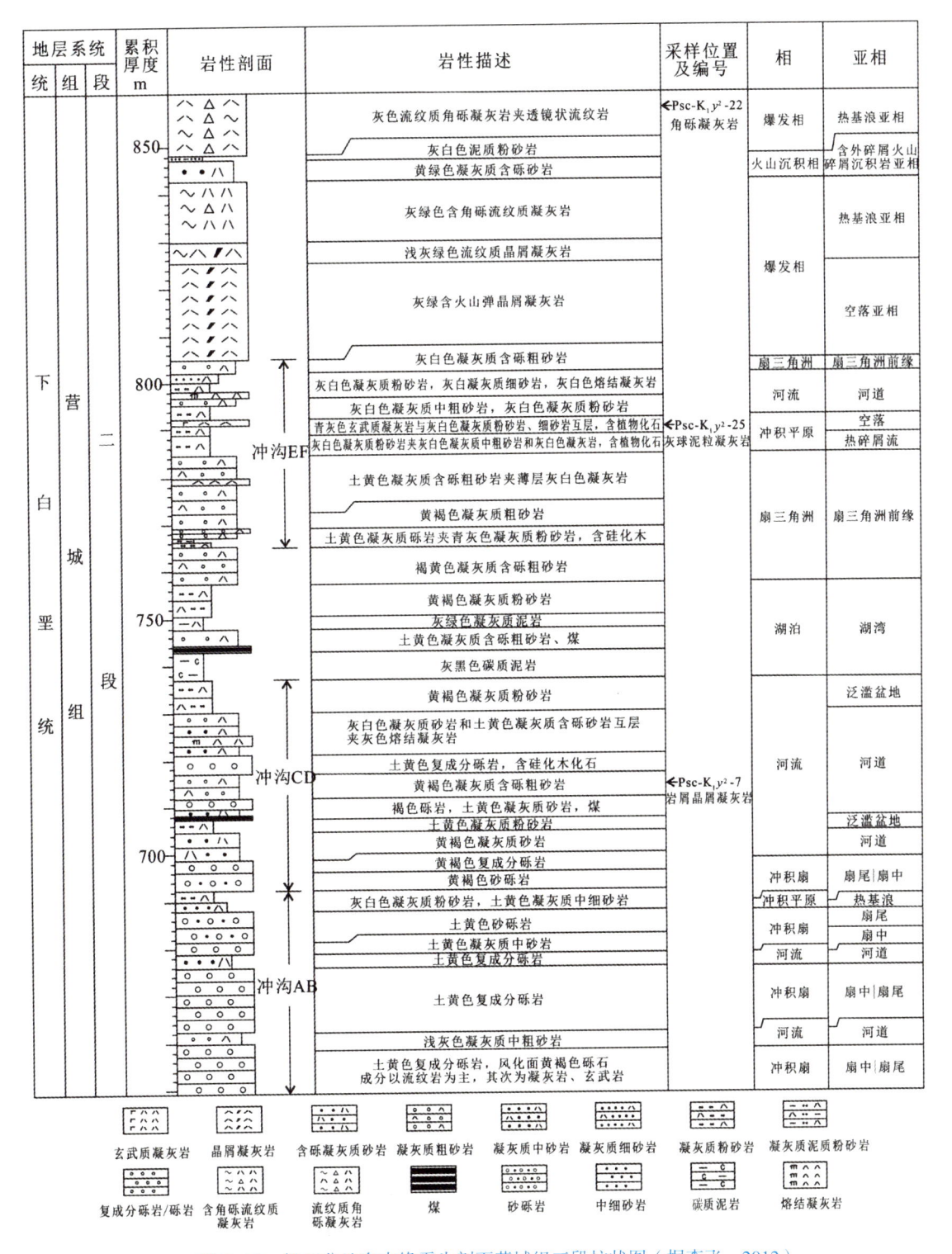

图 3-19 松辽盆地东南缘露头剖面营城组三段柱状图（据李飞，2012）

图 3-20 松辽盆地东南缘营城组二段露头剖面（据李飞，2012）

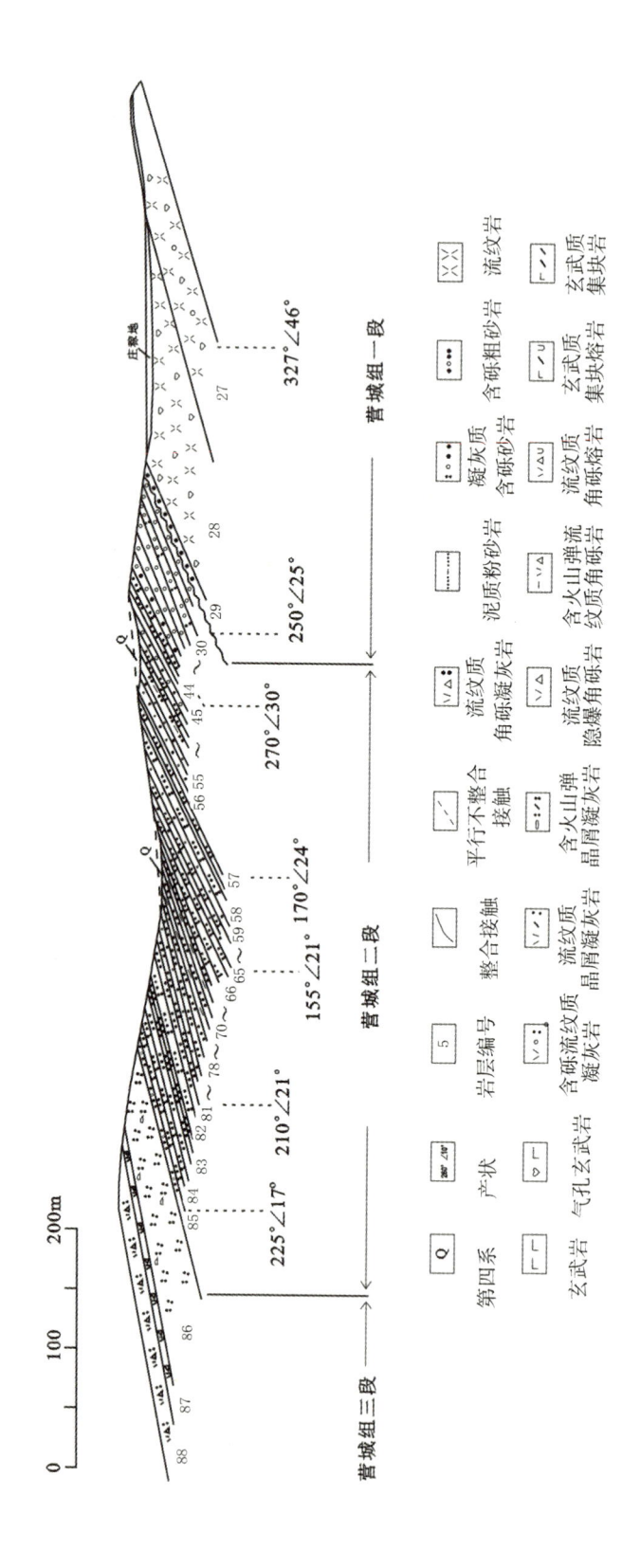

66. 凝灰质砂岩	10.17m
65～62. 凝灰质砂岩夹薄砾岩层	3.1m
61. 浅黄色凝灰质中细砂岩	3.42m
60. 凝灰质砂岩	7.58m
59. 土黄色砾岩	11m
58. 凝灰质粉砂岩	1.5m
57. 土黄色凝灰质粗砂岩	5m
56. 红褐色泥岩	1.5m
55. 砂砾岩	53～55 层厚度为 5.1m
54. 砂砾岩	
53. 砂砾岩	
52. 砾岩	4.4m
51. 黑色煤	1m
50. 粉砂质泥岩	2.75m
49. 凝灰质细砂岩	4.4m
48. 凝灰质中砂岩	6.55m
47. 砂砾岩	11.25m
46. 煤	0.6m
45. 泥岩	1.6m
44. 凝灰质砂岩，向上变细	4.75m
43. 土黄色凝灰质砂岩夹灰白色凝灰质粉砂质泥岩	4.05m
42. 土黄色砂砾岩	4.35m
41. 土黄色砾岩	2.6m
38～40. 颜色不同的凝灰质砂岩	38～40 层厚度为 2.92m
37. 土黄色复成分砾岩	13.73m
36. 灰白色凝灰质中砂岩	32～36 层厚度为 3.65m
35. 土黄色砾岩	
34. 灰色凝灰质中砂岩	
33. 灰色凝灰质泥质粉砂岩	
32. 浅灰色凝灰质中细砂岩	
31. 土黄色复成分砾岩	8.75m
30. 土黄色凝灰质砂岩	0.6m

---------平行不整合---------

下伏地层：营城组一段（灰白色膨润土）

三、营城组三段

营城组三段（K_1y^3）的厚度为 85.0～346.5m，出露于九台区斜尾巴沟—关马山—团结村剖面、四平半拉山门和上河湾镇五台大屯—黄土崖子一带。九台区斜尾巴沟—关马山—团结村剖面可以作为营城组三段的标准剖面。营城组三段岩性为玄武质集块熔岩、玄武岩，顶部为流纹质隐爆角砾岩、流纹质凝灰角砾岩和柱状节理流纹岩（图3-21）。在九台上河湾镇五台大屯—黄土崖子一带，此段顶部表现为酸性与基性火山岩互层出现。营城组三段与下伏营城组二段为整合接触，接触界线清楚。

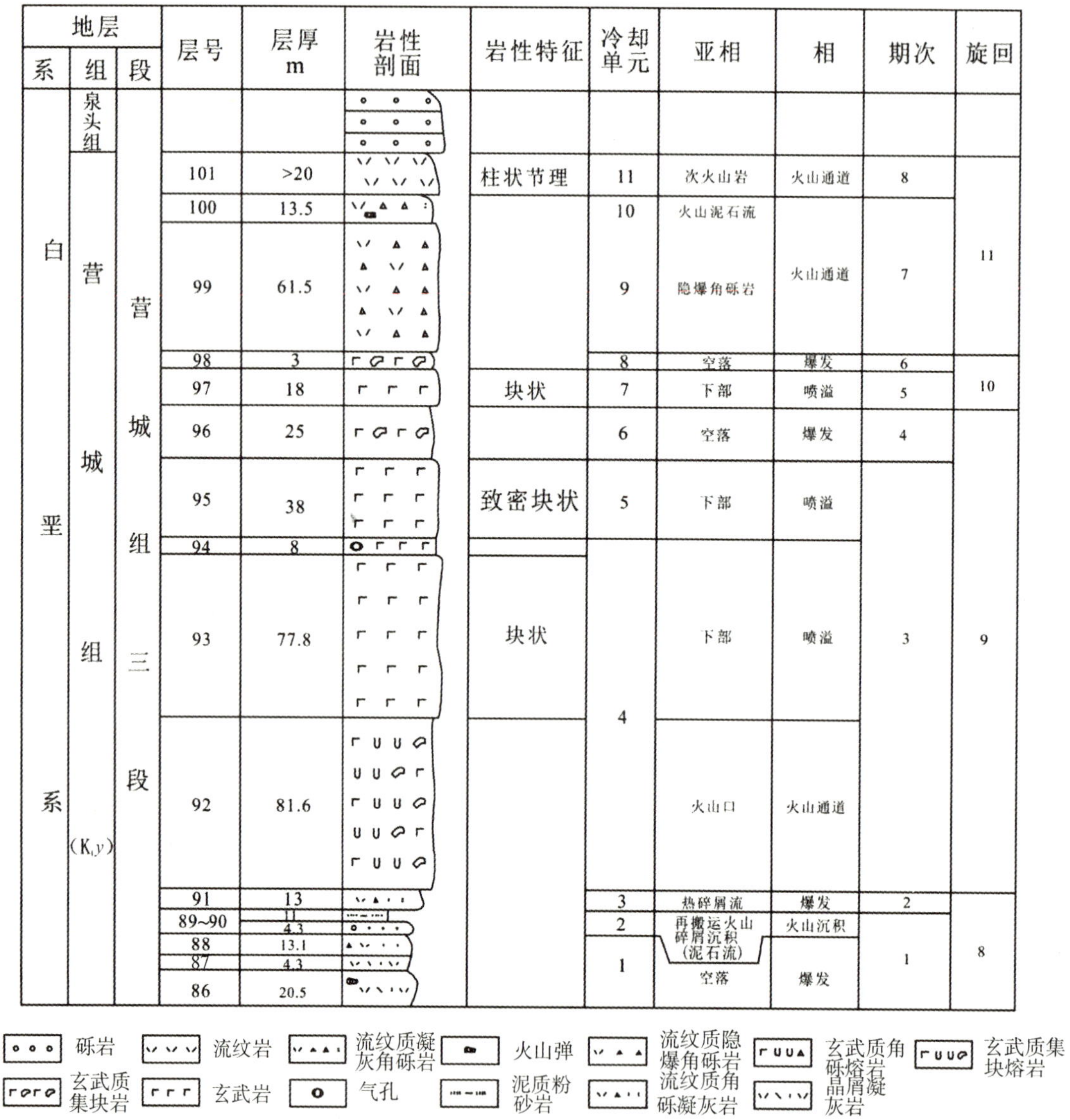

地层系	组	段	层号	层厚 m	岩性剖面	岩性特征	冷却单元	亚相	相	期次	旋回
白垩系	泉头组										
	营城组	三段 (K₁y)	101	>20		柱状节理	11	次火山岩	火山通道	8	11
			100	13.5			10	火山泥石流			
			99	61.5			9	隐爆角砾岩	火山通道	7	
			98	3			8	空落	爆发	6	
			97	18		块状	7	下部	喷溢	5	10
			96	25			6	空落	爆发	4	
			95	38		致密块状	5	下部	喷溢		
			94	8							9
			93	77.8		块状	4	下部	喷溢	3	
			92	81.6				火山口	火山通道		
			91	13			3	热碎屑流	爆发	2	
			89~90	4.3			2	再搬运火山碎屑沉积（泥石流）	火山沉积	1	8
			88	13.1							
			87	4.3			1	空落	爆发		
			86	20.5							

图例：砾岩、流纹岩、流纹质凝灰角砾岩、火山弹、流纹质隐爆角砾岩流纹质角砾凝灰岩、玄武质角砾熔岩、玄武质集块熔岩、玄武质集块岩、玄武岩、气孔、泥质粉砂岩

图3-21　九台区城子街斜尾巴沟—关马山—团结村营城组三段岩性柱状图（据沈艳杰，2012）

上覆地层：泉头组（紫红色砾岩）

～～～～～～～～～～～～～～角度不整合～～～～～～～～～～～～～～

营城组三段：   厚度>402.7m
101.紫色柱状节理流纹岩   >20.00m
100.灰紫色含火山弹流纹质角砾岩   13.50m
99.紫色流纹质隐爆角砾岩   61.5m
98.灰色玄武质集块岩   3m

97. 灰色块状玄武岩	18m
96. 灰紫色玄武质集块岩	25m
95. 灰色致密块状玄武岩	38m
94. 灰色气孔玄武岩	8m
93. 灰绿色块状玄武岩	77.8m
92. 灰绿色玄武质集块熔岩	81.6m
91. 灰色流纹质角砾凝灰岩	13m
90. 灰白色泥质粉砂岩	1.1m
89. 黄绿色凝灰质含砾砂岩	4.3m
88. 灰绿色含砾流纹质凝灰岩	13.1m
87. 浅灰绿色流纹质晶屑凝灰岩	4.3m
86. 灰绿色含火山弹晶屑凝灰岩	20.5m

------------------------------- 整合或平行不整合 -------------------------------

下伏地层：营城组二段（黄绿色含砾粗砂岩）

营城组三段露头剖面特征如下（图3-22）：

石场村2队 K_1y^3 剖面发育有中基性岩浆活动火山口，岩性为灰色块状玄武岩（95层）、安山质集块岩（96层）、块状玄武岩（97层）、安山质集块岩（98层）和流纹质隐爆角砾岩（99层）（图3-23、图3-24）。

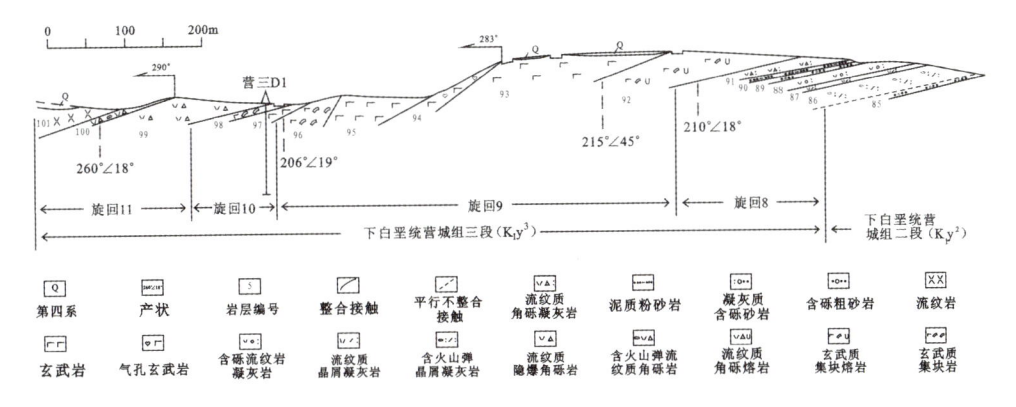

图3-22 松辽盆地东南缘营城组三段露头剖面（据李飞，2012）

图3-23 石场村营城组三段火山口（据沈艳杰，2012）

火山口堆积中下部发育中基性岩石，上部发育酸性岩石，因此推断岩浆活动分为两个阶段。第一阶段是中基性岩浆活动，为初始火山口形成阶段。第二阶段是酸性岩浆活动，为后期岩浆活动在破火山口—火山通道中的侵出作用。形成的岩性序列如图3-21所示。

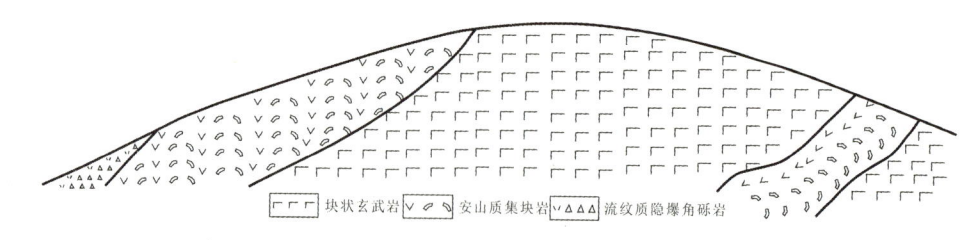

图 3-24 石场村营城组三段火山口堆积剖面图（据沈艳杰，2012）

长春市九台区城子街八棵树村一带发育柱状节理流纹岩，实测剖面共分为 3 层：第 1 层为紫红色含火山弹流纹质角砾熔岩，对应的岩相为爆发相空落亚相；第 2 层为紫红色流纹质隐爆角砾岩，对应的岩相为火山通道相隐爆角砾岩亚相；第 3 层为灰黄色、紫红色柱状节理流纹岩，对应的岩相为火山通道相次火山亚相—侵出相（图 3-25）。柱状节理流纹岩位于基性玄武岩之上，其上为下白垩统泉头组。在图 3-26 岩性岩相平面图上，柱状节理流纹岩平面上近椭圆状分布，长轴约 800 m，短轴约 200m，位于火山机构的中心。

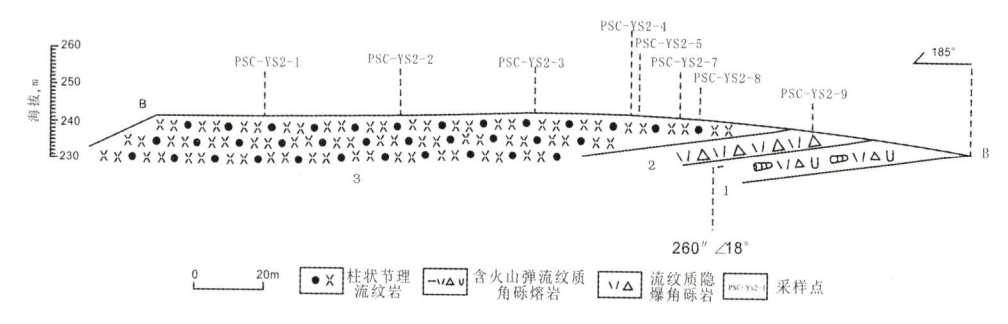

图 3-25 九台区八棵树村下白垩统营城组三段柱状节理流纹岩实测地质剖面图
（据李金龙等，2007）

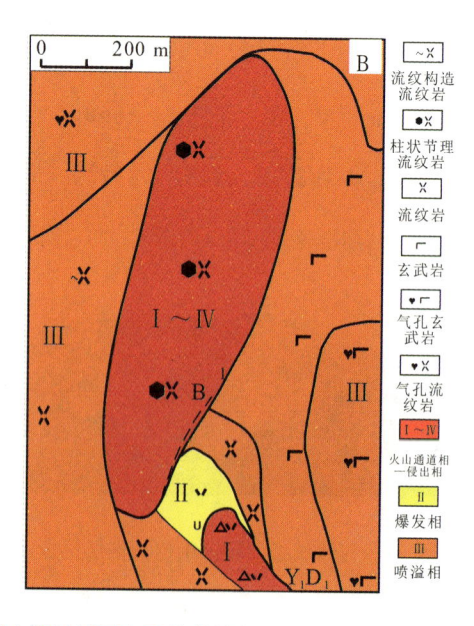

图 3-26 九台区八棵树村下白垩统营城组三段柱状节理流纹岩露头岩性岩相图
（据李金龙等，2007）

出露的柱状节理流纹岩风化面颜色为灰黄色、紫红色，新鲜面灰白色，柱体延伸方向为270°，倾角为15°，在与柱体垂直的方向节理发育，节理面光滑，水平节理间距一般为10～20cm［图3-27（a）］，流纹构造不明显。柱体截面多呈不规则的四边形、五边形和六边形，以五边形为主，边长一般为8～20cm，直径在15cm左右居多。在剖面第2层可见柱状节理流纹岩的隐爆角砾结构，为后期热液充填的结果［图3-27（b）］。图3-27（c）为霏细结构，局部为细晶结构，基质为长英质，流纹构造发育，不含斑晶。图3-27（d）中见隐爆角砾结构，呈裂隙充填状，为后期热液侵入炸裂原岩的结果。

图3-27　九台区城子街八棵树村出露的柱状节理流纹岩（据李金龙等，2007）

实习路线八　长春市九台区营城煤矿地区银矿山剖面

九台区营城煤矿地区银矿山一带出露营城组地层。剖面近南北方向，实测剖面如图3-28所示。

露头描述如下：

上覆地层：泉头组（砾岩）

―――――――――― 角度不整合 ――――――――――

未见底

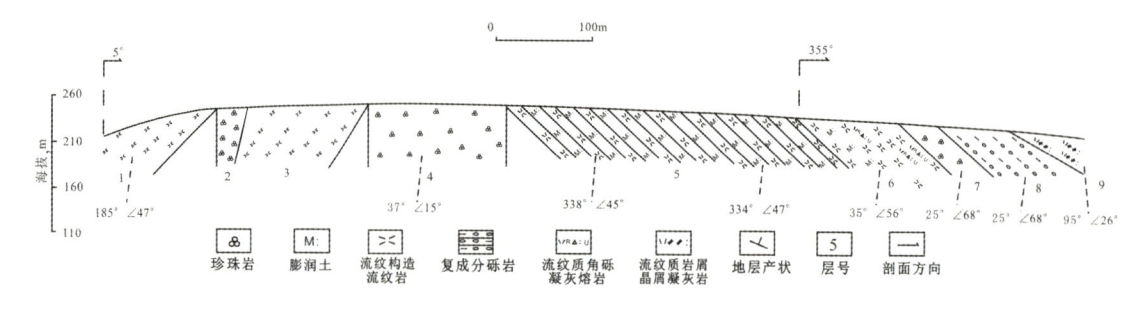

图 3-28　九台区营城煤矿地区银矿山实测地质剖面（据沈艳杰，2012）

银矿山剖面营城组一段（K_1y^1）发育有酸性岩浆活动火山口。火山口周围以酸性火山碎屑岩堆积为主，少量熔岩（流纹岩）以夹层出现。火山口堆积主要有珍珠岩、角砾熔岩、气孔角砾熔岩和角砾流纹岩出露，在火山口附近也有隐爆角砾岩出露。

在空间上，剖面中心位置发育珍珠岩，向两侧过渡为角砾岩、角砾熔岩（图 3-29、图 3-30），并在角砾岩之上有隐爆角砾岩发育，其上覆岩性为成层性较好的凝灰岩，并夹熔岩层。银矿山剖面为中心式喷发的火山口堆积。

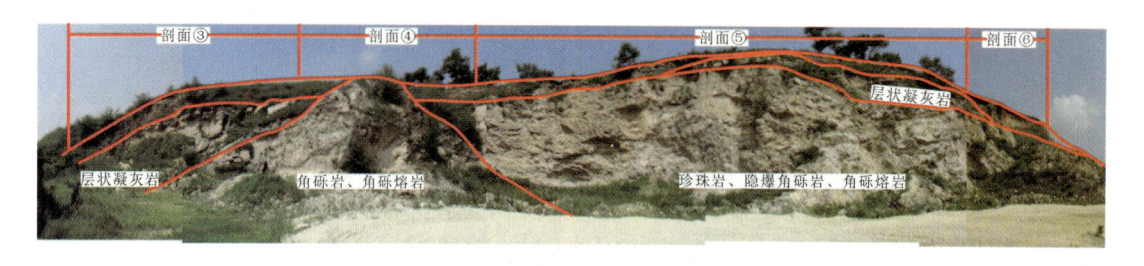

图 3-29　银矿山剖面火山口堆积（据沈艳杰，2012）

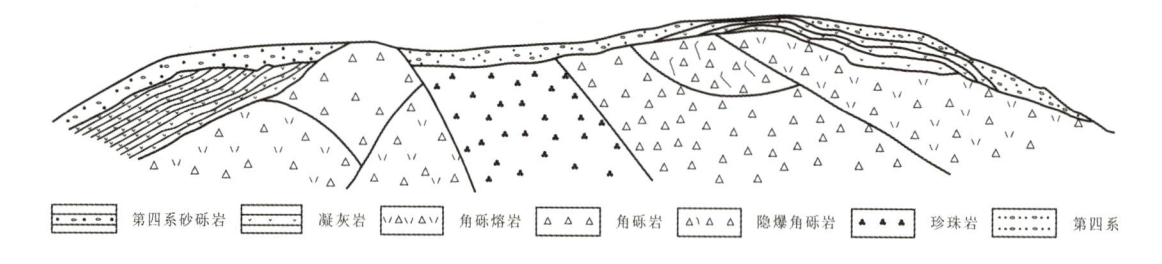

图 3-30　银矿山剖面火山口堆积实测剖面（据沈艳杰，2012）

银矿山火山口堆积物质的形成分 4 个阶段：

第一阶段，集块、角砾岩和斜坡凝灰堆积。

火山爆发初期，火山口内蓄积大量气体，气体猛烈地冲出火山口，将围岩炸裂，产生大量角砾，随气体喷射、四散。由于砾石自身重量较大，因此主要堆积在火山口周围，形成火山角砾岩（图 3-31、图 3-32）。岩石组分中有少量的凝灰和炸裂的晶屑。远离火山口方向，在近火山口—火山斜坡位置有少量以基浪和空落形式堆积的集块和火山角砾，大量以基浪形式堆积的火山凝灰。

图 3-31 银矿山火山口—近火山口堆积物（据沈艳杰，2012）

(a) 含集块角砾熔岩；(b) 角砾熔岩；(c) 珍珠岩；(d) 近火山口熔结角砾岩；
(e) 近火山口凝灰质角砾岩；(f) 近火山口含角砾凝灰岩

阶段	岩性	岩性描述
4		隐爆角砾岩
		珍珠岩
3		凝灰岩夹熔岩
2		角砾熔岩
1		集块岩、角砾岩

图 3-32 银矿山剖面火山口岩性柱状图（据沈艳杰，2012）

第二阶段，角砾熔岩和斜坡凝灰堆积。

气体大量喷出火山口，紧接着是含气量很高的岩浆。气体的喷出和岩浆的快速脱气，在蒸气岩浆爆发阶段形成一定程度的爆炸作用，产生大量的围岩岩屑、浆屑、晶屑和玻屑，随气体喷射出火山口，并随熔岩流沿地面流动。大部分粒度较大（>2mm）的碎屑则以空落形式（包括碎屑柱垮塌形成的回填火山碎屑）堆积于火山口（图3-31、图3-32）。部分高度炸裂的碎屑随空气飘远，以空落形式堆积于火山斜坡—过渡环境，甚至堆积于沉积环境中，或以热基浪、热碎屑流的形式搬运、堆积于火山斜坡—过渡环境。

第三阶段，凝灰堆积夹熔岩。

集块、角砾级的火山碎屑堆积的同时，在火山口位置，有少量的火山凝灰混于其中。而集块、角砾级的火山碎屑堆积之后，粒度较小（<2mm）的火山碎屑开始大量降落，其中包括火山碎屑柱顶部的气浪中裹挟的凝灰，还包括火山碎屑柱垮塌时沉降作用形成的"粗—细"分层的细粒部分。在这个时期，火山斜坡—过渡环境中有大量的火山凝灰沉积，并夹熔岩层（图3-31、图3-32）。空落形式的风力分选作用使这部分火山碎屑沉积呈现平行层理、粒序层理构造。

第四阶段，珍珠岩和隐爆角砾岩。

在蒸气岩浆爆发结束之后，有岩浆的侵出作用发生，在火山口形成珍珠岩岩穹。侵出作用以及前期的爆炸，均可使火山通道的围岩或火山口中先期形成的熔岩发生隐爆，形成隐爆角砾岩。珍珠岩与隐爆角砾岩均为流纹质岩石（图3-31、图3-32）。

在火山喷发过程中，由于爆炸的破坏作用以及后期火山口的塌陷，火山口中心部位的堆积略微呈现混乱堆积，依据岩性的空间分布和发育的先后关系可以将其恢复到未塌陷之前的堆积状态。

银矿山剖面恢复后的火山口堆积岩性序列（图3-32）显示，从下到上依次为角砾岩、角砾熔岩、凝灰岩夹熔岩、珍珠岩和隐爆角砾岩。凝灰岩在剖面的两侧（近火山口）堆积较厚，且成层性好，而在剖面顶部不发育，可能由后期的剥蚀作用导致。

实习路线九　长春市九台区卢屯河西村营城组流纹岩柱状节理露头

该露头位于卢屯河西村小河桥附近，出露较好的柱状节理流纹岩。实测剖面分为2层：
第1层为下三叠统卢家屯组的灰黑色、黑色钙质粉砂岩和细砂岩；
第2层为下白垩统营城组的灰黄色柱状节理流纹岩。

该套柱状节理流纹岩属于火山通道相次火山亚相—侵出相（图3-33），与下三叠统卢家屯组灰黑色粉砂岩呈侵入不整合接触关系（图3-34），侵入接触面平均产状为30°∠70°。在岩性岩相平面图（图3-33）上可以看出，柱状节理流纹岩平面上呈近椭圆状分布，长轴走向近南北，长约300m，短轴约200m。柱状节理构造常常发育于火山机构的中心部位，通过柱状节理流纹岩的存在可以研究火山机构中心或火山口位置。

剖面出露的柱状节理流纹岩风化面为灰黄色、紫红色，新鲜面为灰白色，致密坚硬，柱状节理极其发育（图3-35）。下部柱体的倾伏向为205°，倾角为35°，截面多呈不规则的四边形、五边形和六边形，以五边形和六边形为主，边长一般为15～30cm，柱体直径以20～30cm居多。上部柱体倾伏方向为175°，倾角为50°，柱状节理发育程度有所减弱。

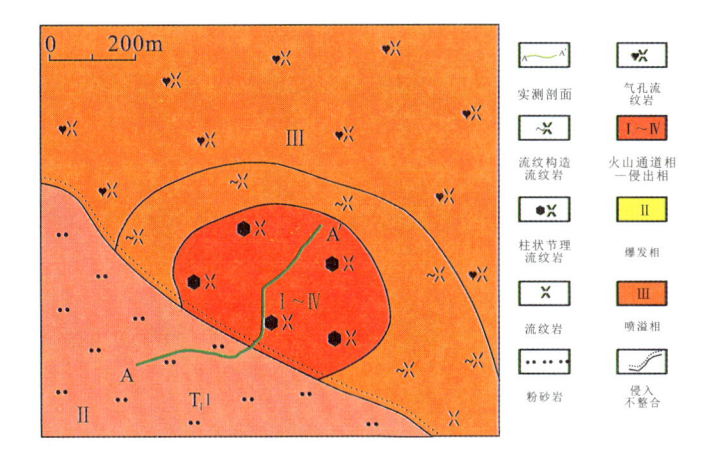

图 3-33　卢屯河西村下白垩统营城组柱状节理流纹岩露头岩性岩相图（据李金龙，2007）

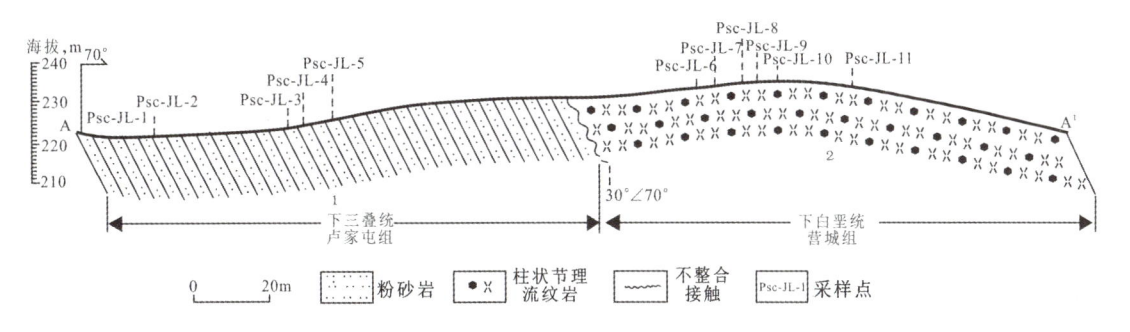

图 3-34　卢屯河西村下白垩统营城组柱状节理流纹岩和
下三叠统实测地质剖面图（据李金龙，2007）

图 3-35　长春市九台区卢屯河西村出露的柱状节理流纹岩（据李金龙，2007）

（a）、（b）为野外照片；（c）、（d）为显微照片，正交偏光

图 3-35（c）为斑状结构，基质具霏细—细晶结构，流纹构造不发育，斑晶主要为石英、碱性长石、少量黑云母，斑晶体积分数为 30%。其中，石英呈半自形粒状，粒径 0.05～0.2mm，占斑晶的体积分数为 30%；碱性长石呈自形长柱状或短柱状，可见卡式双晶，柱长 0.3～0.8mm，占斑晶的体积分数为 65%；黑云母占斑晶的体积分数为 5%。图 3-35（d）可见后期岩浆充填裂隙，呈树枝状。

流纹岩柱体直径为 20～30cm，截面形状多不规则，排列方式为倾斜式和直立式，对应的显微组构中斑晶最大可达 0.8mm。

流纹岩柱体直径与之对应的显微组构斑晶大小成正比例相关，即流纹岩显微组构中斑晶越大，结晶程度越好，对应的柱径也越大。

柱状节理为岩浆冷却收缩成因，形成过程可分为 2 个阶段（图 3-36）：（1）热耗散—对流阶段，以形成六方网格型的 Benard 对流花样为前提；（2）冷却—收缩阶段，随着温度的降低其本身的能量不足以克服岩浆的黏滞力，Benard 对流停止。由于对流环中密度里低外高（温度里高外低），则岩浆进行密度均衡，就会产生许多规则的收缩中心。体积收缩引起岩石物质向固定的内部中心聚集，从而垂直于等温面方向上产生张力纵裂隙，且相互间呈等腰三角形排列，于是各向相等的张应力就通过 3 组彼此以 120°相交的张节理的形成而解除。这些张节理切割岩体，就形成规则的六面柱体。流纹岩柱体直径与之对应的显微组构斑晶具有相关性，是由 Benard 对流停止的快慢造成的。如果停止得快，冷凝速度就快，显微组构的斑晶就小，相对的结晶程度就差，而本身能量克服岩浆的力小，产生的收缩中心的范围也要小一些，最终形成的柱体直径相对要小一些，这与柱体直径和对应的显微组构斑晶大小成正比例相关是一致的。

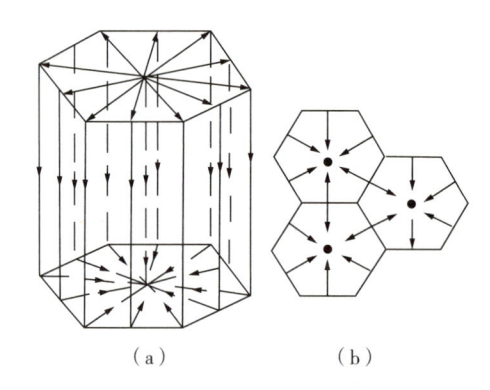

图 3-36 柱状节理形成过程中的热耗散—对流阶段（a）和柱状节理形成过程的冷却—收缩阶段（b）（据李金龙，2007）

实习路线十　长春市九台区三台地区营城组古火山机构

三台地区位于长春市九台区东北约 58.3km 处，出露的地层有二叠系范家屯组（P_1f），中生界下白垩统的沙河子组（K_1sh）、营城组（K_1y）、登娄库组（K_1d）、青山口组（K_2q），以及第四系（Q）（图 3-37）。其中营城组分布广泛，主要是营城组一段酸性火山岩。

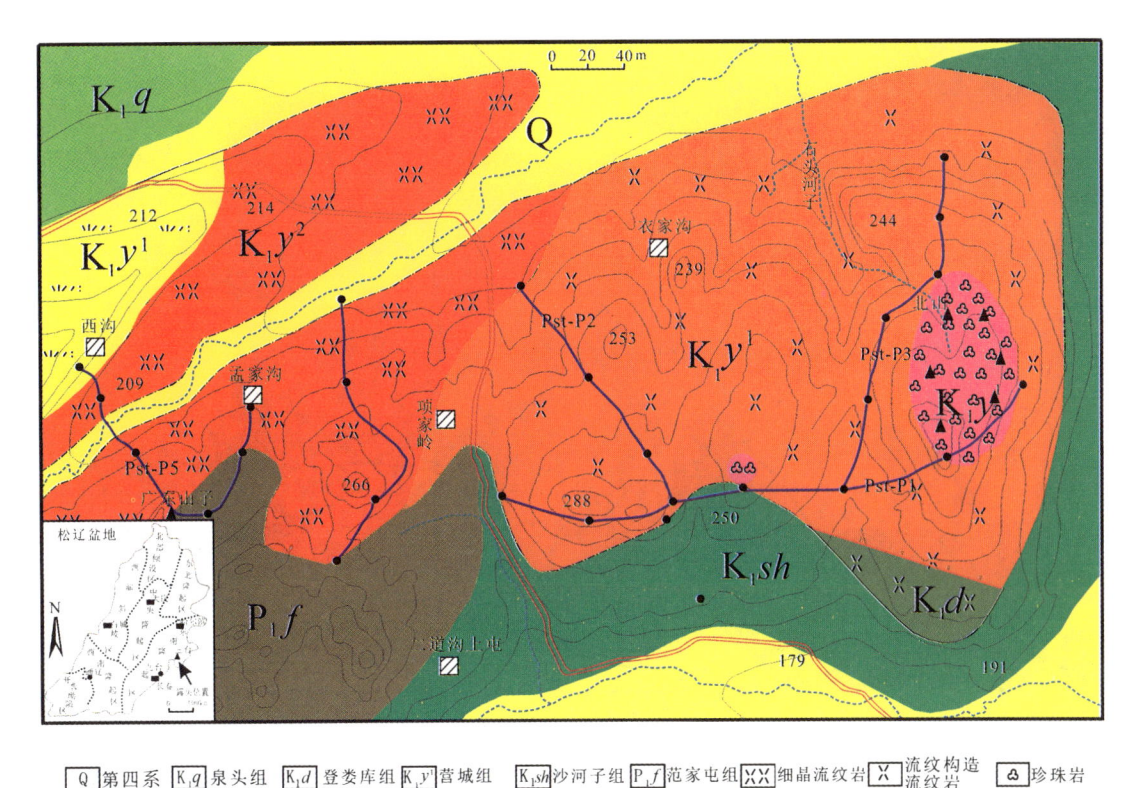

图 3-37 松辽盆地东南隆起区三台地区地质图及营城组火山岩岩性、岩相平面分布图（据单玄龙等，2010）

火山口为火山锥顶部的正常凹陷。古火山口的识别特征主要是查寻区内火山作用产物，包括不同火山岩岩类、岩相、相序，以及在空间上的展布格局。确定火山口的标准包括：（1）是否有火山通道相的一些代表性岩石出现，这些岩石的出现对于确定火山口具有典型指示意义；（2）同源次火山岩及其空间展布，是火山作用一定阶段产物，在包括火山口厘定的火山构造研究中，具重要指示价值；（3）是否存在凝灰质胶结的角砾集块岩，它代表了火山强烈爆发作用的火口堆积产物；（4）与火山喷口有关的配套岩相的厘定，即是否有配套的岩相构成一个完整的火山机构。

参照这些标准，结合三台地区的实际，本区古火山口的特征主要表现在 3 个方面：

（1）在三台北山地区，发现大量的隐爆角砾岩。此处的隐爆角砾岩为火山通道相隐爆角砾岩亚相。隐爆角砾岩亚相主要分布于火山口附近，所以，此处隐爆角砾岩的出现对于火山口的圈定尤其具有典型指示意义。

（2）在三台北山地区，分布大量珍珠岩。珍珠岩是火山侵出相产物，通常能指示火山口的位置。

（3）北山地区海拔高度 314m，而本地区平均海拔为 200m，此为判断火山口在地形地貌上的参考标准。

根据以上特点，可以圈定出 2 个火山口，位置在三台北山地区（图 3-38）。

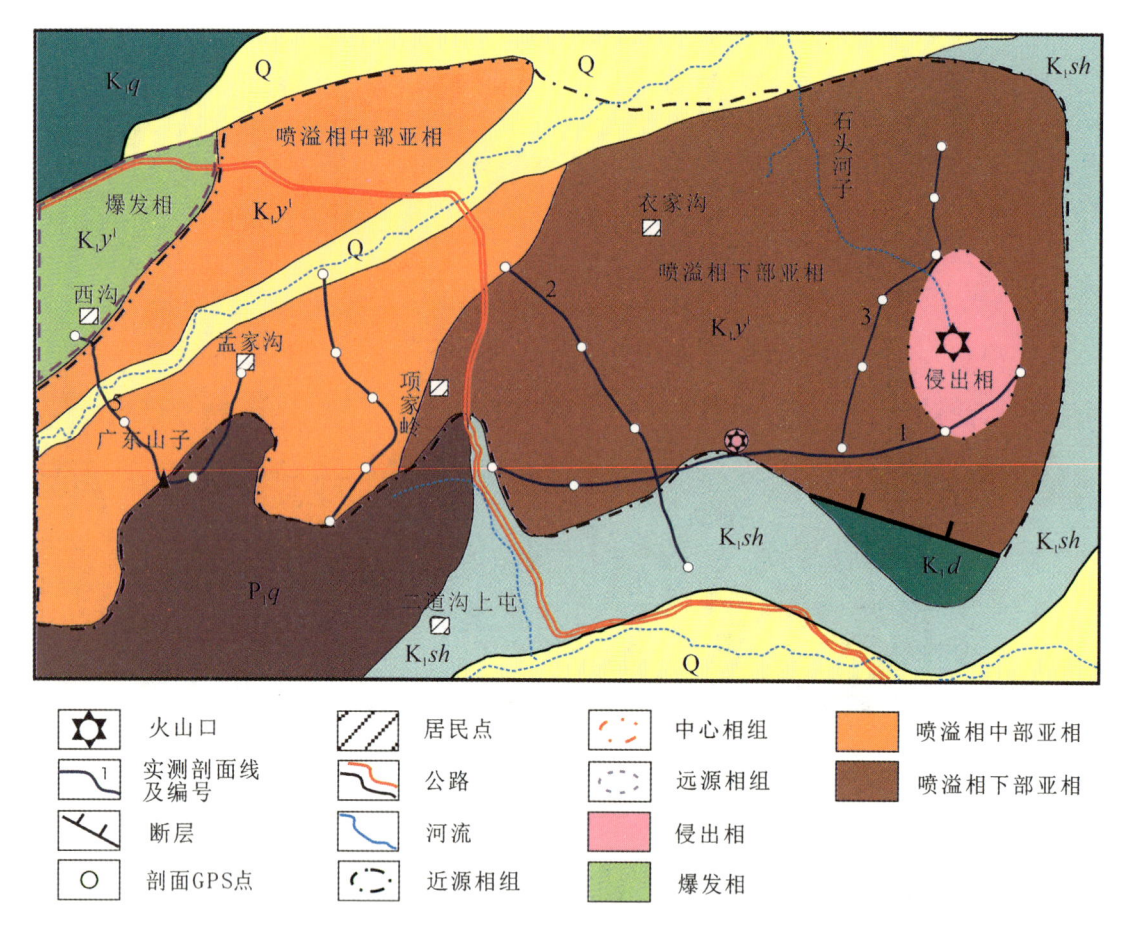

图 3-38 松辽盆地东南隆起区三台地区营城组一段火山机构
平面分布图（据任利军等，2007）

在火山口附近分布的相组为火山口相，即中心相组。中心相组主要包括火山通道相和侵出相。岩性主要包括引爆角砾岩、珍珠岩和少量角砾熔岩、熔结角砾岩，分布位置主要集中在北山。

整个火山机构呈椭圆形，东西向展布，面积约 14km²。以确定的火山口为基点，根据野外剖面测绘数据（表 3-1）和对岩相特征及变化规律的室内分析，对中心相组、近源相组和远源相组进行总结和量化处理。

表 3-1 火山机构测量数据（据任利军等，2007）

岩相	亚相	营城组一段						徐家围子		
		延伸，m			厚度，m			厚度，m		
		最大值	最小值	平均值	最大值	最小值	平均值	最大值	最小值	平均值
侵出相 IV	外带亚相 IV$_3$	5	3	4	2	1	1	70	6	38
	中带亚相 IV$_2$	250	150	200	20	2	11	24	4	14
	内带亚相 IV$_1$	1000	600	800	32	2	17	35	6	21

续表

岩相	亚相	营城组一段						徐家围子		
		延伸，m			厚度，m			厚度，m		
		最大值	最小值	平均值	最大值	最小值	平均值	最大值	最小值	平均值
喷溢相Ⅲ	上部亚相Ⅲ$_3$	8	2	5	2	1	1	90	6	21
	中部亚相Ⅲ$_2$	4500	1000	2050	30	4	17	80	5	43
	下部亚相Ⅲ$_1$	3800	1800	2800	24	1	13	90	2	46
爆发相Ⅱ	热碎屑流亚相Ⅱ$_3$	1500	1000	1250	25	15	20	80	5	43
火山通道相Ⅰ	隐爆角砾岩压相Ⅰ$_3$	90	30	60	15	12	14	50	2	26

在中心相组中，隐爆角砾岩的位置是北山顶部，岩相为火山通道相隐爆角砾岩亚相，平均延伸范围为60m，平均厚度14m。珍珠岩位置主要在北山的北部。其中属于侵出相中带亚相的珍珠岩平均延伸范围为200m，平均厚度11m；属于侵出相内带亚相的珍珠岩平均延伸范围为800m，平均厚度17m。整个侵出相的珍珠岩分布面积约为0.62km^2，在北山—衣家沟方向的角砾熔岩、熔结角砾岩平均延伸范围为4m，平均厚度1m，岩相为侵出相外带亚相。

对于承载中心相组的北山地区，在其正北向，岩性主要为流纹构造（或块状）珍珠岩、细晶流纹岩、流纹构造流纹岩、气孔杏仁流纹岩和隐爆角砾岩，此外，还有部分膨润土。以第二掌子面（图3-39）来描述，其中，球状和枕状珍珠岩平均厚度为18m，块状珍珠岩平均厚度为4m，膨润土平均厚度为2m，流纹构造流纹岩平均厚度为7m，集块岩平均厚度为4m。

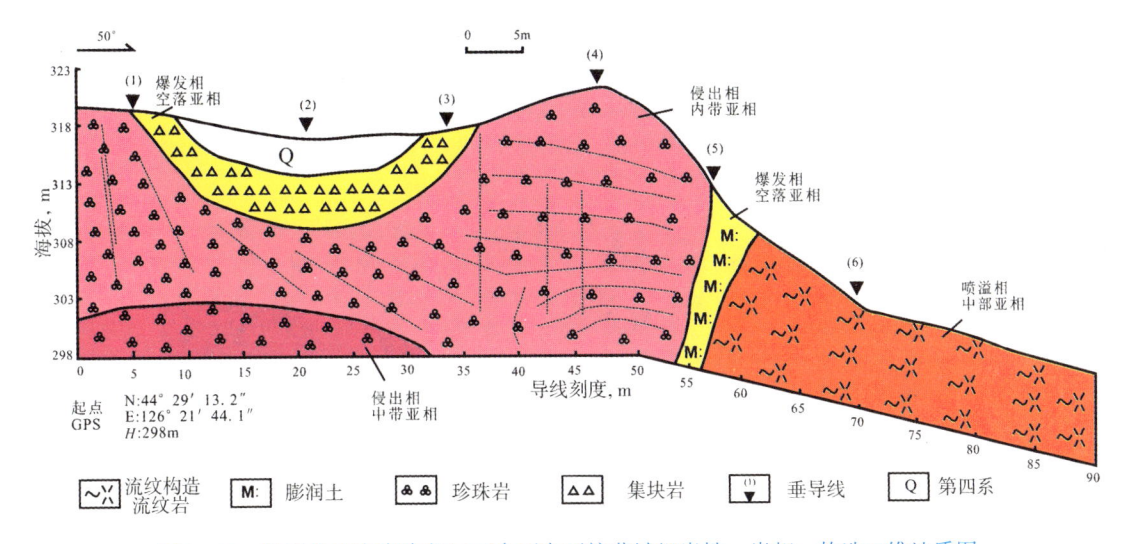

图3-39 松辽盆地东南隆起区三台下白垩统营城组岩性、岩相、构造二维地质图
（据任利军等，2007）

北山东北向岩性主要包括块状珍珠岩、含角砾珍珠岩、流纹构造流纹岩以及膨润土，岩相的序列关系自下而上是侵出相中带亚相—喷溢相中部亚相。北山西侧主要岩性包括流纹构造或块状珍珠岩、细晶流纹岩、流纹构造流纹岩、杏仁体流纹岩，其中杏仁体流纹岩平均厚度为1m，范围很小，对应的岩相序列关系自下而上为侵出相中带亚相—喷溢相下部亚相—喷溢相中部亚相—喷溢相上部亚相。

近源相组中，在北山—项家岭一线分布细晶流纹岩、含角砾流纹岩，平均延伸范围为2800m，平均厚度为13m，面积约为7.10km^2；在西沟、广东山子、孟家沟一带主要分布流纹构造流纹岩，平均延伸为2050m，平均厚度为17m，面积约为4.20km^2。

远源相组即远火山口相，岩性主要为凝灰岩，分布于西沟东部、广东山子西部，平均延伸范围为1250m，平均厚度为20m，面积约为1.17km^2。

古火山机构在平面上相序自火山口向西为：火山通道相隐爆角砾岩亚相—侵出相中带亚相—侵出相内带亚相—喷溢相下部亚相—喷溢相中部亚相—爆发相热碎屑流亚相。

根据珍珠岩的结构构造特征，将该区珍珠岩分为3种类型：枕状球状珍珠岩、流纹构造（块状）珍珠岩、角砾状珍珠岩。它们不仅便于野外识别，而且不同类型的珍珠岩具有不同的岩相含义。

枕状球状珍珠岩在野外的典型特征是具有枕状球状构造［图3-40（a）］，枕状和球状大小不一，大的直径可达2m左右，小的直径只有几厘米，球体之间是蚀变的膨润土。枕状球状珍珠岩主要分布在三台北山北侧，位于第一掌子面北50m左右，出露厚度为3～5m，宽度在10m左右，长度约100m。枕状球状构造是珍珠岩水下形成的标志之一，属于侵出相的内带亚相。

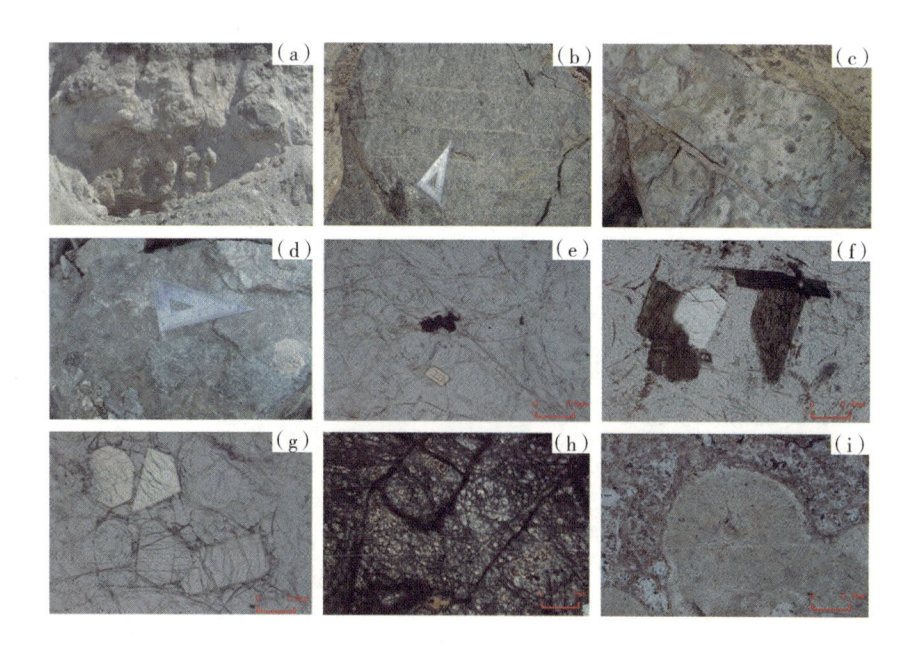

图3-40 珍珠岩野外照片及显微照片特征（据单玄龙等，2007）

（a）球状珍珠岩；（b）流纹构造珍珠岩；（c）角砾状珍珠岩；（d）珍珠质集块岩；（e）斑状结构、珍珠结构（正交偏光）；（f）含角闪石辉石斑晶（单偏光）；（g）斑晶裂纹（单偏光）；（h）微晶（骸晶）结构（正交偏光）；（i）球粒结构（单偏光）

流纹构造（块状）珍珠岩在野外具有流纹构造、块状构造特征［图3-40（b）］，流纹构造或平直或不规则（变形流纹构造）。此种珍珠岩在该区分布广泛，是珍珠岩的主体部分。流纹构造（块状）珍珠岩出露厚度从1m到30m不等，出露宽度可达150m，属于侵出带的外部岩相。

角砾状珍珠岩（珍珠质隐爆角砾岩）的野外特征是角砾状构造、块状构造［图3-40（c）］。珍珠岩质角砾大小不一，多数在20cm至几厘米之间，棱角状—次圆状，角砾之间为玻璃质岩浆胶结。此种珍珠岩在该区分布较广泛，多个掌子面有出露，出露厚度从1m到10m不等，出露宽度可达20m，属于火山通道相的隐爆角砾岩亚相。

珍珠质集块岩三台地区的珍珠质集块岩主要分布在北山的第一和第二采石场，与隐爆角砾岩分布区相隔不到300m。珍珠质集块岩是识别火山口的标志之一，因此基本可以确定火山口的位置就在北山。珍珠质集块棱角—次棱角状，大小不一，主要分布在十几厘米到几十厘米［图3-40（d）］，含有部分珍珠质角砾。

该区3种珍珠岩的显微特征基本相似，岩石具有斑状结构，基质为玻璃质结构、珍珠构造［图3-40（e）］。斑晶主要为石英和长石，长石主要为聚片双晶的斜长石、卡钠双晶的钠长石和卡氏双晶的正长石，部分出现角闪石和辉石斑晶［图3-40（f）］。石英和长石斑晶裂纹发育［图3-40（g）］，斑晶体积分数约10%~25%，大小0.3~1.0mm。部分珍珠岩的基质发生脱玻化作用，脱玻化作用从弱到强，基质依次出现雏晶、微晶（骸晶）［图3-40（h）］、球粒［图3-40（i）］等结构特征。

实验和地球化学研究表明，珍珠岩主要是岩浆快速冷却固化形成的玻璃质熔岩。本区营城组火山岩的岩石学、分布、岩序和相序具有如下特征：（1）在本区球状（枕状）珍珠岩发育［图3-40（a）］，是水下成因的直接标志；（2）玻璃质和珍珠构造（环状裂缝）是岩浆在冷水中快速淬火形成的；（3）通过岩石学和岩相特征分析，三台北山珍珠岩分布区为古火山口位置。依据上述特征认为，该区珍珠岩是岩浆在早白垩世陆相断陷湖盆中水下喷发、快速冷却而形成的。

本区珍珠岩的形成可以概括为如图3-41所示的模式，经历了3个阶段。第一阶段（Ⅰ），首先是早白垩世在三台地区形成了塌陷火山湖，并发生火山爆发，火山灰落入湖水中形成水平层理发育的层凝灰岩（塌陷火山湖—爆发阶段）。在该区西沟层凝灰岩发育，是这一阶段的典型代表。第二阶段（Ⅱ）进一步分为3个亚阶段：（1）水下侵出亚阶段（Ⅱ1），在塌陷火山湖中发生火山喷发，由于盆地内水体的骤冷作用，形成大量的珍珠岩（火山玻璃质熔岩）和部分流纹质熔岩；（2）隐爆亚阶段（Ⅱ2），上个亚阶段大量岩浆的侵出，一方面造成火山口主体高出水面，另一方面，由于黏稠的岩浆堵塞通道及压力作用，在通道中发生隐爆作用，形成隐爆角砾岩；（3）喷溢亚阶段（Ⅱ3），隐爆作用打开通道，岩浆喷溢形成流纹岩。北山第一掌子面枕状珍珠岩、流纹质隐爆角砾岩、流纹岩的序列正是这一阶段的表现。第三阶段（Ⅲ），在火山喷发间歇期，大气降水补给的地下水，在碱性条件下对珍珠岩进行水化，但珍珠岩层处于相对封闭条件，没有充分的水介质活动，珍珠岩部分转化为膨润土（膨润土化阶段），膨润土化主要发生在珍珠岩与流纹质岩石的接触界面薄弱带上和珍珠岩内部裂缝发育带上。

通过3个阶段，最终形成了三台地区大量珍珠岩，并表现出珍珠岩—膨润土—隐爆角砾岩—流纹岩的岩石序列关系。

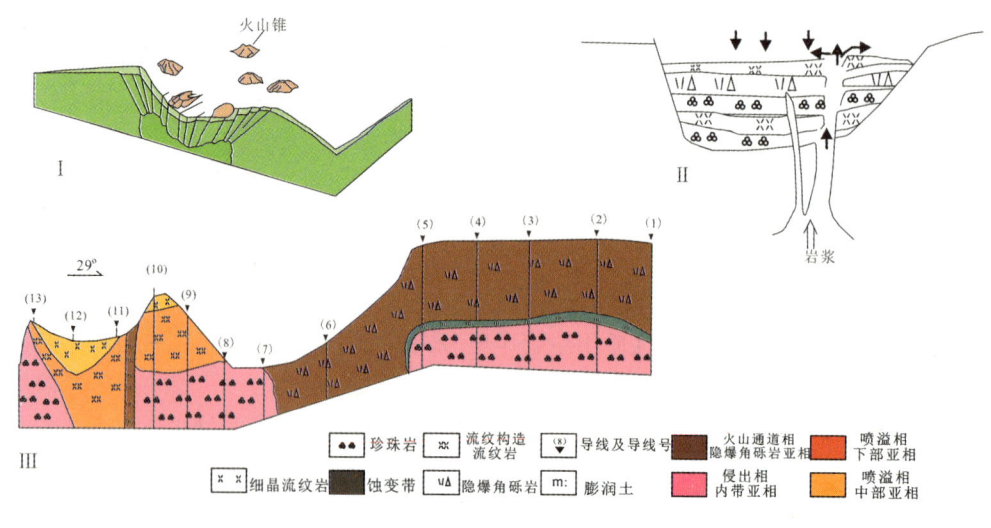

图 3-41　三台地区营城组珍珠岩形成模式示意图（据单玄龙等，2007）

Ⅰ—塌陷火山湖；Ⅱ—酸性岩浆火山喷发形成珍珠岩；Ⅲ—部分膨润土化：珍珠岩＋
H_2O →膨润土＋SiO_2＋残余矿物（长石、石英等）

实习路线十一　长春市九台区影背山—双顶山下三叠统卢家屯组建组剖面

该剖面出露于影背山—杨家沟—双顶山，构造上位于兴蒙显生宙造山带东段、大黑山条垒东北端。卢家屯组是吉林省目前唯一确认的下三叠统地层。

影背山—杨家沟—双顶山一带出露最老地层为上二叠统杨家沟组，分布于南侧鸡冠山一带，主要岩性组合为含砾砂岩、黑灰色粉砂岩、细砂岩、板岩等，其内产海相瓣鳃、苔藓虫和陆相瓣鳃及植物化石，具有海陆交互相特征，被上三叠统西土山组角度不整合覆盖和早侏罗世花岗岩侵入；其次为下三叠统卢家屯组（图 3-42），分布面积较大，被上三叠统西土山组或下白垩统营城组角度不整合覆盖。上三叠统西土山组分布于大孤家子南，主要为一套中—酸性火山岩夹少量碎屑岩，底部为砾岩，被下白垩统营城组角度不整合覆盖及早侏罗世花岗岩侵入。西土山组上部为下白垩统营城组火山岩和古近系碎屑岩及第四系沉积物。侵入岩主要为一套中生代侵入岩，主要有早侏罗世石英闪长岩、花岗闪长岩、二长花岗岩和早白垩世碱长花岗岩。

卢家屯组分布于吉林省长春市九台区卢家村、李家屯、永安屯、大孤家子影背山等地，呈北东东方向展布，是一套厚达 4316.2m 的河湖、湖沼相碎屑沉积岩系，它的上部含有足够的资料可定属于早三叠世的淡水瓣鳃、叶肢介、介形虫和植物化石。卢家屯组顶、底界线清楚，底界以复杂粗碎屑岩平合覆于晚二叠世陆相火山岩之上，顶界又为晚侏罗世陆相火山岩和早白垩世碎屑岩以截合关系所覆盖。

卢家屯组的形成反映一个沉积盆地由发生、发展直至封闭终了的完整全过程，可划分下、中、上三段。下段（影背山砾岩段）以粗碎屑岩为主，构成砾岩－含砾砂岩－砂岩基本层序，砾石成分复杂，沉积物以杂色为主，厚度上千米，从沉积物颗粒分析，反映为从山麓相向河流相发展阶段堆积的产物，明显具磨拉石建造特征；中段（漏斗山杂色岩段）以杂色

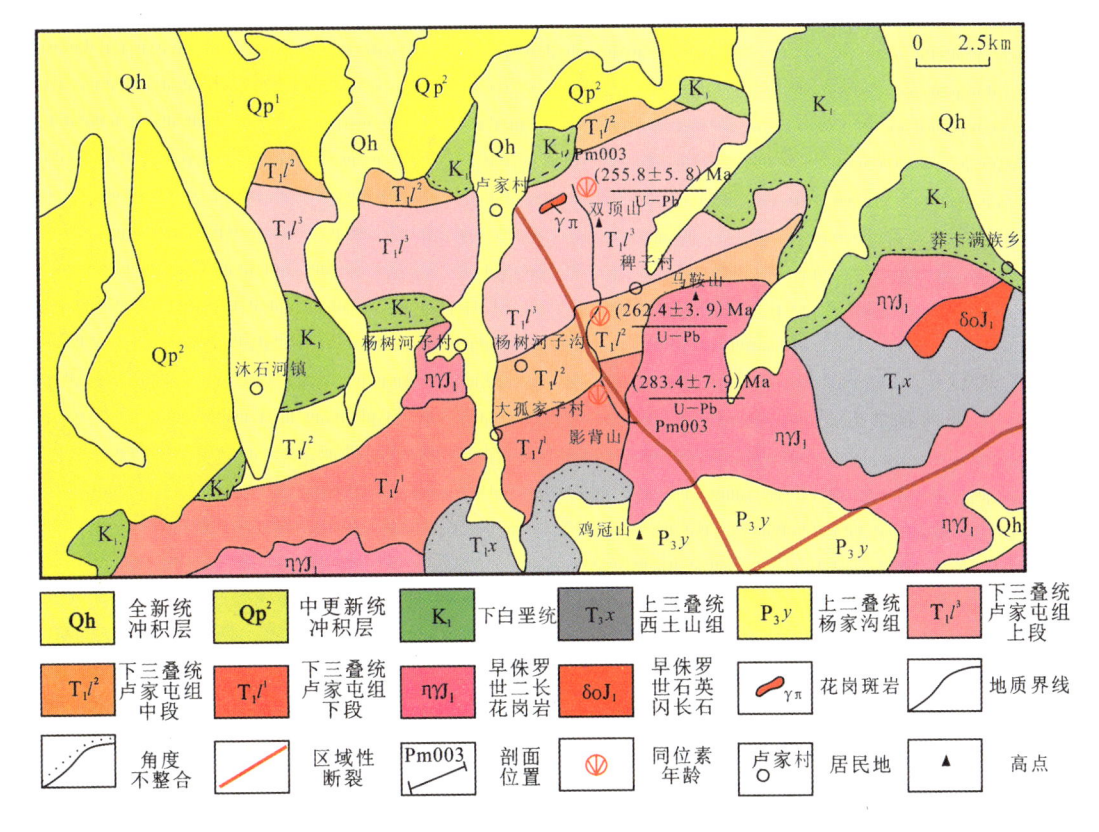

图 3-42 长春市九台区沐石河—卢家地质图（据聂立军等，2015）

石英长石粉砂岩、泥岩互层，底部为紫色砂砾岩；上段（杨树河子黑色岩段）以细碎屑为主，由砾岩、砂岩、泥岩（夹泥质岩及石膏）构成两个韵律层，并产动植物化石，沉积物以黑色为主夹紫色，厚度逾千米，反映其在湖相阶段形成。

卢家屯组产有丰富的双壳类化石：*Palaeanodonta tungussca*（Ragozin）、*P. opinata*（Ragozin）、*P. obrutchevi*（Ragozin）等见于俄罗斯西伯利亚库兹巴斯的库兹涅茨克盆地三叠系下统马里采夫组和通古斯盆地三叠系下统卡尔文昌组；*Ferganoconcha*见于俄罗斯远东地区、中国东北的中生代地层中，至今没有在二叠纪地层中发现；叶肢介 *Cornia subquadrata Zaspelov*、*C. lutkevichi Zasp*、*C. elata Zasp* 等是俄罗斯乌拉尔西北部伯朝拉盆地中早三叠世地层中的重要分子。而介形虫 *Langdaia? sp.* 见于贵州朗岱三叠系下统飞仙关组。植 物 *Paracalmites* sp.、*Neocalamites* sp.、*Cladophlebis* sp.、*Taeniopteris* sp.、*Thinnfeldia* sp.、*Podozamites* sp. 等化石保存欠佳，无法鉴定到种，其组合除 *Paracalmites* sp. 外，常见于三叠纪—侏罗纪。而 *Paracalmites* sp. 是晚期安加拉植物群的代表性分子，时代一般为晚二叠世，除卢家屯组外没有在吉林省其他中生代地层中发现过。

卢家屯组层型剖面地层层序特征下（图3-43）：

------------------------------------- 未见顶 -------------------------------------

杨树河子黑色岩段：

24. 灰色褐铁矿化泥质细砂岩　　　　　　　　　　　　　　　　　　　　　163.5m
23. 黑灰色凝灰质粉砂岩，单层厚度为 10~20cm，产动物化石　　　　　　　57.3m

22. 黄灰色粉砂岩夹粉砂质泥岩　　　　　　　　　　　　　　　64.1m
21. 灰白色粉砂质泥岩　　　　　　　　　　　　　　　　　　94.8m

漏斗山杂色岩段：

20. 紫色泥岩　　　　　　　　　　　　　　　　　　　　　143.5m
19. 青灰色含粉砂质泥岩　　　　　　　　　　　　　　　　　57.9m
18. 黑灰色粉砂岩，局部菱铁矿化　　　　　　　　　　　　　30.5m
17. 灰色钙质细砂岩，见褐铁矿化　　　　　　　　　　　　　127.9m
16. 褐铁矿化石英长石粉砂岩　　　　　　　　　　　　　　　127.9m
15. 褐铁矿化石英长石细砂岩　　　　　　　　　　　　　　　127.9m
14. 灰黑色钙质粉砂岩　　　　　　　　　　　　　　　　　　39.5m
13. 黄灰色褐铁矿化石英长石粉砂岩　　　　　　　　　　　　74.4m
12. 紫色泥岩　　　　　　　　　　　　　　　　　　　　　　91.5m
11. 青灰色含粉砂质泥岩，含有褐铁矿斑点　　　　　　　　　59.8m
10. 黄灰色杂砂质石英长石粉砂岩　　　　　　　　　　　　　59.8m
9. 青灰色粉砂岩　　　　　　　　　　　　　　　　　　　　59.8m
8. 紫色细粒杂砂岩　　　　　　　　　　　　　　　　　　　278.9m
7. 紫色砾岩　　　　　　　　　　　　　　　　　　　　　　235.5m

影背山砾岩段：

6. 紫色凝灰质粉砂岩　　　　　　　　　　　　　　　　　　124.7m
5. 灰绿色轻微变质粉砂岩　　　　　　　　　　　　　　　　720.7m
4. 青灰色钙质细粒杂砂岩　　　　　　　　　　　　　　　　233.7m
3. 灰黑色泥质粉砂岩　　　　　　　　　　　　　　　　　　157.2m
2. 紫灰色厚层复成分砾岩　　　　　　　　　　　　　　　　169.4m
1. 青灰色中粒杂砂岩　　　　　　　　　　　　　　　　　　1073.0m

------------------------早侏罗世二长花岗岩侵入------------------------

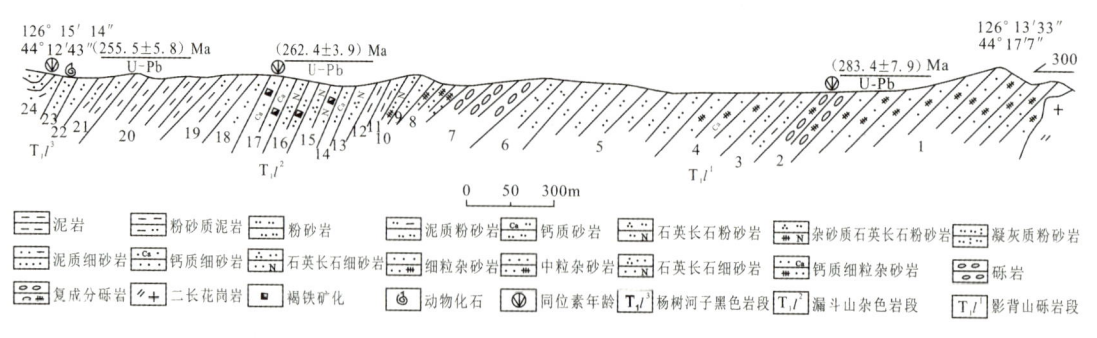

图 3-43　长春市九台区影背山—双顶山下三叠统卢家屯组剖面图（据聂立军等，2015）

卢家屯组岩性生物特征表明了典型湖相沉积的特点，沉积物质来源较杂，有火山碎屑物质、铁质、钙质、泥质、砂、砾等，虽有沉积韵律，但不十分清晰，有粗细混杂的现象。这暗示了卢家屯组沉积盆地形成的构造背景为松嫩地块东南缘（现代方位）山弧带上所发育的磨拉石盆地。

实习路线十二　松辽盆地中部东缘五台子—卡伦水库早白垩世剖面

分布于松辽盆地中部东缘的早白垩世地层，在公主岭、刘房子、卡伦水库一带（图3-44）出露较全，化石丰富，其中有叶肢介、介形虫、腹足类、鱼碎片、虫迹等化石。在泉头组、青山口组、嫩江组均发现了恐龙化石，其中泉头组产乌脚类恐龙，青山口组产鹦鹉嘴龙，嫩江组产翼龙（？）。

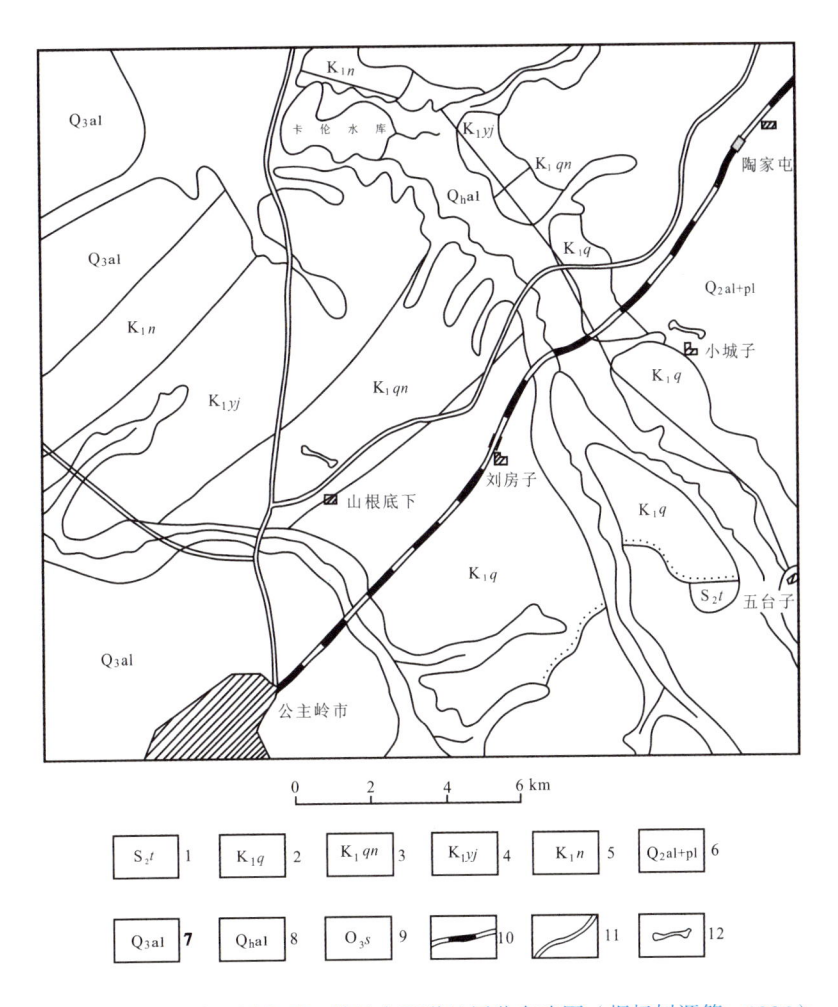

图3-44　公主岭、刘房子一带早白垩世地层分布略图（据杨树源等，1986）

1—志留系下统桃山组；2—白垩系下统泉头组；3—白垩系下统青山口组；4—白垩系下统姚家组；5—白垩系下统嫩江组；6—第四系下更新统冲积洪积层；7—第四系上更新统冲积层；8—第四系全新统冲积层；9—奥陶系上统石缝组；10—铁路；11—公路；12—脊椎动物化石

一、泉头组

泉头组（K_1q）分布于公主岭—陶家屯铁路线以东刘房子、五台子、小城子等地，其下与奥陶系上统石缝组呈角度不整合接触，其上被青山口组整合覆盖。在五台子—卡伦水库实测剖面（图3-45）中，泉头组厚度414.5m，其层序如下：

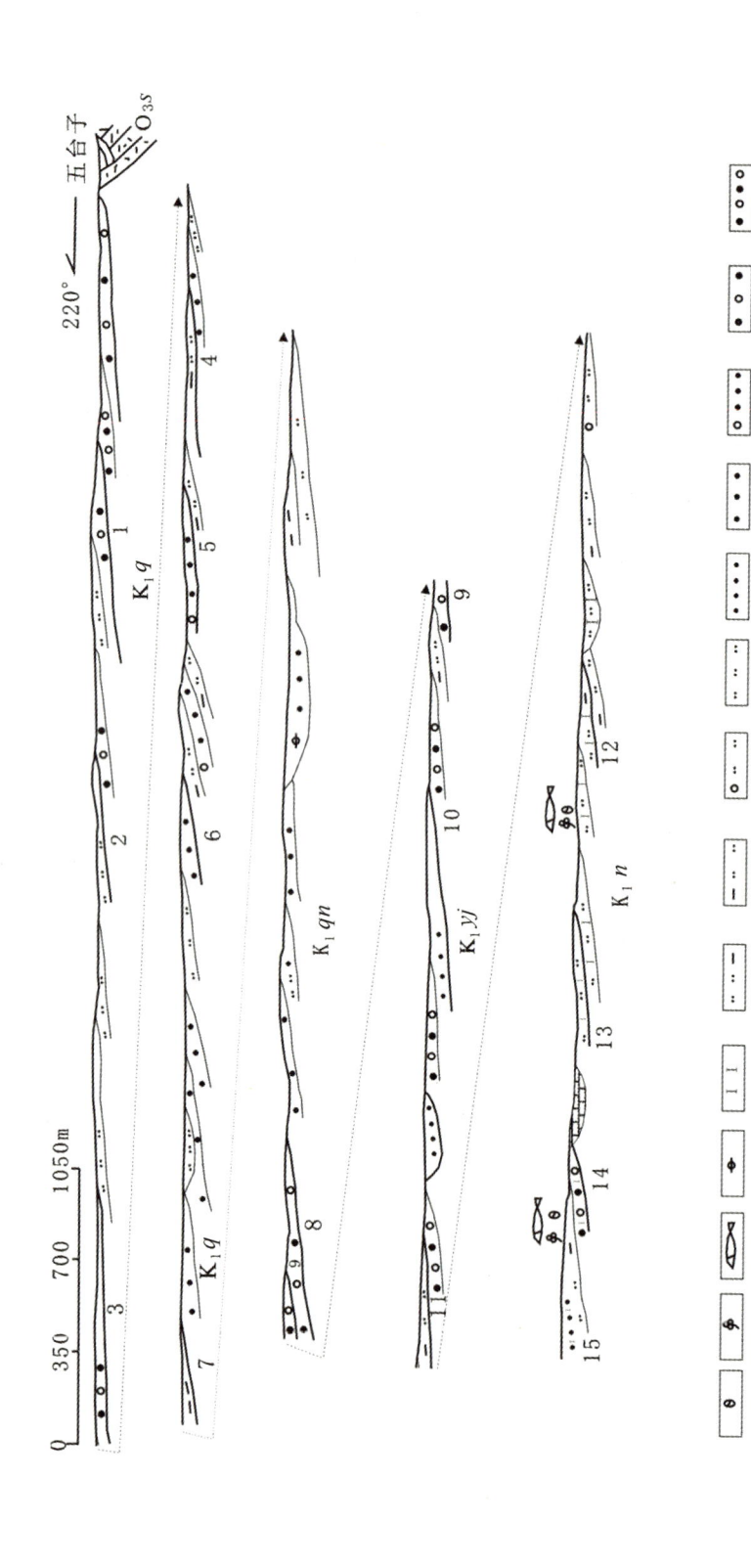

图 3-45 五台子—卡伦水库白垩系下统实测剖面图（据杨树源等，1986）

O_3s—奥陶系上统石缝组；K_1q—白垩系下统泉头组；K_1qn—白垩系下统青山口组；
K_1yj—白垩系下统姚家组；K_1n—白垩系下统嫩江组

上覆地层：青山口组

------ 整　　合 ------

7. 浅紫灰色中粒硬砂质长石砂岩夹紫色粉砂岩。紫色粉砂岩呈薄层状或透镜状，斜层理发育　　　　　　　　　　　　　　　　　　　　　　　　　　　　　　106m
6. 黄绿色含砾中粒硬砂质长石砂岩、灰绿色泥质粉砂岩、紫色泥质粉砂岩互层　84.1m
5. 灰绿色泥质粉砂岩、紫色泥质粉砂岩互层，夹黄灰色含钙质结核砂岩。砂岩呈薄层状或透镜状　　　　　　　　　　　　　　　　　　　　　　　　　　　　　　29.7m
4. 黄灰色含砾粗砂岩与灰色中粒长石砂岩互层夹灰绿色、紫红色粉砂岩　　38.4m
3. 暗紫色粉砂岩夹灰白色粉砂岩　　　　　　　　　　　　　　　　　　21.2m
2. 紫红色含砾粗砂岩夹紫红色砂岩和灰白色砂岩　　　　　　　　　　　98.2m
1. 紫红色砂砾岩　　　　　　　　　　　　　　　　　　　　　　　　38.7m

～～～～～～～～～ 角度不整合 ～～～～～～～～～

下伏地层：奥陶系上统石缝组

从上述剖面中可以看出，泉头组下部以紫色砂砾岩、砂岩为主，上部主要为杂色砂岩、粉砂岩。局部地段尚夹薄层钙质膨润土。

这一地区泉头组沉积物粒度自下而上明显地由粗变细，色调由鲜变暗，以紫色为主，斜层理发育，充分表明当时是处于以氧化为主的干燥炎热气候条件下的河流—浅水湖相的沉积环境。

二、青山口组

青山口组（K_1qn）分布于山根底下、贾家窝堡等地，与下伏泉头组、上覆姚家组均为整合接触。在五台子—卡伦水库实测剖面（图3-45）中，青山口组即为剖面中的第8层，厚度为269.9m，岩性为灰白色含砾硬砂质长石砂岩、紫色砂岩、泥质粉砂岩互层，夹棕黄色砂砾岩、灰白色泥质粉砂岩。砂砾岩中砾石成分较杂，斜层理发育，局部夹钙质粉砂岩和泥灰岩扁豆体。

在山根底下，青山口组内化石丰富，其中有介形虫、叶肢介和恐龙等，剖面层序如下（图3-46）：

未　见　顶

14. 黄褐色中粒砂岩　　　　　　　　　　0.9m
13. 紫色粉砂质细砂岩，产 Saropoda indet（蜥脚类恐龙）
12. 浅紫色中粒硬砂岩，内含紫色泥砾，呈似圆状，粒径为5～12cm　　　　　　　　　　　4.3m
11. 灰黑色中粒砂岩、斜层理发育，其内含紫色、灰绿色泥砾。其中紫色泥砾粒径为5～12cm，灰绿色泥砾粒径为0.2～2cm　　　　　　　0.25m

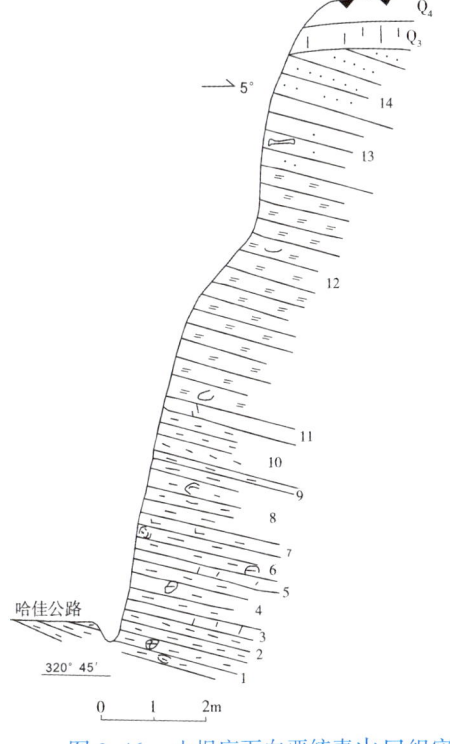

图3-46　山根底下白垩统青山口组实测剖面图（据杨树源等，1986）

10. 紫红色粉砂质泥岩 0.7m

9. 绿灰色钙质粉砂岩 0.1m

8. 紫色粉砂泥岩

7. 绿灰色钙质粉砂岩，水平层理发育 0.15m

6. 紫色粉砂质泥岩，内含钙质结核，产恐龙化石 Psittacoasaurus sp.（鹦鹉嘴龙，未定种），在含龙层位之下产介形虫 Cypridea（Morinina）adumbrata son, C.（N.）perissospinoa ye.ziziphocypris simakovi（Hand）, Triangulicypris torsuosus（Netch）var.nota（Ten）Tr.torsuosus（Netch） 0.5m

5. 灰色含粉砂屑泥灰岩，内含介形虫碎屑 0.1m

4. 紫色粉砂质泥岩，含钙质结核，内含介形虫碎屑 0.7m

3. 灰色含粉砂泥灰岩，内含少量介形虫等生物碎屑 0.15m

2. 紫红色泥岩 0.6m

1. 紫灰色泥岩，含少量紫色泥砾和钙质结核。泥砾呈圆形，粒径小于1cm。钙质结核呈不规则状，个体大小不一，一般在 0.5~5cm >0.15m

未见底

该剖面是1983年扩宽公路工程中开掘的人工露头，长>100m，高15m。在这个剖面以下50m处青山口组另一人工露头的紫色泥质砂粉岩、绿灰色粉砂岩亦觅得大量化石，其中有介形虫 Cypridea adumbrata Sou、Triangulicypris torsuosus（Netch）Var. nota（Ten）、Tr.torsuosos（Netch）、Ziziphocypris simakavi（Mandel-stam）、Lycoptercypris torsuosus，叶肢介 Palolimnadae Tasch 等。

从上述两个剖面中可以看出，区内青山口组的岩性主要为紫色、绿灰色砂岩、泥质粉砂岩与灰白色硬砂质长石砂岩互层，其内含钙质结核，夹泥灰岩扁豆体，局部含大量泥砾，斜层理发育。岩石色调以绿灰色、灰白色为主，并含有较丰富的动物化石，反映当时处于以还原为主的动、静水浅湖相—深湖相的沉积环境，气候温暖潮湿，适于生物生存。其岩相变化明显受盆地边缘的古地形、湖水深浅及物源远近所控制。在古地形隆起的边缘，湖水浅，物源近，沉积物的成分复杂，粒度粗细变化大，色调也较杂；反之，湖水深，物源远，则沉积物成分比较单调，粒度以细粒为主，沉积物色调也比较暗。

三、姚家组

姚家组（K_1yj）分布于清水沟、双青山一带，其岩性以棕黄色砂砾岩为主，夹紫红色细砂岩和泥质粉砂岩，与下伏青山口组呈整合接触，厚度为326.9m。在五台子—卡伦水库实测剖面（图3-42）中，姚家组的层序如下：

上覆：嫩江组

------------------------------- 整　　合 -------------------------------

11. 棕黄色砂砾岩、细砂岩互层，夹泥质粉砂岩。砾石呈次圆状，成分较复杂，有砂岩、变质砂岩、流纹岩、安山岩及石英脉等 194.1m

10. 棕黄色砂砾岩与紫色泥质粉砂岩互层，斜层理发育 99.2m

9. 棕黄色砂砾岩，砾石成分复杂，多呈次圆状，分选较差 33.6m

--整　　合--

下伏：青山口组

从上述剖面中可以看出，姚家组下部为棕黄色砂砾岩，中部为棕黄色砂砾岩与紫色泥质粉砂岩互层，上部为棕黄色砂砾岩、细砂岩互层，夹紫色泥质粉砂岩。公主岭一带的姚家组沉积物的粒度较粗，说明当时这一地带地形相对较高，湖水浅，物源近，沉积速度快。从其色调看，以棕黄、紫色为主，表明当时处于以氧化作用为主的炎热干旱的气候环境。

四、嫩江组

嫩江组（K_1n）分布于卡伦水库、清水沟以北及迎风岗等地，以灰色细碎屑岩为主，其内赋含大量生物化石，其中有介形虫、叶肢介、爬行类、腹足类、鱼碎片等。在五台子—卡伦水库实测剖面（图3-42）中，其上未见顶，与下伏姚家组呈整合接触，厚度大于204.3m，层序如下：

未见顶

15. 灰褐色含生物碎屑钙质砂砾岩、黄灰色含生物碎屑钙质砂岩、绿灰色粉砂质泥岩互层，在粉砂质泥岩中夹泥灰岩、生物碎屑岩薄层或扁豆体，产介形虫 *Cypridea acclinia* Netch（斜女星）、*C.gigantea* Ye（大型女星介）*C.gunsulinensis* Su（公主岭女星介）、*Lycopterocypris* sp.（狼星介未定种），爬行类 *pterosauria*?（翼龙？）、*Paralligatorindeti*（副鳄待定种），腹足类 *Hydrobia* sp. 虫迹化石、*Protopa-lacodictuon ksiazkiewicz*（始古网迹）、*Helicolithus Huntzschel*（盘旋迹），*Palaeophycus*，还有鱼碎片和植物碎片等。

14. 青灰色含生物碎屑钙质粉砂岩夹含生色碎屑泥灰岩、棕灰色生物碎屑岩，泥灰岩与钙质粉砂岩层顶面局部有泥裂，产介形虫 *Cypridea gunsulinensis* Su（公主岭女星介）、*C.acclinin* Netch（斜女星介）、*Lycopterocypris triangularis* Ye（三角狼星介），还有鱼碎片、植物碎片。

13. 青灰色含生物碎屑钙质粉砂岩、青灰色钙质粉砂质泥岩夹生物碎屑岩，产介形虫 *Cypridea lepida* Ye 精细女星介、*Lycopterocypris triangularis* Ye（三角狼星介）、*Cyprideag-unsulinensis* Su（公主岭女星介），鱼类 *Teleostci* indet（真骨鱼类），还有植物碎片。还有植物碎片。

12. 灰绿色、紫灰色泥质粉砂岩互层，上部夹钙质砂岩、粉砂岩；下部夹棕红色含砾粉砂岩。产介形虫 *Cypridea porrecta* Su（长形女星介）、*Lycopterocypris* sp.（狼星介未定种）。还有鱼碎片

--整　　合--

下伏：姚家组

另外在距卡伦水库北3km的迎风岗嫩江组偏上层位的灰色泥质粉砂岩中觅得介形虫、叶肢介化石，其中介形虫有 *Cypridea liaukhenensis* Liu（辽河女星介）、*Cypridea*（yumenia）*arca* Hou（弓状玉门女星介）、*Ilyocy primor pha? port-entosa* Netch（凡土神介）、*Candona prona*（Su）（斜玻璃介）、*Cypridea* sp.（女星介未定种），叶肢介 *Calestherites* sp.（美丽瘤膜叶肢介未定种）、*Calesthe-rites sheliensis* Zhang et Chen（舍力美丽瘤膜叶肢介）、*Halysestheria* sp.（链叶肢介未定种）。

图 3-47 公主岭刘房子泉头组露头
（据王旭日，2005）

从上述剖面中可以看出，嫩江组是以青灰色、绿灰色粉砂岩、泥质粉砂岩等细碎屑岩为主，其内化石丰富，表明当时处于温暖潮湿的气候条件下，适于生物生长的浅水—半深水湖相环境中。虫迹则反映湖盆地较深处、水动力较低、适于生物觅食与生息的环境。

公主岭市刘房子镇采沙场附近是恐龙化石产地之一，人工露头良好（图3-47），野外实测剖面如下：

上覆地层：第四纪河漫滩砂砾堆积

------------------------------------平行不整合------------------------------------

泉头组：

15. 灰黄色细砂岩，呈长透镜状　　　　　　　　　　　　　　　　　　　　　0.8m
14. 红色含砾泥岩　　　　　　　　　　　　　　　　　　　　　　　　　　　3.0m
13. 灰白色薄层砂岩与紫红色含砾泥岩互层。层间界线明显，各层厚度相差较小并发育均一　　　　　　　　　　　　　　　　　　　　　　　　　　　　　　　　3.5m
12. 灰白色细砂岩，含球状泥质结核。发育有微层理构造，含零星的恐龙化石碎屑（Hadrosauridae）　　　　　　　　　　　　　　　　　　　　　　　　　　2.5m
11. 紫红色含钙质结核砂质泥岩。含兽脚类恐龙化石（*Chilantaisaurus*）　0.8m
10. 灰白色细砂岩，含零星恐龙化石碎屑（Hadrosauridae），其底部发育有约0.30m厚的透镜状砂岩，呈不连续分布　　　　　　　　　　　　　　　　　　　　　3.0m
9. 红色泥质砂岩　　　　　　　　　　　　　　　　　　　　　　　　　　　1.0m
8. 灰绿色泥灰岩与紫红色泥质粉砂岩互层　　　　　　　　　　　　　　　　2.0m
7. 紫红色砂质泥岩，中间夹有一层厚约5.0cm的灰绿色薄层泥灰岩，恐龙化石（hypsilophodons）含量较多　　　　　　　　　　　　　　　　　　　　　1.3m
6. 灰绿色砂砾岩　　　　　　　　　　　　　　　　　　　　　　　　　　　0.2m
5. 暗红色泥质粉砂岩　　　　　　　　　　　　　　　　　　　　　　　　　0.3m
4. 灰绿色砂砾岩，含大量小型恐龙化石（hypsilophodons）和哺乳动物化石（Insetctivora）　　　　　　　　　　　　　　　　　　　　　　　　　　　　0.3m
3. 暗红色泥质粉砂岩　　　　　　　　　　　　　　　　　　　　　　　　　1.0m
2. 绿色粉砂岩。含大量小型恐龙化石（hypsilophodons）、哺乳动物化石（Insetctivora）、肉食龙化石（Carnorauria）及鳄类化石（Mesosuchia）　　　0.2m
1. 红褐色泥质粉砂岩　　　　　　　　　　　　　　　　　　　　　　　　　0.35m

下伏地层被掩盖

该处发掘的恐龙化石为兽脚类恐龙牙齿，其中有两科两属，分别是异特龙科吉蓝泰龙属（*Chilantaisaurus*）和暴龙科后弯齿龙属（*Aublysodon*）（图3-48、图3-49）。

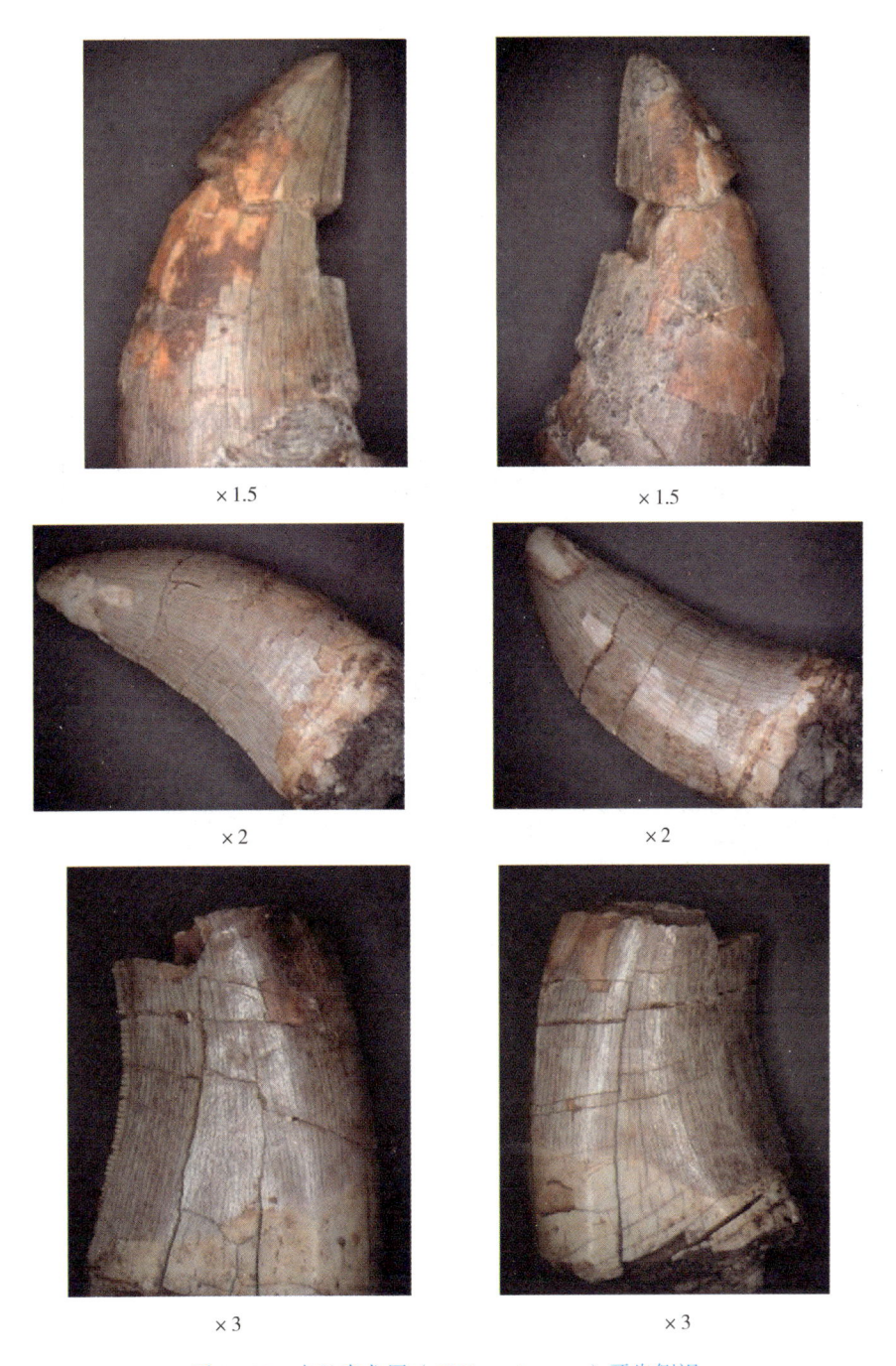

图 3-48 吉兰泰龙属（*Chilantaisaurus*）牙齿侧视

×3　　　　　　　　　　　　　　×3

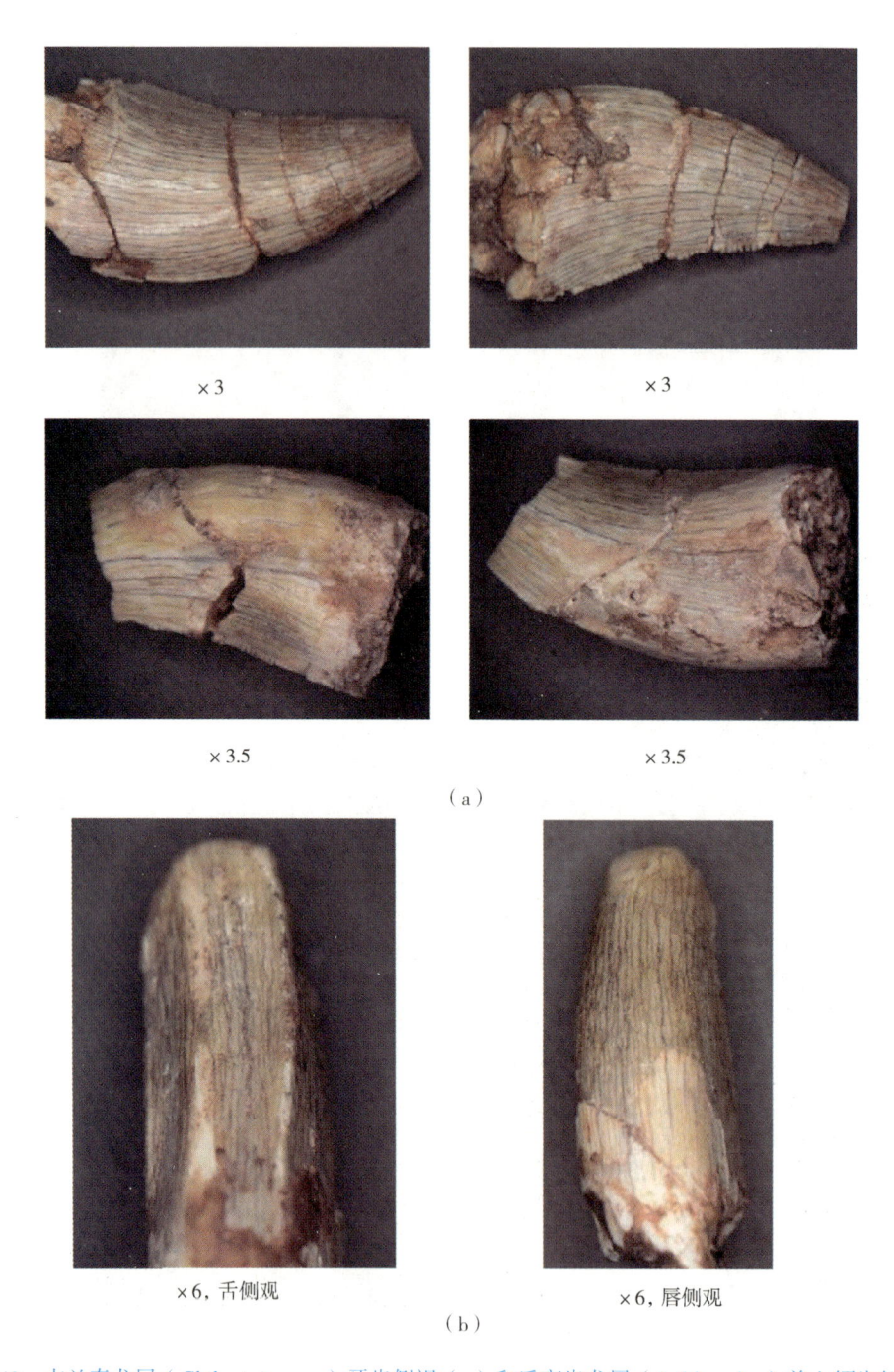

×3.5　　　　　　　　　　　　　×3.5

(a)

×6，舌侧观　　　　　　　　　×6，唇侧观

(b)

图 3-49　吉兰泰龙属（*Chilantaisaurus*）牙齿侧视（a）和后弯齿龙属（*Aublysodon*）前上颌齿侧视（b）

第三节　松辽盆地周边黑龙江省境内实习路线描述及教学内容

实习路线一　哈尔滨宾县凹陷白垩纪地层剖面

宾县凹陷属于松辽盆地东南隆起区宾县—王府凹陷的一部分，出露下白垩统板子房组（K_1b）、宁远村组（K_1n）、淘淇河组（K_1t）、泉头组（K_1q）和上白垩统青山口组（K_2qn）、姚家组（K_2y）（图 3-50、图 3-51）。

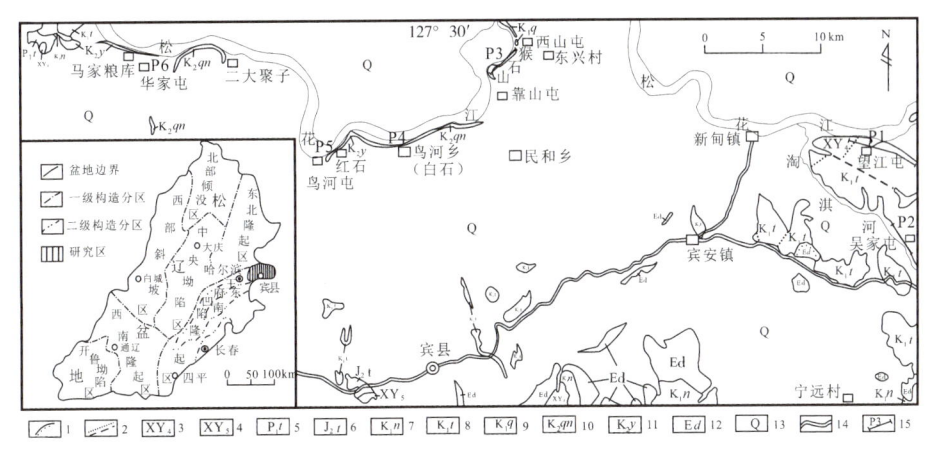

图 3-50　宾县凹陷地质略图和剖面位置图（据贾军涛等，2006）

1—角度不整合；2—断层；3—海西期花岗岩；4—燕山期花岗岩；5—土门岭组；6—太安屯组；
7—宁远村组；8—淘淇河组；9—泉头组；10—青山口组；11—姚家组；12—丁山村组；
13—第四系；14—公路；15—剖面位置及编号（P1—P6）

一、宾县凹陷北缘宾县新甸镇望江屯—胜利镇山后王家屯下白垩统淘淇河组剖面

剖面出露于宾县新甸镇松花江沿岸的望江屯—胜利镇山后王家屯一带（图 3-50）。岩性为淘淇河组下段巨砾岩、砾岩、砂砾岩夹砂岩（图 3-51 中 P1）。

淘淇河组下段（未见顶）：
4. 黄褐色砂砾岩夹薄层含砾粗砂岩和细砂岩　　　　　　　　　　　　　　　　79m
3. 黄褐色厚层状花岗质粗砾岩，夹 2~3 层浅黄褐色含砾粗砂岩　　　　　　　　244m
2. 灰褐色花岗质巨砾粗砂岩，夹薄层灰黄色含砾粗砂岩与细砂岩　　　　　　　130m
1. 浅黄褐色花岗质巨砾岩　　　　　　　　　　　　　　　　　　　　　　　　29m

二、宾县凹陷东缘宾县胜利镇刘方屯—吴家屯下白垩统淘淇河组剖面

剖面出露于宾县胜利镇淘淇河沿岸的刘方屯—吴家屯一带（图 3-50）。岩性为淘淇河组砾岩、砂砾岩、砂岩夹粉砂岩（图 3-52 中 P2）。

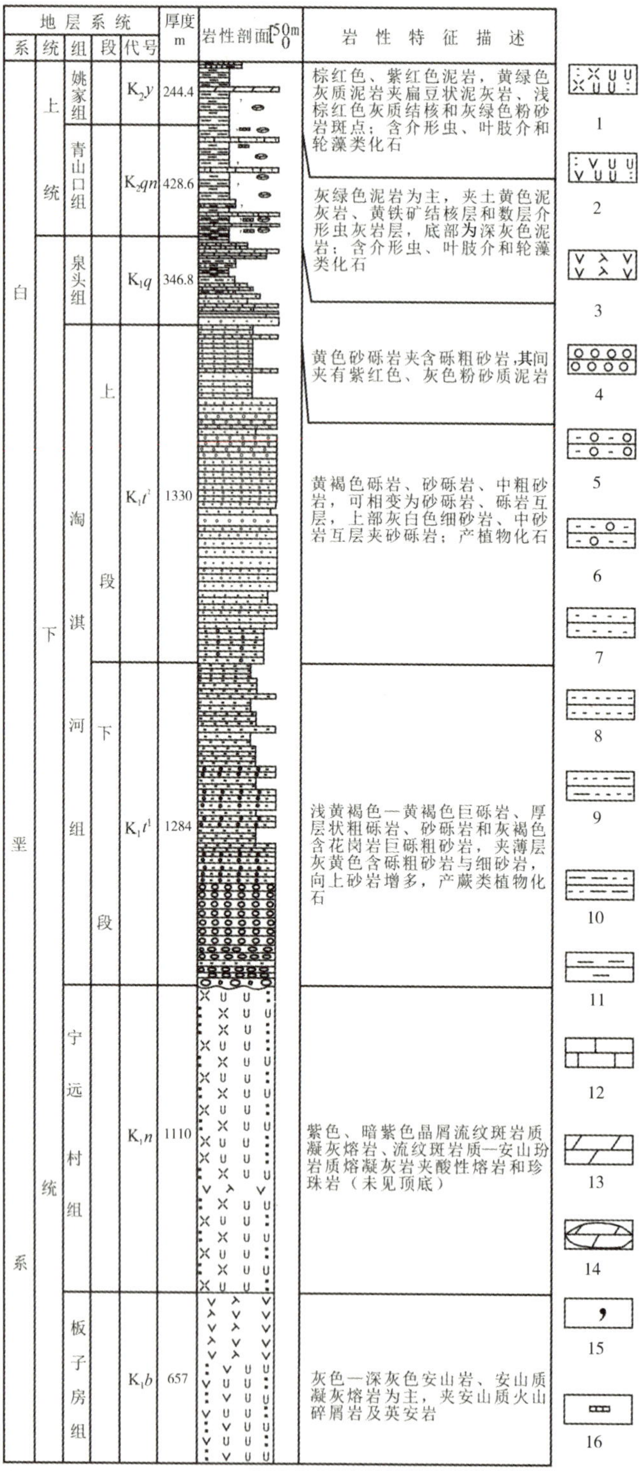

地层系统				厚度 m	岩性剖面	岩性特征描述
系	统	组	段 代号			
白垩系	上统	姚家组	K_2y 244.4			棕红色、紫红色泥岩，黄绿色灰质泥岩夹扁豆状泥灰岩，浅棕红色灰质结核和灰绿色粉砂岩斑点；含介形虫、叶肢介和轮藻类化石
		青山口组	K_2qn 428.6			灰绿色泥岩为主，夹土黄色泥灰岩、黄铁矿结核层和数层介形虫灰岩层，底部为深灰色泥岩；含介形虫、叶肢介和轮藻类化石
	下统	泉头组	K_1q 346.8			
		淘淇河组	上段 K_1t^2 1330			黄色砂砾岩夹含砾粗砂岩，其间夹有紫红色、灰色粉砂质泥岩
						黄褐色砾岩、砂砾岩、中粗砂岩，可相变为砂砾岩、砾岩互层，上部灰白色细砂岩、中砂岩互层夹砂砾岩；产植物化石
			下段 K_1t^1 1284			浅黄褐色—黄褐色巨砾岩、厚层状粗砾岩、砂砾岩和灰褐色含花岗岩质巨砾岩质砂岩，夹薄层灰黄色含砾粗砂岩与细砂岩，向上砂岩增多，产蕨类植物化石
		宁远村组	K_1n 1110			紫色、暗紫色晶屑流纹斑岩质凝灰熔岩、流纹斑岩质—安山玢岩质熔凝灰岩夹酸性熔岩和珍珠岩（未见顶底）
		板子房组	K_1b 657			灰色—深灰色安山岩、安山质凝灰熔岩为主，夹安山质火山碎屑岩及英安岩

图3-51 宾县凹陷周缘白垩纪地层综合柱状图（据贾军涛等，2006）

1—流纹斑岩质凝灰熔岩；2—安山玢质凝灰熔岩；3—安山玢岩；4—砾岩；5—砂砾岩；6—含砾粗砂岩；
7—砂岩；8—粉砂岩；9—泥质粉砂岩；10—粉砂质泥岩；11—泥岩；12—石灰岩；13—泥灰岩；
14—泥灰岩结核；15—介形虫；16—黄铁矿

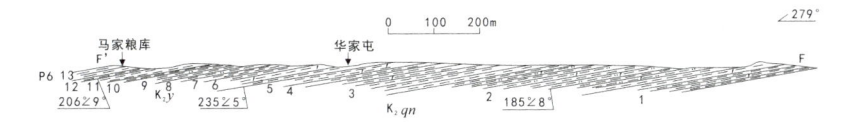

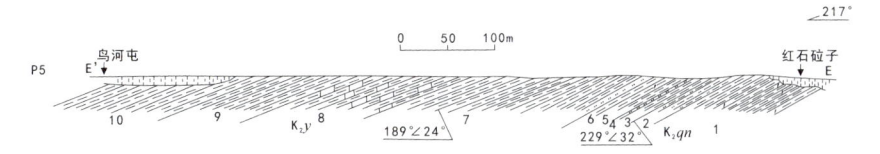

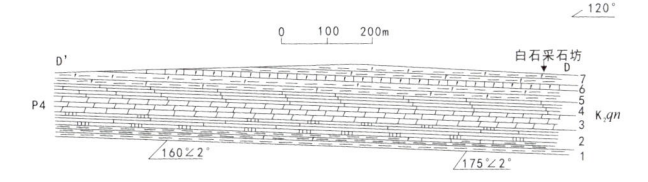

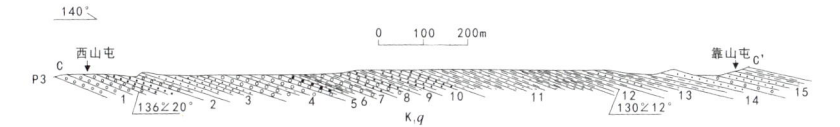

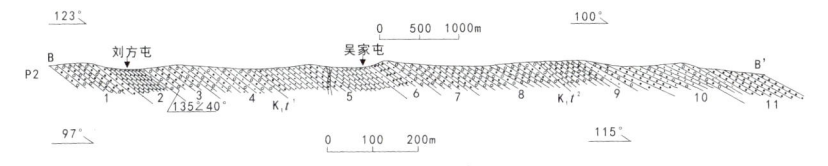

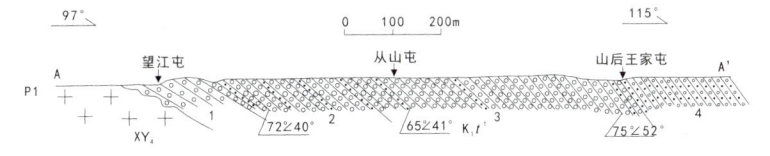

图 3-52　宾县凹陷周缘下白垩统淘淇河组—上白垩统姚家组实测剖面（P1—P6）
（据贾军涛等，2006）

1—花岗岩；2—砾岩；3—砂砾岩；4—含砾粗砂岩；5—砂岩；6—粉砂岩；7—泥质粉砂岩；
8—粉砂质泥岩；9—泥岩；10—页岩；11—石灰岩；12—泥灰岩；13—第四系黏土；14—黄铁矿；
15—介形虫化石

上覆地层：泉头组砾岩、砂岩夹粉砂质泥岩

------------------------------------ 整　　合 ------------------------------------

淘淇河组上段：

11. 灰白色细砂岩、中砂岩互层夹黄褐色砂砾岩与粉砂岩	152m
10. 灰白色细砂岩、中砂岩互层夹砂砾岩	135m
9. 黄褐色砂砾岩、砾岩、粗砾岩夹中细砂岩，底部砂岩中有植物化石碎片	235m
8. 黄褐色砂砾岩夹砾岩和灰白色中粗砂岩，砂岩中见有植物化石	522m
7. 黄褐色砾岩、砂砾岩、中粗砂岩，可相变为砂砾岩、砾岩互层，底部砂岩中见植物化石	146m
6. 黄褐色砂岩夹粗砂岩	140m

淘淇河组下段：

5. 灰白色中细砂岩和黄褐色粗砂岩互层夹砾岩，砂岩中有植物化石	359m
4. 灰白色砂岩与黄褐色砂砾岩互层	185m
3. 黄褐色砂砾岩夹砂岩，底部为砾岩	103m
2. 灰白色粗—细砂岩，底部为细砂岩与粉砂岩互层	60m
1. 黄褐色砂砾岩、砾岩夹灰白色中细砂岩	>75m

三、宾县凹陷北缘宾县民和乡猴石山下白垩统泉头组剖面

剖面出露于宾县民和乡松花江沿岸的猴石山一带（图3-50），岩性为泉头组黄色、紫红色砾岩、含砾粗砂岩和紫红色、灰色粉砂质泥岩（图3-52中P3）。

上覆地层：青山口组灰色泥岩

------------------------------------ 整　　合 ------------------------------------

泉头组：

15. 上部为紫红色泥岩，下部为黄褐色粗粉砂岩夹紫红色粉砂质泥岩，底部为细砾岩	53.0m
14. 黄色中粗粒砂岩夹灰绿色与紫红色粉砂质泥岩，底部为细砾岩	21.0m
13. 紫红色与灰色粉砂质泥岩互层，夹有黄色中细砂岩，底部为细砂岩	35.4m
12. 紫红色泥岩夹灰绿色泥岩	12.3m
11. 紫红色、灰绿色泥岩与粉砂质泥岩夹粉砂岩	65.0m
10. 黄色薄至厚层状细砂岩，底部为粗砂岩与细砾岩	13.0m
9. 灰白色、浅黄色粉砂质泥岩、泥质粉砂岩	6.3m
8. 黄色中细砂岩夹细砾岩	14.0m
7. 灰绿色泥岩，底部为厚1.5m的细砾岩	8.3m
6. 灰白色粉砂岩、灰色泥岩、泥质粉砂岩夹薄层细砾岩	7.3m
5. 褐黄色、灰白色粗砂岩与细砾岩	5.6m
4. 灰白色与褐黄色细砾岩夹粉砂岩、粗砂岩	18.4m
3. 褐黄色细砂岩夹粗砂岩	14.5m
2. 灰白色粉砂岩、细砂岩夹细砾岩	6.7m
1. 紫红色、土黄色粗砾岩、细砾岩与含砾粗砂岩	>66m

四、宾县凹陷北缘宾县鸟河乡白石采石坊上白垩统青山口组剖面

剖面出露于宾县鸟河乡松花江沿岸的白石采石坊—白石粮库带（图3-50），沿松花江岸边连续出露。岩层产状近水平，126°∠16°。剖面地层侧向延伸稳定，可沿标志层连续追索，从下至上岩性变化较小，岩性以灰绿色泥岩为主，底部为深灰色泥岩，富含介形虫化石，夹数层介形虫灰岩层、白云岩结核层以及黄铁矿结核层（图3-52中P4）。层位为青山口组一段上部（图3-53）。

图3-53 鸟河剖面青山口组野外照片（据荆夏，2011）

青山口组（未见顶）：

7. 灰绿色泥岩   5m
6. 褐黄色介形虫灰岩层   0.45m
5. 灰绿色泥岩，含介形虫，夹2～3层介形虫灰岩层，下部有1层断续成层分布的白云岩结核   15m
4. 浅灰绿色泥岩，上部为1层厚约10cm的黄铁矿层（已褐铁矿化）   10m
3. 土黄色泥灰岩，单层厚15～20cm，夹3～5层薄层介形虫灰岩   10m
2. 灰绿色泥页岩，含介形虫化石，夹3～5层断续成层分布的白云岩结核，含4～5层草莓状黄铁矿（已褐铁矿化）结核   15m
1. 深灰色泥岩，见介形虫化石及鱼化石碎片   11m

该剖面的孢粉化石组合为 *Pinuspollenites-Cyathidites*。该组合特征为：裸子植物花粉占绝对优势，其次是蕨类植物孢子，未见被子植物花粉。其中蕨类植物孢子仅见 *Cyathidites*、*Lygodiumsporites* 两属；裸子植物花粉中主要是松科花粉，以 *Pinuspollenites* 含量最高，平均为37.7%，其次为 *Piceaepollenites*、*Cedripite*、*Podocarpidites*、*Abiespollenotes*、*Abietineaepollenites* 等。推测青山口组一段沉积期的气候面貌为半湿润的亚热带气候，植被景观以针叶林为主，含少量的常绿阔叶林。本剖面的孢粉组合属于东北温暖中生代孢粉植物区，序列上属于晚白垩世初期孢粉植物群。

该剖面介形化石丰富，以 *Triangulicypris torsuosus* 为主，占据产出介形虫数量的95%以上。个别层位可见 *Cypridea* aff.*adumbrata*、*Triangulicypris uniformis*、*Triangulicypris similis*、*Triangulicypris fusiformis*、*Triangulicypris symmetrica*、*Triangulicypris fertilis*。按松辽盆地介形类化石组合序列划分，该剖面生物属于 *Triangulicypris torsuosus-Triangulicypris torsuosus* var. *nota* 化石带。该带特征即化石种属少，以壳体光滑的 *Triangulicypris torsuosus* 为绝对优势

种。从已知松辽盆地生物地层资料来看，该组合带位于青山口组一段，生物地层单位分布稳定，在全盆地均可对比。与其他区域不同的是，在该区产出数层侧向延伸稳定的介壳灰岩层；介壳灰岩层上下层位出现白云岩结核以及黄铁矿结核。

介形类生物对沉积环境的变化反应敏感，通过对介形类分异度、丰度、壳体形态、纹饰的研究，识别出了乌河剖面沉积时期发生的3个阶段环境变化。

第一阶段以介形类 Triangulicypris torsuosus 的迅速繁盛和消失为特征，代表了可能的湖侵过程。从化石保存情况来看，Triangulicypris torsuosus 壳体保存较好，壳体呈黄白—白色，壳面无磨损。壳体内多为亮晶方解石充填。介形虫壳体单双瓣比值低（约为0.67），双瓣壳明显高于单瓣壳。同时壳体大小不同，种群年龄结构较平均。介形壳体应该属于原地埋藏，未遭受显著水动力搬运。黄铁矿结核薄层可能代表了一次快速的湖侵，湖侵使湖平面快速上升并导致了湖底滞流缺氧以及介形类的绝灭。

第二阶段从介形类古生态来看，与第一阶段差异不大，反映了缺氧事件之后湖泊逐渐稳定，介形类生态群落逐渐恢复。这一阶段总体表现为介形类丰度相对稳定，以数次小的波动为特征。这些波动大致与岩性的细微变化吻合，可能反映了在相对稳定时期湖平面的周期性波动。

第三阶段以介形虫层和含白云岩结核层及含黄铁矿结核的灰绿色泥岩层的交替出现为特征。介形虫灰岩层厚度均不大，一般在数厘米（5~8cm）。化石组成均为 Triangulicypris torsuosus。不同介壳灰岩层之间有区别，主要体现在化石保存状况、介形虫种群年龄结构（化石中不同大小的介形虫壳体组成）、壳体中充填物以及基质的不同。中部介形虫灰岩层中 Triangulicypris torsuosus 丰度>200000个/100g，远远大于其他任何层位。介形虫保存完好，表现为壳体几乎全部为双瓣壳保存，壳体的单双瓣比值低（约为0.01）。同时，不同壳体大小的介形类均存在，介形类年龄分配较均衡，表明了静水环境沉积。不同壳体为次生的亮晶方解石胶结，未见黏土质杂基，暗示了该介形虫层可能是短期迅速堆积埋藏的结果。大量介形虫的堆积，从一个侧面反映了这一时期较高的古湖泊生产力。下部介形虫层也为 Triangulicypris torsuosus。丰度也较高，>30000个/100g，但化石保存很差，壳体几乎全呈单瓣壳保存（单双瓣比值很高，约为210），且大多数壳体破碎，很难见到完整保存的介形。这与中部单双瓣比值仅为0.01形成巨大反差。从介形类壳体大小组成来看，幼体较少，多为较大个体的介形。基质为泥质。综合判断，该层介形虫壳体所处环境具有一定水动力条件，水流作用使得拥有不同质量和形态的成体、幼体分离。水流作用也使得壳体破碎，黏土杂质充填至壳体中。

通过以上3个阶段的描述，认为松辽盆地东部宾县地区青山口组一段上部沉积时期，湖泊水体较浅，属于浅湖或浅湖中水体较深处，介形类生物繁盛；同时，由于水动力条件周期性变化，为介形类的高生产率、高死亡率以及集中埋藏提供了条件，形成了数层介形虫灰岩层。这一时期，湖水咸化形成半咸水。松辽盆地在青山口组沉积时期，从全盆地范围来看，生物属种数量迅速增加，形成了以大量区域性地方种为特色的松花江生物群。然而，仅就青山口组一段来看，情况则显然不同。以青山口组一段中上部的介形类 Triangulicypris torsuosus-Triangulicypris torsuosus var.nota 化石带为例，该带特征即化石个体繁盛，种属少，以壳体光滑的 Triangulicypris torsuosus 为绝对优势种，这一特征在乌河剖面也表现相同。究其原因，这与青山口一段发生的广泛湖侵是有关的。反复波动的湖泊水平面使得水体盐度、水体动能、湖泊底层水体含氧量等影响底栖生态群落发展的环境因素也发生波动，从而导致不能适应环境变化的属种及个体难以存活，而那些具有普适性、能够在不同水体条件下生活的类型却能够保存下来并繁盛，形成了单一的属种结构。

乌河剖面地层为青山口组一段上部，李家坨子剖面地层为青山口组一段顶部到二段中部，哈达山剖面地层为青山口组二、三段。由此可知这3个剖面构成了几乎连续的地层序列，基本涵盖了整个青山口组沉积期。因此其孢粉化石所反映的古气候记录也可认为是连续的。

综合上述各个剖面的孢粉化石组合所反映的古气候记录，可以得到整个青山口组沉积期的古气候变化情况：青山口组一段上部沉积期，气候温暖潮湿，发生了大规模的湖泊水平面上升（湖侵）；至青山口组二段下部沉积期，气候开始变干变热，至中部沉积期时呈现炎热干燥的气候状态；到青山口组三段沉积期时，气候进一步变得炎热干旱。

五、宾县凹陷北缘宾县乌河乡红石砬子—乌河屯上白垩统青山口组—姚家组剖面

剖面出露于宾县乌河乡松花江沿岸的红石砬子—乌河屯一带（图3-50），沿松花江沿岸连续分布。剖面走向44°，岩层产状224°∠38°。岩性从灰绿色泥岩渐变过渡为紫红色泥岩，含介形虫化石和粉砂岩结核（图3-52中P5、图3-54）。

图3-54 红石砬子青山口组野外照片（据荆夏，2011）

姚家组（未见顶）：
10. 黄绿色灰质泥岩，中部夹砖红色灰质泥岩和灰质粉砂岩，底部夹1层扁豆状泥灰岩 27.3m
9. 棕红色、紫红色泥岩 65.3m
8. 棕红色泥岩和浅棕红色灰质泥岩，下部夹2层薄层状灰绿色粉砂岩结核层 16.2m
7. 棕红色、紫红色泥岩互层，含灰绿色粉砂岩结核 135.6m
---------------------------------- 整　　合 ----------------------------------

青山口组：
6. 紫红色、灰绿色泥岩互层夹薄层灰白色粉砂岩和介形虫灰岩条带，泥岩中含介形虫化石 1.5m
5. 黄色、黄绿色、灰色薄层状泥岩夹黄色泥灰岩结核层，含介形虫、叶肢介化石 11.6m
4. 灰白色薄层状粉砂岩 1.1m
3. 灰绿色泥岩、页岩，含黄绿色粉砂岩结核和介形虫、叶肢介化石 12.4m
2. 灰色、棕色夹紫色粉砂质泥岩，含介形虫化石 13.5m
1. 灰绿色、黄绿色夹灰色泥岩、页岩，含介形虫化石 35.4m

该剖面以氧化红层的出现为特征，反映了浅湖至滨湖相的沉积环境。剖面见有叶肢介、腹足类以及轮藻类化石。其中，叶肢介共 3 属：*Nenestheria* sp.、*Cratostracus* sp.、*Dic-tyestheia* sp.，富集成层；介形类共 3 属 11 个种，分别是女星介属（*Cypridea*）：*Cypridea nota*、*Cypridea gibbosa*、*Cypridea dekhoinensis*、*Cypridea tuberculata*、*Cypridea* sp.，三角星介属（*Triangulicypris*）：*Triangulicypris torsuosus*、*Triangulicypris fertilis*、*Triangulicypris symmetrica*、*Triangulicypris torsuosus* var.*nota*、*Triangulicypris virgata*，狼星介属（*Lycopter-ocypris*）：*Lycopterocypris pyriformis*。该剖面主要以 *Triangulicypris torsuosus* 繁盛为特征。该剖面的另一大特征为壳体带瘤介形虫的广泛出现。

青二、三段沉积时期，代表典型淡水生物的叶肢介 *Nenestheria* sp.、*Cratostracus* sp.、*Dictyestheia* sp. 大量繁盛，并堆积成层，伴随轮藻和腹足类的出现，表明沉积环境为水体较浅、水动力条件低、盐度较低、水质清澈的湖泊沼泽相沉积，同时水体中富含有机质，在沼泽湖泊的底层水动力微弱，细菌还原作用活跃。

姚家组沉积时期，化石保存普遍较差，暗示了浅湖或滨湖沉积环境下较强的水动力条件。由于宾县凹陷地处松辽湖盆边缘，在松辽湖盆水退时期，这一地区水体可能急剧变浅，成为滨浅湖环境。水体变浅使得水体中氧含量增加并导致湖底沉积物氧化，则可能是宾县地区在姚家组沉积时期出现大套红色泥岩的原因。

六、宾县凹陷北缘宾县糖坊镇马家粮库—二大聚子上白垩统青山口组—姚家组剖面

剖面出露于宾县糖坊镇马家粮库—二大聚子松花江沿岸（图 3-50），岩性从灰绿色泥岩渐变过渡为紫红色泥岩，含介形虫化石和粉砂岩结核（图 3-52 中 P6）。

姚家组（未见顶）：

13. 棕红色厚层状泥岩	3.6m
12. 紫红色泥岩，底部为黄绿色粉砂质泥岩	5.6m
11. 棕红色厚层状泥岩，上部夹灰白色泥灰岩结核	8.0m
10. 灰绿色薄层状泥岩，沿层理面发育介形虫化石	2.8m
9. 紫红色泥岩夹浅黄绿色泥岩和条带状粉砂质泥岩	15.5m
8. 灰白色粉砂质泥岩夹浅紫色泥岩	2.7m
7. 上部为棕红色泥岩，下部为黄绿色泥岩夹泥灰岩结核层	6.6m
6. 紫红色泥岩夹灰绿色薄层状泥岩，含介形虫化石	20.6m

------------------------------ 整　　合 ------------------------------

青山口组：

5. 灰绿色泥岩，含介形虫化石	9.4m
4. 上部为灰紫色泥岩，下部为灰绿色薄层状泥岩	3.3m
3. 浅灰绿色泥岩，含钙质结核与介形虫化石	22.7m
2. 浅灰绿色薄层状泥岩、粉砂质钙质介形虫泥岩与泥岩互层，沿层面有铁质结核分布	52.9m
1. 浅黄色泥岩、灰绿色钙质介形虫泥岩与泥岩互层	158.3m

实习路线二　绥化海伦市海南乡小徐家围子嫩江组剖面

该剖面位于黑龙江省海伦市海南乡小徐家围子，剖面长度约为628.0m，岩层总厚度为51.83m，出露岩层共划分为5层，地质时代属晚白垩世嫩江组沉积期。底部岩性为灰白色粉砂岩，中上部岩性为页岩、粉砂岩和泥岩（图3-55）。整个剖面地层组成一个由水进到水退的完整沉积旋回（图3-56）。

（a）岩层内的小型交错层理　　（b）露头全貌

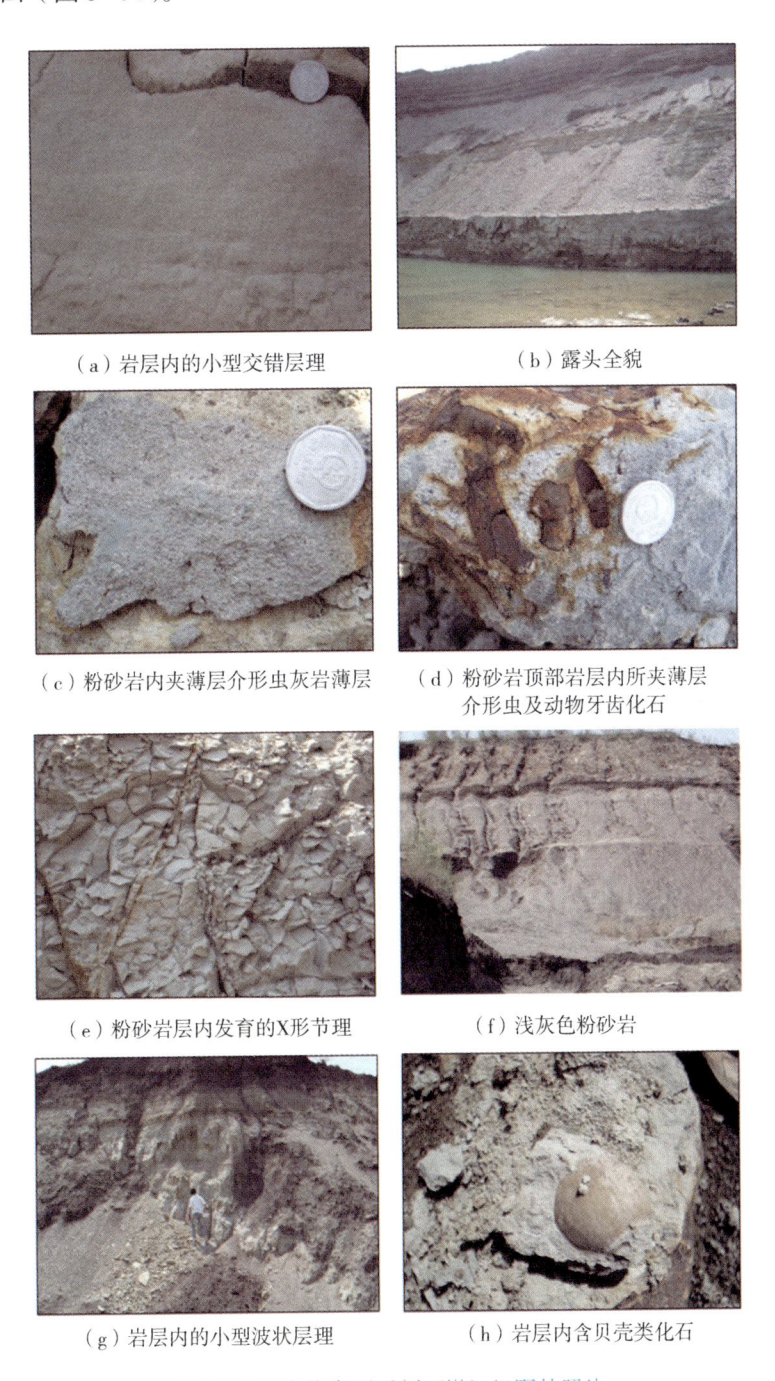

（c）粉砂岩内夹薄层介形虫灰岩薄层　　（d）粉砂岩顶部岩层内所夹薄层介形虫及动物牙齿化石

（e）粉砂岩层内发育的X形节理　　（f）浅灰色粉砂岩

（g）岩层内的小型波状层理　　（h）岩层内含贝壳类化石

图3-55　小徐家围子剖面嫩江组野外照片

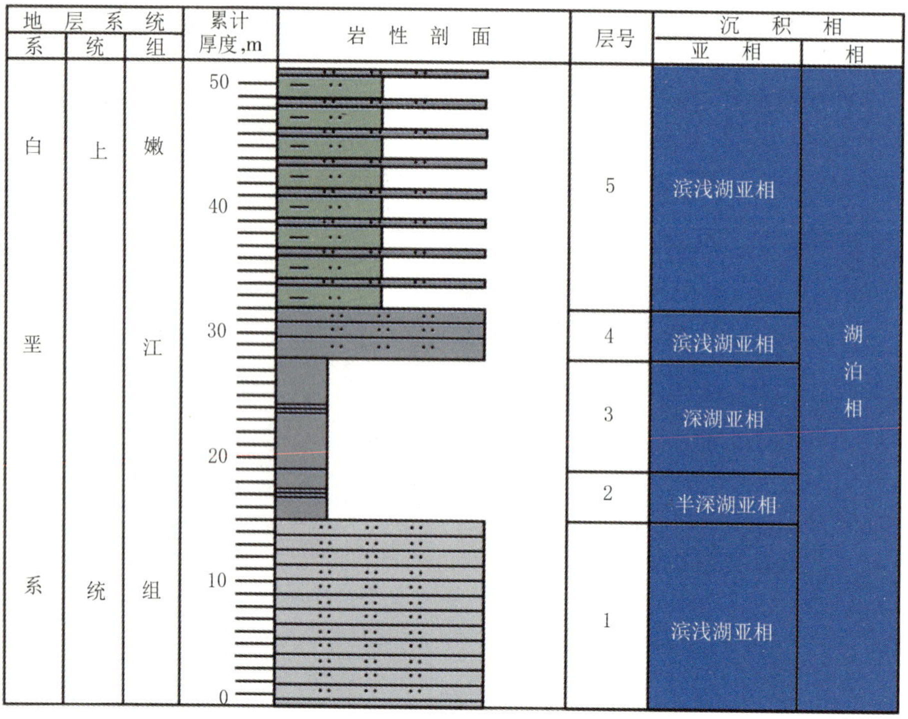

图 3-56　黑龙江省绥化海伦市小徐家围子嫩江组地层柱状图

剖面岩性描述如下：

5. 浅灰绿色粉砂质泥岩与浅灰色粉砂岩互层，粉砂质泥岩主要成分为黏土，含量约占 65%，其次为石英、长石，二者含量约占 35%，粉砂泥质结构，中层构造；粉砂岩主要成分为石英、长石，二者含量分别为 55%、35%，泥质胶结，粉砂结构，中层构造，显水平层理。岩层见平行层理及小型波状层理，波长约 15cm，波高 2~3cm，岩层内偶见有贝壳类化石，岩层产状为 345°∠2.5°，沉积相类型属滨浅湖亚相　　　　　　　　　　　　　　　19.79m

4. 浅灰色粉砂岩，主要成分为石英、长石，二者含量分别占 55%、35%，粉砂结构，块状构造。层内见水平层理。岩层局部强风化，节理发育，常见灰白色方解石脉充填裂缝，而且延伸远。沉积相类型属滨浅湖亚相　　　　　　　　　　　　　　　　　　　　　4.03m

3. 深灰色页岩，岩石风化面呈褐色、紫色，新鲜面为深灰色，主要成分为黏土，泥质结构，页理发育，岩层显水平层理。岩石中含叶肢介化石。沉积环境应为半深湖和深湖亚相还原环境　　　　　　　　　　　　　　　　　　　　　　　　　　　　　　　　　8.97m

2. 灰色页岩，岩石风化面呈褐色，新鲜面为深灰色，主要成分为黏土，泥质结构，页理发育。岩石中含叶肢介，岩层显水平层理。由此推断沉积相类型为半深湖和深湖亚相　4.01m

1. 浅灰色、灰白色粉砂岩，主要成分为石英、长石，约占 95%，钙质胶结，粉砂结构，块状构造。岩层底部见大型波状层理，岩层内见小型交错层理，顶部见小型波状层理。层内夹薄层介形虫灰岩，顶部的薄层介形虫灰岩中见大量动物化石，岩石节理发育，沉积环境属滨浅湖亚相　　　　　　　　　　　　　　　　　　　　　　　　　　　　　　15.03m

以上特征显示为浅湖亚相沉积。

实习路线三 绥化市望奎县前头村—幺屯村四方台组剖面

该剖面位于绥化市四方台镇前头村—幺屯村，总体方位为16.3°，全长596.80m。地层构造总体呈一个缓背斜的褶皱形态，其中以北翼出露地层较全，出露厚度85.37m，共划分为12层；南翼出露厚度50.13m，划分为4层。岩性以褐红色、紫红色及杂色含粉砂泥岩、浅绿色粉砂质泥岩，褐红色、灰绿色泥岩和黄色中砂岩以及黄色含砾中砂为主，属河流相沉积。

南翼地层共划分为4层，各层岩性描述如下（图3-57）：

4. 灰色粉砂质泥岩与黄色、黑色泥岩互层，主要成分为黏土，含量约占70%，其次为石英和长石，二者含量约占20%，单层厚度约8cm，黑色泥岩中见植物立生根　　　　　　　　11.86m

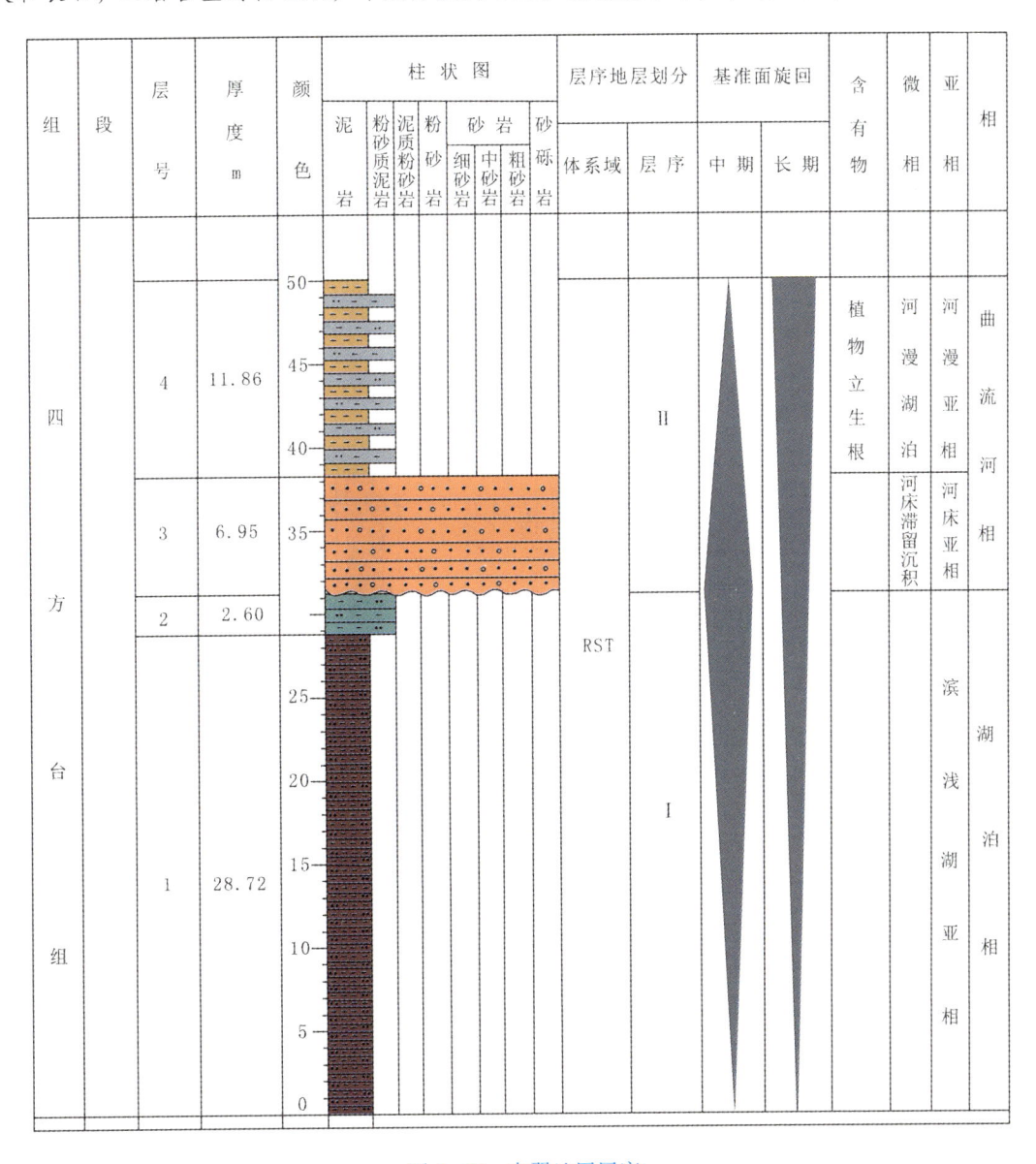

图3-57 南翼地层层序

3. 黄色含砾粗砂岩，主要成分为石英，含量约占55%，其次为长石，含量约占30%，其中又以斜长石为主。层内见砾石和泥砾呈薄层分布，含量约占15%。岩层产状为245°∠14°　　　　　　　　　　　　　　　　　　　　　　　　　　　　　　　　6.95m

2. 浅绿色粉砂质泥岩，主要成分为黏土，含量约占65%，其次为石英，约占27%，长石含量约占8%，粉砂泥质结构，块状构造，岩层产状为251°∠13°　　　　2.60m

1. 褐红色含粉砂泥岩，主要成分为黏土，含量约占75%，石英含量约占20%，长石含量约占5%，含粉砂泥质结构，呈块状构造，可见少量结核，结核粒径一般为3mm×2.5mm，还可见泥裂　　　　　　　　　　　　　　　　　　　　　　　　28.72m

北翼地层共划分为12层，各层岩性描述如下（图3-58）：

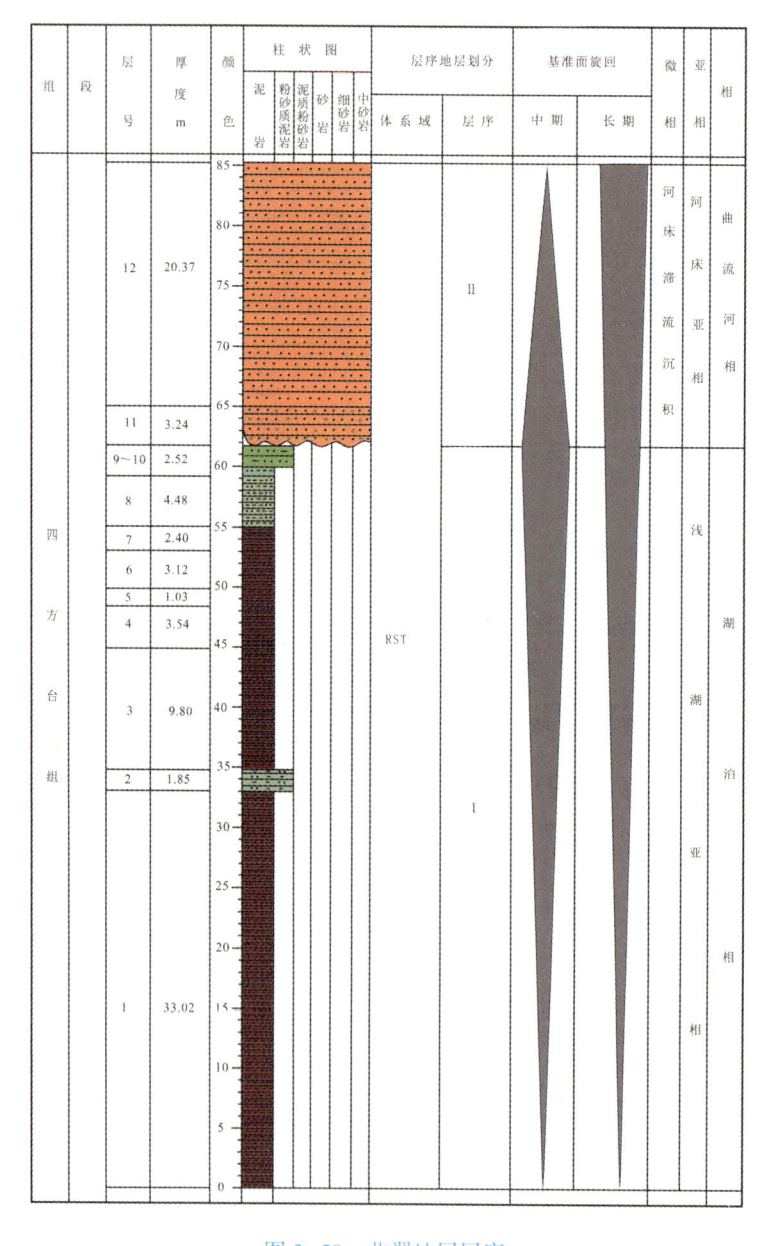

图3-58　北翼地层层序

12. 黄色中砂岩，主要成分为石英，含量约占65%，长石含量约占35%，颗粒分选中等，呈次棱角状，中粒结构，块状构造，内见不明显的交错层理，底部含少量小砾石，垂向上由下至上颗粒变细，岩层产状为77°∠15°   20.37m

11. 黄色含砾粗砂岩，主要成分为石英，含量约占55%，其次为长石，含量约为15%，砾石含量约占10%，黏土含量约占15%。砾石主要为泥砾（内碎屑），陆源碎屑较少且砾石分布不均，主要集中在岩层底部，上部砾石较少，偶见泥砾集块（6cm×10cm），岩层底部砾石呈薄层分布，砾石长轴定向排列，略具叠瓦状构造。泥质胶结，粗粒结构，块状构造。颗粒分选中等，多呈次棱角状，层内可见斜层理。岩层产状为77°∠15°   3.24m

10. 绿色泥质粉砂岩，主要成分为石英，含量约占55%，长石含量约占10%，黏土含量约占35%，泥质粉砂结构，厚层状构造，岩层产状为78°∠17°   1.70m

9. 浅灰绿色含粉砂泥岩，局部夹杂紫色，岩石主要成分为黏土，含量约占75%，其次为石英，含量约占15%，长石含量约占10%，含粉砂泥质结构，厚层状构造，岩层产状为78°∠17°   0.82m

8. 黄绿色粉砂质泥岩，主要成分为黏土，含量约占70%，其次为石英，含量约为20%，长石含量约为10%，粉砂泥质结构，块状构造，岩层产状为77°∠18°   4.48m

7. 褐红色泥岩，主要成分为黏土，泥质结构，块状构造，层内常见灰白色钙质结核，岩层产状为77°∠18°   2.40m

6. 褐红色含粉砂泥岩，主要成分为黏土，含量约占70%，其次为石英，含量约为25%，长石约占5%，含粉砂泥质结构，块状构造，层内可见零星钙质结核，岩层产状为79°∠17°   3.12m

5. 褐红色泥岩，主要成分为黏土，泥质结构，厚层状构造，岩层产状为77°∠16°   1.03m

4. 褐红色含粉砂泥岩，主要成分为黏土，含量约占80%，其次为石英，含量约占15%，长石含量约占5%，含粉砂泥质结构，块状构造，岩层产状为77°∠18°   3.54m

3. 紫红色含粉砂泥岩，主要成分为黏土，含量约占80%，其次为石英，含量约占15%，长石含量约占5%，含粉砂黏土结构，块状构造，层内可见零星的浅绿色钙质结核，呈斑状分布，岩层产状为77°∠18°   9.80m

2. 浅绿色粉砂质泥岩，主要成分为黏土，含量约占60%，其次为石英，含量约占30%，长石含量约占10%，粉砂泥质结构，块状构造层内夹杂两薄层浅绿色含泥粉砂岩层（厚度约5cm），层中可见浅绿色钙质结核，结核粒径一般为3mm×2.5mm，还可见泥裂。岩层产状为34°∠12°   1.85m

1. 褐红色含粉砂泥岩，主要成分为黏土，含量约占75%，石英含量约占20%，长石含量约占5%，含粉砂泥质结构，呈块状构造，层内可见零星钙质结核   33.02m

据区域地质资料显示，本区四方台组—明水组为盆地发育至萎缩时期产物，地球化学环境以氧化条件为主，沉积颜色表现为以红色与杂色砂泥岩为主，沉积相类型为浅湖、浅滩及河流相。该剖面四方台组底部和中部的沉积相类型属湖泊相滨浅湖亚相，随着盆地东部的持续抬升，顶部转为曲流河相。

第四章
松辽盆地外围实习路线描述及教学内容

第一节　松辽盆地外围辽宁省境内
　　　　实习路线描述及教学内容

实习路线一　鞍山市东南花岗—绿岩带

鞍山地区的太古宙地质体出露于鞍山市东南，主要是一套花岗—绿岩带组合，整体为一个短轴背斜或穹窿，按分布模式可以将鞍山花岗—绿岩带分为三个部分：核部的铁架山杂岩体、背斜翼部的绿岩带以及绿岩带外围的太古宙花岗岩岩体（图4-1）。

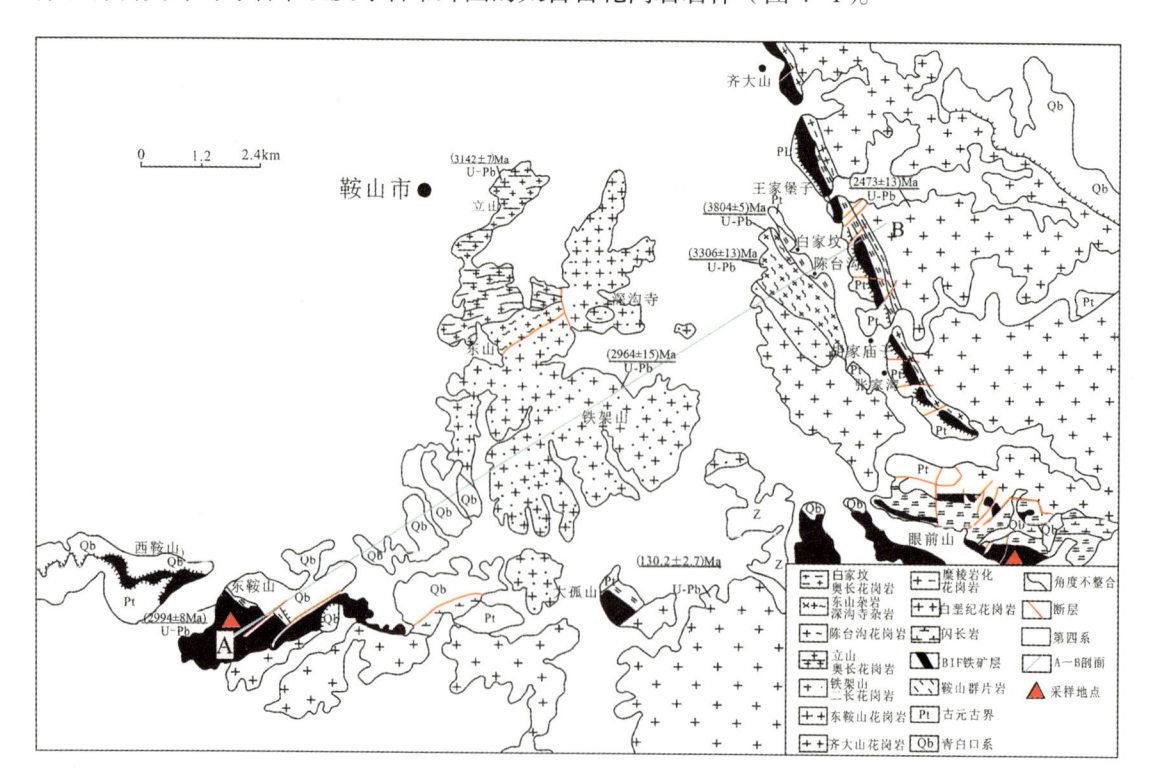

图4-1　鞍山地区地质简图（据朱凯等，2016）

-120-

铁架山杂岩体是位于铁架山穹窿核部年龄>2.5Ga太古宙花岗质岩体的统称，主要包括白家坟奥长花岗岩、东山杂岩、陈台沟花岗岩、立山奥长花岗岩、铁架山二长花岗岩等。在铁架山杂岩体东缘，杂岩体与绿岩带可见直接接触关系，两者界线走向330°～340°；与南侧的绿岩带之间被青白口系钓鱼台组沉积岩覆盖，露头上未见杂岩体与绿岩带直接接触；西侧和北侧被第四系覆盖。

绿岩带分布于铁架山杂岩东侧和南侧，属于鞍山群樱桃园组，含有条带状磁铁石英岩（BIF）。根据最近几年对绿岩带的年代学研究，绿岩带主体的形成时代基本已经可以确定在25.5亿年左右。但是也有少量的古老绿岩被保留下来，比如陈台沟中还残余少量年龄不小于3.35Ga的表壳岩，大孤山矿区的主体也是形成于25.5亿年左右，但是最近有31亿年的绿岩残留体被发现。位于杂岩体东侧的是齐大山—张家湾绿岩带和陈台沟绿岩带，两者平行排列，陈台沟绿岩带与铁架山杂岩直接接触，齐大山—张家湾绿岩带则在陈台沟绿岩带的东侧。陈台沟绿岩带总体走向约330°，延伸不长，仅在白家坟至陈台沟一带附近有出露，再往南被第四系覆盖或者被25亿年的齐大山花岗岩侵入破坏。齐大山—张家湾绿岩带走向大致为330°，具有较好的连续性。杂岩体南侧的西鞍山—眼前山绿岩带断续分布，整体走向近东西。最新的研究表明，鞍山地区的两条绿岩带构造样式可能并不是之前认为的单斜构造，而是向斜构造，因此，花岗岩与绿岩带之间的关系见剖面A—B（图4-2），剖面位置见图4-1。

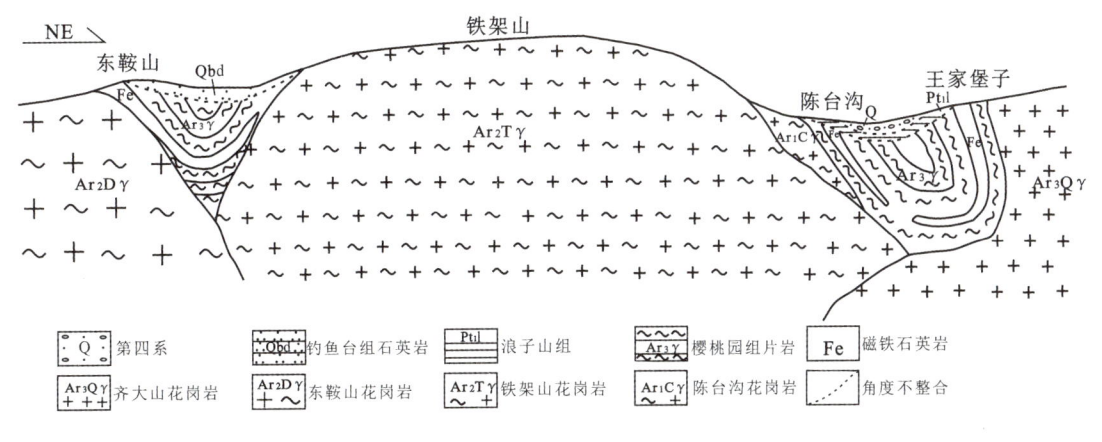

图4-2 东鞍山—王家堡子（剖面A—B）花岗—绿岩带分布模式示意图
（据朱凯等，2016）

绿岩带外围岩体：齐大山—张家湾绿岩带的东侧是3.0Ga的铁架山二长花岗岩和2.5Ga的齐大山花岗岩，铁架山二长花岗岩一直延伸到弓长岭地区附近，而齐大山花岗岩是鞍山—本溪地区出露最广的太古宙花岗岩。西鞍山—眼前山绿岩带的南侧为东鞍山花岗岩。东鞍山花岗岩从西鞍山一直延伸到眼前山附近，东鞍山花岗岩南侧被千山花岗岩侵入。走向NNW的绿岩带东侧是齐大山花岗岩。绿岩带与齐大山花岗岩之间最初的接触关系为侵入接触，但是后期的构造将它们的侵入接触关系改造为构造接触，尤其是鞍山地区顺着绿岩带与花岗岩接触界线发育两条韧性剪切带。在胡家庙子铁矿可以清楚地观察到绿岩带与齐大山花岗岩之间存在韧性剪切带和花岗岩糜棱岩化后形成的糜棱岩，但是在齐大山矿区内部和弓长岭矿区内部保留有较好的侵入接触关系露头。

区内沿着绿岩带发育两条大的韧性剪切带，分别是齐大山—张家湾韧性剪切带和西鞍山—眼前山韧性剪切带。韧性剪切带同时也是绿岩带与太古宙花岗岩之间的界线，剪切带附近的花岗岩和绿岩都发生强糜棱岩化。区内还存在一系列延伸不远的脆性断层，主要发育在铁矿之中，大多走向主要是北东—南西向，部分走向近南北（眼前山铁矿附近）和近东西（胡家庙子铁矿以南张家湾附近）。断层切割BIF铁矿层以及铁矿之上的盖层，走向与铁矿走向近垂直，使铁矿层发生位移。断层切割青白口系钓鱼台组这一点，表明断层的形成晚于钓鱼台组（图4-1）。断层性质为略带逆冲的走滑断层。

鞍山—本溪地区的太古宙花岗岩与绿岩带共同构成该地区的太古宙基底，其中绿岩带以相对零散的带状围绕在更古老的花岗岩周围，或者成包体状产出于25亿年的齐大山花岗岩之中（图4-3）。

图4-3 鞍山—本溪地区微陆核分布图（据朱凯等，2016）

鞍山—本溪地区的穹窿规模较小。东鞍山花岗岩与铁架山花岗岩的界线在西鞍山—大孤山一带，由于有绿岩带和后期盖层的存在，接触关系不可见，而弓长岭片麻状花岗岩如今只有少量的残留体出露在齐大山花岗岩之中，岩体的主体和界线已被破坏殆尽。

鞍山—本溪地区在绿岩形成之前存在大量3.8~2.5Ga的地质记录。其中年龄≥3.0Ga的有3.8~3.3Ga的白家坟杂岩、3.8~3.3Ga的东山杂岩、3.8~3.0Ga的深沟寺杂岩、3.3Ga的陈台沟杂岩、3.1Ga的立山奥长花岗岩、3.0Ga的东鞍山花岗岩、3.0Ga的铁架山二长花岗岩、3.0Ga的弓长岭片麻状花岗岩。这些TTG（奥长花岗岩、英云闪长岩、花岗闪长岩）及钾质花岗岩的存在说明鞍山—本溪地区在3.0Ga左右已经存在较成熟的陆壳。在2.55Ga左右，陆块发生裂解，几个小的陆壳碎片从原来的大陆分离出来，小型洋盆之内喷发有大量的中基性火山岩，这些火山岩覆盖在陆块碎片之上。小型洋盆的发展史较短，在裂张开来之后不久又重新闭合，闭合的时间大致为 2545Ma±16Ma。闭合后变质表壳岩与陆块碎片共同构成穹窿构造。穹窿核部为老于绿岩带的陆壳碎片（老的花岗岩），翼部则由绿岩带组成。挤压力使表壳岩发生变形变质，同时使表壳岩与东鞍山花岗岩面附近形成韧性剪切带。虽然鞍山—本溪地区的太古宙花岗岩穹窿被后期岩浆强烈破坏，尤其是核部老的花岗岩，有些只有少量的残余，但是穹窿翼部的绿岩带保存相对较好，现在还可以见到连续的或断续的露头成带状分布，将这些绿岩带连接起来，可以形成一个较完整的"环"，"环"内的范围就是穹窿核部的花岗岩的大致范围。绿岩带中的 BIF 具有较高的磁异常，因此现如今的磁异常带的分布范围和形态，大致相当于绿岩带的分布范围和形态。根据磁异常分布规律，结合区域地表地质特征，鞍山—本溪地区大致可以识别出三个穹窿构造，分别是铁架山穹窿、东鞍山穹窿和弓长岭穹窿（图 4-3）。三个穹窿之间的绿岩带基本都是细长的带状，褶皱样式以紧闭同斜褶皱为主，穹窿群范围之外的张台子、歪头山—北台、南芬等地区变质表壳岩的出露形态则主要是相对较宽带状或面状，其褶皱样式也是以相对宽缓的向斜为主。根据穹窿长轴走向，推测出小型洋盆受到大致为 NE—SW 向挤压力才发生闭合。万渝生等（2001）认为，鞍山地区不同时代、不同成因的太古宙花岗岩空间上共存是该区长期地质演化的结果，而不是后期构造作用把它们拼合到一起的。三个穹窿之间狭长的海盆也暗示这三个穹窿原本可能是一个整体，只是受到后期构造作用发生裂解，并在裂解形成的海盆中沉积了一套火山—沉积建造，裂解拉分的距离可能并不远。

东鞍山花岗岩、铁架山二长花岗岩和弓长岭片麻状花岗岩最初应该是在一个陆块之上，在 25.5 亿年左右这个块体裂解成三个子陆块，子陆块之间存在古老的小型海盆，小型洋盆闭合时间大致为 2545Ma±16Ma。

鞍本地区存在大量 3.8～2.5Ga TTG 及钾质花岗岩的地质记录，说明鞍本地区在 3.0Ga 左右已经存在较成熟的陆壳。2.6～2.5Ga 是华北克拉通 BIF 形成的高峰期，包括鞍山—本溪、冀东、固阳、五台、舞阳以及鲁西等地的 BIF 就形成于这一时代。彭澎和翟明国（2002）以及万渝生等（2012）对华北克拉通绿岩带的年龄数据统计结果显示，绿岩的成岩高峰期主要在 2550～2500Ma。在大约 2.60Ga 前，可能是西部洋壳俯冲导致东部陆块边缘形成岛弧及弧后盆地体系，2.60～2.53Ga 为弧后扩张阶段，岩浆活动主要在岛弧附近和弧后盆地中，岛弧附近形成 CAB（钙碱质玄武岩）、IAT（岛弧拉斑玄武岩）、MORB（洋中脊玄武岩）、TTG 和安山岩（其中包含弧前的标志高镁安山岩）的岩石组合，而弧后盆地主要是 IAT 和 MORB 的岩石组合，其中约 2.55Ga 前为弧后盆地成岩高峰期（图 4-4）。

大量的基性火山岩形成于弧后盆地之中，覆盖在陆壳碎片之上，同时伴随有大量的热液活动，形成一套硅铁建造。由于靠近火山弧和古陆核的绿岩带可以接受更多的风化剥蚀物，所以岩性组成中沉积岩所占比例要大于远离火山弧和古陆核的绿岩（鞍山地区的樱桃园岩组属于靠近火山弧的绿岩带，南芬地区樱桃园岩组可能属于靠近古陆核的绿岩带），而靠近扩展中心则有更多的火山活动，形成的岩组中基性火山岩更多（以弓长岭和歪头山的茨沟岩组为代表）。

图 4-4 绿岩带形成模式图（据朱凯等，2016）

实习路线二　本溪市牛毛岭、田师傅早—中石炭世本溪组剖面

一、本溪市牛毛岭剖面

辽宁本溪市西约 5km 的新洞沟与蚂蚁村沟间的牛毛岭剖面（图 4-5）是石炭系本溪组的命名剖面，东距本溪湖公园 1km，呈近东西走向，由赵亚曾于 1926 年创建。剖面层序清楚，岩性变化明显，化石丰富，较完整地记录了华北地区距今 3.11 亿～3.06 亿年的地球演变和地质发展历史。

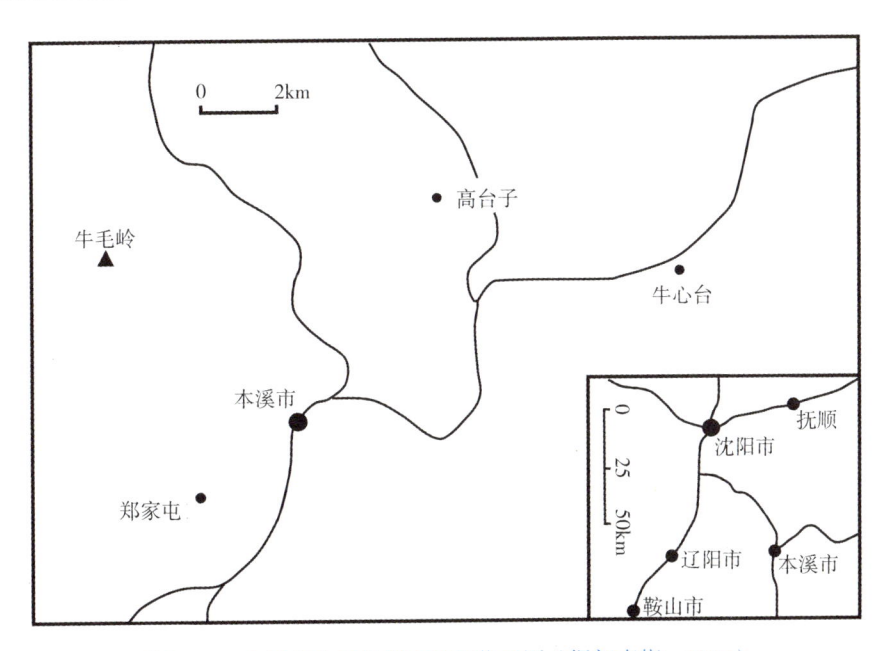

图 4-5　本溪组牛毛岭剖面地理位置图（据郎嘉彬，2007）

该剖面晚石炭世的地层层序连续，富含动植物化石，在区域对比中具有较强的代表性，一直受到国内外地质学家和古生物学家的关注。

本组平行不整合覆于奥陶系马家沟组之上，底部不整合面上的风化壳为铁质粉砂岩，局部形成山西式铁矿；其上与太原组呈整合接触关系。本组主要由页岩、砂岩夹薄层状或透镜体状的海相灰岩组成，夹薄煤层。该剖面地层连续，顶底界限清晰，化石丰富，是本溪组的层型剖面。地层总体产状为 255°∠20°。本组上部共发育 5 层石灰岩层（自下而上）——下蚂蚁灰岩、上蚂蚁灰岩、小峪灰岩、本溪灰岩和牛毛岭灰岩，均为薄层状的透镜体，深灰色至黑色，多含泥质，总厚度约 168.7m（图 4-6）。其地层层序如下：

上覆地层：太原组

37. 灰色薄层含铁质小孔长石石英砂岩　　　　　　　　　　　　　　　　　　12.7m

---------------------------------------整　合---------------------------------------

本溪组：

36. 灰色粉砂质泥岩及页岩　　　　　　　　　　　　　　　　　　　　　　　2.7m

35. 灰色块状结晶灰岩（牛毛岭灰岩），含牙形刺 *Idiognathodus taiyuanensis*、*I.delicates*、*I.magnificus* 等，单体珊瑚 *Cyathocarinia* sp.，䗴类 *Fusulina cylindrical*（Fischer）、*F.schwagerinoides*

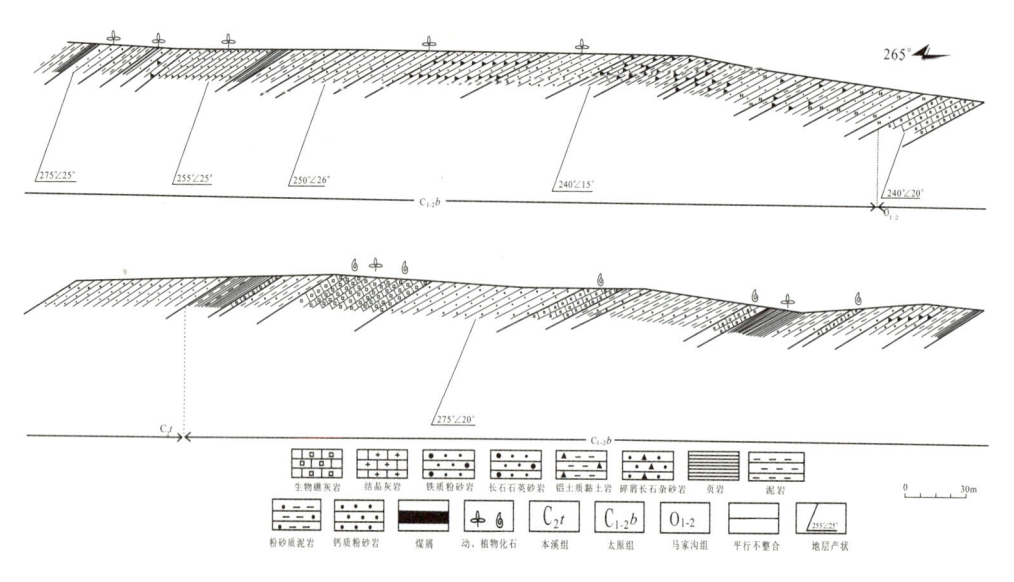

图 4-6　辽宁本溪牛毛岭石炭纪本溪组地层剖面（据郎嘉彬，2007）

Depret、*F.quasicylindrica* Lee、*Protriticites rarus* Sheng、*Fusiella subtilis* Sheng，以及腕足类 *Phricodothyris* sp.、*Dictyoclostus* sp. 等　　　　　　　　　　　　　　　　　　　　　　　0.7m

34. 浅灰色薄层粉砂岩、粉砂质泥岩，顶部发育厚 10cm 的煤层　　　　　　　　　　4.4m

33. 灰色块状生物碎屑、生物礁灰岩（本溪灰岩），含大量化石，有牙形刺 *Hindeodus minutus*、*Idiognathodus acutus*、*I.antiquus*、*I.claviformis*、*I.magnificus*、*I.shanxiensis*、*I.taiyuanensis*、*I.tersus*、*Neognathodus inaequalis*、*Iranognathodus* sp. 等，珊瑚 *Arachnastraea manchurica* Yabe et Hayasaka、*A. kaipingensis*（Graubau）、*Cystophorastraea molli* Dobolyubova、*C.niumaolingensis* Wu et Lin、*Benxiphyllum manchuricum*（Yabe et Hayasaka）、*B.bacilliforme* Wu et Lin、*B.temecolumnarum* Wu et Lin、*Protoivanovia mayicunensis* Wu et Lin、*P. shanchengziensis* Wu et Lin、*Multithecopora penchiensis* Yoh、*M.yohi*，蜓类 *Fusulina konnoi*（Ozawa）、*F.pankouensis*（Lee）、*Fusulinella texa* Sheng、*F.obesa* Sheng、*Ozawainella* sp.、*Schubertella abseura* Lee et Chen，腕足类 *Choristites* sp.、*Echinoconchus* sp.、*Phricodothyris* sp.、*Martinia* sp. 等　　　　　　　　　　　　　　　　　　　　　　　　　　　　　10.2m

32. 灰褐色中薄层中细粒含铁质小孔长石石英砂岩　　　　　　　　　　　　　　15.2m

31. 灰色、灰黑色中层—块状生物碎屑结晶灰岩，中上部夹薄层灰岩（小峪灰岩），化石丰富，包括牙形刺 *Hindeodus minutus*、*Idiognathodus acutus*、*I.antiquus*、*I.benxiensis*、*I.claviformis*、*I.delicates*、*I.humerus*、*I.magnificus*、*I.shanxiensis*、*I.taiyuanensis*、*Neognathodus roundyi* 等，珊瑚 *Arachnastraea manchurica* Yabe et Hayasaka、*Benxiphyllum manchuricum*（Yabe et Hayasaka）、*Cystophorastraea intermedia* Wu et Lin、*Ivanovia mirabilis* Wu et Lin、*I.intermedia* Wu et Lin、*Protoivanovia shanchengziensis pluriseptata* Wu et Lin，蜓类 *Pseudostaffella sphaeroidea*（Moller）、*Ozawainella angulata*（Colani）、*Fusulina konnoi*（Ozawa）、*F.pankouensis* Lee、*Taitzehoella taitzehoensis* Sheng，腕足类 *Dictyoclostus* sp.、*Choristites* sp.、*Martinia* sp. 和 *Phricodothyris* sp. 等　　　　　　　　　　　　　　　　　3.4m

30. 下部为黄绿色薄层钙质、粉砂质泥岩，中部为浅灰白色薄层铝土质粉砂岩，上部为灰色薄层含碳质粉砂岩　　　　　　　　　　　　　　　　　　　　　　　　　　1.5m

29. 土黄色中厚层钙质粉砂岩　　　　　　　　　　　　　　　　　　　　0.9m

28. 浅灰色、灰绿色薄层钙质、粉砂质泥岩　　　　　　　　　　　　　　10.9m

27. 浅灰色薄层砂屑、生物碎屑灰岩、灰黑色中层状结晶灰岩夹黄绿色薄层粉砂质、钙质泥岩（上蚂蚁灰岩），产牙形刺 *Hindeodella delicatula*、*Idiognathodus delicates*、*I.shanxiensis* 等，腕足类 *Choristites mosquensis*? Fischer、*Dielasma* sp.、*Stenoscisma* sp.、*Elivia* sp.、*Chonetes* sp. 和 *Margifera* sp. 等；蜓科 *Fusulinella bocki* Moller、*Fusulina lonceolata* Lee et Chen，小型单体珊瑚 *Stereolasma grande* Fomichev，三叶虫 *Phillipsia* sp.　　　　　　　　2.2m

26. 黄绿色钙质、粉砂质泥岩夹碳质页岩　　　　　　　　　　　　　　　9.4m

25. 灰色中厚层生物碎屑结晶灰岩夹黄绿色薄层泥岩（下蚂蚁灰岩），产牙形刺 *Hindeodella delicatula*、*Idiognathodus antiquus*、*I.delicates*、*I.magnificus*、*Streptognathodus parvus* 等，珊瑚 *Arachnastraea manchurica* Yabe et Hayasaka、*A.kaipingensis*（Graubau）、*Benxiphyllum manchuricum*（Yabe et Hayasaka）、*B.temecolumnarum* Wu et Lin、*Cystophorastraea niumaolingensis* Wu et Lin，*C.intermedia* Wu et Lin，*Protoivanovia shanchengziensis pluriseptata* Wu et Lin，蜓类 *Pseudostaffella ozwai*（Lee et Chen）、*Fusulina Schellwieni*（Staff）、*F.mayiensis* Sheng、*Schubertella lata* Lee et Chen、*Fusulinella pseudobocki* Lee et Chen，腕足类 *Choristites* sp.、*Dialasma* sp.、*Dictyoclostus* sp.、*Purdonella* sp.、*Phricodothyris* sp.、*Echinoconchus* sp.、*Marginifera* sp.、*Buxtonia* sp.、*Elivia* sp.　　　　　　　　　　　　　1.3m

24. 土黄色薄层粉砂岩、粉砂质泥岩夹碳质页岩　　　　　　　　　　　　3.9m

23. 风化面为土黄色、新鲜面为灰白色的块状中细粒岩屑长石砂岩　　　　4.9m

22. 下部为灰黑色页岩，上部为黄绿色泥岩　　　　　　　　　　　　　　4.5m

21. 灰绿色、黄绿色中薄层长石石英砂岩　　　　　　　　　　　　　　　4.5m

20. 浅灰白色铝土质页岩　　　　　　　　　　　　　　　　　　　　　　2.9m

19. 灰绿色薄层中细粒长石石英砂岩夹碳质页岩及煤线（薄煤层）　　　　2.4m

18. 浅灰白色薄层铝土质黏土岩　　　　　　　　　　　　　　　　　　　2.4m

17. 土黄色中薄层中细粒长石石英砂岩夹薄层泥质粉砂岩　　　　　　　　6.2m

16. 灰绿色薄层粉砂质页岩、泥岩夹细砂岩　　　　　　　　　　　　　　6.6m

15. 灰白色薄层铝质黏土岩（F层）　　　　　　　　　　　　　　　　　　5.3m

14. 灰白色厚层—块状中细粒铝土质长石石英砂岩　　　　　　　　　　　2.7m

13. 杂色薄层铁质、铝土质粉砂岩含灰黑色铝土质结核　　　　　　　　　6.5m

12. 浅灰黄色中薄层细粒砂岩　　　　　　　　　　　　　　　　　　　　5.5m

11. 土黄色块状中粗粒岩屑长石杂砂岩　　　　　　　　　　　　　　　　12.2m

10. 浅灰黄色中薄层中—粗粒长石石英砂岩含大量铁质结核、植物茎干化石　　3.9m

9. 土黄色中细粒中层—块状长石石英砂岩与杂色薄层铁、铝质粉砂岩构成2个韵律旋回　　　　　　　　　　　　　　　　　　　　　　　　　　　　　　　　　3.5m

8. 灰白色、灰黑色铝土质黏土岩　　　　　　　　　　　　　　　　　　　8.1m

7. 浅灰黄色中细粒中薄层长石石英砂岩　　　　　　　　　　　　　　　　1.3m

6. 杂色铁质粉砂岩、页岩夹铝土质团块　　　　　　　　　　　　　　　　4.0m

5. 青灰色铝土质黏土岩、页岩（G层铝土质页岩）　　　　　　　　　　　1.7m

4. 杂色铁质、铝土质粉砂岩、黏土岩及页岩　　　　　　　　　　　　5.1m
　　3. 紫色薄层铁质粉砂岩　　　　　　　　　　　　　　　　　　　　6.1m
　　2. 土黄色、黄褐色铁质粉砂岩（古风化壳）　　　　　　　　　　　1.4m
--平行不整合--
下伏地层：奥陶系马家沟组
　　1. 风化面为土黄色、新鲜面为浅灰色或灰色的中薄—中厚层细晶灰岩　　6.1m

二、本溪满族自治县田师傅早—中石炭世剖面

　　剖面位于本溪满族自治县田师傅煤矿北 2km 处孔家堡子村附近。近年来，在桓仁县木盂子、本溪满族自治县田师傅、本溪市牛心台和高台子等地原本溪组底部陆续发现了早—石炭世晚期植物化石，并据此将这一地区的原本溪组重新划分为木盂子组（早石炭世晚期）、田师傅组（中石炭世早期）和狭义的本溪组（中石炭世晚期），本溪县田师傅剖面出露最全。
　　该剖面层序如下：
　　上覆地层：太原组中粗粒黄色薄层砂岩
--整　　合--
本溪组：　　　　　　　　　　　　　　　　　　　　　　　　　　　　73.77m
　　29. 灰黑色灰岩　　　　　　　　　　　　　　　　　　　　　　　0.44m
　　28. 灰黄色薄层细砂岩，含植物化石碎屑　　　　　　　　　　　　2.18m
　　27. 灰色薄层灰岩，含腕足类化石 *Choristites mosquensis*（Fischer）、*Ch.paichingiensis* Ozaki　　　　　　　　　　　　　　　　　　　　　　　　　　　　　　2.40m
　　26. 黄色细砂岩　　　　　　　　　　　　　　　　　　　　　　　2.66m
　　25. 深灰色厚层灰岩，含腕足类化 *Choristites* sp.　　　　　　　　0.87m
　　24. 灰黄色薄层细砂岩　　　　　　　　　　　　　　　　　　　　13.09m
　　23. 灰黑色厚层致密块状灰岩，含腕足类 *Choristites* sp. 蟓 *Fusulina* sp. 及珊瑚化石等
　　　　　　　　　　　　　　　　　　　　　　　　　　　　　　　0.97m
　　22. 土黄色块状粉砂岩，含植物化石碎屑　　　　　　　　　　　　24.31m
　　21. 紫色薄层粉砂质页岩，下部为杂色粉砂岩　　　　　　　　　　6.15m
　　20. 杂色中粗粒块状砂岩、细砂岩，上部为杂色块状泥岩　　　　　2.30m
　　19. 灰黑色细砂岩　　　　　　　　　　　　　　　　　　　　　　7.27m
　　18. 紫红色薄层泥岩，向上过渡为紫色薄层粉砂质页岩　　　　　　9.05m
　　17. 灰白色厚层致密块状灰岩，含腕足类 *Choristites* sp.、及蟓 *Profusulinella wangyui* Sheng 等　　　　　　　　　　　　　　　　　　　　　　　　　　　　　2.08m
--整　　合--
田师傅组：　　　　　　　　　　　　　　　　　　　　　　　　　　　92.08m
　　16. 紫红色薄层粉砂质页岩，产植物化石 *Lepidodendron* sp. 等　　12.92m
　　15. 杂色中细粒薄层砂岩　　　　　　　　　　　　　　　　　　　5.01m
　　14. 紫色薄层粉砂质页岩，顶部为紫红色泥岩，产腕足类、蟓、双壳类化石。腕足类有 *Schizophoria resupinata*（Mart.）等；蟓有 *Eostaffella subsolana* Sheng、*Profusulinella ovata* Rauser

等；双壳类有 *Palaeoneilo anthraconeiloides*（Chao）等   10.02m
   13. 灰黄色中层细砂岩   2.01m
   12. 紫色薄层粉砂质页岩夹一层紫红色泥岩，产腕足类、双壳类及鹦鹉螺、海百合茎化石   8.15m
   11. 紫色粉砂岩、泥岩与灰黄色细砂岩互层，底部为薄层灰白色粉砂岩。泥岩中产丰富的腕足类、双壳类及鹦鹉螺、海百合茎化石   1.90m
   10. 杂色薄层粉砂岩   16.01m
   9. 紫色含铝土质薄层细砂岩   33.10m
   8. 青灰色薄层状粉砂质页岩夹一薄层黑色碳质页岩   1.89m
   7. 紫色含铝土质块状粉砂岩   1.79m

------------------------------ 整　　合 ------------------------------

木盂子组：   14.47m
   6. 青灰色薄层铝土质页岩，泥质成分较多，向上过渡为青灰色块状铝土质岩，易风化成碎块   8.30m
   5. 黑色薄层碳质泥页岩，表面光滑细腻，产植物化石 *Neuropteris gigantea* Sternberg   0.20m
   4. 黑色块状致密铝土质岩，产孢粉化石，铝土质岩表面含植物茎干化石   2.22m
   3. 青灰色块状致密铝土质岩，产孢粉化石   0.54m
   2. 青灰色砂质泥岩，向上逐渐过渡为粉砂质页岩和碳质页岩，底部为一层0.5m的细砂岩。泥岩中产丰富的植物化石及孢粉化石 *Sublepidodendron mirabile*（Nathorst）Hirmer 等   2.22m
   1. 青灰色铝土质岩，底部为含铁质结核砂岩，产植物化石 *Neuropteris gigantea* Sternberg   0.99m

------------------------------ 平行不整合 ------------------------------

下伏地层：下奥陶统上马家沟组灰黑色致密块状灰岩

从上述地层剖面可以看出，各岩石地层单位岩石组合和生物组合特征为：

木盂子组底部为紫色铁质泥岩和青灰色铝土质岩，向上过渡为粉砂质泥岩，其中含有丰富的植物化石和孢粉化石。

田师傅组主要为紫色粉砂岩、粉砂质页岩和紫红色泥岩，夹灰黄色细砂岩。泥岩中产丰富的腕足类化石，此外还有海百合茎、双壳类、鹦鹉螺化石及少量植物化石碎片。

本溪组主要为黄色、杂色中粗粒和中细粒石英砂岩、粉砂岩、泥岩夹灰黑色、灰白色石灰岩。石灰岩中产丰富的蜓、珊瑚和腕足类化石，粉砂岩中含有一些植物化石碎片。

本剖面中出现的碎屑岩主要为细粒石英砂岩，少量为中粒和微粒石英砂岩，粒径主要为（1～4）$\varPhi$（即2～0.0625mm）。碎屑成分主要为石英，含量一般高达90%以上，分选性较好，磨圆度中等偏差，并有极少量的斜长石和绿泥石、云母等。胶结物为硅质、铁质和黏土质，胶结类型为孔隙式胶结，杂基为泥质，含量均小于10%。常见的层理为水平层理。

根据粒度统计以及累积曲线图和概率累积曲线，本剖面的碎屑物主要由跳跃组分和悬浮组分组成，粗粒的滚动组分极少，反映沉积区可能离物源区较远。从概率累积曲线图上可以看出，曲线斜率较大，反映分选较好。当前剖面的碎屑沉积物粒度小，属中、细砂级，标准偏差为 0.7614～1.3295 之间，根据弗雷德曼提出的关于标准偏差与沉积环境的关系，这些碎屑沉积物属河砂的变动范围。除第 13 层外，频率曲线呈单峰正偏态为主或不对称型正偏态，尾部有个平缓低峰，粒度分选较好至中等，反映了浪基面以下的陆棚环境或潮道环境。第 13 层碎屑物粒度平均仅为 0.0809mm，非常细，频率曲线为不对称型负偏态，概率曲线斜率小，粒度分选中等偏差，反映了潮道口环境。

本剖面中共有 5 层石灰岩，分布于狭义的本溪组，一般呈灰色，上部为灰黑色。镜下观察以泥晶方解石为主，其中含有丰富的蜒、珊瑚和腕足类等化石，此外还有较多的海相动物化石碎屑，构成了生物碎屑泥晶灰岩。除了生物碎屑外，碳酸盐岩还含有燧石条带，常见低角度双向交错层理、波状斜层理等潮间、潮下沉积标志，表明其形成于温暖潮湿的正常海环境。

木盂子组主要为青灰色砂质泥岩、铝土质岩和碳质泥页岩。底部的铁铝岩很薄，铁质岩和铝土质岩的 $w(B)$ 分别为 $51.0×10^{-6}$ 和 $59.0×10^{-6}$，$m_1=w(B)/w(Ga)$ 分别为 3.6 和 3.1，$m_2=w(Sr)/w(Ba)$ 分别为 0.84 和 0.81，$m_3=100×w(MgO)/w(Al_2O_3)$ 为 2.01 和 0.40，反映了淡水—微咸水环境。砂质泥岩中产丰富的植物化石和孢粉化石，$w(B)$ 为 $30.0×10^{-6}$，m_1 为 1.5，m_2 为 0.51，m_3 为 1.13，为淡水环境。黏土矿物几乎为高岭石，反映了温暖潮湿的气候环境。上述特征反映了木盂子组主要为滨岸沼泽环境。

田师傅组主要为紫色砂岩、粉砂岩、泥岩，夹灰白色粉砂岩，泥岩中含有丰富的腕足类、鹦鹉螺、双壳类、海百合茎等化石。腕足类、鹦鹉螺个体小，反映为盐度不正常的海水环境。从微量元素分析可知，$w(B)$ 平均为 $84.3×10^{-6}$，m_1 平均值为 3.3，m_2 平均值为 0.57，m_3 值平均为 6.25，反映了半咸水环境。黏土矿物组合为伊利石＋绿泥石＋高岭石，反映半封闭弱还原的潟湖环境。在本组的顶部紫色粉砂质页岩中还发现较多的植物化石碎屑，此层 $w(B)$ 为 $60.0×10^{-6}$，m_1 为 2.6，m_2 为 0.42，m_3 为 5.15，反映半咸水—微咸水环境。上述特征反映了田师傅组主要为潟湖环境。砂岩粒度分析表明，本组曾出现潮道口和潮道沉积。

本溪组主要为灰黄色砂岩、页岩夹生物碎屑泥晶灰岩，海相动物化石丰富，有蜒、珊瑚、腕足类和海百合茎等，表明主要为盐度正常的浅海环境。

综上所述，本溪田师傅地区早—中石炭世沉积环境具明显的纵向演替。早石炭世晚期，该地区主要为滨岸沼泽环境，气候温暖潮湿，植被繁盛；中石炭世早期，随着海水的侵入，该地区主要为海湾—潟湖环境，繁衍了海生的双壳类、腕足类、鹦鹉螺、海百合等动物；中石炭世晚期，海侵进一步加大，该地区繁衍了正常浅海的珊瑚、蜒和腕足类等动物。

实习路线三　清原花岗—绿岩带

辽北—吉南地区是我国典型的太古宙绿岩带出露区之一。绿岩带主要分布于辽北的清原地区和吉南的夹皮沟、板石沟和辉南地区，呈大小不等的长条状或不规则状分布在龙岗古陆核（高级区）的边缘（图 4-7）。

依据绿岩带表壳岩的地质地球化学特征、原岩建造及形成的古构造环境和成矿作用，将辽北—吉南地区出露的太古宙绿岩带划分为清原型绿岩带和夹皮沟型。清原型绿岩带包括清原和城洞两个绿岩带，其原岩建造由下部的镁铁质火山岩和上部的安山质火山岩、长英质火山岩和杂砂岩组成，显示出连续分异的火山岩组合特征；镁铁质火山岩、安山质—长英质火山岩、沉积岩之比约为 4.1∶3.2∶2.7；上述原岩组合及岩石化学成分的构造环境鉴别均指示，该类绿岩带形成的古构造环境为类似于现代岛弧的大陆边缘活动带；其中赋存有丰富的块状铜锌硫化物矿床，其次为铁矿和金矿。夹皮沟型绿岩带包括夹皮沟、板石沟和辉南 3 个绿岩带，其原岩由下部的镁铁质火山岩、少量长英质火山岩和上部的火山碎屑岩、碎屑沉积岩组成，火山岩的双峰态特点显著，显示相对分异火山岩组合特点；镁铁质火山岩、长英质火山岩、沉积岩之比约为 7.4∶1.0∶1.6；绿岩带的原岩组合及岩石化学成分的判别表明其形成的古构造环境为类似于现代大陆边缘裂谷或弧后盆地型火山—沉积盆地，其中赋存有丰富的金矿和铁矿，如夹皮沟金矿、老牛沟铁矿和板石沟铁矿等。

辽宁清原花岗—绿岩带（太古宙克拉通）地体凭借其沉积演化与矿床变质重就位的独特地质背景，构成了由辽北—吉南太古宙花岗—绿岩地体有关的成矿系列，如鞍山式铁矿、夹皮沟式金矿、红透山式块状硫化物（铜、锌、金）矿及赤柏松式铜镍矿床多金属矿集区（华北地台北缘东段Ⅱ级成矿带）。

清原花岗—绿岩区，为我国前寒武纪地壳重要发育区之一，是经国际前寒武纪地壳委员会主席温哥利先生首肯的中国最典型的花岗—绿岩区（1982 年）。该区北部以赤峰—开原断裂为界，南部与新元古—古生代的太子河—浑江拗拉槽相接，西部以依兰—伊通断裂为界，与下辽河中—新生代断陷带接壤，东部延至吉林夹皮沟花岗—绿岩区。北西部包容着中元古界泛河拗拉槽。花岗—绿岩区与上述构造单元之间呈断裂接触，绿岩带被花岗岩包围。浑河—辉发河深断裂贯穿全区（图 4-7）。

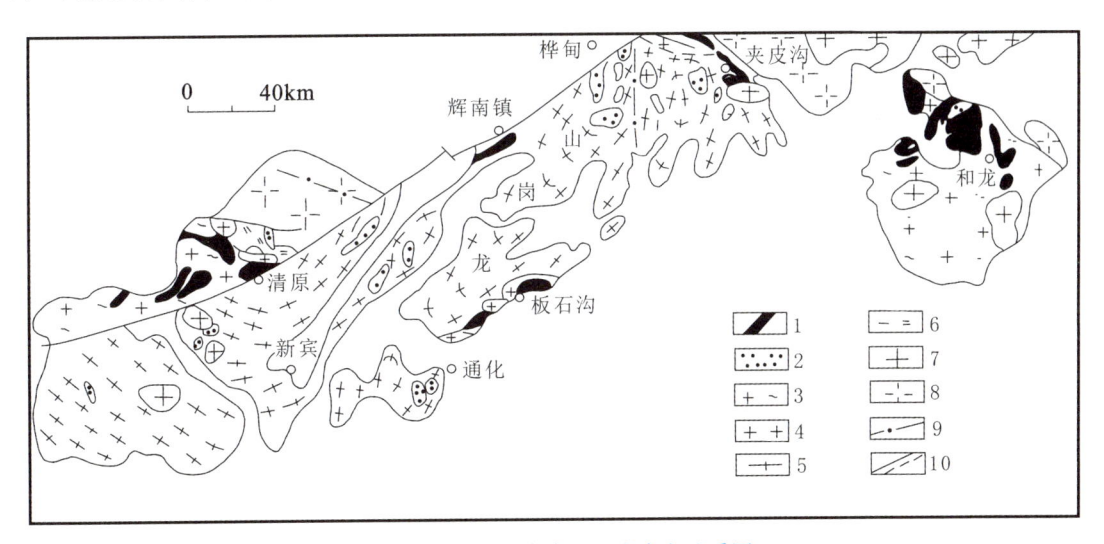

图 4-7　辽北—吉南地区太古宙地质图

1—新太古代绿岩带（清原群、夹皮沟群、和龙群）；2—中太古界高级区表壳岩（浑南群、龙岗群）；
3—新太古代钠质花岗岩；4—新太古代钾质花岗岩；5—中太古代钠质花岗岩；6—紫苏花岗岩；
7—燕山期花岗岩；8—海西期花岗岩；9—韧性剪切带；10—断层

区内太古宙地体分布有清原—龙岗、转相湖—线金厂两个高级变质—花岗穹窿区。围绕高级变质区分布有清原浑北、夹皮沟—金城洞、浑南 3 个花岗—绿岩区。

清原花岗—绿岩带的太古宙岩系主要由三类岩石组合构成：约 70%～80% 的 TTG 片麻岩、同构造花岗闪长岩和表壳岩。表壳岩是由超镁铁质至长英质火山岩和沉积组成。清原太古宙绿岩地层自下而上分为景家沟组、石棚子组、红透山组和南天门组，各组地层均呈不整合接触关系（图 4-8）。

群	组	段	层	岩性名称	建造名称	代号	柱状图	厚度 m	岩性特征及矿产
清原群	南天门组	南天门段	斗虎沟层	角闪斜长变粒岩		Arn^4	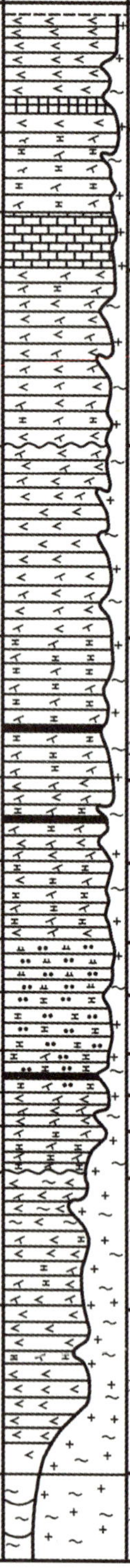	930	以斜长角闪变粒岩为主，夹黑云变粒岩、黑云斜长片麻岩、含铁石英岩。斜长角闪变粒岩、破碎带、含铁石英岩、变粒岩内含金
			龙王庙层	黑云斜长变粒岩 斜长角闪变粒岩		Arn^3		650	黑云斜长变粒岩、斜长角闪变粒岩、黑云变粒岩为主，夹斜长角闪变粒岩、电气石角闪片麻岩、蓝晶十字石石榴黑云石英片麻岩、鞍山式铁矿、含金变粒岩
			曾家顶层	大理岩		Arn^2		410	以大理岩为主，夹石英岩，局部角闪变粒岩、黑云变粒岩
			下甸子层	角闪斜长变粒岩		Arn^1		500~1270	以角闪斜长变粒岩为主，夹黑云变粒岩、斜长角闪变粒岩、角闪变粒岩、斜长角闪片麻岩
	红透山组	大荒沟段	上角闪层	厚层角闪斜长片麻岩、斜长角闪岩		Arh_3^2		300~3000	厚层角闪斜长片麻岩和斜长角闪岩
			大荒沟含矿岩层	黑云斜长片麻岩		Arh_3^1		400~2000	以黑云斜长片麻岩为主，夹黑云石英片麻岩、十字石、石榴子石直闪石黑云石英片麻岩、夕线石榴蓝晶黑云石英片麻岩、石榴十字石黑云绿泥石英片麻岩等薄层互层岩，铜锌矿
		红透山段	含矿岩层 上角闪层、薄层互层岩层、下角闪层			Arh_2^3		230~420	上、下均为斜长角闪片麻岩，中间为以黑云斜长片麻岩为主的薄层互层岩层。铜锌矿
			火药库层	黑云斜长片麻岩 黑云斜长变粒岩		Arh_2^2		100~584	黑云斜长片麻岩、黑云斜长变粒岩、黑云斜长角闪变粒岩及角闪斜长片麻岩、斜长角闪岩
			奶牛厂层	石榴直闪片麻岩		Arh_2^1		100~383	石榴直闪片麻岩、黑云角闪斜长片麻岩等
	树基沟组	樟木芽沟段	樟木芽沟层	黑云石英片麻岩		Arh_1^4		185~383	黑云石英片麻岩及夕线石英片麻岩等
			斜井层	石榴黑云斜长片麻岩		Arh_1^3		305	石榴黑云斜长片麻岩、黑云斜长变粒岩等，铜锌矿
			羊望鼻子层	角闪斜长变粒岩		Arh_1^2		273	角闪斜长片麻岩、黑云斜长变粒岩、斜长角闪片麻岩等
			鸡冠砬子层	黑云斜长片麻岩		Arh_1^1		283	上部为黑云斜长片麻岩，底部硅铝硅酸石盐结核，钙质混合花岗岩
	石棚子组	石棚子组二段	北苍石层	黑云角闪片麻岩 斜长角闪岩		Ars_2		7362	混合质黑云角闪斜长片麻岩、混合质角闪斜长片麻岩、黑云斜长片麻岩、含辉石角闪斜长变粒岩磁铁石英岩
		石棚子组一段		含辉石角闪变粒岩 斜长角闪岩		Ars_1		>6347	混合质含辉石黑云角闪斜长变粒岩、含辉石角闪变粒岩、含辉石斜长角闪岩、混合质黑云角闪变粒岩夹黑云角闪斜长片麻岩
	景家沟组			紫苏麻粒岩		Arj		>511	紫苏角闪黑云斜长麻粒岩、角闪二辉斜长麻粒岩、紫苏二长麻粒岩、黑云斜长麻粒岩，夹二辉斜长片麻岩、磁铁石英岩

图 4-8 清原区域地层柱状图（据于凤金，2006）

景家沟组主要分布在浑北景家沟线金厂一带、红透山北部等地，在浑南主要分布在小莱河傲家堡子、傲牛堡子罗卜坎沟一带，断续呈带状展布并与紫苏花岗岩伴生，出露面积有400km² 左右。岩性主要为紫苏角闪黑云斜长麻粒岩、角闪二辉斜长麻粒岩、紫苏二长麻粒岩、黑云斜长麻粒岩，夹二辉斜长角闪岩，厚度超过511m。麻粒岩往往呈延伸不长的层状或残留体，以孤岛状包含于紫苏花岗岩中，二者岩性极为相似，界线难以划定。本组原岩以拉斑玄武质超基性、基性火山岩为主，夹中酸性火山凝灰岩；变质相为麻粒岩相，并遭受强烈的混合岩化和花岗岩化作用。

石棚子组主要分布在浑南汤图至后安河一带，在浑北仅在混合花岗岩中作大小不等的残留体存在，分上下两个岩性段：一段为含辉石黑云角闪斜长片麻岩、透辉石角闪岩、含辉石斜长角闪岩、黑云角闪岩夹黑云角闪斜长片麻岩、磁铁石英岩，厚度超过6347m；二段以黑云角闪斜长片麻岩、角闪斜长片麻岩、角闪黑云斜长片麻岩、黑云斜长片麻岩、含辉石角闪斜长变粒岩磁铁石英岩为主，厚度约为7362m。石棚子组原岩主要为拉斑玄武质的超基性基性火山岩，夹中—酸性火山岩，上部具双峰式特征。

红透山组主要发育在浑北地区，其次在浑南通什村地区，分3段，自下而上依次为树基沟段、红透山段和大荒沟段，浑北地区以北苍石红透山顺山地一带出露地层较完整，见下部和中部两个岩段，上部岩段则主要出露在大荒沟地区。其中，树基沟段主要为黑云斜长片麻岩、黑云斜长变粒岩、角闪斜长岩、石榴黑云斜长片麻岩、黑云石英片麻岩及夕线石英片麻岩等，厚度>1046m；红透山段岩性主要为黑云斜长片麻岩、黑云斜长变粒岩、黑云角闪斜长变粒岩、斜长角闪片麻岩、斜长角闪岩，厚度>430m；大荒沟段岩性以黑云斜长片麻岩和斜长角闪岩为主，夹黑云石英片麻岩、十字石榴直闪黑云斜长片麻岩、夕线石植蓝晶黑云石英片麻岩、石榴十字绿泥石英片麻岩，厚度>700m。红透山组原岩为一套多旋回的拉斑玄武岩、玄武质安山岩、英安岩及少量流纹岩等碱性火山岩、火山沉积岩（夹正常沉积岩）组成。

南天门组主要出露于清原东部的斗虎沟—南天门—曾家顶子一带，少量出露于西部地区的顺山地一带。南天门组岩性以黑云斜长变粒岩、大理岩、斜长角闪变粒岩为主，夹黑云变粒岩、斜长角闪岩、角闪变粒岩、斜长角闪片麻岩、磁铁石英岩、电气石角闪片麻岩、蓝晶十字石榴黑云石英片麻岩、斜长角闪变粒岩、磁铁石英岩，厚度>2490m。南天门组原岩主要为火山沉积，含一定含量的正常沉积。

清原花岗—绿岩带主要经历了两个不同的构造发展阶段：（1）前寒武纪基底的形成及变质变形阶段；（2）显生宙时期地块活化阶段。在基底的形成、变质变形和后期的活化过程中形成了一系列金属矿产。

中生代晚三叠世，受古亚洲洋闭合的影响，在碰撞后的伸展阶段（231～217Ma），在清原地区侵入酸性—基性—超基性的双峰式侵入岩。伴随基性—超基性岩的产出，发育Cu、Ni矿化。早白垩世，受古太平洋俯冲的影响，在挤压向伸展转换的构造背景下，形成中温热液脉型金矿。在早白垩世末期，钾长花岗岩侵入，形成一系列与岩浆热液有关的矿化。

有人认为，前寒武纪基底形成及变质变形阶段，清原花岗—绿岩带经历了3期变质、变形作用和花岗岩浆活动。第一期变质、变形作用的同位素年龄相当于29亿年，形成紧密褶皱，岩浆作用表现为钠质花岗岩的底辟上侵；第二期变质—变形花岗岩浆活动，大致发生在25亿～29亿年，对原褶皱加强了改造，岩浆作用表现为钾质花岗岩上侵；第三期变质作用，相当于18亿年，主要表现为韧性剪切带内的退变质作用、脆性变形与岩浆活动。

也有人通过对清原地区表壳岩和花岗质岩石进行锆石 U-Pb 定年和地球化学分析，对形成的构造背景进行了探讨，建立了前寒武纪时期清原地区的地球动力学演化过程：约2550Ma，是清原地区基底大规模的生长阶段，大规模的 TTG 花岗岩形成于岛弧环境；而清原地区表壳岩形成于弧后盆地环境，是双峰式火山岩在海底喷发沉积的产物，火山喷发的间歇期形成了 VMS 铜锌矿、BIF 铁矿。约 2520Ma，板块碰撞使清原地区发生广泛的区域变质—构造热事件，表壳岩和花岗岩发生角闪岩相至麻粒岩相的变质和韧性变形作用，紫苏花岗岩、英云闪长岩—花岗闪长岩岩基侵入早期的花岗岩和绿岩带中。碰撞后的抬升阶段钾质花岗岩脉侵位。在区域变质变形过程中，形成了变质热液脉型金矿，并且 VMS 矿床、BIF 铁矿成矿物质发生再活化，局部富集。约 1850Ma，受清原地区东部"辽吉洋"的碰撞闭合的影响，清原地区表壳岩发生绿片岩相变质作用，并伴随大规模脆性断裂的形成。至中元古代时期，清原地区经历了较为强烈的伸展和镁铁质岩浆侵位事件，与 Columbia（Nuna）超大陆的裂解有关的辉绿岩脉（1256Ma）沿脆性断裂充填。

另有学者通过对清原地区中生代侵入体进行锆石 U-Pb 定年和地球化学分析以及 Lu-Hf 同位素测试，对岩浆源区性质及形成的构造背景进行探讨，建立中生代时期清原地区的地球动力学演化过程：中生代晚三叠世受古亚洲洋闭合的影响，在碰撞后的伸展阶段（231~217Ma），在清原地区侵入酸性—基性—超基性的双峰式侵入岩。伴随基性—超基性岩的产出，发育 Cu、Ni 矿化。早白垩世早期，受古太平洋俯冲的影响，在挤压与伸展的构造背景下，形成中温热液脉型金矿。并在早白垩世晚期，清原地区侵入钾长花岗岩，形成一系列与岩浆热液有关的 Cu、Au 矿化。

清原地区太古宙地质演化大致可划分为三期（图 4-9）。3000Ma 以前形成了由景家沟麻粒岩组成的本区最早的结晶基底，这个基底可能是龙岗古陆核的一部分。大约在 3000Ma 时古陆核边缘裂开，诱导滞留在地壳底部的早期地幔分异物质发生部分熔融并喷出地表，在裂谷盆地内形成了小莱河绿岩带。大约 2800~2600Ma 时古陆的漂移引起洋壳俯冲于一个岛弧之下，在岛弧和弧后盆地发育了广泛的钙碱性岩浆活动，构成了清原绿岩带。大约

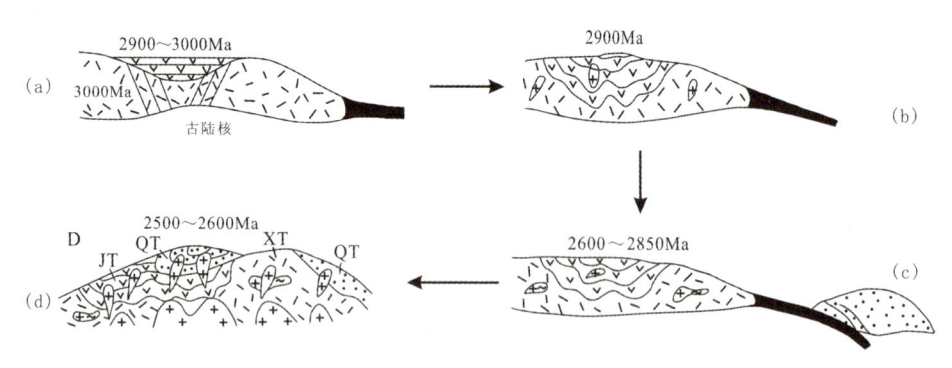

图 4-9 辽北清原地区太古宙地质演化及其对成矿的控制作用
（据于凤金，2006）

(a) 古陆边缘拉伸作用和裂谷火山作用，小莱河绿岩带形成；(b) 裂谷封闭，挤压造山，发生了变质作用和花岗岩浆侵入活动；(c) 洋壳俯冲，发生岛弧火山作用，清原绿岩带形成；(d) 弧—陆碰撞引起挤压造山作用，并伴随变质作用和花岗岩浆侵入作用，后期以抬升作用而告结束，XT—小莱河绿岩带；JT—景家沟麻粒岩区；QT—清原绿岩带

2600～2500Ma 时古洋盆封闭，清原岛弧与古陆发生了拼贴碰撞，绿岩带仰冲至古陆之上。岩石圈的加厚使大量的花岗质岩浆侵入地壳的不同深度。后期的剥蚀抬升使景家沟通麻粒岩—片麻岩区出露地表，形成了现今景家沟麻粒岩—片麻岩区作为清原花岗岩—绿岩带内的构造窗产出的样式。在弧—陆拼贴过程中，伴随挤压推覆和构造叠置，发生了广泛的变质作用，以及花岗质岩石的侵入活动。本区花岗质岩石系的单颗粒锆石 U-Pb 年龄集中在 2500～2600Ma 即为佐证。

实习路线四　宽甸火山群地质遗迹

宽甸地处营口—宽甸古隆起东部北缘，在距今 8～0.12Ma 间，火山多次喷发，留下了特殊的火山群地质遗迹。宽甸火山群的多期喷发，产生多种岩石组成的火山岩。火山岩中含有大量上地幔橄榄岩包裹体与丰富的巨晶矿物以及特殊的火山群地质地貌，具有追溯地质历史的重大科学研究价值和观赏价值。

宽甸火山群分布于宽甸县城北部、西部和南部，呈三面环绕之势。其中，黄椅山火山锥位于宽甸城西约 2km；青椅山火山锥位于城西偏北，直线距离为 12km；椅子山火山锥位于城西偏北，直线距离为 10.4km；大川头火山盾位于城北，直线距离为 9km；蒲石河玄武岩柱林位于城西蒲石河两岸；甬子沟玄武岩柱林位于城南偏西 8km。

宽甸火山群属辽宁东部火山活动带，是长白山—山东火山活动带的组成部分。宽甸火山群是一个裂陷式火山喷发带，向北东断续与长白山—延吉火山喷发带相连。宽甸火山群属中心式火山机构锥状火山，由火山碎屑岩构成的锥状体保存在时代较新、剥蚀较浅的现代火山喷发区。

宽甸火山群诸火山喷发形成于第四纪的更新统。辽宁东部低山丘陵区从中生代以来，受构造运动影响，属长期的间歇性上升地区，虽有几次相对稳定时期接受沉积，但久经侵蚀剥蚀作用。因此，火山群地貌原来继承的特征遭受了不同程度的破坏。按野外考察记录，以成因、形态、物质组成为依据，将火山地貌划为熔岩地貌（熔岩丘、倾斜熔岩台地）和火山锥地貌（破火山锥、熔岩锥）。

火山喷发物有熔岩、火山砾和火山渣、火山弹以及火山灰等。

根据火山活动过程所形成的岩石和产出部位，岩相可以分为爆发相、溢流相、火山通道相。

爆发相分布在火山口的四周，主要岩石类型为玄武火山角砾岩（常含火山弹）、含火山集块和火山角砾的凝灰岩，构成了火山锥的主体，是火山爆发后的早期产物。火山角砾岩很多，且有火山弹分布。据观察，区内火山角砾岩大小不一，最大的三轴长度是 1.4m、1.3m、0.8m，内有很多捕房体；最大火山弹的三轴长度是 0.5m、0.3m、0.2m。

溢流相形成于火山爆发之后，为碱性橄榄玄武岩的宁静溢流，由火山通道涌出后，冲破前期形成的火山锥体，并在决口处形成熔岩状台地。黄椅山的东南侧有一个由火山碎屑岩构成的扇状体。现在台地上均被人工林所覆盖，植物生长茂盛。

火山通道相指火山管道中所填充的各种火成岩。区内火山遭受剥蚀较轻，火山通道相岩石大多保存完好，充填岩石有熔岩和火山碎屑岩，前期火山喷发的管道充填物多被后期火山喷发所破坏，仅有一些残留部分。

黄椅山火山锥由熔岩及火山碎屑岩组成，为一复合火山，喷发顺序见图 4-10。

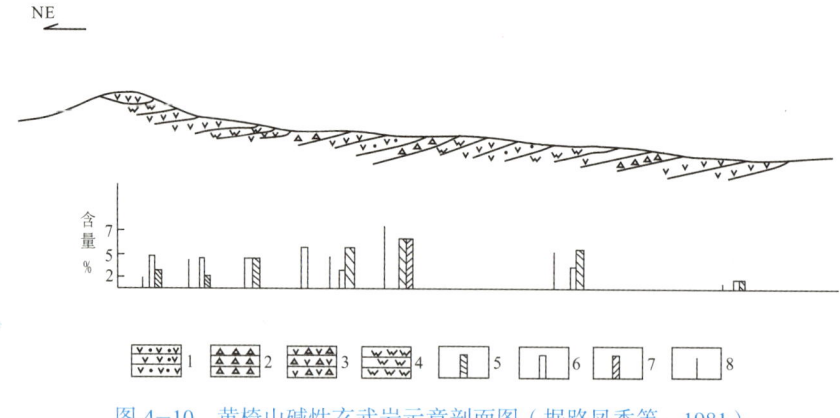

图 4-10　黄椅山碱性玄武岩示意剖面图（据路凤香等，1981）

1—熔岩及球颗状熔岩；2—火山集块岩及火山角砾岩；3—角砾熔岩；4—浮岩及熔渣状浮岩；
5—辉石巨晶含量；6—歪长石巨晶含量；7—石榴子石巨晶含量；8—包裹体含量

经研究认为：

（1）宽甸火山群是多期岩浆岩喷发形成的。火山喷发始于新近纪上新世，约8Ma。火山沿北东向的蒲石河断裂喷发，形成了区内最早一期（新近纪）火山岩（N_2^β）。经过休眠，到0.6Ma再喷发，形成了早更新世火山岩（Q_1^β），其喷发规模和强度都小于第一期。到0.36～0.27Ma之间为岩浆喷发的高峰期，有数十个火山口相继喷发，喷出的大量火山熔岩遍布宽甸盆地和青椅山盆地，形成了区内广泛分布的中更新世火山岩（Q_2^β）。直到约0.1Ma，火山喷发逐渐终止，形成了至今还屹立于地上的晚更新世火山锥（Q_3^β）。

（2）宽甸火山群火山岩由多种岩石组成。宽甸火山群主要由富碱的基性火山岩组成，属于碱性玄武岩系列。到晚期，火山岩的碱度降低，酸度增高，形成了橄榄拉斑玄武岩、安山玄武岩和安山岩，显示了由碱基性岩—基性岩—安山岩的演化系列。这个特点在其他火山岩区（如五大连池、镜泊湖和腾冲等地）是见不到的。

（3）宽甸火山群火山岩含有多量的上地幔橄榄岩包裹体。宽甸火山群的火山岩内含有丰富的来自上地幔的尖晶石二辉橄榄岩和方辉橄榄岩包裹体，特别是在火山群早期喷发的碧玄岩和碱性橄榄玄武岩内随处可见。在晚期喷发的橄榄拉斑玄武岩内还发现有非常稀少的上地幔分凝岩—石榴子石尖晶石二辉岩包裹体，它们都是本区玄武岩形成源区的岩石，代表了熔融玄武岩浆的难熔残体，由玄武岩浆从上地幔带到地球表面来的上地幔岩。

（4）宽甸火山群火山岩内含有丰富的巨晶（捕虏晶）矿物。经初步研究，宽甸火山群火山岩内已发现有较多的大矿物晶体，即巨晶或捕虏晶，如黑色油亮的普通辉石、棕褐色半透明的顽辉石、黄绿色透明的橄榄石、深红色—红色透明的镁铝榴石、蓝色和黄色透明的刚玉（蓝宝石）、无色透明的锆石、乳白色—无色透明的歪长石（月光石）、褐黑色的角闪石、棕色的金云母和八面体的磁铁矿等。它们都是在深部岩浆房内高温（1430～1390℃）高压（相当于地下70km的深度）条件下从玄武岩浆房内结晶的。

实习路线五　辽北开原构造混杂岩王小堡基性变质岩岩块

开原构造混杂岩带位于开原—延吉增生杂岩带的西段，出露在辽宁省开原市清河镇—八棵树镇一带，主要分布在沙河断裂以北，沿着清河断裂分布（图4-11）。

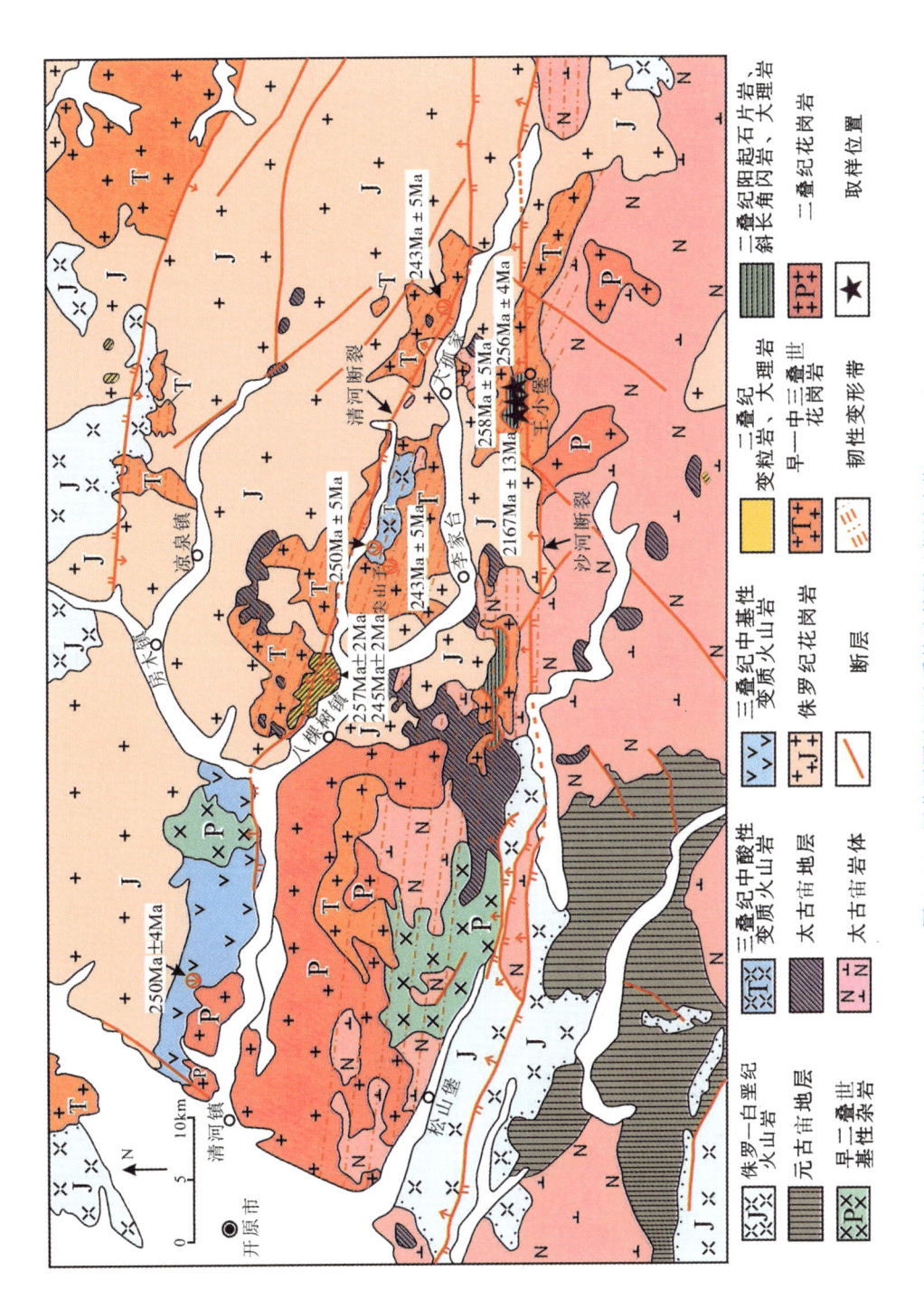

图4-11 辽北开原地区地质构造简图（据关庆彬，2018）

开原构造混杂岩是由不同时代、不同构造环境的岩石经历板块俯冲、碰撞造山等复杂过程以构造接触的方式拼贴在一起的，由大小不一、不同类型的"岩块"和"基质"组成。由于受到后期岩浆、构造强烈的改造作用，这些"岩块"和"基质"残存于三叠纪和侏罗纪花岗岩中，不连续分布（图4-11）。

（1）中太古代TTG片麻岩岩块：由黑云角闪斜长片麻岩、奥长花岗质片麻岩、英云闪长质片麻岩构成的一套岩石组合，分布于清河断裂以北的栾家街附近，出露面积极小，与一套大理岩、变粒岩被归入原"照北山岩组"中，呈"孤岛"状残存于侏罗纪花岗岩中。Liu等（2017）报道了黑云角闪斜长片麻岩的侵位年龄为2857Ma±27Ma，形成于中太古代，以"外来岩块"的形式混入到混杂岩中。

（2）新太古代岩块：包括新太古代表壳岩岩块和侵入岩岩块。沿着清河断裂南北两侧，残存着较多的新太古代表壳岩地层和侵入体，如图4-11所示。表壳岩主要为红透山岩组的斜长角闪岩、磁铁石英岩、黑云角闪变粒岩，侵入体主要为石英闪长岩、花岗闪长岩和英云闪长岩。这些岩块来自华北克拉通，受后期改造作用，以"外来岩块"的形式存在于构造混杂岩中。

（3）古元古代片岩岩块：由二云母片岩、绢云母片岩、绢云石英片岩构成的片岩组合，出露在沙河断裂北侧王小堡一带，与出露在一起的透闪石大理岩、阳起石片岩和斜长角闪岩一起被划入原"芦家堡子岩组"。野外观察发现，这套片岩与大理岩、阳起石片岩为断层接触，二云母片岩粒碎屑锆石年龄介于2167～2590Ma之间，形成于古元古代，属于"外来岩块"。

（4）二叠纪侵入岩岩块：主要为分布于清河镇南部的二叠纪花岗岩和基性—超基性杂岩体。基性—超基性杂岩体的岩性主要包括含橄榄石辉长岩、辉长岩和闪长岩类，被二叠纪花岗岩侵入，时代归属到早二叠世，目前还缺乏基性—超基性杂岩体的研究资料。

（5）二叠纪基性变质岩岩块：变质岩主要为钠长阳起石片岩及少量的斜长角闪岩，主要分布在沙河断裂以北的王小堡和芦家堡子附近，与大理岩、云母石英片岩、云母片岩彼此呈构造接触关系，被一起划分为元古宇"芦家堡子岩组"。SHIRMP锆石U-Pb测年结果显示，阳起石片岩和斜长角闪岩原岩形成于晚二叠世。

（6）大理岩岩块：分布于八棵树镇、芦家堡子、王小堡一带，在原"照北山岩组"和"芦家堡子岩组"中均有分布，有方解石大理岩、透闪石大理岩和透辉透闪大理岩等岩性。透辉变粒岩和阳起石片岩呈"包裹体"状混杂于大理岩中，也见大理岩呈"包裹体"状混杂于阳起石片岩中，形成时代应与阳起石片岩、变粒岩时代相同。

（7）早三叠世变质火山岩岩块：由一套片理化玄武安山岩、安山岩、英安岩、流纹岩和凝灰岩组成，分布于清河镇北部和尖山子附近，岩石发生了绿片岩相变质作用，属于原"西堡安组"。变质火山岩呈夹层与变粒岩、浅粒岩、石英片岩、千枚岩等一起出露。陈跃军等（2006）和Yuan等（2016）分别报道了变质流纹岩和变质玄武安山岩的形成时代均为早三叠世（约250Ma）。

（8）基质：构造混杂岩的"基质"主要由一套变质程度不同的变粒岩、浅粒岩、石英片岩、千枚岩等变质碎屑岩构成，广泛存在于原"西堡安组"和"照北山岩组"之中，与大理岩岩块、变质火山岩岩块等呈构造接触关系。Liu等（2017）对照北山岩组中的透辉变粒岩进行了研究，获得了变粒岩碎屑锆石的最小年龄为257Ma，变质年龄为245Ma，表明其应形成于晚二叠世—早三叠世期间。

"元古宇芦家堡子岩组"王小堡一带的基性变质岩岩块岩性主要为钠长阳起石片岩和斜长角闪岩两种，与透闪石大理岩、二云母片岩、绢云石英片岩的岩块混杂在一起，是一套典型的构造混杂岩（图4-12）。钠长阳起石片岩与斜长角闪岩为整合接触关系[图4-13（a）]，透闪石大理岩呈"团块状包裹体"的形式混杂在钠长阳起石片岩中[图4-13（b）]，同时也见有绢云石英片岩和钠长阳起石片岩呈大小不同的"包裹体"混杂在大理岩中[图4-13（c）、（d）]，这些性质不同的"岩块"彼此之间的接触关系均为构造接触（图4-12）。

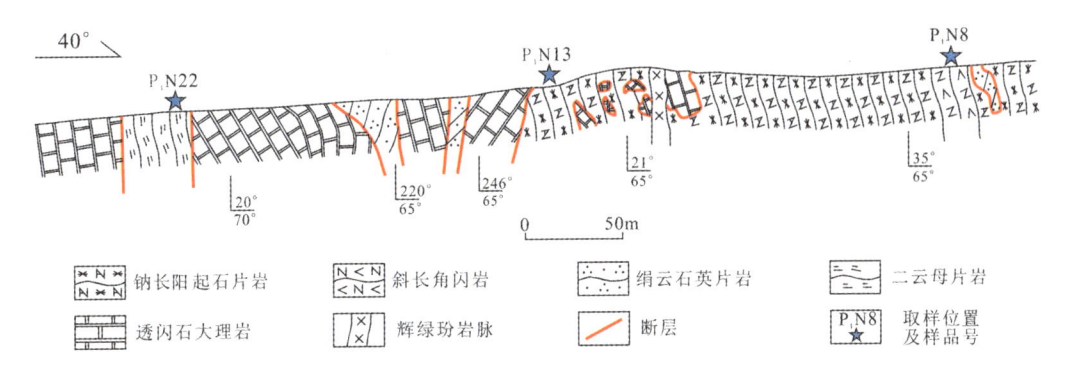

图4-12 王小堡一带构造混杂岩实测剖面（据关庆彬，2018）

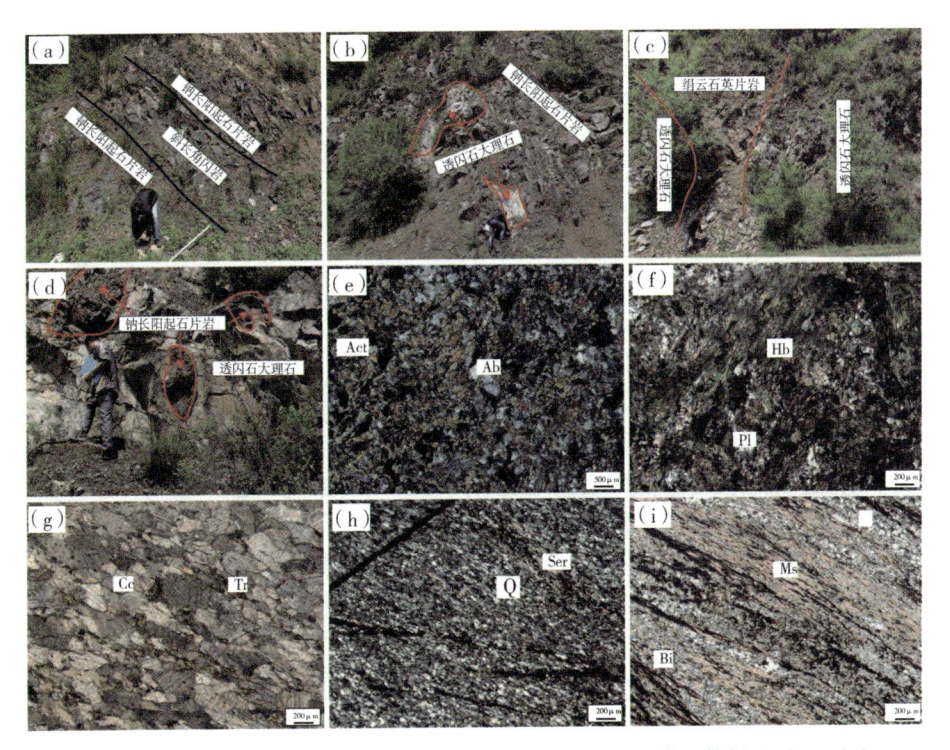

图4-13 王小堡一带构造混杂岩宏观特征（a）～（d）和微观特征（e）～（i）
（据关庆彬，2018）

Act—阳起石；Ab—钠长石；Hb—角闪石；Pl—斜长石；Cc—方解石；Tr—透闪石；Q—石英；
Ser—绢云母；Bi—黑云母；Ms—白云母

钠长阳起石片岩的新鲜面为灰绿色，细粒粒状、柱状变晶结构，片状构造，主要由钠长石（含量约35%）、阳起石（含量60%~65%）和少量黑云母（含量<5%）构成，矿物粒度多在0.2~0.5mm之间，最大可达1.5mm，副矿物有磁铁矿和磷灰石［图4-13(e)］。

斜长角闪岩的新鲜面为暗绿色，细粒粒状、柱状变晶结构，块状构造，主要由斜长石（含量约70%）和普通角闪石（含量约30%）组成，矿物粒度在0.5mm左右，最大可达1mm，副矿物为磷灰石、榍石、磁铁矿［图4-13（f）］。

透闪石大理岩的新鲜面为灰白色，柱状、粒状变晶结构，块状构造，主要由方解石（含量约85%）和透闪石（含量约15%）组成，矿物粒度多介于0.1~0.2mm之间。

绢云石英片岩的新鲜面为灰白色，细粒鳞片、粒状变晶结构，片状构造，由石英（含量约90%）、绢云母（含量约10%）和少量黑云母组成，粒度0.2mm左右［图4-13（h）］。

二云母片岩的新鲜面为灰白色，细粒鳞片、粒状变晶结构，片状构造，由黑云母（含量约25%）、白云母（含量约35%）和石英（含量约40%）等矿物组成，矿物粒度介于0.2~0.5mm之间［图4-13（i）］。

王小堡基性变质岩岩块中钠长阳起石片岩和斜长角闪岩原岩的形成年龄为258Ma±5.5Ma，变质年龄为256Ma±4.4Ma。陈跃军等（2006）和Yuan等（2016）分别报道了尖山子变质流纹岩的形成时代为250Ma±5Ma和清河镇东部变质玄武安山岩的形成时代为250Ma±4Ma。Liu等（2017b）对照北山岩组中透辉变粒岩的研究，获得了变粒岩碎屑锆石的最小年龄为257Ma±2Ma，变质年龄为245Ma±2Ma，表明其应形成于晚二叠世—早三叠世期间。所以，通过对开原构造混杂岩中年轻"岩块"和"基质"中不同岩性的年代学研究，认为开原构造混杂岩应形成于晚二叠世—早三叠世。

王小堡基性变质岩的原岩为玄武岩，形成于弧前坡折带隆起区的拉裂环境。Liu等（2017）认为八棵树镇透辉变粒岩形成于活动大陆边缘—大陆岛弧环境，并对其碎屑锆石的物源进行了分析，认为其有二叠纪岩浆弧带、华北克拉通的结晶基底和盖层、松辽盆地基底三方面的物源供给，王小堡基性变质岩中"捕获锆石"也主要来源于华北克拉通和松辽本地基底，表明二叠纪末期华北板块与松嫩—张广才岭地块已经处于相对较近的位置，中间仅存在残余洋盆。区内早三叠世变质玄武安山岩形成于俯冲板片断离的构造背景，结合同时代的尖山子二长花岗岩（251Ma）混有大洋物质的岩浆源区性质，表明在早三叠世早期，区内古亚洲洋板块处于俯冲作用的后期，俯冲板片发生断离。与此同时，在开原—延吉一带发育大量的同碰撞型花岗岩，表明开原地区可能在早三叠世陆—陆碰撞开始，洋盆消失，形成残余海。八棵树地区透辉变粒岩的变质增生边年龄为245Ma±2Ma，这一期变质事件代表了海相地层彻底消失，古亚洲洋在开原地区完成了最终的闭合。

北板块北缘东段开原—延吉地区二叠纪—早侏罗世的构造演化划分为5个阶段。以时间为主线，重建了构造演化模型，具体动力学过程如下：

（1）二叠纪古亚洲洋双向俯冲阶段：二叠纪期间，古亚洲洋板块在向南俯冲的同时也在向北俯冲，华北板块北缘与兴凯地块南缘均处于活动大陆边缘环境，形成大量钙碱性侵入岩和火山岩组合［图4-14（a）］，八家子石英闪长岩和王小堡变质玄武岩于晚二叠世侵位和喷发。

（2）早三叠世早期洋盆闭合、俯冲板片断离阶段：早三叠世早期，古亚洲洋洋盆闭合，陆—陆碰撞造山开始。呼兰群发生顺时针中压相变质作用、五道沟群发生变质作用；在开原—延吉一带发育大量早三叠世早期的同碰撞型和埃达克质花岗岩（图4-15）和海陆交互相及磨拉石沉积地层。同时，俯冲板片发生断离，造成局部伸展环境，形成和龙地区双峰式侵入岩、开原高镁安山岩、图们玄武岩［图4-14（b）］。吉林中东部地区保留有中三叠统海相地层，所以此时存在残余海。

（3）中三叠世—晚三叠世早期残余海退出、持续造山阶段：中三叠世开原地区照北山岩组发生变质作用，随后吉林东部地区海相地层消失，残余海退出，古亚洲洋沿着长春—汪清—珲春一线完全闭合。在古亚洲洋俯冲闭合的过程中，沿着沙河—富尔河—古洞河断裂北侧形成了东西向构造混杂岩带（图4-15），包括开原构造混杂岩、呼兰群、色洛河群、青龙村群和开山屯构造混杂岩。同时发育（245～235Ma）埃达克质花岗岩和与地壳加厚有关的I型花岗岩，造山作用持续到晚三叠世早期［图4-14（c）］。

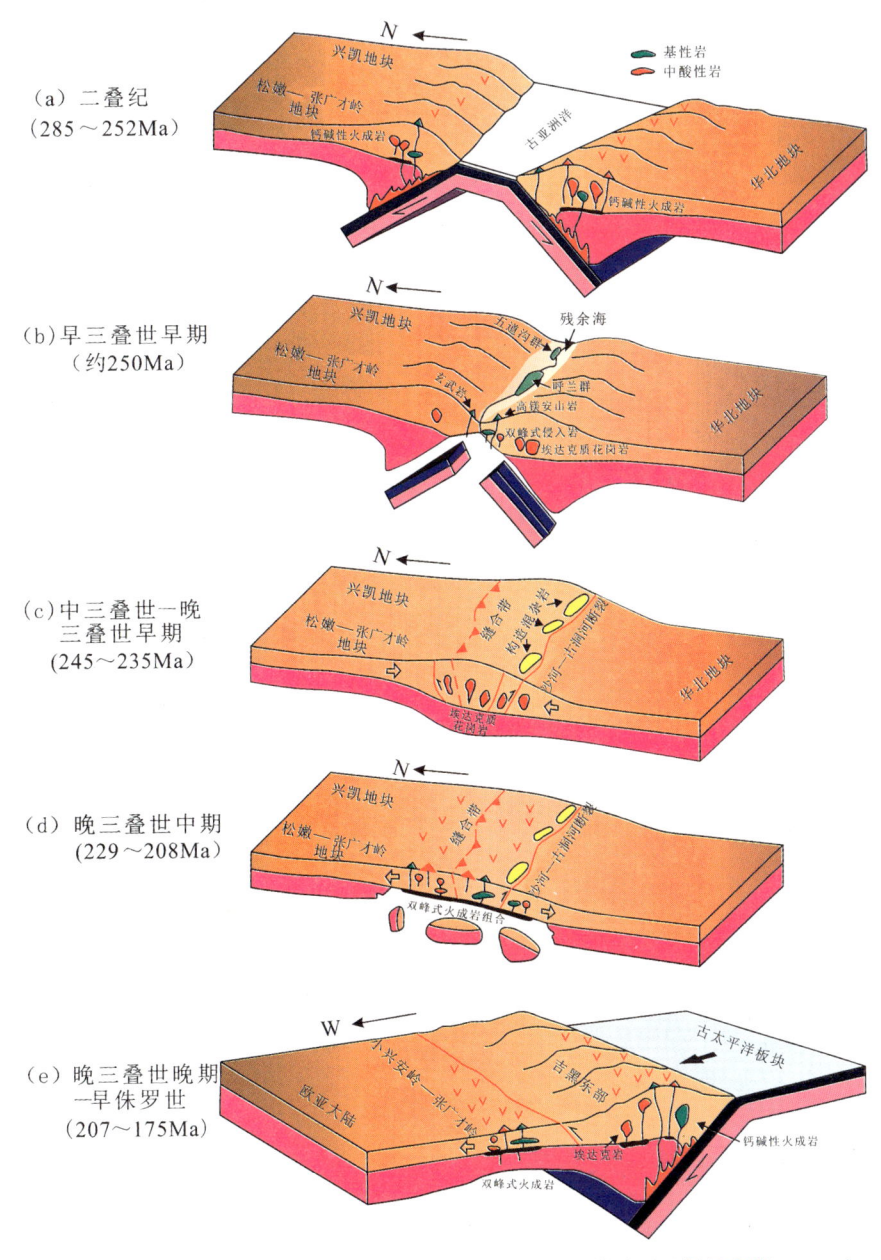

图4-14 开原—延吉地区二叠纪—早侏罗世构造演化模式图（据关庆彬，2018）

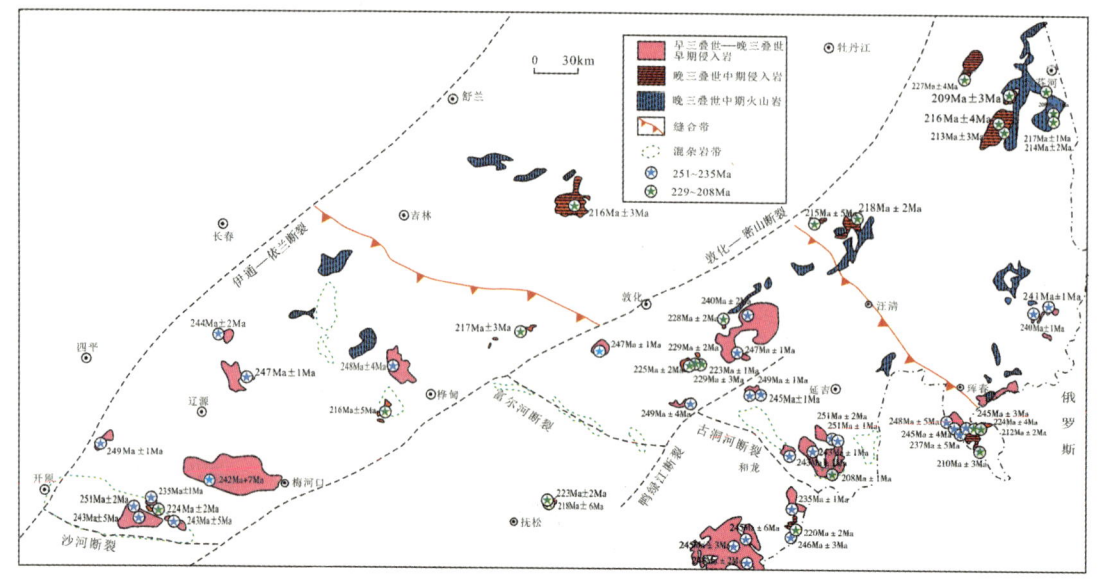

图 4-15　开原—延吉地区早三叠世—晚三叠世中期岩浆活动分布图
（据关庆彬，2018）

（4）晚三叠世中期造山后伸展垮塌阶段：晚三叠世中期，造山作用结束，全面进入伸展垮塌阶段［图 4-14（d）］。在该区、张广才岭、小兴安岭、辽西和燕辽地区形成大量的 A 型花岗岩、A 型流纹岩、基性—超基性杂岩体，构成双峰式火成岩组合，同时呼兰群发生变形。

（5）晚三叠世晚期—早侏罗世太平洋俯冲阶段：晚三叠世晚期，古亚洲洋构造域与古太平洋构造域的转换完成，古太平洋板块向欧亚大陆下俯冲，形成了绥芬河—珲春一带的活动陆缘的侵入岩组合。早侏罗世期间开原—延吉地区发育钙碱性火山岩和代表俯冲加厚的埃达克岩，小兴安岭—张广才岭地区为俯冲背景下类似弧后伸展环境，形成了双峰式火成岩［图 4-14（e）］。

实习路线六　昌图县下二台镇附近下二台岩群剖面

下二台岩群为出露于昌图县下二台镇附近的一套奥陶纪变质岩系（图 4-16），位于吉黑造山带南缘，遭受强烈的韧—脆性变形的改造，并在后期叠加了热接触变质及动力变质作用。

由于下二台岩群地层的原始成层性、连续性和原始接触关系均遭到不同程度的破坏，加之构造变形的不均一性和原始建造的横向变化，恢复其原始状态非常困难，根据不同面理的交割关系、构造样式、构造层次、残留的火山岩气孔构造、岩石分析样品等，大致恢复了岩层序列（包括原岩恢复）和构造格架，将下二台岩群分为三个岩组，其中盘岭岩组又分成四个岩性段（图 4-17）。现将各地层单位的特征叙述如下。

一、盘岭岩组

该岩组分布在辽宁、吉林两省交界附近的盘岭一带，近北东向展布，是盘岭背斜的核部地层。该岩组以变质英安岩、二云石英片岩、石英绿帘石岩、斜长角闪岩为主，其中二

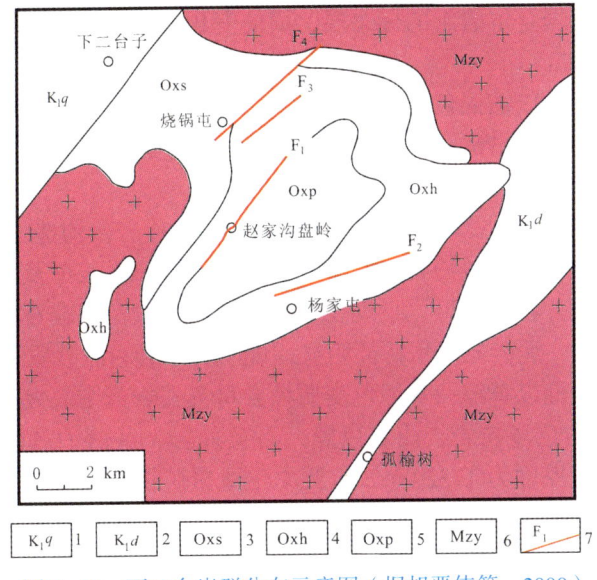

图 4-16 下二台岩群分布示意图（据胡晋伟等，2000）

1—泉头组；2—登娄库组；3—烧锅屯岩组；4—黄顶子岩组；5—盘岭岩组；6—中生代花岗岩；7—断裂

图 4-17 下二台岩群构造—岩层划分（据胡晋伟等，2000）

云石英片岩、斜长角闪岩是本岩组的标志层，横向变化较稳定，仅在转折端或局部地段岩层明显加厚。

盘岭岩组一岩段岩性以黄褐色变质黑云母英安岩为主，局部见黄白—淡灰色黑云母石英片岩，构造叠置厚度大于 96.7m，下未见底。主要原生造岩矿物为斜长石和石英，变质矿物为白云母、黑云母。

盘岭岩组二岩段岩性单一，为黄白—白色二云石英片岩，构造叠置厚度 138.6m。原生造岩矿物以石英为主，有少量斜长石。变质矿物为白云母、黑云母及少量绢云母。镜下可见到泥质成分重结晶成鳞片状绢云母，呈现变余粉砂状结构以及细粒石英与片状云母相对集中分布构成的变余成分层，泥砂质沉积特征明显，说明其原岩为泥砂质细碎屑岩类。

盘岭岩组三岩段岩性以黄绿—灰绿色变质黑云母英安岩为主，夹黄绿—浅灰色角闪（黑云）斜长变粒岩、灰白色浅粒岩、浅灰色黑云石英片岩、黄白—白色白云石英片岩、灰色黑云母片岩，构造叠置厚度为 1732.0m。主要原生造岩矿物为石英、长石，变质矿物为白云母、黑云母、绿帘石及绿泥石。变质英安岩呈似层状产出，镜下可见变余斑状斜长石及变余气孔构造，岩石化学成分中 SiO_2 为 70.95%～70.88%，具中酸性火山岩特征。角闪（黑云）斜长变粒岩呈层状，镜下可见变余斑状斜长石，基质多已重结晶形成变余条带状构造，SiO_2 为 50.04%～68.1%，Al_2O_3 为 15.86%～18.26%，K_2O 含量小于 Na_2O 含量，具中酸性火山岩特征。经原岩恢复，除黑云母片岩、浅粒岩为泥质、泥砂质沉积岩外，其余均为中酸性火山岩。

盘岭岩组四岩段岩性为石英绿帘石岩、绿帘角闪片岩、斜长角闪岩，构造叠置厚度 129.8m。主要原生造岩矿物为角闪石、斜长石，变质矿物为黑云母、绿帘石及绢云母。经原岩恢复，角闪片岩、斜长角闪岩均为火山岩。该岩组变质程度达绿片岩相。

二、黄顶子岩组

该岩组主体在空间上与盘岭岩组相邻构成盘岭背斜的翼部，出露面积 27km²，其北西翼出露厚度较大，构造叠置厚度 490.8m。岩石组合为条纹状大理岩夹石英岩、绢云母板岩、变质砂岩、二云母片岩；南东翼出露厚度较小，构造叠置厚度为 323.8m，岩石组合为条纹状大理岩、浅粒岩及黑云变粒岩。

该岩组主要原生造岩矿物为方解石、石英、长石，变质矿物为石墨、白云母，变质程度为绿片岩相。经原岩恢复，该岩组原岩为石灰岩、泥砂质沉积岩。

该岩组与盘岭岩组为构造接触，其构造滑断面与地层一起参与褶皱变形。

三、烧锅屯岩组

该岩组分布在烧锅屯附近，面积 25.5km²。该岩组下部以片岩为主夹变粒岩，包括十字石二云石英片岩、含结核二云石英片岩、含结核绢云石英片岩、二云石英片岩、绢云石英片岩、绢云母板岩夹石榴黑云（角闪）变粒；中上部为变粒岩夹片岩、浅粒岩，包括黑云斜长变粒岩、角闪斜长变粒岩夹含结核绢云石英片岩、二云石英片岩、黑云石英片岩、浅粒岩。该岩组构造叠置厚度 1747.9m。

该岩组内分布大量的脉岩，近东西向展布，脉岩类型有变质闪长玢岩、辉绿玢岩、煌斑岩等。其中变质闪长玢岩最发育，一般相距 5～15cm，密集处相距仅 1～2cm，宽 0.5～2cm，最宽可达 50cm。脉岩强烈平行化，同时遭受变形。

该岩组后期遭受热接触变质及动力变质作用。主要原生造岩矿物为石英、长石，变质矿物为绢云母、白云母、黑云母、十字石、石榴子石，变质程度达绿片岩相。经原岩恢复该岩组主要为碎屑岩，局部夹流纹英安岩。

经原岩恢复可将下二台岩群自下而上分为三个岩组，即盘岭岩组、黄顶子岩组、烧锅屯岩组，其原岩建造分别为火山岩建造—碳酸盐岩建造—碎屑岩建造，变质程度为绿片岩相。

下二台岩群具有三种不同变形相的递进演化规律，相应形成三种构造群落：顺层固态流变构造群落、弹塑性弯曲构造群落、断裂构造群落。

（1）顺层固态流变构造群落：盘岭岩组二岩段以顺层片理为主，三岩段以韧性变形条带（丝带）为主，四岩段以片内褶皱为主；黄顶子岩组以顺层韧性剪切变形带与顺层掩卧褶皱相间出现为主；烧锅屯岩组以顺层掩卧褶皱为主。

（2）弹塑性弯曲构造群落：盘岭岩组以顶厚多级组合褶皱、相似紧密褶皱为主；黄顶子岩组以同斜顶厚和同斜等厚褶皱为主；烧锅屯岩组以中常褶皱为主。

（3）断裂构造群落：盘岭岩组断裂较少，并且可见糜棱岩；黄顶子岩组断裂较多，以脆性为主；烧锅屯岩组仅见脆性断裂，并且较发育。

该区出露较好的地层剖面在四平南部吉辽省界—杨家屯附近（图 4-18）。

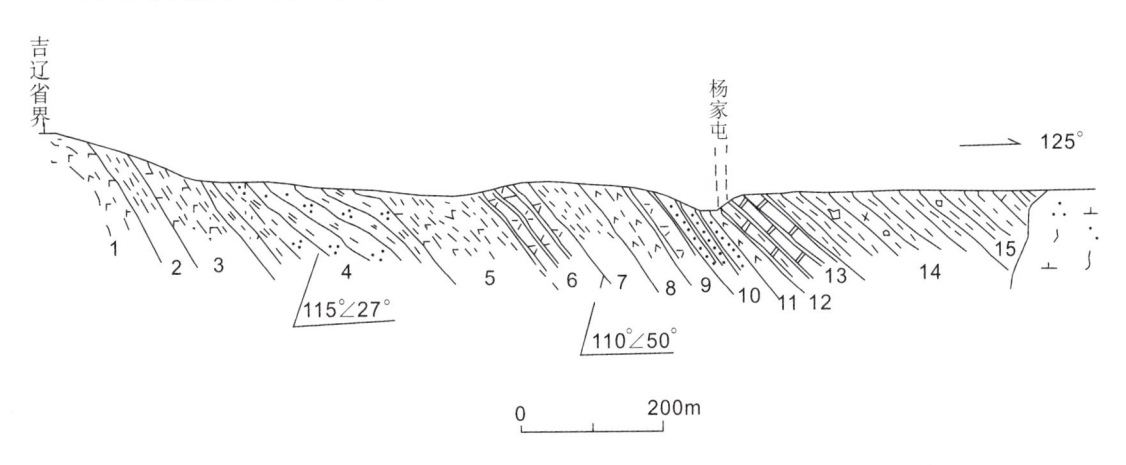

图 4-18　吉林省四平南部吉辽省界—杨家屯下二台岩群实测剖面图（据佟文选等，1992）

下二台岩群黄顶子组二段：

15. 褐灰色含夕线石石榴子石黑云石英片岩　　　　　　　　　　　　　　　　　85.25m
14. 灰褐色含堇青石十字石蓝晶石黑云石英片岩（有蚀变辉绿岩脉侵入）　　　177.55m

下二台岩群黄顶子组一段：

13. 灰白色大理岩　　　　　　　　　　　　　　　　　　　　　　　　　　　　17.75m
12. 青灰色条带状硅质大理岩　　　　　　　　　　　　　　　　　　　　　　　27.2m

下部薄层条带状硅质大理岩中产小壳化石

-- 整　　合 --

下二台岩群盘岭岩组四段：

11. 暗灰绿色角闪片岩　　　　　　　　　　　　　　　　　　　　　　　　　　17.31m

下二台岩群盘岭岩组三段：
10. 浅黄色变质粉砂岩 20.17m
9. 浅灰色变流纹岩 24.55m
8. 暗灰绿色绿帘石化角闪变粒岩 69.02m
7. 灰绿色黑云变粒岩 133.95m
6. 灰白色变流纹岩 32.82m
5. 灰绿色角闪黑云变粒岩（其中有辉绿岩脉侵入） 186.55m

下二台岩群盘岭岩组二段：
4. 灰白色二云石英片岩 126.16m

下二台岩群盘岭岩组一段：
3. 浅灰绿色角闪变粒岩、黑云变粒岩互层 106.36m
2. 浅灰色黑云变粒岩（其中有蚀变辉绿岩脉侵入） 25.91m
1. 灰绿色角闪变粒岩 27.94m

---------- 未见底 ----------

近年来，根据岩石组合特征、构造变形次序及同位素测年数据，将原下二台群地层进行分解，划分出太古宙表壳岩、三叠纪侵入岩和下二台岩群3部分。其中同位素测年数据起到了关键的作用。

在开原市南城子水库大坝附近原下二台岩群烧锅屯岩组地质剖面上13层黑云（角闪）斜长变粒岩中采集一同位素测年样品，经锆石U-Pb法测得同位素年龄为248.2Ma±5Ma。据此从原下二台岩群中将此套岩石地层划分出来，由于其遭受多期变质变形及岩浆侵入作用的改造，其原生结构、构造很难保存，无法确定它们的正常沉积程序，难以划分和对比，故按岩性加以区分，定名为太古宙变质表壳岩组合，主要岩性为灰白—灰色黑云（角闪）斜长变粒岩、灰绿色斜长角闪岩、灰绿色角闪二长片麻岩、灰白色二云石英片岩，构造叠置厚度432.3m，主要呈岩条（片）形式存在于花岗岩之中。

开原市南城子水库太古宙变质表壳岩地层剖面：

北部：第四系 总厚度大于432.3m
17. 灰色黑云斜长片岩 23.14m
16. 灰色斜长角闪岩 14.27m
15. 灰色黑云斜长变粒岩为主，部分为灰色长石黑云石英片岩、灰绿色斜长角闪岩
 23.78m
14. 灰色长石黑云石英片岩为主，部分为灰绿色斜长角闪岩 17.32m
13. 灰绿色片状斜长角闪岩为主，部分为灰色黑云角闪斜长变粒岩，锆石U-Pb年龄2482Ma±5Ma 14.19m
12. 灰绿色角闪二长片麻岩 1.84m
11. 灰白色二云母石英片岩 11.29m
10. 灰黑色斜长角闪岩 4.63m
9. 灰色黑云斜长变粒岩 71.81m
8. 灰色条纹状黑云斜长变粒岩 11.46m
7. 浅灰色二云石英片岩 3.85m
6. 灰色长石二云石英片岩 37.39m

5. 深灰色斜长角闪岩	26.09m
4. 灰色二云斜长变粒岩	61.93m
3. 浅灰色白云母二长片麻岩	20.81m
2. 灰绿色斜长角闪岩	70.11m
1. 黄绿色二云母石英片岩	15.38m

------- 侵　入 -------

南部：篙子沟单元闪长岩

在于家屯、白石砬子原下二台岩群黄顶子岩组分别采取浅肉色似斑状（含斑）中粒二长花岗岩和粉白色—粉黄色中细粒含二云母二长花岗岩，进行同位素测年（锆石U-Pb法），测得同位素年龄分别为228.6Ma±1.4Ma和225.9Ma±5.8Ma。据此同位素测年数据结合地质、岩石学、副矿物、岩石地球化学特征，将此2个三叠纪侵入岩体从原下二台岩群中剥离出来。

从原下二台岩群中剥离出了太古宙表壳岩及三叠纪侵入岩，说明原下二台岩群是一个由太古宙表壳岩、现下二台岩群及三叠纪侵入岩组成的构造拼贴体。

实习路线七　佳木斯—伊通断裂昌图段南城水库附近三叠纪韧性剪切带

在沈阳以北的铁岭—叶赫断裂带中存在一北东走向的左行韧性剪切带，南起威远堡，北至叶赫，沿叶赫河谷呈北东40°～45°方向展布。韧性剪切带出露长度近30km，宽约3km。在南部，三叠纪于家屯单元二长花岗岩、赵家街单元花岗闪长岩和太古宙变质表壳岩被卷入变形。在中部，三叠纪于家屯单元二长花岗岩、赵家街单元花岗闪长岩、华力西晚期侵入岩和奥陶纪下二台岩群部分地层卷入变形。在北部，剪切带被石岭—叶赫断陷盆地掩盖（图4-19）。

该左行平移韧性剪切带主带由糜棱岩石组成，在主带的北西及南东两侧，分别为糜棱岩化岩石、碎裂岩石及断层角砾岩。糜棱岩主要为各种花岗质糜棱岩及少量卷入韧性剪切变形改造的下二台岩群糜棱岩化大理岩、斜长角闪质糜棱岩、长英质糜棱岩。其中花岗质糜棱岩是此韧性剪切带主体岩石类型，且可分为两类：一类为早期侵入岩在韧性剪切带剪切应变作用下形成，如对二叠纪侵入岩的应变改造，使其形成暗色矿物沿石英蠕虫定向分布的花岗质糜棱岩；另一类为同构造期侵入岩在剪切带剪切应变作用下形成的同构造花岗质糜棱岩，如三叠纪侵入岩于家屯单元二长花岗质糜棱岩、赵家街单元花岗闪长质糜棱岩，此类花岗质糜棱岩多表现为角闪石等暗色矿物呈线状定向排列，钾长石多形成残斑，石英、斜长石绕残斑定向分布。糜棱岩化岩石主要为糜棱岩化花岗质岩石。此类岩石既发生了韧性变形，又在局部残留有未变形的可判断原岩的结构构造。碎裂岩及断层角砾岩分布在韧性剪切带边部，是韧性剪切带晚期被脆性断裂叠加所形成的。其中既有碎裂花岗岩，又有碎裂或呈角砾状的大理岩、斜长角闪岩、变粒岩。该韧性剪切带由断裂构造岩逐渐过渡到正常侵入岩及变质岩石，彼此间并无明显具体界线。在韧性剪切带内部卷入韧性变形的原岩，在韧性剪切应变动力作用下，形成糜棱岩化岩石及糜棱岩石。一些原岩为花岗质的岩石表现出由花岗结构→碎裂结构→糜棱结构的特征。而且该韧性剪切带退变质现象明显，岩石中黑云母退变为白云母和绿泥石，斜长石退变为绢云母，角闪石退变为云母类矿物。

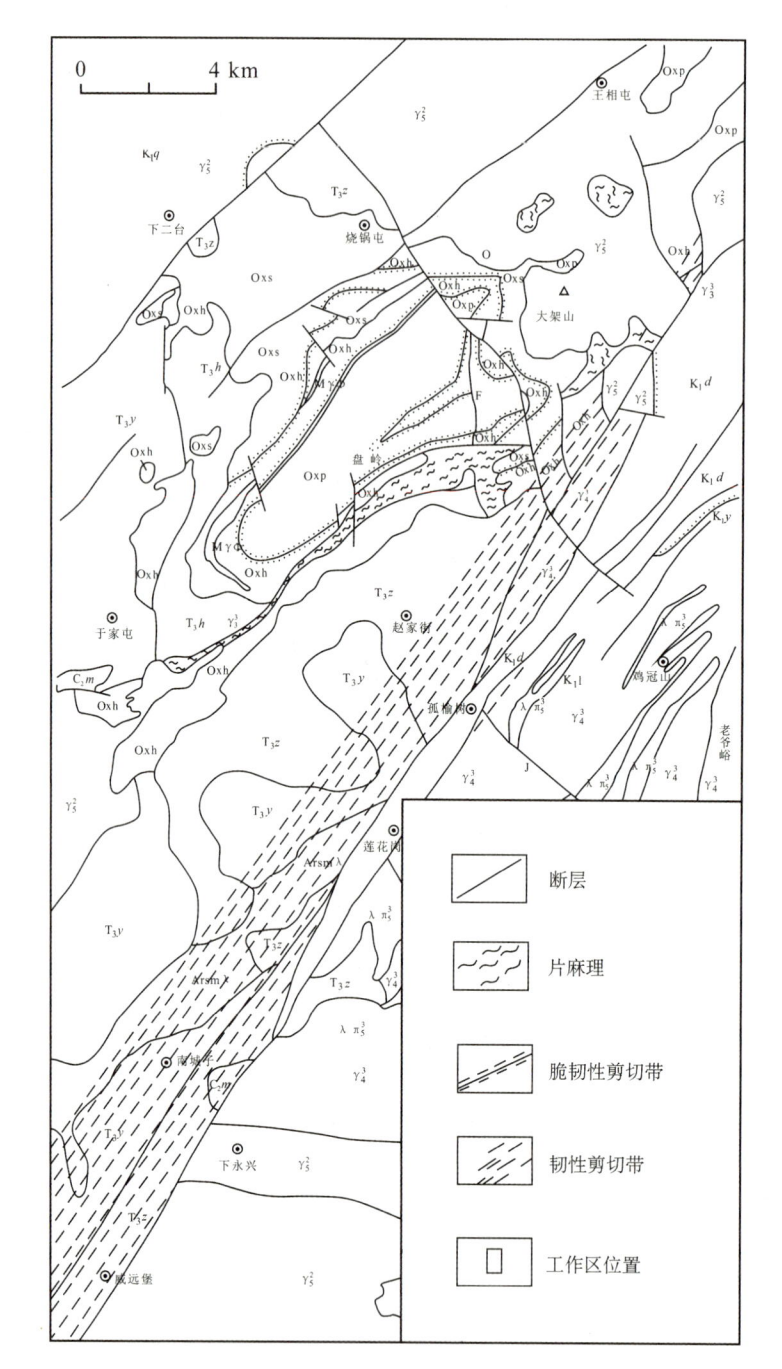

图 4-19　辽北地区地质构造图（据李东涛等，2008）

K₁q—早白垩世泉头组；K₁d—早白垩世登娄库组；K₁y—早白垩世营城组；
C₂m—中石炭世磨盘山组；Oxs—奥陶纪下二台岩群烧锅屯岩组；Oxh—奥陶纪下二台岩群黄顶子岩组；
Oxp—奥陶纪下二台岩群盘岭岩组；∈kz—寒武纪开原岩群照北山岩组；Arsmγ—太古宙变质表壳岩组合；
λπ₅³—燕山晚期侵入岩；γ₅²—燕山早期侵入岩；T₃h—晚三叠世黄家岭单元；
T₃y—晚三叠世于家屯单元；T₃z—晚三叠世赵家街单元；γ₄³—华力西晚期侵入岩；
γ₃³—加里东晚期侵入岩；MγΦ—变质流纹斑岩

该韧性剪切带构造形迹发育，包括糜棱面理和线理。糜棱面理发育在韧性剪切带内糜棱岩中，为透入性面状构造，主要由粒状变形矿物及片柱状矿物定向排列构成。线理广泛发育在糜棱面理上，主要是通过石英粒状矿物的定向拉长，暗色矿物角闪石、黑云母的定向线状排列而形成的矿物拉伸线理。

该韧性剪切带显微构造及矿物变形特征明显。该韧性剪切带内岩石镜下可见旋转残斑系构造、S-C组构、多米诺构造以及变余结构、糜棱结构、条带状构造等显微变形构造。其中，旋转残斑系多由长石（少量为石英）组成残斑，糜棱物绕残斑定向排列。多米诺构造多由长石斑晶斜列排列构成，其剪切指向与旋转残斑系剪切指向相一致。韧性剪切带中糜棱岩主要的组成矿物为石英、斜长石、钾长石、云母等。不同矿物在剪切带中变形各有其特点。石英颗粒大部分是拉长状态，其长轴一般平行于C面理或S面理，由于后期受脆性断裂的叠加影响，多呈波状消光。斜长石在花岗质糜棱岩中一部分形成残斑，另一部分呈基质存在。由斜长石组成的基质糜棱质点同其他的矿物的细小颗粒一起围绕眼球状斜长石残斑作构造流动。在变质岩中斜长石常呈定向排列。钾长石在花岗质糜棱岩中，一般呈残斑存在，其形态呈长方形或眼球状。黑云母、白云母在糜棱岩中，片较大者呈云母鱼状，其长轴多平行于C面理；片较小者呈鳞片状定向排列。

根据该韧性剪切带糜棱岩中矿物拉伸线理、S-C组构、旋转残斑系指向综合判断，为左行平移韧性剪切（图4-20），其形成时代为三叠纪中晚期。侏罗纪和白垩纪的脆性断裂构造对其进行了叠加改造。

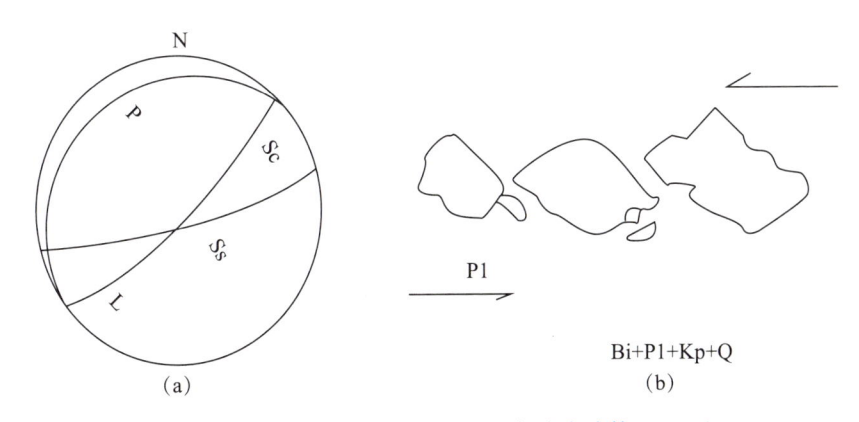

图4-20 花岗质糜棱岩显微组构（据李东涛等，2008）

（a）显微组构投影图，Sc产状为65°∠81°，θ'=25°，运动方向由NE40°向SW220°左行走滑；
（b）显微斜长石多米诺构造，Bi为黑云母，Pl为斜长石，Kp为钾长石，Q为石英

该剪切带南部在威远堡镇出露，向北可能延伸至叶赫满族镇，总体呈现北东45°方向展布。韧性剪切带附近出露的地层为奥陶系马家沟组灰岩、石炭系本溪组砂岩和白垩系砂岩等，另有多期岩浆活动存在，包括志留纪花岗岩、早二叠世二长花岗岩、侏罗纪和白垩纪的花岗岩和安山玢岩等（图4-21）。剪切带主要发育发在区内二叠纪—中生代花岗岩边部，岩体边部能观察到显著的韧性变形特征，岩体内部变形特征不明显，属于岩体侵位过程中受应力作用形成的韧性剪切带，地堑内白垩系及地堑外的晚古生代地层皆未卷入该段的韧性剪切变形。

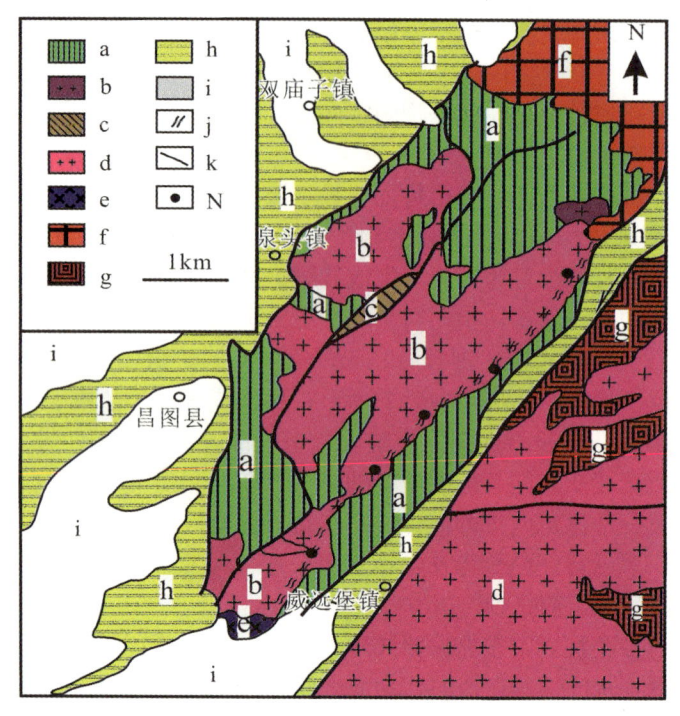

图 4-21　韧性剪切带区域地质简图（据高万里等，2018）

a—奥陶系马家沟组灰岩；b—志留纪花岗岩；c—石炭系本溪组砂岩；d—早二叠世二长花岗岩；
e—早二叠超基性岩；f—侏罗纪花岗岩；g—白垩纪花岗岩；h—白垩系砂岩、泥岩；i—第四纪沉积物；
j—韧性剪切带；k—断层；N—野外观测点

野外露头上所见糜棱花岗岩带的宽度约 150m（图 4-22），其原岩为二长花岗岩，受韧性剪切作用的影响，发生了韧性变形，呈现出糜棱花岗岩特征。野外还见辉绿岩脉侵入，辉绿岩脉未发生变形，显示其为韧性变形后期侵入 [图 4-23（a）]。原岩二长花岗岩中可见到沿糜棱面理方向定向排列的暗色微粒包体，可能是在岩体侵位过程中受剪切作用发生了应变改造，使其沿糜棱面理定向分布 [图 4-23（b）]，另外在变形显著地区，还可见到糜棱岩中的红色钾长石呈定向排列 [图 4-23（c）]。该韧性变形带上发育后期显著的左行走滑脆性断裂，显示为北东—南西向走滑断裂。该期断裂切割变形岩体，显示为后期构造活动所致。野外对变形岩体糜棱面理的统计结果表明，面理优势走向为北东—南西方向，向北西陡倾，倾角55°～70°；沿面理方向发育弱的矿物拉伸线理，主要为长英质矿物的定向拉张，矿物拉伸线理北东—南西方向，倾角15°～36°，显示其走滑韧性剪切变形的特征 [图 4-22（b）]。对发生韧性变形的糜棱花岗岩和未发生变形的辉绿岩脉开展年代学分析，其中糜棱花岗岩的年龄可以限定该期次变形的下限，而未变形辉绿岩脉的年龄则可以限定变形发生的上限年龄，具体的采样位置见图 4-22（a）中的野外剖面。

野外构造面理与线理的统计结果和显微镜下分析表明，佳木斯—伊通断裂昌图段南城水库的韧性剪切变形表现出左行走滑韧性剪切的特征。取自剪切带中的糜棱二长花岗岩的锆石 U-Pb 年龄为 174～173Ma，后期侵入未变形辉绿岩脉的锆石 U-Pb 年龄为 164Ma；糜棱花岗岩中单矿物黑云母的 $^{40}Ar/^{39}Ar$ 年代学分析具有 187～166Ma 的扰动年龄，指示佳木斯—伊通断裂韧性剪切变形发生在中—晚侏罗世。结合近年来东北地区中生代火成岩研究成果，佳木斯—伊通断裂中—晚侏罗世韧性剪切带的形成可能与古太平洋板块向东亚大陆的俯冲密切相关，古太平洋构造域于中—晚侏罗世开始对中国东部构造—岩浆活动起显著的影响。

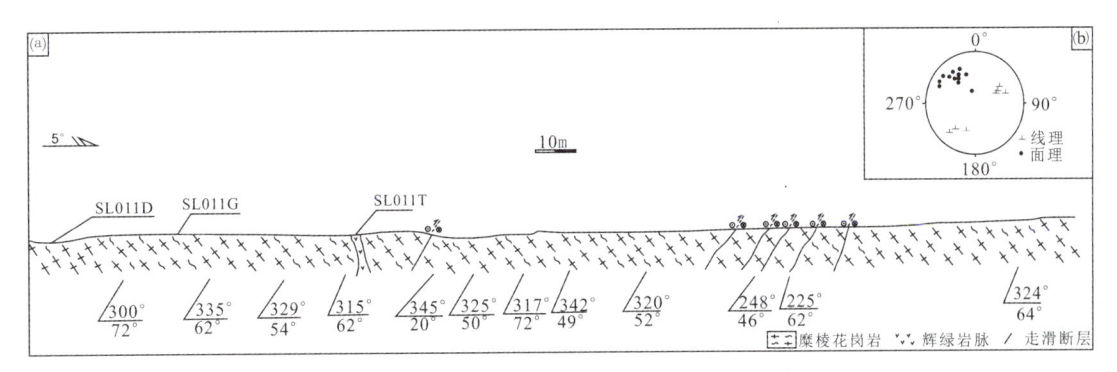

图4-22 南城水库韧性剪切带野外剖面（据高万里等，2018）

(a)南城水库韧性剪切带剖面；(b)构造要素赤平投影图

图4-23 韧性剪切带糜棱花岗岩野外特征（据高万里等，2018）

(a)侵入剪切带未变形辉绿岩脉；(b)暗色包裹体沿糜棱面理定向排列；
(c)包裹体指示左旋剪切

第二节　松辽盆地外围吉林省境内
实习路线描述及教学内容

实习路线一　吉林省中南部红旗岭—呼兰镇呼兰群剖面

呼兰群主要分布在吉林省磐石市东南部（图4-24），天山—兴蒙褶皱系吉黑褶皱带间的过渡带构造环境中，属印支—早燕山构造变形带，蒙古巨型弧形构造带特克斯河—西拉木伦河断裂东段。以辉发河深断裂为界，南部出露的地层是华北地台鞍山群老变质基底，北部的黄瓜营屯、红旗岭镇、呼兰镇、郭家店及石河子一带出露的地层即为呼兰群。是一套中浅变质岩系，主要包括黄莺屯组、小三个顶子组与北岔屯组。依据地质测年并结合在呼兰群发现的化石情况可以将呼兰群的沉积时代限定在早古生代（寒武—志留纪）。

池永一将黄莺屯组岩性分三段：下段为含电气石石榴子石黑云母片麻岩、斜长角闪片岩；中段为黑云母斜长变粒岩、角闪斜长片麻岩夹多层硅质条带大理岩；上段为蓝晶石片岩、云母片岩、角闪斜长片麻岩、硅质条带大理岩和石英岩。小三个顶子组岩性可分二段：下段为灰至白色厚层大理岩、硅质条带大理岩、硅质结核大理岩夹石英片岩和云母片麻岩；上段为大理岩、石英岩、浅粒岩和黑云母变粒岩，其中大理岩中含小型腹足类化石 *Ectomaria* sp.，时代为奥陶纪。北岔屯组上部岩性主要为大理岩、结晶灰岩和板岩，下部由硅质条带大理岩夹白云大理岩、石英岩和板岩组成。

一、黄莺屯组剖面

黄莺屯组由郭鸿俊等（1962）命名，主要分布于黑石镇、红旗岭镇、呼兰镇、都力河一带，底部有花岗岩侵入，出露不全，顶部与小三个顶子组整合接触，厚度大于4371m。
本组模式剖面由三合剖面和黄瓜营剖面组成。

1. 三合剖面

上覆地层：小三个顶子组大理岩

-- 整　　合 --

黄莺屯组：

37. 透辉黑云二长变粒岩　　　　　　　　　　　　　　　　　　　　　　　52.5m
36. 灰白色硅质条带大理岩　　　　　　　　　　　　　　　　　　　　　　15.2m
35. 灰白色石英岩　　　　　　　　　　　　　　　　　　　　　　　　　　　4.1m
34～31. 透辉二长变粒岩、灰绿色角闪斜长变粒岩等　　　　　　　　　　　75.6m
30. 混合岩化黑云二长变粒岩　　　　　　　　　　　　　　　　　　　　　343.4m
29. 灰绿色条带状斜长角闪岩　　　　　　　　　　　　　　　　　　　　　10.9m
28. 黑云斜长变粒岩　　　　　　　　　　　　　　　　　　　　　　　　173.8m
27. 灰白色硅质条带大理岩（本层与黄瓜营剖面27层相当，下部接黄瓜营剖面26层）
　　　　　　　　　　　　　　　　　　　　　　　　　　　　　　　　218.2m

黄瓜营剖面（图4-24中的f3）：

26. 黑云角闪斜长变粒岩　　　　　　　　　　　　　　　　　　　　81.3m
25. 灰白色硅质条带大理岩　　　　　　　　　　　　　　　　　　　313.7m
24. 石榴透闪斜长变粒岩与含石墨十字石榴白云岩互层　　　　　　　99.8m
23. 灰白色硅质条带大理岩　　　　　　　　　　　　　　　　　　　21.7m
22. 石墨石榴透闪斜长变粒岩与黑云斜长变粒岩互层　　　　　　　　134.6m
21. 黑云斜长变粒岩与蓝晶石榴十字白云片岩互层　　　　　　　　　234.7m

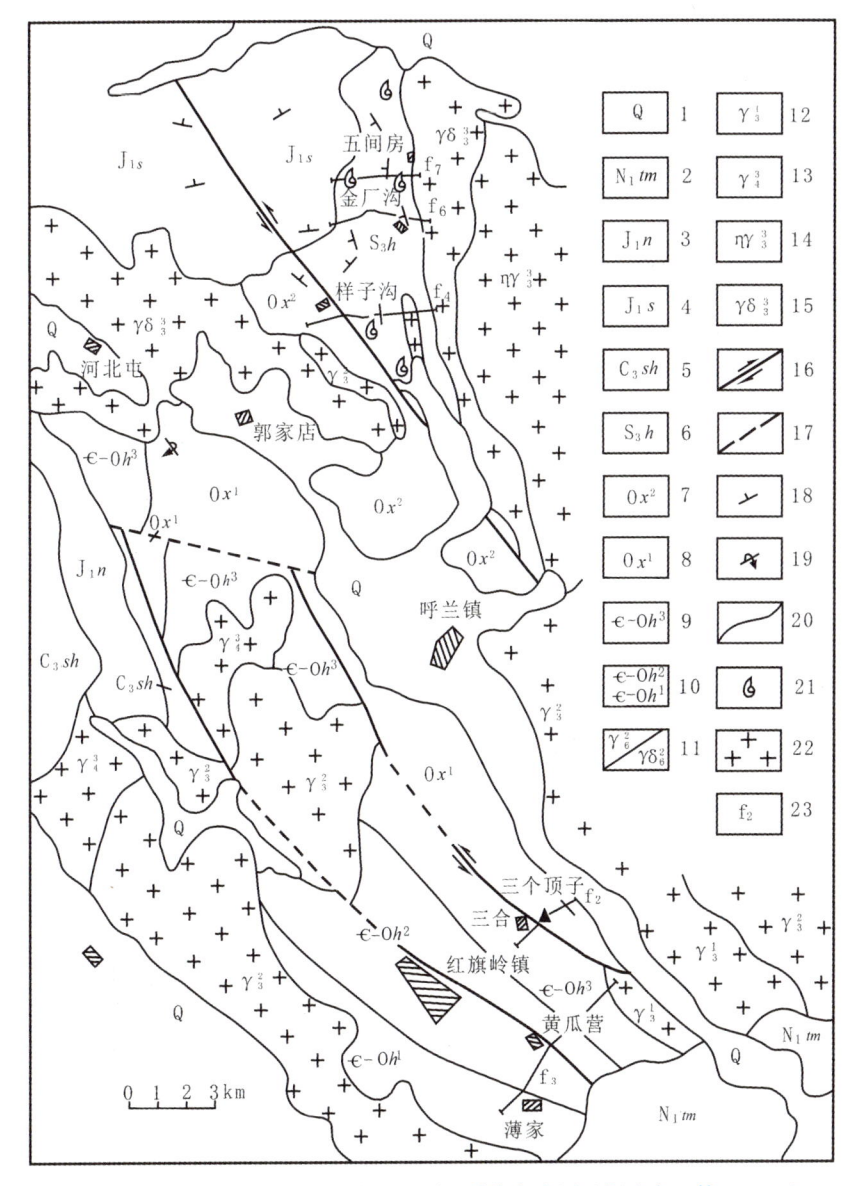

图 4-24　红旗岭—呼兰镇一带呼兰群地质分布略图（据池永一等，1997）

1—第四系；2—土门子组；3—南楼山组；4—四合屯组；5—石嘴子组；6—北岔屯组；7—小三个顶子组上段；8—三个顶子组下段；9—黄莺屯组上段；10—黄莺屯组中段及下段；11—燕山早期岩浆岩；12—印支期岩浆岩；13—华力西晚期岩浆岩；14、15—加里东晚期岩浆岩；16—平移断层；17—推测断层；18—地层产状；19—倒转地层产状；20—地质界线；21—古生物化石；22—花岗岩类；23—剖面点

---------------------------------- 断　　层 ----------------------------------
20. 灰白色硅质条带大理岩	1103.1m
19. 石墨黑云斜长变粒岩	107.3m
18. 灰白色黑云透闪斜长变粒岩	52.6m
17～12. 灰白色硅质条带大理岩与黑云斜长变粒岩互层	423.4m
11. 灰白色含透辉石石墨硅质条带大理岩	210.6m
10. 黑云角闪斜长变粒岩	41.3m
9. 灰白色含符山石硅质条带大理岩	67.4m
8. 灰绿色含石榴子石黑云斜长变粒岩	13.5m
7. 斜长角闪岩	7.5m
6. 透闪黑云斜长变粒岩、石墨夕线石榴斜长变粒岩	18.4m
5. 灰白色硅质条带状大理岩	18.4m
4. 黑云斜长变粒岩夹透闪斜长变粒岩	17.9m
3. 灰白色含透辉石硅质条带大理岩	6.6m
2. 浅黄色钾长浅粒岩夹深灰色黑云钾长变粒岩	84.3m

---------------------------------- 断　　层 ----------------------------------

1. 含电气石榴二云斜长片麻岩	345.0m

---------------------------------- 花岗岩侵入 ----------------------------------

未见底

黄莺屯组由下而上划分为 3 个岩段：下段为 1 层，中段为 2～20 层，上段为 21～37 层。

二、小三个顶子组

小三个顶子组亦由郭鸿俊等（1962）命名，主要分布于三个顶子山以北、呼兰镇以及样子沟以南地区，呈 NW 向展布。厚度大于 3508m。

1. 小三个顶子组上段

据样子沟剖面，小三个顶子组上段层序如下：
上覆地层：第四系

17. 灰白—灰色大理岩	>98.8m
16. 灰白色透闪石透辉石大理岩	95.7m
15. 灰色透辉石黑云变粒岩	196.7m
14～9. 大理岩与石英岩互层	1418.8m
8. 灰黑色石墨云母片岩	79.5m
7～5. 大理岩与片状黑云母石英岩互层	357.1m
4. 灰色云母变粒岩，上部夹大理岩	158.9m
3. 灰色浅粒岩	67.9m
2. 灰白色大理岩	53.9m
1. 灰色石英岩	>66.6m

---------------------------------- 加里东晚期花岗闪长岩侵入 ----------------------------------

2. 小三个顶子组下段

据三合剖面，小三个顶子组下段层序如下：

------------------------------------花岗岩侵入------------------------------------

26. 灰白色硅质结核透辉大理岩	>89.8m
25. 含石墨条带云母变粒岩	18.3m
24. 灰色含石墨硅质条带大理岩	66.2m
23. 灰白色大理岩	44.2m
22. 灰白色石墨透辉大理岩	25.4m
21. 灰色透辉斜长变粒岩	14.7m
20～18. 灰色中粗粒大理岩夹石墨二云石英片岩	64.5m
17～15. 灰色含石墨大理岩夹硅质条带大理岩	266.1m
14～12. 灰色硅质条带大理岩和中粗粒大理岩	324.8m

------------------------------------整　　合------------------------------------

下伏地层：　黄莺屯组透辉黑云二长变粒岩

三、北岔屯组

北岔屯组由郭鸿俊等于 1962 年创立，主要分布在呼兰镇北的样子沟—富贵屯以北一带，地层走向呈近 N–S 至 NNE 向展布。北岔屯组底部有花岗闪长岩侵入或与小三个顶子组断层接触，顶部被花岗岩侵入或被中生代四合屯组不整合覆盖，厚度大于 2242m。

1. 金厂沟剖面

上覆地层：　四合屯组（J_1s）

～～～～～～～～～～～～～～～～～角度不整合～～～～～～～～～～～～～～～～～

北岔屯组：

27～22. 灰白色大理岩及深灰色条带状大理岩夹黑色含碳质板岩	781.1m
21～19. 灰黑色堇青石板岩及浅灰色结晶灰岩	75.9m
18～17. 浅灰色硅质条带大理岩及含硅质结核大理岩	140.7m
16. 灰白色大理岩夹白云石大理岩	150.9m
15～12. 灰白色含硅质结核大理岩及浅灰色硅质条带大理岩	313.8m
11～10. 灰白色大理岩及含硅质结核大理岩	68.6m
9. 深灰色条带状大理岩	28.3m
8. 白色糖粒状白云石大理岩	59.7m
7. 灰白色大理岩	15.2m
6. 深灰色斑点状板岩	5.2m
5. 钙质胶结角砾状石英岩	23.8m
4. 灰白—深灰色含硅质结核大理岩夹白云石大理岩	148.2m
3～1. 灰白色含硅质结核大理岩夹黑云斜长变粒岩和白云石大理岩	430.3m

------------------------------------花岗闪长岩侵入------------------------------------

2. 五间房—782高地剖面

上覆地层： 四合屯组

～～～～～～～～～～～～～ 不整合 ～～～～～～～～～～～～～

北岔屯组：

23. 变质层凝灰岩　　　　　　　　　　　　　　　　　　　　　　　　　12.3m
22. 灰色粉砂质板岩　　　　　　　　　　　　　　　　　　　　　　　　87.8m
21. 白色条带状大理岩夹钙质砂岩，大理岩中含苔藓虫 *Fenestella* sp.、*Polypora* sp. 及双壳类海扇科化石　　　　　　　　　　　　　　　　　　　　　　　　　　　25.7m
20. 灰绿色钙质砂岩　　　　　　　　　　　　　　　　　　　　　　　　32.6m
19. 灰白色条带状大理岩　　　　　　　　　　　　　　　　　　　　　　65.7m
18～14. 白色大理岩夹碳质及绿泥绢云板岩　　　　　　　　　　　　　597.4m
13. 燧石条带大理岩　　　　　　　　　　　　　　　　　　　　　　　　14.9m
12. 白云质大理岩　　　　　　　　　　　　　　　　　　　　　　　　　14.9m
11. 硅灰石化大理岩　　　　　　　　　　　　　　　　　　　　　　　　5.0m
10. 方解石英角岩　　　　　　　　　　　　　　　　　　　　　　　　　148.2m
9. 白色大理岩　　　　　　　　　　　　　　　　　　　　　　　　　　157.8m
8. 白云透闪石英角岩　　　　　　　　　　　　　　　　　　　　　　　38.0m
7～1. 白色—灰白色大理岩夹灰黑色含燧石条带大理岩　　　　　　　1108.1m

------------------------ 花岗岩侵入 ------------------------

蒋图治等（1993）用岩石化学方法对呼兰群变质岩进行原岩恢复，结果显示：黑云母变粒岩、石榴子石黑云母片麻岩的原岩是砂质黏土岩或中酸性凝灰岩；角闪片岩、斜长角闪片岩的原岩为玄武岩或基性火山凝灰岩；角闪斜长变粒岩（片麻岩）的原岩为碱性玄武岩或中基性凝灰岩；云母片岩类绝大部分原岩属于黏土岩、铁质黏土岩或黏土质砂岩类；大理岩类的原岩为白云质灰岩、石灰岩、泥质灰岩等。因此，黄莺屯组是一套以海相中基性—中酸性的火山喷发为主的沉积建造，反映了当时正常碎屑沉积—碎屑碳酸盐沉积伴随火山喷发活动的沉积特点。小三个顶子组是一套中酸性火山岩—正常碎屑岩—碳酸盐沉积，它既继承了黄莺屯组的沉积特点，同时又具正常碎屑沉积转变成以碳酸盐沉积为主的趋势，反映海侵扩大的事实。北岔屯组的原岩属碳酸岩夹泥质岩和钙质砂岩，碎屑岩夹层由上而下逐渐增加的事实表明，当时很可能属海退层序，北岔屯组沉积时期的火山活动已基本停止。

近年来的研究表明，呼兰群已经不具备地层的属性，可以认为是三个构造岩片叠置构成的，自下而上分别是：头道沟岩组（片）、黄莺屯岩组（片）和小三个顶子岩组（片）。

头道沟岩组（片）分布在测区永吉县头道沟、三家子、姜大背等地，以斜长阳起石岩为主，夹有多层变质火山岩以及变质凝灰质砂岩、变质砂岩、千枚状板岩、大理岩，被晚古生代侵入岩及中生代花岗岩侵入，或被中生代地层覆盖。头道沟组上部为变质砂板岩，以正常沉积为主，夹斜长阳起石岩、大理岩；下部斜长阳起石岩段以斜长阳起石岩为主，夹变质砂岩。

黄莺屯岩组（片）是一套变质岩，分布在呼兰镇—二道河子—漂河川，呈北东向展布，以含电气石石榴二云斜长片麻岩、细粒黑云斜长片麻岩、细粒角闪斜长片麻岩、蓝晶石片岩等，夹多层硅质条带大理岩，与大理岩或含石墨大理岩的小三个顶子岩组（片）呈构造接触。在二道河子—漂河川，黄莺屯岩组（片）主要为片岩夹变质砂岩、砂质板岩，被红旗岭—票河川镁铁—超镁铁岩体（217Ma±3Ma）以及中生代花岗岩侵入。吴福元等（2007）在蓝晶石石榴子石二云母片岩中，测得的碎屑锆石年龄值为287Ma，但这也不能代表黄莺屯岩组（片）沉积时代不早于晚石炭世。

小三个顶子岩组（片）是由石英岩构成的一套变质碳酸岩组合，主要分布在红旗领镇以北小三个顶子，胜利屯、郭家店、样子沟、暖木条子也有零星出露，以含燧石条带（或结核）大理岩、厚层含石墨大理岩、白云岩为主，夹少量板岩、细粒片麻岩。小三个顶子岩组（片）与黄莺屯岩组（片）呈构造接触，被花岗岩侵入或被中生代地层角度不整合覆盖。小三个顶子岩组（片）主要岩性为硅质条带大理岩、含石墨大理岩、厚层状大理岩夹薄层细粒片麻岩、石英岩及片岩，在呼兰镇以南由于花岗岩的侵入而呈零星出露。

实习路线二　吉林红旗岭超基性岩体

吉林红旗岭镁铁—超镁铁岩位于吉林中部，主要位于兴蒙古造山带的东部，南部毗邻华北地台，北部与佳木斯地块相接，处于古亚洲洋和环太平洋两大构造域的交汇部位。该区超基性岩体构造位置上归属松辽块体东段的张广才岭地块，该地块出露的地层及岩石类型主要为泥盆—志留系呼兰群中—浅变质岩（云母片岩类、片麻岩类、角闪岩和大理岩类），原岩主要为泥质沉积岩、凝灰岩、碱性玄武岩和石灰岩，变质岩周围被大量的显生宙花岗岩（海西期花岗岩以及燕山期花岗岩和白岗质花岗岩）分割和包围（图4-25）。

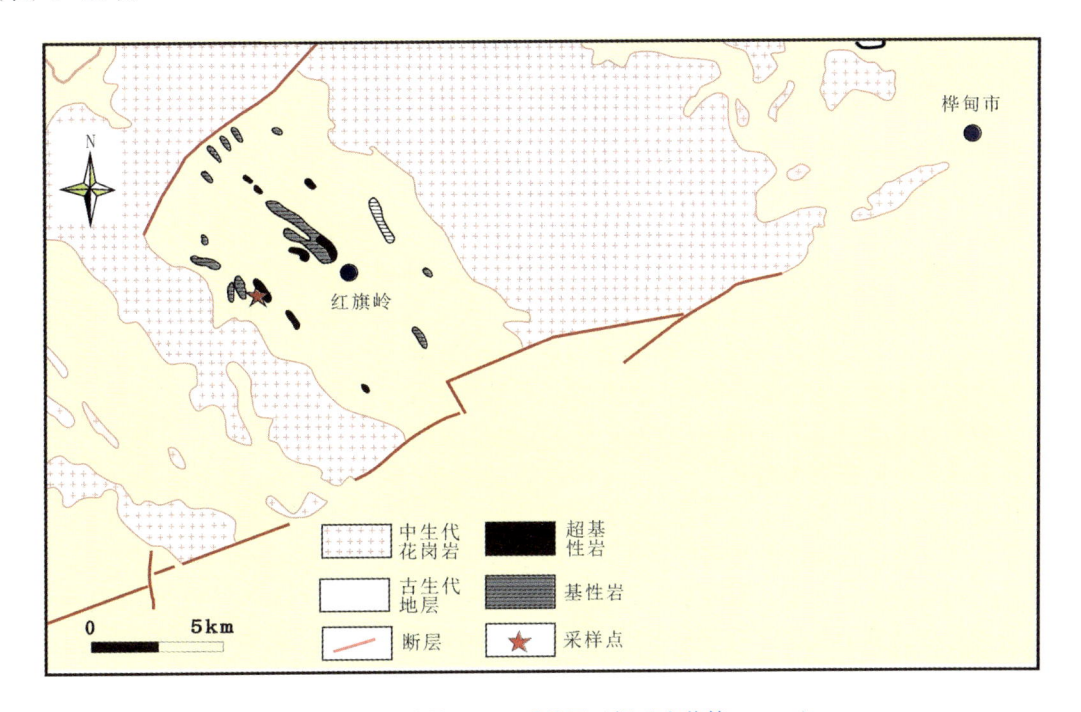

图4-25　红旗岭地区地质简图（据冯光英等，2011）

目前，在红旗岭地区呼兰群地层中已发现 30 多个基性—超基性杂岩体，且很多岩体与 Cu、Ni 和 PGE（铂族元素）矿床有成因上的联系，从而使红旗岭成为中国第二大 Cu-Ni 硫化物矿床产地。因此，通过对红旗岭地区基性—超基性杂岩体的系统研究，不仅对了解该地区地幔源区的性质、演化过程以及地幔演化与地壳形成之间的关系具有重要意义，而且对认识该区杂岩体的成因及与兴蒙造山带的形成和 Cu-Ni 矿化之间的关系具有重要的意义。

红旗岭超基性岩的主要岩性为橄榄辉石岩，块状构造，矿物组成主要为橄榄石（30%～35%）、辉石（斜方辉石和单斜辉石）（60%～70%）和少量（0%～5%）的角闪石、黑云母及暗色铁质矿物（磁铁矿、钛铁矿和铬铁矿）。橄榄石自形程度高，多呈球粒状，很多包裹在辉石中，形成包橄结构，反映了岩浆分离结晶的特点；同时镜下观察可以看到网状结构，暗示橄榄石可能存在一定的蛇纹石化蚀变。

锆石 U-Pb 年龄表明，该区超基性岩形成于 220.6Ma±2.0Ma，属于印支晚期岩浆活动的产物。

主要/微量元素研究表明，该区超基性岩属于亚碱性—低钾拉斑系列。综合地球化学研究表明，该区超基性岩来源于受到古亚洲洋俯冲沉积物析出流体改造的亏损岩石圈地幔（石榴子石二辉橄榄岩）的高程度（>70%）部分熔融。

结合东北地区的构造演化历史，该区超基性岩应为佳木斯地块和华北克拉通碰撞造山后伸展拉张阶段的产物。伴随着岩石圈的拉张减薄，热的软流圈物质快速上涌，上覆的先存亏损岩石圈地幔发生减压部分熔融，原始岩浆上升侵位过程中经历了橄榄石和斜方辉石等矿物的分离结晶作用，但上升过程中没有受到明显地壳物质的混染。

呼兰群 Rb-Sr 全岩等时线年龄与地层岩相及古生物资料的一致性表明，呼兰群沉积形成的时间为 524～357Ma。该地区的区域资料也显示上述时期刚好处于优地槽环境，因此，$^{40}Ar-^{39}Ar$ 计时法测得的 220Ma 左右的同位素年龄应该代表最后一期地质热事件的时间。从呼兰群地层的岩石学特点看，黄莺屯组下段黑云母片麻岩中的暗色矿物黑云母比较新鲜，不存在后期的蚀变和退化变质现象，表明其变质后没有再经受其他地质事件的影响，所以，220Ma 左右的 $^{40}Ar-^{39}Ar$ 坪谱年龄最大可能代表了呼兰群的最后变质时限。

资料表明，亚洲大陆是西伯利亚板块、华北板块、塔里木板块、扬子板块及分布在这些板块间的若干地体在古生代末期—中生代初期拼合而成的。林强等指出，东北及邻区古亚洲域上西伯利亚板块与华北板块间一系列规模不等的陆块，在古生代通过大洋岩石圈的俯冲和陆块间的碰撞拼贴作用，于古生代末—中生代初拼合形成东亚大陆的一部分，即所谓的东北地体。古亚洲蒙古洋构造域造山历史结束于海西—印支期。三叠纪至晚侏罗世是古亚洲洋构造域造山历史演化的最后一幕。华北板块与蒙古褶皱带的拼贴时间为晚二叠世。呼兰群沉积形成的时间为 524～357Ma，属于早古生代的优地槽环境，此时正是天山—兴蒙地槽系的早期形成阶段。若变质作用结束于 230Ma 或 225Ma，应属印支中晚期。这一时期是古中亚蒙古洋构造域造山历史演化的最后一幕，是陆内叠覆和最后的拼合阶段。因此，$^{40}Ar-^{39}Ar$ 计时年龄代表了古亚洲蒙古洋最后造山运动的时限。处于华北板块与西伯利亚板块之间的呼兰群应该是在这次造山运动中经受多次挤压、叠覆及变质而最终形成的。呼兰群与造山期间侵入的镁铁—超镁铁质岩浆岩，构成了华北板块与西伯利亚板块间的中生代碰撞造山带，它向西延伸与内蒙古北部的贺根山—索伦带相连，且在区域地质对比、生物地层学以及部分近年发表的同位素年代学数据上相对应，很可能是西伯利亚板块和华北板块间古亚洲蒙古洋板块碰撞拼合后在吉林省境内保留的最终缝合带。

实习路线三　吉林中部早古生代弧—盆构造系地质特征

在华北陆块北缘，断续分布一套中—新元古代至早古生代的古岛弧岩系，其中尤以内蒙古白乃庙地区研究较系统，表明中—新元古代以来大洋板块汇聚俯冲带的存在，并于中—晚志留世之前增生到华北陆块北缘。在吉林中部褶皱带中的伊通县放牛沟地区存在一套具有早古生代岛弧特色的岩系，是受大洋板块俯冲作用影响的，在华北陆块北缘东段形成的早古生代岛弧。

在伊通放牛沟岛弧与华北大陆板块之间，发育一套早古生代火山—沉积岩系，为同一沉积盆地内不同沉积环境下的岩石组合。岩石建造分析、岩石化学及区域构造等方面分析表明，该沉积盆地的构造环境为一未完全封闭的弧后盆地，在早古生代华北板块北缘东端构成非标准的弧—盆构造体系，形成特有的活动大陆边缘。通过沉积岩系形成时代对比，认为该弧后盆地属残留成因。

一、伊通县放牛沟地区早古生代岛弧岩系（大黑山火山岩）

放牛沟岛弧岩系处于华北陆块东段的北部边缘（图4-26）。岩系大致构成一个近东西向展布的火山岩带，出露面积为288km^2，总厚度约为2898m。据同位素年龄和出露化石等资料，将该岩系分为下古生界奥陶系上统的石缝组和志留系下统的桃山组，其层位大致相当于前人所定的"呼兰群"。石缝组可分为上下两部分：下部为中基性火山熔岩、火山碎屑岩，主要组成岩石为安山岩、安山质凝灰岩、英安岩、流纹岩和流纹质凝灰岩，取自中基性火山岩的Rb-Sr等时线年龄为455Ma；上部为正常沉积碎屑岩，主要岩石为大理岩、板岩及少量酸性火山凝灰岩。桃山组可分为三部分：下部为中酸性、酸性火山熔岩及火山碎屑岩；中部为含 Monograptus、Rristiogratus、Streptograptus sp.、Demiratries sp. 等笔石的页岩、粉砂岩；上部为中基性、中酸性火山碎屑岩及熔岩。从整个区域地层分布看，构成一个下古生界海底火山—沉积岩系，其中火山岩占绝大多数。岩系中不同岩石类型呈透镜状，在横向和纵向上互相交错，反映它们在时空上有着密切的内在联系。

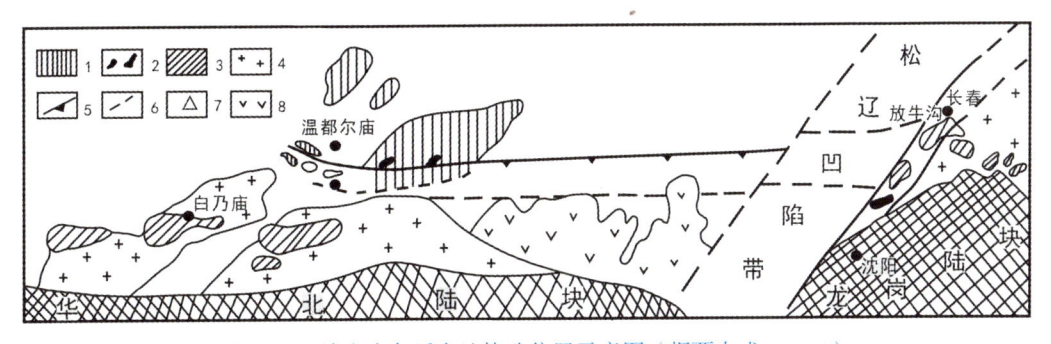

图4-26　放牛沟岛弧大地构造位置示意图（据贾大成，1994）

1—温都尔庙群绿片带；2—超基性岩；3—下古生界岛弧岩系；4—花岗岩类；5—俯冲带；6—逆冲断层；
7—多金属块状硫化物矿床；8—基性火山岩

就火山活动和其规律来看，可划分出三个主要的火山喷发旋回（图4-27），在各喷发旋回中，其喷发特点是从基性→中性→酸性→陆屑沉积，具有较明显的韵律性，在每个大的喷发韵律中又包含若干个小的韵律。

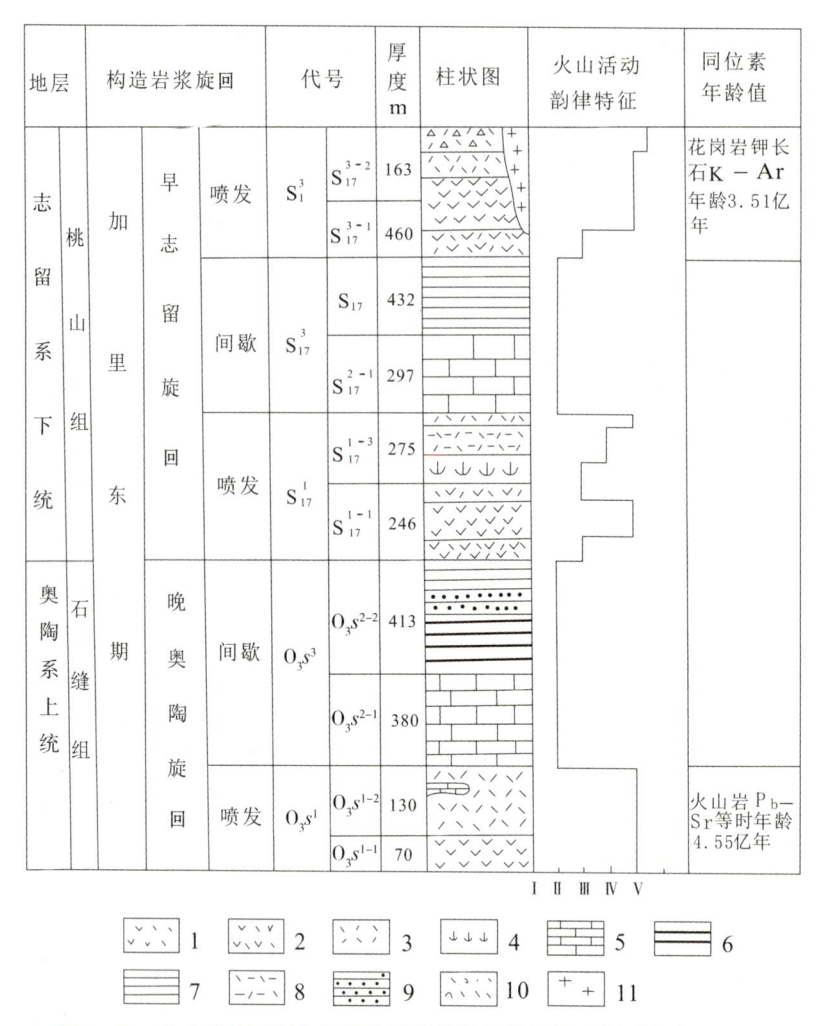

地层	构造岩浆旋回		代号	厚度 m	柱状图	火山活动韵律特征	同位素年龄值
志留系下统 桃山组	加里东期	早志留旋回 喷发	S_1^3 S_{17}^{3-2}	163			花岗岩钾长石 K-Ar 年龄3.51亿年
			S_{17}^{3-1}	460			
		间歇	S_{17}	432			
			S_{17}^{3} S_{17}^{2-1}	297			
		喷发	S_{17}^{1-3}	275			
			S_{17}^1 S_{17}^{1-1}	246			
奥陶系上统 石缝组	石缝期	晚奥陶旋回 间歇	O_3s^{2-2} O_3s^3	413			
			O_3s^{2-1}	380			
		喷发	O_3s^{1-2} O_3s^1	130			火山岩Pb-Sr等时年龄4.55亿年
			O_3s^{1-1}	70			

Ⅰ Ⅱ Ⅲ Ⅳ Ⅴ

1 ▽ ; 2 ∨ ; 3 ▭ ; 4 ↓↓ ; 5 ▭ ; 6 ▭
7 ▭ ; 8 ▭ ; 9 ▭ ; 10 ∨ ; 11 +

图4-27 放牛沟地区早古生代构造岩浆旋回特征图（据贾大成，1994）

1—安山岩；2—安山质凝灰岩；3—流纹岩；4—酸性凝灰岩；5—大理岩；6—碳质板岩；
7—板岩；8—酸性凝灰质熔岩；9—砂岩；10—酸性、中酸性火山碎屑岩；11—花岗岩；
Ⅰ—正常沉积岩；Ⅱ—凝灰岩类；Ⅲ—凝灰质熔岩；Ⅳ—熔岩；Ⅴ—火山碎屑岩

该火山岩系被后期的中基性岩浆岩和花岗岩所侵入，它们是岛弧岩系发展演化晚期的产物，是岛弧火山岩系的一部分。

在岛弧岩系下部的火山岩建造中赋存有块状硫化物多金属矿床（点）及铜矿点。在上部的陆源碎屑建造中含有金、银、铅、锌和重晶石矿床（点）。

因此，无论从岩系的空间分布、物质组成、还是从所含矿产特征来看，都具有板块消亡带岛弧火山岩系的特征。在区域大地构造位置和时代等方面与内蒙古白乃庙火山岛弧岩系有相近之处。

通过对放牛沟地区岩石组合特征、常量元素、微量元素、稀土及同位素等方面的研究，结合该区所处的大地构造位置，表明放牛沟地区是在古蒙古洋板块影响下形成的古生代岛弧。岩石组合和岩石化学等方面反映出该岛弧具有成熟期岛弧的某些特征。该区古生代花岗岩体具有Ⅰ型岩体特征，其形成为岛弧环境下同源演化产物。侵入岩与火山岩之间有密切的成因联系。受古生代岛弧构造控制，该区的矿产有一定的分布规律，放牛沟多金属块状硫化物矿床既具有层控型矿床的特征，又具有后期改造富集作用，因此该矿的成因类型应为层控热液改造型矿床。

放牛沟岛弧岩系的形成是与古蒙古洋板块向陆俯冲作用密切相关的，但对导致其形成的具体俯冲带目前有不同的认识。从该岩系所处的大地构造位置和岩系特征看，应与内蒙古白乃庙岛弧岩系的俯冲带为同一个，即是白乃庙北部俯冲带的东延部分。通过对松辽平原下部重力异常梯度带初步推测，其东延的大致界线从温都尔庙北经开鲁、通辽北部到长春北部。区域变质、变形及同位素地质事件均反映岛弧岩系遭受了加里东晚期构造运动，使其褶皱变形，而区域上中—晚志留世并未受到该期构造运动影响。表明放牛沟岛弧与白乃庙岛弧岩系一样，褶皱增生作用均结束于加里东晚期，反映华北陆块北缘的一次大规模增生褶皱造山作用的存在。

从目前研究成果看，区域上矿产无论从矿种和矿床成因类型上都有一定的分带性，即在岛弧岩系地区发育有火山层控型多金属块状硫化物矿床，而岛弧南部的椅山地区有金、银、铅等热液型多金属矿床和沉积重晶石矿床。矿产的这种分带性可能是受该区早古生代板块构造基本格局控制的。

二、吉林中部早古生代弧后盆地地质特征

在吉林中部，从四盘岭、辽源椅山、磐石红旗岭至桦甸漂河川、二道甸子，广泛分布一套早古生代地层。这些地层虽然在岩石组合及沉积条件上各有异同，但就总体构成特征看又具有共同之处，可互相对比，表现为一较大沉积场所内不同沉积条件下的沉积产物。其沉积场所的构造环境，存在着多种不同认识，通过建造分析、岩石化学及区域构造特征，认为这些地层分布区域为一未完全封闭的弧后盆地构造环境，在华北板块北缘东端构成非典型的弧—盆构造体系，在华北板块北缘早古生代的演化中占有重要地位。

该时期地层分布面积广，在华北板块北缘演化中占有较长的历史，是继西保安期以后具有独特构造环境的地质体。这套火山—沉积岩系位于伊通放牛沟火山岛弧和华北大陆板块之间，空间上构成弧—盆构造系的特色，表现出活动大陆边缘的性质。

吉林中部早古生代弧后盆地主要展布在：（1）四平地区，包括盘岭组、黄顶子组；（2）辽源地区，包括石缝组、弯月组和椅山组（石灰窑组）；（3）磐石红旗岭地区，包括黄莺屯组、小三个顶子组和北岔屯组；（4）桦甸漂河川—二道甸子地区，包括漂河川组、奋进厂组和东南岔组。这些不同地区的地层单位按其组成和同位素年龄及古生物等特征，在区域上是可以互相对比的（表4-1）。

表4-1 吉林中部早古生代地层对比表

时代	四平地区	辽源地区	磐石红旗岭地区	桦甸二道甸子—漂河川地区
早志留世		椅山组（石灰窑组）	北岔屯组	东南岔组
奥陶纪	黄顶子组	弯月组	小三个顶子组	奋进厂组
		石缝组		
寒武—奥陶纪	盘岭组		黄莺屯组	漂河川组

上述地层是吉林中部西保安期沉积之后又一较大规模的沉积旋回。黄莺屯组上段基性火山岩的 Rb-Sb 等时年龄为 524Ma±16Ma，并被 408Ma 的大玉山花岗岩体侵入，应属于寒武纪。在盘岭组含有 *Ectomaria* sp.、*Lophospira* sp. 等奥陶纪小壳化石。漂河川组被 365Ma 和 387.2Ma 超基性岩体侵入，在二道甸子金矿围岩漂河川组片岩、片麻岩中矿石铅模式年龄为 480Ma，有奥陶纪的时代依据；在小三个顶子组、石缝组和弯月组中含有化石，以珊瑚为主，少量腕足类，其中 *Syringopora* sp.、*Thamnopora* sp.、*Circophyllum* sp.、*Sinkiangolasma* sp.、*Leolasma* sp. 主要为奥陶纪，其他化石从奥陶纪到泥盆纪均常见，但考虑这套地层均在早志留世桃山组笔石页岩之下，故以晚奥陶世为宜。北岔屯组、椅山组和东南岔组整合于晚奥陶世地层之上，其时代应为早志留世。这套沉积旋回之上被泥盆纪张家屯组（西别河组）以角度不整合所覆盖。由上述不同地层单位的时代依据及接触关系可以看出，弧后盆地的发展从寒武纪晚期到早志留世，经历了漫长的演化历程。

黄莺屯组由含电气石石榴二云斜长片麻岩、黑云斜长变粒岩、角闪斜长变粒岩、蓝晶石片岩等为主，夹有多层硅质条带状大理岩。原岩恢复表明，其下部为陆源碎屑岩和内源碎屑岩，属碎屑岩—碳酸盐岩建造；上部除碎屑岩沉积外，含有中基性—中酸性火山岩，为碎屑岩—火山岩建造。盘岭组和漂河川组均以一套黑云斜长变粒岩、角闪变粒岩、黑云变粒岩、角闪石英片岩及绢云石英片岩等构成的变质地层与其对应。岩石组合反映早期以正常沉积为主，陆源区机械风化作用较强，为上升状态，陆源碎屑较丰富，碎屑成分以斜长石为主，反映沉积速度较快、距物源区较近的特点，由于岩相较稳定，反映沉积区地形起伏不大，表明沉积是在西保安期较开阔的被动大陆边缘基础上进一步坳陷的结果。晚期地壳沉降加快，并伴随强烈的火山活动，造成古地形复杂，岩相变化大。

小三个顶子组、黄顶子组、石缝组及奋进厂组以含燧石条带或燧石结核大理岩、石墨大理岩、白云质大理岩为主，夹有板岩、变粒岩、粉砂岩和石英岩，构成碳酸盐岩建造。弯月组构成中酸性火山碎屑岩建造。该期受沉积条件及火山活动影响，致使碳酸盐岩形成以含硅质、镁质、含碳质及砂质、泥质为其特征，构成不纯的碳酸盐建造，多数样品 CaO 含量为 50%～53%，MgO 含量为 0.3%～0.6%，CaO/MgO 为 166，部分样品 CaO 含量为 29%，MgO 含量为 12%～20%，形成白云质大理岩。由于局部火山活动影响，椅山地区出现重晶石沉积，含铜碳酸盐沉积，构成弧后沉积盆地特有的沉积特征。该期基本上是黄莺屯期的进一步发展，但海侵范围扩大，火山活动相对较弱，其中碎屑岩以杂砂岩、长石砂岩、钙质砂岩为主，仍反映较快速沉积的非稳定环境。

北岔屯组、椅山组（石灰窑组）和东南岔组以碎屑岩、碳酸盐岩为主，夹酸性火山岩，碎屑岩常见有长石石英砂岩、钙质砂岩、石英砂岩，构成次稳定型碎屑岩—碳酸盐建造。在漂河川—二道甸子一带为砂岩、页岩构成的类复理石建造。该期基本继承了小三个顶子组沉积期的沉积特征，但碎屑岩明显增多，局部伴有间歇性酸性火山活动，使海水中的 SiO_2 含量增加，局部形成硅质条带大理岩。碎屑岩自下而上逐渐增加，表现出海退层序，在漂河川一带反映为一局部近陆源区的海槽环境。结合各地区剖面，总体上表现出一个近东西向的沉积盆地。

由于不同地区具有连续沉积的特点、岩石组合在横向上的可比性，以及碎屑岩成熟度低、非稳定的特点，可以推断当时这些地区均为近似平行物源区的同一沉积盆地。沉积物等厚图表明盆地以红旗岭及漂河川构成沉积中心，呈近东西向展布。盆地最下部黄莺屯组碎屑岩中锆石形态以柱粒状为主，表面有麻点，浑圆状次之，副矿物组合为榍石—磷灰石—锆石—石榴子石—蓝晶石—电气石—金红石—磁铁矿—钛铁矿，表明物源区为以片岩、片麻岩为主的古陆，并距古陆不很远。各地区碳酸盐成分表明，主要为含泥质砂质灰岩、含硅质灰岩、含镁质灰岩组合，与西保安期相比，泥质、硅质、镁质及碳质等杂质含量增多，反映宏观沉积环境的不同。盆地的建造组合和沉积特征，恰与沉积盆地北侧伊通放牛沟一带火山岛弧，以及盆地南侧古老陆块的存在所表现出来的弧后盆地构造环境相一致。

在沉积作用的同时，尤其是沉积作用早期，常伴随有火山活动，其火山活动具有多旋回特点。黄莺屯组以基性、中酸性火山岩为主，小三个顶子组以中酸性火山岩为主，北岔屯组以酸性火山岩为主，具有由基性向酸性的演化特点。火山活动的规模由强至弱。火山岩与巨厚的沉积岩互层产出，表现出弧后盆地火山活动的特征。

有以下地质依据可以反映其弧后盆地的构造环境：

（1）从古大地构造位置上看，沉积盆地位于已确定的伊通放牛沟岛弧和古华北大陆板块之间。

（2）前述沉积建造及沉积特征、沉积序列具有非稳定性活动陆缘中弧后盆地的构造背景。

（3）不同地区火山岩组合、岩石化学及岩浆演化符合弧后盆地岩浆演化规律，并且由岛弧至弧后盆地出现火山极性分带。

（4）盆地范围内与该期相对应的花岗岩成因类型为Ⅰ型和S型，岩体的构造环境反映为弱造山的同碰撞特点，与弧后盆地花岗岩浆作用特征相一致。

（5）据兰玉琦（1986）在红旗岭地区的变质作用研究，该地区具有明显的巴洛式变质带。区域上看，从南东到北西，依次出现夕线石带、蓝晶石带、十字石带、铁铝榴石带、绿泥石绢云母带。变质矿物合成模拟实验获得变质温压为 650℃/300MPa ~ 750℃/300MPa，为中低压高角闪岩相到低绿片岩相变质，是弧后及边缘盆地常见的变质作用类型。

（6）出现沉积型重晶石矿和层控型碳酸盐含铜建造等弧后盆地较为典型的矿产和含矿建造。

对弧后盆地的成因，主要存在两种认识。一种属扩张成因说，认为盆地张开是岛弧裂离大陆向洋侧漂移，或岛弧本身裂开的结果，盆地中可能有形成新洋壳的次级扩张中心。另一种属于残留成因说，认为部分边缘盆地（如阿留申盆地）本身就是洋底或大陆边缘的一部分，岛弧是后来新生成的，从而把这部分洋底或大陆边缘圈围分割成弧后盆地。

在吉林中部，通过不同地区地层形成时代依据的研究，四平—红旗岭—漂河川一带弧后盆地的初始形成时代明显一致地老于伊通放牛沟岛弧的初始形成时代（455Ma）。这一事实可以证明该弧后盆地属于残留成因。另外，放牛沟岛弧区分布范围远小于弧后盆地，没形成明显的火山岛链，未对弧后盆地进行很好的圈闭，只有残留成因易于形成这种构造格局。

在黄莺屯组之前，吉林中部普遍存在西保安期的沉积，在四平龙王磁铁角闪岩下部锆石U—Pb 单点年龄为 682Ma，由于西保安期的构造环境属于被动型大陆边缘，因此该弧后盆地是在西保安期被动大陆边缘基础上演化而来的。

在西保安末期，古亚洲洋壳向陆俯冲，导致放牛沟岛弧的形成，造成岛弧—盆地—大陆的空间布局，由西保安期被动陆缘转化为该期的活动陆缘，并产生残留型弧后盆地。

通过与辽北和内蒙古地区综合对比及区域物探资料分析，认为导致岛弧和弧后盆地形成的俯冲带应属西拉木伦河早古生代俯冲带的东延部分，其位置大致在开鲁北部至长春北部一线。

在该非典型的沟—弧—盆构造体系形成末期，古亚洲洋的持续消减作用加强，以及古亚洲洋内地体的拼合作用，造成该区的强烈挤压造山状态，其构造作用主要发生在早志留世末期，表现为盆地上部北岔屯组等与泥盆系张家屯组之间的沉积不连续和构造的不协调，相当于加里东构造运动期。这种强烈挤压造成弧后盆地压垮，并促使岛弧—弧后盆地上升为陆，从而在古华北大陆板块北缘东端再次形成陆壳增生。认为弧后盆地的挤压褶皱方式属于Packham和Falvey（1971）提出的不经俯冲作用而压垮的模式。加里东末期结束了该区的弧—盆构造体系，而进入另一构造演化旋回。

弧后盆地具有特定的成矿特点和成矿模式，如沉积型重晶石矿床、沉积型铜矿及金矿等在椅山地区已有产出，因此在该带进行有关矿产勘查找矿时应充分考虑该区早古生代未完全圈闭型弧后盆地的成矿背景。

实习路线四　吉林中部伊通县景台镇放牛沟火山岩及后庙岭岩体

放牛沟火山岩是由吉林省岩石地层课题组于1992年创立的非正式岩石地层单位，创名地点在伊通县莫里青乡新立—孟家沟一带，大地构造位置在华北板块北缘东段，处于古亚洲洋和环太平洋两大构造域交汇的部位，西北部与松辽盆地相邻，东南紧邻伊通—依兰断裂。该区出露的地层除了放牛沟火山岩外，还存在有志留系桃山组和白垩系泉头组，桃山组主要由一系列含笔石的砂岩和粉砂岩组成；泉头组主要由红色复成分砾岩和砂岩—粉砂岩组成。区内岩浆岩以广泛出露的燕山早期花岗岩为特征（图4-28）。

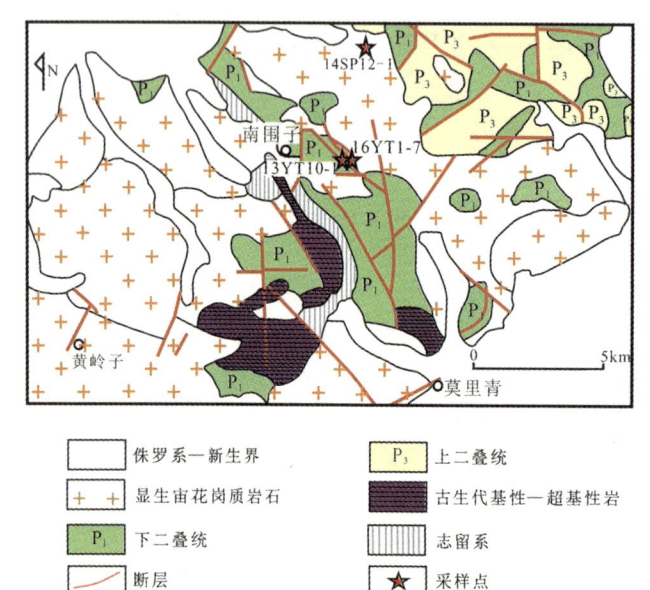

图4-28　放牛沟地区地质简图（据周中彪等，2018）

放牛沟火山岩指伊通县莫里青地区分布的与硫铁矿形成相关的一套以火成岩为主的地层（图4-29），主要由一系列中基性火山岩、火山碎屑岩及大理岩组成，在火山岩中发育明显的黄铁矿化，在区域上呈北西向与下伏志留纪桃山组断层接触。

火山岩中变玄武安山岩呈浅灰绿色，经历低绿片岩相变质，具典型的斑状结构和块状构造，斑晶主要为发生绿帘石化蚀变的斜长石，粒径为0.4~0.6mm，暗色矿物已蚀变为绿泥石和阳起石，此外还存在少量的次生方解石；基质为间隐结构，基质中斜长石发生钠黝帘石化和绢云母化。变安山岩呈浅灰绿色，斑状结构，块状构造，斑晶主要为绢云母化的斜长石，粒径约为0.8~1.1mm；基质呈现出明显的交织结构，可见绢云母化的长石。

后庙岭岩体的主体是由未受变形影响的花岗质岩石组成。其主体是二长花岗岩，呈浅肉红色，中粗粒半自形粒状结构，块状构造，主要矿物为石英（含量约45%）、碱性长石（30%）及斜长石（20%），主要造岩矿物粒径约为2~6mm，还含有少量次生白云母和绿帘石、榍石等副矿物。

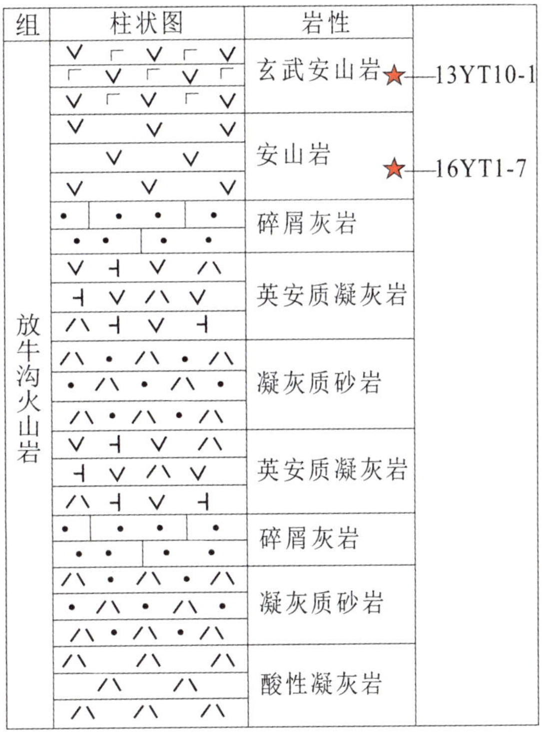

组	柱状图	岩性	
放牛沟火山岩		玄武安山岩 ★	—13YT10-1
		安山岩 ★	—16YT1-7
		碎屑灰岩	
		英安质凝灰岩	
		凝灰质砂岩	
		英安质凝灰岩	
		碎屑灰岩	
		凝灰质砂岩	
		酸性凝灰岩	

图 4-29 放牛沟火山岩地层柱状图（据周中彪等，2018）

放牛沟火山岩的形成时代一直存在争议，前人曾将其划入前寒武纪结晶片岩、呼兰群或者桃山组下段，此后根据 Rb-Sr 等时线年龄以及其与志留纪桃山组的接触关系将这套火山岩的形成时代置于奥陶纪。值得注意的是，吉中地区在古生代受古亚洲洋构造体系控制，以多个微陆块的碰撞拼合为主要特征；中生代期间，该区又受到了古太平洋和蒙古—鄂霍次克构造体系的叠加与改造，前人采用区域地层对比和全岩同位素测年方法对于该区地层的时代做出了限定，但这些方法对于经受过多期构造—岩浆热事件改造后的样品会缺乏准确性。近年来，随着高精度锆石 U-Pb 定年技术的广泛应用，吉中地区的部分原定时代为早古生代的地层，如呼兰群、下二台群以及青龙村群，其形成时代应为晚古生代。

周中彪等（2018）发现变玄武安山岩和变安山岩中的锆石为典型的岩浆成因，结果显示，其 $^{206}Pb/^{238}U$ 加权平均年龄分别为 279Ma±1Ma 和 280Ma±1Ma，表明放牛沟火山岩的形成时代为早二叠世。其中捕获锆石年龄与该区晚志留世桃山组火山岩、下二台群盘岭组火山岩以及辽源岩群弯月组的形成时代一致，证明该区存在晚志留世、早泥盆世以及早石炭世的岩浆活动。二长花岗岩中的锆石为典型的岩浆成因，$^{206}Pb/^{238}U$ 加权平均年龄为 256Ma±2Ma，表明其形成于晚二叠世。结合前人的定年结果，后庙岭岩体应该解体，其中遭受后期变质变形影响的残留体的形成时代为中晚泥盆世，而大面积分布、未遭受后期变质变形影响的花岗岩的形成时代为晚二叠世。后庙岭岩体的年代学研究结果也进一步限定了放牛沟火山岩形成于晚古生代的早二叠世，而并非前人认为的早古生代。放牛沟火山岩与志留系桃山组的接触关系并非如前人所认为的前者下伏于后者之下，真实的情况刚好相反。上述研究结果表明，放牛沟火山岩形成于约 280Ma 前，即早二叠世。

实习路线五　佳木斯—伊通断裂带舒兰段水曲柳地区韧性剪切带

在佳木斯—伊通断裂带中部舒兰段水曲柳地区花岗岩质岩石中发育一套近NNE向的韧性剪切带，具有左旋走滑性质（图4-30）。韧性剪切带是大陆变形过程中形成于地壳深层的重要构造变形形迹，是重建构造变形温压环境、变形几何学、运动学及动力学的重要研究对象。

该区出露的地层有中二叠统一拉溪组（P_2y）、上二叠统杨家沟组（P_3y）、白垩系（K）（以泉头组 K_1q 为主）、古新统缸窑组（E_1g）、始新统棒槌沟组（E_2b）、始新统舒兰组（E_2s）、渐新统水曲柳组（E_3sh），出露岩体主要为海西期和燕山期花岗岩。佳木斯—伊通断裂带舒兰段具有多凸、多凹和多断阶的特征，不仅控制煤、黏土矿的赋存，也为油气聚集提供了好的构造背景。

舒兰水曲柳地区出露燕山期的二长花岗岩、碱长花岗岩岩体，在岩体中发育典型的韧性剪切带，而剪切带周围的上白垩统嫩江组及古新世地层中均没有发现韧性变形特征。花岗质岩体规模不大，地表出露约20～30m，岩体东侧采坑内露头可见典型韧性剪切变形，西侧与二叠系呈侵入接触。

经受韧性变形而形成的糜棱岩，发育特征典型的糜棱状组构，面状构造和线理构造较为发育。面理主要为暗色矿物或矿物集合体连续定向排列，分布较为均匀，透入性较好。在局部强变形的糜棱状花岗岩中，暗色矿物和浅色矿物分异显著，呈明显的面状分布特征。

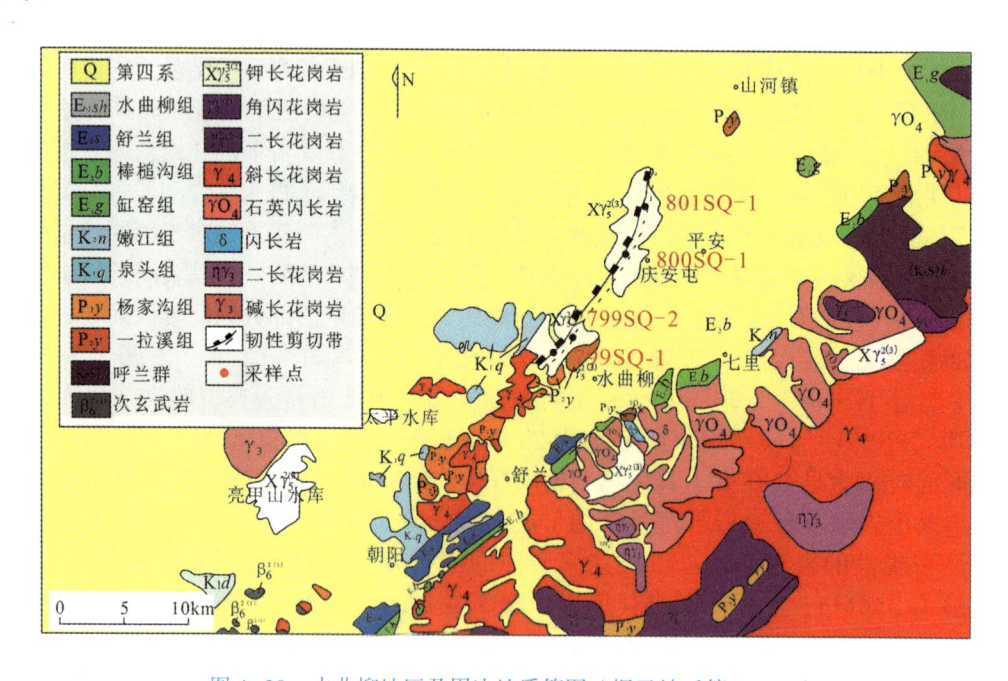

图4-30　水曲柳地区及周边地质简图（据孟婧瑶等，2013）

韧性剪切带中长英质矿物拉长明显，形成长英质条带现象[图4-31（a）]，部分地区可见剪切面理和线理，剪切面理产状总体为91°～100°∠48°～78°，线理产状为179°～198°∠5°～10°。除此之外，部分粗粒花岗岩经历变形后出现眼球状构造、S-C组构、矿物拉长等现象，显示明显左行剪切变形特征，片麻理产状近NNE向[图4-31（b）、（c）]。

图 4-31 水曲柳地区燕山期碱长花岗岩野外图片（据孟婧瑶等，2013）

(a) 发育明显的石英条带、S-C 组构，显示左行剪切；(b) 眼球状构造，显示左行剪切；
(c) 矿物拉长现象

舒兰水曲柳地区变形岩石的原岩为碱长花岗岩。变形后岩石的残斑主要以石英和长石为主，有部分云母，其中少量云母被绢云母化。此外，显微镜下还可以观察到少量角闪石、帘石、含铁质不明矿物和磷灰石。残斑整体所占的比例为30%~45%，基质的比例为55%~70%。在石英、长石残斑表面出现多米诺碎斑构造等显微破裂现象；石英具波状消光、亚颗粒现象，石英颗粒还存在压力影等扩散物质迁移现象［图4-32（a）］。此外，核幔构造、残斑系、条带状构造等其他塑性变形现象十分明显［图4-32（b）］，部分石英出现亚颗粒旋转动态重结晶现象［图4-32（c）］。部分具有典型的膨突（BLG）重结晶现象［图4-32（d）］。云母变形强烈，出现明显的S-C组构和云母鱼现象，推断研该区构造岩具有初糜棱岩—糜棱岩特征，其变质条件大致相当于低绿片岩相（主要造岩矿物发生动态重结晶作用），形成温度为400~500℃。

前人对于郯庐断裂带演化阶段的研究主要集中在南段。徐嘉炜曾总结该断裂带经历左旋平移，后又将平移时间改为早白垩世；万天丰等认为郯庐断裂带在三叠纪发生了左旋平移；王小凤等认为断裂带在白垩纪—古近纪经历伸展活动，而左旋平移发生在中三叠纪—侏罗纪；郭令智曾指出断裂带在燕山早期有大规模的左行平移运动；近年来，朱光对南段的沂—沭断裂进行了详细的研究，认为断裂带的发展具有阶段性，左旋走滑发生在早白垩世，通过同位素年代学研究，将郯庐断裂带左行平移活动事件限定为晚三叠世。对于断裂北延的分支，陈丕基对郯庐断裂带两侧中生代岩相和生物的对比研究，提出郯庐断裂在136.4Ma±2.0Ma开始了走滑阶段，并持续了大约12~18Ma。杨宝俊、张梅生等对郯庐断裂两侧中生代盆地地层序列进行对比后认为，左旋走滑时期主体在早白垩世Barremian期（130~125Ma）。周玉琦等也曾总结在白垩世中期（100Ma左右），中国东部遭受强大的左旋挤压剪切。孙晓猛通过同位素测年推测敦密断裂带左旋走滑时代在晚侏罗世。综合考虑以上学者的观点，可以认为郯庐断裂带的左旋平移从晚三叠世开始，在晚侏罗世达到高潮，结束时间在早白垩世。

在佳木斯—伊通断裂带上舒兰断陷水曲柳地区燕山期的碱长花岗岩岩体内发现的韧性剪切带，具有左旋走滑特征，应变类型为伸展应变，在岩体中发育典型的韧性剪切带，而剪切

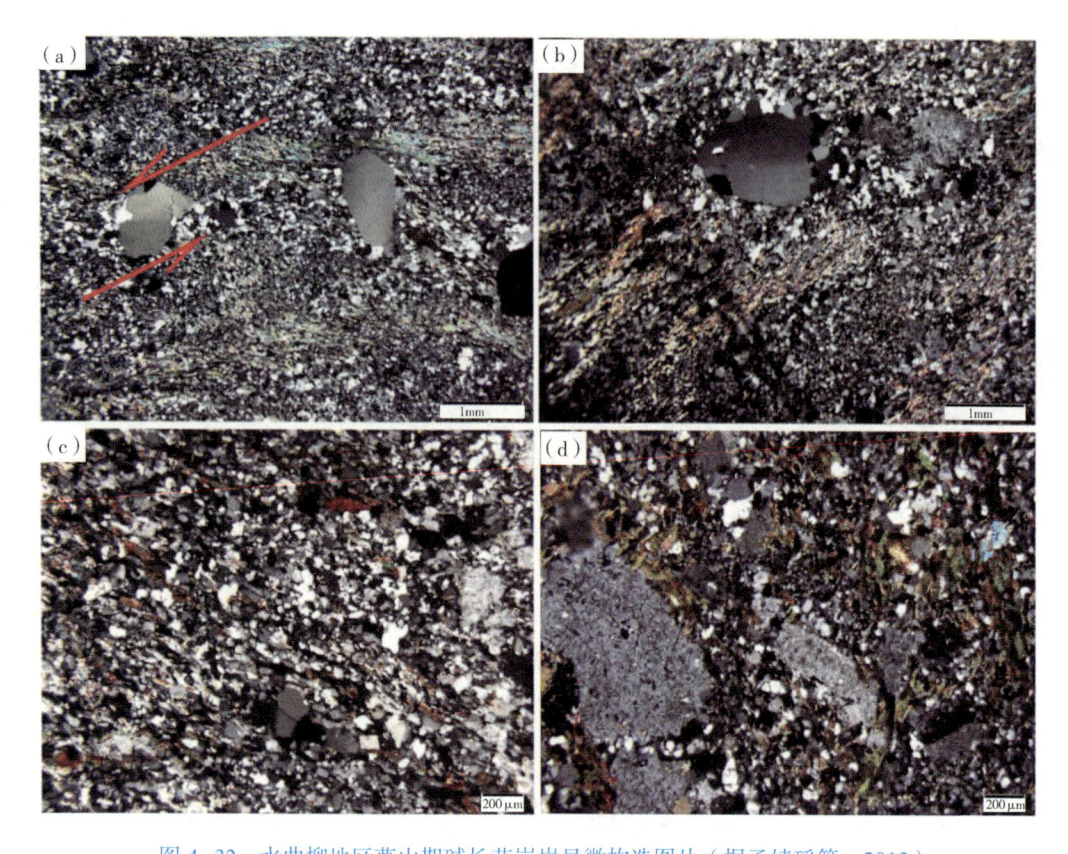

图 4-32 水曲柳地区燕山期碱长花岗岩显微构造图片（据孟婧瑶等，2013）

（a）石英压力影，上部发育云母鱼现象，显示左行剪切；（b）石英亚颗粒旋转重结晶现象及核幔构造，核部发育波状消光；（c）石英旋转重结晶集合体；（d）石英沿长石残斑裂缝出现的膨突现象

带周围的上白垩统嫩江组及古新统中均没有发现韧性变形特征，可以认为该区在早白垩世中晚期经历了左旋剪切活动。变形机制方面，在 135～127Ma 时期西太平洋伊泽纳崎板块向欧亚大陆俯冲方向及速度改变事件是本次左旋剪切运动的机制，俯冲方向由 NWW 向转变为 NNW 向，俯冲速度由低速（4.7cm/a）转变为 30cm/a 的高速俯冲。

实习路线六　吉林大玉山花岗岩体

大玉山花岗岩体位于吉林省磐石市呼兰镇东北—桦甸市榆木桥子镇一带，出露面积约 300km^2。岩体呈北西—南东向展布的椭圆形，围岩由中—浅变质的古生代地层和未变质的中生代地层构成（图 4-33）。其中，中度变质的呼兰群为一套含蓝晶石、董青石、十字石、石榴子石的斜长片麻岩、云母片岩、斜长角闪岩、石英岩和（石墨）大理岩；浅变质岩系为千枚岩、板岩、变质砂岩和结晶灰岩；中生代地层为中—酸性火山岩、砾岩、砂岩等。岩体明显侵入中度变质的呼兰群，又被与红旗岭镁铁—超镁铁质侵入岩同时期的辉长岩侵入。岩体遭受了韧性变形作用，发育糜棱叶理，表现为暗色矿物及围岩捕虏体长轴定向和/或石英拔丝拉长，说明岩体遭受了韧性变形作用，由岩体边缘向内部糜棱叶理逐渐减弱，且其产状与变质围岩的产状基本一致，这说明岩体具有同构造性质。但从岩体只遭受明显的变形作用而岩石中没有新的变质矿物生成这一点来看，岩体应是在变质峰期后侵位的。岩体中有后期侵入的闪长岩脉和煌斑岩脉，且脉岩不具有无糜棱岩化现象，说明其形成于韧性变形作用之后。

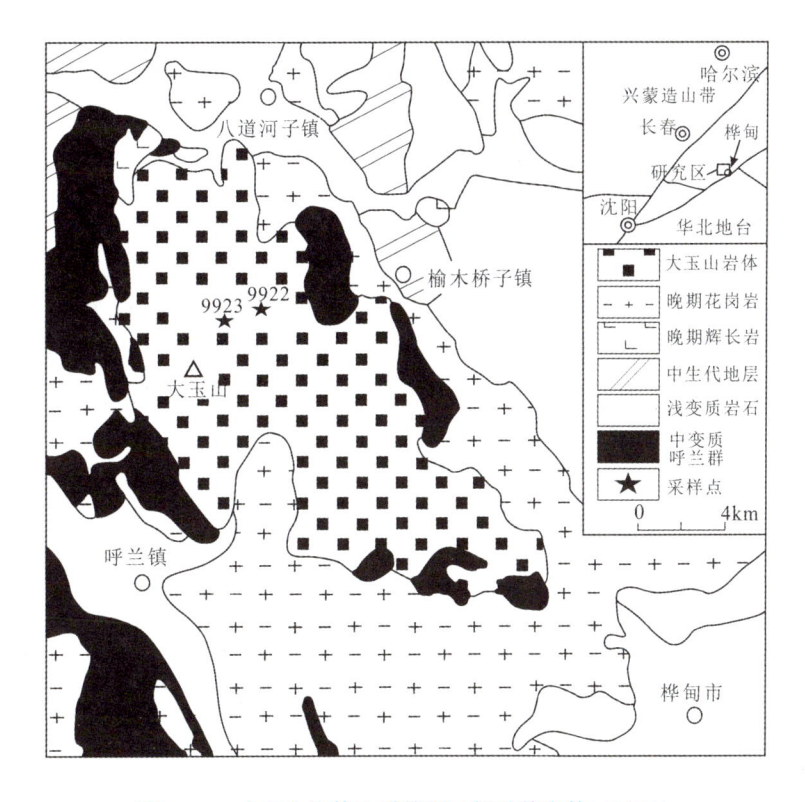

图4-33　大玉山岩体地质简图（据孙德有等，2004）

大玉山岩体主要由花岗闪长岩、二长花岗岩和很少量的细粒闪长岩包裹体组成，尽管前人描述在大玉山顶峰一带有石英闪长岩，但根据其所给出的矿物成分体积分数斜长石为45%～60%，钾长石为10%～25%，石英为10%～15%，角闪石、黑云母为10%～20%和6个样品SiO_2的质量分数（64.72%～68.88%）来看，其主要岩石类型应为花岗闪长岩。岩体遭受了不同程度的韧性变形作用改造，从而表现出所谓的片麻状构造，实际上是糜棱叶理构造，内部变形弱，边部变形强。边部有呼兰群变质岩捕房体，并有后期侵入的闪长岩脉和煌斑岩脉，且脉岩不具有糜棱岩化现象，说明其形成于韧性变形作用之后。花岗闪长岩和二长花岗岩的结构和矿物组成基本一致，岩石呈灰白色、灰红色，片麻状构造，细粒半自形结构，部分岩石具有斑状结构，斑晶为钾长石，主要矿物为斜长石（35%～60%）、钾长石（20%～30%）、石英（18%～30%）、黑云母（5%～10%），次要矿物为角闪石（0%～3%），多数岩石中不含角闪石，副矿物主要有磁铁矿、榍石、绿帘石、褐帘石、磷灰石和锆石等。斜长石多为半自形板状，约1～2mm，聚片双晶和环带较发育，弱绢云母化和绿帘石化。在变形较强的岩石中（糜棱岩化花岗岩和花岗质糜棱岩），斜长石定向、双晶错断和弯曲。钾长石多为不规则粒状，部分呈半自形板状，多为微斜条纹长石和条纹长石，少数为微斜长石，一般为0.5～2mm，斑晶达5～10mm，斑晶钾长石常包裹除石英以外的其他所有矿物，说明其结晶较晚。石英约为0.2～1.0mm，波状、带状消光显著，强变形花岗岩中的石英拔丝拉长，部分已恢复重结晶形成粒状镶嵌结构。黑云母为黄绿色—棕黄色的叶片状，0.2～1mm，定向排列，部分绿泥石化。角闪石呈蓝绿—淡黄色的柱状，大小约0.5mm。

颗粒锆石 U-Pb 同位素年龄测定表明，位于西拉木伦河—长春—延吉板块缝合带上的吉林大玉山花岗岩体形成于晚二叠世末期，并非以前认为的加里东期。岩石学、元素和同位素地球化学研究表明，岩体属于高钾钙碱性 I 型花岗岩，岩浆来源于加厚地壳底部基性玄武质岩石的部分熔融作用，属同碰撞型花岗岩，是板块碰撞拼合的直接岩浆岩证据。

西拉木伦河—长春—延吉缝合带是兴蒙造山带东段一条非常重要的板块碰撞拼合带，大玉山岩体就位于这条拼合带上，被视为同碰撞型花岗岩作为华北板块和西伯利亚板块沿着西拉木伦河—长春—延吉缝合带于加里东期碰撞拼合的主要岩浆岩证据。前已述及，大玉山岩体属于高钾钙碱性 I 型花岗岩，此类岩石主要形成于大陆弧和板块碰撞后两种大地构造背景下，从该岩体与围岩呼兰群的构造变形关系以及岩体本身变形特点来看，岩体具有同构造性质，而岩石中没有新的变质矿物生成，说明岩体应是在变质峰期稍后侵位的。这也可以从岩体侵位年龄（248Ma）略晚于呼兰群峰期变质年龄（晚二叠世）得到证明。另外的研究表明，呼兰群的变质作用为挤压碰撞造山作用所致，具有顺时针演化的 PTt 轨迹特征（造山带地壳加厚作用在前，地壳增温直至达到峰值在后，花岗岩在造山旋回的中期和晚期侵位），是松嫩板块与华北板块碰撞拼合作用的产物。所以，大玉山岩体属同碰撞型花岗岩，是略晚于呼兰群变质峰期侵位的，它的出现标志着西拉木伦河—长春—延吉缝合带的闭合时间应该在晚古生代末期，而不是早古生代。这一结果不仅解决了长期争论的有关该缝合带的闭合时间和性质，同时对探讨兴蒙造山带东段的大地构造演化和东北地区中生代早期的地质作用都具有重要的指导意义。

综上所述，吉林大玉山花岗岩体形成于 248Ma 左右的二叠纪末期，并非形成于加里东期，岩浆来源于下地壳基性玄武质岩石的部分熔融作用，是由板块俯冲作用形成的同碰撞型花岗岩，它代表了西拉木伦河—长春—延吉缝合带于二叠纪末期发生了最终的碰撞拼合作用。

实习路线七　吉林中部地区二叠纪剖面

二叠纪东北地区处于大地构造转换的重要地质时期，沉积盆地经历了古亚洲洋的闭合过程，沉积构造背景十分复杂。不同学者对其构造背景有着不同的认识。一部分学者认为其大地构造背景与俯冲—碰撞作用的消减过程有关，沉积基底属于岛弧型；另一部分学者认为沉积时其大地构造背景属于大陆裂谷型，并经历了早期的伸展作用和晚期的裂陷衰减过程。但多数学者是从大地构造学、古生物学以及岩浆岩岩石学方面进行研究，很少有人从沉积学角度进行论述。沉积体系反映了物源区的剥蚀顺序及程度，是构造活动过程最完整的地质记录。

早—中二叠世，吉中地区位于西伯利亚板块与华北板块之间的古亚洲洋东段，发育一系列中、小板块（图 4-34）；晚二叠世区内大部分地区海盆已经关闭，古地理格局发生了巨变，仅在长春的杨家沟、净月潭一带有残留的海水。

由于处于华北板块、西伯利亚板块和佳木斯—兴凯地块之间，又邻近松辽中间地块，区内地质构造错综复杂，现存沉积体系多保存不全，出露地层多为有顶无底或有底无顶，但沉积序列基本清楚，沉积相发育较全。地层由下至上沉积了寿山沟组、大河深组、范家屯组和杨家沟组。

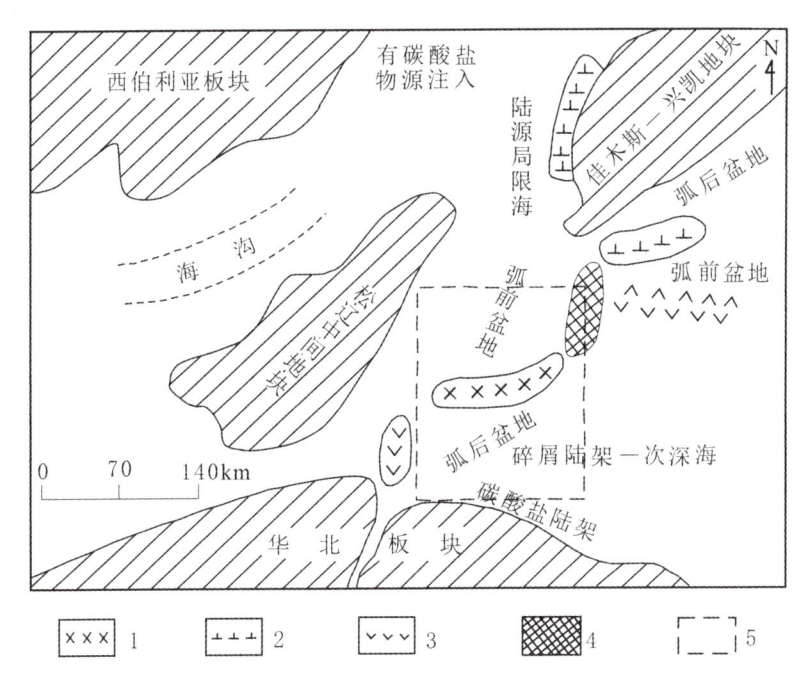

图 4-34　吉林地区早—中二叠世古地理原型示意图（据文琼英等，1996）

1—洋岛弧；2—陆缘弧；3—石炭纪火山；4—水下高地；5—研究区位置

一、桦甸市榆木桥子镇至常山镇早二叠世寿山沟组（P_1s）沉积相与环境

寿山沟组（早二叠世栖霞期）命名剖面位于吉林省桦甸市榆木桥子镇东约 3 km 寿山沟石灰窑（图 4-35），由 19 世纪 70 年代陶南笙、刘发等人创名。

寿山沟组主要分布于桦甸市小天平岭、火龙岭、贾家屯一带，呈近南北向弧形分布；在磐石市窝瓜地、柳杨村、富太河一带也呈南北向带状分布。寿山沟组为窝瓜地组酸性火岩之上或石嘴子组之上、大河深组安山岩或流纹岩之下的一套由碎屑岩夹石灰岩、生物碎屑灰岩组成的地层体。下部为砂质板岩、含砾粉砂岩、粉砂质砂岩偶夹石灰岩透镜体；上部为灰色千枚状粉砂岩、含碳质绢云板岩、变质细砂岩夹厚层灰岩透镜体。石灰岩中产珊瑚、蜓、苔藓虫和牙形刺，局部砂岩中有头足类化石。在命名剖面缺失下部层位，厚度＞316m；区域上与下伏窝瓜地组或与磨磐山组整合或平行不整合接触；与上覆大河深组之间为整合接触。该组产丰富的腕足类（*Echinoconchus* sp.）、蜓（*Pseudofusulina* sp.、*Parafusulina* cf.）、珊瑚（*Amplexocarinia*）、海百合茎和牙形刺等化石，化石特征表明该组为早二叠世初期沉积。

出露于桦甸市榆木桥子镇至常山镇一带的寿山沟组为陆源碎屑岩及碳酸盐岩沉积。其下部以浅灰色、灰色厚层石灰岩为主，夹少量灰色、灰紫色泥质灰岩；上部为银灰色千枚状粉砂岩。由下至上发育了碳酸盐岩陆架—陆架边缘沉积体系（图 4-36 下部）和次深海盆地体系（图 4-36 上部）。

1. 碳酸盐岩陆架—陆架边缘沉积体系

从下至上，岩石序列为深灰色中厚层含生物碎屑颗粒灰岩、厚层至块状海百合含砾粒

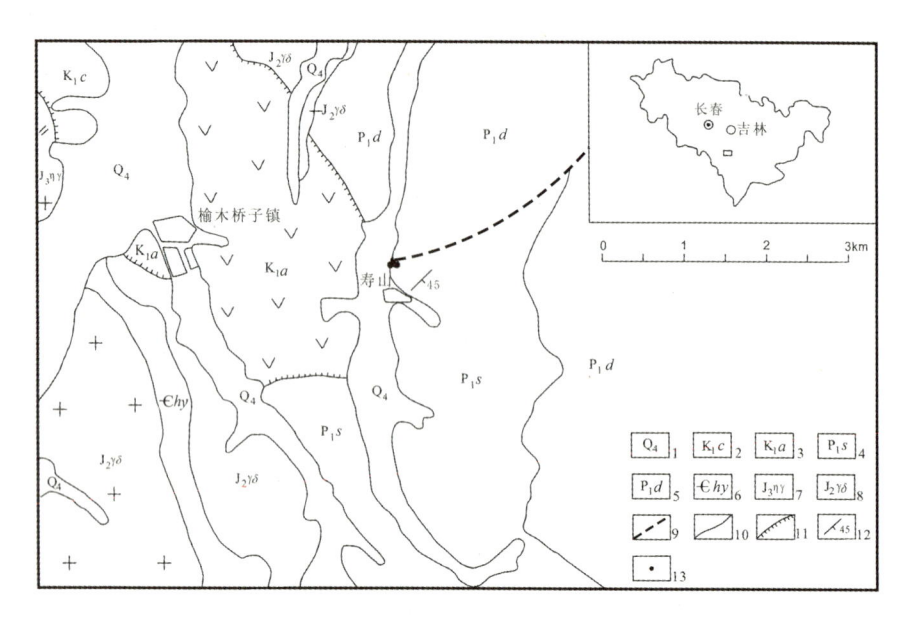

图 4-35 吉林省榆木桥子镇一带地质图（据王成源等，2013）

1—全新统砂岩、砾岩；2—白垩系下统长安组；3—白垩系下统安民组；4—二叠系下统寿山沟组；5—二叠系下统大河深组；6—寒武系黄莺屯组；7—晚侏罗世二长花岗岩；8—中侏罗世花岗闪长岩；9—实测断层；10—实测地质界线；11—不整合地质界线；12—产状；13—牙形刺取样位置及编号

图 4-36 吉林中部地区寿山沟组相序示意图（据杨宝忠等，2006）

屑灰岩、灰色生物碎屑灰岩、变晶鲕粒灰岩、海百合粒泥灰岩、生物碎屑灰岩、薄层颗粒灰岩、白云石化生物碎屑灰岩、钙结砾岩及含砾泥灰岩。下段富含珊瑚、苔藓虫、腕足、菊石、海百合化石，珊瑚、苔藓虫形成小型礁体，水体较深；上段产大量广盐度浅海生物化石。该体系根据沉积特征可进一步划分为碳酸盐岩陆架边缘—斜坡、浅滩和坪地等微相。

1）碳酸盐岩陆架边缘—斜坡—槽盆相

陆架边缘斜坡沉积之下为纹层状泥晶灰岩，向上夹有砾屑灰岩，其中砾石呈角砾状、小型撕裂状、拉长状，具塑性再搬运特征，与灰泥一起沉积。纹层状泥晶灰岩上覆含灰岩砾的泥状灰岩及生物碎屑颗粒灰岩，具斜坡相特征。颗粒成分多样，除生物碎屑外还有内碎屑、假鲕、泥岩砾等，包括较深水物质，且颗粒分选极差，具浊流沉积特点。由于岩石中砾、内碎屑的大小主要为中—细砾，推测沉积环境为缓坡碳酸盐岩陆架。下伏纹层状泥质泥晶灰岩，具有盆地相特征，因此推断下部层序为陆架边缘—斜坡—槽盆相。

2）高能浅滩相

高能浅滩相以核形石藻粒灰岩为主，混有少量巨—粗砾腕足碎屑。核形石呈球状、椭球状（长轴1.5～3cm，短轴0.5～1cm），也有破碎呈半圆状或呈新月状的同心层状构造。颗粒大小较均等，颗粒支撑，灰泥被淘洗殆尽，表明经过波浪的筛选，为高能浅滩产物。这指示陆架向上变浅，水体循环良好，有利于藻类繁殖。而藻粒内部具同心层构造又反映它在不断搅动翻滚中生长，为高能浅滩相沉积。

3）碳酸盐岩坪地相

碳酸盐岩坪地相由白云石化生物碎屑颗粒灰岩、弱白云石化生物碎屑粒泥灰岩、薄层泥灰岩组成。镜下观察，白云石多呈自形，沿生物碎屑颗粒边部交代形成，可见重力胶结，指示沉积后水体变浅，白云石是浅水淋滤作用下的产物。上覆薄层状灰岩是水体深浅波动、海面处于高潮位的低能条件下产物。其上覆钙结砾岩是海面出露或原生滨岸向海推进而使泥状灰岩干裂后，再次被钙质充填干裂缝胶结而成，是一种沉积后的暴露标志。

2.（次）深海盆地沉积体系

寿山沟组上部沉积了（次）深海的中细粒碎屑岩系。底部为含陆源碎屑及火山砾的碳酸盐岩砾屑灰岩，向上过渡为含砂砾、泥岩块的杂砂岩。层序特征自下而上依次为：含砾长石岩屑砂岩、黑色富碳质泥岩、纹层状泥岩夹中细粒岩屑长石杂砂岩，其上为多个具递变层理的凝灰质中细粒岩屑长石砂岩—凝灰质粉砂岩—凝灰质泥岩韵律段。

岩层中小型递变层理、微细层理较发育，具砂泥交互的复理石组合，是深水盆地产物。其中砂岩粒度分析结果显示：以中粒砂为主，其次为细砂，泥质含量大于15%，为杂砂岩。概率累计曲线为二段型（图4-37），标准差为2.4～1.9，分选较差。进一步将概率累计曲线逼近拟合为指数函数形式 $y=aX^N+b$ 表示的理论曲线。应用泛函分析最优化理论，以 $y=a(x+c)^N+b$ 表示，对砂岩拟合的结果表明，指数 N 均大于零，但又逼近零，为不十分突出的双曲线型。其地质意义为：当载体和流水紊度降低时，沉积物卸载形成，从而沉降为较急流型沉积，与浊流机理一致。这证明相序中所含的较粗碎屑为浊流产物，因为颗粒相对较细，流体能量并不很强，水体可能较深。层序底部见碎屑沉积，表明沉积体邻近盆地边缘，为斜坡局限次深海盆地环境。

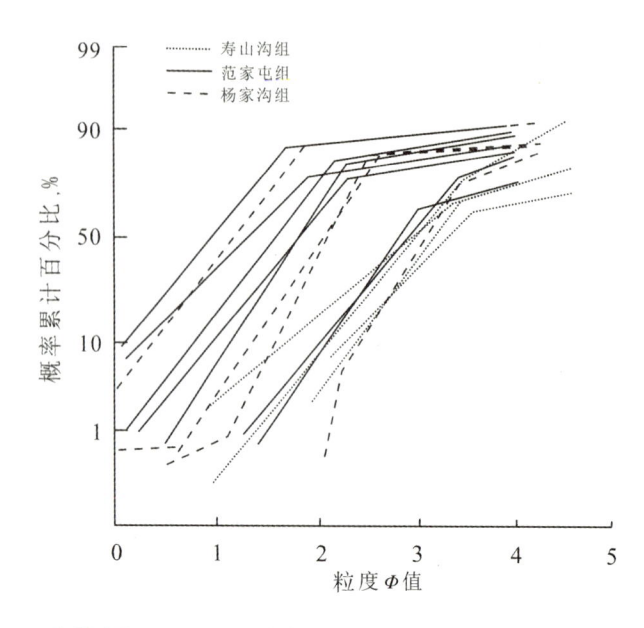

图 4-37　吉林中部地区二叠系砂岩粒度概率累计曲线（据杨宝忠等，2006）

二、桦甸市常山镇大河深村水库东山大河深组（P₁d）沉积相与环境

19 世纪 70 年代吉林地质局于桦甸县（现桦甸市）常山乡大河深创名该组。大河深组是吉中早二叠世早期大规模火山活动的产物，广泛分布于桦甸、磐石、永吉、蛟河等地，以桦甸北部大河深至寿山沟一带出露较好，呈向西突出的弧形分布（图 4-38）。

大河深组最初的命名地位于吉林省桦甸市常山镇大河深西北（图 4-39），为浅海相中酸性火山岩建造、陆源碎屑岩建造、碳酸盐岩建造，局部夹有少量的陆相碎屑岩建造，厚约 3600m，与下伏寿山沟组和上覆范家屯组均呈整合接触（图 4-40）。下部以灰色、黄褐色流纹质凝灰岩为主，夹流纹岩、层流纹岩；中部以深灰色、灰色安山质凝灰岩为主；上部以灰绿色、黄绿色流纹质凝灰岩为主，夹灰岩、钙质砂岩及灰色炭质板岩；顶部为灰色、灰白色厚层状灰岩。地层中含有蜓 *Monodiexodina* sp.、珊瑚 *Lytvolasma* 及植物化石（*Neuropteris*、*Daheshenensis*）。动物化石证明该地层沉积的时代为早二叠世。研究资料表明，在流纹岩和凝灰岩中测得的锆石年龄为 298～300Ma，综合表明该组沉积的地质年代为早二叠世中晚期。

大河深村水库东山剖面方向为 152°，总导线长 3293m，剖面长 3110m，经计算地层厚度为 1730.68m，共分 35 层（图 4-41）。该剖面大河深组是一套酸性火山熔岩和凝灰岩，局部夹有少量中基性火山岩和正常沉积岩的地层，主要岩石类型有流纹岩、英安岩、流纹质（熔结）凝灰岩、泥岩、凝灰质砂岩，以及少量的安山岩、玄武岩及砾岩，部分岩石发生蚀变（绢云母化和碳酸盐化），整个地层出露情况良好，局部地区有第四纪沉积覆盖，与上覆范家屯组呈整合接触。

覆地层范家屯组：底部为黑色灰岩和灰白色白云岩

------------------------------- 整　　　合 -------------------------------

35. 灰黑色流纹岩　　　　　　　　　　　　　　　　　　　　　　　　　　　　4.92m
34. 灰白色白云质灰岩　　　　　　　　　　　　　　　　　　　　　　　　　　3.28m

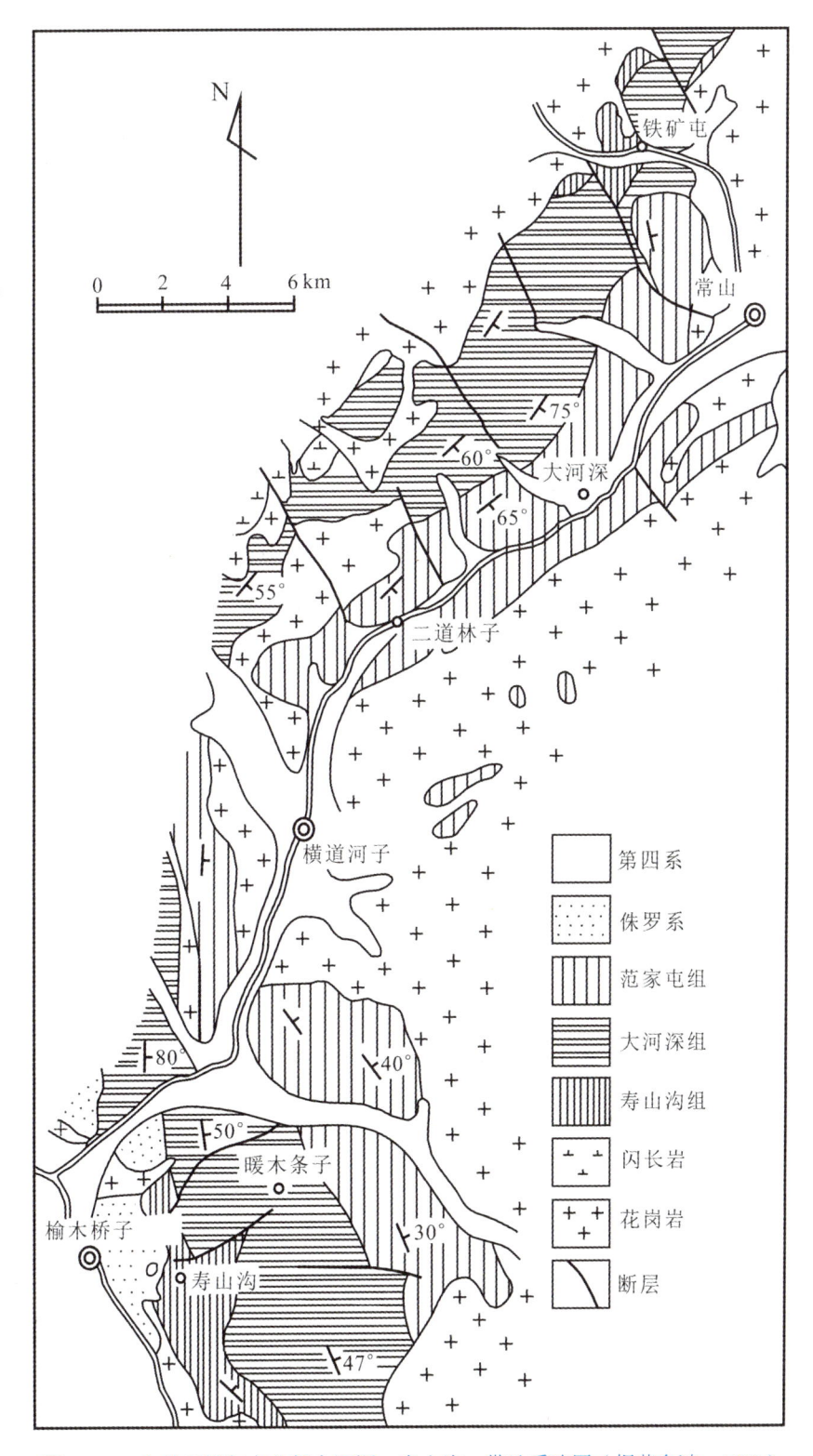

图 4-38 吉林省桦甸市北部大河深—寿山沟一带地质略图（据莽东鸿，1980）

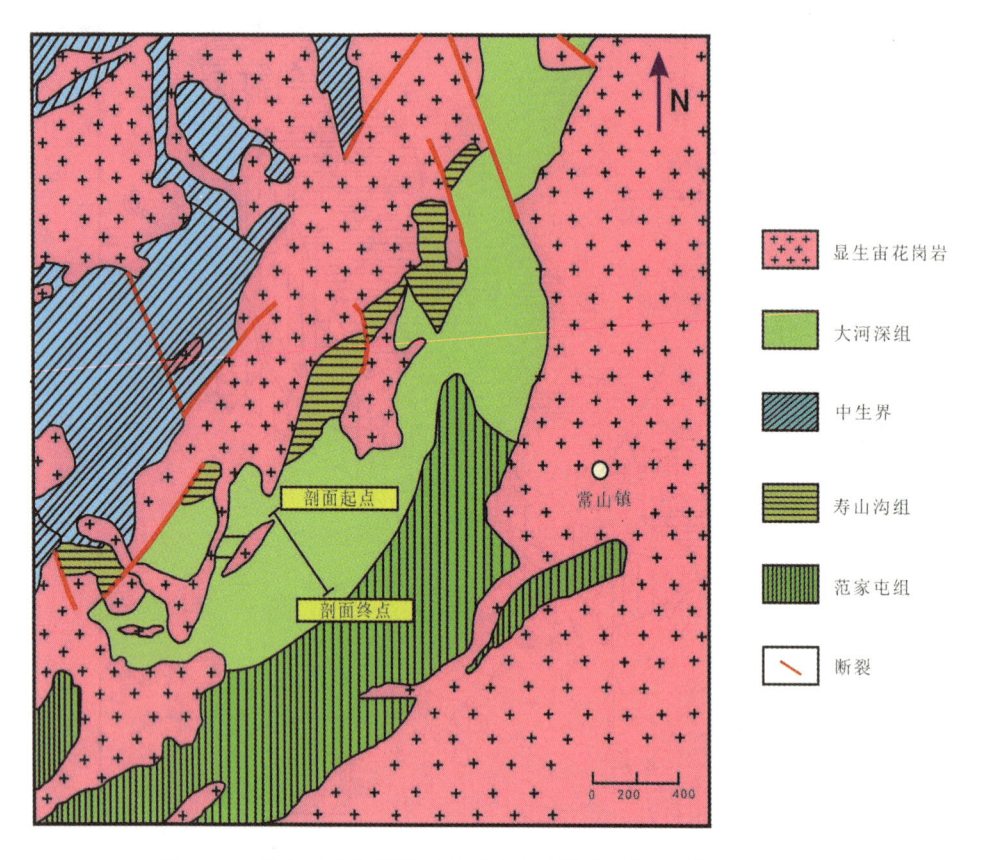

图 4-39　桦甸市常山镇附近地质略图（据吉林省地质矿产局，1989）

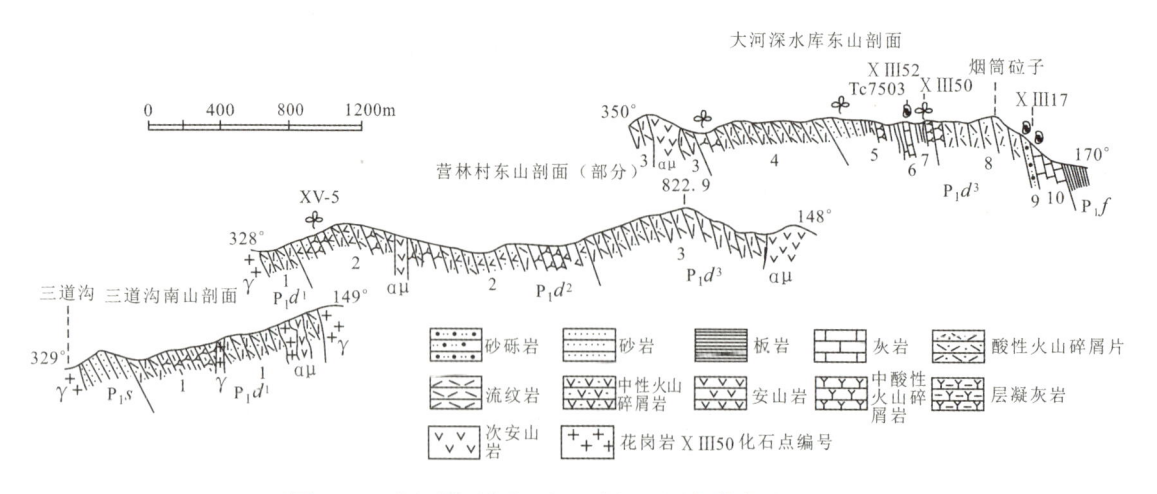

图 4-40　大河深西北大河深组剖面图（据莽东鸿，1980）

P_1f—范家屯组；P_1d—大河深组；P_1d^1—大河深组上段；P_1d^2—大河深组中段；P_1d^3—大河深组下段；
P_1s—寿山沟组

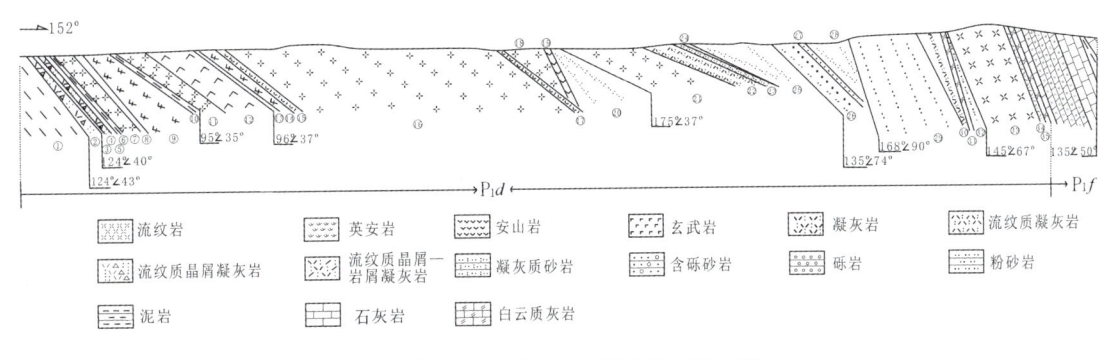

流纹岩	英安岩	安山岩	玄武岩	凝灰岩	流纹质凝灰岩
流纹质晶屑凝灰岩	流纹质晶屑－岩屑凝灰岩	凝灰质砂岩	含砾砂岩	砾岩	粉砂岩
泥岩	石灰岩	白云质灰岩			

图 4-41　吉林中部大河深组实测剖面（据于倩，2014）

33. 灰色流纹岩　　　　　　　　　　　　　　　　　　　108.35m
32. 灰色含砾砂岩　　　　　　　　　　　　　　　　　　3.09m
31. 灰白色流纹岩　　　　　　　　　　　　　　　　　　13.74m
30. 灰白色流纹质凝灰岩　　　　　　　　　　　　　　　57.65m
29. 深灰色粉砂岩，局部夹薄层细砂岩及泥岩　　　　　　170.32m
28. 灰色凝灰质细砂岩　　　　　　　　　　　　　　　　114.24m
27. 灰色砾岩　　　　　　　　　　　　　　　　　　　　19.13m
26. 灰色细砂岩与粉砂岩互层　　　　　　　　　　　　　72.33m
25. 青灰色凝灰质砂岩　　　　　　　　　　　　　　　　118.15m
24. 黑色泥岩　　　　　　　　　　　　　　　　　　　　1.61m
23. 青灰色凝灰质砂岩　　　　　　　　　　　　　　　　14.22m
22. 流纹质熔结凝灰岩　　　　　　　　　　　　　　　　59.80m
21. 灰白色流纹岩　　　　　　　　　　　　　　　　　　155.15m
20. 青灰色凝灰质粉砂岩　　　　　　　　　　　　　　　13.14m
19. 灰色安山岩　　　　　　　　　　　　　　　　　　　14.81m
18. 灰白色流纹岩　　　　　　　　　　　　　　　　　　66.04m
17. 灰白色凝灰岩　　　　　　　　　　　　　　　　　　9.98m
16. 灰白色流纹岩　　　　　　　　　　　　　　　　　　317.22m
15. 灰白色流纹质岩屑晶屑凝灰岩　　　　　　　　　　　21m
14. 灰白色英安岩　　　　　　　　　　　　　　　　　　42.45m
13. 灰黑色流纹岩　　　　　　　　　　　　　　　　　　15.88m
12. 青灰色玄武岩　　　　　　　　　　　　　　　　　　67.39m
11. 灰黑色流纹岩　　　　　　　　　　　　　　　　　　43.74m
10. 黑色泥岩夹少量粉砂岩　　　　　　　　　　　　　　8.98m
9. 黑色英安岩　　　　　　　　　　　　　　　　　　　67.74m
8. 灰黑色粉砂岩　　　　　　　　　　　　　　　　　　24.69m
7. 灰黑色流纹岩　　　　　　　　　　　　　　　　　　42.35m
6. 黑色泥岩　　　　　　　　　　　　　　　　　　　　4.66m

5. 灰黑色流纹岩　　　　　　　　　　　　　　　　　　　　　　　　　　9.9m
4. 深灰色流纹质晶屑凝灰岩　　　　　　　　　　　　　　　　　　　　11.07m
3. 黑色泥岩　　　　　　　　　　　　　　　　　　　　　　　　　　　6.99m
2. 黑色流纹质晶屑凝灰岩　　　　　　　　　　　　　　　　　　　　　11.75m
1. 黑色泥岩（第四纪覆盖，未见底）　　　　　　　　　　　　　　　　15.01m

该剖面中火山岩岩性主要为流纹质凝灰岩、流纹岩、英安岩、安山岩及玄武岩，岩石主要特征如下：

玄武岩：深灰色，斑状结构，块状构造。斑晶含量约为10%，成分主要为斜长石和辉石。斜长石呈自形—半自形长柱状，发育聚片双晶；辉石为半自形粒状，正高突起，发育两组解理，斜消光，消光角较大。基质为间粒—间隐结构，由微晶斜长石、辉石和火山玻璃组成。

安山岩：深灰色，斑状结构，块状构造。斑晶含量约为15%，发生碳酸盐化蚀变作用。基质为半自形长柱状，微晶斜长石和细小辉石颗粒分布在基质中，微定向排列形成交织结构。

英安岩：灰色，斑状结构，块状构造，基质为霏细结构。斑晶含量约为20%，成分为斜长石和少量石英。斜长石呈半自形长条状，聚片双晶发育；石英为他形粒状，表面干净无裂纹和解理，正低突起。

流纹岩：灰白色，斑状结构，流纹构造，基质为隐晶质。斑晶含量约为25%，主要成分为碱性长石、石英和少量斜长石。碱性长石呈不规则粒状，发育卡式双晶；石英为他形粒状，表面干净，正低突起；斜长石为半自形柱状，聚片双晶发育。

流纹质凝灰岩：凝灰结构，块状构造。岩石主要由15%的岩屑、10%的晶屑和75%的火山灰组成。岩屑主要成分为流纹岩，晶屑成分为斜长石、碱性长石和石英。

正常沉积物主要是颜色较深、岩性较细的细砂岩和粉砂岩，地层中可见水平层理，体现水体较深且较稳定的水动力环境，产蜓类化石、珊瑚化石及植物化石等，以蜓 *Monodiexodina* 等和珊瑚 *Szechuanophyllum* 等以及腕足、苔藓虫为特征，所以综合判断剖面下部为浅海陆棚沉积环境（图4-42）。

最近研究认为：吉林中部大河深组火山岩的年龄为302～299Ma，是晚石炭世末期岩浆活动的产物。

大河深组火山岩的岩石组合为玄武岩、安山岩、英安岩和流纹岩，均属于中钾钙碱性—高钾钙碱性系列，富集轻稀土元素和大离子亲石元素，亏损Nb、Ta、Ti等高场强元素，表现为Sr-Nd同位素亏损的特征，其Sr-Nd和Hf同位素的二阶段模式年龄为中—新元古代。火山岩的岩石组合、地球化学特征和同位素特征表明，大河深组玄武岩的岩浆源区可能为流体交代的亏损地幔楔物质的部分熔融，而安山岩—英安岩—流纹岩的岩浆可能来自中—新元古代新生的下地壳物质的部分熔融。

大河深组火山岩形成于活动大陆边缘构造环境，是古亚洲洋在晚古生代向南俯冲于华北克拉通之下形成的产物，这暗示了古亚洲洋在晚石炭世末之前并未闭合。

三、永吉县范家屯早二叠世范家屯组（P_1f）沉积相与环境

19世纪60年代长春地质学院区于吉林省大绥乡范家屯创名该组，主要分布在永吉、舒

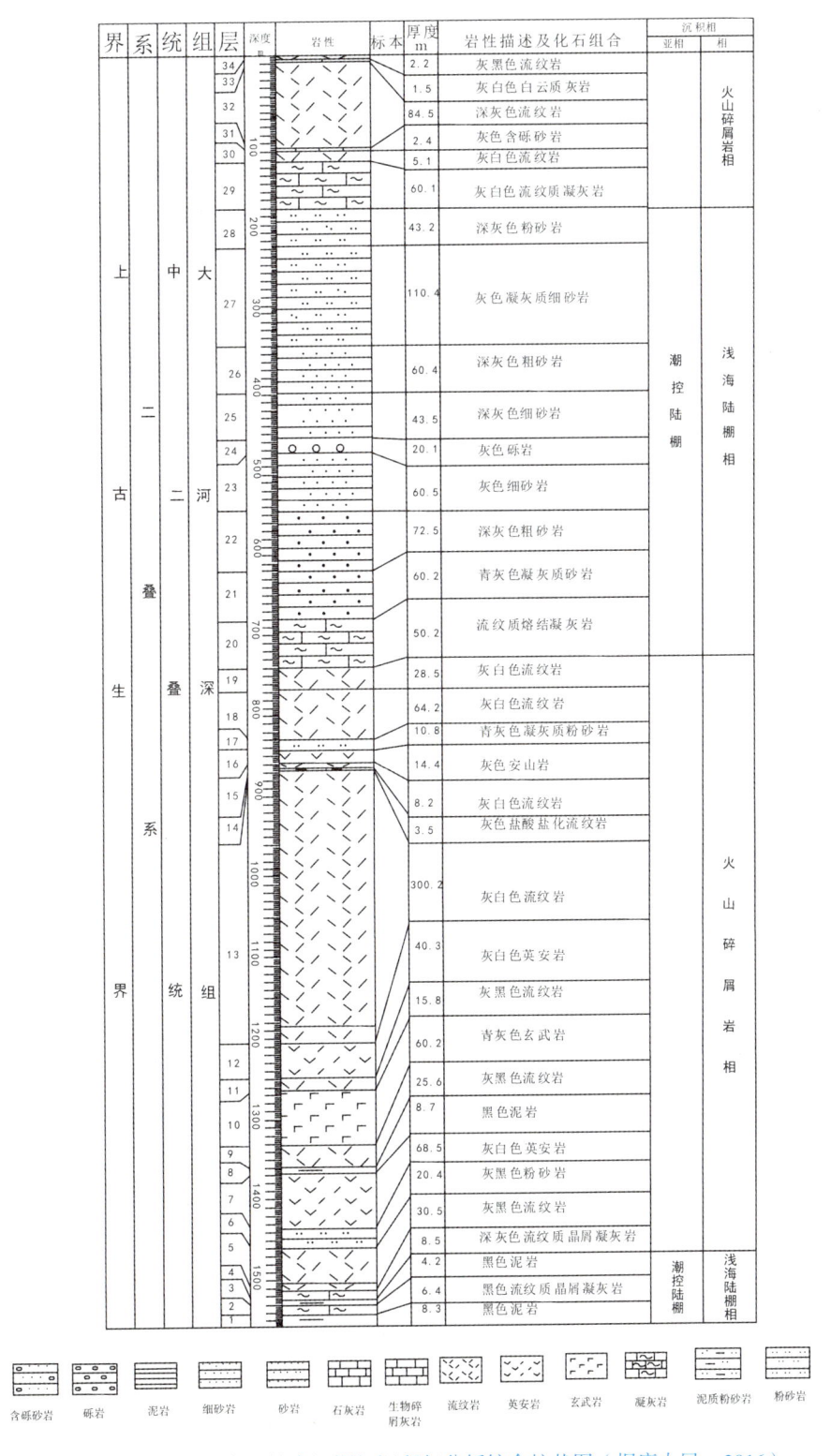

图 4-42 吉林桦甸常山镇大河深组沉积相分析综合柱状图（据唐大民，2016）

兰一带。建组剖面位于吉林省永吉县范家屯，主要地层为浅海环境沉积的一套陆源碎屑岩，并沉积有少量碳酸盐岩夹层。下部以灰黑色、灰绿色粉砂岩为主，夹砂岩、板岩；中部为灰色灰岩、灰绿色凝灰岩和凝灰质砂岩；上部为黄色、灰紫色粗砂岩及凝灰质粗砂岩。该组发育了碳酸盐岩缓坡沉积体系、浅海碎屑陆架—斜坡沉积体系（图4-43）。该组产菊石、腕足化石、蜓类化石 *Buxtonia* sp. 和珊瑚化石 *Noeggerathiopsisderzavinii*、*N.*cf. 等，根据地层中采集的化石种类综合判断其沉积时代为中二叠世。

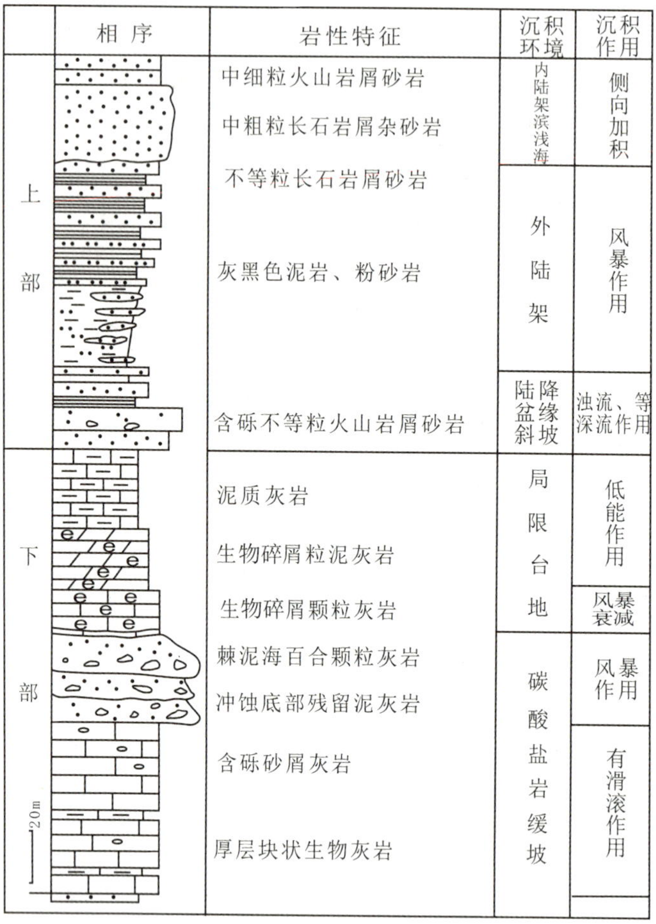

相 序	岩性特征	沉积环境	沉积作用
上部	中细粒火山岩屑砂岩	内陆架滨浅海	侧向加积
	中粗粒长石岩屑杂砂岩		
	不等粒长石岩屑砂岩	外陆架	风暴作用
	灰黑色泥岩、粉砂岩		
	含砾不等粒火山岩屑砂岩	陆缘盆地斜坡	浊流、等深流作用
下部	泥质灰岩	局限台地	低能作用
	生物碎屑粒泥灰岩		风暴衰减
	生物碎屑颗粒灰岩		
	棘泥海百合颗粒灰岩	碳酸盐岩缓坡	风暴作用
	冲蚀底部残留泥灰岩		
	含砾砂屑灰岩		有滑滚作用
	厚层块状生物灰岩		

图4-43 范家屯组相序示意图（据杨宝忠等，2006）

1. 碳酸盐岩缓坡沉积体系

碳酸盐岩缓坡沉积体系主要由厚层至块状含生物碎屑灰岩、生物碎屑粒泥灰岩、泥质泥晶灰岩组成。下伏盆地相细粒碎屑岩，上覆火山岩屑砂岩，其间夹有风暴成因的海百合颗粒灰岩，底部为厚层至块状砂屑灰岩、重结晶灰岩、含砾灰岩，具碎屑流和滑塌特征，推断为斜坡相。

2. 浅海碎屑陆架—斜坡沉积体系

该沉积体系主要为灰色、灰黑色钙质含砾粗粒火山岩屑砂岩、凝灰质中细粒长石岩屑杂砂岩、粉砂岩、深色泥岩，夹风暴岩沉积，可分为斜坡—陆隆相、外陆架相和内陆架相。

1）斜坡—陆隆相

斜坡—陆隆相下伏于外陆架相，由中厚层不等粒长石岩屑砂岩与粉砂岩、灰黑色泥岩的薄韵律组成正旋回结构，每一旋回 2～3m；向上粉砂岩含量与泥岩含量的比值递减，且粉砂岩层变薄，泥岩层变厚，为水体加深退积所成。每一旋回底部的中厚层不等粒砂岩的概率累计曲线斜率均很小（图4-37），倾斜角度为30°～35°，反映碎屑颗粒呈悬浮搬运状态。碎屑成分主要为砂岩，含有砾石。标准偏差 δ_1=1.195～1.233，分选极差。拟合指数函数 $y=aX^N+b$ 理论曲线中，$N \gg 1$，具浊流特征，基本上与高密度浊流形成的水下扇沉积相似。岩层中又见具砂纹层理的等深积岩出现，因此推断其沉积环境为陆坡或临近盆缘的陆坡基部。

2）外陆架相

外陆架相为深色泥岩夹薄层砂岩或风暴积岩，向上过渡为砂岩、粉砂岩薄韵律互层，再过渡为中厚层块状砂岩。泥岩、粉砂质泥岩发育水平层理、丘状交错层理。除有些砂岩具递变层理外，最为突出的特点是有经搅动快速沉积的风暴层，这是外陆架特有标志。

3）内陆架相

内陆架相以厚层块状长石岩屑砂岩为主，与下伏层段形成明显的反旋回结构，其中可见斜层理；向上粒度由细变粗且层厚增加，为退积式沉积，水体变浅，推测为内陆架—滨海环境。

四、永吉县大绥河中二叠世杨家沟组（P_2y）沉积相与环境

杨家沟组是长春地质学院（1975）在吉林省九台县（现长春市九台区）波泥河子乡（现波泥河镇）杨家沟创名。地层主要分布在吉林市至九台波泥河等地，建组剖面主要是一套海陆相交的磨拉石建造和海相碳酸盐岩建造，地层沉积厚度大于733m。剖面下部主要为黑色泥板岩、深灰—黑色中细砂岩构成，底部发育有一套陆相砾岩，砾石为近物源沉积的碳酸盐岩；上部主要为黑色泥岩，地层中沉积透镜体，以泥灰岩为主要岩性。地层中有丰富的咸水、淡水双壳类化石及植物化石，其中有保存完好的再沉积的中二叠世䗴化石 *Neoschwagerina*、*Buxtonia* sp.，充分证明这套地层的沉积时代应在中二叠世之后，所以定义沉积地质时代为晚二叠世。

杨家沟组主要出露于永吉县大绥河一带，由下至上沉积了复成分砂质砾岩、中基性火山岩屑砂岩、砂砾岩、粉砂岩、粉砂质泥岩夹黑色副芦木层、凝灰质岩屑细砂岩、岩屑粉砂岩，构成由粗变细的正旋回，发育了湖缘—次深湖沉积体系、次深湖沉积体系（图4-44）。

1. 湖缘—次深湖沉积体系

该沉积体系表现为冲积扇中、内扇的辫状河道沉积，向上为薄层粉砂岩、粉砂质泥岩，横向稳定，夹有细颗粒浊流沉积，反映水体有所加深，根据其沉积特征可将其进一步分为冲积扇相和次深湖沉积相。

1）冲积扇相

冲积扇相主要由砾岩、砂砾岩、砂岩组成。砾石成分复杂，有中基性—中酸性火山岩、粉砂岩、黑色角岩等，呈圆状、次圆状，部分砾石扁圆状，球度中等，具有优选方位，发育斜层理，分选极差，向上粒度变细，逐渐过渡为砂砾岩或砂岩。局部砾岩之下发育冲刷面，多数砾岩与下伏砂岩界线不明显，反映水介质能量反复多变。砂岩、砾岩横向互变，具冲积扇中、内扇水道的不稳定特点。砂岩具有斜层理，其粒度概率曲线为两段型（图4-37），斜

率较大，标准偏差 δ_1=1.02～0.96，分选稍好，大部分颗粒呈跳跃搬运，具河道特点。从概率累计曲线上观察，自下而上，折点从左向右迁移，下移幅度微小。这表明随地质时间的推移，沉积盆地的水体深度增加，沉积物的密度降低。根据以上特征，推测为辫状河道沉积，砾岩结构具快速沉积特点，为盆缘水下扇沉积。

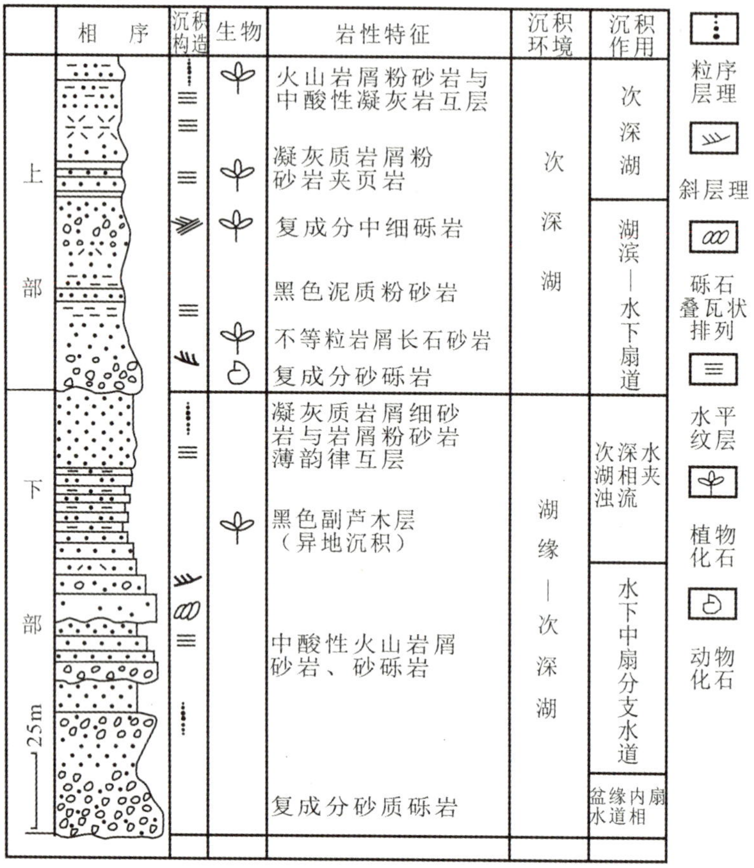

图 4-44　杨家沟组相序示意图（据杨宝忠等，2006）

2）次深湖沉积相

次深湖沉积相主要由薄层的凝灰质细—粉砂岩与泥质粉砂岩组成，两者呈韵律互层，下伏具有小型斜层理的砂岩，上覆具水平纹层和递变层理的细砂岩、粉砂岩，具细粒浊流沉积特征，为远源、次远源浊流沉积。韵律层横向较稳定，其间黑色、灰黑色层中含有黄铁矿，指示滞水低能环境，为较深湖相沉积。

2. 次深湖沉积体系

次深湖沉积体系主要由含砾岩屑长石砂岩、复成分砾岩、粉砂岩及泥质粉砂岩组成。砂砾岩与上覆细粒碎屑岩组成若干个正旋回，顶部则为薄层黑色泥质粉砂岩所覆盖，每一旋回厚 8～12m 不等。碎屑成分以长石为主，其次为岩屑、石英，成熟度较下部有所增高。砂砾岩均具递变层理。细砂岩中发育斜层理、交错层理和小型砂纹层理。粉砂岩、泥质粉砂岩中则发育密集的纹层，具典型湖泊环境特征。

实习路线八　新站—上营中二叠世杨家沟组（P_2y）剖面

剖面出露在吉林省吉林市以北的新站—上营一线（图 4-45）。地层条带呈北东东向展布，倾向北，倾角 45°～85°，个别地区倾角近 90°。岩性组合以砂板岩为主，局部夹泥灰岩薄层和泥灰岩透镜体（图 4-46）。

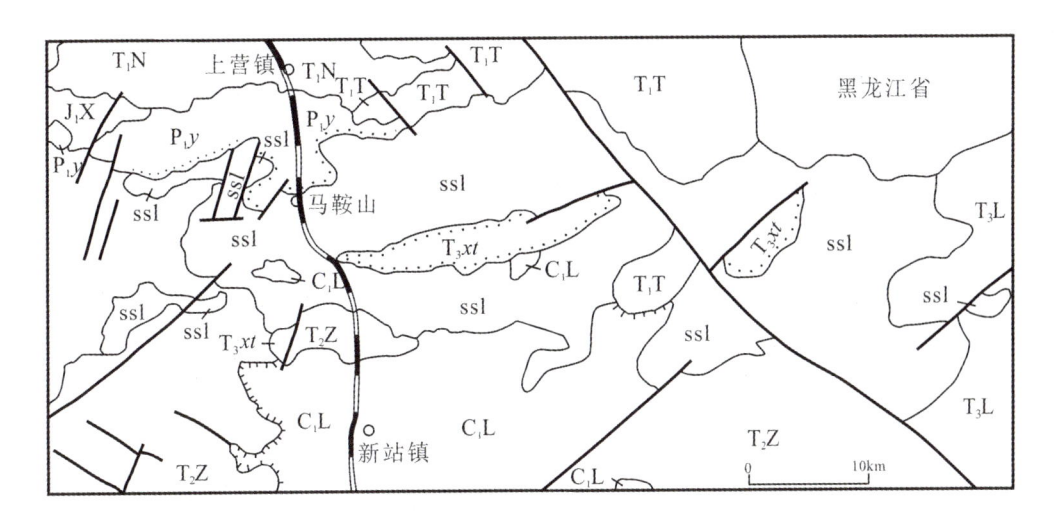

图 4-45　新站—上营一带杨家沟组分布图（据句高，2018）

ssl—杨家沟组砂板岩；P_1y——拉溪组；J_1X—兴隆单元；T_3xt—西土山组；T_3L—拉法单元；T_2Z—治安单元；T_1N—牛头单元；T_1T—同德单元；C_1L—龙凤单元；C_1B—冰湖沟单元

对上营镇—二合屯附近公路旁的人工露头进行了剖面实测，自下而上的层序是：

---------------------------------- 未见顶 ----------------------------------

19. 灰色砂岩夹黑色碳质板岩、灰黑色板岩	12.98m
18. 灰黑色板岩与灰色变质粉砂岩互层	25.03m
17. 灰白色变质粉砂岩夹灰黑色板岩、黑色碳质板岩	15.76m
16. 灰色、灰黑色板岩夹灰色变质粉砂岩、灰色碳质板岩	23.78m

---------------------------------- 灰黄绿色侵入体 ----------------------------------

15. 变质粉砂岩与黑灰色碳质板岩互层	14.89m
14. 灰黑色板岩夹灰黄色变质细砂岩、黑色碳质板岩	9.51m
13. 灰黑色板岩夹变质细砂岩	20.68m
12. 灰黑色页片状板岩，夹有破碎带	15.52m
11. 灰黑色板岩夹黑色页片状碳质板岩	11.50m
10. 灰黑色板岩夹变质细砂岩	12.08m
9. 灰黑色千枚状板岩	17.54m

---------------------------------- 间隔 1.6km ----------------------------------

8. 灰黑色页片状板岩夹黑灰色板岩	39.84m
7. 灰黑色页片状板岩	8.80m
6. 灰白色板状千枚岩	14.49m

图 4-46　新站—上营一带杨家沟组露头特征（据句高，2018）

(a)千枚岩；(b)板岩和粉砂岩；(c)板岩、粉砂岩互层；(d)板岩夹细砂岩；(e)粉砂岩；
(f)碳质板岩；(g)板岩、粉砂岩、细砂岩互层；(h)灰黑色板岩

5. 灰黑色板岩夹黑灰色泥岩	14.98m
4. 灰黑色板岩夹变质粉砂岩，中间夹有热液成因的石英脉	11.14m
3. 灰色粉砂质板岩，夹有土红色破碎带	3.00m
2. 灰黑色厚层板岩夹粉砂质板岩	18.61m
1. 灰黑色厚层泥质板岩夹粉砂质板岩透镜体	12.26m

---------------------------------- 未见底 ----------------------------------

剖面大致可分为三段：下段为灰黑色粉砂质、泥质含碳板岩，夹灰色、灰黄色变质细砂岩、粉砂岩及灰白色千枚岩，局部有石英岩脉侵入；中段以黑色、灰黑色页片状碳质板岩为主，夹变质细砂岩、粉砂岩，内有侵入岩体；上段为灰黑色板岩与变质细砂岩、粉砂岩互层。岩层总体向北倾斜，剖面多处发育变形强烈的破碎带，中间侵入石英脉和灰黄色侵入体

末端产状发生强烈变化，由北倾变为南倾而陡峭，且向南顶部弯曲，可能是斜歪褶皱，以南露头被土和植物覆盖。岩层发生韧性变形与剪切破碎，产生褶皱和断层，局部可见变形弯曲的劈理。

杨家沟组主要为区域变质岩石，多为浅变质岩，主要岩石类型如下：

（1）板岩：灰黑色，变余泥质结构，板状构造和变余层状构造。岩石由黏土矿物（＞90%）和少量（＜10%）新生变质矿物（绢云母和绿泥石）以及砂和粉砂质（石英和长石）组成。

（2）千枚状板岩：岩石风化面呈褐灰色，新鲜面呈黑灰色；变余泥质结构和显微鳞片变晶结构，板状构造（但是板劈理面上发育绢丝光泽）和变余层状构造。岩石主要组分为黏土矿物，约占70%；其次为新生重结晶矿物（绢云母和绿泥石）岩石，大于20%；此外还有少量粉砂和细砂质（石英和长石）。

（3）粉砂质板岩：风化面呈淡灰黄色；新鲜面呈黑灰色；变余粉砂结构，板状构造、变余层状构造。岩石由粉砂（＞90%）和黏土矿物（＜10%）以及少量新生变质矿物（绢云母和绿泥石）组成。新生矿物具有明显定向，沿着一组板状劈理发育。

（4）板状千枚岩：岩石在露头和手标本尺度具有板岩的标准特征，颜色为灰黑色，隐晶质、泥质结构、板状构造，但是在镜下新生显微变质矿物发育，黏土矿物和新生显微变质矿物（绢云母和绿泥石）几乎各占一半，除此之外发育少量细砂和粉砂（石英为主和极少量长石）。新生显微变质矿物与黏土矿物呈显微条带、"互层"产出，前者定向显著。

（5）粉砂岩：风化面呈淡灰黄色；新鲜面呈淡绿灰色；显微鳞片变晶结构和变余粉砂结构，变余薄层状构造，个别可达中层状构造。岩石主要由粉砂（石英为主，极少量长石）组成，泥质胶结。岩石中显微新生矿物如绢云母、绿泥石等发育，构成显微鳞片变晶结构。粉砂岩经常与板岩和粉砂质板岩互层产出。

（6）千枚岩：岩石新鲜面呈灰黄色；新鲜面呈青灰色；显微鳞片变晶结构、变余泥质结构和变余粉砂质结构，千枚状构造和变余层状构造。主要变质矿物为绢云母，含量约60%，同时含有少量绿泥石；其次为石英和长石类矿物。显微镜下，经常见到变余的泥质和砂质成分。

杨家沟组碎屑沉积岩的原始物质可能来自上地壳，源区物质组成以中酸性为主，可能为富硅的火成岩、变质岩和沉积岩等，沉积相为陆相弱氧化环境；由板岩到变质砂岩，构造判别图有从被动大陆边缘向活动大陆边缘移动的趋势；与不同构造背景砂岩化学分析平均值相比，其构造环境和活动陆缘和大陆岛弧相近。

实习路线九　吉林市环城公路二道沟上二叠统杨家沟组沉积环境

吉林市杨家沟组剖面位于吉林市新开的环城公路二道沟附近，出露良好，属于人工露头（图4-47）。杨家沟组以陆相沉积为主，局部有海侵环境沉积。

吉林市地区上二叠统杨家沟组与下伏的花岗岩呈超覆不整合接触，按照岩性可以分为上下两段：下段主要为含砾砂岩、砾岩；上段主要为泥页岩。底部为角砾岩。底砾岩［图4-48（a）］为杂色，混杂堆积，分选差。下段砾岩颜色为灰色，砾石直径最大30cm，一般3～15cm，砾石岩性主要为碳酸盐岩［图4-48（b）］，具有明显的粒序层理，砾岩分选差，砾石呈棱角状、次棱角状、次圆状，反映物源区较近、运移距离短的特征。含砾砂岩颜色为灰色、灰褐色，主要为碎屑结构，分选较差，砾石大小 2～5mm，砾石多为次圆状，成分主要为碳酸盐岩。砂岩主要为岩屑砂岩、长石岩屑砂岩，碎屑结构，分选中等—好，颗粒支撑，孔隙式胶结［图 4-48（c）］。上段泥岩颜色主要为黑色、灰黑色，岩性为粉砂质泥岩、泥岩、泥页岩、页岩［图 4-48（d）］。

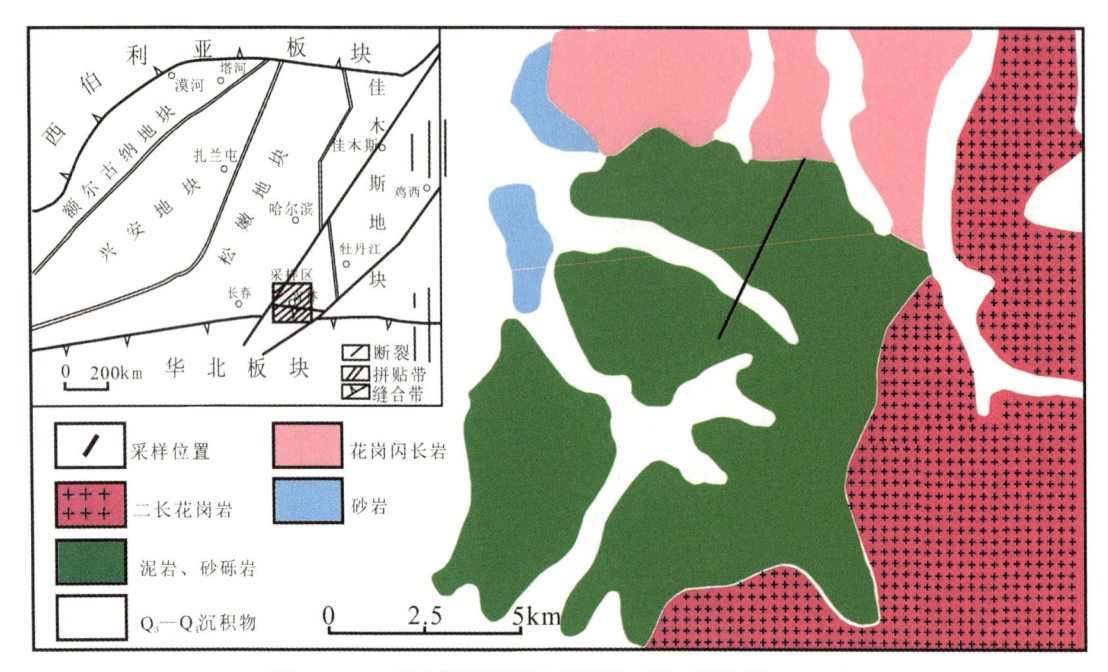

图 4-47 二道沟剖面附近地质简图（据王德海等，2011）

通过对剖面的精细观察及沉积微相分析，共识别出湖泊、扇三角洲两种沉积环境。

一、湖泊沉积体系

杨家沟组剖面的湖泊沉积环境主要识别出半深湖相、深湖相、浊积扇体等。

杨家沟组上部为黑色、灰黑色的泥页岩。页岩代表沉积速率缓慢的静水、深水沉积特征；泥岩的颜色为黑色、灰黑色，表明沉积时处于还原、强还原环境，地化分析也证明泥岩处于还原—强还原沉积环境。

半深湖相以细碎屑岩沉积为主，岩性为灰黑色粉砂质泥岩、页岩，泥岩中发育砂岩透镜体，页岩颜色较深，反映沉积时处于还原—弱还原环境，也是形成有利烃源岩的环境。

深湖相岩性为黑色、灰黑色泥岩、页岩，反映沉积时水体较深的强还原环境，页岩也反映凝缩段沉积特征，是形成有利烃源岩的环境［图 4-48（d）］。

浊积扇体发育于较深水环境的浊积扇体，岩性为以灰黑色泥质粉砂岩为主［图 4-48（c）］。

图4-48 杨家沟组岩石照片（据王德海等，2011）

（a）底砾岩；（b）砾岩；（c）粉砂岩；（d）泥岩

二、扇三角洲沉积体系

该沉积体系发育在杨家沟组下段，主要沉积环境为扇三角洲前缘、扇前三角洲。

杨家沟组下部为砾石段，分选、磨圆较差，反映近物源沉积特征；砾石为碳酸盐岩，粒径大，也表明近物源、快速堆积特征；砾石段发育有正韵律层理，底部有冲刷面，具有河道沉积特征，因此杨家沟组下部砾岩段为山间洪水形成的冲积扇入湖形成的扇三角洲沉积环境。

扇三角洲前缘相水下分流河道微相主要为灰色砾岩，砾石成分为碳酸盐岩，粒径3～30cm，呈次圆—棱角状，分选差，底部发育有冲刷面构造，砾石有向上变细的正韵律旋回特征，顶部可见含砾砂岩、中粗砂岩组合［图4-48（b）］；水下分流河道间微相岩性主要为灰绿色、灰黑色粉砂质泥岩、泥质粉砂岩。

扇前三角洲岩性主要为灰黑色泥岩、粉砂质泥岩。

杨家沟组底部为花岗岩风化壳，上面是一套快速堆积的砾岩，砾石成分主要为碳酸盐岩，粒径5～550mm，呈棱角状、次棱角状，表示搬运距离短，巨大的碳酸盐岩砾石也表明物源区很近。剖面上有多个韵律层理，底部为冲刷面，砾石直径大，向上粒径逐渐变小，表示为扇三角洲前缘多期次的水下分流河道沉积。

剖面上部为一套黑色、灰黑色泥页岩沉积，属于典型的深湖、半深湖相沉积。整个剖面表明杨家沟组沉积是一个整体水侵过程，从盆地边缘沉积的扇三角洲过渡为深湖、半深湖的深水沉积过程。

微量及稀土元素地球化学分析资料表明，杨家沟组上部泥岩为深水湖泊相沉积，其广泛发育的黑色泥页岩属于深湖、半深湖相沉积，是潜在的烃源岩。泥岩样品的微量和稀土元素地球化学特征，可以证实杨家沟组泥岩所反映的物源区多为活动大陆边缘和大陆岛弧型物源的特点，反映了华北板块北缘与北侧"佳－蒙"地块的碰撞在中二叠世末期开始，杨家沟组底部的构造角砾岩就是这次构造运动的沉积响应，也导致东北地区由中二叠世的海相沉积变为晚二叠世的陆相沉积。

吉林市上二叠统杨家沟组泥岩属于陆相沉积，在中二叠世末期的构造运动以后，海水从东北地区退出，早期为过渡环境的扇三角洲沉积；后期随着水侵，为深湖、半深湖沉积，其平面分布广泛、厚度巨大的黑色泥页岩，是潜在的烃源岩。根据氧化—还原环境判别参数，杨家沟组属于还原环境。所以，上二叠统杨家沟组泥岩沉积初期属于过渡环境的扇三角洲沉积，后期属于陆相半深湖、深湖相沉积。杨家沟组底部的不整合面、底砾岩以及泥岩样品的微量元素和稀土元素地球化学特征显示物源区主要为大陆岛弧的特点，反映了华北板块北缘与北侧"佳—蒙"地块的碰撞在晚二叠世已经进入了尾声阶段。

实习路线十　长春东南劝农山地区早二叠世范家屯组岩石变形组构及流变学特征

劝农山地区位于长春市东南部，处于佳木斯—伊通断裂带西缘、西拉木伦河缝合带北部。西拉木伦河缝合带（西拉木伦河—长春—延吉缝合带）是华北板块与西伯利亚板块的拼合带，中部延伸经长春南一带，闭合时间为晚二叠世—早三叠世。该区曾遭受强烈韧性剪切变形，二叠纪的范家屯组及侵入其中的燕山期花岗岩变形强烈，发育大量NE向左行韧性剪切变形。

劝农山地区内出露的地层主要有二叠纪的范家屯组、一拉溪组、杨家沟组，侏罗纪的营城子组，白垩纪的泉头组和第四纪地层（图4-49）。范家屯组含有菊石、珊瑚、海百合茎、腕足类以及牙形刺化石，岩性为薄—中厚层状灰黑色、灰绿色砂岩、粉砂岩、凝灰质杂砂岩、灰色生物碎屑灰岩以及泥质灰岩，其组合时代为早二叠世，与上覆地层杨家沟组为平行不整合接触，与下伏大河深组为整合接触，主体被燕山期花岗岩侵入。

劝农山周家窑村范家屯组出露较好，剖面岩性为石灰岩、泥岩、含砾砂岩、粉砂岩，为三角洲沉积、开阔台地沉积、半深海沉积。此剖面生物碎屑相对少见，砾岩与透镜体发育，三角洲相与海相转换迅速（图4-50）。

剪切带（糜棱岩带）出露于长春至双阳公路旁，出露宽度约500m，呈NE向展布。剪切带内岩石普遍发生糜棱岩化，主要由下二叠统范家屯组（P_1f）钙质糜棱岩与燕山期花岗质糜棱岩组成（图4-49），受强构造变形影响，局部地区可见糜棱面理与片理趋于一致化，并发育强烈膝折构造。

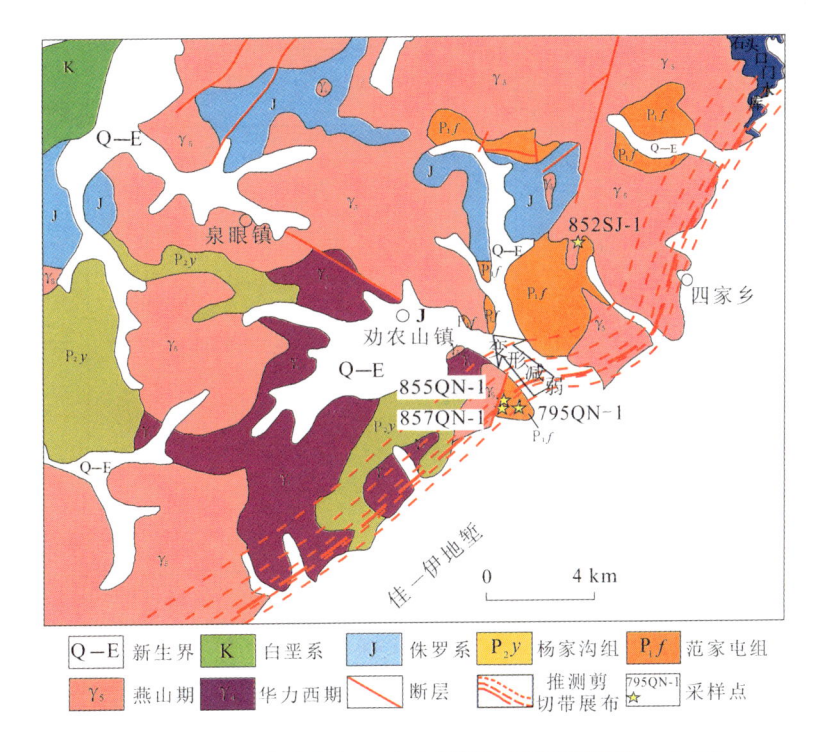

图 4-49 长春市劝农山地区地质简图（据梁琛岳等，2017）

剪切带内主要变形岩石有花岗质糜棱岩和钙质糜棱岩［图 4-51、图 4-52（a）～（f）］。实测构造剖面沿长春至双阳公路展布，走向近 NS（4°），出露的岩性主要为泥页岩、泥灰岩、（生物）碎屑灰岩等，泥页岩片理化，发育大量的紧闭褶皱，褶皱轴面页理 S1 走向大致为北东方向（图 4-51）。剖面走向与剪切带走向夹角较小，但总体能够识别出明显走滑特征，变形带强弱分带现象明显（图 4-51），强变形带内泥灰岩、灰岩等强韧性变形，多为钙质糜棱岩，发育大量紧闭同斜褶皱，弱变形带剪切变形较弱，局部残余近 EW 向面理构造（图 4-51）。剪切变形带内发育有糜棱面理、拉伸线理、构造透镜体、不对称褶皱、旋转碎斑岩系、书斜式构造、膝折等剪切指向标志，总体指示区域存在一期 NE 向韧性变形事件，具体特征如下：

糜棱面理在花岗质糜棱岩和强变形钙质糜棱岩中均有发育［图 4-51、图 4-52（a）］。大量的面理统计及下半球等面积赤平投影分析（图 4-51）结果显示，面理优势产状明显分为两期，主期为 SE-NW 向挤压（NE-SW 向拉伸），在强变形钙质糜棱岩和花岗质糜棱岩内均有发育，倾角较陡，多集中在 60°～85° SW，可能反应走滑剪切事件。近 EW 向展布的面理构造仅在弱变形带泥灰岩和石灰岩中相对较为密集，花岗质糜棱岩内未出现，倾角分布于 70°～88° S（N），可能与近 EW 向展布的西拉木伦河缝合带有关。强变形花岗质糜棱岩中发育的矿物拉伸线理多由长英质矿物集合体拉伸定向而成，线理倾伏角较大，主体 40°～55°，倾伏 SE，反映一次强烈的 NE 向韧性走滑事件［图 4-52（d）］。弱变形泥灰岩中，偶尔可见倾伏角较大（65°～75°）的拉伸线理，走向近南北，由泥质矿物定向排列形成，可能反应早期西拉沐沦河缝合带拼合事件对原始层理的改造（图 4-51）。钙质糜棱岩中发育由书斜式构造［多米诺式构造，图 4-52（c）］，多由原始（生物）碎屑灰岩内碎屑块体在剪切变形过程中发生旋转作用，指示左旋剪切变形。此外，钙质糜棱岩中还发育大量

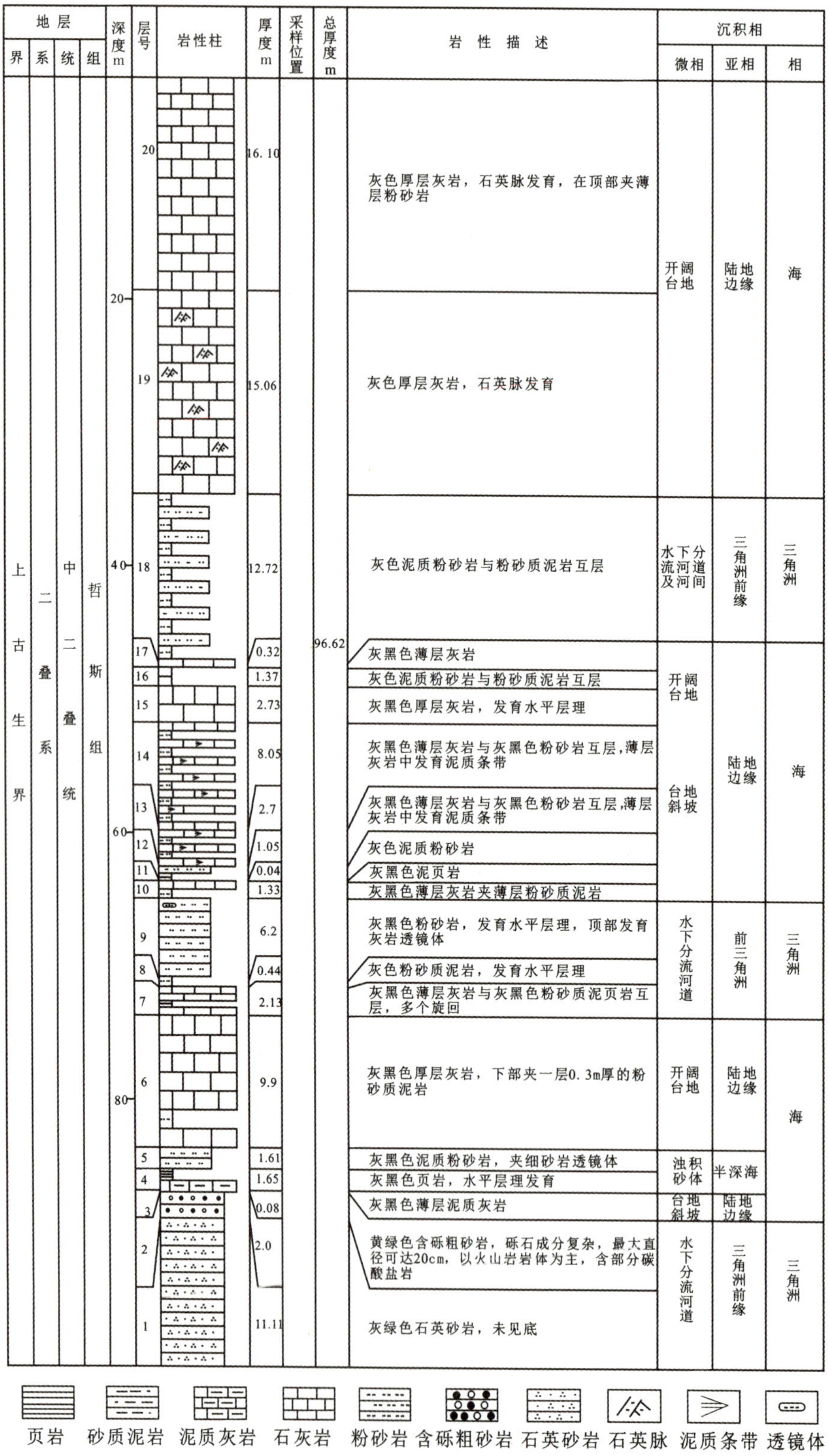

地层				深度/m	层号	岩性柱	厚度/m	采样位置	总厚度/m	岩 性 描 述	沉积相		
界	系	统	组								微相	亚相	相
上古生界	二叠系	中二叠统	哲斯组	20 40 60 80	20		16.10		96.62	灰色厚层灰岩，石英脉发育，在顶部夹薄层粉砂岩	开阔台地	陆地边缘	海
					19		15.06			灰色厚层灰岩，石英脉发育			
					18		12.72			灰色泥质粉砂岩与粉砂质泥岩互层	水下分流河道及河间	三角洲前缘	三角洲
					17		0.32			灰黑色薄层灰岩	开阔台地		
					16		1.37			灰色泥质粉砂岩与粉砂质泥岩互层			
					15		2.73			灰黑色厚层灰岩，发育水平层理		陆地边缘	海
					14		8.05			灰黑色薄层灰岩与灰黑色粉砂岩互层，薄层灰岩中发育泥质条带	台地斜坡		
					13		2.7			灰黑色薄层灰岩与灰黑色粉砂岩互层，薄层灰岩中发育泥质条带			
					12		1.05			灰色泥质粉砂岩			
					11		0.04			灰黑色泥页岩			
					10		1.33			灰黑色薄层灰岩夹薄层粉砂质泥岩			
					9		6.2			灰黑色粉砂岩，发育水平层理，顶部发育灰岩透镜体	水下分流河道	前三角洲	三角洲
					8		0.44			灰色粉砂质泥岩，发育水平层理			
					7		2.13			灰黑色薄层灰岩与灰黑色粉砂质页岩互层，多个旋回			
					6		9.9			灰黑色厚层灰岩，下部夹一层0.3m厚的粉砂质泥岩	开阔台地	陆地边缘	海
					5		1.61			灰黑色泥质粉砂岩，夹细砂岩透镜体	浊积砂体	半深海	
					4		1.65			灰黑色页岩，水平层理发育			
					3		0.08			灰黑色薄层泥质灰岩	台地斜坡	陆地边缘	
					2		2.0			黄绿色含砾粗砂岩，砾石成分复杂，最大直径可达20cm，以火山岩岩体为主，含部分碳酸盐岩	水下分流河道	三角洲前缘	三角洲
					1		11.11			灰绿色石英砂岩，未见底			

图例：页岩　砂质泥岩　泥质灰岩　石灰岩　粉砂岩　含砾粗砂岩　石英砂岩　石英脉　泥质条带　透镜体

图4-50　长春市劝农山周家窑下二叠统柱状图（据吴亮君，2017）

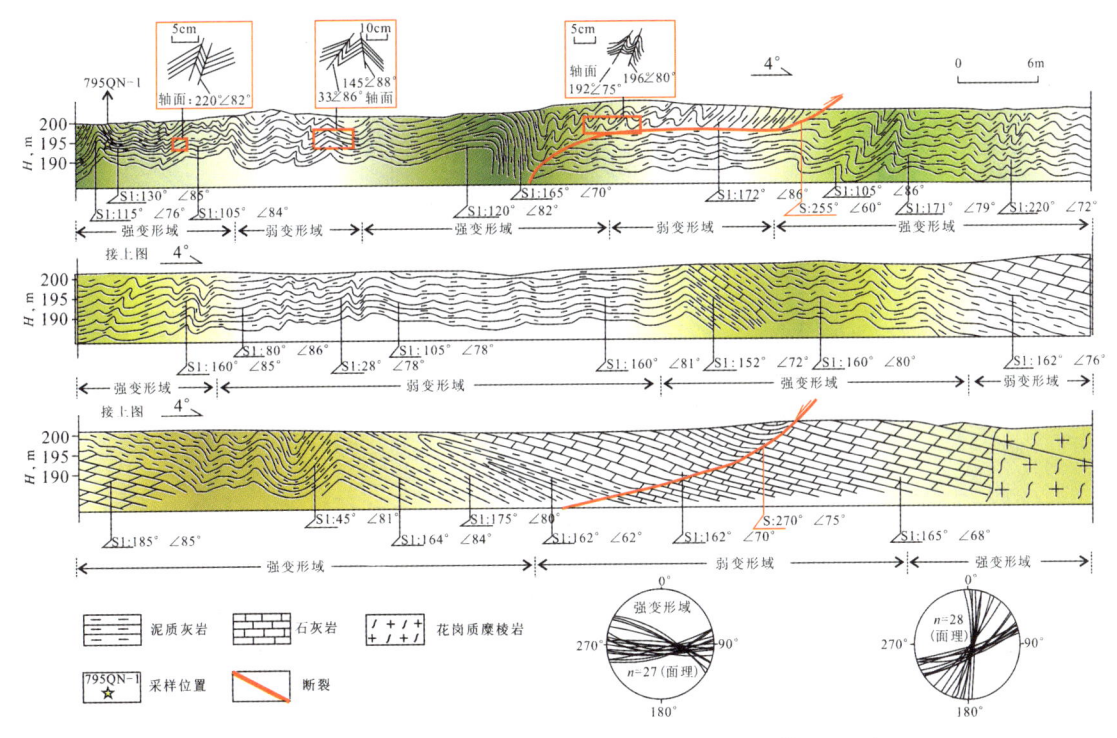

图 4-51 劝农山韧性剪切带构造剖面图（据梁琛岳等，2017）

形态不一、尺度不等的"Z"形无根钩状褶皱，呈明显不对称褶皱特征，平面显示 NE 向左行走滑剪切［图 4-52（e）］。钙质糜棱岩与花岗质糜棱岩中均可见到不对称旋转碎斑，碎斑直径由几毫米至几厘米不等，变形强烈，旋转碎斑拖尾方向多显示 NE 向左行剪切［图 4-52（d）］；同时，还可见一系列近于平行排列、产状近乎一致的紧密膝折带，轴面产状近 NE-SW，倾角多为 50°～80°［图 4-51、4-52（f）］。

剪切带内发育的多种宏微观韧性剪切变形标志指示该区经历过强烈的左旋韧性剪切变形，岩石变形程度处于初糜棱岩至糜棱岩之间。

劝农山韧性剪切变形带内强变形岩石明显塑性的变形特征，表现中低温、中浅层次地壳变形环境。

缝合线（压溶面）在碳酸盐岩层中发育较多。仔细观察，可以发现沉淀物往往在缝合线的波峰和波谷处较多。缝合线构造根据形态可归结为 V 型、H 型和斜 V 型 3 种，并分别反应不同的主应力方向。劝农山地区范家屯组钙质糜棱岩中发育的缝合线构造以 V 型为主，结合定向标本野外产状，总体反应主压应力（σ_1）为 NW-SE 向，主张应力（σ_3）为 NE-SW 向。

晚古生代末（P_3-T_1），华北板块与西伯利亚板块沿西拉木伦一线闭合，产生区域上南北向挤压的应力场，劝农山地区残余的近 EW 向面理构造，可能为这一构造事件的远程响应，但由于变形程度较弱，多数被后期 NE 向构造改造殆尽，仅残余部分 EW 向构造要素。范家屯组中的牙形刺指示其时代为 Wordian 或 Wordian 至 Capitianian 早期，为中二叠中晚期，时代与哲斯组相同，这一动物群处于二叠纪北温带较温凉水域，处于西伯利亚板块与华北板块对接带之北，也印证了这一结论。

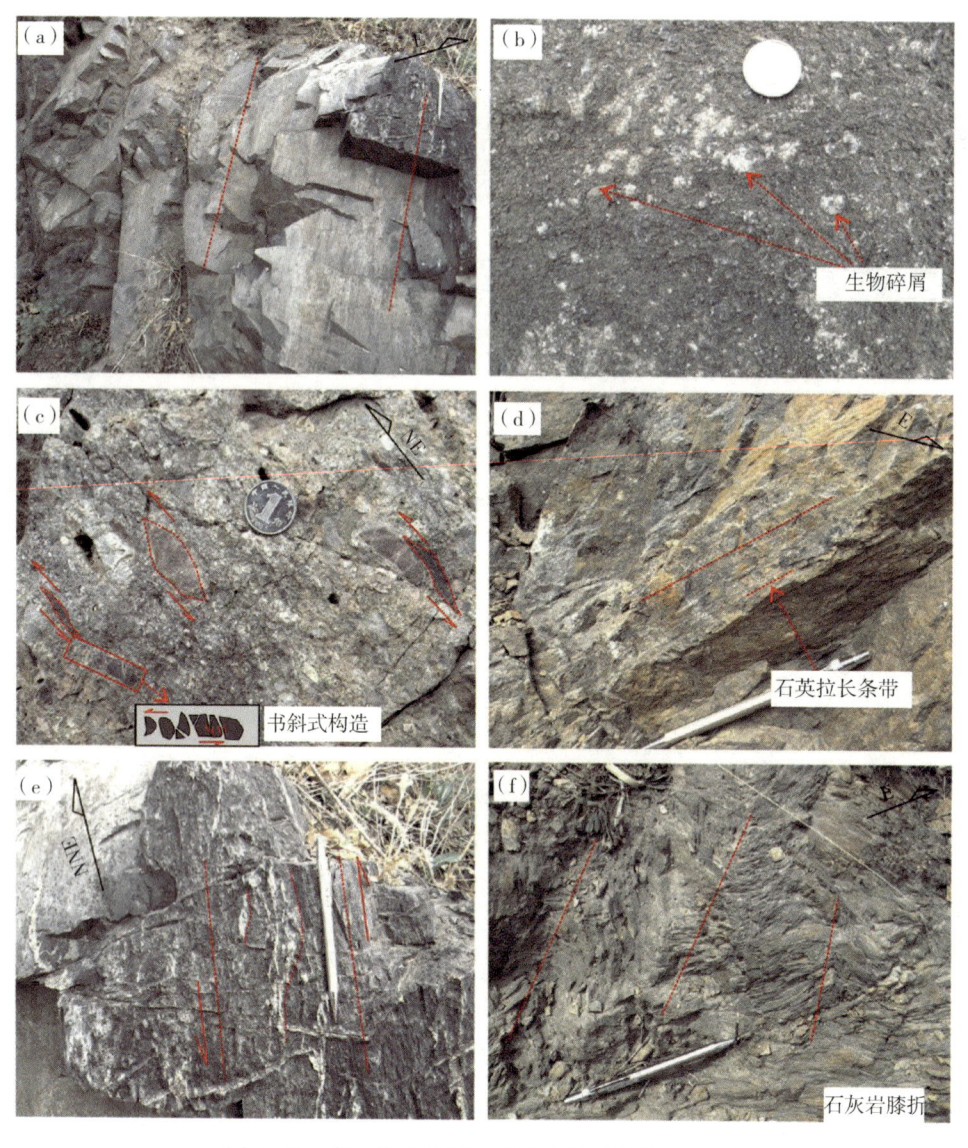

图 4-52 宏观构造变形特征（据梁琛岳等，2017）

（a）钙质糜棱岩中片麻理发育（795QN-1）；（b）生物碎屑灰岩（弱变形，855QN-1）；（c）碎屑灰岩中发育的书斜式构造和眼球状构造，指示 NE 向左旋剪切运动；（d）花岗质糜棱岩中的石英拉长条带（852SJ-1）；（e）钙质糜棱岩中的不对称褶皱，指示左旋剪切；（f）钙质糜棱岩（石灰岩）中的膝折

中二叠范家屯组灰岩与侵入其中的燕山期花岗岩都遭受明显的 NE 向韧性剪切变形，指示主期变形晚于燕山期花岗岩侵位时间（早白垩世早期）。郯庐断裂带北段活动时间的年代学限定较少，但多数学者研究认为早白垩世早期应该存在一期韧性剪切变形事件，劝农山韧性剪切带变形带与舒兰韧性剪切带一样，应统一形成于一致的大地构造学背景之下。

西太平洋板块域向欧亚板块的俯冲对中国东部地区中生代的构造起着至关重要的作用。在早白垩世中期，伊泽纳崎板块依旧高斜度 NNW 斜向俯冲于欧亚大陆之下，使中国东部地区呈现左旋压扭及活动大陆边缘环境，形成以郯庐断裂为主的一系列的 NNE 向走滑断裂带及同期的岩浆活动。结合众多学者相关研究成果，认为在早白垩世中晚期劝农山地区经历了左行韧性剪切活动,与早白垩世中晚期西太平洋—伊泽纳崎板块 NNW 向高斜度斜向俯冲于欧亚大陆之下有关,是佳—伊断裂带左旋走滑事件的局部表现。

周家窑地区韧性剪切带具有多种宏微观韧性剪切变形标志,岩石变形程度处于初糜棱岩至糜棱岩之间,具有左行剪切的特征。糜棱岩石应变类型主要为压扁型应变,偏一般压缩,为 L=S 型构造岩,形成于挤压型剪切带的构造环境。电子探针方解石—白云石地质温度计、方解石和石英 EBSD 组构特征、方解石 e 双晶形态以及石英长石变形行为等均显示岩石低温塑性流变特点,变形环境不超过绿片岩相。劝农山韧性剪切带的应变速率偏高,应变集中带应变速率最大在 $10^{-6.95} \sim 10^{-8.89}$ 之间,远离强变形带应变速率在 $10^{-9.25} \sim 10^{-12.17}$ 之间,糜棱岩化作用过程中差异应力下限应大致为 51.27~65.46MPa,可能代表剪切带糜棱岩化作用为低温中等强度应变,在稍快的应变速率条件下形成。压溶扩散和双晶滑移为劝农山韧性剪切带变形初期的主要变形机制,随着递进变形,逐渐以双晶滑移和晶内滑移为主,在递进变形晚期,局部强变形域内发生了粒间滑移。劝农山韧性剪切带形成与早白垩世中晚期西太平洋—伊泽纳崎板块 NNW 向高斜度斜向俯冲于欧亚大陆之下有关,是佳木斯—伊通断裂带左旋走滑事件的局部表现。

实习路线十一　长春市九台区张家屯东—李家窑二叠系范家屯组剖面

该剖面位于李家窑向斜北东翼的张家屯东—李家窑(图 4-53、图 4-54),其层序如下:

------------------------------ 未见顶 ------------------------------

18. 灰绿色凝灰质杂砂岩夹少量粉砂岩,内含腕足类化石	>24.3m
17. 灰黑色泥质粉砂岩夹细砂岩	18.7m
16. 灰绿色凝灰质杂砂岩	91.4m
15. 灰色生物碎屑结晶灰岩,产腕足类、苔藓虫	15.0m
14. 黑灰色凝灰质粉砂岩与凝灰质细砂岩互层,含极丰富的动物化石,有菊石、腕足类、珊瑚、苔藓、瓣鳃类、腹足类	32.7m
13. 灰绿色凝灰质杂砂岩夹生物碎屑结晶灰岩,内含苔藓虫、有孔虫、海百合茎碎片和牙形刺	39.4m
12. 灰黑色泥质粉砂岩	26.9m
11. 灰黑色泥质粉砂岩、灰绿色细砂岩	25.9m
10. 灰绿色凝灰质杂砂岩	80.4m
9. 灰绿色凝灰质杂砂岩与黑灰色泥质粉砂岩互层	15.3m
8. 灰绿色凝灰质杂砂岩	20.4m
7. 灰黑色泥质粉砂岩	15.3m
6. 灰绿色凝灰质杂砂岩与灰黑色泥质粉砂岩互层	63.3m
5. 灰绿色凝灰质杂砂岩	21.4m
4. 黑色泥质粉砂岩	15.8m
3. 灰绿色凝灰质含砾杂砂岩	55.9m
2. 黑色凝灰质粉砂岩	32.2m
1. 灰绿色凝灰质杂砂岩	>26.3m

------------------------------ 未见底 ------------------------------

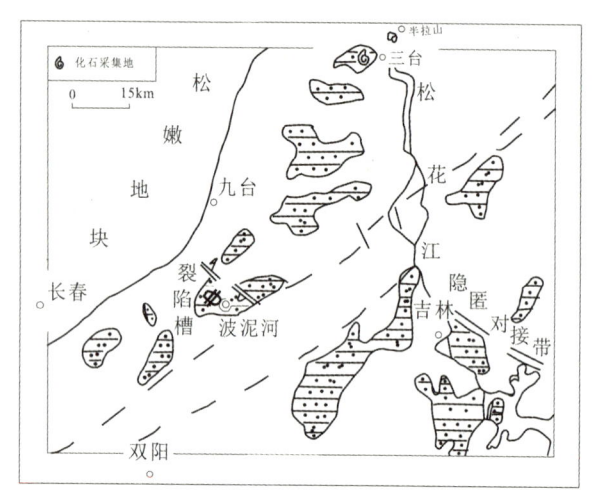

图 4-53　九台—吉林晚古生代构造盆地分布图（据王成源等，2000）

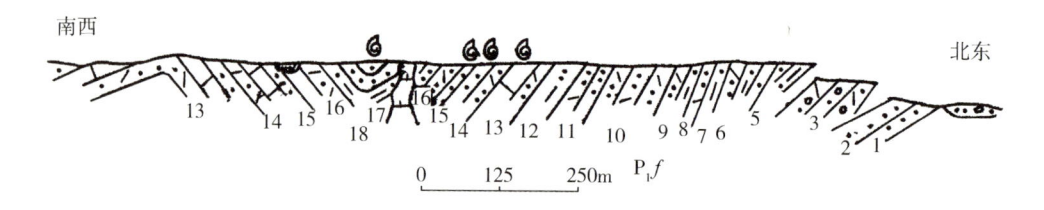

图 4-54　九台市张家屯东—李家窑范家屯组剖面图（据王成源等，2000）
图中数字为层号

　　该剖面厚度 >608m，岩性由薄—中厚层状灰黑色、灰绿色砂岩、粉砂岩、凝灰质杂砂岩及灰色生物碎屑灰岩透镜体组成。

　　在 13、14、15、18 层中产大量的生物化石。在工作中所获牙形刺化石产于第 13 层灰绿色凝灰质杂砂岩夹含生物碎屑结晶灰岩中，与牙形刺伴生的有苔藓虫、海百合茎、有孔虫等生物化石碎片。该化石层与 14、15 层同在李家窑附近。第 14 层为黑灰色凝灰质粉砂岩与凝灰质细砂岩互层，内含极其丰富的动物化石。其中有菊石 *Waagenoceras* sp.，腕足类 *Spiriferella* cf.*keilhavii*、*Kochiproductus porrectus*、*K.striatus*、*Waagenoconcha longispina*、*W.*cf.*abichi*、*W.*sp.、*Neospirifer striatoparadoxus*、*N.concinnus*、*N.*sp.、*Haplospirifer* cf.*typicus*、*Athyris* sp.、*Linoproductus cora*、*L.*sp.、*Paucispirifera* cf.*auriculata*、*Muirwoodia* sp.、*Striatifera* sp.、*Marginifera* cf.*morrisi*、*Orthotetes pingshanensis*、*O.*sp.、*Derbyia* sp.、*Streptorhynchus amygdalis*、*Leptoaus nobilis*、*Plicochonetes* sp.、*Paeckelmanella ulanensis* 等，珊瑚 *Allotrop-iophyllum*? sp.、*Duplophyllum* sp.、*Sterophrentis* sp. 等，苔藓虫 *Fenestella* sp.，瓣鳃类 *Avi-culopecten* sp.，腹足类 *Pagadina*? sp.、*Buconia*? sp.、*Neilonia*? sp.。第 15 层为灰色生物碎屑结晶灰岩，产腕足类 *Uncinunellina* sp.，苔藓虫 *Nicklesopora* sp.、*Sulcorelepora* sp.、*Streblascopora* sp. 等。第 18 层为灰绿色凝灰质杂砂岩夹少量粉砂岩，产腕足类 *Spiriferella* cf.*keilhavii*、*Linoproductus* sp.、*Waagenoconcha* sp.、*Martinia*? sp. 等，苔藓虫 *Fenestella* sp.。

　　李家窑北东 7km 处的半拉山实测剖面相当于张家屯东剖面的中上部。第 1 层相当于张家屯东剖面的 14 层，由产腕足类 *Cancrinella truncata*、*C.*sp. 等的黄灰色细砂岩、泥质粉砂岩互层组成。第 2 层为灰色灰岩、粉砂质灰岩夹钙质粉砂岩，产大量的苔藓虫 *Stenopora* sp.、*Coscinotrypa* sp.、*Sulccretepora* sp.、*Polypora* sp.、*Girtypora* sp.、*Rhombopora* sp.、*Tabulipora* sp.、*Fistulipora* sp.、*Pseudobatostomella* sp.、*Stenodiscus* sp.，珊瑚 *Tachylasma* sp.，同时还有大量腕足类碎片。该层相当于张家屯东剖面的第 15 层。

此外，在李家窑东、吴家窑北相当于张家屯东剖面第 14、15 层中还采到大量化石，其中腕足类有 *Yakovlevia* cf.*mammatiformis*、*Spiriferella ovata*、*S.*cf.*tetralobata*、*Anidanthus* sp.、*Linoproductus* sp.、*Muirwoodia* sp.、*Neospirifer*? sp.、*Punctospirifer* sp. 等。

1995 年吉林省区域地质调查队在进行 1∶5 万上河湾、其塔木、沐石河子幅地质调查时，李家窑附近的范家屯组被称为哲斯组，并与内蒙古索伦镇的哲斯组对比。

范家屯组具有特提斯和北方冷水域动物群相混合的性质，在菊石动物群中有清楚的反映。据梁希洛（1982）报道，吉林双阳周家窑范家屯组中的菊石，除世界性分布的属 *Agathiceras*、*Propinacoceras*、*Thalassoceras* 外，还有特提斯类型与北极类型混生的现象。特提斯类型的菊石有 *Prostacheoceras*、*Stacheocerasi*、*Tauroceras*、*Waagenoceras*，数量较多；北极类型的菊石有 *Tumaroceras*、*Doubichites*、*Mongoloceras* 三个属，数量较少。

这一动物群性质肯定与古地理位置有关。

吉黑东部西伯利亚、华北板块缝合对接的地点和时代分歧较大。赵春荆（1996）认为两大板块对接带北部位于长春—吉林—蛟河一带，东部为在延边地区的汪清—珲春一带，对接的时代为泥盆纪，此后大洋消失，仅存陆表海，晚古生代出现了混生生物群。文琼英、张川波（1994）的研究表明，西伯利亚在二叠纪时的古纬度为 57.5°N，吉林中部大河深组（位于范家屯组之下）的古纬度为 50°N。王荃（1991）认为，安加拉—华北板块在二叠纪时纬度相距可达 40°，大约相距 4500km，早二叠世的"吉黑洋"直到二叠纪末仍未完全闭合，西伯利亚板块二叠纪时偏南，华北板块二叠纪时古纬度为 35°N，两大板块有相向漂移的过程，"吉中地区的地层地体至少在恢复原位时应向北退回 240km"。长春市九台区李家窑恰在两大板块对接线之北（图 4-54），当时纬度显然是比较高的，古气候分带完全可能属北温带，海水的温度是不冷不热的。

苏养正（1996）用裂陷槽理论解释东北地区的大地构造。他将本区列入大河深裂陷槽，二叠系由下而上由寿山沟组、大河深组和范家屯组组成。大河深裂陷槽是一规模很小、裂陷不深的盆地。裂陷槽的观点排除了大距离的漂移的可能，古纬度不会有太大的变化。从裂陷槽的观点看，同样可以认为，李家窑范家屯组的沉积，发生在北温带的范围之内。

实习路线十二　双阳光屁股山—后夹槽子磨盘山组剖面

磨盘山组主要分布在磐石牛心顶子、磨盘山、明城、吉昌，双阳将军岭、石溪，永吉黄榆、王家街以及梨树孟家岭等地，时代为晚石炭世—早二叠世，是一套台地碳酸盐岩建造，与下伏鹿圈屯组呈整合接触或相变接触。吉林省区测队 1976 年测制的双阳光屁股山—后夹槽子剖面，其层序如下（图 4-55）。

上覆：寿山沟组

------------------------------平行不整合------------------------------

12. 深灰色厚层致密块状灰岩，产 *Quasifusulina longissima*、*Q.tenuissima*、*Q.*sp.、*Pseudoschwagerina uddeni*、*P.*sp. 　　　　　　　　　　　　　　　　　　48.00m

11. 淡蔷薇红色厚层蜓石团块灰岩，顶部为一层厚层致密块状灰岩　　　　　43.70m
10. 灰色厚层含蜓石团块灰岩　　　　　　　　　　　　　　　　　　　　64.90m
9. 灰色厚层致密块状灰岩，产 *Pseudoschwagerina* sp.　　　　　　　　　29.70m
8. 灰色厚层蜓石条带灰岩　　　　　　　　　　　　　　　　　　　　　　15.00m
7. 灰色厚层致密块状结晶灰岩　　　　　　　　　　　　　　　　　　　　55.00m
6. 灰白色片理化结晶灰岩　　　　　　　　　　　　　　　　　　　　　　30.00m
5. 灰色中层致密块状结晶灰岩，新鲜面中见有蔷薇条带，底部为含鲕角砾灰岩，产 *Eoparafusulina* sp.　　　　　　　　　　　　　　　　　　　　　　　　　225.60m
4. 深灰色厚层含少量蜓石团块生物碎屑灰岩，产 *Fusulina* sp.、*Fusulinella pandoe*、*Profusulinella* sp.、*Heterophyllodes* sp.　　　　　　　　　　　　　　　　　18.10m
3. 灰色厚层含蜓石团块结晶灰岩　　　　　　　　　　　　　　　　　　158.80m
2. 深灰色条带状含生物碎屑灰岩，产蜓、珊瑚、腕足类化石　　　　　　157.90m
1. 灰—灰黑色厚层含蜓石团块生物碎屑灰岩，产 *Buxtonia* sp.、*Cythocarinia* sp.、*Bothrophyllum* sp.、*Multithecopora* sp.、*Caninia* cf.*mapingense*、*Saraparallus* sp.、*Naticopsis* sp.、*Euomphalus*? sp.　　　　　　　　　　　　　　　　　　　　　　　　　　　90.80m

-- 整　合 --

下伏：鹿圈屯组

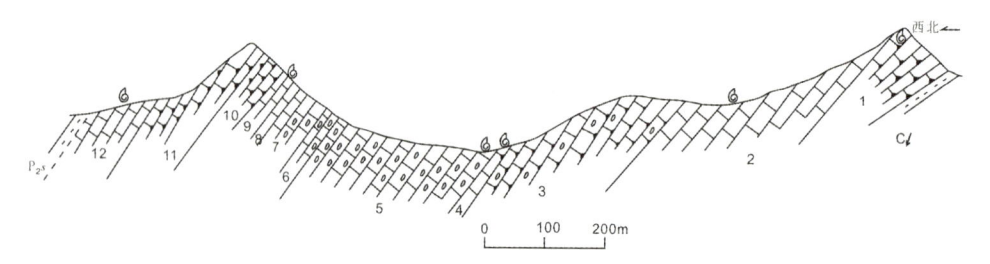

图 4-55　长春市双阳区光屁股山—后夹槽子晚石炭世—早二叠世磨盘山组剖面图
（据周晓东，2009）

图中数字为层号

磨盘山组主要岩性为厚层灰岩、含蜓石结核或条带灰岩、生物碎屑灰岩、生物礁灰岩及结晶灰岩，以含蜓石结核或条带为特点。磨盘山组产丰富的蜓、珊瑚、腕足化石，其中蜓类化石自下而上可以划分为 *Eostaffuella* 带、*Porfusulinella* 带、*Fusulina-Fusulinella* 带、*Triticites* 带、*Pseudoschwagerina* 带，几乎包括了早石炭世—早二叠世全部的蜓化石带；珊瑚为 *Opiphyllum-Cystolongsdaleia* 组合（黄柱熙，1988），属于晚石炭世早期珊瑚组合。因此，磨盘山组时代为早石炭世晚期—早二叠世早期。

实习路线十三　双阳区烟筒山林场余富屯组剖面

余富屯组主要分布在永吉县头道川—双阳烟筒山以及长春市石头口门水库等地，为一套细碧—角斑岩建造，与下伏地层关系不清，与鹿圈屯组为横向相变关系。根据长春地质学院校办队（1979）在双阳区烟筒山林场北山所测剖面，其层序如下（图 4-56）。

图 4-56　双阳区烟筒山林场后山早石炭世余富屯组剖面图（据周晓东，2009）
图中数字为层号

未见顶

15. 灰绿色细碧玢岩、熔岩、凝灰岩，片理化、绢云母化明显　　　　　　　　　　20m
14. 紫灰色、浅灰黑色细碧玢岩、熔岩、凝灰岩，普遍片理化绢云母化　　　　　　12m
13. 黄灰色、浅灰色角斑质熔岩、凝灰岩，明显硅化、片理化　　　　　　　　　　66m
12. 灰色薄层条带状大理岩化泥晶灰岩　　　　　　　　　　　　　　　　　　　　7m
11. 黄灰色凝灰质粗砂岩、粉砂岩夹千枚岩　　　　　　　　　　　　　　　　　　18m
10. 灰色含角砾角斑质凝灰岩，片理化、绢云母化明显　　　　　　　　　　　　　12m
9. 黄褐色凝灰质粉砂岩、粗砂岩及灰黑色千枚岩夹紫灰色细碧玢岩凝灰岩　　　　41m
8. 紫灰色细碧玢岩、凝灰岩，具明显片理化、绢云母化和硅化　　　　　　　　　5m
7. 黄绿色中粗粒砂岩，局部含角砾，底部为青灰绿色千枚岩　　　　　　　　　　32m
6. 黄绿色泥质千枚岩夹深灰色中厚层细晶灰岩透镜体。石灰岩中产单体四射珊瑚、腕足类和苔藓虫等化石。其中四射珊瑚化硝 *Arachnolasma sinense* var .*aichiapingense*、*A.sinen-se* var. *Lophophyllum*、*Lophophyllum* sp.；腕足类化硝 *Striatifera* sp.、*Plicatifera* sp.、*Linoproductus* cf.*tenuistriatus*（vern）、*Marginfera* sp.；苔藓虫化硝 *Fenestella* sp.　　　　　　　16m
5. 黄灰绿色细砂岩夹紫色细碧玢岩、凝灰岩，岩石片理化和绢云母化极为明显　　35.4m
4. 灰绿色、黄绿色细碧玢岩、凝灰岩，片理化、绢云母化均较强　　　　　　　　5.3m
3. 黄褐色粗砂岩，片理化和硅化较强　　　　　　　　　　　　　　　　　　　　10.7m
2. 紫灰色细碧玢岩、凝灰岩　　　　　　　　　　　　　　　　　　　　　　　　16.7m
1. 紫色细碧玢岩、角砾凝灰岩或凝灰角砾岩。角砾呈定向排列，岩石具明显片理化，并有绿泥石化、硅化、碳酸盐化和孔雀石化　　　　　　　　　　　　　　　　　　21m

未见底

余富屯组为一套变质火山—沉积岩系，原岩为细碧—角斑岩、石灰岩、页岩及砂岩组合，局部夹硅质岩。细碧—角斑岩组合有细碧岩、细碧玢岩、角斑岩、石英角斑岩及其相应成分的凝灰岩、火山角砾岩、凝灰熔岩。次火山岩有辉绿岩、石英钠长斑岩等。由于变形变质作用，形成了以糜棱岩为主体的韧性剪切带，岩石普遍遭受了绿片岩相、绿帘角闪岩相的变质作用。在剖面上，由基性火山喷发（细碧岩、细碧玢岩）—中性火山喷发（角斑岩）—酸性火山喷发（石英角斑岩）的喷发韵律发育，可以划分三个旋回，其中，第一喷发旋回、第三喷发旋回石英角斑岩不发育。石灰岩中产珊瑚、腕足及苔藓虫化石。根据其中所产生物化石，其时代为早石炭世维宪期。细碧—角斑岩系全岩 Rb-Sr 等时年龄为 301Ma±27Ma。

鹿圈屯组中的碎屑岩为非稳定碎屑岩建造。建造中碎屑岩多数属于杂砂岩，岩石中杂基含量均大于 20%，主要岩石类型为中—细粒长石杂砂岩、岩屑杂砂岩、岩屑长石杂砂岩及岩屑长石石英杂砂岩，在碎屑岩中夹薄层状或透镜状灰岩。碎屑岩中碎屑含量一般为 50%～80%，其中石英占 60%，斜长石和碱性长石含量 15%，岩屑含量 25%，最高可达

60%；杂基一般为 15%～25%，最高可达 40%。碎屑物一般呈棱角状、次棱角状，颗粒多以点接触，反映岩石的成分成熟度和结构成熟度均较低，具有浊流型快速沉积的特点。生物化石少或见生物化石碎片，具韵律性层理、粒序层理，反映深水盆地的沉积环境。

细碧岩镜下具有细碧结构，矿物成分为钠长石、绿帘石、绿泥石、石英及绢云母等。石英角斑岩矿物成分以石英、钠长石及绢云母为主。在 CaO—Na$_2$O—K$_2$O 图解中，样品多位于细碧岩区和石英角斑岩区（图 4-57）。在火山岩中，常夹有硅质岩，主要为泥质硅质岩和燧石硅质岩，泥质硅质岩常同黄铁矿结核共生，反映较封闭的还原沉积条件。燧石岩呈隐晶质和显微隐晶质，由没有完全结晶的二氧化硅质点沉积而成，同时反映较深水的沉积环境。

下石炭统鹿圈屯组细碧—角斑岩系的火山岩与构造关系中，表现为弱造山至非造山的构造特点，为张裂程度不十分大的具有裂谷早期火山活动的特征。

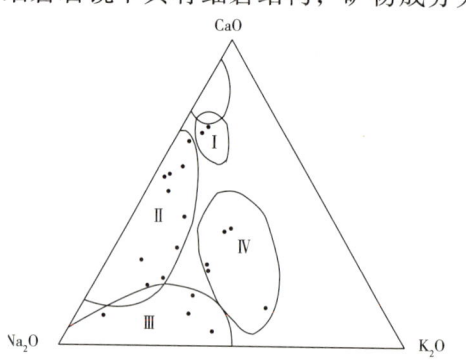

图 4-57　鹿圈屯组下段火山岩 CaO—Na$_2$O—K$_2$O 图解
（据贾大成等，1994）

Ⅰ—基性火山岩区；Ⅱ—细碧岩区；Ⅲ—石英角斑岩区；Ⅳ—中酸性火山岩区

在剖面上，鹿圈屯组碳酸盐岩、硅质岩增多，反映出粒度由粗变细，由下部具交错层理的浅水相碎屑岩向上过渡为具粒序层理、韵律层理和板状层理的深水相浊积岩、硅质岩和碳酸盐岩，表现为非补偿沉积。该阶段发育了细碧—角斑岩建造和非稳定碎屑岩建造，代表裂谷早期的下层结构。在裂谷发展晚期，由于挤压上升，裂谷两肩强烈剥蚀，大量沉积物在裂谷盆地快速堆积，造成超补偿沉积，出现由深水相向浅水相沉积的过渡（图 4-58）。

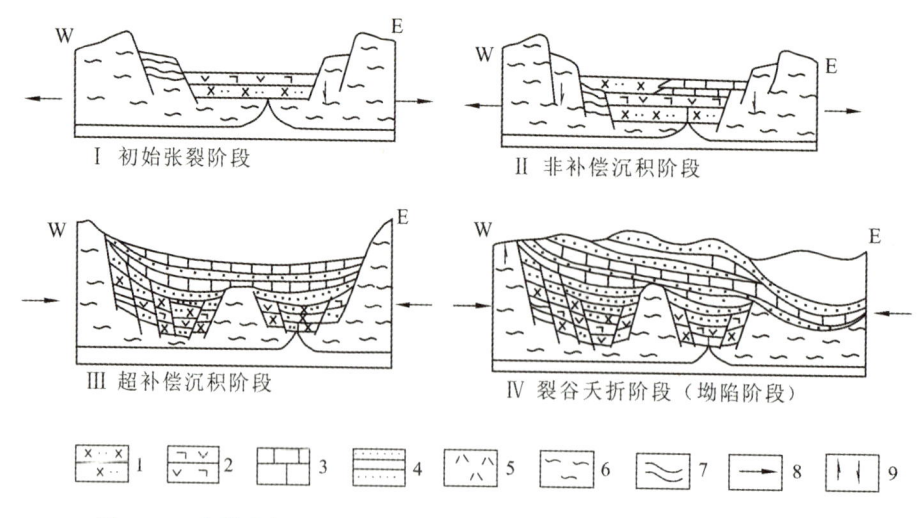

Ⅰ 初始张裂阶段　　Ⅱ 非补偿沉积阶段
Ⅲ 超补偿沉积阶段　　Ⅳ 裂谷夭折阶段（坳陷阶段）

图 4-58　吉林中部石炭纪裂谷—坳陷带演化示意图（据贾大成等，1994）

1—非稳定碎屑岩建造；2—细碧—角斑岩建造；3—碳酸盐建造及碳酸盐岩夹层；4—次稳定碎屑岩—碳酸盐建造；5—流纹岩建造；6—早古生代沉积基底；7—中泥盆统王家街组；8—构造应力方向；9—地壳升降方向

实习路线十四　吉林省中部磐石市鹿圈屯组剖面

鹿圈屯组由长春地质学院（1960）创名于磐石县（现磐石市）明城镇东南2km的鹿圈屯，指磐石—双阳一带产早石炭世珊瑚、腕足类的碎屑岩夹灰岩。下段（未见底）为灰黑色、褐色页岩及变质砂岩互层，夹深灰色灰岩透镜体；上段为黄褐色粗粒长石砂岩、千枚状页岩、砂岩夹4层灰岩透镜体，厚约720m。

磐石市位于吉林省中部，其石炭系呈北北西向狭长带状展布（图4-59）。该区下石炭统与下古生界呈角度不整合接触，其上与二叠系呈整合或平行不整合接触。对于该区石炭系的构造沉积环境，李东津等认为是陆地边缘和台地凹槽，贾大成等认为该区石炭系是在弧后—大陆边缘基础上形成的裂谷—坳陷带的构造环境，石炭纪为一拉张的构造历史时期。而最新研究显示：该区出露的晚古生代海相地层主要为佳—蒙地块的南缘沉积，并且未遭受区域变质作用，可能具有巨大的生烃潜力。

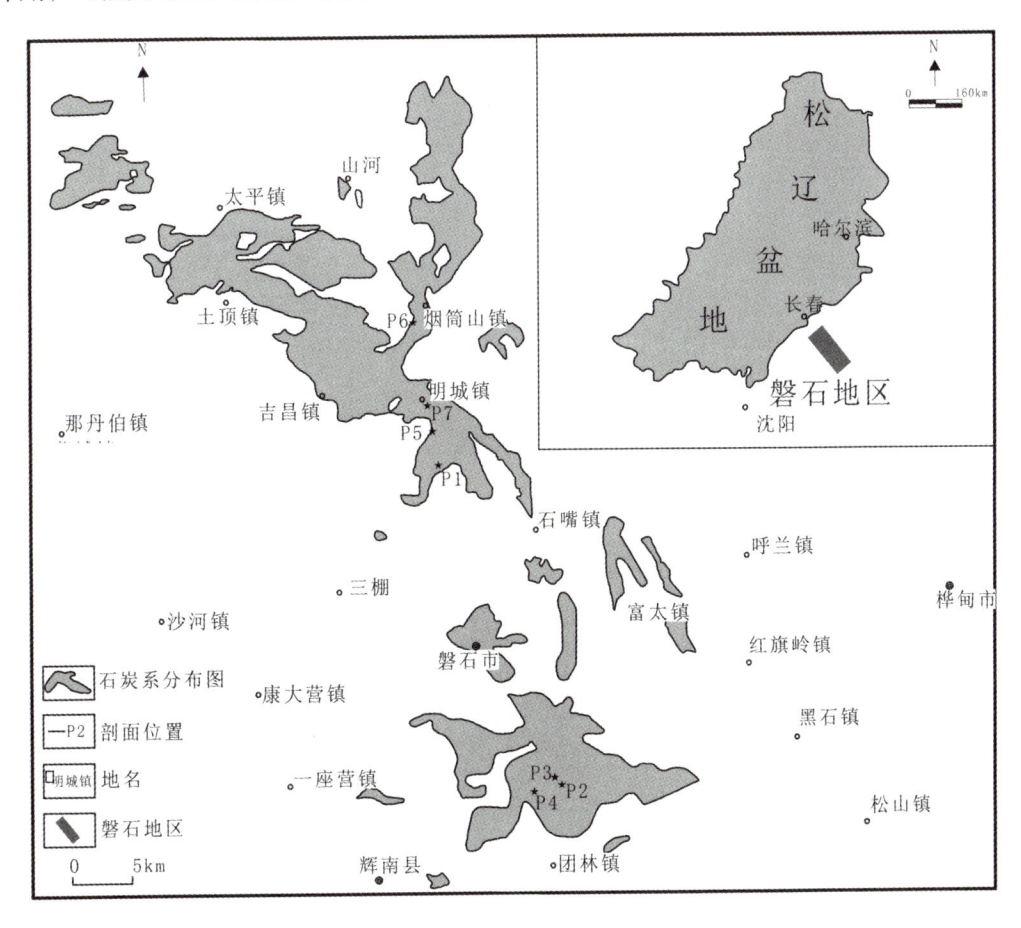

图4-59　磐石地区早石炭世地层地表分布及剖面位置（据洪雪等，2009）

该剖面发育的岩石类型为浅灰色微晶灰岩，灰黑色泥岩、碳质泥岩和页岩，灰色粉砂质泥岩、粉砂岩、细砂岩等。泥岩中发育水平层理，并见砂岩透镜体、透镜状层理、波状层理及压扁层理等沉积构造，为大陆边缘—浅海—半深海相的沉积特点。暗色泥岩发育在半深海区，有利的沉积环境为烃源岩的形成提供了良好的前提。

磐石市靠山屯、韩家屯、亮子河村北及明城镇西公路边等地的下石炭统鹿圈屯组暗色泥岩、粉砂质泥岩露头发育较好，剖面P1至P7（图4-50）泥地比（暗色泥岩/地层厚度×100%）依次为17.7%、5.5%、34.2%、22.4%、85.4%、70.5%、30.4%，其中剖面P5黑色页岩、碳质泥岩累计厚度40m，剖面P6灰黑色泥岩最为发育（图4-60），其累计厚度达到77m。

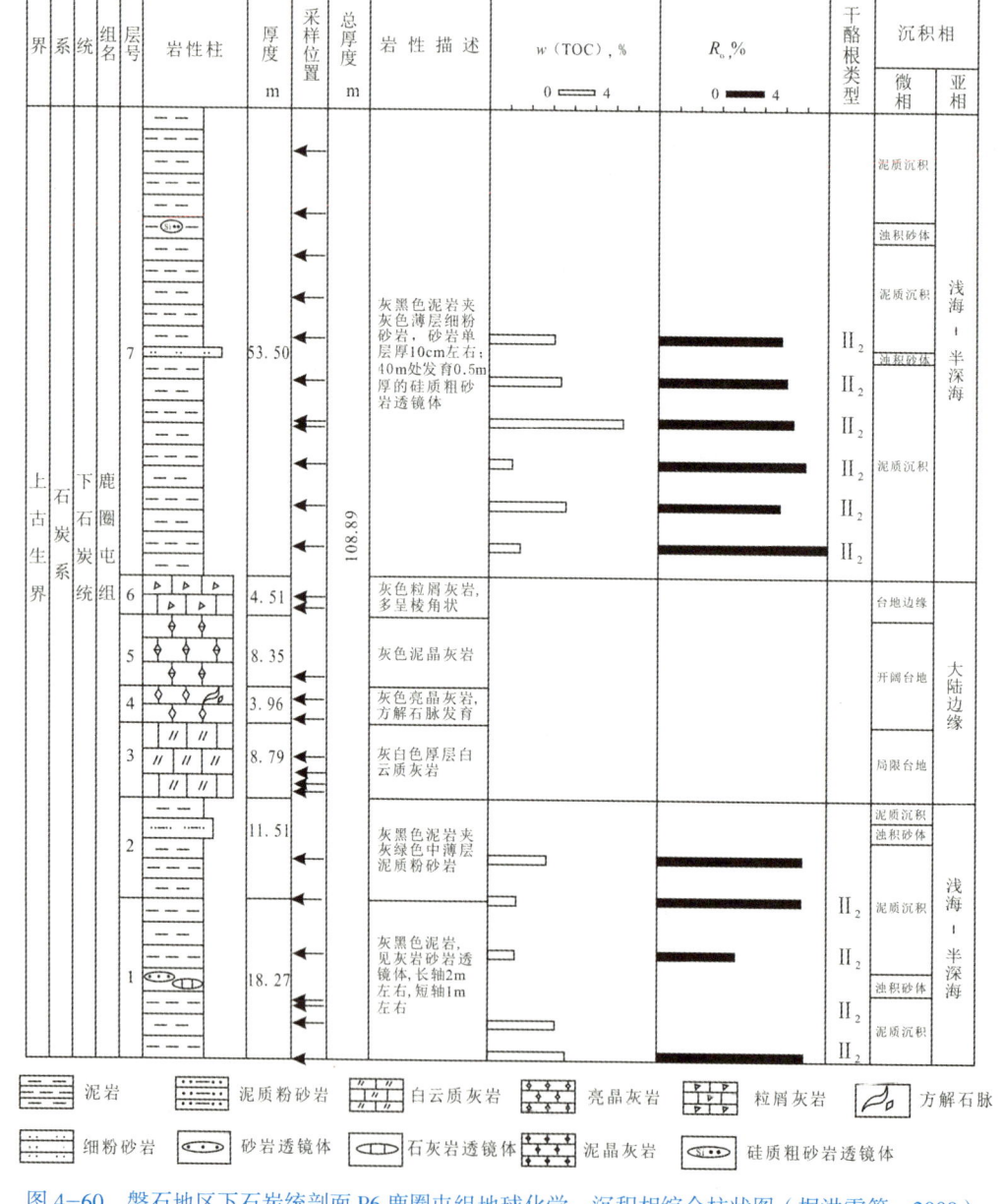

图4-60 磐石地区下石炭统剖面P6鹿圈屯组地球化学—沉积相综合柱状图（据洪雪等，2009）

长春地质学院校办队（1976）在七间房—钢叉山实测剖面，其层序如下（图4-61）。

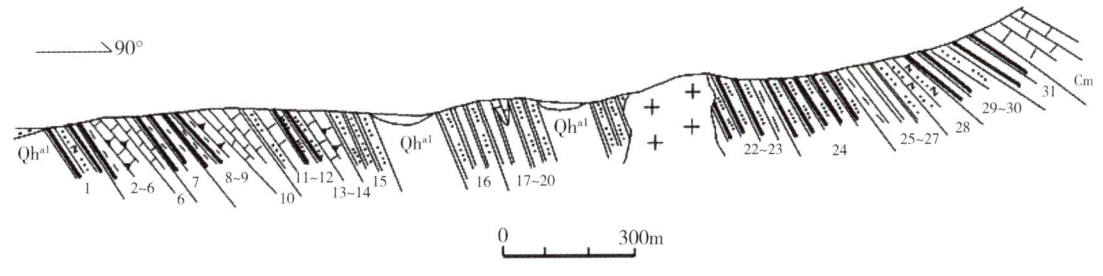

图 4-61　磐石市明城镇七间房—钢叉山早石炭世鹿圈屯组剖面图（据周晓东，2009）

图中数字为层号；Qh^{al} 为第四纪冲积物；Cm 为磨盘山组

上覆地层：磨盘山组

------------------------------- 整　　合 -------------------------------

31. 黑灰色板岩	60m
30. 灰绿色薄层状粉砂质细砂岩夹浅灰色粉砂质泥岩	7.3m
29. 灰色和浅灰绿色薄层状板岩，含丰富的腕足类和瓣腮类化石	2.2m
28. 浅灰色粗粒长石砂岩	34.7m
27. 灰色薄层状粉砂质板岩，微细水平层理发育，含植物化石碎片	221.8m
26. 黑色中薄层状板岩，局部含碳质斑点和泥质同生结核	31.3m
25. 灰黑色板状泥岩夹厚层灰岩，泥岩中含有三带型单体四射珊瑚化石	47.5m
24. 灰黑色中厚层状粉砂质板岩夹灰绿色岩屑长石细砂岩薄层，含有植物化石碎片	
	152.7m
23. 灰黑色中薄层状燧石层和浅灰色硅质泥岩，局部夹厚产状灰岩	31.6m
22. 深灰色中薄层状粉砂质板岩，中间含少量同生泥质结核，局部略显水平层理	65.6m

细粒花岗岩侵入

| 21. 灰黑色中薄层状板岩，顶部夹浅灰色粗粒—结晶灰岩 | 87.0m |

～～～～～～～～～～～～ 第四系覆盖 ～～～～～～～～～～～～

20. 黑色中厚层状粉砂质板岩，局部夹绿色薄层状岩屑长石细砂岩	22.1m
19. 深灰色薄层状粉砂质板岩夹厚层状含泥质灰岩，板岩中可见有微细水平层理，含有腕足类化石及植物化石碎片	49.1m
18. 深灰色中厚层状含硅质板岩夹含燧石结核泥质灰岩	47.4m
17. 灰黑色厚产状燧石层，硅质板岩夹厚层泥质灰岩透镜体	28.3m
16. 深灰色中厚层状板岩与粉砂质板岩互层	48.3m

第四系覆盖

15. 灰黑色中薄层状粉砂质板岩夹板状岩屑长石中细粒砂岩，板岩中含大量的同生泥质结核，含植物化石碎片	47.6m
14. 深灰色中厚层状含燧石结核及条带灰岩	15.6m
13. 灰褐-粉褐色同生角砾厚层状结晶灰岩	20.5m
12. 灰色中厚层状粉砂质板岩	22.4m
11. 灰色粉砂质板岩，薄层状长石砂岩夹含有黄褐色斑状晶洞的厚层灰岩	54.5m

10. 灰黑色厚层灰岩，含有少量燧石结核及少量不规则晶洞　　　　　　　　74.5m
9. 灰色薄层状粉砂质板岩夹厚层燧石结核灰岩　　　　　　　　　　　　21.5m
8. 灰色黏土质板岩夹灰绿色薄层岩屑长石中粒砂岩　　　　　　　　　　51.9m
7. 黑色含碳质斑点板岩、薄板状粉砂质板岩　　　　　　　　　　　　　42.5m
6. 灰黑色厚产状灰岩，局部含少量燧石结核，产大型双带型四射珊瑚、复体丛珊瑚和大型腕足类化石　　　　　　　　　　　　　　　　　　　　　　　　　　　37.3m
5. 黑色含燧石结核厚层灰岩，含有单体四射珊瑚、大型腕足类及大量海百合茎化石
　　　　　　　　　　　　　　　　　　　　　　　　　　　　　　　　22.4m
4. 深灰色中薄层状粉砂质泥岩，含有丰富的瓣腮类、苔藓虫和腕足类化石　14.9m
3. 深灰色厚层灰岩夹珊瑚礁灰岩，前者含少量燧石结核，此层含有丰富的单体和群体四射珊瑚及大量腕足类化石　　　　　　　　　　　　　　　　　　　　　14.9m
2. 灰黑色中薄层状黏土质板岩夹黑色厚层含泥质灰岩，泥质灰岩中偶夹灰绿色长石细砂岩薄层，板岩中含有大量单体和群体珊瑚及腕足类化石　　　　　　　　　　28.1m
1. 黑色中薄层状板岩夹灰色薄层状细粒岩屑长石砂岩，板岩中含有植物化石碎片　53.9m

该剖面鹿圈屯组岩性主要为砂岩、细砂岩、粉砂岩、板岩及石灰岩，产丰富的动植物化石。其中珊瑚 *Arachnolasma-Gangamophyllum* 组合包括了中国南方 *Yuanophyllum* 带和 *Koninckophyllum-Dibunophyllum* 带；蜓类仅见较原始的 *Eostaffella*；腕足类化石以大型的 *Gigantoproductus*、*Neospirifer* 较丰富为特点；植物化石以 *Neuropteris* 常见为特点。时代为早石炭世。

实习路线十五　长春市九台区石头口门水库西岸晚石炭世威宁期石头口门组建组剖面

长春市九台区石头口门水库晚石炭世威宁期石头口门组建组剖面，位于长春市九台区石头口门水库西岸（图4-62），厚1399.04m，其实测地层剖面（图4-63）层序自上而下为：

上覆地层：早白垩世营城子组

―――――――――――――― 不整合 ――――――――――――――

晚石炭世石头口门组：　　　　　　　　　　　　　　　　　总厚度1399.04m
22. 深灰色生物碎屑灰岩，产 *Fusulina lanceolata*、*F.*sp.、*Pseudostaffella khotunensis*、*P.*sp.、*Schubertella* sp.、*Endothyra* sp. 等　　　　　　　　　　　　　29.54m
21. 灰色细粒长石杂砂岩、粉砂质泥岩，青灰色角砾硅质泥岩夹灰褐色薄层状硅质岩
　　　　　　　　　　　　　　　　　　　　　　　　　　　　　　　　90.68m
20. 灰褐色硅质岩　　　　　　　　　　　　　　　　　　　　　　　　18.2m
19. 黄绿色含砾粉砂、硅质泥岩夹灰色含粉砂、泥质硅质岩　　　　　　　9.3m
18. 青灰色硅质岩夹含粉砂泥质硅质岩，局部可见交错层理、滑塌褶皱等　17.75m
17. 青灰色硅质岩与角砾安山质凝灰岩互层　　　　　　　　　　　　　27.69m
16. 含粉砂泥质硅质岩　　　　　　　　　　　　　　　　　　　　　　23.15m

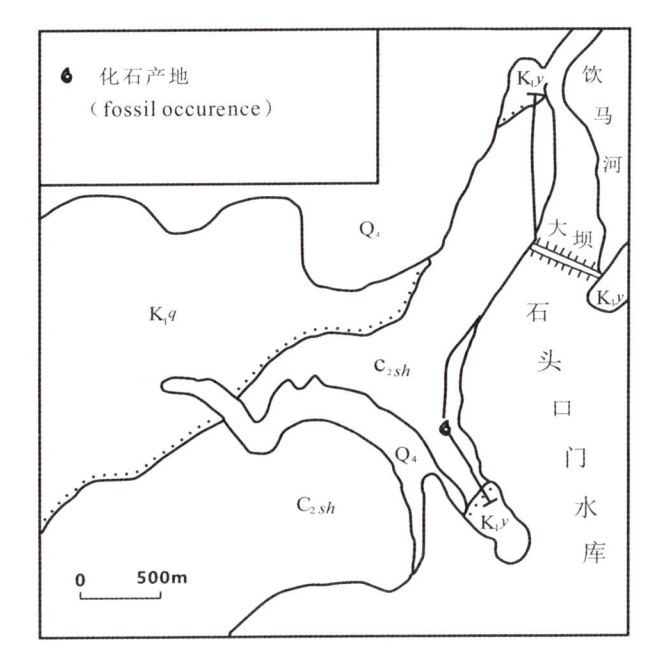

图 4-62　石头口门组实测地层剖面位置图（据郑春子等，1999）

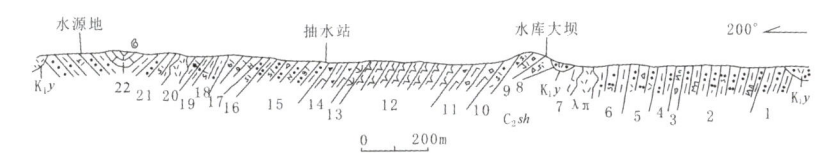

图 4-63　长春市九台区石头口门水库晚石炭世威宁期石头口门组实测地层剖面图
（据郑春子等，1999）

C_2sh—晚石炭世石头口门组；K_1y—早白垩世营城子组；λπ—潜流纹岩；图中数字为层号

15. 灰绿色凝灰质长石、岩屑砂岩与压碎含粉砂硅质岩互层　　　　　　　　　203.52m
14. 灰绿色蚀变含角砾细碧岩　　　　　　　　　　　　　　　　　　　　　　54.1m
13. 灰绿色片理化蛇纹岩　　　　　　　　　　　　　　　　　　　　　　　　10.5m
12. 灰绿色角斑岩　　　　　　　　　　　　　　　　　　　　　　　　　　 246.49m
11. 灰绿色片理化蚀变含角砾细碧岩，气孔呈定向排列，岩石中球粒具放射状结构
　　　　　　　　　　　　　　　　　　　　　　　　　　　　　　　　　　　79.21m
10. 灰绿色不均粒硅质砂岩　　　　　　　　　　　　　　　　　　　　　　　21.13m
9. 灰绿色角砾状硅质岩，角砾最大可达 20～30cm　　　　　　　　　　　　　 35.3m
8. 黑灰色凝灰质含砾粉砂质泥岩夹钙质硅质岩团块，团块一般 10～20cm 大小，岩石偶见微层理　　　　　　　　　　　　　　　　　　　　　　　　　　　　　 26.98m
7. 灰绿色玄武岩　　　　　　　　　　　　　　　　　　　　　　　　　　　 6.68m
6. 深灰色粉砂质泥岩夹硅质团块、硅质条带，硅质团块一般 5cm 大小，硅质条带 0.5～5cm 宽　　　　　　　　　　　　　　　　　　　　　　　　　　　　　102.84m
5. 黑灰色压碎角砾凝灰岩，角砾大小 2～5cm，以铁质为主　　　　　　　　　 81.58m
4. 深灰色角岩化粉砂质泥岩，微细层理较发育　　　　　　　　　　　　　　 67.54m

    3. 青灰色含锰结核砾岩，锰结核多数 0.5～4cm   19.98m

    2. 青灰色含锰结核凝灰质粉砂岩、含粉砂硅质泥岩、锰结核最大可达 7～8cm。粉砂岩和泥岩中见小型鲍马序列   170.68m

    1. 黑灰色角岩化粉砂质泥岩，偶见微细层理，细砂岩呈透镜状，一般 3～5cm 大小，与层理走向一致   56.2m

（未见底）

早白垩世营城子组覆盖

    晚石炭世威宁期石头口门组实测剖面早期以含锰结核的碎屑岩和泥岩、硅质岩为主，并有少量的凝灰岩和玄武岩；中期以海底火山喷发的灰绿色高钠质的细碧岩、角斑岩为主，并伴有规模不大的蛇纹岩；晚期以硅质岩、长石杂砂岩、泥岩、生物碎屑灰岩为主。

    早期以 1～10 层为代表。第 1、2 层中见微细层理和小型鲍马序列。第 3 层中的砾石大小不一，分选不佳，多为棱角状、不规则状，磨圆度较差；砾石之间为同成分的砂屑，颗粒支撑，反映了水动力较强的高能环境。从宏观上看，第 1～3 层反映了逆粒序的近源的陆源浊积岩沉积特征，同时在第 2、3 层的凝灰质粉砂岩、硅质泥岩、砾岩中锰结核发育，最大可达 7～8cm，MnO 含量为 43.50%。关于锰结核的成因，一般认为它与基性—中基性火山岩热液有关，这些热液在 pH、Eh 值较低的成岩环境下与硅质泥岩共生所形成。剖面中的第 2、3 层的锰结核也恰恰反映了与硅质泥岩、凝灰岩、玄武岩紧密相关的特点。多数锰结核与硅质泥岩共生，且在第 2、3 层之后的第 5 层中出现了凝灰岩，在第 7 层中出现了玄武岩，因此认为该锰结核的形成也与伴随基性岩浆射出的溶液以及射出的气体有关，应属早期火山溶液所形成的自生沉积物。锰结核形成之后从第 6 层起伴随着基性火山溶液的射出与海底沉降作用的加剧，硅质团块、硅质条带、钙质硅质岩团块渐增多、增大，粉砂质泥岩中硅质团块从 5cm 渐变为 20cm，并渐形成硅质条带和硅质岩，而陆源碎屑物则越来越少，以泥岩、硅质岩为主。该硅质岩在 Al—Fe—Mn 图解（图 4-64）中投入生物沉积硅质岩区，说明当时的海盆是一种较深水的与火山溶液的射出关系密切且陆源碎屑极少、pH 值甚低的滞流水体的局限盆地沉积环境。

图 4-64 石头口门组硅质岩 Al—Fe—Mn 图解
（据郑春子等，1999）

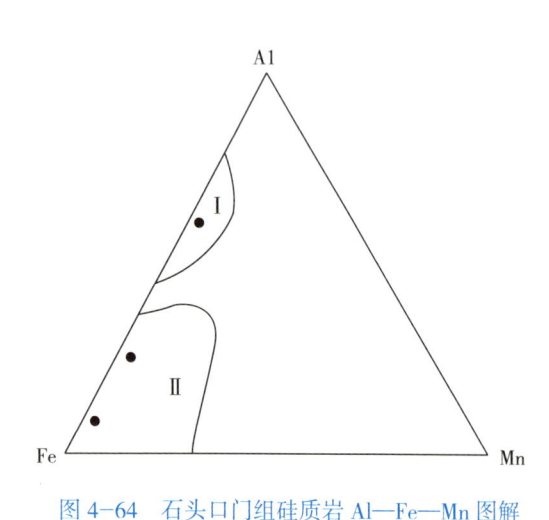

Ⅰ—生物沉积硅质岩；Ⅱ—热水沉积硅质岩

    中期以 11～14 层为代表。第 11、14 层由灰绿色片理化蚀变含角砾细碧岩组成。该岩石以绿色、高钠质为特征，Na_2O 含量 3.10%～5.5%，并具帘石化、绿泥石化的强蚀变作用，而那些球状和枕状熔岩的生成物则以角砾形式存在。在显微镜下可以见到交织结构和显微球粒结构，原始的岩石结构模糊。气孔较发育，呈定向排列。许多充填着帘石、绿泥石的不规则裂纹，是岩浆在喷发过程中遇水淬火而形成。岩石主体由长英混晶组成显微球粒，球粒呈放射状结构，矿物成分应以斜长石、辉石为主。"斜长石"呈板条状，根据岩

石化学 Na_2O 含量为 3.10%～5.50% 的结果，认为"斜长石"已经历了钠长石化作用。辉石的帘石化、绿泥石化明显。从该细碧岩岩石化学分析结果 Na_2O 较高，以及该岩石在 CaO—K_2O—Na_2O 图解（图 4-65）中投入细碧—角斑岩区和在 $\sum FeO$—MgO—Al_2O_3 图解（图 4-66）中投入分裂中心来看，该岩石无疑是细碧岩，因此认为该细碧岩应为裂陷槽拉张分裂时期的基性海底火山喷发产物。

第 12 层为角斑岩，岩石外观呈绿色，蚀变较强烈，从岩石化学分析报告中 Na_2O 含量为 6.00%～6.40% 结果看更富含钠质。岩石中有较多的由绿泥石组成的不规则状"杏仁"体。在显微镜下，岩石结构不均一，局部呈放射状球粒结构，半自形小柱状长石无规则分布，板条状长石微晶具定向分布，其间由绿泥石、帘石、铁质微粒充填，岩石发育极不规则的裂纹，可能是熔岩在海底火山喷发过程中遇水淬火而形成，在碎裂的裂纹间也充填帘石、绿泥石。此外从岩石化学分析来看，该角斑岩在 CaO—K_2O—Na_2O 图解中均落入细碧—角斑岩区（图 4-65），并在 $\sum FeO$—MgO—Al_2O_3 图解（图 4-66）中投入分裂中心区，反映出该角斑岩具有拉张构造环境中海底火山活动的特点。

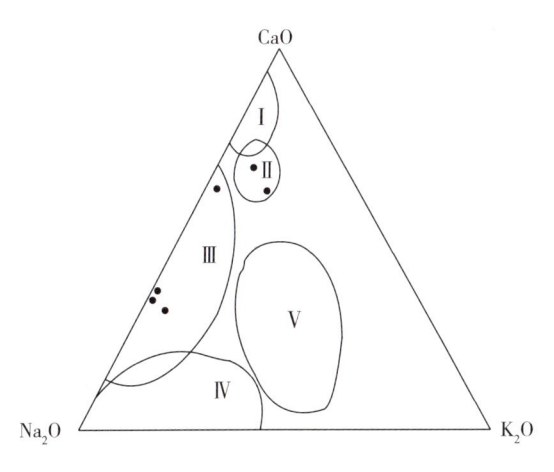

图 4-65　石头口门组火山岩 CaO—K_2O—Na_2O 图解（据郑春子等，1999）

Ⅰ—拉斑玄武岩；Ⅱ—碱性玄武岩；Ⅲ—细碧—角斑岩；
Ⅳ—石英角斑岩；Ⅴ—流纹岩

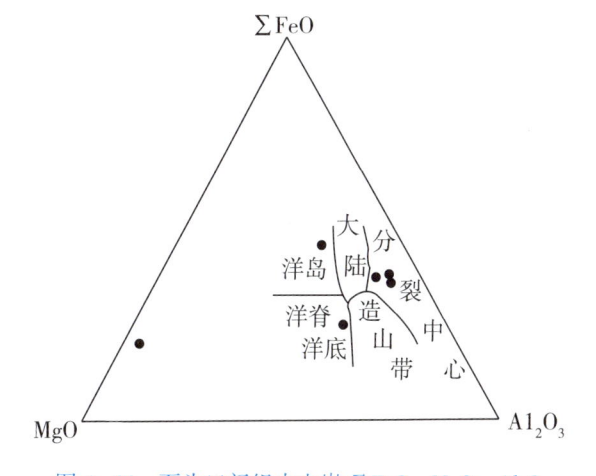

图 4-66　石头口门组火山岩 $\sum FeO$—MgO—Al_2O_3 图解（据郑春子等，1999）

第 13 层灰绿色片理化蛇纹岩片理化明显，局部形成构造透镜体，显微镜下具有鳞片结构，鳞片主要由蛇纹石组成，还见有水镁石、滑石、铁质微粒等。残留的矿物假象呈针状、短柱状，由蛇纹石、滑石取代，从残留的矿物假象很难恢复原矿物，但从蚀变后的产物蛇纹岩推测原岩可能是"橄辉岩"，是海底火山喷发活动过程中上地幔物质被裹入的产物。在 $\sum FeO$—MgO—Al_2O_3 图解（图 4-66）中，该蛇纹岩的投影点也反映了该岩石形成于洋脊或洋底，也反映了拉张构造环境。

晚期以 15～22 层为代表，以硅质岩、泥岩、石灰岩为主，还有凝灰质长石岩屑砂岩和少量凝灰岩夹层。其中第 15 层中的压碎含粉砂硅质岩夹层凝灰质长石岩屑砂岩在显微镜下局部保留原始沉积韵律，凝灰质由晶屑、火山灰组成，砂屑以细粒为主，岩屑以硅质岩、凝灰岩为主。显然，该岩石与火山作用关系密切，因此可视为海底火山喷发活动渐趋减弱的产物。第 15～17 层依然有火山碎屑物质，并在第 17 层出现凝灰岩夹层，反映了基性、超基性岩浆作用后仍有残余的火山碎屑物质喷出。第 15 层出现硅质岩和含粉砂泥质硅质岩，之后这些硅质岩渐薄，至第 21 层硅质岩已呈薄层状夹于砂岩、泥岩之中，并在第 22 层出现具有浅海沉积特征的含鲕生物碎屑灰岩。这一规律表明火山作用渐息后，裂陷槽水体变浅，由非补偿性沉积转向超补偿性沉积。晚期硅质岩在 Al—Fe—Mn 图解中投入热水沉积硅质岩区（图 4-64），说明细碧—角斑岩之后的硅质岩与细碧—角斑岩之前的硅质岩有相似的生成环境，但所不同的是早期快速拉伸沉降，海水加深，火山作用射出的火山溶液渐增，硅质岩呈团块—条带状—块状，并在早期（细碧—角斑岩之前）硅质岩形成的末期由于裂陷槽较深，混有少量生物沉积硅质岩（图 4-64）。而晚期（细碧—角斑岩之后）硅质岩恰恰相反，随着拉伸作用停息，海水渐浅，火山作用射出的溶液渐减，硅质岩呈厚层块状—薄层状—夹层状，然后又被陆源碎屑沉积所替代，并出现生物碎屑灰岩。晚期硅质岩在早期可能也混入少量的生物沉积硅质岩。在 1:5 万泉眼沟幅地质调查中，对硅质岩进行分析时，曾报道在阴极发光下见到放射虫遗骸。硅质岩在 Al—Fe—Mn 图解中均投入热水沉积区（图 4-64），因此大部分硅质岩与火山溶液的射出关系密切，且沉积环境为大陆边缘的裂陷槽。

综上所述，该裂陷槽早期有陆源碎屑沉积，随着盆地的下沉、基性火山溶液和气体的射出，陆源碎屑渐少，并在 pH—Eh 值较低的滞流水体的局限盆地成岩环境下形成自生沉积物锰结核、硅质岩。该裂陷槽中期岩浆活动以基性偏碱性、超基性岩浆热侵位、构造侵位及大量中基性火山喷发作用为特征。细碧岩、角斑岩呈绿色，钠长石化普遍而强烈，其岩石化学成分高钠（Na_2O 含量为 0.10%～6.40%）、低钾（K_2O 含量为 0.12%～0.50%），与其他基性岩相比钛较高（TiO_2 含量为 1.15%）。这种岩石特征反映了裂陷槽拉张较深、偏碱性岩浆发育的特点。人们普遍认为，超基性蛇纹岩是在拉伸较深的裂陷槽内，与海底火山喷发的细碧—角斑岩组合同时或稍晚期阶段，拉薄作用下常出现的岩浆杂岩，可沿裂陷槽轴线断续出露。裂陷槽闭合阶段，半深海硅质岩、泥岩、砂岩渐变为浅海生物碎屑灰岩，基本上反映出一个裂陷槽发生—发展—闭合的完整过程。

由于对细碧—角斑岩系的成因以及对蛇绿岩套概念演化历史的不同认识，细碧—角斑岩系的构造性质迄今仍有不同的观点。由于施泰因曼（Setinmann，1927）最早是将"蛇纹岩、辉石岩和细碧岩及放射虫硅质岩"的"三位一体"称为蛇绿岩，因此，尽管后来赫斯（Hess，1962）及历次的国际蛇绿岩学术讨论会上多次重新明确蛇绿岩套的定义，但仍有学者将细碧岩作为蛇绿岩套中共生的火山岩。细碧岩既不等于张旗所说的洋盆阶段的洋岛玄武岩，也不等于俯冲阶段的大洋拉斑玄武岩，而相当于其裂谷阶段的"双峰式火山岩"。樊金涛、赵树铭的研究为此提供了有力的证明。夏林圻结合实验岩石学的资料，从岩浆深部分异机制阐明了细碧—角斑岩系和中小型"阿尔卑斯型"超基性岩体群共生的原因。他指出，通过深部的液态和结晶分异，母岩浆的上部逐步演变成偏碱系火山岩浆；随着地壳断裂构造活动，上部派生偏碱系火山岩浆首先溢出地表（部分浅成侵入），形成本区面积广大的细碧—角斑质火山岩系。若断裂构造继续活动，向下切割，此时尚未充分结晶的偏铁系和偏镁系超基性岩浆，也可有一部分继承原来的火山通道或沿着另外一些通道上升侵入至地壳之中，形成小面积分布的一群群中小型"阿尔卑斯型"超基性侵入体，或有可能在裂陷槽闭合的造山运动中，由构造挤入作用侵位于该套岩系内。

在与细碧—角斑岩系伴生的硅质岩中，数次系统取样均未见放射虫，因而无法断定此硅质岩是深水放射虫硅质岩。从所取两件稀土元素样的测试成果得知，其δCe为0.79及0.72，平均值为0.76；即与彭玉鲸所提供的三个样品均值0.83接近，不具深海沉积的硅质岩δCe的判别值0.30（洋中脊）和0.55（洋底），而与大陆边缘环境沉积的δCe为0.79～1.54相近。锰结核的δCe为0.60，若能用此作为判断值，该裂陷槽应是大陆斜坡相深度的沉积，这与硅质岩中常出现的滑塌沉积特点相呼应。

根据以上的实际材料、分析和讨论，获得了吉林省存在威宁期大陆边缘石头口门裂陷槽的新认识，并为该区构造格架及岩石圈演化的深入探讨提供了宝贵的科学资料。

实习路线十六　吉林省白山市板石沟地区太古宇表壳岩及TTG片麻岩

板石沟地区位于吉林省白山市北约9km处，区内主要分布太古宇鞍山群杨家店组、元古宇老岭群珍珠门组变质岩系、青白口系钓鱼台组及南芬组、新生界第四系（图4-67），主要岩性有页岩、石英砂岩、白云石大理岩、角砾状白云质大理岩、黑云斜长片麻岩、角闪斜长片麻岩、斜长角闪岩、角闪片岩和磁铁石英岩。

区内的结晶基底主要是由太古宙TTG片麻岩、太古宙花岗岩和变质表壳岩等组成（图4-67）。TTG片麻岩是华北克拉通太古宙陆壳最主要的岩石组成，记录了太古宙陆壳的增生及其演化历史，是揭示和理解太古宙陆壳形成与演化的关键，因此对其成因及构造环境的研究可以为早期地壳演化过程及机制提供重要信息。表壳岩的岩石类型主要为斜长角闪岩、斜长片麻岩、角闪片岩和磁铁石英岩等，以近EW方向呈条带状或透镜状分布在TTG片麻岩和花岗岩之中（图4-67）。最近研究显示，板石沟地区变质表壳岩的形成时间约为（2548±23）Ma，为新太古代晚期。

板石沟铁矿区主要有太古宇杨家店组和元古宇老岭群珍珠门组出露，分布于矿区北南两部，出露面积大致相等。

矿区出露大面积的太古宙表壳岩（杨家店组），初步划分3段：

表壳岩下段：（$Aray^1$），下部为黑云变粒岩、黑云斜长片麻岩夹透镜状斜长角闪岩，厚度1000m左右；上部为斜长角闪岩、黑云斜长片麻岩，厚度400m左右。

表壳岩中段：（$Aray^2$）由斜长角闪岩、黑云角闪斜长片麻岩、黑云角闪片岩组成，见似层状、透镜状磁铁石英岩及磁铁角闪石岩（含矿层），厚度820～1200m。

表壳岩上段（$Aray^3$）由黑云斜长片麻岩、黑云变粒岩夹斜长角闪岩等组成，厚度850m左右。依据杨家店组岩石化学成分特征恢复原岩为中基性火山喷出岩。

元古宇老岭群珍珠门组分布于矿区南部，走向北东，倾向170°，倾角70°左右，与下伏表壳岩系呈断层接触，从老到新分三个岩性段：下部绢云母碳质白云石大理岩夹千枚岩、绢云母片岩；中部硅化白云石大理岩、透闪石白云石大理岩、石墨片岩、碳质板岩、碳质大理岩、含磷白云石大理岩、角砾状白云石大理岩；上部灰色厚层大理岩。该组与上覆青白口系钓鱼台组呈角度不整合接触。

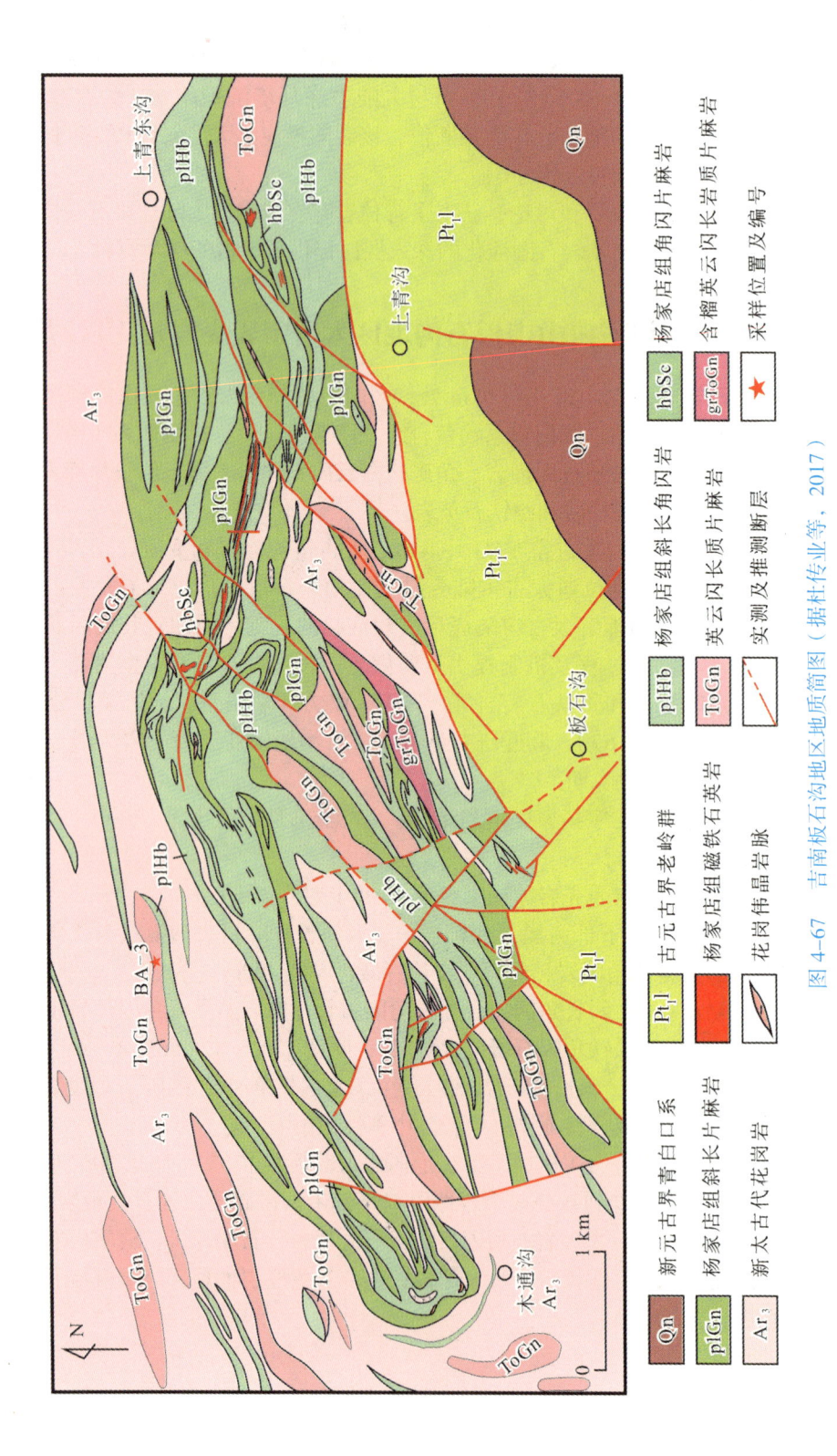

图 4-67 吉南板石沟地区地质简图（据杜业乂等，2017）

板石沟地区的英云闪长质片麻岩风化面为浅褐色或黄褐色，新鲜面为灰黑色，鳞片粒状变晶结构，片麻状构造。岩石主要由斜长石、石英和黑云母组成（图4-68）。黑云母定向不连续排列，构成片麻理。斜长石（55%~60%）呈半自形板柱状或粒状，聚片双晶发育，正低突起，见两组近正交完全解理，部分斜长石发生绢云母化或绿帘石化，粒度约1mm。石英（25%~30%）呈他形粒状，表面比较干净，正低突起，粒度0.2~0.5mm。黑云母（10%~15%）呈半自形片状，具多色性，一组极完全解理，干涉色高，平行消光，个别有帘石化，多在长石粒间分布，微定向。绿帘石 [图4-68（a）、（c）] 在镜下为粒状，无色—淡蓝绿色，干涉色高但不均匀。副矿物有锆石、榍石和磷灰石。

测年样品为英云闪长质片麻岩（编号BA-3，坐标126°22′11.4″E、42°02′53.9″N）。

图4-68 板石沟英云闪长质片麻岩显微照片（据杜传业等，2017）

（a）B18-1；（b）B01-16；（c）B01-13；（d）P6B15-1
Pl—斜长石；Bi—黑云母；Q—石英；Ep—绿帘石

板石沟英云闪长质片麻岩属于高铝TTG片麻岩，具有与埃达克岩类似的岩石地球化学特征，表明其形成于俯冲的岛弧环境。岩浆锆石形成年龄为（2619±24）Ma，表明英云闪长质片麻岩形成于新太古代。

Mg^{2+}值和Hf同位素特征分析结果显示，英云闪长质片麻岩的岩浆在形成或者运移过程中很少受到地幔物质混染，二阶段模式年龄（T_{DM2}）为2976~2675Ma。

英云闪长质片麻岩变质原岩为火成岩，形成于板块汇聚的岛弧环境，且该片麻岩可能是太古宙俯冲含玄武质洋壳部分熔融的产物，这说明该地区是洋壳俯冲产生岛弧的陆壳水平增生方式，而不是岩浆底侵的陆壳垂直增生方式。推测华北克拉通东北部地区在新太古代可能存在一个由洋壳俯冲到弧陆碰撞造山带，即吉（吉林）—辽（辽宁）—冀（河北）弧陆碰撞增生造山带。

板石沟地区表壳岩形成时代为（2548±23）Ma，该区TTG片麻岩形成时代为（2619±24）Ma，片麻岩比表壳岩形成时代略早，两者都形成于岛弧环境，共同组成岛弧系统的不同部分，因此它们可能共同组成了一个由洋壳俯冲到弧陆碰撞导致陆壳增厚的地质演化过程。

实习路线十七　通化市辽吉花岗岩典型代表——钱桌沟岩体

通化市位于华北板块北缘东段。以辽吉古元古代变质地层分布区为界，可将本区划分为北部的龙岗—和龙地块、南部的狼林地块（朝鲜境内），中部的辽吉古元古代造山带（图4-69）。区内出露最古老岩石为太古宙变质杂岩，元古宙集安岩群（包括含翻岩系、含墨岩系、高铝岩系）、老岭岩群大面积分布，新元古代—古生代地层及中—新生代火山—沉积岩系局部出露。花岗质岩石在区内较为发育，其古元古代花岗岩可依岩石类型划分为三类（图4-69），即石英闪长质片麻岩、巨斑花岗岩（又称环斑花岗岩）和变质正长花岗岩（辽吉花岗岩）。

古元古代钱桌沟岩体正长花岗岩分布于通化市南部清河、花甸、头道、辽宁省桓仁水库等地（图4-69）。该岩体出露面积约500km^2，岩体东西两侧被中—新生代地层覆盖，南侧被古元古代巨斑花岗岩侵入，其北侧由于覆盖原因与集安岩群关系不清。岩体内部存在较多的斜长角闪岩包体，并发育有晚期的变质基性脉岩（变质辉长岩、辉绿岩）。

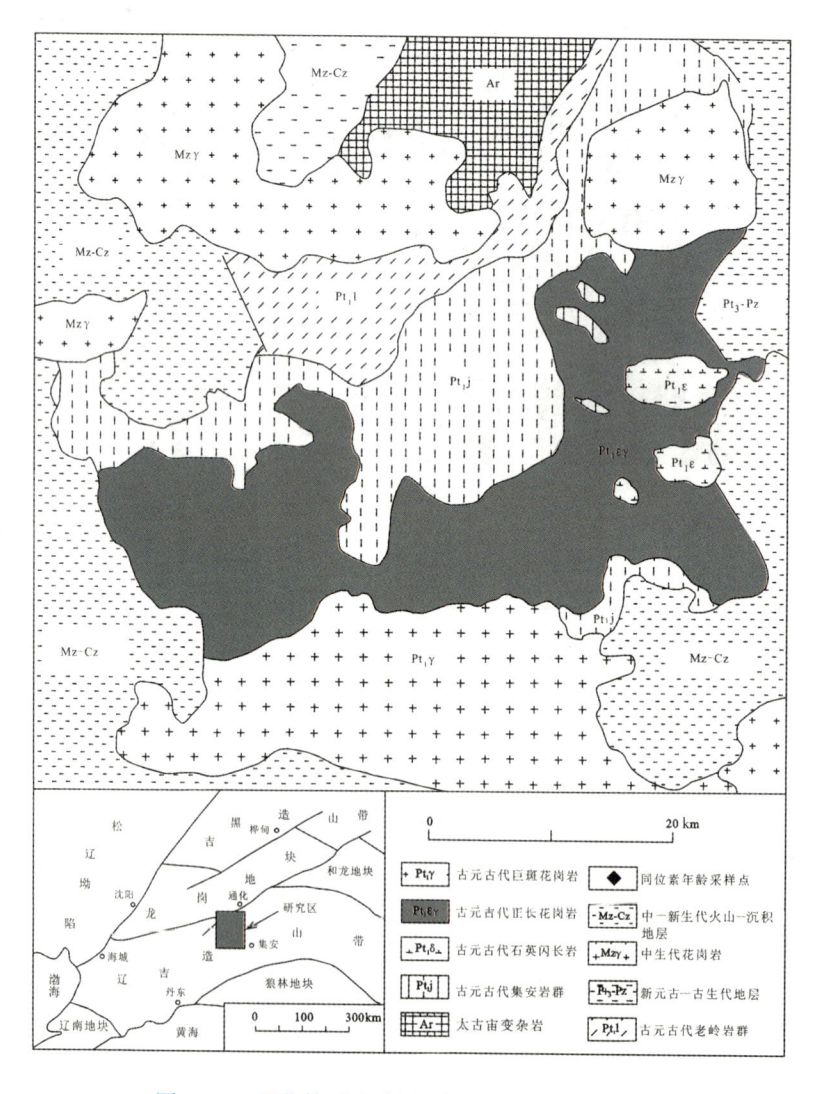

图4-69　通化简要地质图（据路孝平等，2004）

钱桌沟岩体主要分布于吉林南部通化市横路村、大梨树沟、钱桌沟等地，出露面积为300km²。岩体中含有蚂蚁河组斜长角闪岩残留体。

钱桌沟岩体的主要岩石类型为组成较均匀的细粒变质正长花岗岩，浅肉红色—肉红色，细粒（1～2mm）花岗变晶结构，块状及片麻状构造。片麻理由浅色矿物与定向的暗色矿物排列构成，产状与周围集安岩群的片麻理方向基本一致。主要矿物组成为石英（含量约30%）+条纹长石（含量15%～20%）+微斜长石（含量20%～25%）+斜长石（含量15%～20%）+钠长石（含量10%）+角闪石（含量0～8%）。其中石英为他形粒状，集合体定向排列；条纹长石呈板粒状，主晶钾长石和客晶钠长石比例大致相等；微斜长石为他形不规则填隙状，格子双晶发育；斜长石为更长石，半自形板状—粒状；钠长石（An=8）呈他形—半自形粒状，聚片双晶发育并有弯曲现象；角闪石为柱状，定向排列，暗绿色—黄绿色多色性，应为钙质角闪石，内含较多锆石、榍石、磷灰石等矿物包裹体。副矿物以锆石、榍石、磷灰石、磁铁矿等为主，并出现少量金红石、黄铁矿等矿物。

关于辽吉花岗岩的年代，前人曾有过较多的工作。由于该岩石经历过后期变质与变形作用的叠加，这决定了传统的K-Ar法不可能获得其岩浆侵位年龄；岩石较窄的化学成分变异也决定了通常的Rb-Sr等时线法难以给出可靠的年龄信息。由于这一原因，锆石U-Pb法年龄数据在确定辽吉花岗岩的年代方面发挥着重要作用，如张秋生（1988）报道宽甸鹰嘴砬子—老黑山条痕状角闪花岗岩和寒葱威子—钢甲峪黑云母花岗岩的锆石U-Pb年龄分别为2073Ma与2066Ma，Sun等（1993）报道宽甸地区片麻状花岗岩的锆石U-Pb年龄为2142Ma等。上述数据均为TIMS法所获得的微量锆石U-Pb线上交点年龄不一致。因为辽吉花岗岩的锆石较为复杂，绝大部分锆石颗粒经历过后期变质作用的叠加，因而决定了通常的TIMS方法给出的是岩浆结晶与后期变质的混合年龄，而并不是岩体侵位的真正年龄；而SHRIMP方法采用的是微区原位年龄分析，较好地解决了上述问题。因此，可以肯定通化市辽吉花岗岩的侵位年龄应为2160Ma左右。

上述年龄与最近在辽东地区运用激光ICP-MS方法获得的虎皮峪条痕状花岗岩的年龄（2161Ma±12Ma）基本一致，因此相信辽吉花岗岩的形成时代大约在2160Ma左右，这一可靠年龄数据的获得为讨论辽吉花岗岩与区内古元古代地层的时间关系提供了重要资料。长期以来，关于辽吉花岗岩与古元古代地层的时间先后关系一直存在争论。地质观察表明，辽吉花岗岩总是出现在辽河岩群或集安岩群的底部或大型褶皱构造的核部，但局部又可见其"侵入"于上述地层之中，从而有辽吉花岗岩在元古宙"重就位"之说。尽管在通化市未能观察到所研究的钱桌沟岩体与集安岩群的接触关系，但辽东地区的野外观察发现，辽河岩群和辽吉花岗岩间均为构造接触，不存在我们可以用以判断岩体形成相对顺序的侵入接触关系。在研究区，所获得的辽吉花岗岩的年龄为2160Ma左右，该年代与最近获得的古元古代集安岩群蚂蚁河组中碎屑锆石的年代基本一致。同样，目前在辽东地区辽河群底部的浪子山组中，所获得的碎屑锆石的年代也与此类似。因此有理由推测，辽吉花岗岩形成于集安岩群、辽河群沉积之前。结合辽东地区的研究成果可以认为，辽吉花岗岩应形成于该区古元古代地层沉积之前，是古元古代地层沉积的基底岩石。

研究区钱桌沟岩体岩石类型为正长花岗岩，但局部地区出现角闪石，这一岩石学特点暗示它可能属于铝质A型花岗岩，这一初步结论也与岩石高硅、低铝、富碱的主要元素成分特点相符，微量元素的成因类型判别图解证实了这一结论（图4-70）。在Y+Nb-Rb判别图解中（图4-71），该岩体岩石的成分主要位于板内或碰撞后花岗岩区，也反映出该花岗岩的A型性质。因此，辽吉花岗岩的源岩应为火成岩，而不可能是周围的沉积岩部分熔融而成。

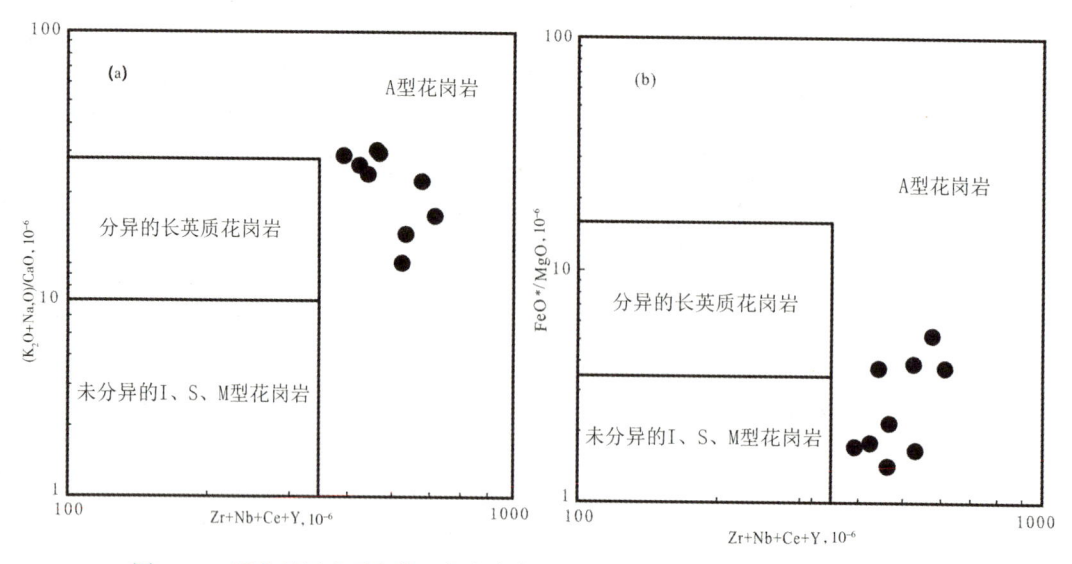

图4-70 通化地区古元古代正长花岗岩成因类型判别（据Whalen et al., 1987）

但是，尽管确认出研究区的条痕状花岗岩属于铝质A型，但关于它形成的具体构造背景目前还缺乏应有的资料。目前认识比较统一的是A型花岗岩形成于拉张构造背景（Pitcher, 1993），但对铝质A型花岗岩是形成于非造山的板内环境还是造山后，目前分歧较大（Bonin, 1900; Pitcher, 1993; King et al., 1997）。就通化地区而言，尽管该条痕状花岗岩位于Eby（1992）的A_2型（造山后）花岗岩区（图4-72），但到目前为止，还没有确定出本区以及整个华北地台在22亿年前的古元古代存在过一次造山作用（Zhao et al., 2003）。更何况，Eby（1992）的图解主要是根据显生宙花岗岩而提出的一种划分方案，该图解能否适应于前寒武纪目前还不十分清楚。实际上，在元古宙，特别是在古—中元古代，很多非造山花岗岩为准铝质—过铝质类型，且不一定为A型。考虑实际地质情况，辽吉地区的古元古代地层沉积于规模较大的盆地之中，而形成在盆地发育之前的此花岗岩应更可能是在非造山的拉张环境下出现的产物，代表了辽吉古裂谷发育的开始。

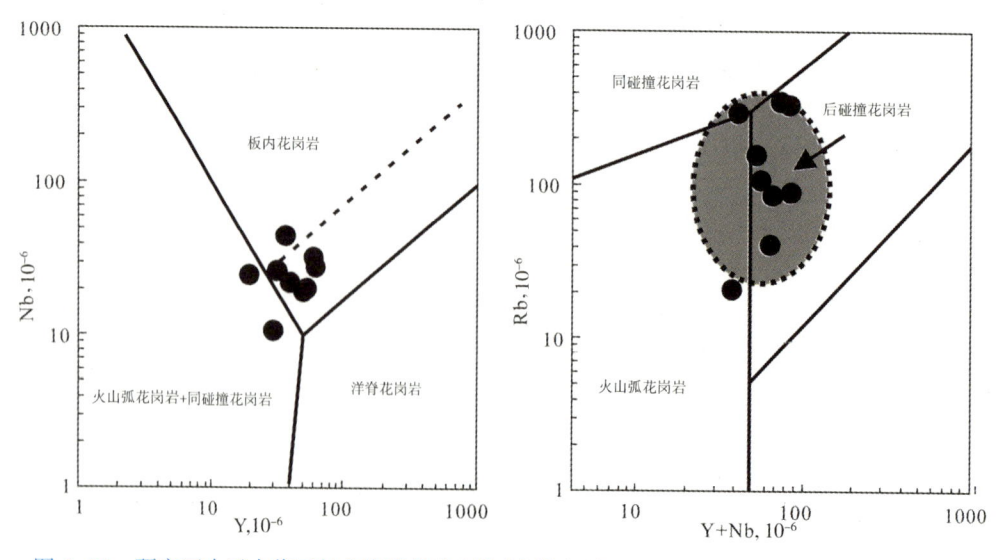

图4-71 研究区古元古代正长花岗岩构造环境判别图（据Pearce et al., 1984; Pearce, 1996）

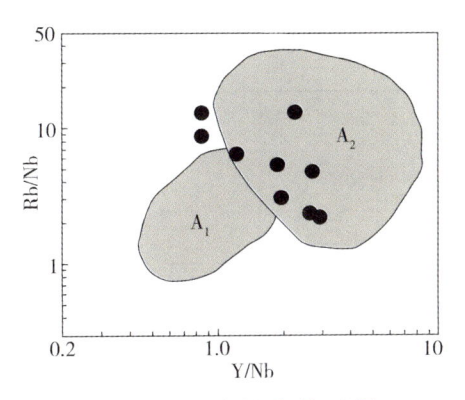

图 4-72 A 型花岗岩亚类判别图解（据 Eby，1992）

高精度的锆石 U-Pb SHRIMP 测定表明，研究区古元古代正长花岗岩侵位于 2160Ma 左右，是辽吉地区古元古代地层沉积的基底岩石。

通化地区古元古代正长花岗岩的成因类型为 A 型，代表了辽吉地区古元古代地层沉积之前地壳拉张作用的产物，属于一种非造山花岗岩。

实习路线十八　吉林南部通化二道江新元古界万隆组剖面

吉林南部通化市新元古界自下而上划分为桥头组、万隆组、八道江组和青沟子组。万隆组主要出露于吉林南部地区，为一套深灰色发育臼齿构造的薄层灰岩夹灰绿色钙质粉砂岩及叠层石灰岩。该套地层层位稳定，岩性特征无明显变化，其中最具代表性的是二道江剖面（图 4-73）。

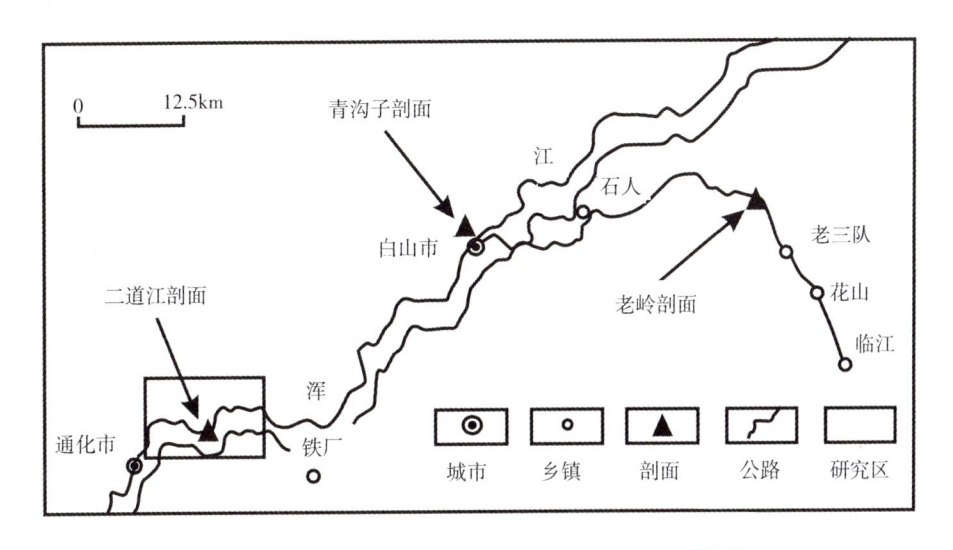

图 4-73 吉林南部地区新元古代地层剖面位置（据旷红伟等，2006）

万隆组自下而上可分为 3 段（表 4-2）。在深灰色含臼齿构造的石灰岩、藻灰岩以及钙质页岩、致密块状灰岩、粉砂质灰岩中，产有较丰富的微古植物化石。

表4-2 吉林南部地区新元古界划分（据旷红伟等，2006）

系	统	群	组	段	岩性简述
震旦系	上统	浑江群	青沟子组		由碳酸盐岩及黑色页岩组成
			八道江组		由一套浅色碎屑灰岩、叠层石灰岩组成
	下统		万隆组	第3段	黄灰色钙质页岩、粉砂质泥灰岩及白云质灰岩，白玉岩夹叠层石灰岩及异地叠层石灰岩，夹少量臼齿构造岩
				第2段	深灰色瘤状灰岩、致密块状灰岩、页岩及粉砂质泥灰岩
				第1段	深灰色中厚层及薄层臼齿微亮晶灰岩、白云质灰岩夹两层叠层石灰岩及浅灰色薄层粉砂质灰岩
青白口系		细河群	桥头组		由一套青灰色、灰白色铁锈斑点石英砂岩与青灰色、黄绿色粉砂质页岩、页岩组成
			南芬组		主要由黄绿色、灰紫色页岩组成
			钓鱼台组		一套以灰白色为主要色调的粗粒、中粒、细粒长石石英砂岩、石英砂岩，海绿石石英砂岩

图4-74是万隆组下部臼齿构造发育段的地层层序和沉积相综合柱状图，在每一层序内部，发育多个向上变浅的沉积序列。

万隆组中广泛发育臼齿构造，依据形态特征，臼齿构造可划分为条带状构造、瘤状构造及斑点状构造、棱角状臼齿碎屑屑块体几种类型。

岩石学研究表明，臼齿构造宿主岩石成分通常比较复杂，其中陆源碎屑约占0～10%，黄铁矿和赤铁矿约占0～3%。万隆组下部富含臼齿构造的泥晶灰岩能谱分析表明，基质化学组分中含Si、Ca、Mg、Al、K、Fe等多种成分，特别是Si、Al的含量较高，说明沉积环境中陆源黏土物质的含量是相当高的。臼齿碳酸盐岩成分为微亮晶方解石集合体，方解石呈均一、等轴或多边形，平面上有清晰边界，粒度在0.01mm左右，局部含硅质碎屑和黄铁矿立方体，与基质呈突变或溶蚀边接触。臼齿的化学元素组成与基质明显不同，以$CaCO_3$占绝对优势。

综合研究表明，臼齿构造是相对较强水动力条件下的产物。臼齿岩相中频繁发育冲刷面、大型丘状交错层理及递变层理等构造。同时，臼齿构造岩相又总是与风暴岩共生，发育典型的风暴沉积层序。层序主要岩石类型有：

（1）砾屑灰岩：砾屑成分复杂，含大量陆源粉屑、泥晶、粉晶碳酸盐岩碎屑及异地臼齿灰岩碎屑。

（2）含臼齿构造的粉砂岩：颗粒成分以石英为主，分选和磨圆较好，微亮晶钙质胶结，臼齿为原地型。

（3）含臼齿构造泥灰质粉砂岩：含较多的云母并顺纹层排列，含褐铁矿化黄铁矿。有的臼齿有重结晶现象，表现为中间细、颜色深；边缘颗粒粗、颜色浅。

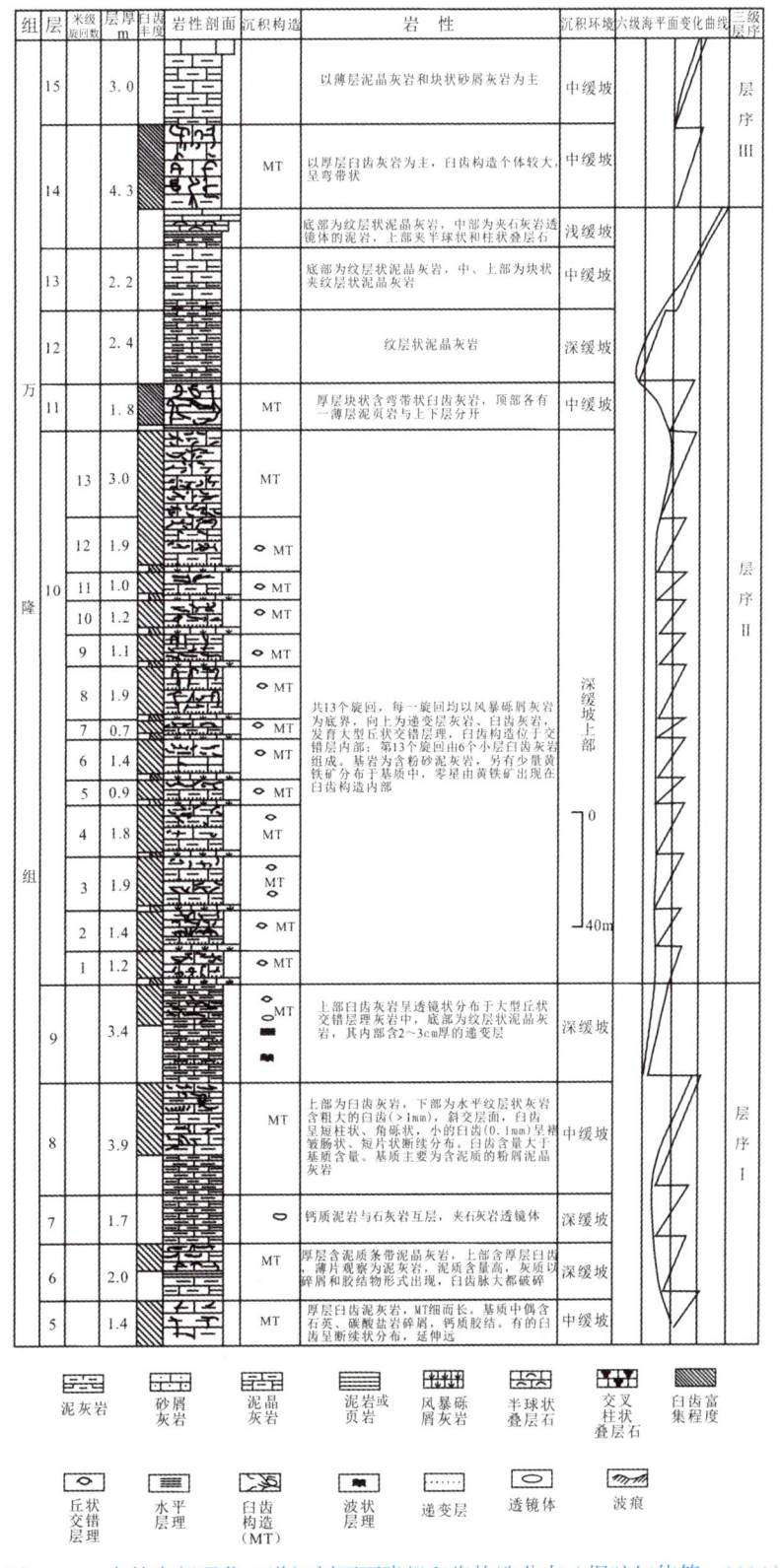

图 4-74 吉林南部通化二道江剖面万隆组臼齿构造分布（据旷红伟等，2006）

（4）含粉砂泥灰质臼齿构造灰岩：基质为粉砂质泥灰岩，含较多粉砂颗粒，分选、磨圆中等—好。暗色泥质含量较高，含少量黄铁矿。臼齿粗大（>1～3mm），一般都很纯净，个别有石英颗粒掉入其中而被溶蚀的现象，也有边缘重结晶及方解石被溶蚀的现象。基质中泥质纹层顺臼齿延伸方向展布。

（5）含粉砂的泥灰岩：含粉砂级粒序层，泥质纹层呈水平状和波状平行层面分布，有少量细粉砂级的颗粒，成分主要为石英和方解石，长轴层面与平行分布。臼齿不规则碎片与层面平行地分布于粒序层中。

（6）递变层理灰岩：底部为砾屑灰岩，砾屑为粗大的臼齿碎屑，向上石英粉砂级碎屑与臼齿碎屑混杂分布，到顶部为钙质粉砂岩或泥晶灰岩。石英分选中等，磨圆较好。臼齿碎屑磨圆较好，顺长轴方向与层面平行分布。

臼齿构造的原始形态应是条带状或瘤状，但其粗细规模具有一定的变化。实质上，瘤状是条带状的一种特殊形态，当臼齿的长宽接近时，就会表现出瘤状形态。实际资料和综合研究表明，臼齿条带或与地层垂直或水平分布的现象不是偶然的，可能反映了臼齿形成时水介质的能量变化。O'Connor（1972）对北美西部晚前寒武纪中的臼齿构造依据其几何形态进行了分类，并认为臼齿构造的几何形态可作为环境标志：条带状者主要发育于中等波浪或水流作用下极快速沉积的环境，团块状（瘤状）者可能形成于小型波浪或水流作用下极慢速沉积的环境，而水平状产出者形成于强的波浪或水流作用下极慢速的沉积环境。

臼齿构造表现有明显的早期成岩特征，与基质应属于同生或准同生成因。二道江万隆组碳、氧同位素分析也证明了这一点。臼齿构造形成于沉积压实作用与成岩作用以前，因此可以根据与臼齿构造相关的岩石特征和沉积构造特征来解释二道江剖面万隆组的沉积环境。对不同形态臼齿构造的岩石薄片、能谱分析及电子探针等实验数据和资料进行分析、统计，通过含不同形态臼齿构造地层的有关沉积构造的识别，发现臼齿构造形态与其宿主岩石的物质组成、沉积构造之间具有一定的相关性，因此，建立了臼齿构造形态特征与沉积环境之间的关系（表4-3）。考虑到已固结成岩的臼齿条带受到强烈的压应力作用也可能发生破碎，因此，在统计中排除了这类由压实作用所导致的原地棱角状臼齿碎屑。

表4-3 臼齿构造形态、物质组分和沉积环境的关系（据旷红伟等，2006）

臼齿类型		主要组分体积分数，%					沉积环境
		粉砂	泥晶	臼齿	泥质	黄铁矿	
条带状	丝状（宽<2mm）	26.1	55.8	3.8	11.8	0	浅缓坡、潮间、潮上或深缓坡
	弯带状（宽>2mm）	1.7	63.8	20	10.1	0.2	中缓坡为主，浅缓坡
	中间粗向两头尖灭型	1.5	81.9	11.8	5.6	0.2	中缓坡
	与风暴岩伴生的臼齿	2.0	50.4	43.7	9.3	2.9	中缓坡下部—深缓坡
	瘤状灰岩中的臼齿	2.2	66.6	16	11.7	0.9	深缓坡上部
瘤状		0.7	82.5	9.7	6.7	0.1	中缓坡下部—深缓坡上部
异地棱角状臼齿碎屑块体		19	41.0	35.2	4.9	0.5	潮间—深缓坡上部

万隆组下部主要发育水平层理、波状层理、交错层理和丘状交错层理，以及冲刷构造和干裂、雨痕等沉积构造。在桥头组顶部铝土质的风化壳上开始发育万隆组沉积，由下向上由粉砂质和泥质灰岩变为含臼齿构造的泥晶灰岩，陆源粉砂等粗粒组分含量减少。每一个含臼齿构造的微旋回以纹层状泥晶灰岩或泥灰岩为底；而中厚层含臼齿构造的泥晶灰岩构成该微旋回沉积的上部，并发育丘状交错层理；再向上，由风暴砾屑灰岩和含棱角碎片状臼齿构造及大型丘状交错层理的泥晶灰岩组成下段沉积的主体。以上沉积序列的变化反映了相对海平面不断加深的过程，说明沉积环境由浅缓坡向中—深缓坡演变。万隆组下段的顶部出现干裂、雨痕等陆上暴露标志，此时未见臼齿构造出现。万隆组下部沉积特征表明，臼齿构造主要发育在中—深缓坡，而浅缓坡及潮上带少见。中上部为瘤状灰岩和薄层泥晶灰岩或粉屑灰岩，时而不连续出露叠层石灰岩，呈一系列大小不等的丘状和透镜状。瘤状灰岩通常反映沉积水体较深，其中臼齿构造一般不发育，但老岭剖面万隆组的瘤状灰岩中偶见臼齿构造。吉林南部大规模厚层瘤状灰岩的发育，反映了万隆组沉积中一次大规模的海水进侵，同时说明在深缓坡环境也可有少量臼齿构造发育。万隆组顶部发育臼齿构造灰岩，发育水平层理、波状层理及丘状交错层理。

由此不难看出，万隆组受海平面升降和陆源物质供给条件及气候周期性变化的影响而形成了以碳酸盐缓坡—台地为主的沉积环境，代表了以下 3 种沉积环境类型及其岩相组合，臼齿构造的发育受上述各因素的控制。

浅缓坡环境具有 4 种岩相组合，由分叉柱状叠层石、砂屑泥晶灰岩、粉砂质泥晶灰岩、厚层块状灰岩及少量泥灰岩构成。厚层块状灰岩中含粗碎屑透镜体，陆源粉砂沉积物较多，具冲刷充填构造，发育干裂、雨痕等暴露标志，反映了近岸高能的潮坪沉积环境。

中缓坡环境具有 11 种岩相组合，主要由厚层块状泥晶灰岩、臼齿构造灰岩、具波痕的条带灰岩、砂屑灰岩或含石英的砂屑灰岩及细粒石英粉砂岩薄层组成。砂屑灰岩发育潮汐层理和波浪成因交错层理、丘状交错层理和风暴层递变层（含臼齿构造的岩石、风暴岩系列）。中缓坡环境发育大型丘状交错层理、递变层理及各种形态的臼齿构造。

深缓坡环境具有 6 种岩相组合，沉积物主要由泥晶灰岩、含生物屑泥晶灰岩、含粉砂泥晶灰岩及泥晶质页岩、瘤状灰岩和页岩组成（较深水岩石类型），有时可见灰泥丘或来自邻近斜坡的异地沉积物，如异地臼齿灰岩、风暴砾屑灰岩和远源的风暴浊积岩（风暴岩系列、含臼齿构造的岩石）等。

二道江剖面的臼齿构造中 A 类主要发育于浅—中缓坡环境，A 类与 C 类的组合见于风暴浪基面附近的中—深缓坡环境，而 A、B 和 C 类三者的组合主要发育于深缓坡环境（图 4-75）。

吉林南部通化二道江剖面万隆组主要为富含臼齿构造的潮下浅水碳酸盐缓坡沉积，由下而上为浅缓坡—中缓坡—深缓坡沉积环境。宿主沉积物发育水平层理、波状层理、递变层理、不同类型的交错层理，以及冲刷构造、干裂及雨痕等沉积构造。浅水相灰岩频繁和风暴砾屑灰岩以及异地灰岩碎屑、较深水岩相瘤状灰岩、泥灰岩和纹层状泥晶灰岩共生。臼齿构造的形态以条带状、瘤状或斑点状为主。臼齿构造的形态反映了沉积环境的水介质能量。臼齿还表现出明显的早期成岩特征，为同生或准同生成因。臼齿宿主岩相和臼齿本身的化学成分差异明显，前者成分复杂，而后者成分相对单一，主要由 $CaCO_3$ 组成。臼齿构造主要发育于浅水而且动荡水动力条件下的细粒碳酸盐岩中。

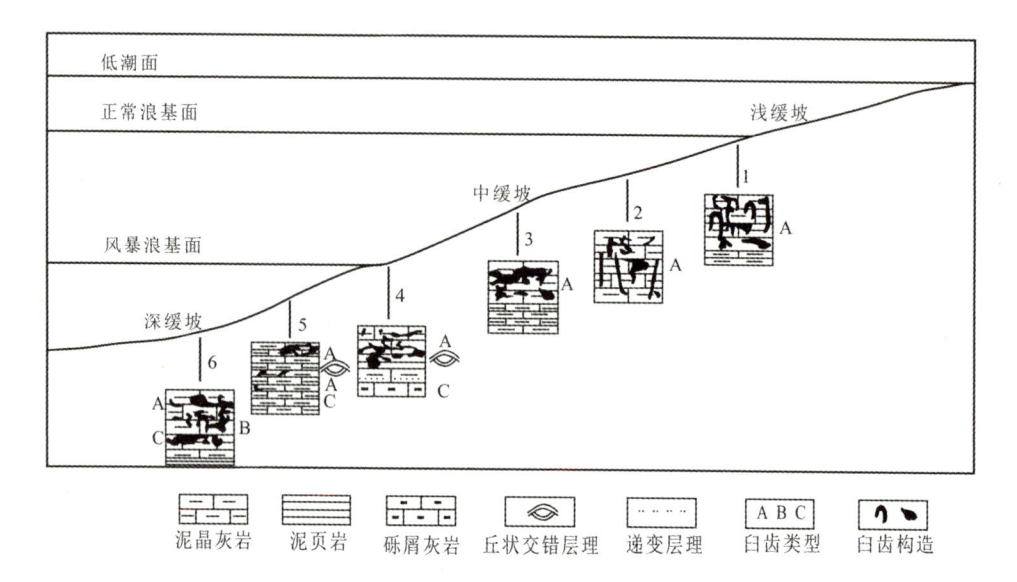

图 4-75 吉林南部通化二道江剖面万隆组下部臼齿构造发育的沉积环境（据旷红伟等，2006）

1—条带状臼齿构造（主要为弯带状）；2—条带状臼齿构造（主要为弯带状、断续的弯带状及丝状）；
3—条带状臼齿构造（主要为弯带状及与风暴岩伴生的臼齿构造）；4—条带状及碎屑棱角状臼齿构造，
发育丘状交错层理；5—碎屑棱角状臼齿构造，发育丘状交错层理；
6—条带状及碎屑棱角状臼齿构造，局部含瘤状构造

整个万隆组为一超旋回层序，二道江剖面上划分出 6 个三级层序（图 4-76）。

层序Ⅲ$_1$：底部在二道江剖面以风化壳与下伏桥头组石英砂岩分开，在老岭剖面则渐变接触。在二道江剖面，该层序由薄层泥晶灰岩—砂屑灰岩、钙质泥岩—分叉柱状叠层石灰岩、中厚层泥晶灰岩组成的米级层序和泥质条带灰岩组成的米级旋回层序构成一个退积型准层序组；老岭则由泥岩与中厚层泥晶灰岩组成的米级层序组构成海侵体系域沉积。钙质页岩与含海绿石纹层状泥晶灰岩互层（二道江）、纹层状泥晶灰岩（老岭）构成凝缩段。高位体系域由臼齿发育的纹层状泥晶灰岩与中厚层泥晶灰岩组成的米级旋回层序、加积型的薄层递变灰岩米级旋回层序组成进积型准层序组共同构成（二道江）。老岭的高位体系域沉积由钙质粉砂岩米级旋回层序构成；而青沟子则由缓波状叠层石—分叉柱状叠层石灰岩准层序组组成，顶部在二道江为风化壳。总体上看，海水在老岭剖面入侵较快，海水较深，而青沟子和二道江剖面海水入侵较慢，海水较浅。

层序Ⅲ$_2$：由含异地臼齿风暴砾屑灰岩—臼齿递变层灰岩—臼齿泥晶灰岩构成的准层序组成退积型准层序组，为海侵体系域，纹层状泥晶灰岩构成凝缩段；向上为薄层与厚层泥晶灰岩互层米级旋回层序与泥页岩—叠层石准层序组成进积型准层序组，为高位体系域。该层序中臼齿大量发育，构成区域对比的标志层。

层序Ⅲ$_3$：底部是一沉积转换面，海水突然加深，并出现高频振荡，下部薄层泥晶灰岩—薄层砂屑灰岩米级层序组成一个进积型准层序组，砂屑灰岩厚度向上逐渐加大，构成一个次级旋回。上部由薄层泥晶灰岩—粉屑灰岩、薄层泥晶灰岩—中层泥晶灰岩、薄层钙质泥岩或泥晶灰岩—砂屑灰岩组成退积型准层序组，最大海泛期沉积物纹层状递变灰岩及薄层钙质泥岩—含砾泥晶灰岩进积型米级旋回层序一起组成一个完整的Ⅳ级层序。整体上看，最大海泛期沉积以下的米级旋回层序及准层序组构成海侵体系域，最大海泛期沉积以上的准层

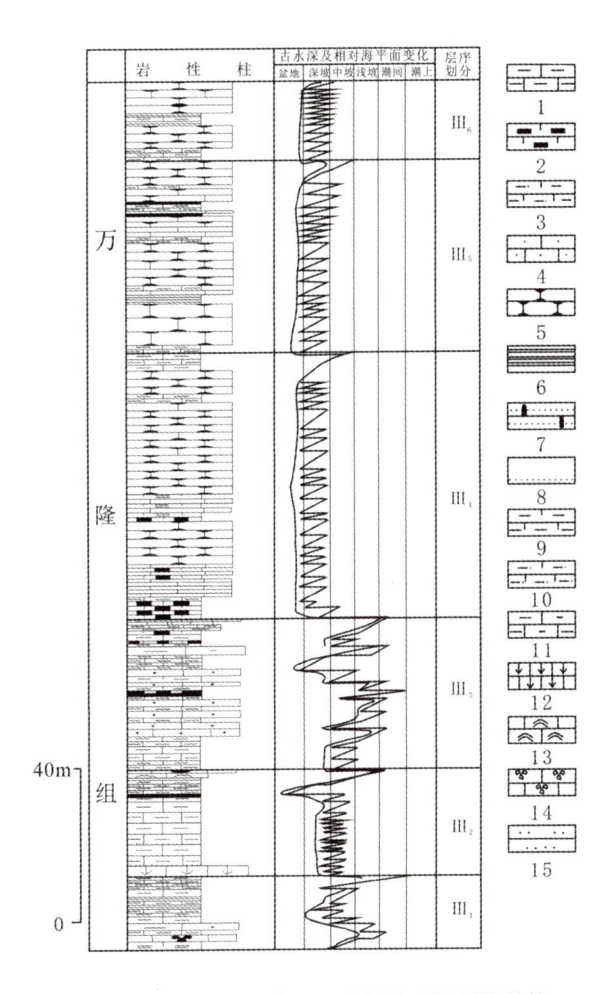

图4-76 吉南二道江剖面万隆组层序划分（据刘燕学等，2005）

1—泥晶灰岩；2—钙质灰岩；3—粉屑泥灰岩；4—砂屑灰岩；5—瘤状灰岩；6—泥页岩；7—石英砂岩；
8—粒序层理；9—泥灰岩；10—粉屑灰岩；11—含砾泥晶灰岩；12—风暴砾屑灰岩；
13—波状叠层石；14—柱状叠层石；15—粉砂岩

序组构成高位体系域。而青沟子组层序Ⅲ则是由锥状和柱状叠层石米级旋回层序和砂屑、含砾砂屑灰岩米级旋回层序共同构成的，与层序Ⅱ相比海水相对较浅。

层序Ⅲ₄~Ⅲ₆：海水逐渐加深，形成以似瘤状灰岩为主的3个三级层序。在二道江剖面，海平面快速上升，沉积了中薄层钙质泥岩与薄层钙质泥岩—薄层瘤状灰岩准层序组成的加积型准层序组，构成最大海泛期沉积，上面叠置了多个薄层钙质泥岩或泥晶灰岩—中厚层瘤状灰岩米级层序组成的进积型准层序组，米级旋回层序上部单元瘤状灰岩厚度加大，构成高位体系域；与之类似的瘤状灰岩组成的准层序组在剖面上多次出现，其后的地层未出露。

实习路线十九 白山市上甸子铁路边陡崖处八道江组剖面

吉林省南部的震旦系八道江组主要分布吉南弧形构造带中,尤其以三统河、浑江、鸭绿江等盆地最为发育。它由白云质灰岩及含叠层石灰岩组成(图4-77)。

在二道江、水洞、八道江、浑江、青沟子、大阳岔及二道梁子、长白一带,八道江组所含造礁的叠层石十分发育,类型多样,层位较稳定,是研究震旦系叠层石主要地区之一。

上甸子铁路边陡崖处八道江组叠层石发育(图4-78),剖面层序由上而下为:

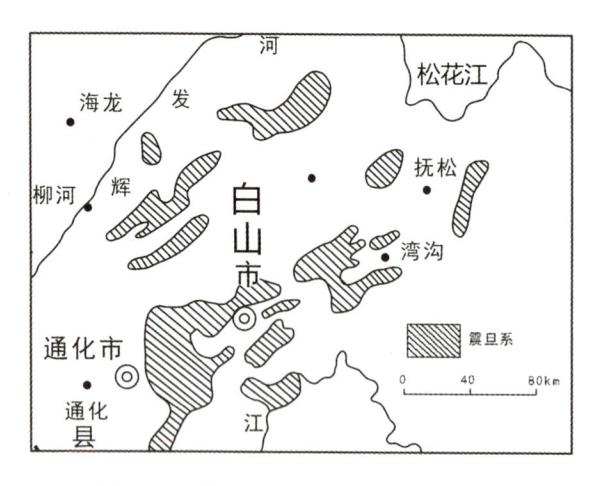

图4-77　吉林省南部八道江组分布略图
（据石新增，1987）

上覆地层：震旦系上统青沟子组

------------------------------------- 整　　合 -------------------------------------

9. 浅灰色厚层状叠层石灰岩	130.8m
8. 白云质灰岩，产微古植物化石	230.8m
7. 灰白色厚层状叠层石灰岩	8.8m
6. 灰白色厚层状白云质灰岩	49.8m
5. 灰白色中层状叠层石灰岩	53.4m
4. 灰白色厚层状含藻灰岩	40.1m
3. 灰白色厚层状叠层石灰岩	23.2m
2. 灰白色厚层状灰岩	38.6m
1. 角砾状灰岩夹多层硅质条带	11m

------------------------------------- 整　　合 -------------------------------------

从剖面资料可明显地看出,下段为浅灰色、深灰色中厚层状碎屑灰岩及叠层石灰岩;中段为灰色厚层状灰岩;上段为浅灰色厚层状叠层石灰岩。此叠层石灰岩在吉林省南部发育较广泛。

浑江盆地的八道江组,基本上继承了万隆组沉积时的古地理环境。在横道村一带厚470m,向北东至烟头山一带厚430m,青沟子厚300m,大阳岔厚450m,二道梁子厚590m。在岩相上最厚的地方出现350m的造礁叠层石灰岩,青沟子仅有160m造礁叠层石灰岩。在鸭绿江及三统河盆地造礁叠层石灰岩厚度均较浑江盆地为小,在厚度上也有从南西向北东逐渐变薄的趋势。

泥晶脉灰岩

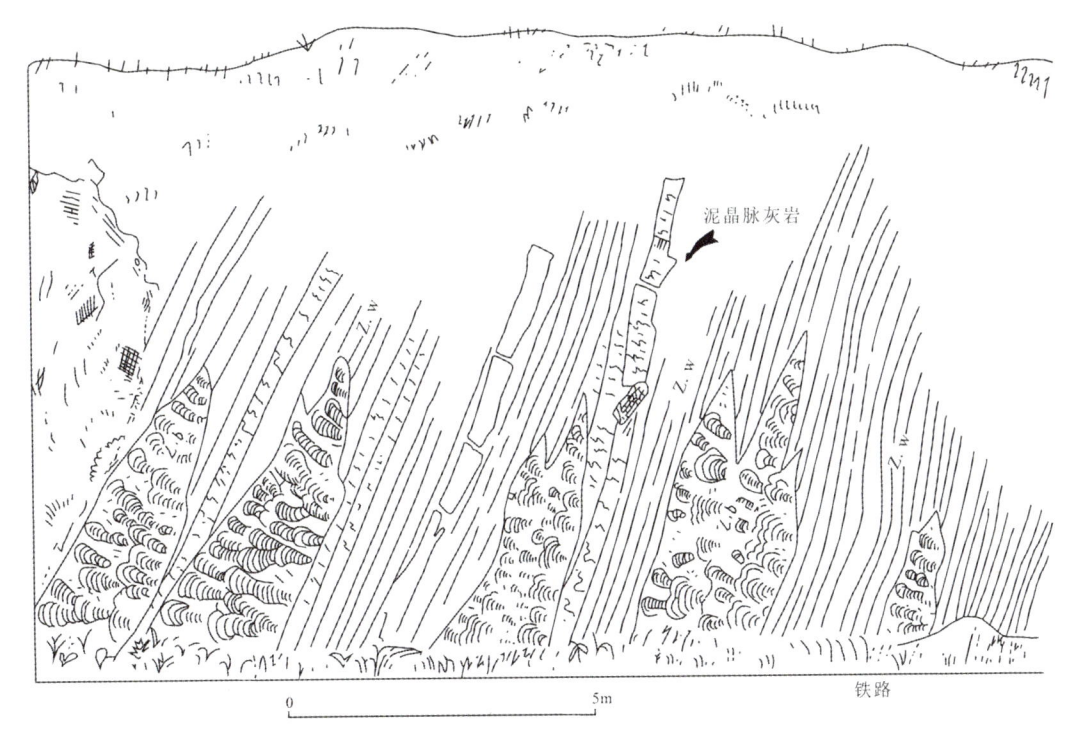

图 4-78 震旦系八道江组（Z_2b）叠层石（据乔秀夫等，1995）

据石新增（1987）统计，吉林省南部的八道江组中共发现叠层石 14 个群 48 个型（包括新群、新型和未定型）。其中 *Gymnosolen* 有 9 个型，*Baicalia* 有 12 个型和一个未定型，*Jurusania* 有 7 个型和一个未定型，*Colonella* 有 5 个型，*Inzeria* 有两个型，*Tungussia* 有一个型和一个未定型，*Kotuikania* 有一个型和一个未定型，还有 *Litia* f.、*Linella* f.、*Parmites* f.、*Appia topicalis*、*Glebulella cavenosa*、*Katavia* f.、*Badaojiaugella badaojiangensis*。

青沟子、水洞和大阳岔等地采集的叠层石化石，经南京地质古生物研究所鉴定，有以下群和型：*Appia topiculis*、*Baidaojiangella baidaojangensis*、*Baicalia* cf. *aborigena*、*B. ingllensis*、*B. lacera*、*B. kirgisica*、*B. maculosa*、*B. miunta*、*B. prema*、*B. unca*、*Collumnaefacta* f.、*Colonnella cormosa*、*C.* cf. *kyllachii*、*C. laminata*、*C. ulakia*、*Glebulella cavernosa*、*Gymnosolen anapetex*、*G. confragosus*、*G. flexux*、*G. furcatus*、*G.* cf. *alica*、*G. ramsayi*、*G. shuidongensis*、*G. tungsicus*、*Inzeria clava*、*I. tjomusi*、*Jurusania alicia*、*J. chineulica*、*J. cylindrica*、*J. judomica*、*J. nisvensis*、*J. tuructachia*、*Kotuikania* f.、*Litia* f.、*Tungussia* cf. *nodosa* 和 *Kotavia* f.。

经初步研究，八道江组叠层石有如下基本特征：叠层体以中型为主，个别为小型。柱体直径一般为 5~10cm，高一般在 10~50cm。柱体形态复杂，有柱状、次柱状、圆柱状、次圆柱状、块茎状及瘤状等。分叉方式也多样，有叉状及假分叉状、灌木丛状、芽状、姜状、藕状等。柱体侧部有不同程度的壁或多壁层。侧表面多有瘤状突起、檐和刺多种体饰。不少类型体外有不同程度的鞘状物。微细结构以条带状线状为主，有的见有凝块状。有机质残余呈斑点和团块状微细结构。

叠层石本身是一种藻礁，其形态受古地理、古环境的控制。同一海盆地不同海湾的古地理条件、水动力条件的差异都会导致叠层石形态的变异，所以叠层石类型较多。

实习路线二十　浑江地区青沟子青白口系、震旦系剖面

该剖面位于二道江剖面以东约30km处（图4-64），由青白口系与震旦系组成，其中有三个明确的层序界面。第一个界面位于钓鱼台组底部。第二个界面位于桥头组与万隆组之间，属第2类型界面（SB_2），即海平面接近于陆棚高度时形成的陆上剥蚀面。青沟子组与寒武系水洞组之间的界面为第3个界面，可能属第1类型（SB_1），即海平面低于陆棚高度，整个陆棚暴露于海平面之上。这三个界面将青白口系与震旦系分隔为两个序列（图4-79）。

第一序列包括钓鱼台组、南芬组和桥头组。

南芬组为绿色、黄色页岩，夹有薄层泥晶灰岩，有发育极好的水平纹层，含微古植物化石。桥头组为石英砂岩，砂粒圆度与球度均好，颗粒支撑，硅质胶结；具低角度双向斜层理、波痕层理；薄层石英砂岩由一系列砂岩透镜体组成。某些层中有潮汐水道的鱼骨状交错层理。桥头组可解释为沙坝砂，南芬组为沙坝后的障壁海。

第二序列包括万隆组、八道江组及青沟子组。

万隆组是一个碳酸盐岩为主的序列，以砂屑灰岩为主，间有砾屑灰岩层。整个序列中夹有多层石英粉砂岩，石灰岩中也混有石英粉砂，形成含砂砂屑灰岩，整个序列受到陆源物的影响。本组可分两段。下段为黑色页岩、钙质页岩，夹有锥叠层石与柱叠层石灰岩，产大量微古植物化石。上段以砂屑灰岩为主，夹有砾屑灰岩，含石英砂鲕粒灰岩。上段夹多层石英粉砂、砂屑灰岩与含砂砂屑灰岩等，具人字形斜层理、丘状层理及滑动构造。风暴事件与地震事件记录构成了上段最鲜明的特征。

图4-80为万隆组上段中7m厚地震岩详细层序（图4-79中的①），自上而下介绍如下：

12. 砂屑灰岩，具人字形冲洗层理，顶部具厚层细粒石英砂岩。

11. 纹层砂屑灰岩，大量泥晶灰岩脉，脉宽0.4~0.5cm（中等粗度），长6~8cm，泥晶灰岩脉穿刺灰岩纹层，形成一系列帐篷构造，沿层面泥晶脉走向大体呈半定向。本层泥晶脉的顶端多被上覆层位侵蚀而截断。这种泥晶灰岩脉（直径粗细不等）在垂直层面的形象与痕迹化石很相似，但具板状形态（非管状），密集、大体定向排列。这些泥晶脉为地震时形成的喷泥脉，可简称地震岩。本层中可见纹层灰岩的滑动层理与叠层石礁块体，这些均是很典型的地震滑塌岩。

10. 砂屑灰岩与砾屑灰岩互层，具大型对称波痕，泥晶脉（中等粗度）呈定向斜列式分布。块状的泥晶团块（另一种喷泥形式）分布于层的下部。

9. 砾屑灰岩，具对称波痕。泥晶灰岩脉（中等粗度）集中于波峰处，细脉的顶端被薄层石英粉砂岩所截切。

8. 砂屑灰岩，层面具大型对称波痕及风暴丘状层。泥晶灰岩脉进一步受到地震影响形成定向的滑动，滑动的转折端明显加厚。

7. 纹层砂屑灰岩，具斜列泥晶灰岩脉。

6. 粉屑灰岩，具稀疏直立细泥晶脉（泥晶脉宽度<5mm）。

5. 砂屑灰岩，具直立紧密排列泥晶脉（粗），泥晶脉为石英粉砂层所截切。

4. 砂屑灰岩，具包心菜式叠层石。泥晶脉有两种，一种为细脉型，另一种为块状、树根状。

3. 细粒石英砂岩与砂屑灰岩横向过渡层，砂屑灰岩中具细泥晶脉。

2. 砂屑灰岩，具风暴丘状层理。

1. 厚层纹层状砂屑灰岩，具不规则泥晶脉（粗），形成泄水帐篷构造。

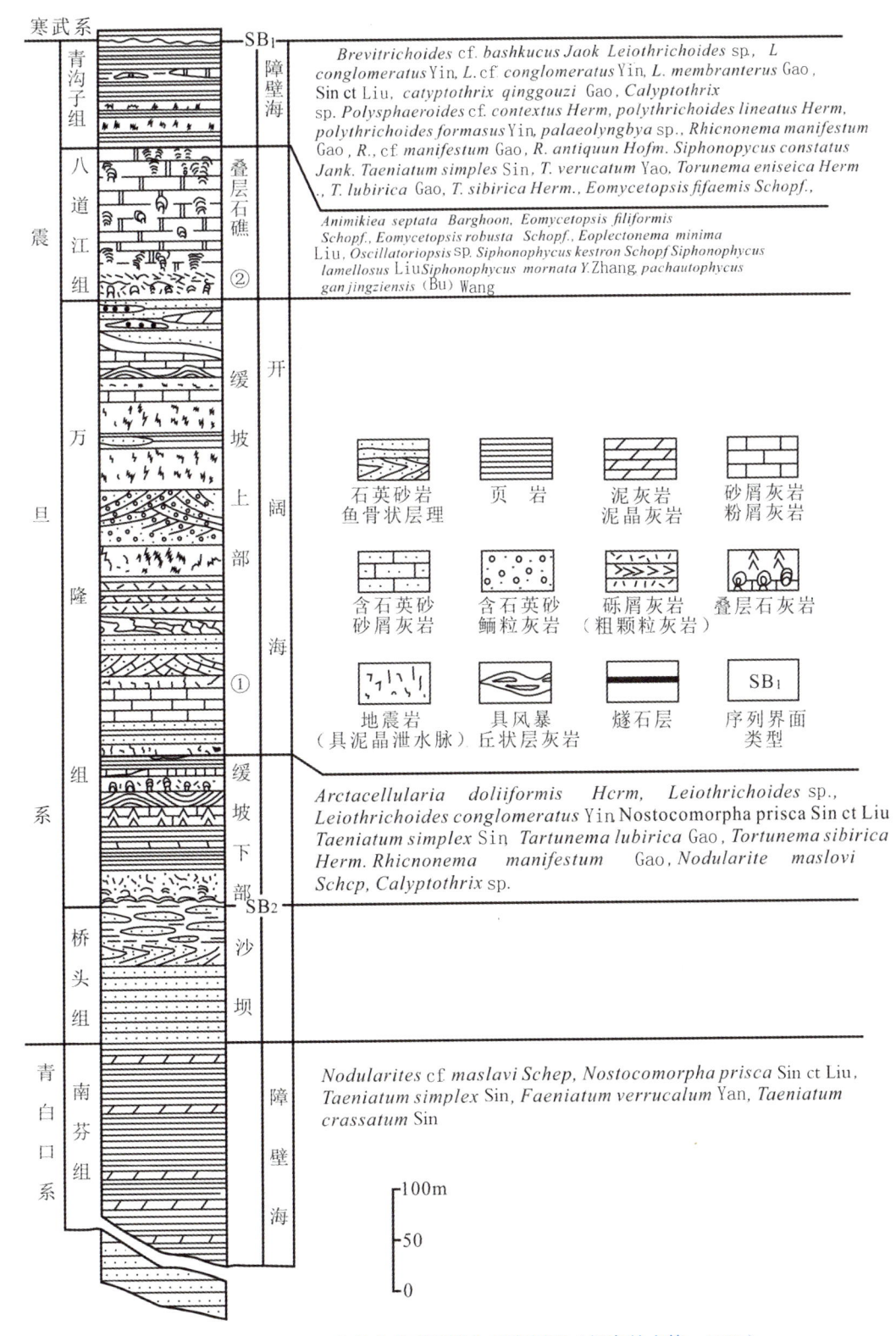

图 4-79　浑江地区末前寒武系层序与相序剖面（据高林志等，1992）

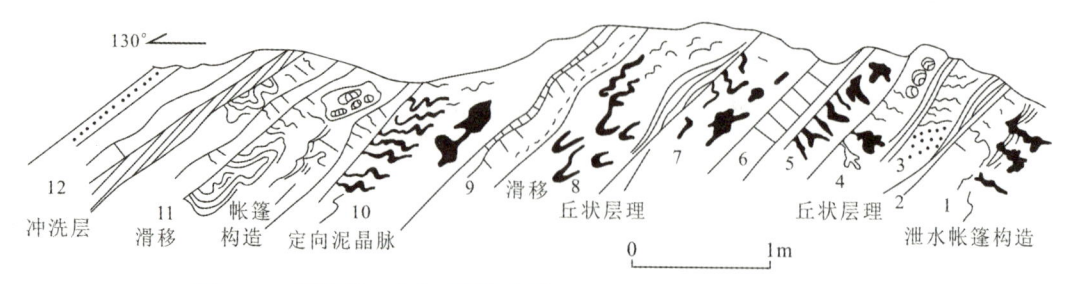

图4-80 万隆组一个主地震期事件记录（图4-79中①的详细记录）
（据高林志等，1992）
1~12为层号

1—泄水帐篷构造；2、4—丘状层理；3、5、6、7—丘状层理；8、9—滑移；10—定向泥晶脉；11—帐篷构造；12—冲洗层

上述7m厚的岩层记录了一次主震期中最少10次地震事件，每次地震事件后，以石英粉砂式砂屑灰岩层为代表的震间期沉积，截切了地震喷泥脉；记录了三次风暴事件。

整个万隆组自下而上计有7个地震喷泥脉层，代表7次主震期；另外至少有6次风暴层记录，其中有一些风暴层与地震岩共生。由剖面（图4-79）中可见，地震岩的分布不受相环境限制。近年来研究表明，风暴丘状层理的分布范围极广，可在从深水至浅水甚至潮上带。万隆组碳酸盐岩丘状层缺少与深水相标志沉积层共生的相标志，结合其他标志，本组上段可解释为碳酸盐缓坡上部环境，下段为缓坡下部。因此，地震分布的上缓坡地带，丝状藻只占1%，显然，地震、海啸与风暴环境是一个特殊的高能环境，几乎所有的丝状体都被冲到下缓坡，成为下缓坡异地丝状藻的主要来源。

八道江组为白云岩，底部有一层不厚的燧石层，具微古植物化石。整个八道江组是一个由叠层石组成的礁层，叠层石为圆柱状分叉式，柱体高达15cm以上，柱体间均为砾屑所充填，显示了高能环境。叠层石礁层下部（图4-79中的②）可识别出礁间的潮汐水道沉积（图4-81），厚6~8m。水道底部为冲刷面，具水道鱼骨形层理，水道中叠层石均为小型半球状，与其上覆、下伏长柱状叠层石迥然不同。藻席白云岩、白云岩砾屑大量填充于水道中，一些无根、斜歪、倒立的叠层石块体充填于水道剖面的上部，它们是水道中高速潮流侵蚀叠层石礁体使之坠落的产物。

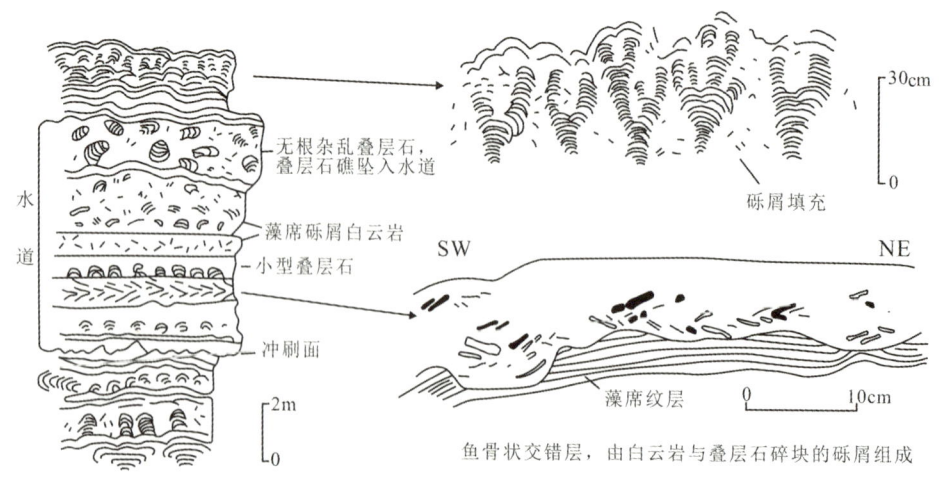

图4-81 八道江组潮汐水道剖面（图4-79中②之详细记录）（据高林志等，1992）

青沟子组为第二序列的上部地层，由纹层状（季节层）钙质页岩、黑色碳质页岩组成，夹有黑色沥青质灰岩与石灰岩透镜体。这是一个典型的静水、浅水潮湿潟湖环境，产有极丰富的微古植物化石。在石灰岩层中具地震喷泥脉，其特征与万隆组类似。

青沟子剖面震旦系层序结构如图 4-82 所示。根据向上变深的退积型副层序 (1～9) 至加积型副层序 (10～18)，确定为 TST；在高位体系域中，每个副层序厚度由下而上 (19～32) 厚度增加，明确显示进积型副层序叠置。

浑江地区末前寒武系两个序列的环境模式如图 4-83 所示。

第一序列为两个环境单元，即沙坝与坝后障壁海。南芬组相当于障壁海环境，桥头组为障壁滩。两个沉积单元中都发育大量的球形藻类，但丝状藻仅见于障壁海环境的南芬组。该组丝状藻与球形藻类属数之比为 1/3，多为一些可孤立生存的属种，如 *Nostocomor pha prisca*、*Taenitum simplex*、*Taenisatum crassatum*、*Taenitum verucatum*。桥头组球形藻类的属种数量与南芬组的属种几乎一样，只是个别属种在其个体丰度上有差异。桥头组中几乎未见任何丝状藻类，反映出石英沙坝环境，显然不适于丝状藻类的发育或生存。

第二序列是由叠层石礁作为障壁岛分隔的三个环境单元，即障壁海、障壁岛与岛外开阔海。

万隆组中开阔海碳酸盐岩发育，可分两部分，即上部缓坡与下部缓坡。上部缓坡遭受海浪与风暴袭击，为高能环境，不适宜丝状藻类的生长与保存；偶见到一些丝体，可能来自障壁岛。在缓坡的下部发育一些丝状藻类，与球形藻类相比，在数量上只占球形藻 1/5，多为孤立生长的丝（如 *Nostocomor pha prisa*、*Nodulorites maslovi*、*Taeniatum simplex*）和某些中间类型（如 *Tort unema lubirica*、*Tortunema sibirica*、*Rhicnema manifestum* 和 *Calyptothrix* sp.）以及异地藻型（*Leiothrichoides conglomeratus*、*Leiothrichoides* sp.），偶见来自异地的个别建礁分子，如 *Eomycetopsis* sp.。

八道江组底部燧石层中保存有大量的微古植物化石，球形藻类多为造礁型或居住型，丝状藻类占球形藻属的 1/2，但是，丝状藻类个体丰度上占绝对优势，足见这些丝状藻类对于八道江组叠层石礁的形成起到重要的作用。

青沟子组为浅水低能障壁海。这个环境主要受潮汐作用影响，是最利于藻席发育与生长的环境，丝状藻类和球形藻类属种都比其他组丰富。丝状藻类占球形藻类的 1/3，个体丰度上也是极为发育的。本组中丝状藻类以藻席类型的分子占优势，也含有一定数量的孤立生存类型。

从上述各组丝状藻类的分布看，在障壁海、叠层石礁及开阔海的缓坡下部，它们较发育，而在开阔海较浅水体中不发育。这表明丝状藻类更适应于低能环境或附着礁体生长。从形态上看，丝状藻类较纤细，在高能环境中由于风浪会将其打碎而不利于它们发育与保存，它们在静水中才能较好地生长。在高能环境中，丝状藻类仅在叠层石中发育，这是因为它们附于礁体为依托，使其纤细的丝体免于被高能水体打碎，受到礁体的保护而得以繁盛。因此认为丝状藻类有较明确的环境意义，它们理想的生态环境应是在障壁后的静水环境或潮汐海湾或叠层石礁体中。在前寒武纪地层中，对于丝状藻类出现的不同丰度，应有新的解释，即丝状藻类演化缓慢，时间因素远不如环境因素对种群的影响大。丝状藻类发育的模式可从相序分析上得到了较为满意的解释，因而丝状藻类可成为指相的一个标志。

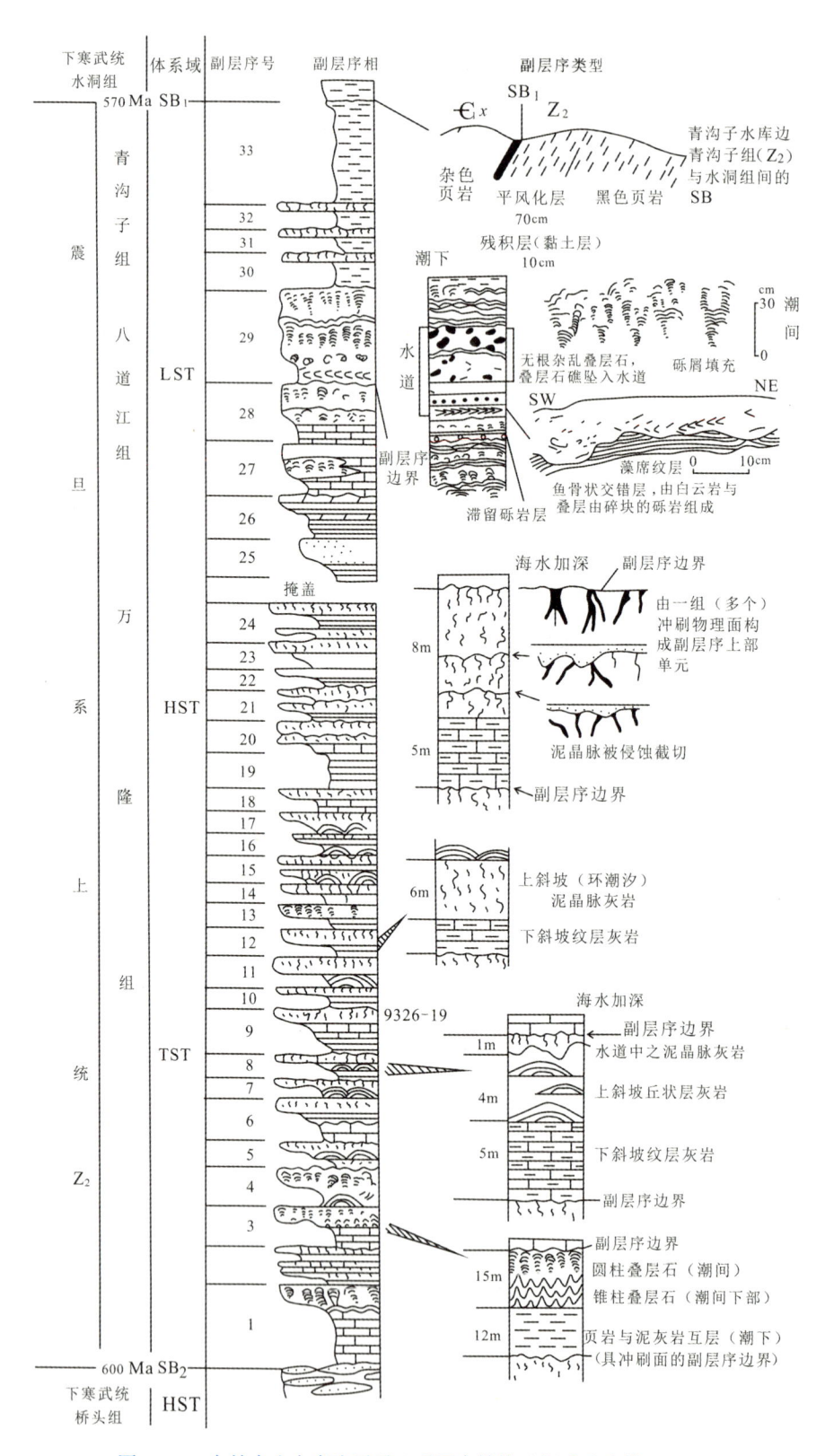

图 4-82　吉林白山市青沟子震旦系层序结构（据乔秀夫等，1995）

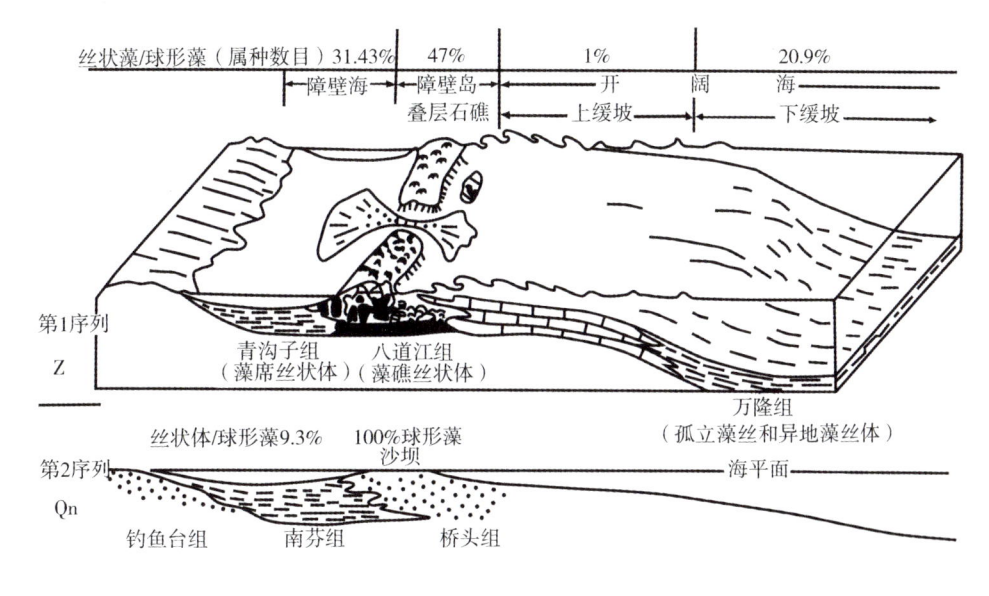

图 4-83　浑江地区末前寒武系环境模式（据高林志等，1992）

Qn—青白口系；Z—震旦系

实习路线二十一　白山市八道江区青沟子下寒武统剖面

吉林省南部的寒武系，主要分布在三个大的古生代海盆内，由北向南为三统河盆地、浑江盆地及鸭绿江盆地。浑江盆地的下寒武统为典型的地台沉积，根据丰富的地层古生物资料，可划分为下统水洞组、黑沟子组、碱厂组、馒头组及毛庄组。

在白山市八道江区青沟子测得下寒武统剖面层序如下：

上覆地层：寒武系中统毛庄组

------------------------------------ 整　　　合 ------------------------------------

馒头组（$\epsilon_1 m$）：

19. 砖红色粉砂岩、粉砂质页岩	22.30m
18. 紫色页岩与紫色薄层状泥质灰岩互层	7.00m
17. 紫色粉砂岩、粉砂质页岩	4.20m
16. 紫色粉砂岩与紫色薄层泥灰岩互层	9.70m
15. 灰色中厚层状灰岩	3.50m
14. 灰黑色、灰绿色页岩与灰色薄层灰岩互层，产化石 Redlichia sp.	27.00m
13. 紫色钙质粉砂岩与灰色薄层灰岩互层，产化石 Redlichia sp.	17.40m
12. 紫色砾岩，砾石成分复杂、大小不一	6.25m

------------------------------------ 整合或平行不整合 ------------------------------------

碱厂组（$\epsilon_1 j$）：

11. 黑灰色中厚层状白云质灰岩	14.24m
10. 黑灰色中厚层状花斑状灰岩	9.91m
9. 灰白色中层状砂质灰岩	3.71m

8. 青灰色沥青质灰岩   10.44m
7. 灰黄色中厚层状含角砾状钙质砂岩   6.46m

------------------------------------平行不整合------------------------------------

黑沟子组（$\epsilon_1 h$）

6. 灰紫色条带状灰岩夹灰紫色碎屑灰岩   4.21m
5. 紫色中厚层状叠层石灰岩   1.27m

------------------------------------整　　合------------------------------------

水洞组（$\epsilon_1 s$）

4. 灰紫色条带状含海绿石石英砂岩   0.70m
3. 紫色页岩   11.41m
2. 紫色及黄绿色页岩   6.32m
1. 灰黄色黏土质风化壳   0.39m

------------------------------------整合或不整合------------------------------------

下伏地层：震旦系上统青沟子组

水洞组是1982年吉林省地质局区域地质调查大队命名的一个地层单元，是一套含丰富小壳动物化石的含磷岩系，其上、下接触关系清楚，与上覆黑沟组呈整合接触，与下伏震旦系呈整合或不整合接触，可与我国西南的梅树村组及渔户村组相对比。区内的水洞组可分为两个岩性组合段，上段下部为含磷砾岩、磷块岩、杂色石英砂岩、粉砂岩、铁质海绿石粉砂岩。上段上部为钙质砂岩、粉砂岩。上段下部含磷高达20%，含丰富的小壳动物化石：*Linevitus daphins*、*Yankongotheca disuleata*、*Allatheca degeeni*、*Quadratheca jilinensis*、*Ortheca koloi*、*Lingnacea saltem*。下段上部主要为含磷砾岩、含磷砂岩及粉砂岩互层，砂岩、粉砂岩中含海绿石，层面上具有波痕、干裂等层面构造；含有较丰富的小壳动物化石：*Zhijinites* sp.、*Microcornus* cf. *Parvulus*、*Botsfordis cealata*、*Microcornus* sp.?、*Aimitus* sp.、*Paragloborilus* sp.、*Turcutheca* sp.、*Eiffelia* sp.、*Linevites* cf. *Angaicus*、*Circotheca moxima*、*Hylithellus* sp.。下段下部主要为一套紫红色至黄绿色细砂岩、粉砂岩及砂岩，局部夹铁质细砂岩，在层面上具有泥裂及波状层理，底部为含磷砾岩，含磷高达22%。本组厚度可达51.36m。

黑沟子组是1977年通化地质大队建立的，当时认为本组可分为两个岩性段，其下段以含磷砾的碎屑岩为主，其底部为含磷的砾岩、砂砾岩、磷块岩，向上则变为砂岩、粉砂岩、粉砂质页岩及泥岩；上段则是紫红色至粉红色含叠层石具条带状造构的一套碳酸盐岩。

这里的黑沟组是指原"黑沟组"的上段，是指紫色至紫红色的碳酸盐沉积，厚度大于6.48m，可与我国西南的筇竹寺组或相当的层位进行对比。本组没有采到三叶虫化石。

碱厂组以深灰至黑灰色中厚层状花斑状灰岩、白云质灰岩、沥青质灰岩为主，靠近下部或底部为含砾砂岩、角砾状钙质砂岩、粗砂岩及含钙质砂岩组成。本组产可疑的 *Palaeolenus* sp. 三叶虫化石的碎片及 *Redlichia chinensis*、*Redlichia* sp.，与上覆及下伏地层均为整合接触。本组在鸭绿江盆地厚度大于9.70m，在浑江盆地大于45.60m，在样子哨盆地可达306.40m。本组相当于沧浪铺期的沉积，可与辽宁的碱厂组、河北的府君山组相对比。

馒头组为一套砖红色、紫色及紫红色粉砂岩、粉砂质页岩、页岩夹石灰岩及钙质砂岩，在粉砂岩中具有石盐假晶及紫色含石膏粉砂岩夹含膏白云质灰岩及硬石膏层。在石膏层中含有石盐假晶。在北部样子哨盆地及南部鸭绿江盆地，本组下部石灰岩层数增多。在石灰岩及页岩中产化石 *Redlichia chinensis*、*Redlichia* sp.。

实习路线二十二　白山市大阳岔小洋桥剖面——全球寒武系与奥陶系界线层型候选剖面

吉林浑江大阳岔小洋桥（原称小阳桥）寒武系与奥陶系界线剖面位于小洋桥国家重点古生物化石保护区内，距白山市57km，江源区约10km，大阳岔镇2.5km，属长白山脉西延部分，海拔650m，交通方便（图4-84）。剖面沿山边小溪出露完美、地层连续、环境优美，各门类化石丰富、研究详细。在1992年澳大利亚悉尼举行的国际奥陶系讨论会上，该剖面与加拿大西纽芬兰绿岬寒武系—奥陶系界线剖面一起，均被奥陶系分会列为全球奥陶系底界界线层型候选剖面。

小洋桥剖面形成于华北克拉通北东台缘浪基面以下外陆棚较深水环境，寒武系与奥陶系界线地层由一套具连续韵律的黑色、黄绿色、灰紫色页岩与灰色薄层瘤状或碎屑灰岩互层组成，在岩相和沉积环境方面与加拿大纽芬兰绿岬（Green Point）剖面相似，但海水相对较浅，在界线间隔中二者均产完整牙形石、笔石系列，但小洋桥剖面所含化石的丰度和多样性更高，共生的还有大量三叶虫、介形类化石。在详细测量的厚34m的寒武系与奥陶系界线地层中（即从 *Codylodus proavus–C. angulatus* 牙形石生物带底部），自下而上可以识别出 *Cambrostodus*、*Codylodus proavus*、*C. intermedius*、*C. lindstromi* 和 *C. angulatus* 等5个牙形石生物带；通过对 *C. intermedius* 牙形石带上部依次发现3层笔石的详细采集和研究表明，此3层笔石应归属于重新厘定的 Rhabdinopora parabola 和 *Anisograptus matanensis* 等两个笔石带中。

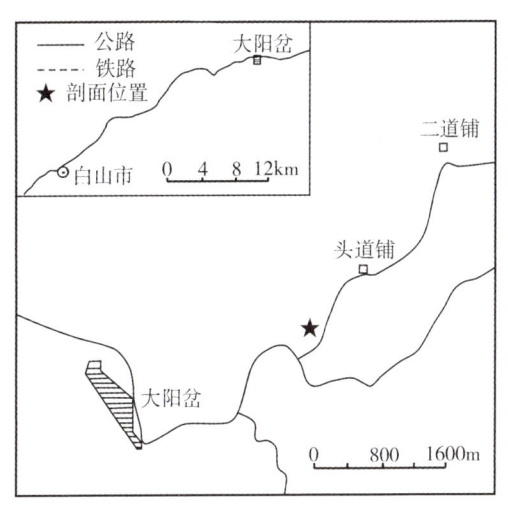

图4-84　大阳岔寒武系—奥陶系界线剖面位置（据李国祥等，2009）

基于对全球寒武系与奥陶系界线层型剖面和点位（GSSP，即俗称的"金钉子"）以及我国有代表性的寒武系与奥陶系界线剖面的对比研究指出，国际地层委和国际地质科学联合会批准的加拿大西纽芬兰绿岬剖面，在经历了10多年的检验后发现，在该剖面的界线层和点位中并无所指定的划分寒武系与奥陶系界线的生物标志存在，理应进行重新选择和厘定。

我国吉林白山市大阳岔小洋桥剖面曾经是全球寒武系与奥陶系界线层型剖面和点位（GSSP）最具代表性的候选剖面之一，交通方便，地层出露完美，并发育了完整、丰富、多样和易于全球识别与对比的牙形石和笔石序列，并有三叶虫、介形类化石共生。

汪啸风等（2015）建议以小洋桥剖面冶里组底部牙形石 *Cordylodus intermedius* 的首现（FAD）作为我国乃至全球寒武系与奥陶系界线划分的生物标志，界线附近所出现的地球化学异常以及界线之上所出现的以 *R. parabola* 为代表的最早浮游笔石可作为该界线划分的辅助标志，所建议的界线标志易于在全球识别和对比。我国南方和北美大陆奥陶系底部常见的牙形石 *Hirsutodontus simplex* 生物带底部与 *C. intermedius* 带底部基本相当。

吉林大阳岔层型剖面寒武系—奥陶系界线所处的大地构造位置是在华北地台东北部的边缘 NE—SW 向条带状白山向斜盆地的北翼（图 4-85）。该剖面涉及上寒武统—下奥陶统界统线附近的层段，出露良好，构造简单，化石丰富，门类齐全，是研究寒武系—奥陶系界线理想剖面。

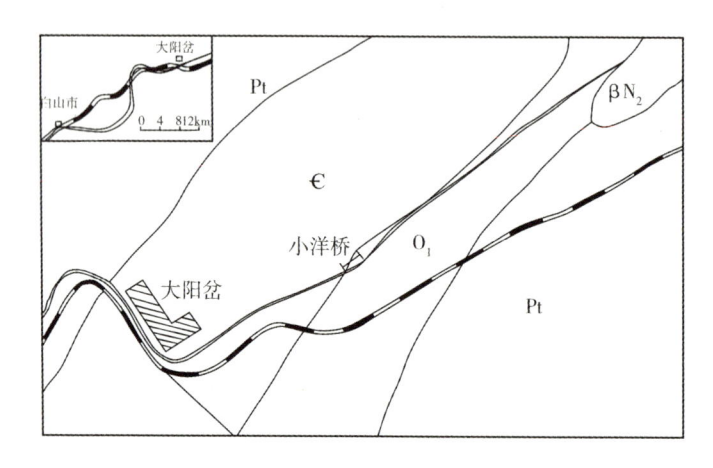

图 4-85　大阳岔地区地质简图（据陈瑞君等，1988）

O_1—下奥陶统；ϵ—寒武系；Pt—前寒武系；βN_2—新近系玄武岩

该区早古生代地层发育和保存较好，层序连续，大致呈北东向带状展布。其中寒武系可分为下统的碱厂组、馒头组、毛庄组，中统的徐庄组、张夏组，上统的崮山组、长山组、凤山组，总厚达 1200 余米。奥陶系分为下统的冶里组、亮甲山组，中统的马家沟组，出露厚度共 80 余米。本剖面包括凤山组上部和冶里组下部，主要由细屑岩、泥质岩、碳酸盐岩和少量砾屑岩组成，以碳酸盐岩为主体，在剖面中—上部普遍富含海绿石矿物，具有典型华北地台型浅海沉积特点。

许多学者从不同角度相继对它做了大量研究工作，在古生物学年代学、同位素地质学、古地磁学和地球化学等方面的研究都取得了不少进展，发表了许多有意义的论文，为寒武系—奥陶系界线的划分奠定了基础，但作为典型剖面对比的重要内容——岩石矿物标志的研究尚存在许多较薄弱的环节，如对广泛分布、有可能成为区域性岩石地层重要标志的海绿石尚缺乏深入系统的研究。根据野外考察以及对海绿石的研究成果来探讨界线附近的沉积环境，以便补充这一层型剖面的研究内容。

郭鸿俊等（1982）、周志毅等（1984）、陈均远等（1985，1986）和段吉业等（1986）都曾以传统的分层方法分别描述过该剖面。周志毅等（1984）建议将大阳岔剖面作为华北地区寒武系—奥陶系界线层型候选剖面之一。1985 年陈均远在加拿大卡尔加里召开的国际寒武系—奥陶系界线工作组全会上将大阳岔剖面推荐为全球寒武系—奥陶系界线层型候选剖面。经过多年的竞争和努力，大阳岔剖面于 1991 年被国际寒武系—奥陶系界线工作组确定为全球唯一的寒武系—奥陶系界线层型候选剖面。作为全球层型候选剖面，以往传统的分层描述已经不能适应国内外学者用来准确确定界线层型和点位（GSSP）以及进行高精度的生物地层学、同位素地层、古地磁地层学等方面的洲际对比研究的需要。更重要的是，该剖面存在国内外学者所采用的不同的化石和样品采集系统，如 HX（周志毅等，1984）、HDA（陈均远等，1985，1986，1988）、DY（长春地质学院，1986）和 XCS（Ripperdan 等，1993），这些采集系统之间的相互关系需要统一，以便有关学者研究和讨论。因此，对大阳岔寒武系—奥陶系界线剖面进行重新描述并建立一个统一的参照标准，尤其是用目前国际上大多数学者所采用的坐标系统来描述大阳岔剖面是迫切需要进行的工作。为此，1990年张俊明与朱茂炎以厘米为单位用坐标系统重新测量了大阳岔寒武系—奥陶系界线剖面，以柱状叠层石粘结岩的底作为坐标系统的零点，初步建立了大阳岔坐标剖面。1992年 B.S.Norford（加拿大）（界线工作组前任主席）、M.Lindstrom（瑞典）、R.S.Nicol（澳大利亚）、赵达（长春地质学院），以及中国科学院南京地质古生物研究所陈均远、张俊明、林尧坤在考察大阳岔剖面时，将零点下移0.6m至灰色薄层状微晶灰岩的底，该零点接近牙形类 Cordylodus poavus 的初始点，同时校正了1991年所测的剖面厚度标志，并以新的坐标剖面为标准进一步研究了大阳岔剖面，采集了有关化石样品，这标志着该坐标剖面已被国际寒武系—奥陶系界线工作组接受为一个共同的参照标准。1994年张俊明在考察大阳岔剖面时，根据坐标测量，以厘米为单位详细描述了自牙形类 Cambrooistodus 带至 Cordylodus lindstromi 带45.9m 厚的地层序列。

45.9m 厚的地层序列描述如下：

31.85～34.70m（HDA26A～HDA26I）：2～2.5cm 灰绿色海绿石钙质粉砂岩与1cm 灰色瘤状含三叶虫碎屑虫孔微晶灰岩韵律性互层，含三叶虫、棘皮动物和介形类碎片。HDA26I 产三叶虫 *Yosimuraspis(Yosimuraspis) elicrus*、*Y. (Metayosimuraspis) luna*

29.80～31.85m（HDA25A～HDA25H）：1cm 绿灰色水平层纹状海绿石钙质粉砂岩与1cm 瘤状含生物碎屑微晶灰岩互层，夹3～4层（单层厚2～10cm)灰色砾屑灰岩，在海绿石钙质粉砂岩的层面上产大量水平状遗迹化石，在瘤状微晶灰岩中通常具虫孔构造和含磷质颗粒。HDA25A 和 HDA25B 产牙形类 *Cordylodus intermedius*、*C. lindstromi*、*C. drucei*、*C. prion*、*Utahcomus utahensis*、*Teridontusnakamurai*、*T. huanghuachangensis*、"*Proomeotodus*" *gallatini*、"*Pr.*" *rolundatus*、*Eoconodontusnotch*、*peakensis*

29.50～29.80m（HDA24B）：绿灰色薄层状海绿石钙质粉砂岩，含大量遗迹化石，大多为 *Chondrites*，顶部10cm 为紫灰色页岩。HDA24B 产笔石 *Anisograptidae*? (gen. et sp. indet.)

29.10～29.50m（HDA24A）：紫褐色泥质页岩，产大量笔石 *Anisograptus richardsomi*、*A.* sp.，三叶虫 *Elkanaspis jilinensis*、*Yosimuras pis (Metayosimuraspis) latilimbatus*, *Niobella* sp.

28.76～29.10m（HDA23D）：绿灰色薄层状海绿石钙质粉砂岩，产大量水平状遗迹化石和三叶虫 *Yosimuraspis (Metayosimuras pis) latilimbaltus*、*Apatokephalus* (?) sp.；笔石 *Anisogra ptus richard-somi*

28.40～28.76m（HDA23B、HDA23C）：1～2cm 灰色瘤状微晶灰岩与3cm 紫褐色泥质页岩韵律性互层，产笔石 *Anisograpius* sp.

28.10～28.40m(HD22F～HDA23A)：绿灰色薄至中层状水平层纹状海绿石钙质粉砂岩，具大量水平虫迹，大多为 *Chondrites*。HDA23A、22F 含牙形类 *Albiconus postcostatus*、*Cordylodus intermedius*、*C. lind-stromi*

27.56～28.10m（HDA22A～HDA22E）：1～2cm 灰色瘤状微晶灰岩与2～3cm 紫褐色泥质页岩韵律性互层，含大量疑源类

27.13～27.56m（HDA21）：灰绿色薄层状海绿石钙质粉砂岩与0.5～1cm紫褐色页岩互层，夹灰绿色薄层状含海绿石、三叶虫、棘皮骨屑微晶灰岩，含大量疑源类，顶部为含粉砂质海绿石骨屑微晶灰岩

26.70～27.13m（HDA19、HDA20）：1cm灰色瘤状虫孔微晶灰岩与2cm灰绿色钙质页岩互层，产大量笔石、疑源类和少量三叶虫。HDA20产笔石 *Rhabdinopora parabolas*，三叶虫 *Elkanaspis jilinensis*、*Yasimuraspis (Yosinuraspis) brevus*；HDA19产笔石 *Rhabdinopora parabola* 等

26.20～26.70m（HDA18C～HDA18G）：绿灰色薄层状钙泥质粉砂岩夹钙质页岩。HDA18G产三叶虫 *Yosimuraspis (Yosimuraspis) elicus*、*Y. (Y.) brevus*

25.90～26.20m（HDA18A、HDA18B）：1cm灰色虫孔微晶灰岩与2cm紫褐色泥质页岩韵律性互层，含介形类和大量疑源类。HDA18A产三叶虫 *Yasimuras pis (Eoyosimuras pis) truncatus*

25.70～25.90m（HDA17J,17K）：褐灰色薄层状水平层纹状泥钙质粉砂岩，具大量水平虫迹。HDA17J产三叶虫 *Yosimuraspis (Eoyosimuraspis) truncatus*

25.50～25.70m（HDA17I）：灰色薄层状(1cm)虫孔微晶灰岩与2～3cm紫褐色泥质页岩互层

23.60～25.50m（HDA17A～HDA17H）：绿灰色薄层状水平层纹状含海绿石钙质粉砂岩与栗色粉砂质页岩互层，具大量水平状遗迹化石，大多为 *Chondrites*

22.88～23.60m（HDA16-1、HDA16-2）：绿灰色薄层状水平层纹状含海绿石钙质粉砂岩与灰色薄层状瘤状微晶灰岩互层，夹2层(2～3cm)粉砂质微晶灰岩，含少量三叶虫碎片和疑源类

22.64～22.88m（HDA15D）：暗灰色薄层状泥质粉砂岩夹5cm绿灰色海绿石粉砂质微晶灰岩，含少量三叶虫碎片

22.48～22.64m：褐灰色钙质泥岩与灰色薄层瘤状微晶灰岩互层，含大量介形类

22.17～22.48m（HDA15B、HDA15C）：灰绿色薄层状水平层纹状海绿石钙质粉砂岩与灰色薄层状含粉砂生物碎屑微晶灰岩互层，含大量三叶虫、棘皮动物碎片和水平状遗迹化石。HDA15C产牙形类 *Cordslodus lindstromi*、*C. prion*、*Utahcomus utahensis*、*y. lenuis*、*Eoconodontus notch peakensis*、*Monocostodus se-vierensis*，三叶虫 *Yosimuras pis (Eoyosimuraspis) truncatus*

21.80～22.17m（HDA15A）：2cm灰绿色泥质粉砂岩与1cm灰色瘤状生物碎屑微晶灰岩互层夹3～4cm灰色海绿石生物碎屑微晶灰岩，产大量牙形类 *Cordylodus lindstromi*、*C. intermedius*、*C. drucei*、*C.proarus*、*C. prion*、*Momocostodus sevierensis*、*Teridontus huanghuachangensis*、*T. nakamurai*、*Utah-conus utahensis*、*Semiacontiodus nogami*、*Furnishina primitiva*、*F. asymmetrica*、*F. furnishi*、"*Prooneotodus*" *gallatini*、"*Pr.*" *rotundatus*、*Phakelodus tenuis*

21.55～21.80m（HDA14-3）：灰绿色薄层状海绿石粉砂质微晶灰岩与绿灰色页岩互层，夹3～4cm灰色微晶生物碎屑砾屑灰岩，含大量三叶虫和棘皮动物碎屑和牙形类 *Cordylodus drucei*、*C. intermedius*、*C. proavrus*、*Phakelodus tenuis*、"*Prooneotodus*" *gallatini*、*Semiacontiodus nogami*、*Utahconus utahen-sis*、*Teridontus huanghuachangensis*

21.50～21.55m（HDA14-2）：灰色含细砾屑微晶生物碎屑灰岩，含大量三叶虫、棘皮动物碎屑和牙形类（*Ia-petognathus. sp.*、*Cordylodus drucei*、*C. intermedius*、*C. proavus*、*Phakelodus tenis*、*Semiacontio-dus nogami*、*Teridontus huanghuachangensis*、*T. nakamurai*、*Utahcomus utahensis*）

21.45～21.50m：灰绿色薄层状水平层纹状海绿石粉砂质微晶灰岩夹灰绿色页岩

21.40～21.45m（HDA14-1）：绿灰色水平层纹状含海绿石微晶生物碎屑灰岩，产牙

形类 *Cordylodus lindstro-mi*、*C. intermedius*、*C.drucei*、*C. proavus*、*Eoconodontus notch peakensis*、*Teridontushuanghuachangensis*、*T. nakamurai*、*Utahconus utahensis*，三叶虫 *Yosimuraspis*（*Eoyosimuraspis*）*iruncatus*

21.35～21.40m：灰绿色薄层状海绿石生物碎屑微晶灰岩夹灰绿色钙质页岩

21.22～21.35m（HDA13Q）：紫灰色微晶生物碎屑砾屑灰岩，产牙形类 *Cordylodus intermedius*、*C. drucei*、*C.proavus*、*C. prion*、*Utahconus utahensis*、*Semiacontiodus nogami*、*Monocostodus sevierensis*、*Albicomuspostcostatus*、*Eocomodontus notch peakensis*、*Proconodomtus muelleri*、*Furnishina primitiva*、"*Proo-neotodus*" *gallatini*、"*Pr.*" *rotundatus*、*Phakelodu stenuis*、*Teridontus nakamurai*、*T. huanghuachangensis*

21.12～21.22m：灰绿色薄层状水平层纹状海绿石粉砂质微晶灰岩与灰绿色页岩互层，海绿石粉砂质微晶灰岩层面上富含水平虫迹

21.00～21.12m（HDA13P2）：紫灰色微晶生物碎屑砾屑灰岩，基质中含大量棘皮动物、三叶虫碎片和海绿石，产牙形类 *Cordylodus inlermedius*、*C. prion*、*C. proavus*、*Allbicomus postcostatus*、*Semiacontiodus nogami*、*Utahconus utahensis*、*Eoconodontus notch peakensis*、*Teridontus nakamurai*、*T.huanghuachangensis*

20.92～21.00m（HDA13P1）：灰绿色薄层状海绿石粉砂质微晶灰岩与灰绿色页岩互层，产大量浮游笔石 *Rhabdinopord praeparabola*、*R.sp.*

20.85～20.92m（HDA13O）：灰绿色水平层纹状海绿石粉砂质微晶灰岩，层面上含大量水平状遗迹化石

20.78～20.85m（HDA13N）：灰至紫褐色含海绿石微晶生物碎屑砾屑灰岩，产牙形类 *Cordyladus proavus*、*ALbiconus postcostatus*、*Utahconus utahensis*、*Eoconodontus notch peakensis*、*Teridontus nakamurai*、*T.huanghuachangensis*

20.67～20.78m（HDA13M）：上部（2cm）灰绿色水平层纹状含三叶虫碎片钙质粉砂岩，下部(9cm)灰色微晶生物碎屑砾屑灰岩

20.57～20.67m（HDA13L2）：灰绿色薄层状水平层纹状含三叶虫碎片海绿石粉砂岩夹灰色瘤状微晶灰岩

20.53～20.57m（HDA13L1）：灰色微晶生物碎屑砾屑灰岩，含大量三叶虫、棘皮动物碎片和少量海绿石，产牙形类 *Albiconus postcostatus*、*Cordylodus intermnedius*、*C. proarous*、*Eoconodoitus notchpeakensis*、*Moniocostodus sevierensis*、*Teridontus nakamurai*

20.40～20.53m（HDA13K2）：1cm灰色瘤状虫孔微晶灰岩与1cm灰绿色海绿石粉砂质微晶灰岩呈韵律互层，夹4cm微晶生物碎屑砾屑灰岩，产牙形类 *Cordslodus proavus*、*Eocomodontus. notchpeakensis*、*Teridontus nakamnurai*

20.35～20.40m（HDA13K1）：灰色微晶生物碎屑砾屑灰岩

19.70～20.35m（HDA13H～HDA13J）：1cm灰色瘤状虫孔微晶灰岩与1～2cm灰绿色海绿石粉砂质微晶灰岩呈韵律互层，夹海绿石砾屑灰岩透镜体。HDA13I产牙形类 *Albiconus postcostatus*、*Cordylodus inter-medius*、*C. proarus*、*Teridontus huanghuachangensis*、*T. nakamurai*

19.50～19.70m（HDA13G）：灰色微晶生物碎屑砾屑灰岩夹灰绿色页岩，含大量三叶虫、棘皮动物碎片和海绿石

18.70～19.50m（HDA13A～HDA13F）：1～2cm灰绿色虫穴微晶灰岩与2～4cm灰

绿色水平层纹状海绿石粉砂质微晶灰岩韵律性互层，具水平状遗迹化石，顶部夹6cm砾屑灰岩（HDA13F），底部夹8cm微晶生物碎屑砾屑灰岩（HDA13B），产大量牙形类 *Albiconus postcostatus*、*Cordylodus drucei*、*C. inter-medius*、*C. prorvrus*、*Eocomodontus notch peakensis*, *Teridontus huanghuachangensis*、*T. nakarmurai*，三叶虫 *Yosimuraspis (Eoyosimuraspis)* sp、*ILeiostegium. (Manitoulla) floodi*

18.37～18.70m：上部（20cm, HDA12-2）为灰绿色薄层状海绿石粉砂质微晶灰岩夹灰色薄层微晶灰岩，粉砂质微晶灰岩层面上含大量水平遗迹化石；下部（13cm）为黄绿色、紫褐色泥质页岩夹4cm灰色透镜状生物碎屑砾屑灰岩（HDA12-1）。产三叶虫 *Leiostegium (Leiostegium) dayangchaensis*、*L.(Manitoueila) floodi*、*Yosimuras pis (Eoyosimuraspis)* sp.、*Mansuyites jilinensis*

18.08～18.37m（HDA11B1、HDA11B2）：灰色薄层状（单层厚3～4cm）微晶生物碎屑砾屑灰岩夹灰绿色钙质页岩和水平层纹状生物碎屑微晶灰岩，产牙形类 *Albiconus postcostatus*、*Cordyiodus drucei*、*C. intermedius*、*C. proavus*、*Hirsutodontus simplex*、*Monocostodus sevierensis*、"*Prooneotodus*" *gallatini*、*Sermiacon-tiodus lavadamensis*、*S. nogami*、*Teridontus gracilis*、*T. huanghuchangensis*、*T. nakamurai*、*Utah-comus utahensis*

17.77～18.08m（HDA11A-6）：灰、紫灰色微晶生物碎屑砾屑灰岩，具灰绿色泥质条纹，顶部为4cm灰绿色水平层纹状海绿石粉砂质微晶灰岩和2cm黄绿色页岩

17.60～17.77m（HDA11A-5）：1cm灰褐色生物碎屑微晶灰岩与1cm灰褐色泥质页岩韵律性互层，顶部为4cm紫褐色钙质泥岩

17.16～17.60m（HDA11A-4）：3～4cm灰绿色海绿石粉砂质微晶灰岩与1～2cm灰色虫孔微晶灰岩互层，夹两层紫褐色泥质页岩和一层6cm灰色微晶生物碎屑砾屑灰岩。HDA11-4产牙形类 *Albicomuspastcostatus*、*Cord ylodus proavus*、*Hirsutodontus simplex*、*Funishina primitiva*、*Teridontus nakamu-rai*、*T. huanghuachangensis*，三叶虫 *Richardsonella salebros*

16.70～17.16m（HDA11A-1～HDA11A-3）：1cm灰绿色海绿石生物碎屑微晶灰岩与1cm灰绿色含骨针虫穴微晶灰岩互层，夹6cm灰色微晶生物碎屑砾屑灰岩。HDA11A-3产牙形类 *Abicomus postcostatus*、*Cordylo-dus drucei*、*C. intermedius*、*C. proavrus*、*Hirsutodontus sim plex*、*Teridonttus huanghuachangensis*、*T. nakamurais*，三叶虫 *Richardsonella salebrosa*。HDA11A-1b产牙形类 *Hirsutodcntus simplex*、*Cordylodus intermedius*、*C. proavus*、*Stenodottus compressus*、*St. jilinensis*、*Teridontushuanghuachangensis*、*T. nakanurai*

16.54～16.70m；紫褐色钙质泥岩，底部1cm浅绿灰色斑脱岩

16.40～16.54m（HDA11A-0）：褐灰色薄层状含三叶虫、棘皮动物生物碎屑砾屑灰岩，产牙形类 *Cordylodus proavus*、*Eoconodontus notchpeakensis*、*Teridontus huanghuahangensis*、*T. nakamurai*

16.00～16.40m（HDA10A-5～HDA10A-6）：紫褐色钙质泥岩，顶部夹紫褐色含三叶虫海绿石钙质泥岩、产三叶虫 *Richardsonella salebrosa*、*R. lilia*、*Pseudagnostus (Pseudagnostus)* sp.、*Geragnostus (Micrag-nostus) magnus*、*Tienshifuia comstricta*、*Platypeltoides laevigata*

15.71～16.00m（HDA10A-4）：紫灰色钙质泥岩与灰色薄层状瘤状微晶灰岩互层

14.60～15.71m（HDA10A-2～HDA10A-3）：紫褐色含海绿石泥质粉砂岩夹紫褐色页岩和灰色薄层状瘤状微晶灰岩，产三叶虫 *Geragnostus (Micragnostus) magnus*、*Pseudagnostus (P.)* sp.、*Platypeliodes lae-vigata*、*Richardsonella lilia*、*R. salebrosa*、*Tienshifuia comstricta*、*Saukia acrofronsa, Akoldinioidia comvexalimbata*，牙形类 *Cordylodus. proarus*

12.28～14.60m（HDA104～HDA10A-1）：褐紫色钙质页岩夹灰色薄层状微晶灰岩，底部为灰色薄层微晶灰岩与褐灰色钙质页岩互层，含大量三叶虫 *Geragnostus (Micragnostus) magnus*、*Pserudagnostus* sp.、*Richardsomella lilia*、*Platy peltoides laevigala*、*Tienshifuia constricta*

11.30～12.28m（HDA10-1～HDA10-3）：紫褐色钙质页岩，产三叶虫 *Tienshifuia constricta*、*Geragnostus (Mi-cragnostus)* cf. *acrolabus*、*G. (M.)* cf. *bisectus*、*Pseudagnostus (P.) quadraforinis*, *Akoldinoidiaexpansa*. *A. comve xalimbuta*, *Richardsonella salebrosa*, *R. lilia*

8.25～11.30m（HDA9B-1～HDA9E 2）：2cm 灰色瘤状虫孔微晶灰岩与 2～3cm 黄绿色页岩的律性互层。HDA9B-2 产牙形类 *Cordylodus proarvus*、*Eoconodontus notch peakensis*、"*Prooneotodus*" *gallatini*、*Stenodontus jilinensis*、*Teridontus nakamurai*，三叶虫 *Pseudagnostus*. sp.、*P. (P.) quadraformis*、*Geragnostus (Micragnostus) bisectus*、*Richardsonella salebrosa*、*R. lilia*、*Akoldinioidia expansa*、*A.convezalimbata*、*Platypeltoides lavevigata*、*P. hunjiangensis*

7.20～8.25m（HDA9A-1～HDA9A-4）：2cm 灰色瘤状骨针虫孔微晶灰层与 2～4cm 黄绿色页岩韵律性互层，顶部 15cm 灰色薄层微晶灰岩中夹棘屑砾屑灰岩。HDA9A-1 产牙形类 *Cordylodus proarus*、*Fryxellodontus inornatus*、*Furnishina primiva*、"*Muellerodus*" *hun jiangensis*、"*Prooneotodus*" *rotuen-datus*、*Stenodontus jilinensis*、*Teridontus nakamurai*，三叶虫 *Pseudagnostus (P.)* sp.、*Platypeltoideslaeoigata*

5.70～7.20m：上部（0.65m, HDA9-13～HDA9-15）为灰色薄层状含骨针微晶灰岩，产牙形类 *Cordylodus proavus*、*Eoconodontus notch peakensis*、*Furnishina primitiva*、"*Muellerodus*" *hun jiangensis*、"*Prooneotodus*" *rotundatus*、*Stenodontus compressus*、*St. jilinensis*、*Teridontus huanghuachangensis*；下部（0.85cm）为灰色薄层状微晶灰岩夹页岩。HDA9-12 产牙形类 *Cordylodus proavus*、*Fryxellodontus inornatus*、"*Prooneotodus*" *rotundatus*、*Stenodontus compressus*、*S. jilinensis*

4.80～5.70m：上部（0.3m，HDA9-11）为灰色薄层状骨针微晶灰岩，含大量海绵骨针；下部（0.6m，HDA9-10）为暗灰色瘤状含骨针微晶灰岩与灰色钙质页岩互层。产大量牙形类 *Cordylodus proavus*、*Fryxel lodomtus inornatus*、*Furnishina furnishi*、*Proomeotodus rotundatus*、*Stenodontus compressus*、*S. jilinensis*、*Teridontus nakamurai*、*Phakelodus tenuis*

3.70～4.80m（HDA9-5～HDA9-9）：灰色薄层状含骨针微晶灰岩，顶部夹灰色薄层状三叶虫碎屑灰岩。HDA9-9 产三叶虫 *Ongchopyge depressa*、*Alloleiostegium latrilum*、*Pseudoleiostegium striatun*、*Mictosaukia* sp.、*Missiquoia perpetis*、*Akoldinioidia convexalimbata*、*Geragnostus* cf. *subobesus*，牙形类 *Cordylodus proavus*、*Fryxellodontus inornatus*、*Furnishina furnishi*、"*Prooneotodus*" *rotundatus*、*Stenodontus compressus*、*S.jilinensis*、*Teridontus nakamurai*,*Eoconodontus notch peakensis*

1.90～3.70m（HDA9-1～HDA9-4）：灰色薄层状虫孔微晶灰岩。HDA9-4 产牙形类 *Cordylodus proavus*、*Eoconodontus notch peakensis*、"*Prooneotodus*" *rotundatus*、*Stenodontus jilinensis*、*Teridontus nakamurai*

0.60～1.90m（HDA8B～HDA8D）：暗灰色柱状叠层石粘结岩，含三叶虫 *Mictosaukia striata*、*Mansuyites jilinensis*

0.40～0.60m（HDA8A）：灰色生物碎屑砾屑灰岩，产牙形类 *Cordylodus proavus*、*Fryxellodontus inornatus*、*Furnishina primitiva*、*Phakelodus tenuis*、"*Prooneotodus*" *rotundatus*、*Teridontus nakamurai*

0.30～0.40m（HDA8-0）：灰色瘤状虫孔微晶灰岩与灰色页岩互层

0.00～0.30m（HDA7B）：灰色薄层状微晶灰岩含三叶虫和棘皮碎片。HDA7B(0.2m)产牙形类 *Cordylodus proarus*、*Phakelodus tenuis*、*Prooneotodus rotundatus*、*Stenodontus jilinensis*、*S. compressus*、*Teridontus nakamurai*、*Eoconodontus notch peakensis*

-0.40～0.00m（HDA7A1～HDA7A3）：灰色页岩夹灰色薄层微晶灰岩。HDA7A1产牙形类 *Cordylodus proarus*、*Furnishina furnishi*、"*Prooneotodus*" *rotundatus*、*Phakelodus tenuis*、*Stenodontus compressus*、*S. jilinensis*、三叶虫 *Fatocephalus chytrus*、*Alloleiostegium latilum*

-0.80～-0.40m（HDA6A、HDA6B）：暗灰色钙质泥岩，产三叶虫 *Mictosaukia striata*、*Mictosaukia orientalis*、*M. angustilimbata*、*Calvinella micropora*、*C. triangula*、*Fatocephalus hunjiangensis*、*F. chytrus*、*Man-suyites jilinensis*

-1.40～-0.80m（HDA4A～HDA5-2）：1～2cm灰色瘤状虫孔微晶灰岩与暗灰色钙质页岩互层。HDA5-2产牙形类 *Cambrooistodus cambricus*、*Eocomodontus notch peakensis*、*Phakelodus tenuis*、*Proconodontusmuelleri*、"*Prooneatodus*" *gallaini*、"*Pr.*" *rotundatus*，三叶虫 *Mictosaukia orientalis*、*M. striata*、*Calvinella micropora*、*Hanirwa elomgata*、*Pserudagnostus (P.) quasibilobus*

-1.70～-1.40m：上部（10cm，HDA3G）为灰色薄层状微晶灰岩，产牙形类 *Eoconodontuss notchpeakensis*、*Furnishina furnishi*、*Phakelodus tenuis*、"*Prooneotodus*" *rotundatus*、*Teridontus nakamurai*；下部（20cm，HDA3F）为1cm灰色微晶灰岩与2cm灰色页岩韵律性互层

-2.50～-1.70m：上部（40cm，HDA3E）为灰色薄层虫孔微晶灰岩夹10cm生物碎屑砾屑微晶灰岩；下部(40cm，HDA3D)为1cm灰色虫孔微晶灰岩与2cm灰色钙质页岩的律性互层

-3.27～-2.50m：上部（50cm，HDA3C1～HDA3C3）为灰色薄层状含海绵骨针微晶灰岩，顶部夹2cm生物碎屑砾微晶灰岩；下部（27cm,HDA3B）为1cm灰色微晶灰岩与2cm灰色钙质页岩韵律性互层，含疑源类

-4.05～-3.27m：上部（31cm，HDA3A）为灰色薄层状微晶灰岩夹含骨针微晶灰岩，产牙形类 *Eoconodontus notchpeakensis*、*Furishina furnishi*、*Phakelodus tenuis*、"*Proomeotodus*" *gallatimi*、"*Pr.*" *rotundatus*、*Stenodontus compressus*、*Teridontus nakamurai*，三叶虫 *Mictosaukia orientalia*、*M. striata*、下部为（47cm，HDA3-4、HDA3-3）为1cm灰色虫孔微晶灰岩与2～3cm灰色钙质页岩韵律性互层，含大量疑源

-4.50～-4.05m：上部（25cm，HDA3-2）为灰色薄层状微晶灰岩，产牙形类 *Cambrooistodus mninutus*、*Eocon-odontus notch peakensis*、*Furnishina furnishi*、*F. primitiva*、*Phakelodus tenuis*、*Proconodontus muel-leri*、"*Prooneotodus*" *rotundatus*、*Rotundoconus cambricus*、*Teridontus huanghtuachangensis*、*T. naka-murai*；下部（20cm，HDA3-1）为2cm灰色微晶灰岩与1cm灰色钙质页岩韵律性互层，含疑源类

-5.90～-4.50m：上部（40cm，HDA2I）为灰色薄层状虫孔微晶灰岩，产牙形类 *Cambroositod'us cambricus*、*Eoconodontus noichpeakensis*、*Phakelodus tenuis*、*Proconodontus muelleri*、"*Proomeotodus*" *rotundatus*、*Rotundocomus cambricus*、*Teridontus nakamurai*；下部（140cm,HDA2E～HDA2G）为1cm灰色瘤状虫孔微晶灰岩与2cm灰色钙质页岩韵律性互层，含疑源类

-7.75～-5.90m：上部（20cm，HDA2D）为灰色薄层状瘤状虫孔微晶灰岩，层面上含三叶虫碎屑，产牙形类 *Cambroistodus cambricus*、*Eoconodontus notch peakensis*、*Furnishina furnishi*、*Phakelodus tenuis*、*Procomoclontus muelleri*、"*Prooneolodus*" *rotundatus*、*Teridontus nakamurai*；下部（165cm,HDA1E、HDA2A～HDA2C）为1cm灰色瘤状虫孔微晶灰岩与1～2cm灰色钙质页岩韵律性互层，含大量疑源类

−9.30～−7.75m：上部（40cm，HDA1D）为灰色薄层状虫孔微晶灰岩夹生物碎屑微晶灰岩，产牙形类 *Cambrooistodus cambricus*、*Eocomodontus notch peakensis*、*Furnishina furnishi*、*Granatodontus ami*、*Phakeloduslenuis*、*Procomodontus muelleri*、"*Prooneotodus*"*rotundatus*、*Rotundocomus cambricrus*、*Teridontusnakamurai*; 中部（25cm，HDA1C3）为1cm灰色微晶灰岩与2cm灰色钙质岩韵律性互层，含大量疑源类；下部（0.9m,HDA1C1～HDA1C2）为灰色钙质页岩夹灰色薄层状微晶灰岩，其中HDA1C2产牙形类 *Cam-brooistodus cambricus*、*Eoconodontus notch peakensis*、*Stenodontus jilinensis*，三叶虫 *Calvinella microp-ora*、*Mictosaukia agustilimbata*

−10.80～−9.30m（HDA1B）：灰色含砾钙质泥岩

−11.00～−10.80m（HDA1A）：灰色钙质岩夹灰色薄层微晶灰岩

−11.30～−11.00m：褐灰色钙质页岩夹灰色薄层微晶灰岩

根据岩性组合和岩石结构构造特征，小阳桥剖面由下至上大致可分为三个旋回（图4-86），现分别叙述如下。

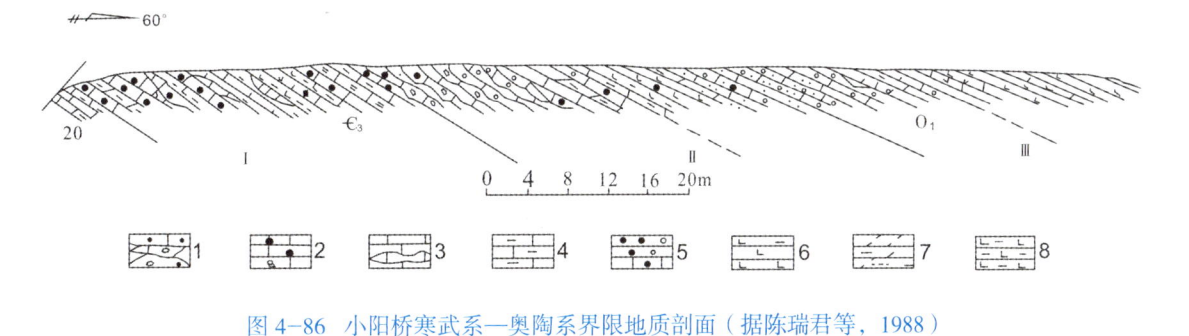

图4-86 小阳桥寒武系—奥陶系界限地质剖面（据陈瑞君等，1988）

1—含砾灰岩及结核状灰岩；2—含生物及生物碎屑灰岩；3—层状及透镜状泥晶灰岩；
4—叠层石灰岩；5—砾屑岩或含碎屑生物碎屑灰岩；6—钙质粉砂岩；7—泥灰岩或粉砂泥灰岩；
8—钙质泥岩；Ⅰ～Ⅲ—旋回编号；ϵ_3—上寒武统；O_1—下奥陶统

（1）第Ⅰ旋回是含砾屑层泥灰岩→生物碎屑灰岩→叠层石灰岩旋回。该旋回的下伏地层为纹层状钙质泥岩，与上覆砾屑层呈突变关系，这显然有一个假整合面存在。

旋回底部由深灰色砾屑层开始，其主要成分是砾屑岩或含砾屑及钙质结核的泥灰岩夹钙质泥岩，一般砾屑成分比较单一，主要是石灰岩和泥灰岩，磨圆度好，多呈扁平状椭球体，也有似竹叶状，排列较规则。单层内粒径比较相近，长轴以3～4cm为主，最大的长轴可达10余厘米，有些如鹅蛋大小。夹层有钙质泥岩和泥灰岩，多数呈薄层状、透镜层，并且纹层理较发育。

旋回中部逐渐变为以薄层状泥灰岩和生物碎片灰岩为主，中间夹一些串珠状泥晶灰岩和含砾屑的灰岩透镜层。石灰岩以层状或似层状为多，层面平坦，偶尔可见波纹、虫孔和水下收缩痕等层面构造；泥灰岩中纹层状层理发育。显然，由下向上泥质含量逐渐减少，而钙质成分不断增加。

旋回上部主要是叠层石状泥晶—亮晶灰岩。它们风化后呈球状和椭球状，最大的长轴可达数十厘米。

本旋回中海绿石含量较少，只在中部钙质泥岩和少数生物碎屑灰岩中呈星点状出现。

（2）第Ⅱ旋回是含砾屑层的串珠灰岩→钙质泥岩→钙质细屑岩旋回。其下部以串珠状或称为似叠瓦状生物碎屑灰岩为主，夹似层状和透镜状砾屑层，一般层面极不平坦，其上保留有虫孔构造。砾屑仍是灰屑，形态更加扁平。向上变为富含生物碎片的钙质泥岩和泥灰岩，呈薄层状，颜色呈灰绿色及褐紫色，普遍含有三叶虫化石碎片。当这些碎屑相对集中时，就形成生物碎屑灰岩。旋回上部细屑组分增多，逐渐变为以钙质粉砂岩为主，夹生物碎屑灰岩和泥灰岩。粉砂成分比较复杂，除含大量灰屑外，以石英、海绿石为主，细屑间有泥质和钙质。不论是钙质泥岩、泥灰岩，还是钙质粉砂岩，都极易风化。岩层表面呈灰褐—猪肝色，生物碎片或完整的三叶虫化石都显而易见。整个旋回由下向上，海绿石的含量明显增多，在上部的粉砂岩中该矿物含量在10%左右，个别样品可达15%。

（3）第Ⅲ旋回是含砾屑夹层的生物碎屑灰岩→钙质粉砂岩旋回。该旋回是在钙泥质粉砂岩之上，经过一个模糊的假整合突变，由厚层状含砂屑、生物碎屑灰岩开始，向上过渡为富含海绿石的生物碎屑灰岩夹砾屑层和含砾屑灰岩层。由于海绿石含量增多，岩石普遍呈灰绿色，有些风化后变为鲜艳的翠绿色。作为旋回下部的砂质生物碎屑灰岩，均以中—薄层为主，层面也较平坦，偶尔在层面上可见到小波痕和一些收缩痕，个别层段也有微细斜层理出现。砾屑层虽然层数不多、厚度不大，最厚不超过20cm，但它比较特殊，一般砾屑层底部常出现模糊假整合面，与下伏岩层为突变关系，而向上却是过渡渐变关系，多呈厚层状或似层状，其中大多数砾屑成不规则散乱状分布，部分砾屑也大致呈平行层面排列。有些灰绿色砾屑和紫色砾屑常交互出现，它们的圆度差别较大，多数砾屑磨圆度较好，呈球形体和椭球体，有些呈破碎竹叶状和近角砾状，有些砾屑常出现裂纹，并被进一步溶蚀和被钙质或泥质充填，许多砾石表面也常被铁质或泥铁质薄膜所包围。它们的成分不太复杂，下伏几种岩类的碎屑都有出现，海绿石砾屑在其中尤为醒目，基本上属于内碎屑，许多是同生角砾改造而成。随着钙质成分减少，陆屑粉砂质增加，旋回上部变成以灰绿色中—薄层钙质粉砂岩为主，有时也夹些生物碎屑灰岩和砂屑灰岩、粉砂岩，以平行层理为主，在层面上可清楚地见到冲刷痕和爬迹，在不规则的爬迹表面上残留薄薄的泥膜。粉砂细屑除石英、长石外，还有大量的灰屑、海绿石等，砂屑分选性极好，但有些陆源细屑磨圆很差，许多石英屑呈尖角状。一般同生和次同生砂屑磨圆度尚好，灰屑和海绿石大都呈次棱角状和次圆状。在粉砂岩中同样混有许多生物化石碎片，主要是笔石和无铰腕足类，而三叶虫的残片却很少见到。这一旋回中海绿石含量明显增多，在样品中海绿石含量普遍在5%～10%左右，个别样品可高达20%。

从整个剖面来看，各旋回中海绿石的主要特征及沉积环境有所不同（图4-87）。海绿石从第二旋回上部就开始明显增多，主要产于粉砂岩、砂屑生物碎片灰岩和砂砾屑岩中，除少数在沉积时生成外，大多是以同生或次同生碎屑的形式出现，其粒度和形态与所在岩石中的碎屑颗粒相一致。

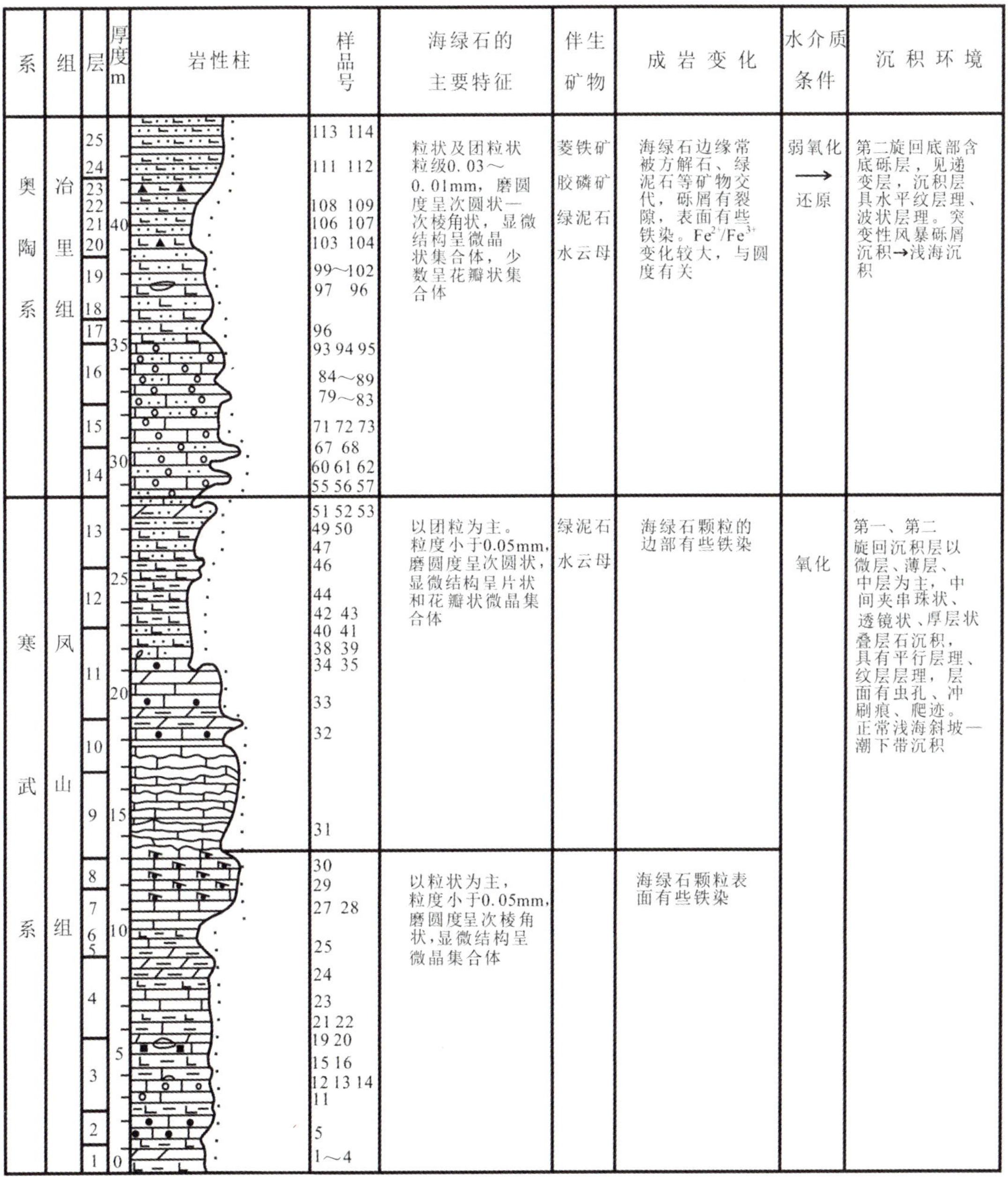

系	组	层	厚度m	岩性柱	样品号	海绿石的主要特征	伴生矿物	成岩变化	水介质条件	沉积环境
奥陶系	冶里组	25 24 23 22 21 20 19 18 17 16 15 14	40 35 30		113 114 111 112 108 109 106 107 103 104 99~102 97 96 96 93 94 95 84~89 79~83 71 72 73 67 68 60 61 62 55 56 57	粒状及团粒状粒级0.03~0.01mm，磨圆度呈次圆状—次棱角状，显微结构呈微晶状集合体，少数呈花瓣状集合体	菱铁矿 胶磷矿 绿泥石 水云母	海绿石边缘常被方解石、绿泥石等矿物交代，砾屑有裂隙，表面有些铁染。Fe^{2+}/Fe^{3+}变化较大，与圆度有关	弱氧化 → 还原	第二旋回底部含底砾层，见递变层，沉积层具水平纹层理、波状层理。突变性风暴砾屑沉积→浅海沉积
寒武系	凤山组	13 12 11 10 9	25 20 15		51 52 53 49 50 47 46 44 42 43 40 41 38 39 34 35 33 32 31	以团粒为主。粒度小于0.05mm，磨圆度呈次圆状，显微结构呈片状和花瓣状微晶集合体	绿泥石 水云母	海绿石颗粒的边部有些铁染	氧化	第一、第二旋回沉积层以微层、薄层、中层为主，中间夹串珠状、透镜状、厚层状叠层石沉积，具有平行层理、纹层层理，层面有虫孔、冲刷痕、爬迹。正常浅海斜坡—潮下带沉积
寒武系	组	8 7 6 5 4 3 2 1	10 5 0		30 29 27 28 25 24 23 21 22 19 20 15 16 12 13 14 11 5 1~4	以粒状为主，粒度小于0.05mm，磨圆度呈次棱角状，显微结构呈微晶集合体		海绿石颗粒表面有些铁染		

图 4-87　海绿石的主要特征及沉积环境（据陈瑞君等，1988）

纯的海绿石呈浅绿色、翠绿色或墨绿色，极易辨认。它们以颗粒状和团粒状为主，分散在岩石之中，也有的呈不规则胶结物状分布在碎屑间，一般颗粒表面都是平滑光洁、色调均匀。有些海绿石矿物明显地保留交代痕迹，主要被方解石、绿泥石、水云母等矿物交代，往往形成不规则的凹凸状接触边，有些较粗的海绿石边缘还有一层泥铁质膜；在个别的海绿石颗粒上也保留着黏土矿物及硅铁质和方解石等交代残余。和海绿石混生在一起的主要是石英砂屑、长石、硅泥质岩屑和各种生物碎片。海绿石经常与水云母、绿泥石、方解石、胶磷矿和菱铁矿等伴生。海绿石的粒级、形态与它所在的岩石中其他碎屑基本一

- 239 -

致，从粉砂到粗砂均有出现，最普遍的是粉砂级，即 0.02～0.01mm。在显微镜下和扫描电子显微镜的观察，它们都是一些鳞片状微晶集合体，具有明显的聚片状和花瓣状显微结构。

不同层段、不同岩性中的海绿石化学分析结果表明，有代表性的主要成分（K_2O、Fe_2O_3、FeO、Al_2O_3 等）化学含量相当接近，其中 K_2O 为 7%，Fe_2O_3 为 13%～16%，FeO 为 3%～4%，Al_2O_3 为 11%～13% 左右，所计算出来的化学结构式也基本一致，显示出有序度较好，属于 1M 云母多形结构。

剖面中不同岩性的海绿石样品 Fe^{2+}、Fe^{3+} 所引起强吸收峰值的变化，反映了铁的物相变化，即反映了局部沉积环境的变化。

上面提供的宏观上的区域地质演化及大地构造背景，以及该剖面的岩类组合、沉积旋回序列、沉积层结构、构造特点、生物群的面貌，特别是指相矿物海绿石的形成、成岩改造和被埋藏保存特征等是讨论该区沉积环境的基础。

该剖面所在的沉积区，是在前寒武纪晚期形成的浑江坳陷基础上形成的。从剖面岩层三个旋回序列清楚地看到，这套沉积物除夹有部分砾屑层外，主要是一套富含海绿石和生物碎片的细屑岩—泥质岩—碳酸盐岩组合岩系，其中大部分都属于正常沉积层，主要特点是：

（1）以微层、薄层和中层沉积为主，中间夹有串珠状和透镜状不规则沉积层，还有厚层状叠层石沉积。平行层理、纹层层理较普遍，也有大量的透镜状和脉状层理。层面构造不太发育，只在不同层段的局部出现波纹、冲刷痕、但虫孔、爬迹在有些层段却相当普遍。

（2）岩石中碎屑组分占有极为重要的位置，碎屑成分并不复杂，但由于来源不同，它们之间有着明显的差别，大量的灰屑、海绿石、钙质泥岩屑和各种生物碎片来源于本地，属于内碎屑，其中除生物碎片和一些同生或次同生角砾分选较差、粒度差别较大外，一般磨圆度和分选性较好。石英、长石、各种细砂级的泥灰屑和黏土矿物基本上来自陆源，基本上是细屑沉积物，它们分选较好，不同层段的磨圆度也相近，这些特点表示砂屑变迁过程中所承受的营力和破损程度是一致的。

（3）指相矿物海绿石的普遍存在，对讨论该区沉积环境赋予极为特殊的意义。特别是细屑海绿石，不但有稳定的形状、光洁的表面，而且有与其他砂屑相应的粒级和良好的分选性，既保留交代其他矿物的残余，又具有被其他矿物交代的痕迹，还有一些自生的海绿石呈现在各种碎屑之间的胶结物之中。

然而，这些不同层位、不同阶段所形成的海绿石，其矿物学特点基本相似，各种波谱所显示的结果也极为一致，进而反映出它们在形成→沉积→成岩改造→再沉积的过程中又形成一个整体。当然，这些海绿石也可作为沉积过程及不同生作用和成岩后生作用全过程的良好标志，同时也揭示了海绿石形成过程中所处的环境。它们所经受的营力和保存的条件，与整个周围岩层特点是协调的。无疑它们是在浅海环境中形成的，并不断地经受海水波浪作用的搅动，也受到水流和波浪作用微弱的破坏，而被改造成目前这种形状，同时也与其他陆屑砂相掺杂，在改造过程中还不断地发生交代和产生新的海绿石，可见这种海绿石是在低能的浅海环境形成。

除了上述的情况外，该层位还找到大量三叶虫、笔石、牙形刺等生物化石及相应的一些生物化石碎片，这也是浅海环境重要标志。

第一旋回、第二旋回正常的浅海沉积，第三旋回的下部还沉积有与正常沉积不协调的以砾屑为主或富含海绿石砾屑层的沉积层，它们具有以下特点：

（1）这套沉积层的底部往往存在一个模糊的假整合面，底部岩性常具有一定的突变性，而上部仍是渐变为正常平整的细屑沉积层。

（2）厚度一般不大，只有十多厘米，最厚也不过20～30cm。

（3）砾石成分不复杂，主要来自邻近岩层的几种岩屑，如生物碎屑灰岩、泥灰岩、砂屑灰岩、泥晶灰岩、钙质砂岩等砾屑。砾屑一般磨圆度都较好，但分选性较差，大部分砾屑在岩层中以紊乱状态呈不规则排列，但也有个别砾屑层的砾石大致与岩层呈平行排列，有些同生角砾磨圆度较差。

（4）砾屑和基质的颜色变化较大，最常见的有绿色、灰绿色、绛紫色、褐色和深红色，许多砾石还保存有褐色、浅绿色等薄膜，显示矿物中的铁离子的变异，标志着它们经历了不同的氧化或还原环境。

（5）海绿石在砾屑层中占有特殊的位置，许多砾屑都是由海绿石组成或有些砾屑中含海绿石砂屑，有时砾屑胶结物中也可见到海绿石。海绿石在砾岩中也出现被胶结物交代的现象。颜色变化较大，有些呈浅绿色、翠绿色和一般绿色，也有些为微褐绿色，并略含褐色星点，甚至有些砾屑周围有一层暗褐色的膜。这些现象和特征表明砾屑中和胶结物中海绿石不是同一时期形成的，故它们的经历也是不同的，也反映了这些砾屑是在沉积阶段、同生阶段和成岩阶段经历过许多次改造而最后沉积而成的。

上述这些砾屑层及其中的砾屑、胶结物的特征，以及砾屑层中海绿石产出和变化特点，是这些沉积层形成一次次突变性的产物，只有风暴作用才能产生破坏、改造、再沉积，形成这样同生和准同生为主的砾屑层。

总之，一系列不同岩相系列的特征，反映了该区寒武系—奥陶系界线附近的沉积环境及其变迁，大体上有两种类型：第一类是寒武系剖面的第一、第二旋回，属于正常浅海斜坡—潮下带的沉积；第二类是奥陶系冶里组剖面的第三旋回，由突变性风暴砾屑沉积层开始到正常的浅海沉积，生物化石及海绿石的大量出现表明奥陶纪海水比寒武纪要深些。

沉积岩中微量元素含量与组合沿剖面的变化如图4-88所示。

实习路线二十三　伊通火山群地质遗迹

伊通火山群是以新生代火山地质环境为主形成的自然形态、自然环境系统，在火山地质构造、成因机制、典型岩石露头、地形地貌等方面有其自己的特色（图4-89），因特殊的火山成因机制被火山学者命名为"伊通型火山"。

伊通火山群是新生代岩浆沿着古生代以来多次构造运动形成的北东、北西、东西向几组断裂破碎带及其交汇处侵出喷溢形成的产物。

火山穹丘发育于伊—舒地堑盆地内，该盆地位于我国东北的辽吉山地与松辽平原的过渡地带，东部为辽吉山地，属中山丘陵区；西部为北东向延伸的大黑山地垒，为低山丘陵区。中心式侵出喷溢形成的基性玄武岩穹丘，经长期的风化剥蚀形成现在千姿百态特殊的"穹丘""岩钟""锥体"等地质、地貌类型景观，零星并有规律地分布在伊—舒地堑盆地内。

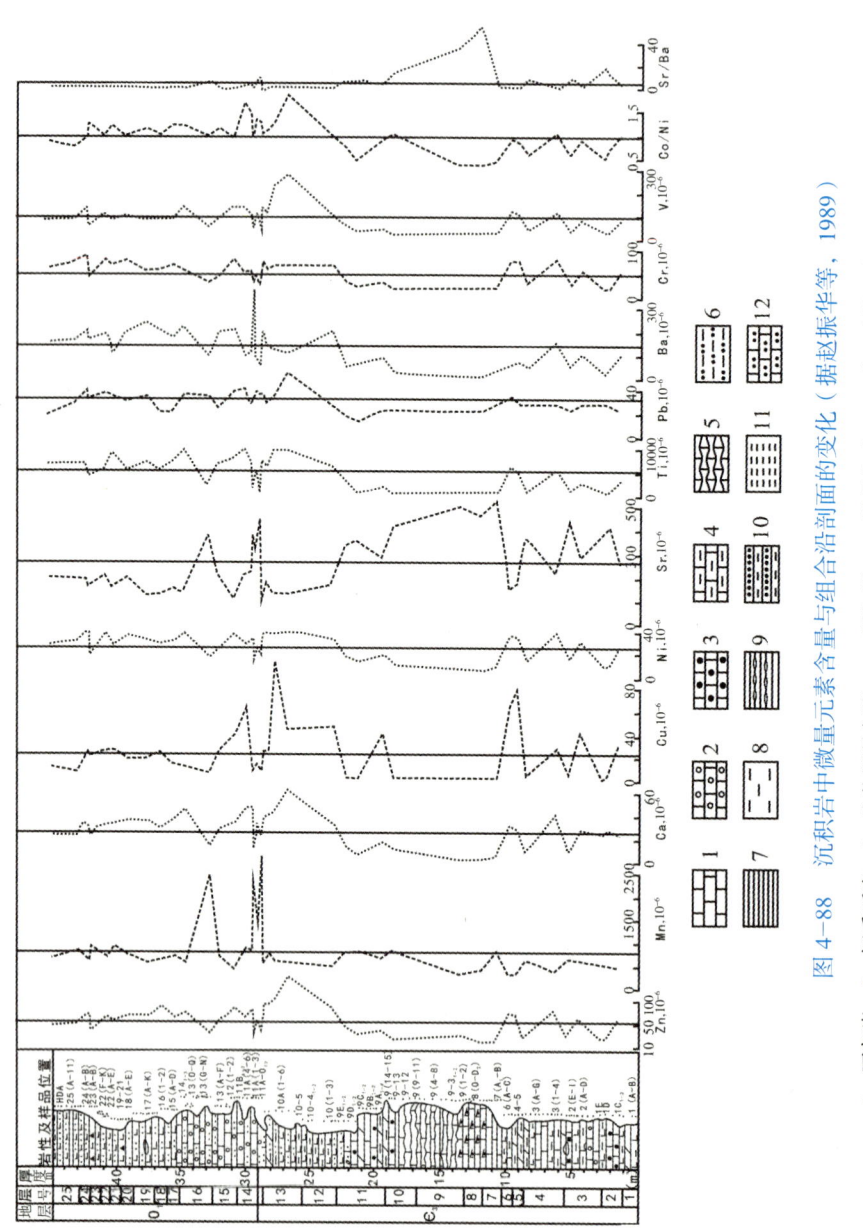

图 4-88 沉积岩中微量元素含量与组合沿剖面的变化（据赵振华等，1989）

1—石灰岩；2—钙质砾岩；3—生物泥晶灰岩；4—泥灰岩；5—泥晶灰岩；6—黏土质粉砂岩；7—页岩；
8—钙质泥岩；9—半结核状泥晶灰岩；10—粉砂质泥岩；11—叠成石粘结结灰岩；12—粉砂质泥晶灰岩；
图中元素含量变化的垂直曲线为全剖面平均值

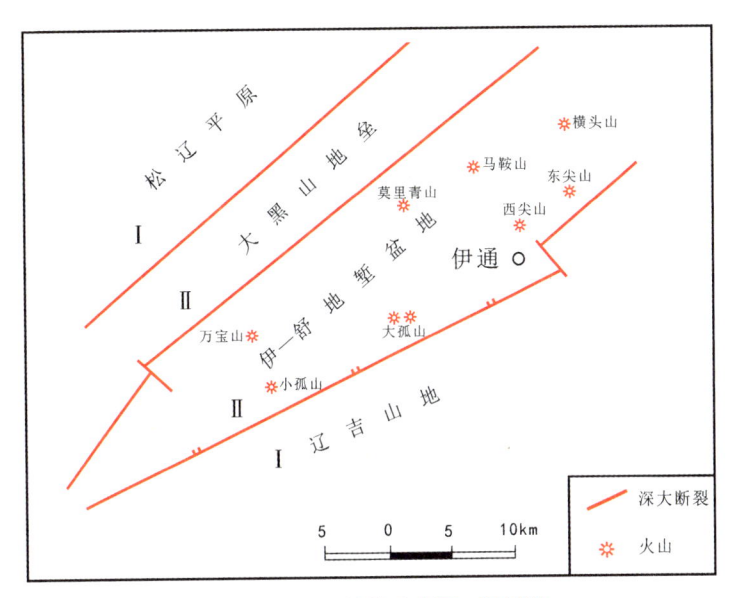

图 4-89　伊通地区地貌单元略图（据刘祥，1996）

伊（通）—舒（兰）地堑盆地自古生代以来多次构造运动所形成的北东、北西、东西向等几组断裂，根据区域地质资料，大都是区域性断裂，有的为深大超壳断裂，其深度达到莫霍面以下。上地幔地区的顶部，在垂直和水平方向上，为地球深部的岩浆、幔源物质上涌以至喷溢出地表形成火山提供了良好的空间条件和通道，并控制了伊通火山群在平面和空间的主要分布规律。经 K-Ar 稀释法测定的年龄数据表明其形成时代多为中新世，由于岩浆较黏稠、挥发分少及间歇喷发等原因，形成了规模不大、星状分布、似穹丘的火山群体。黏稠度较大的玄武岩浆呈"挤牙膏"式在火山口涌出，以这种中心式侵出基性熔岩而形成的一系列火山穹丘，在国内、外均属少见，经过长时期的剥蚀和侵蚀，残存并形成了现在的火山形态。其中北北东向断裂较明显地控制了每个火山单体的形态和分布特征。

伊通火山群的岩石类型主要为碱性橄榄玄武岩类，以普遍含有"地幔岩"捕虏体——幔源包裹体为特征，是与新生代太平洋板块和欧亚板块继续活动有关的环太平洋构造带的产物。碱性橄榄玄武岩呈灰黑色—黑色，致密块状、斑状结构，基质为显微间隐—间粒结构，风化面可见球粒结构，局部具气孔和杏仁构造。碱性橄榄玄武岩中的幔源包裹体主要为橄榄岩型包裹体和辉岩型包裹体，其新鲜面为暗绿色，风化后为黄绿色或黄色。橄榄岩型包裹体多呈棱角状—次棱角状块体，大者可达 20cm，与玄武岩界限明显，主要矿物为橄榄石、辉石、尖晶石。

研究表明，橄榄岩型包裹体具有熔融结构，由不规则形状的"雾团"或团状的玻璃质或矿物微晶体集合组成，这是幔源包裹体特有的高温变质结构。所以，伊通火山群幔源包裹体的形成环境应为温度 1047～1420℃，压力为 14.5～27.6kbar（表 4-4），由此可见，它们是地球深处玄武岩岩浆在地幔中捕虏熔融的同一物质，是上地幔岩被熔融的有力证据，因此可推测是来自 60～90km 地壳深部的物质。这是玄武岩浆岩通道上升时或在岩浆房中，被携带的幔源和壳源捕虏体。由于对地球系统的研究范围从地壳到地幔，而碱性玄武岩中的深源包裹体就是研究上地幔的物质组成信息最直接的信息载体，因此深源包裹体被誉为地幔的"信使",对于研究地幔源矿物和岩石、幔源气体、地幔理化状态、地壳玄武岩成岩成矿、构造运动、火山活动、地震、区域稳定及其岩浆起源和演化提供了有力的证据,是国内外火山岩石学家理想的研究基地。

表4-4 伊通火山群幔源包裹体地质温度、压力(据吉林省地质科学研究所,1985)

包裹体种类	温度,℃	压力,kbar
橄榄岩包裹体	1380～1420	17～18
辉岩包裹体	1177	17.05～27.6
出熔物	1074	14.5

伊通火山群的火山活动属同一构造时期4个期次,以侵出作用为主,伴有少量的爆发和喷溢作用。伊通火山群的特殊形成机制在于其火山作用不强烈、不显著,因此该火山群在地形地貌上没有形成明显的火山口和相当于火山口的凹地、大面积熔岩流等,火山碎屑岩分布也不十分广泛。所以,伊通火山群的形成以侵出作用为主,伴有少量的爆发和喷溢作用。

根据分析,伊通火山群属同一构造时期的4个期次:

第一期:横头山火山活动期,是本区最早的火山活动期(31.0Ma±1.3Ma),相当于下辽河火山幕βP_3,产物为碱性橄榄玄武岩。

第二期:西尖山火山期,该期相当于区域火山活动白头山火山最早期的甄峰山火山幕(期)(21～23Ma),故其时代为中新世。

第三期:小孤山和马鞍山火山活动期,该期与白头山的奶头山期(βN_1^{1-2},15.07Ma)或其晚期相当。部分迹象表明,小孤山和马鞍山活动规模较小些。

第四期:大孤山期,相当于老爷岭火山幕至中新世晚期(βN_1^3)(7.78Ma±0.25Ma,9.29Ma±0.44Ma,8.7Ma,12.8Ma±0.5Ma,13.9Ma±0.61Ma)。按东尖山玄武岩(9.92Ma,9.92Ma±0.68Ma)岩性、地形和侵蚀程度,莫里青山可能也属于这一期(14.4±0.39Ma)。

在伊通火山群地区,地幔深处活动的高温、高压的玄武岩浆及其岩浆中的气体、水分等挥发组分,在火山活动过程中,沿着上述断裂交汇处上涌,穿过地幔和地壳新老岩石冲向地表。同时,由于该区断裂构造十分发育,中—新生代松散沉积物很厚(约7000m),岩浆在长时间、长距离的运移中,在穿过围岩时流散、挥发等损失了大量的气体、水分等挥发组分和部分岩浆。随着这些挥发组分和岩浆的减少,以及后期断裂的出现,岩浆本身的压力不断释放且温度逐渐降低,所以岩浆作用以"挤牙膏式"缓慢的侵出型式为主,冷凝形成玄武岩质穹丘型火山。

在喷出过程中,岩浆时而喷出时而回缩,"挤出""侵出""喷溢"不连续,力量不强,故喷出物只局限在火山通道几百米范围内,其厚度不超过10m左右,因此没有见到大量的层状熔岩。在结构构造上,玄武岩气孔和杏仁构造不十分发育,而节理十分发育且形状多变,如西尖山的"伞状"节理(图4-90)、莫里青山弯曲收敛状的节理、大孤山上的"芦笙岩"柱状节理、小孤山的"似层状"节理以及横头山的直立状等。上述岩浆在空间条件受限制(如与弯曲的围岩接触面接触时),或者岩浆侵出喷溢不连续或回缩时,则形成弯曲发散或收敛等产状多变、形态各异的节理。另外,在岩浆冷凝过程中,处于不同部位(即"内部相""过渡相""边缘相")也影响节理的形态和发育程度。

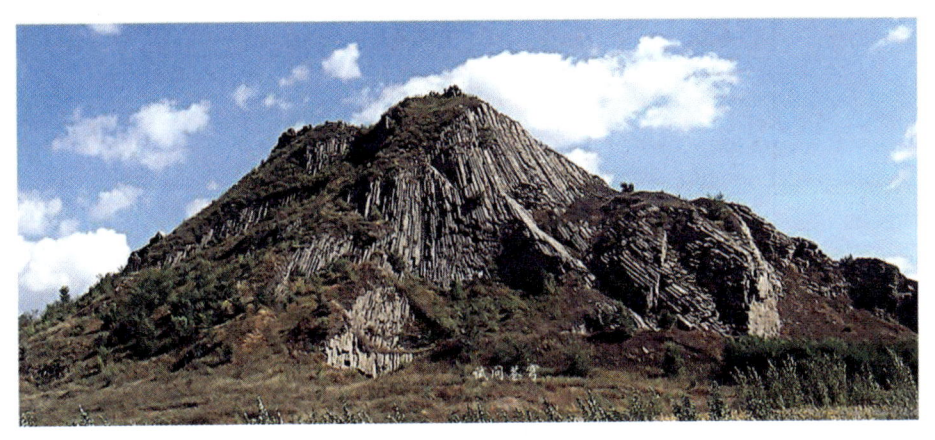

图 4-90　侵出式火山穹丘（西尖山"伞状"柱状节理及横断面）（据孟涛等，2008）

伊通火山群中还可见伴随少量的爆发相、喷溢相、管道相和次火山岩相现象。爆发相主要出露在小孤山、东小山和万宝山，为火山集块—凝灰粒级的火山碎屑岩。喷溢相主要是超出火山穹丘范围向外围喷溢的舌状岩流，如东尖山向南延展的舌状岩流。管道相只在小孤山出露，岩性为块状熔岩，管道壁附近的 0.2～0.5m 处粒度较细，可见少量近直立拉长的气孔（杏仁体），并具有平行管道壁的板状层节理。横头山可见喷溢相玄武岩覆于始—渐新统水曲柳组（$E_{2-3}sh$）之上。

伊通火山群形成于新生代渐新世至上新世，距今大约已有 33.8～8.7Ma。该火山群无火山口且喷发旋回不明显，形成各自独立、坡度较陡、高差在 100m 以下的火山穹丘星散状分布于平原上。这种岩浆侵出的动力学模式，被国内外火山学专家学者称为伊通型火山成因机制。伊通型火山机制模型的建立，填补了基性火山形成机制方面的空白，是一项具有开创性的研究成果。其特殊性及罕见性已成为国际性岩石圈结构及其动力学机制领域的重要研究基地，特别是橄榄玄武岩深源包裹体研究，受到国际地质学界的高度重视。伊通火山群保存大量的深源包裹体，作为地球深部物质组成信息的载体，对研究揭示地球岩石圈结构和地球深部物质组成，了解地球的形成演化规律，以及本区地壳结构组成、地质构造格局、地壳的稳定性、地震特征及规律、地质灾害的防治能源、矿产资源及水资源的开发利用等，具有重要的科研价值和深远的理论意义。这里也是研究火山与伊通—舒兰断裂带关系的重要位置。

实习路线二十四　辽源建安火山群

吉林省辽源地区位于兴蒙造山带南缘、张广才岭东南缘、伊—舒地堑盆地西部。辽源建安火山群指辽源盆地、平岗盆地及其周边覆于泉头组及更老的地质体之上的锥状、盾状以不同类型玄武岩为主的火山岩（图 4-91）。

区内玄武岩新鲜面呈灰黑色，斑状结构，块状构造。斑晶主要为橄榄石和透辉石及少量斜方辉石，斑晶含量约占岩石总量的 5%～15%，粒度约 0.1mm，橄榄石呈双锥状自形晶，少量透辉石具有环带结构。基质为间粒—间隐结构，主要由斜长石 (30%)、橄榄石 (20%)、辉石 (15%)、不透明矿物和玻璃质组成。

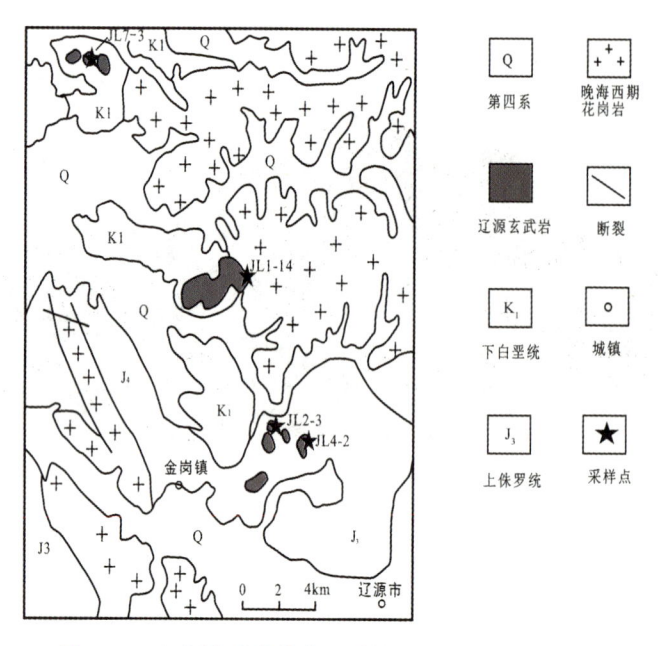

图 4-91 辽源玄武岩分布地质简图（据郭真等，2014）

在辽源东辽公路西南的老道山玄武岩测得年龄为 99.28Ma±1.59Ma，辽源建安镇双山采石场玄武岩测得年龄为 91.70Ma±1.67Ma，辽源毛山测得玄武岩年龄为 82.55Ma±1.94Ma，辽源四甲山采石场测得玄武岩年龄为 82.18Ma±2.37Ma，分别属于晚白垩世塞诺曼期(Cenomanian)、土伦期(Turonian) 和坎潘期(Campanian)，表明区内可划分出三期火山事件。毛山和四甲山玄武岩年龄数据在误差范围内，应为同一火山事件的喷发产物，据此将建安火山群确定为晚白垩世火山群。建安火山群已知三期火山事件在区域上均有较广泛的可比性，如老道火山喷发事件(99.28Ma±1.59Ma) 与大屯火山群富峰山喷发事件(98.17Ma±2.32Ma) 在误差范围内年龄相一致，可视为同一火山事件，在松嫩盆地钻井中火山岩 K-Ar 测年数据中也有 98.5Ma 的火山事件记录；双山火山喷发事件(91.70Ma±1.67Ma) 与大屯火山群富峰山火山喷发事件 Ar-Ar 年龄(92.5Ma±0.5Ma)、辽西碱锅火山喷发事件(92.12Ma+2.08Ma) 时间基本一致；四甲山和毛山火山喷发事件(82.18Ma±2.37Ma 和 82.55Ma±1.94Ma) 与富峰山火山喷发事件(82.5Ma±2.46Ma)、辽东曲家屯火山喷发事件(81.58Ma+2.46Ma) 大体均可视为同期火山事件。

辽源建安晚白垩世火山事件的研究，为中国东北乃至中国东部中—新生代构造转换及岩石圈深部地球动力学过程提供了新的重要研究课题。由于建安火山群是当前中国东北乃至中国东部规模最大的晚白垩世火山群，已圈定的火山机构近 50 座，分布范围面积约 100km^2，其地貌形态、地质产状、岩性及岩石组合，特别是多座火山所含深源包裹体与古近纪、新近纪的火山群如双辽七星火山群、伊通火山群非常相似，它们产于同一地域，不通过同位素测年，仅凭地质观察难以区分，故前人曾将四甲山、平岗火山与小孤山、西尖山 (伊通火山群的成员) 混同。这对中—新生代构造转换的时间、标志、深部构造背景的演化及泛太平洋板块与东北亚大陆边缘互动的方式和机制的探讨有重大的借鉴作用。如就岩石圈上部壳层所产生的地质作用而言，中—新生代滨西太平洋大陆边缘，包括吉林省在内的东北亚地区，经历了两个明显有差异而又相互联系的构造发展阶段，先期为晚三叠世—早白垩世陆缘火山弧的发育，形成了多期火山—深成侵入杂岩，当 130 ～ 100Ma 的多条 A 型花岗岩侵位后，这一特征即行消失，代之而起的是晚白垩世开始的盆岭构造，形成了由大兴安岭和长白山脉分隔的三大盆地群，即西部的二连—海拉尔盆地群，中部的下辽河—松嫩—嘉阴盆地群，东部的松江—延吉、珲春—三江盆地群。燕山和喜马拉雅构造阶段的划分，传统"定式" K/E 界线附近，受到新的建议——K_1/K_2 事件界线附近的严峻挑战，而其深部制约机制——岩石的拆层与加厚，无疑将会从建安火山群中深源包裹体的研究获得新的启迪。

辽源建安晚白垩世火山事件的研究，为松嫩盆地晚白垩世陆相地层的划分对比提出了一个新的科学依据。在火山事件地层划分与对比引入前，松嫩盆地陆相地层的划分与对比主要是依靠生物地层、地震地层和层序地层。如果系统地开展盆地内晚白垩世火山岩的测年工作，将会大大地提高盆地内和盆地间年代地层划分对比的精度。现今该盆地钻井中火山岩 K-Ar 测年数据进入晚白垩世时限的已有 98.5Ma、95.3Ma、86.48Ma、76.8Ma、73.1Ma、72.9Ma 及 66.21Ma 七个数据，它们与相邻地区火山事件年龄都具有较好的可比性。Kauffman 对美国西部晚白垩纪 1300 多层火山灰（斑脱岩层）的研究，被成功地用以详细的进行地层的划分与对比，具有生物地层或磁性地层都无法达到的地层对比精度。

实习路线二十五　四平市石岭镇榆树林子—放牛沟登娄库组剖面沉积特征

吉林省四平市石岭镇榆树林子—放牛沟登娄库组剖面，距离四平市区 30km，分布于 303 国道两旁，处于依兰 - 伊通地堑的南段伊通地堑内。剖面全长 1135.1m，属白垩系下统登娄库组，剖面共划分 139 层。

一、剖面地层

实测的榆树林子—放牛沟村剖面具体层序如下：

第四系覆盖

140. 黄色含砾中砂岩，主要成分为石英（60%）、长石（30%），泥质胶结，中粒结构，块状构造，磨圆中等，分选较差，粒径约 0.3 ～ 1.5cm　　　　　　　　　　　　　3.8m

139. 浅黄色泥质粗砂岩，主要成分为石英（65%）、长石（30%），泥质胶结，粗粒结构，块状构造，分选中等，磨圆较差　　　　　　　　　　　　　　　　　　　　3.5m

138. 浅黄色含泥中砂岩，主要成分为石英（65%）、长石（30%），泥质胶结，中粒结构，块状构造，分选中等，磨圆较差　　　　　　　　　　　　　　　　　　　　1.8m

137. 灰白色含砾粗砂岩，主要成分为石英（50%）、长石（35%），含少量岩屑，泥质胶结，粗粒结构，块状构造。砾石磨圆较差，分选中等，粒径为 0.5 ～ 2cm　　　　1.7m

136. 灰白色泥质粗砂岩，主要成分为石英（65%）、长石(30%)，泥质胶结，粗粒结构，块状构造，颗粒磨圆较差，分选中等　　　　　　　　　　　　　　　　　1.8m

135. 黄绿色泥质中砂岩，主要成分为石英(65%)、长石(30%)，泥质胶结，中粒结构，块状构造，颗粒磨圆、分选均中等　　　　　　　　　　　　　　　　　　　　　　　4.7m

134. 黄绿色泥质粉砂岩，主要成分为石英(65%)、长石(30%)，泥质胶结，粉砂结构，块状构造　　　　　　　　　　　　　　　　　　　　　　　　　　　　　　　　　2.6m

133. 浅黄色含砾粗砂岩，主要成分为石英(60%)、长石(30%)，泥质胶结，粗粒结构，块状构造，砾石磨圆中等，粒径约0.5~2.5cm　　　　　　　　　　　　　　　　　5.5m

132. 浅灰紫色粗砂岩，主要成分为石英(65%)、长石(30%)，泥质胶结，粗粒结构，块状构造。颗粒分选中等，磨圆中等　　　　　　　　　　　　　　　　　　　　　2.5m

131. 浅紫色泥质粉砂岩，主要成分为石英(75%)、长石(20%)，泥质胶结，粉砂结构，块状构造。层内夹灰绿色粉砂岩薄层，厚约2~7cm　　　　　　　　　　　　　1.3m

130. 浅灰白色粗砂岩，主要成分为石英(65%)、长石(30%)，泥质胶结，粗粒结构，块状构造，颗粒分选较好，磨圆中等　　　　　　　　　　　　　　　　　　　　2.4m

129. 紫色粉砂质泥岩，主要成分为石英(80%)、长石(15%)，粉砂结构，块状构造　　　　　　　　　　　　　　　　　　　　　　　　　　　　　　　　　　　　　1.2m

128. 灰绿色泥质粉砂岩，主要成分为石英(80%)、长石(15%)，泥质胶结，粉砂结构，块状构造　　　　　　　　　　　　　　　　　　　　　　　　　　　　　　　　　1.1m

127. 浅紫色含砾粗砂岩，主要成分为石英(65%)、长石(30%)，含少量岩屑(10%)，粗粒结构，厚层状构造　　　　　　　　　　　　　　　　　　　　　　　　　　　0.8m

126. 黄绿色泥质粗砂岩，主要成分为石英(65%)、长石(30%)，泥质胶结，粗粒结构，块状构造　　　　　　　　　　　　　　　　　　　　　　　　　　　　　　　　　1.7m

125. 黄绿色泥质中砂岩，主要成分为石英(65%)、长石(30%)，泥质胶结，中粒结构，块状构造，颗粒磨圆、分选中等。层内夹黄绿色细砂岩薄层，厚约3~10cm。岩层内见生物碎屑　　　　　　　　　　　　　　　　　　　　　　　　　　　　　　　　　　　　　3.5m

124. 黄绿色含砾粗砂岩，主要成分为石英(65%)、长石(30%)，含生物碎屑，泥质胶结，粗粒结构，块状构造。砾石磨圆、分选中等，粒径0.3~1.5cm　　　　　　　　　4m

123. 黄绿色细砾岩，主要成分为石英(55%)、长石(35%)、岩屑(10%)，泥质胶结，砾石结构，块状构造　　　　　　　　　　　　　　　　　　　　　　　　　　　　2.1m

122. 黄绿色含砾粗砂岩，主要成分为石英(65%)、长石(30%)，含生物碎屑，泥质胶结，粗粒结构，块状构造。砾石磨圆、分选中等，粒径0.3~1.5cm　　　　　　　2.4m

121. 灰绿色含砾粗砂岩，主要成分为石英(65%)、长石(30%)，含少量生物碎屑，泥质胶结，粗粒结构，中厚层构造，并含生物碎屑。砾石磨圆中等，分选较差，粒径0.5~1.5cm　　　　　　　　　　　　　　　　　　　　　　　　　　　　　　　　　0.8m

120. 紫灰色泥质细砂岩，主要成分为石英(75%)、长石(20%)，泥质胶结，细粒结构，块状构造　　　　　　　　　　　　　　　　　　　　　　　　　　　　　　　　　1.4m

119. 灰绿色含砾粗砂岩，主要成分为石英(65%)、长石(30%)，含少量生物碎屑，泥质胶结，粗粒结构，块状构造。砾石磨圆中等，分选较差，粒径0.5~1.5cm　　　1.9m

118. 浅紫色含砾粗砂岩，主要成分为石英(55%)、长石(30%)，含少量岩屑(15%)，泥质胶结，粗粒结构，块状构造。砾石磨圆中等，分选较差，粒径约0.5~2cm　　2.6m

117. 灰白色含砾粗砂岩，主要成分为石英(55%)、长石(30%)，含少量岩屑(15%)，泥质胶结，粗粒结构，块状构造。砾石磨圆中等，分选较差，粒径约 0.3 ~ 2cm　　3.2m

116. 灰褐色粉砂岩，主要成分为石英（70%）、长石(25%)，泥质胶结，粉砂结构，块状构造　　2.1m

115. 浅灰黄色中砂岩，主要成分为石英（70%）、长石(25%)，含少量生物碎屑，泥质胶结，中粒结构，块状构造　　2.8m

114. 浅灰黄色含砾中砂岩，主要成分为石英(60%)、长石(30%)，含少量岩屑(10%)，泥质胶结，中粒结构，厚层状构造。砾石分选、磨圆中等，粒径约 0.5 ~ 1.5cm　　0.7m

113. 灰绿色细砂岩，主要成分为石英（65%）、长石(30%)，泥质胶结，细粒结构，厚层状构造　　0.6m

112. 灰黄色含砾中砂岩，主要成分为石英(60%)、长石(30%)，含少量岩屑(10%)，泥质胶结，中粒结构，块状构造。砾石分选、磨圆中等，粒径约 0.5 ~ 1.5cm　　5.5m

111. 灰黄色含砾粗砂岩，主要成分为石英(55%)、长石(30%)，含少量岩屑(15%)，泥质胶结，粗粒结构，块状构造。砾石磨圆中等，粒径约 0.5 ~ 1.5cm　　3.2m

110. 紫灰色粉砂岩，主要成分为石英(70%)、长石(25%)，泥质胶结，中粒结构，块状构造　　1.7m

109. 紫灰色细砂岩，主要成分为石英(65%)、长石(30%)，泥质胶结，细粒结构，中层状构造　　0.7m

108. 棕灰色中砂岩，主要成分为石英(65%)、长石(30%)，泥质胶结，中粒结构，块状构造。颗粒磨圆中等，分选较好　　1.4m

107. 棕灰色含砾粗砂岩，主要成分为石英(55%)、长石(30%)，泥质胶结，粗粒结构，块状构造　　2.7m

106. 棕灰色粉砂岩，主要成分为石英(70%)、长石(25%)，泥质胶结，细粒结构，块状构造　　2.7m

105. 灰色粉砂岩，主要成分为石英(65%)、长石(30%)，泥质胶结，细粒结构，块状构造　　2.7m

104. 浅灰黄色含砾粗砂岩，主要成分为石英(55%)、长石(30%)，含少量岩屑（15%），泥质胶结，粗粒结构，块状构造。砾石磨圆、分选中等，粒径约 0.5 ~ 2cm　　1.5m

103. 浅灰黄色中砂岩，主要成分为石英(65%)、长石(30%)，泥质胶结，中粒结构，厚层状构造　　1m

102. 浅灰黄色含砾粗砂岩，主要成分为石英(55%)、长石(30%)，含少量岩屑（15%），泥质胶结，粗粒结构，块状构造。砾石磨圆、分选中等，粒径约 0.5 ~ 2cm　　13m

101. 灰色细砂岩，主要成分为石英(65%)、长石(30%)，泥质胶结，细粒结构，厚层状构造　　0.9m

100. 浅灰黄色含泥粗砂，主要成分为石英(65%)、长石(30%)，泥质胶结，粗粒结构，厚层状构造，颗粒分选、磨圆中等　　2.2m

99. 浅黄色粗砂岩，主要成分为石英(65%)、长石(30%)，泥质胶结，粗粒结构，厚层状构造，颗粒分选、磨圆中等，岩石泥质含量少　　1.2m

98. 浅灰黄色含泥粗砂岩，主要成分为石英(65%)、长石(30%)，泥质胶结，粗粒结构，厚层状构造，颗粒分选、磨圆中等　　　　　　　　　　　　　　　　　　　　3.8m

97. 浅灰色中砂岩，主要成分为石英(65%)、长石(30%)，泥质胶结，中粒结构，厚层状构造。层内夹薄层浅灰绿色粉砂岩，厚约10cm　　　　　　　　　　　　　　0.8m

96. 灰绿色粉砂岩，主要成分为石英(80%)，泥质胶结，粉砂结构，块状构造　　1.7m

95. 浅灰黄色含砾粗砂岩，主要成分为石英(65%)、长石(30%)，泥质胶结，含少量炭屑，粗粒结构，块状构造，砾石分选、磨圆中等　　　　　　　　　　　　　　2.4m

94. 灰绿色泥质粉砂岩，主要成分为石英（70%）、长石（25%），块状构造　　1.2m

93. 浅灰黄色中砂岩，主要成分为石英(65%)、长石(30%)，颗粒分选较好　　2m

92. 灰褐色粉砂岩，主要成分为石英(75%)、长石(20%)，泥质胶结，粉砂结构，块状构造　　　　　　　　　　　　　　　　　　　　　　　　　　　　　　　　3.3m

91. 灰绿色泥质粉砂岩，薄层，节理发育，风化面成褐色，风化严重　　　　5.6m

90. 黄褐色粉砂质泥岩，薄层，主要成分为石英(75%)、长石(20%)，泥质胶结，内夹灰褐色粉砂岩薄层　　　　　　　　　　　　　　　　　　　　　　　　　　4.2m

89. 褐黄色粉砂质泥岩，薄层，节理发育，风化面成褐色，风化严重　　　　3.6m

88. 浅灰绿色含砾粗砂岩，块状构造，分选差，磨圆中等　　　　　　　　2.7m

87. 灰褐色含泥中砂岩，块状构造，内夹褐灰色粉砂岩薄层　　　　　　　4.9m

86. 灰褐色泥质粉砂岩，块状构造，内夹灰绿色粉砂岩薄层　　　　　　　2.8m

85. 紫灰色薄层粉砂质泥岩，节理极发育，片状构造，岩石被多条断层错动　2.9m

84. 灰棕色中砂岩，厚层状构造　　　　　　　　　　　　　　　　　　　　1m

83. 灰绿色细砂岩，块状构造　　　　　　　　　　　　　　　　　　　　1.3m

82. 灰黄色粗砂岩，块状构造，分选较好，磨圆中等　　　　　　　　　　2.7m

81. 灰棕色中砂岩，块状构造，分选较好，磨圆中等　　　　　　　　　　1.2m

80. 灰棕色细砂岩，块状构造　　　　　　　　　　　　　　　　　　　　3.1m

79. 浅灰绿色含砾粗砂岩，块状构造　　　　　　　　　　　　　　　　　2.5m

78. 灰褐色细砂岩，块状构造　　　　　　　　　　　　　　　　　　　　1.3m

77. 灰褐色中砂岩，块状构造，分选较好，磨圆中等　　　　　　　　　　1.3m

76. 灰白色粗砂岩，块状构造，分选较好，磨圆中等　　　　　　　　　　1.2m

75. 灰绿色中砂岩，块状构造，分选较好，磨圆中等　　　　　　　　　　3.7m

74. 灰黄色粗砂岩，块状构造，分选、磨圆中等　　　　　　　　　　　　5m

73. 灰黄色细砂岩，厚层状构造　　　　　　　　　　　　　　　　　　　　1m

72. 灰褐色粗砂岩，块状构造，磨圆中等　　　　　　　　　　　　　　　1.4m

71. 灰褐色细砂岩，块状构造　　　　　　　　　　　　　　　　　　　　2.7m

70. 浅黄色含砾粗砂，含少量岩屑，块状构造　　　　　　　　　　　　　　2m

69. 灰绿色细砂岩，厚层状构造　　　　　　　　　　　　　　　　　　　4.4m

68. 灰色含砾粗砂岩，块状构造　　　　　　　　　　　　　　　　　　　　1m

67. 灰色细砂岩，主要成分为石英(65%)、长石(30%)，泥质胶结　　　　　1m

66. 灰白色含砾粗砂岩，砾石分选、磨圆中等　　　　　　　　　　　　　1.8m

65. 灰色细砂岩，主要成分为石英(65%)、长石(30%)，细粒结构，中厚层状构造，岩层中部夹灰褐色中砂岩石　　2.0m

64. 灰白色含砾粗砂岩，砾石分选、磨圆中等　　0.6m

63. 棕灰色细砂岩与褐灰色粉砂岩互层　　1m

62. 灰褐色含砾粗砂岩　　2.5m

61. 灰褐色中砂岩，块状构造，分选磨圆中等　　1.2m

60. 灰褐色细砂岩与紫灰色粉砂岩互层　　0.7m

59. 棕灰色含砾粗砂岩与褐灰色粉砂岩互层　　1m

58. 棕灰色含砾粗砂岩，块状构造　　1.2m

57. 灰色细砂岩，主要成分为石英(65%)、长石(30%)，细砾结构，厚层构造　　0.5m

56. 灰色泥质粉砂岩，主要成分为石英(65%)、长石(30%)，泥质胶结，粉砂结构　　3.2m

55. 浅灰色含砾中砂岩，内夹浅灰色细砂岩薄层　　0.8m

54. 灰绿色细砂岩，节理发育，厚层状构造　　0.7m

53. 灰绿色含砾中砂岩，厚层状构造　　0.9m

52. 灰绿色中砂岩，主要成分为石英(65%)、长石(30%)，泥质胶结，中粒结构，块状构造，岩层顶部为黑色粉砂岩薄层　　1.3m

51. 棕灰色含砾粗砂岩，块状构造，分选中等，磨圆差　　1.7m

50. 浅灰色含砾粗砂岩，主要成分为石英(65%)、长石(30%)，含少量炭屑，泥质胶结，粗粒结构，块状构造，砾石分选、磨圆中等　　1.5m

49. 棕灰色中砂岩，块状构造，含少量砾石　　1.8m

48. 浅灰色含砾粗砂岩，块状构造，分选、磨圆中等　　2.9m

47. 青黄色中砂岩，主要成分为石英(65%)、长石(30%)，厚层状构造　　0.6m

46. 棕黄色细砂岩，主要成分为石英、长石，泥质胶结，细粒结构，中厚层构造，层内夹紫灰色粉砂岩薄层　　1.8m

45. 杂色中砂岩，主要成分为石英(65%)、长石(30%)，层内含大量炭屑　　1.3m

44. 灰色粉砂岩，主要成分为石英(70%)，泥质胶结　　0.5m

43. 棕黄色厚层粗砂岩与灰色泥岩互层。砂岩主要成分为石英(65%)、长石(30%)，泥质胶结；泥岩呈薄层　　1.3m

42. 棕黄色厚层中砂岩与灰色泥岩互层。砂岩主要成分为石英(65%)、长石(30%)，含大量炭屑；泥岩呈薄层状夹于砂岩层中　　3.1m

41. 灰色细砂岩与灰色泥岩互层。砂岩主要成分为石英(65%)，其次为长石(30%)，含生物碎屑　　3.3m

40. 灰色粉砂岩，主要成分为石英(70%)，其次为长石(25%)，泥质胶结　　1.8m

39. 灰褐色泥质粉砂岩，主要成分为石英(70%)，其次为黏土　　2.6m

38. 灰白色含砾细砂岩，主要成分为石英(60%)，其次为长石(30%)，泥质胶结，细粒结构，块状构造　　1m

37. 灰白色含砾中砂岩，主要成分为石英(65%)、长石(30%)，泥质胶结，中粒结构，块状构造，磨圆较好　　1.1m

36. 灰绿色含砾中砂岩，主要成分为石英(65%)、长石(30%)，泥质胶结，中粒结构，厚层状构造　　　　　　　　　　　　　　　　　　　　　　　　　　　　　　　　　0.7m

35. 黄色中砂岩，主要成分为石英(60%)、长石(30%)，泥质胶结，中粒结构，块状构造，内夹灰褐色粉砂岩薄层　　　　　　　　　　　　　　　　　　　　　　　　0.6m

34. 灰褐色细砾岩，主要成分为石英(60%)、长石(35%)，泥质胶结，细粒结构，块状构造，分选差，磨圆好，粒径0.2~8cm　　　　　　　　　　　　　　　　　　　6.7m

33. 浅灰黄色含砾粗砂，主要成分为石英(65%)、长石(30%)，泥质胶结，粗粒结构，块状构造，磨圆中等，粒径约1~2.5cm　　　　　　　　　　　　　　　　　　　3.6m

32. 浅灰黄色粗砂岩，主要成分为石英(65%)、长石(30%)，泥质胶结，粗粒结构，块状构造　　　　　　　　　　　　　　　　　　　　　　　　　　　　　　　　　1.6m

31. 灰色细砂岩，主要成分为石英(65%)，其次为长石(30%)，泥质胶结，细粒结构，块状构造，内夹薄层中砂岩，见零星砾石　　　　　　　　　　　　　　　　　3.8m

30. 青褐色细砂岩，主要成分为石英(65%)，其次为长石(30%)，泥质胶结，块状构造，内夹厚约8~22cm灰色泥岩　　　　　　　　　　　　　　　　　　　　　3.3m

29. 紫灰色泥岩，主要成分为黏土，泥质胶结，块状构造，约夹约20cm棕灰色中砂岩　　　　　　　　　　　　　　　　　　　　　　　　　　　　　　　　　　　1.1m

28. 灰褐色细砂岩，主要成分为石英(65%)，其次为长石(30%)，泥质胶结，细粒结构，块状构造，夹灰色泥岩，厚约6~10cm　　　　　　　　　　　　　　　　　1.2m

27. 杂色粗砂岩，主要成分为石英(65%)、长石(30%)，泥质胶结，粗粒结构，厚层状构造，分选好，磨圆中等　　　　　　　　　　　　　　　　　　　　　　　　0.9m

26. 灰褐色细砂岩，主要成分为石英，其次为长石，泥质胶结，细粒结构，块状构造，内夹厚约20~30cm粉砂质泥岩　　　　　　　　　　　　　　　　　　　　1.4m

25. 杂色中砂岩，主要成分为石英、长石，泥质胶结，细粒结构，厚层状构造　　0.7m

24. 红棕色细砂岩，主要成分为石英、长石，泥质胶结，细粒结构，块状构造，层内夹黄绿色泥岩薄层　　　　　　　　　　　　　　　　　　　　　　　　　　　1.3m

23. 灰黄色泥质粉砂岩，主要成分为石英，其次为黏土，粉砂结构，块状构造，层内夹薄层灰色泥岩，厚约2~4cm　　　　　　　　　　　　　　　　　　　　　1.5m

22. 灰色细砂岩，主要成分为石英，泥质胶结，细粒结构，中层状构造　　　0.6m

21. 黄绿色粉砂岩与灰黑色细砂岩互层。前者主要成分为石英，泥质胶结，粉砂结构；后者主要成分为石英，泥质胶结，细粒结构，薄层状构造　　　　　　　　　1.4m

20. 紫灰色泥岩，主要成分为黏土，泥质结构，块状构造　　　　　　　　　1.9m

19. 杂色中砂岩，主要成分为石英、长石，泥质胶结，中粒结构，中层状构造，分选好，节理发育　　　　　　　　　　　　　　　　　　　　　　　　　　　　　　0.2m

18. 灰黑色粉砂岩与泥岩互层。前者主要成分为石英，泥质胶结，粉砂结构，薄层状构造，单层厚2~10cm；后者主要成分是黏土，泥质胶结，薄层状构造，单层厚1~2cm　　　　　　　　　　　　　　　　　　　　　　　　　　　　　　　　　0.7m

17. 深绿色中砂岩，主要成分为石英，其次为长石，泥质胶结，中粒结构，中层状构造，分选磨圆差，层内夹薄层泥岩，厚约3cm　　　　　　　　　　　　　　　0.2m

16. 灰绿色细砂岩，主要成分为石英，其次为长石，泥质胶结，细粒结构，厚层状构造，层内夹薄层泥岩，约 2～4cm。 　　0.8m

15. 灰绿色细砂岩，主要成分为石英，其次为长石，泥质胶结，细粒结构，块状构造，分选差，层内见零星砾石 　　1.2m

14. 黄绿色细砂岩，主要成分为石英，其次为长石，泥质胶结，细粒结构，块状构造，含少量生物碎屑，夹灰色页岩薄层，厚 3～7cm 　　2.1m

13. 灰绿色含粗砂细砂岩，主要成分为石英，其次为长石，泥质胶结，细粒结构，块状构造，含少量炭屑，层内夹粗砂岩透流体和粉砂岩薄层，见零星砾石 　　2.4m

12. 灰色细砂岩，主要成分为石英，泥质胶结，细粒结构，中层状构造，层内含大量炭屑 　　0.6m

11. 灰绿色粉砂质泥岩，主要成分为黏土，泥质胶结，粉砂泥质结构，块状构造，层内夹灰色细砂岩 　　7m

10. 灰绿色泥岩，主要成分为黏土，泥质胶结，粉砂结构，块状构造，节理发育，见波痕，层内夹黑色泥岩薄层，厚约 4cm 　　4.3m

9. 杂色粗砂岩，主要成分为石英、长石，泥质胶结，粗粒结构，厚层状构造 　　0.7m

8. 浅黄色中砂岩，主要成分为石英、长石，泥质胶结，中粒结构，块状构造，层内夹灰绿色泥岩薄层，厚约 6cm，磨圆中等 　　1.6m

7. 灰绿色细砂岩，主要成分为石英（70%），泥质胶结，细粒结构，厚层状构造，层内夹灰绿色泥岩薄层（厚约 6cm），并夹有浅黄色细砂透流体（厚 55cm，长 186cm） 　　1.4m

6. 深黄色细砂岩，主要成分为石英，泥质胶结，细粒结构，中层状构造，岩石节理发育，层内夹 3cm 黑褐色泥岩薄层 　　2.1m

5. 灰绿色泥质粉砂岩与深灰色泥岩互层。前者主要成分为石英，其次为黏土，粉砂结构，中层状构造，厚 15cm；后者主要成分为黏土，泥质胶结，薄层状结构。总体上，粉砂岩厚度为泥岩的 2 倍，粉砂岩厚度大多为 6cm，泥岩厚度大多为 3cm 　　1.5m

4. 浅黄色粗砂岩，主要成分为石英(65%)、长石(30%)，长石以斜长石居多，泥质胶结，粗粒结构，块状构造，磨圆中等 　　0.4m

3. 灰绿色泥质粉砂岩与深灰色泥岩互层。前者主要成分为石英(70%)，其次为黏土，粉砂结构，薄层状构造；后者主要成分为黏土，泥质胶结，薄层状结构。总体上，粉砂岩厚度为泥岩的 2 倍，前 6cm，后 3cm 　　0.5m

2. 深黄色中砂岩，主要成分为石英(65%)、长石(30%)，长石以斜长石为多，泥质胶结，中粒结构，块状构造，层内夹厚约 30cm 浅绿色粉砂质泥岩，颗粒磨圆差 　　3.2m

1. 第四系 　　5.9m

本剖面登娄库组岩性主要为中厚层黄褐色砂岩与薄层粉砂岩不等厚互层，下部为薄层暗色泥岩与泥质粉砂岩互层沉积，中下部主要沉积了粒度较粗的砂岩与砾岩，中部为中厚层灰白色砂岩夹薄层泥质粉砂岩沉积，中上部为中厚层灰褐色砂岩沉积，上部为中厚层灰色、灰褐色砂岩与砂砾岩互层沉积，顶部地层以紫色砂砾岩与灰绿色砂砾岩互层沉积为主，总体上由下至上呈现出一个反粒序的沉积旋回（图 4-92）。

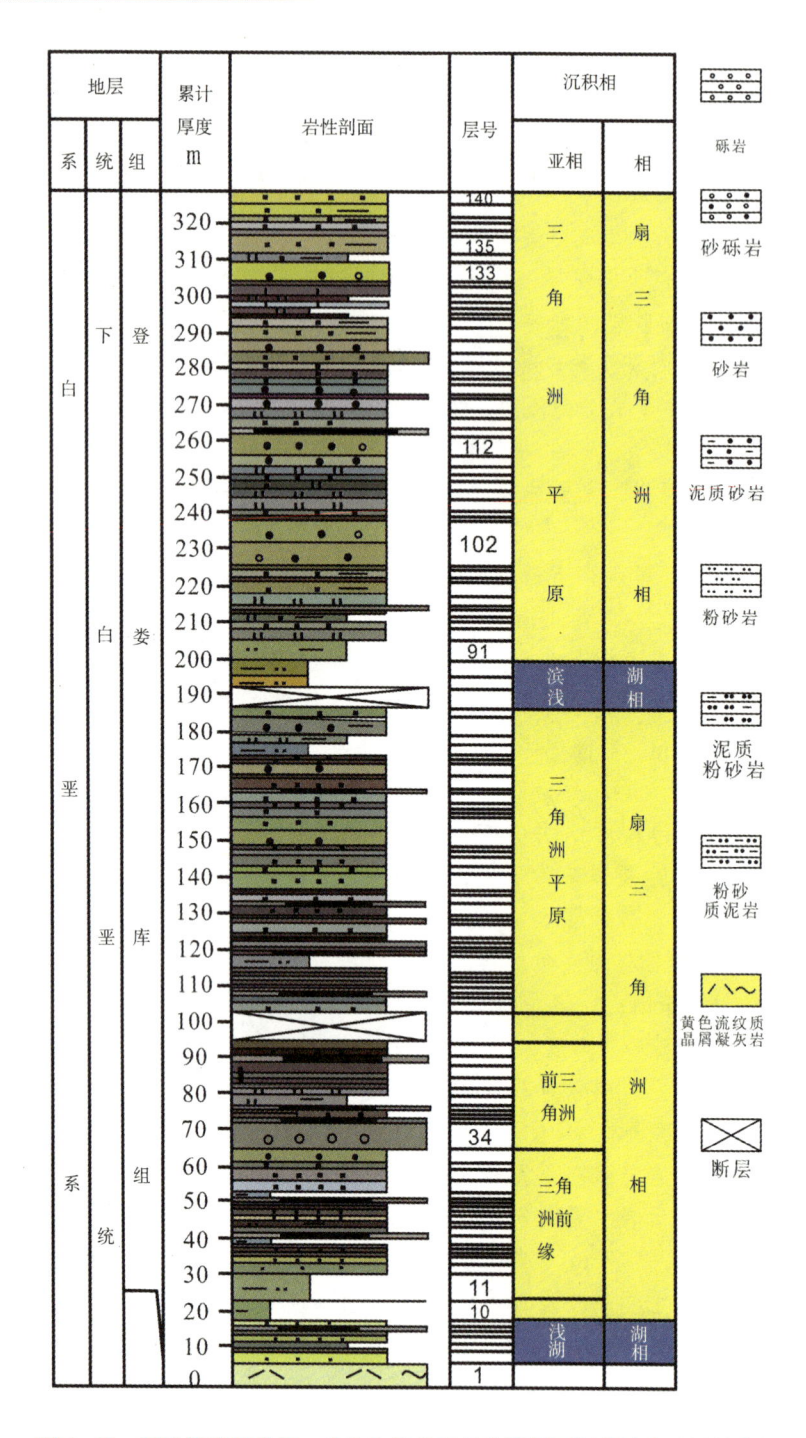

图 4-92　石岭镇榆树林子-放牛沟登娄库组实测剖面沉积综合地层柱状图

二、剖面沉积相

本剖面主要发育湖相和扇三角洲相沉积，进一步细分共识别出 4 种亚相和 8 种微相（表 4-5）。

表 4-5　吉林省四平市石岭镇登娄库组实测剖面沉积相类型一览表

相	亚相	微相
湖相	浅湖亚相	浅湖沙坝
扇三角洲相	前扇三角洲亚相	前三角洲泥
	前扇三角洲前缘亚相	水下分流河道微相 水下分流河道间微相 河口沙坝微相 远沙坝微相
	扇三角洲平原亚相	分流河道微相 漫滩沼泽微相

1. 湖相

本剖面地处依兰—伊通地堑，底部和中部各发育一段厚度不大的浅湖亚相沉积。登娄库组早期构造下沉幅度不大，地堑内部盆地水体较浅，岩层波痕发育，发育有水平层理、透镜状层理、波状层理等。由于位于河口附近，物源供应充分，沉积物的岩石类型以黏土岩和粉砂岩为主，而且剖面底部的粉砂岩和黏土岩基本呈现暗灰色，这是由于有机质含量相对较高，表明岩石形成于水下的还原—半还原环境。但由于地堑内与两侧地形起伏相差大，故常发育粒度较粗的浅湖沙坝。

2. 扇三角洲相

本剖面下部和中上部均发育厚度较大的扇三角洲相沉积，且发育较完善，可以进一步识别出前三角洲亚相、扇三角洲前缘亚相、扇三角洲平原亚相等三种亚相和七种微相。其主要的岩性特征是发育有大量的砾岩、含砾砂岩以及砂岩。由于登娄库组处于断陷向坳陷转换的早期，故构造活动较强烈且地形坡度较大，沉积区与物源区距离较近，可携带的大量粗粒沉积物在湖盆边缘快速堆积，形成扇三角洲相沉积。

1）前扇三角洲亚相

本剖面前扇三角洲亚相沉积不发育，仅在第 10 层和第 89～90 层发育厚度很薄的前扇三角洲亚相沉积，沉积岩性主要为互层灰绿色的泥岩和泥质粉砂岩。粒级和颜色的变化形成季节性纹层，水平层理发育，常发育粉砂岩透镜体。在前扇三角洲亚相沉积中还发育了粒度较粗的砂体，这是由于在扇三角洲沉积过程中，沉积物快速侧向沉积，沉积物表面倾角不断增加，加之地震、断裂活动等多种诱发因素影响，使扇三角洲前缘沉积物在自身重力作用下向前滑塌，经液化形成浊流，并在低洼区沉积下来，形成透镜状浊流砂体。前扇三角洲亚相沉积的岩石基本呈现灰绿色，这是由于有机质含量相对较高，同时反映了沉积物形成于水下还原环境。

2）扇三角洲前缘亚相

水下分流河道微相在剖面中较为发育。以 15～28 层为例，其岩性主要为含砾砂岩和砂岩，分选中等。垂向层序结构特征与陆上分流河道相似，但砂岩颜色变暗，以小型交错层理为主，在其顶部可受后期水流和波浪的改造，有时出现脉状层理及水平层理。整个砂体呈长条状分布，横向剖面呈透镜状且快速尖灭。本微相也发育少量的粉砂岩和黏土岩，呈绿色，这是由于其中含有低价铁的矿物，表明了沉积时为弱还原环境。

水下分流河道间微相在剖面的下部和中上部均有不同程度发育，并与水下分流河道微相交替出现。以 29～33 层为例，岩性主要由互层的灰色、浅灰色细砂岩、粉砂岩及灰绿色泥岩组成，发育水平层理、波状层理、透镜状层理。此微相在反韵律的单层中，由下而上分选渐好。

河口沙坝微相仅发育于剖面下部 12～15 层，粒度以分选较好的粉砂－中砂为主，沉积粒序主要显示反韵律。由于受季节性影响，常伴有泥质夹层。沉积构造主要为小型交错层理、平行层理。概率图特征反映了河流和湖泊水流的双重作用，跳跃总体由两个斜率不同的次总体构成。

远沙坝微相在剖面上部和下部均有发育，通常位于河口沙坝的侧方或前方，紧邻前三角洲。当波浪和沿岸流作用加强时，水下分流河道或河口沙坝受到改造并重新分布。沉积物经过反复淘洗、簸选，分选变好，在扇三角洲前缘地带形成分布广、厚度薄的席状砂体。其岩性较细，成熟度较高，显示反韵律的粒序，表现为砂泥间互层。其中可见波状层理、变形层理。

3）扇三角洲平原亚相

扇三角洲平原亚相可进一步划分为分流河道微相、漫滩沼泽微相等。

分流河道微相位于扇三角洲平原的上部，故主要分布于剖面中下部和中上部，具有一般辫状河流的沉积特征。以 34～40 层为例，其岩性主要为厚层碎屑支撑的砾岩、砾状砂岩，成熟度低，分选差至中等，无递变或具正递变层理，砾石次棱角至次圆状，长轴一般为 5cm 左右，并呈叠瓦状排列，泥质胶结，岩屑含量可达 45%。充填分流河道的沉积物具有下粗上细的粒度正韵律。底部具有冲刷面和滞留砾石、泥砾沉积，一般呈块状，向上粒度变细，相应出现大型交错层理、小型交错层理、波状层理以及顶部的水平层理。在剖面中部及上部，岩石的颜色逐渐变化为棕色、黄色甚至白色，表明岩石形成于水上的氧化环境中。

漫滩沼泽微相位于分流河道间。由于本区登娄库组沉积时期构造运动较强烈，盆地下沉幅度较大，因而漫滩沼泽发育不全，出露厚度较小，沉积物粒度较细，以粉砂、黏土及细砂的薄互层形式沉积。这些薄互层中发育块状的或水平纹层状，夹少量交错纹理，可能受到洪水洪泛影响，可见有粒度较粗的砂岩透镜体。

本剖面登娄库组沉积属于充填式沉积，整体反映了一个进积序列。剖面底部为厚度较薄的浅湖亚相沉积，反映了水体较浅、水动力较强的沉积环境；剖面下部为扇三角洲沉积，反映了断陷期构造运动强烈、湖盆周边地形起伏较大、山区剥蚀强烈的特点，形成的是具有冲积扇特征的扇三角洲相沉积；由于断陷的脉动式沉降活动，剖面中部和上部又叠加出现浅湖亚相沉积和扇三角洲相沉积。因此整个剖面登娄库组的沉积演化规律表现为：湖相→扇三角洲相→湖相→扇三角洲相。

实习路线二十六　吉林省四平市叶赫地堑石岭镇哈福村—放牛沟构造特征

剖面出露在 303 国道哈福村—放牛沟段两侧，实测剖面如图 4-93 所示。

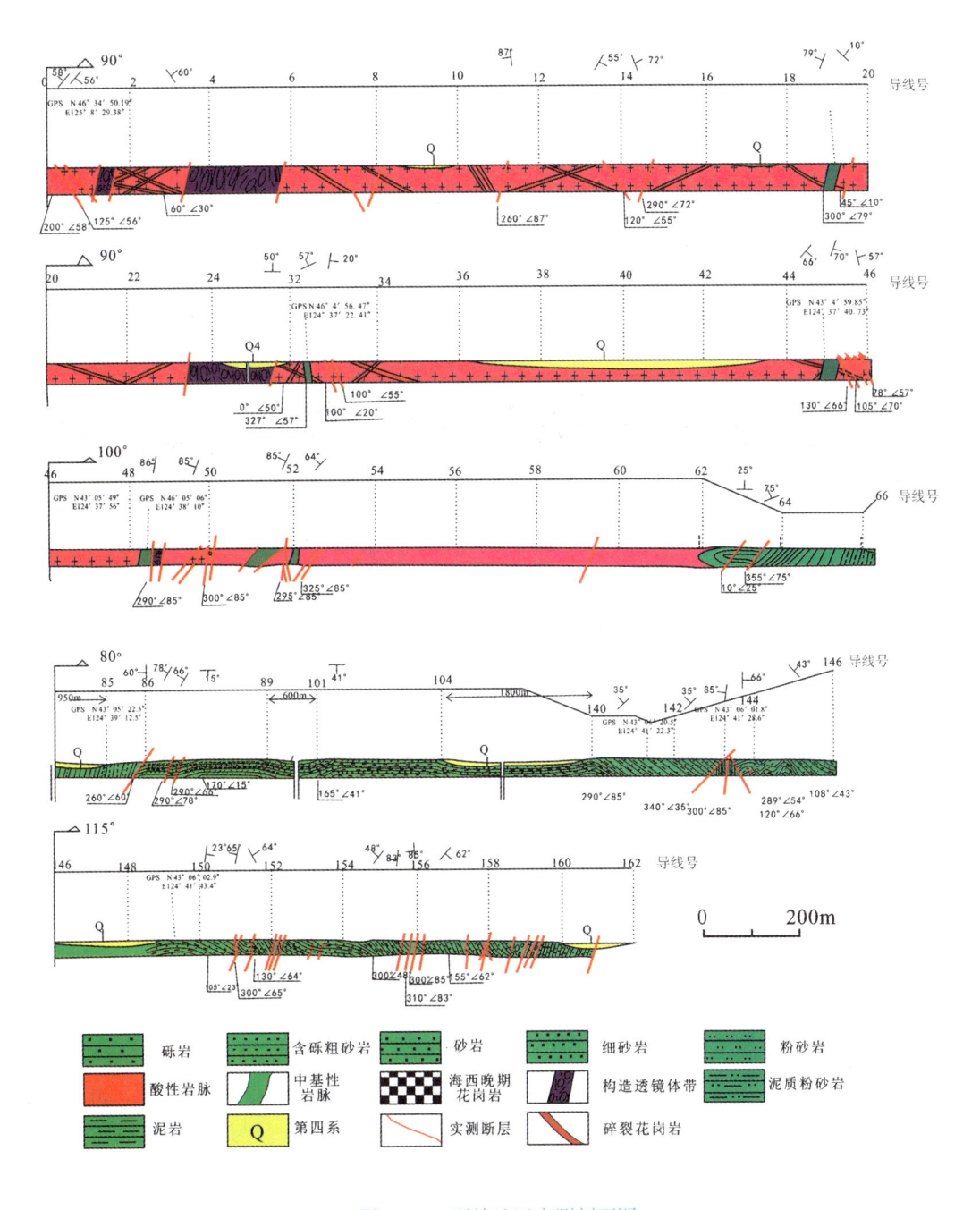

图 4-93　石岭地区实测剖面图

一、褶皱构造特征

褶皱构造出露于实测剖面的东部，其中又以西王家及放牛沟路段露头最好。褶皱分布在临近佳伊断裂东部主干断裂的中生代地层中，卷入到褶曲中的地层为登娄库组和泉头组。在剖面的不同部位受到的构造应力不同，褶皱的成因及形态也不一样，有强烈挤压下产生的斜卧褶皱，以及与断层相关的滑脱褶皱、断层转折褶皱。

1. 斜卧褶皱

斜卧褶皱见于石岭镇 303 国道西王家路牌西侧剖面（图 4-94），剖面长约 30m，剖面走向 72°。褶皱发育在下白垩统登娄库组中，组成褶皱的岩性以灰白色含砾砂岩夹灰绿色杂砂岩为主。从露头上看，褶皱两翼近水平，褶皱转折端成尖棱状，呈现出"平卧褶皱"的形态。两翼地层实测产状大体为 340°∠20°。褶皱靠近转折端的部分被一后期的高角度断层错开，被断裂错开，形态复杂化。推断其形成源于受到近东西向的强烈挤压作用。

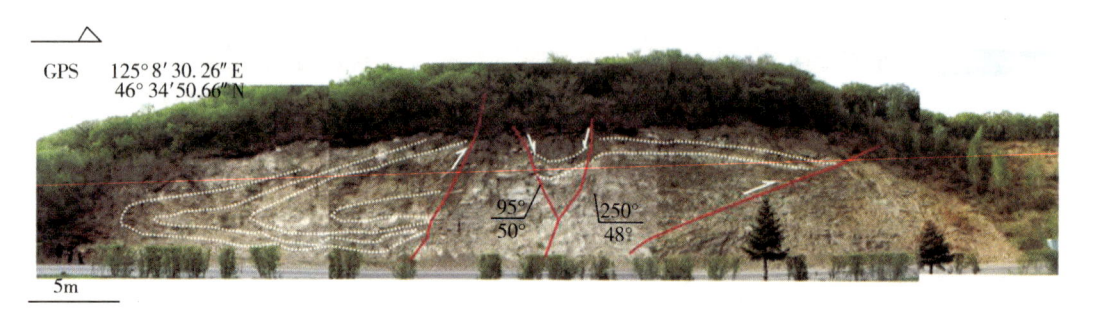

图 4-94　303 国道旁的斜卧褶皱

2. 滑脱褶皱

根据 Dahlstrom 在 1990 年的研究，滑脱褶皱是在滑脱层之上形成的收缩背斜（图 4-95）。这种褶皱是直接位于滑脱面之上的，它将滑脱面上的水平滑移量转化为褶皱变形。滑脱褶皱的特点是滑脱面上的软弱层在褶皱过程中发生流动，在褶皱的核部加厚，强硬岩层的厚度和长度不变。

在放牛沟西侧，位处佳木斯—伊通断裂带东部边界附近出露一系列背斜、向斜组合与逆冲断层组成断褶带（图 4-96）。剖面走向 90°，剖面长度将近 300m，断褶带出露宽度约 70m。单个褶皱规模不大，剖面西侧褶曲形态属于斜歪紧闭褶皱，两翼倾向相反，倾角不等，轴面向北西方向倾斜，与逆冲断层系断面倾斜方向相同；往南东方向，随着两翼翼间角变大，可见直立褶皱、开阔褶皱乃至直立平缓褶皱。直立褶曲横剖面上的形态主要为圆弧状—尖棱状，枢纽走向大部分集中在 20°～30° 方向。

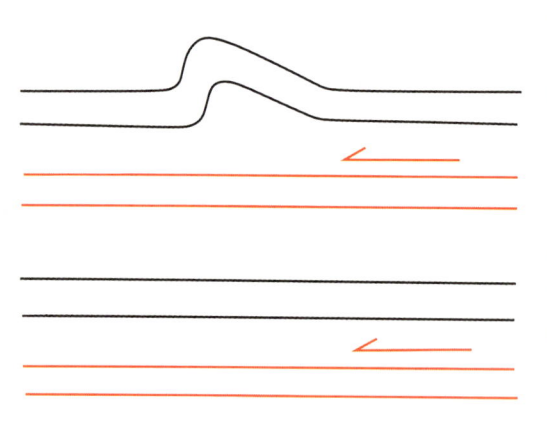

图 4-95　滑脱褶皱模型（据王书琴等，2010）

按照姚超、朱志澄等人的观点，这种褶皱系剖面的变化特征显示了受没有出露到地表的滑脱断层所控制。值得一提的是，在放牛沟的西侧紧临滑脱褶皱系的地方出露有构造三角带（图 4-96），构造三角带的形成同样要求下部具有滑脱层，由此可以更坚信本区存在未出露地表的滑脱层，推测是由登娄库组的泥岩构成。另外，根据褶皱分布及形态特征推测，构造挤压的主应力来自北西西方向。

图 4-96　滑脱褶皱野外照片（据王书琴等，2010）

3. 断层转折褶皱

断层转折褶皱是褶皱形成在断层形成之后，逆冲岩层的上盘在沿着台阶状断层面爬升的过程中被迫弯曲而形成的褶皱（图4-97）。

在放牛沟东侧，离滑脱褶皱露头约150m处出露一个小型断层转折褶皱（图4-98），发生褶皱的地层为登娄库组中的灰色细砾岩，逆冲断层的层面由平缓的断坪和较陡的断坡组成，断层上盘的逆冲岩席顺断坡爬升，在断坡与断坪的转折端的断坪处形成一宽缓的背斜，背斜两翼倾角大致相等。断层转折褶皱与滑脱褶皱和逆冲断层系位于同一构造剖面中，它们是同期同一构造应力场作用的产物，共同指示近东西向的挤压作用。

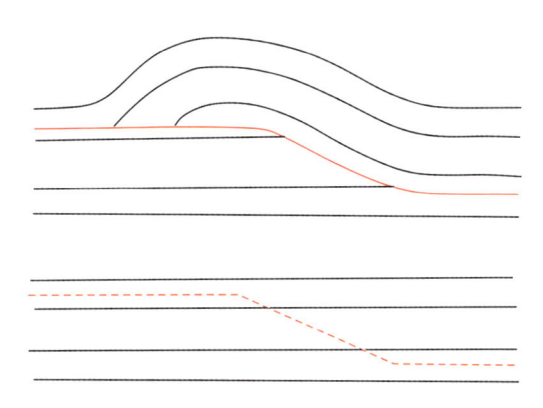

图 4-97　断层转折褶皱模型（据王书琴等，2010）

图 4-98　断层转折褶皱野外照片（据王书琴，2010）

二、断裂构造特征

相比于褶皱构造仅在中生代地层中出现，该区的断裂构造则是普遍分布，贯穿于整个 8km 的剖面。这里的断裂构造包括节理和断层。值得一提的是，在中生代地层之前的老地层中还可见呈明显规律性分布的浅色及暗色岩脉，其形态分布指示了早期存在的节理的特征。对本区的断裂特征进行研究，主要通过实测统计断裂产状，进行应力分析并判断最大主应力的方向，对不同期次的断裂进行分期配套。

1. 节理

总体上看，该区的节理有以下特征：（1）剖面上和平面上均可见节理发育。（2）节理的规模有大有小，有区域性的，也有局部应力场产生的。区域性的节理规模较大，纵向上可贯穿整个十几米高的露头，横向上节理在该区普遍发育；局部应力场产生的节理分布局限，规模较小，通常见于侵入体大的断层附近。（3）节理的力学性质有剪节理和张节理，共轭的剪节理为本区域普遍的特征。（4）节理切割各种地质体，既切割了海西期花岗岩及充填其间的浅色和暗色岩脉，也切割了中生代地层。（5）在不同地段，节理发育的程度不同，海西期花岗岩中节理的位移量较小，在靠近佳木斯—伊通断裂东侧主干断裂的中生代地层中发育的节理位移量普遍较大。（6）节理在不同的岩性中发育的情况有所差异，在粗粒的厚层砂岩中可见明显的擦痕阶步等痕迹［图 4-99（e）］；在粒度细的粉砂岩中断面光滑，少见擦痕阶步（图 4-99）。（7）节理的期次多。

在剖面西部，共轭节理切割海西期花岗岩及充填其间的浅色脉体；节理锐夹角 50°～70°左右；节理成组发育，同组节理近平行，密集分布，使得被切割的脉体呈现锯齿状；节理的倾角大，中间主应力轴倾斜。断层面上也可见节理，构造透镜体被切割成规则的菱形块。

有的地方可见多期节理切割，在碎裂花岗岩带内也看见节理切割暗色透镜体。对本区的节理产状进行统计，发现其优势走向为北北东向，与主干断裂呈锐夹角，指示主干断裂具有右旋走滑的特征。

2. 断层

断层是该区普遍发育的构造形迹。对整个剖面的特征明显的断裂测量并统计产状，总体来说本区以高角度的走滑逆冲断层为主。由于遭受强烈挤压，如今可见断层面上的变质矿物风化呈现绿色，局部断层带可见糜棱岩化（图 4-100）。另外，逆冲断裂带形成后，可能又遭受了后期构造运动的改造，断面上可见节理（图 4-100）。在剖面不同部位，断裂的发育密度及性质有所差异，故将剖面自西向东划分出海西期花岗岩断裂带、碎裂岩断裂带、中生代地层断裂带分别进行描述。

1）海西期花岗岩断裂带

海西期花岗岩断裂带位于剖面西部，断裂带长 2.5km 左右。断裂带内断层数量为 14 条左右，在断裂带西侧分布较为零散，数量不多；靠近碎裂花岗岩带的露头（303 国道旁东山路牌附近剖面）逆冲断裂密集，组成叠瓦状逆冲推覆构造，由于挤压强烈，断裂带破碎严重，致使后期遭受强烈的风化作用，断裂处形成沟谷（图 4-101）。

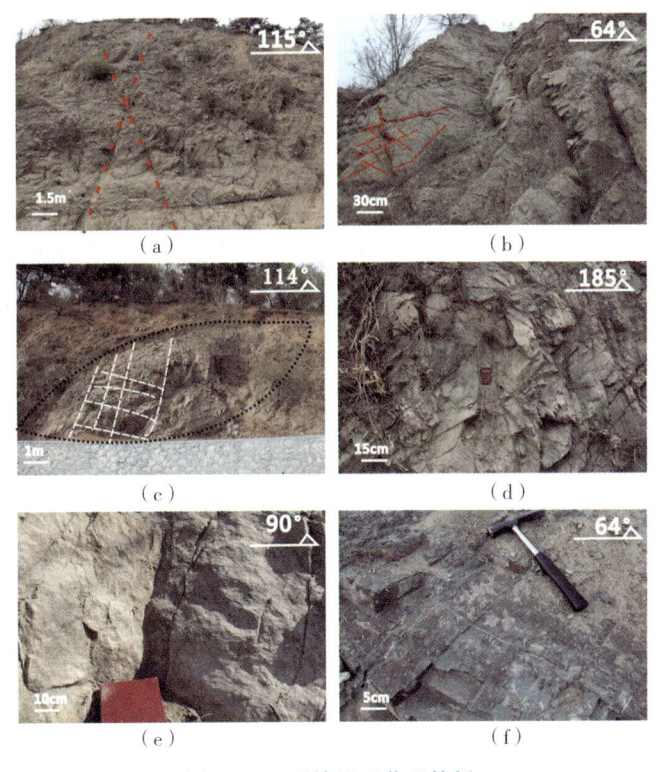

图 4-99 石岭地区节理特征

(a) 大型节理切割岩脉；(b) 断层面上的节理；(c) 共轭节理将构造透镜体切割成菱形块；(d) 多期次的节理将岩体切割；
(e) 发育在砂岩中的节理面，可见清晰的擦痕阶步；(f) 发育在粉砂岩中的节理

图 4-100 石岭地区断层特征图

(a) 海西期花岗岩断裂带中可见断层面凹凸不平；(b) 断层面上变质矿物风化呈绿色；
(c) 断层带强烈挤压；(d) 断层带出糜棱岩化

图 4-101 东山路牌附近叠瓦逆冲断层

本断裂带可识别出两组逆断层。其中一组断层识别出的数量不多，仅在局部露头可见，但其特征明显；不可忽略；断层走向近东西向，断层倾角 50°～60°，略小于另一组高角度的走滑逆冲断裂。断层面舒缓波状，表面凹凸不平，擦痕方向不易辨别［图 4-99（a）］，应该是经历了后期构造运动的叠加改造。

在剖面开头处见一断层面，产状为 194°∠62°，其表面发育一组共轭节理，对其进行应力分析（图 4-102），判断其最大主应力来自 NNE-SSE 向，正好和断层面上一组擦痕的倾伏向一致，故推测该组共轭节理是在断层面受到挤压滑动时派生的。

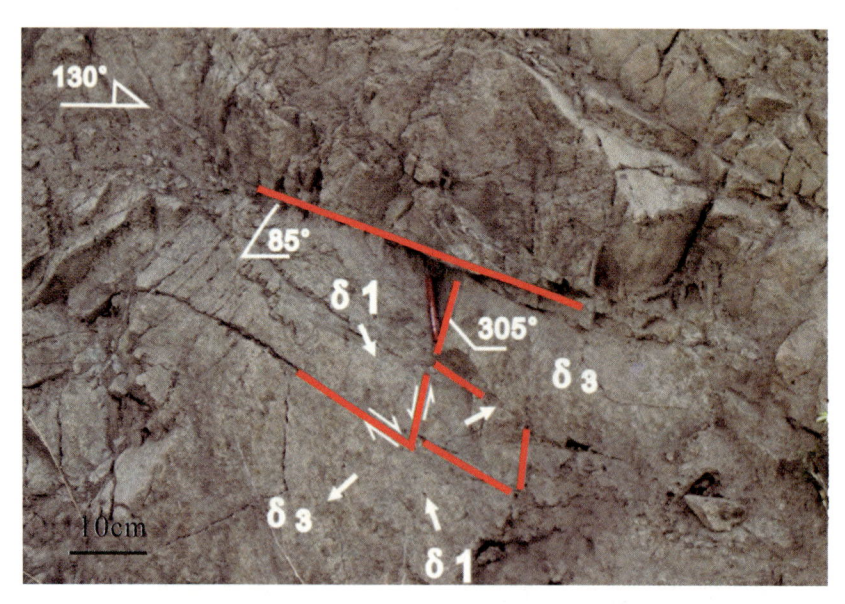

图 4-102 海西期花岗岩中断层面应力分析

另一组断层不仅在海西期花岗岩断裂带中可见，更是普遍分布于整个剖面。该组断层倾角大（75°～85°），属于走滑逆冲断层，断裂面产状大部分集中在（290°～32°）∠（65°～85°）范围内。东山路牌附近的逆叠瓦状逆冲推覆构造就是这组断层。根据断裂面两侧岩层的位移关系以及构造透镜体最大拉伸轴所在的压扁面与主断面之间的夹角关系，判断出断层大部分向 50°～70° 方向逆冲。

此外，该断裂带发育大型构造透镜体及大型的石香肠构造（图4-103、图4-104）。大型石香肠构造主要见于断裂带西侧。

图4-103　剖面西侧石香肠构造

图4-104　大型构造透镜体

2）碎裂岩断裂带

碎裂岩断裂带分布在西部边界主干断裂附近燕山期花岗岩中，位于大黑山地垒和佳伊断裂带的交界部位，剖面出露长约300余米，在走向上呈北东向沿佳木斯—伊通断裂带延伸。碎裂岩破碎带主要以碎斑岩、碎粒岩为主，构造角砾形状多不规则，棱角明显，大小不一。取标本磨制玻片镜下观察，可见颗粒压碎，大小不一。粒径在0.1~2mm不等，长石含量在80%左右，多为基性斜长石，聚片双晶发育，少量可见卡氏双晶，镜下可见变形严重，较大的颗粒可见表面节理发育，包括形态不规则的张节理和共轭剪节理，节理锐夹角为43°，沿着节理缝风化明显。颗粒间可见片状矿物定向排列。在碎裂花岗岩中有后期基性岩脉的穿插。上述碎裂花岗岩以及基性岩脉均被后期的断层所切割。

一个有趣的现象是：分布在303国道路堑两侧的碎裂花岗岩剖面特征不同，且不能对应。南侧碎裂花岗岩剖面识别出逆冲断层6条，断层产状相近，走向近南北向，倾角为60°~70°。

3）中生代地层断裂带

在中生代地层中，走滑逆冲断裂可见于西王家剖面及放牛沟附近，断裂性质以走滑逆冲为主，断裂数量多，集中发育。断裂组合形成多种构造样式，如负花状构造、三角带、逆冲断层系。

（1）负花状构造。

花状构造是走滑断层系在剖面上的一种特征构造，表现为剖面上一条走滑断层自下而上呈花状散开，按照力学性质又可以分为正花状构造和负花状构造。前者为聚敛性走滑断层派生，剖面形态上呈背形；后者主要为离散性的走滑断层派生，剖面形态上呈向形。

负花状断层系分布在303国道西王家路段剖面，剖面长约30m，走滑断层切割的地层为登娄库组，负花状断层系由2条分支断层所组成（图4-94），根据断层上下盘两侧的相当层的对应错动关系，可以判断出2条分支断层性质均属于正断层。被正断层所控制的地层总体表现为向形特征。2条正断层向下合并成一条陡立的走滑断层。通过对分支断层产状的分析，得出主干走滑断层的走向为北东方向，与佳伊主干断裂走向相近。

（2）三角带。

三角带是指逆冲推覆构造中发育的正向逆冲断层和反向逆冲断层所围限的三角形对抗区域（图4-105、图4-106）。三角带的形成要求能干层（指黏性或刚性和屈服强度高于相邻层的岩层）下要发育可塑性滑脱层。

放牛沟东侧200m可见由倾向相反的两条逆冲断层组成的三角带（图4-106），挤压强烈，断层之间的岩层直立。该三角带与西侧紧邻的一系列背斜、向斜组合共同指示了未出露的地下滑脱层的存在。

（3）逆冲断层系。

在靠近东侧主干断裂的放牛沟剖面可见密集分布的高角度走滑逆冲断层组成逆冲断层系（图4-107）。放牛沟西侧500m长的剖面，断层带近300m，在向南东方向冲的数十条逆冲断层所组成的逆冲断层系中，逆冲断层彼此产状相近，走向主要为集中在20°～30°，少量断层呈近南北向展布。在剖面形态上，逆冲断层都具有陡倾的特征，断层倾角在70°～85°之间，偶见有近直立状态的逆冲断层。在逆冲断层之间，构造透镜体带发育，构造透镜体大小不等，有一定的磨圆、压扁并具有定向排列的特征，在透镜体边部出现强烈的片理化。根据断层两侧岩层位移错动关系、构造透镜体最大拉伸轴所在的压扁面和主断面之间夹角关系等特征，判断出这些陡倾断层性质均为逆冲断层。逆冲断层几乎全部都具有陡倾特征，说明这些逆断层并不仅仅受到挤压逆冲作用，还应该受到走滑作用的叠加，才形成现今陡倾逆冲断层系。

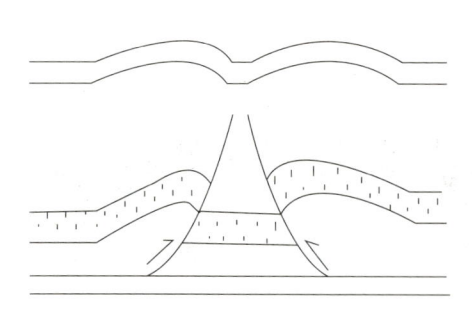

图4-105 三角带形成模式图

图4-106 三角带野外特征

图4-107 放牛沟剖面走滑逆冲断层系野外特征

整个佳木斯—伊通断裂带在平面上呈北东 45°方向延伸，而逆冲断层走向为 NNE 方向，与边界主断裂以锐角相交，指示主干断裂具有右旋走滑特征，说明构造变形带并不是简单地受逆冲作用的控制形成，逆冲的同时还应该具有走滑作用的影响，因此暗示出佳木斯—伊通断裂在此时期处于右旋走滑—挤压阶段。

3. 岩脉

岩脉是充填在岩石裂隙中的岩体，围岩产生裂隙后没有明显的位移，宏观上说，岩脉就是节理的裂隙的加宽。只要地块内部先存节理的长宽比足够大，当地块受到垂直于节理的张应力作用时，节理两端就会被拉开，从而产生长而深的破裂，形成一个应力薄弱面，岩浆后期常常会沿着薄弱面侵入。研究岩脉的构造应力也就是研究节理群构造应力，所以把岩脉的构造特征放在断裂构造这部分。

岩脉分布在剖面西部中生代地层以前的地质体中（图 4-108），可见浅色和暗色两种岩脉。浅色岩脉的数量明显多于暗色岩脉。浅色岩脉岩性为酸性的花岗岩类，在剖面开头的海西期花岗岩中，浅色脉体呈交织网状广泛分布。岩脉粗细不一，宽度多在 5～50cm，脉壁平直，走向稳定，常可见两组交叉呈 X 型的岩脉，可见酸性岩浆侵入的节理具有剪切应力特征，因此该区曾具有以张性为主兼有剪性的剪张性构造形态。暗色岩脉岩性为中基性岩浆岩，由于风化严重，仅推测其可能为辉绿岩。暗色岩脉数量不多，几乎等间距零星分布于海西期花岗岩及碎裂岩中，呈岩墙形态，倾角陡，走向稳定，宽度在 10～100m。

图 4-108 石岭地区岩脉特征

(a)、(b) 石岭地区岩脉形态特征；(c) 暗色岩脉切割浅色岩脉；
(d) 山咀子剖面花岗岩中见浅色岩脉

在多处露头可见浅色岩脉明显被暗色岩脉切割，指示中基性的岩浆侵入晚于酸性岩浆的侵入。浅色岩脉和暗色岩脉又均被后期共轭的节理切割，呈现锯齿状。可以肯定，暗色岩脉侵入后，本区又经历了剪切应力的作用。

对两种岩脉的产状进行测量统计，发现暗色岩脉主体走向为 NNE。由于浅色岩脉走向与剖面走向相近，虽然剖面可见其广泛的分布，能够实测的数量并不多，但依据可测的岩脉产状分析，其优势走向为近东西向。

根据逆冲断裂与中—新生代地层之间的切割、覆盖关系，认为佳木斯—伊通断裂在白垩纪以来至少发生两期强烈的逆冲作用：第一期逆冲作用即大型逆冲断裂带的形成时代是晚白垩世晚期；第二期发生在渐新世末期。结合野外调查和盆地资料，将佳木斯—伊通断裂的构造演化分为左旋走滑（K_1 早期）、区域伸展（K_1 晚期—K_2 早期）、挤压逆冲（K_2 晚期）、断陷（E）和挤压反转（E_3 末期）5 个阶段。

实习路线二十七　吉林省四平市叶赫地堑叶赫满族镇—转山湖构造特征

在佳木斯—伊通断裂带中四平市叶赫满族镇（简称叶赫镇）—石岭镇发育一系列走滑—逆冲断层和褶皱［图 4-109（a）］。该区走滑—逆冲断裂带内发育有大量的构造透镜体、花状断裂、高角度走滑—逆冲断层和褶皱等各种构造现象。在叶赫镇—转山湖处发育有转山湖环湖公路、伽蓝寺采石场以及叶赫镇大桥 3 个典型构造剖面［图 4-109（b）］，对断裂带中断层性质以及断层的几何学和运动学特征进行详细描述如下。

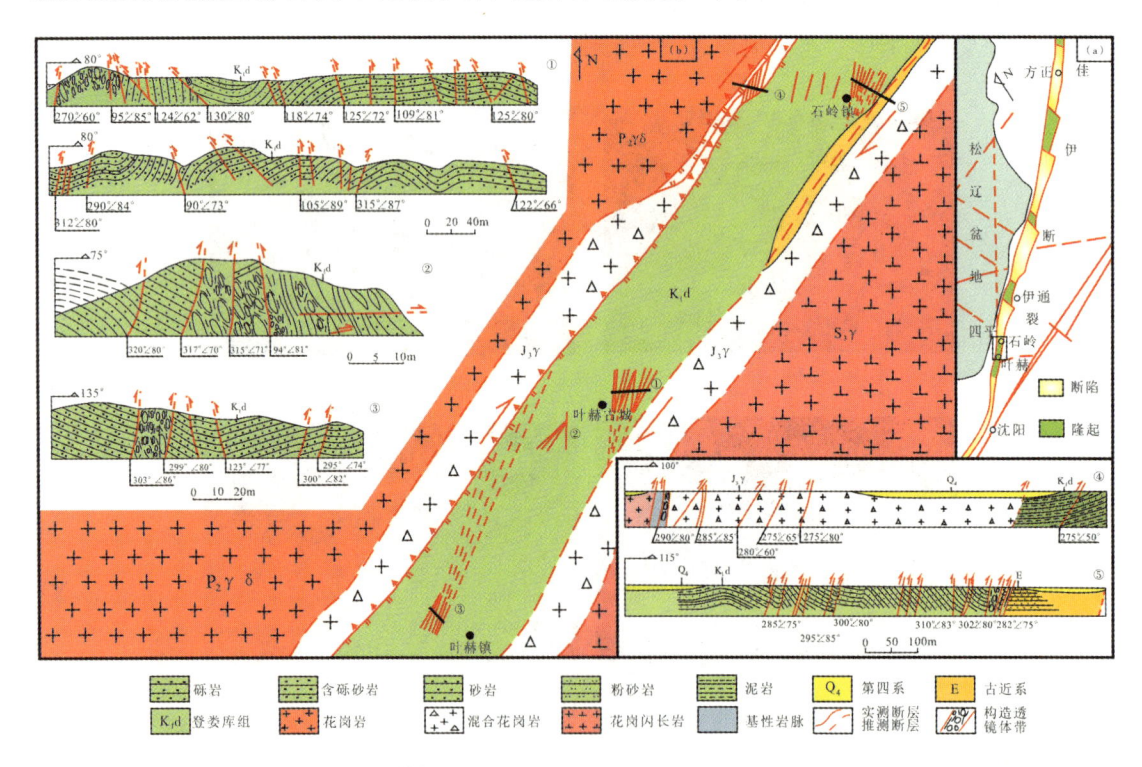

图 4-109　佳伊断裂带局部构造特征图（据万阔等，2017）

（a）佳木斯—伊通断裂构造简图；(b) 四平地区佳木斯—伊通断裂带构造特征图
①—叶赫镇转山湖环湖公路断裂带实测剖面图；②—叶赫镇伽蓝寺采石场断裂带地质素描图；
③—叶赫镇大桥断裂带实测剖面图；④—石岭镇走滑—逆冲断裂带在佳木斯—伊通西部主干边界断裂处实测剖面图；⑤—石岭镇走滑—逆冲断裂带在佳木斯—伊通东部主干边界断裂处实测剖面图

一、叶赫镇转山湖环湖公路剖面

剖面位于转山湖环湖公路旁,靠近佳木斯—伊通东部主干边界断裂。剖面全长约600m,其中出露了30余条高角度断层。断裂带中构造透镜体和挤压片理十分发育。断层面大多平直、光滑且具有陡倾特征,倾角主要分布于70°~88°。断层切割了不同性质和不同颜色的地层[图4-110(a)~(d)]。部分断层面还具有明显擦痕,擦痕产状约为30°∠10°,与阶步共同指示了右旋特征。根据断层的形态、断层两侧相当层的对比以及构造透镜体与主断面的关系,可以确定断层性质为走滑—逆冲断层。断层走向集中在NNE15°~35°范围,少量呈近南北向展布,属于主干断裂的分支断层。它们与走向NE45°的佳木斯—伊通主干边界断裂呈锐角相交[图4-109(b)],指示主干断裂具有右旋特征。此外,断裂带中还发育闭合—开阔褶皱,褶皱轴向与分支断层走向相近,卷入到褶皱和断层中的地层为登娄库组和泉头组。

图4-110 四平市叶赫镇走滑—逆冲现象野外特征(据万阔等,2017)

(a)叶赫镇转山湖环湖公路旁大型构造透镜体和挤压片理;(b)叶赫镇转山湖环湖公路旁高角度压扭性断层将两侧地层相当层明显错移;(c)叶赫镇转山湖环湖公路旁连续出露的压扭性断层组成了正花状构造;(d)叶赫镇转山湖环湖公路旁一系列压扭性断层切割了不同性质、颜色的地层;(e)叶赫镇伽蓝寺采石场走滑—逆冲断裂带;(f)叶赫镇大桥断裂带中的走滑—逆冲断层

二、叶赫镇伽蓝寺采石场剖面

剖面位于叶赫镇伽蓝寺采石场，处于两主干断裂的中部，长度约50m。剖面中可见多条明显的高角度走滑—逆冲断层。断层切割了登娄库组砂砾岩，断层间构造透镜体和挤压片理发育［图4-109中的②、图4-110（e）］。根据断层面产状的不同，断层分为两组：一组产状为315°～320°∠70°～80°，平面上断层走向近NE向，与主干断裂走向相近，可能为平行主干断裂的分支断层；另一组产状为80°～95°∠60°～70°，属于与主干断裂呈锐角相交的次级断层。

三、叶赫镇大桥剖面

剖面位于叶赫镇大桥旁，同样处于两主干断裂的中部，剖面全长约150m。剖面中可见一系列走滑—逆冲断层［图4-109中的③、图4-110（f）］，断层带中构造透镜体发育，断层两侧相当层被明显错移，上盘沿断层面相对上升，断层面平直陡倾，倾角分布于74°～86°之间，走向集中在NE30°左右，与主干边界断裂呈锐角相交。从断层形态来看，走滑作用占据主导地位。剖面中地层表现为被多条断层所切割的宽缓褶皱。与转山湖环湖断裂带相似，次级断层特征指示了主干断裂具有右旋走滑性质。

四平市叶赫镇右旋走滑—逆冲构造均发育在泉头组和登娄库组之中，又被古新世缸窑组角度不整合覆盖。缸窑组较为平缓，并未卷入断褶带之中，由此可以断定走滑—逆冲事件发生在早白垩世之后，古新世之前。在佳木斯—伊通断裂两条主干断裂之间，大部分地段缺失上白垩统，古近系不整合覆盖于下白垩统之上，但是，在舒兰平安镇等地区分布有卷入强烈挤压作用的晚白垩世嫩江组沉积，说明其活动时期晚于晚白垩世中期，由此进一步限定了该期走滑—逆冲事件发生在晚白垩世晚期—末期。此外，在郯庐断裂的中南段以及北段的敦化—密山断裂，晚白垩世晚期—末期均发生了强烈的走滑—逆冲事件，形成了一系列晚白垩世走滑—逆冲断裂带。因此，认为晚白垩世的走滑—逆冲活动贯穿了整个郯庐断裂带，该时期的走滑—逆冲断裂带与四平市叶赫镇走滑—逆冲断裂带具有相同的地球动力学背景。

整个中国东部大陆边缘在晚白垩世处于统一的伸展环境，期间佳木斯—伊通地堑接受了包括姚家组和嫩江组在内的陆相沉积。嫩江组沉积之后，白垩纪晚期的嫩江运动引发了郯庐断裂北段强烈的挤压隆升，形成广泛的逆冲断裂系。随后，白垩纪末期地壳活动的叠加，进一步使郯庐断裂北段处于强烈的走滑—逆冲作用之下，使其继续隆升，最终造成了上白垩统剥蚀殆尽，形成了大规模的区域不整合界面，其下保留了发育在下白垩统中的右旋走滑—逆冲断层。因此，佳木斯—伊通断裂带大型右旋走滑—逆冲事件是嫩江运动和白垩纪末期地壳运动的综合产物。

白垩纪晚期—古近纪，西太平洋构造域由库拉板块的俯冲转变为太平洋板块的俯冲，其俯冲方向近于NW向，与NE向的东亚大陆边缘近于直交，使中国东部大陆边缘处于压扭性应力之下，导致了东北地区的嫩江运动。在早白垩世末期—古近纪之始，特提斯构造域中班公湖—怒江洋与雅鲁藏布洋相继消亡，拉萨地块与羌塘地块和印度大陆相继碰撞拼合，产生向北的远程挤压效应，导致了白垩纪末期强烈的地壳活动。在两个不同方向的区域挤压应力下，郯庐断裂带最终在晚白垩世发生了右旋走滑—逆冲事件。

第三节 松辽盆地外围黑龙江省境内实习路线描述及教学内容

实习路线一 牡丹江地区磨刀石、椅子圈一带的黑龙江杂岩特征

佳木斯地块位于黑龙江省东部地区，是中国东北地区一个重要的大地构造单元。其西面为松嫩地块，东面与完达山地体相连，向北与俄罗斯境内的布列亚地块相连，南部为延边杂岩带和兴凯地块，周边以断层为界（即西界的牡丹江断裂、东界的同江—当壁断裂、东南界的敦化—密山断裂）（图4-111）。黑龙江杂岩带主要分布于佳木斯地块的西缘和南缘，大面积出露的地区有北段的萝北—嘉荫、中段的依兰和南段的牡丹江—穆棱。

牡丹江地区出露的黑龙江杂岩集中分布于磨刀石、椅子圈一带，呈北东东向条带状分布，向北、向东分别延至桦林和穆棱地区，是一套原岩为形成于深海槽中的基性岩、泥砂质碎屑岩、碳酸盐岩及硅质岩，经蓝片岩相—绿帘角闪岩相变质作用后形成的变质基性岩、泥质片岩、大理岩、变硅质岩等，代表典型的地块俯冲拼贴过程中形成的高压变质产物。

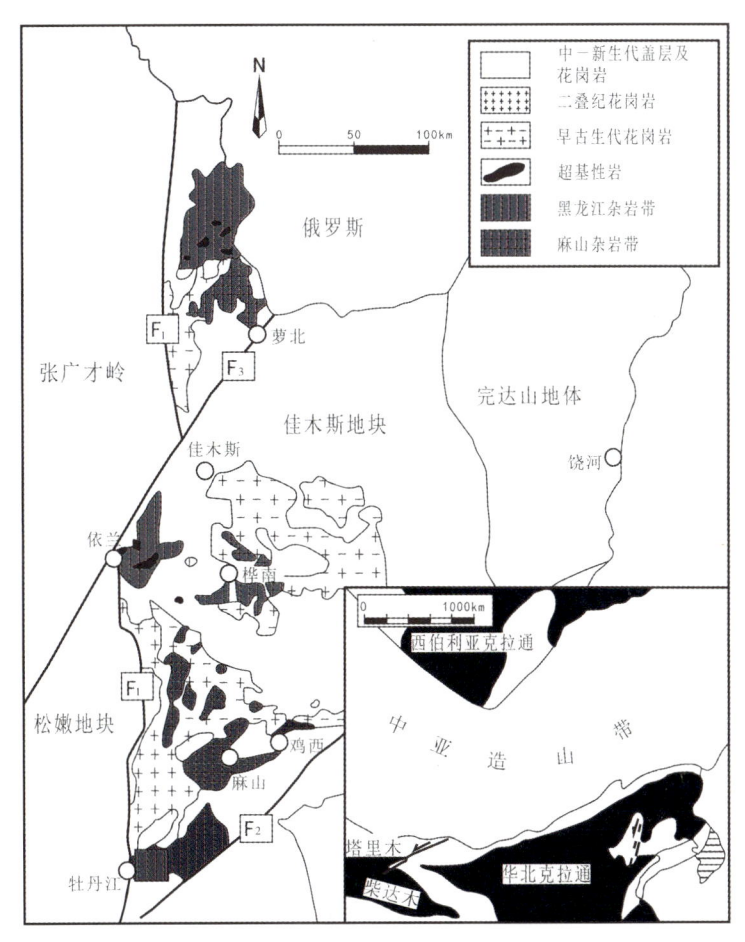

图4-111 佳木斯地块地质简图（据赵英利等，2010）

F$_1$—牡丹江断裂；F$_2$—敦化—密山断裂；F$_3$—佳木斯—依兰断裂

采自于牡丹江以东磨刀石镇及椅子圈一带的样品采样点的位置如图 4-112 所示。样品的岩性为泥质片岩和变质基性岩（表 4-6）。

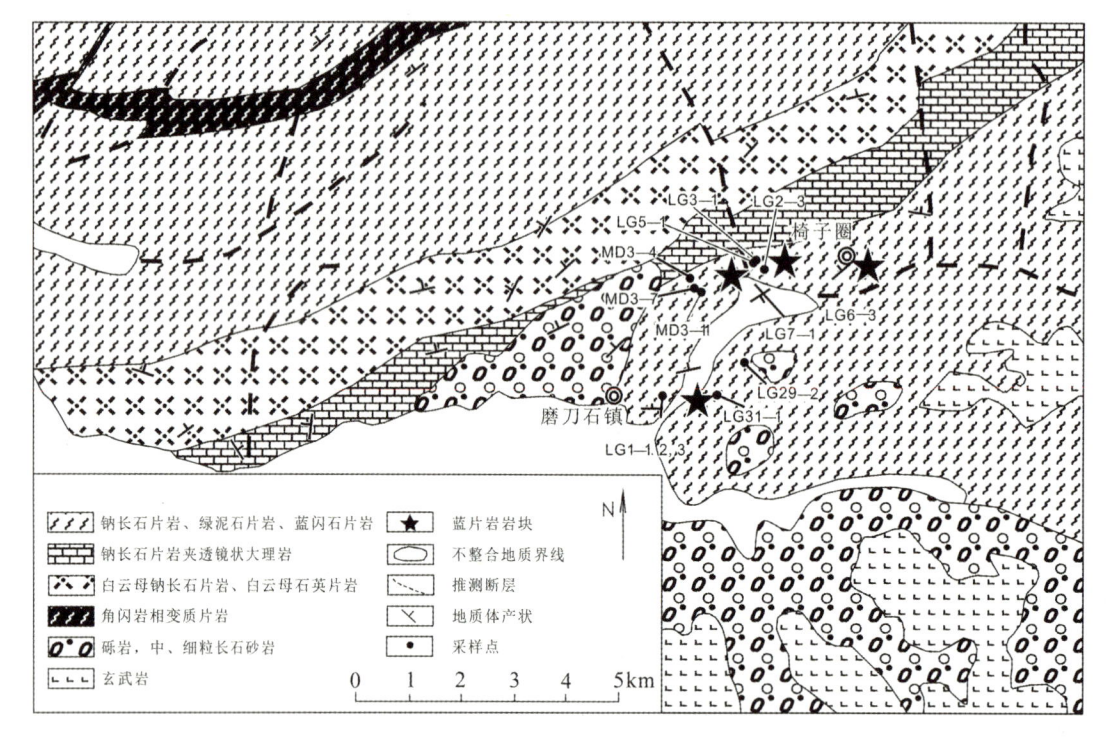

图 4-112　牡丹江市磨刀石地区地质图（据赵英利等，2010）

表 4-6　样品岩石学特征（据赵英利等，2010）

岩石类型	样品号	岩性	岩相学特征
泥质片岩	LG1-1	钠长石云母片岩	Ab+Phn+Chl+Qtz+Ep+Cal，鳞片变晶结构，片理极为发育。含少量绿帘石残斑，钠长石斑晶含有细小的绿帘石、云母及角闪石类矿物的包裹体。云母被绿泥石沿边部取代
	LG1-2	石英云母片岩	Qtz+Phn+Chl+Cal+Ep+Opq，鳞片变晶结构，片理发育。石英具有亚颗粒结构且波状消光，较大的石英颗粒出现溶蚀现象。并含有细小云母包裹体，方解石填充早期裂缝
	LG1-3	石英云母片岩	Qtz+Phn+Chl+Cal+Ep+Opq，鳞片变晶结构，片理发育。石英云母呈条带状相间发育，云母具有 2 个世代，细小的残留云母构成早期片理，晚期沿早期褶皱轴发育的颗粒较大的云母构成当前主期片理
	LG29-2	石榴子石石英二云母片岩	Qtz+Grt+Phn+Bt+Chl，片理发育。石英云母呈条带状相间发育，自形石榴子石生长在云母条带中，并且其核部含有纤维状矿物包裹体。绿泥石取代云母类矿物
	LG31-1	石榴子石石英二云母片岩	QIz+Bt+Phn+Grt+Chl+Opq，片理发育。石榴子石生长在云母条带中，含有大量暗色矿物

续表

岩石类型	样品号	岩性	岩相学特征
泥质片岩	MD3-7	钠长石云母片岩	Ab+Phn+Chl+Amp±Ep，鳞片变晶结构，片理发育。单偏光下，角闪石具有明显的环状结构其核部显棕色，边部为无色。少量云母被绿泥石取代
	MD3-11	黑硬绿泥石云母片岩	Qtz+Stp+Phn±Chl，片理发育。黑硬绿泥石具有2个世代，早期定向排列组成片理，晚期则为放射状集合体生长，切割早期线理
变质基性岩	LG2-3	绿帘蓝闪石片岩	Ep+Cln+Cal+Ab+Phn，斑状变晶结构。自形蓝闪石定向排列，绿帘石含细小的云母类、蓝闪石和石英包裹体，并且边部被榍石取代，方解石填充早期气孔
	LG3-1	钠长绿帘蓝闪石片岩	Ab+Ep+Cln+Chl+Phn±Qtz±Kfd，斑状变晶结构，片理发育。斑状钠长石含有云母及蓝闪石包裹体，发育有大量铁质矿物，蓝闪石和绿帘石边部生长有绿泥石
	LG5-1	钠长绿帘片岩	Ab+Ep+Qtz+Cal+Chl±Gln±Phn，状变晶结构，弱片理化。斑状的钠长石和绿帘石中含有细小颗粒的矿物包裹体，方解石和绿泥石填充早期气孔
	LG6-3	钠长绿帘片岩	Ab+Ep+Qtz+Cal+Chl+Gln+Phn，斑状变晶结构，弱片理化。斑状的钠长石和绿帘石中含有纤维状矿物及少量蓝闪石和云母的包裹体，绿帘石被绿泥石部分取代
	LG7-1	钠长绿帘片岩	Ep+Ab+Phn+Qtz+Chl+Opq，斑状变晶结构，弱片理化。早期形成的绿帘石和云母类矿物部分被绿泥石取代，发育有大量铁质不透明矿物
	MD3-4	绿帘蓝闪石片岩	Ep+Qtz+Ab+Phn+Gln±Chl，弱片理化。蓝闪石具有3个世代，早期蓝闪石以包裹体形式生长在绿帘石斑晶中，中期出现在基质中，晚期以脉体形式产出，含大量铁质不透明矿物

注：Ab—钠长石；Bt—黑云母；Cal—方解石；Chl—绿泥石；Ep—绿帘石；Gln—蓝闪石；Grt—石榴子石；Kfd—钾长石；Opq—不透明矿物；Phn—多硅白云母；Qtz—石英；Stp—黑硬绿泥石。

出露于佳木斯地块南缘牡丹江地区的黑龙江杂岩，变质基性岩以绿帘蓝闪石片岩为主，野外露头保留有较好的变余枕状构造和气孔、杏仁构造，推断原岩应为来自洋壳的枕状玄武岩；泥质片岩以长英质岩石为主，并经过强烈的变质、变形改造。地球化学研究结果表明，泥质片岩的原岩为含铁质、含有碱性火山物质的杂砂岩、泥质砂岩及泥岩；而变质基性岩的原岩既有洋中脊玄武岩、板内拉斑玄武岩的特征，又有碱性玄武岩的特征。曹熹等也报道了黑龙江杂岩的原岩属于拉斑玄武质系列，形成于大洋或岛弧环境。此外，黑龙江杂岩中的稀土元素和微量元素也证实其原岩具有洋岛玄武岩的特征。上述研究结果均表明，黑龙江杂岩的原岩是一套类似于蛇绿岩系列的构造混杂岩，代表了佳木斯地块和松嫩地块之间古缝合带的物质组成。

对于黑龙江杂岩的变质温压条件，白景文等报道了黑龙江杂岩带岩石的白云母 b_0 值的测试结果（b_0 平均值为 9.044×10^{-8} cm，典型蓝片岩的白云母的 b_0 值为 9.047×10^{-8} cm），并根据 Sassi 等的研究成果确定其形成的压力为 600～700MPa，还根据蓝片岩的矿物共生组合认为形成温度应该为 350～450℃；另一些学者也给出了 350～450℃的形成温度和约为 500～800MPa 的压力条件。根据对变质基性岩的岩石学和矿物化学的研究，确定了峰期变质的矿物共生组合蓝闪石+钠云母 ± 绿帘石 ± 多硅白云母，指示变质温压条件为 t=350～520℃，p=900～1600MPa。而泥质片岩中石榴子石—多硅白云母温度计和多硅白云母压力计也得到了近似的峰期变质的温压条件（t=320～480℃，p=800～1600MPa），表明二者经历了共同的变形变质作用，改造后混杂堆积在一起。此次研究得到的变质压力略高于前人的结果，而根据最新的白云母 b_0 值估算压力的方法，白景文等测试得到的白云母 b_0 值（$9.044×10^{-8}$cm）应该大于 1200MPa，这与现在研究的结果比较接近，均指示了高压变质条件。

变质基性岩中峰期变质矿物共生组合，尤其是蓝闪石+钠云母组合，仅仅保留在少数绿帘蓝闪片岩中的绿帘石斑晶内，并没有保存于所有的绿帘—蓝片岩相变质岩中，而且在同样经历了高压变质的泥质片岩中也没有保存，推断可能与原岩的化学成分和退变质过程中外部流体的加入有关。Baziotis 等认为，全岩的化学成分（尤其是 Fe 元素含量的多少）可以使绿帘—蓝片岩相变质的峰期处于不同的矿物稳定区域；在退变质过程中，外部流体（如 H_2O、CO_2、Fe^{3+}、Ti 等）的加入也会促使峰期变质的矿物与流体反应，形成新的矿物。而在一些变质基性岩和泥质片岩中出现大量的榍石、铁质不透明矿物和大量沿裂隙渗透或充填早期气孔的方解石，可能是后期流体加入所形成的。

近年来对于黑龙江杂岩的年代学研究，一些学者认为杂岩形成于太古宙到中元古代，并在早古生代经历了从蓝片岩相到绿片岩相的变质作用。张兴洲和叶慧文等先后报道了黑龙江杂岩带中蓝片岩的蓝闪石单矿物的 $^{40}Ar/^{39}Ar$ 坪年龄（599.6Ma±11.5Ma）和全岩的 $^{40}Ar/^{39}Ar$ 坪年龄（414.7～445.4Ma），并将其解释为佳木斯地块和松嫩地块在新元古代开始拼合，产生蓝片岩，但之间的洋盆没有完全闭合，直至志留纪才拼贴完成。李锦轶等对牡丹江地区黑龙江杂岩中的角闪片岩和石榴子石石英钠长云母片岩的角闪石和白云母分别进行 $^{40}Ar/^{39}Ar$ 定年，获得了角闪石年龄（167.1Ma±1.5Ma）和白云母年龄（166.0Ma±1.2Ma），将其解释为陆内地壳叠置作用的产物，形成时代远远晚于古板块的碰撞造山作用。叶慧文等也报道了牡丹江蓝片岩中青铝闪石单矿物的 $^{40}Ar/^{39}Ar$ 年龄（154.7Ma），认为与敦化—密山断裂发生的大规模的左行走滑运动有关，而蓝片岩的形成时代则更早，推断为晚古生代早期。Wu 等通过对采自萝北和依兰地区的黑龙江杂岩带二云母片岩中多硅白云母 $^{40}Ar/^{39}Ar$ 年龄的测试，认为黑龙江杂岩形成于 173.6～175.3Ma，并且代表了佳木斯地块和松嫩地块初始碰撞的时间。颉颃强等报道了杂岩带中斜长角闪片岩的锆石 SHRIMP U-Pb 年龄（437Ma±7Ma），认为牡丹江地区存在早古生代碰撞事件。锆石 U-Pb 同位素体系和角闪石的 $^{40}Ar/^{39}Ar$ 同位素体系的封闭温度分别约为 800℃ 和 530℃，而黑龙江杂岩的峰期变质温度为 320～480℃，明显低于上述体系的封闭温度，故锆石 U-Pb 年龄和角闪石 $^{40}Ar/^{39}Ar$ 年龄应代表 2 个地块拼合前原岩的年龄或原岩所经历的构造—热事件的年龄。此外，蓝闪石矿物并不适合 $^{40}Ar/^{39}Ar$ 年代学测定，由于蓝闪石矿物自身并不含有 K 元素，因此并不含有因放射性 ^{40}K 所产生的 ^{40}Ar，从而测试结果中的 K 或 Ar 应该来自外部体系。综上分析，研究所得到的 164.9Ma±0.5Ma 的 $^{40}Ar/^{39}Ar$ 坪年龄与 166～175Ma 的年龄值基本相似，可以代表黑龙江杂岩带高压变质作用的形成时代。前人的年代学证据也证实黑龙江杂岩带整体经历了一期中侏罗世的变质—热事件。

此外，王成文等报道了包括佳木斯地块、松嫩地块在内的北界由蒙古—鄂霍次克缝合线、南由西拉木伦-延吉缝合线、东由中锡霍特俯冲带所围限的区域发现有 75% 以上土著种的哲斯腕足动物群化石，并确定了"佳—蒙地块"，同时还指出佳木斯—蒙古地块晚古生代已经形成稳定的统一块体，这与现在的研究结果存在较大分歧。孙晓猛等获得的密山附近敦化—密山韧性剪切带内糜棱岩的 $^{40}Ar/^{39}Ar$ 等时线年龄为161Ma±3Ma，解释为敦化—密山断裂的左旋走滑年龄。这一糜棱岩的年龄与现在测得的泥质片岩的年龄也较为接近，并且现在研究的样品同样位于敦化—密山断裂的西北侧，其给出的 $^{40}Ar/^{39}Ar$ 坪年龄所代表的变质事件是否与敦化—密山断裂走滑活动有关？诸如此类的问题仍需要大量的研究工作才能得到共识。

位于佳木斯南缘牡丹江地区的黑龙江杂岩是一套经绿帘—蓝片岩相高压变质作用形成的类似于蛇绿岩层序的构造混杂岩，代表佳木斯地块西南缘碰撞增生的产物。变质作用峰期的温压条件为 $t=320\sim480℃$，$p=800\sim1600MPa$，并在退变质过程中可能有大量富 H_2O、Fe^{3+}、Ti 等流体的加入，伴随着变质作用最终退变为绿片岩相。$^{40}Ar/^{39}Ar$ 同位素年代学证据证实黑龙江杂岩带普遍存在一期中侏罗世末期的高压变质作用。

实习路线二　密山市知一镇敦化—密山断裂带走滑韧性剪切带

敦化—密山断裂带走滑韧性剪切带主要出露在密山市—鸡东市之间的敦化—密山地堑东、西边界上（图4-113）。位于敦化—密山地堑南东边界断裂带上的密山市知一镇韧性剪切带较为典型（45°30′21″N，131°59′47″E）。

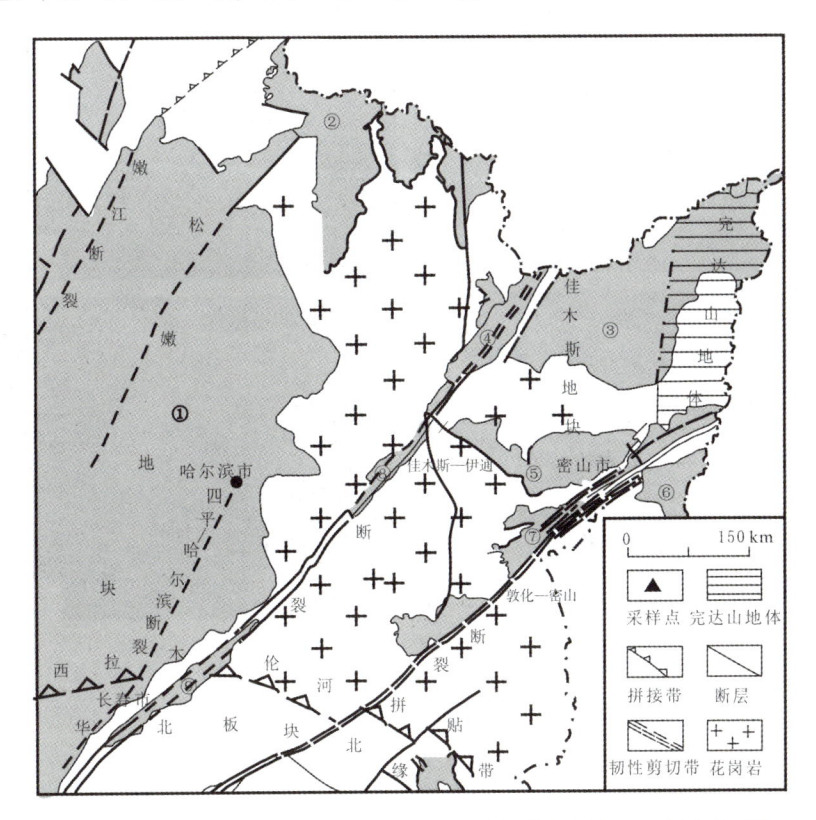

图4-113　敦化—密山断裂带构造简图及走滑韧性剪切带分布位置（据孙晓猛等，2008）

①—松辽盆地；②—孙吴—嘉荫盆地；③—三江盆地；④—鹤岗盆地；⑤—勃利盆地；
⑥—虎林盆地；⑦—鸡西盆地；⑧—方正盆地；⑨—伊通盆地

知一镇韧性剪切带原岩为黑云母二长花岗岩（锆石U-Pb年龄为213.7Ma）。剪切带韧性变形程度不均一，可分为强变形带和弱变形域。强变形带一般宽1～10cm，呈网状分布在弱变形域之中［图4-114（f）］。糜棱面理优势走向为NE45°，以向南东陡倾为主，倾角多为55°～70°；矿物拉伸线理向南南西缓倾，倾角为20°左右，显示了走滑韧性剪切带特征。野外及室内定向薄片中拉伸线理、S-C组构以及旋转残斑系等特征（图4-114、表4-7），指示了敦化—密山韧性剪切带为左旋走滑剪切带。

图4-114 黑龙江省密山市敦化—密山走滑韧性剪切带糜棱岩照片（据孙晓猛等，2008）

（a）糜棱岩野外照片，钾长石和石英强烈定向塑性拉长，具有S-C组构和左旋走滑特征；
（b）糜棱岩线理，线理产状20°、195°，箭头示所在盘运动方向，指示左旋；（c）δ型和σ型旋转长石残斑，指示左旋，具有多晶石英条带和新生黑云母条带；（d）残斑和新生黑云母、白云母微晶均呈定向排列；（e）多晶石英条带（白色），长石残斑细径化和定向塑性拉长；
（f）钾长石呈核—幔构造；具体显微构造描述见表4-7；Kbs—钾长石

表 4-7　敦化—密山韧性剪切带样品显微构造特征及形成温度估计（据孙晓猛等，2008）

样品号	岩石类型	主要矿物组合	长石变形行为	石英变形行为	云母变形行为	估计温度，℃
ZL1-4	糜棱岩	Kbs+Qz+Bi+Ms	残斑：定向塑性拉长，细颈化，边缘亚颗粒及核幔构造；基质：动态重结晶	无残斑，广泛GBM型为主的动态重结晶，多晶条带拔丝构造明显	残斑：波状消光，定向排列，云母鱼；基质：完全定向生长	450～650
Z-2	糜棱岩	Kbs+Qz+Bi+Ms	残斑：定向塑性拉长，细颈化，边缘亚颗粒及核幔构造；基质：动态重结晶	无残斑，广泛GBM型为主的动态重结晶，多晶条带拔丝构造明显	无残斑 基质：完全定向生长	450～650
Z-3	糜棱岩	Kbs+Qz+Bi+Ms	残斑：以为缘亚颗粒及核幔构造为主，少见塑性拉长；基质：动态重结晶	残斑：SR型为主的动态重结晶；基质：广泛GBM型为主的动态重结晶，多晶条带，拔丝构造明显	无残斑 基质：完全定向生长	450～650
S-3	糜棱岩	Kbs+Qz+Bi+Ms	残斑 σ、δ型残斑广泛发育，边缘亚颗粒及核幔构造；少见塑型拉长现象；基质：动态重结晶	无残斑，广泛GBM型为主的动态重结晶，多晶条带，拔丝构造明显	无残斑 基质：完全定向生长	450～650

注：Kbs—钾长石；Qz—石英；Bi—黑云母；Ms—白云母；SR—亚颗粒旋转；GBM—颗粒边界迁移。

在显微镜下可见大量 α 残斑和 δ 残斑，组成残斑的矿物主要为长石，还有少量石英。长石残斑保存有多米诺骨牌、核幔构造、细颈化和塑性拉长等现象，基质以拔丝拉长的复晶石英条带和细小的新生黑云母条带为主，新生黑云母组成的 C 面理与石英条带组成 S 面理构成 S-C 组构（图2）。旋转残斑系以及 S-C 组构等均指示了敦密韧性剪切带为左旋走滑特征。孙晓猛等（2008）曾测得敦化—密山断裂韧性剪切带的黑云母 $^{40}Ar/^{39}Ar$ 等时线年龄为（161±3）Ma，说明敦化—密山断裂韧性走滑活动发生在中—晚侏罗世之交。

密山市知一镇附近的敦化—密山韧性剪切带为左旋剪切带。在韧性剪切带中获得黑云母单矿物的 $^{40}Ar/^{36}Ar-^{39}Ar/^{36}Ar$ 等时线年龄值为（161±3）Ma，结合完达山地体的走滑拼贴时代，认为敦化—密山断裂带在中侏罗世末期发生强烈的左旋走滑运动。这一年代学数据反映了在滨太平洋构造域构造活动期间郯庐断裂被利用而再次发生左旋走滑并向北扩展到东北地区。敦化—密山断裂走滑运动时代与完达山地体的走滑—拼贴增生时代相吻合，两者是相同大地构造背景中的产物。该年龄值填补了敦化—密山断裂糜棱岩的 $^{40}Ar/^{39}Ar$ 同位素年龄值的空白，并对东北亚中—新生代大地构造演化规律、中—新生代断陷盆地群控盆作用规律的研究以及敦密断裂左旋走滑运动时代的进一步研究都具有重要意义。

第五章
重要矿产实习路线描述及教学内容

第一节 辽宁省境内重要矿产实习路线描述及教学内容

实习路线一 西鞍山铁矿地质特征

形成于前寒武纪（主要是太古宙到早元古代）的沉积变质铁矿，因其矿石主要由硅质（碧玉、燧石、石英）和铁质（磁铁矿、赤铁矿）薄层组成，称为条带状铁建造（banded iron formations，简称BIFs）。

前寒武纪的BIFs在全球广泛分布，是早期地壳的重要组成部分，反映当时地质环境和地壳演化特点。该类型铁矿占世界铁矿总储量的60%，占富铁矿储量的70%。

BIFs是前寒武纪海相环境下的化学沉积岩。根据矿床的形成时代及含矿建造的不同，将BIFs分为主要产于太古宙的阿尔果玛型（Algoma-type）和主要产于元古宙的苏必利尔型（Superior-type）两类。阿尔果玛型BIFs主要与绿岩带中上部的火山碎屑岩相伴生，并靠近浊积岩组合。高温水—岩地球化学交换的标志很普遍，铁矿床离热液源很近，岛弧、弧后盆地或克拉通内部断裂带是阿尔果玛型BIFs的古构造环境。苏比利尔型BIFs多数与沉积建造有关，它们沉积在海进的相对浅海环境中，沉积环境为大陆架被动大陆边缘。就全球而言，苏必利尔型铁矿的规模及经济价值，远比阿尔果玛型铁矿重要得多。

"鞍山式"铁矿是我国前寒武纪所具有的、特征性的条带状铁矿床（BIFs），是我国最重要的铁矿类型，其储量在我国铁矿石总储量中占一半左右。20世纪初，我国地质学家首先在鞍山市附近对本区的条带状铁矿进行了地质调查，所以在中国通常把这种铁矿称为"鞍山式"铁矿。

西鞍山铁矿区位于鞍山市东南约17km处，与东鞍山矿区毗邻（图5-1）。

矿区内的地层主要为太古宇鞍山群、元古宇震旦系、下古生界寒武系、新生界新近系和第四系地层（表5-1）。

西鞍山铁矿床位于鞍山复向斜南翼（近东西向展布）西端，与东鞍山矿区毗邻，两矿床的矿体是相连的。由于太古宇鞍山群经历了鞍山运动、吕梁运动，受到了区域变质作用、混

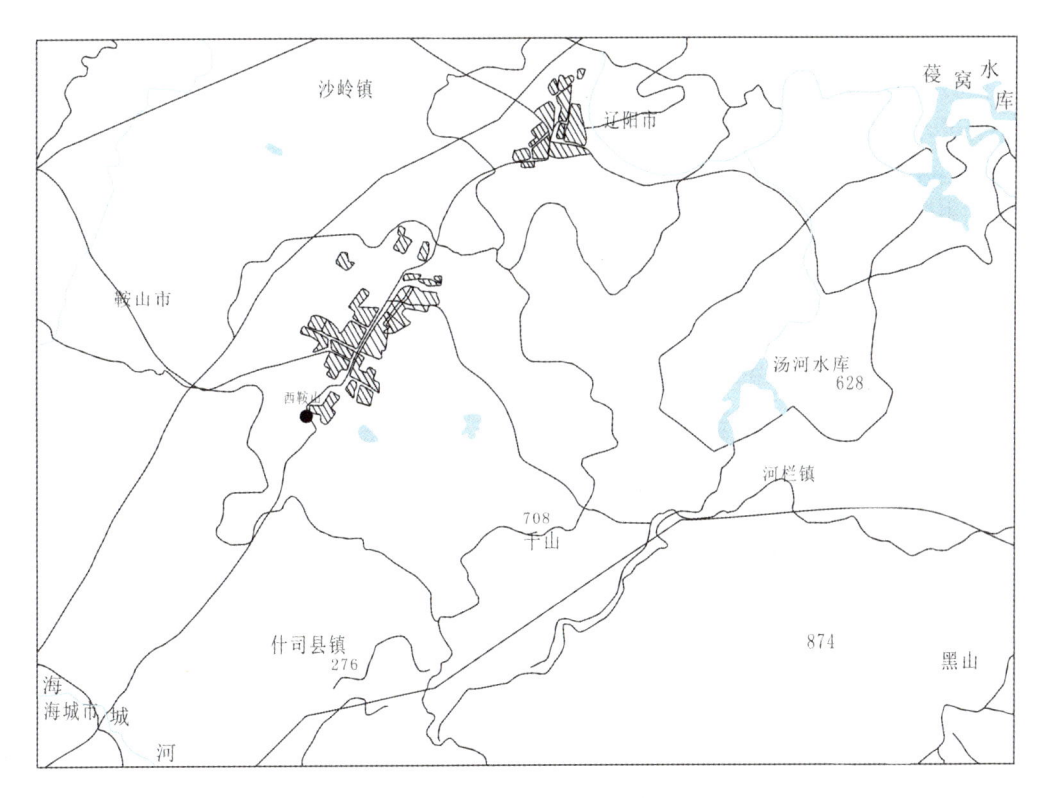

图 5-1 西鞍山铁矿区地理位置图（据张璟，2009）

表 5-1 西鞍山铁矿区地层表（据张璟，2009）

宇界	系	统	组	符号	岩性	厚度，m
新生界	第四系			Q	腐殖土、亚砂土、细砂、砂及砾石	0 ~ 50
	新近系			N	卵石、砾石及砂土（古河床冲击）	0 ~ 2
下古生界	寒武系	中上统		ϵ_{2-3}	石灰岩夹泥石岩、页岩	> 160
		下统	上组	ϵ_1^3	页岩夹鲕状灰岩	55 ~ 120
			中组	ϵ_1^2	底部为角砾状白云岩、白云岩及泥灰岩夹页岩	70 ~ 100
			下组	ϵ_1^1	白云岩夹泥灰岩	60 ~ 120
元古宇	震旦系		桥头组	Zq	石英岩及硅质页岩	5 ~ 100
			南芬组	Zn	上部为青灰色页岩，底部为紫色页岩	约 100
			钓鱼台组	Zd	石英岩夹硅质页岩薄层，底部有砾岩	10 ~ 100
太古宇	鞍山群		樱桃园组	Aph3	上部千枚页岩	> 300
				AFe	铁矿层	180 ~ 360
				Aph	下部千枚页岩	> 2 ~ 300

资料来源：鞍山冶金地质勘探公司 403 队，《辽宁省西鞍山铁矿床详细勘探地质报告》1983.6。

合岩化作用，以及后期各次构造运动和岩浆活动的干扰，因此西鞍山铁矿床的地质构造相当复杂，而较新的震旦系构造层的覆盖，又使老构造的辨认带来较大的困难。鞍山地区太古宙地壳经历了4个演化阶段：岩浆阶段、韧性变形阶段、静态重结晶阶段和脆性变形阶段（局部性）。

太古宇鞍山群构造层为矿区内的基底构造层，它由下部千枚岩、铁矿层及上部千枚岩层组成。其展布方向，东部为N70°W，西部为N45°W，呈一向南西凸的弧形。

震旦系构造层呈缓倾斜单斜层覆盖鞍山群构造层上，地层走向与太古宇鞍山群构造层基本一致，呈舒缓波状褶曲，超覆前震旦系所有的地层。古生代寒武系构造层在矿区内未见出露，只是在西部的钻孔中揭露一部分，它与震旦系构造层为平行不整合接触，岩层产状呈舒缓波状。

鞍山群为区域的古老结晶基底，在前震旦系鞍山群沉积之后，在地壳一定深度和一定的温度压力场内产生的区域变质作用使原火山—泥质—硅铁质沉积建造发生质变，转变为千枚岩（片岩）或变粒岩、角闪岩、含铁变质建造。

西鞍山铁矿是鞍山地区几个特大型矿床之一，规模巨大，西鞍山铁矿B级储量为1.60636×10^8t，占（B+C）储量8.18946×10^8t的19.6%。矿体为层状，矿层东部近东西向，西部呈N45°W方向展布。矿层倾向N10°～45°E，倾角上部矿体15°～25°，下部矿体40°～55°，局部可达60°。

矿层东西延长达4593m，向东与东鞍山矿层相连接，向西隐没于冲积平原之下。断裂构造严重地破坏了本矿床的完整性，首先早期断层F15将矿体分为上、下部两个矿体，而后期断裂F3、F6、F10和F14又将下部矿体分割成五段，因此按矿体的自然分割状态，将其划分为9个矿段。

本矿床铁矿石主要为贫铁矿石，富铁矿石极微。贫铁矿石主要可以分为磁铁石英岩和假象赤铁石英岩：

（1）磁铁石英：灰黑色，细粒结构、花岗变晶结构；条带状构造；条带黑白相间，白色条带多由石英组成，黑色条带主要由磁铁矿组成。有相当多的矿石中除了这两种主要矿物成分外，还含有相当数量的闪石矿物。由石英和磁铁矿为主组成的条带状磁铁石英岩，是本区中最主要的矿石类型，其储量占本区铁矿总储量的80%。

（2）假象赤铁石英岩：钢灰色、略带黄褐色，细粒结构、花岗变晶结构，条带状构造；条带黑白相间出现，白色条带多由石英组成，含少量假象赤铁矿；黑色条带主要由假象赤铁矿组成，其次为石英。此种类型也是本区的一种主要矿石类型，绝大部分产在鞍山矿田中。

西鞍山矿床地质特征如下：

（1）矿体规模巨大，单层厚超过200m，延长4500m以上，延伸超过1000m。

（2）条带状硅铁质层属于鞍山群，成矿年龄应该大于21亿年。

（3）条带状铁矿层及其上、下部千枚岩层，按化学成分判断应属于一套黏土质伴随有火山凝灰质的硅铁沉积建造。

（4）矿石品位较均匀，但矿层中部品位较高，上部矿石品位较低。上盘千枚岩中，靠近铁矿层部位有薄层铁矿层存在，证明铁矿层与上盘千枚岩在物质成分和含铁量的变化上是连续的，反映了含硅铁质岩层向黏土质物质的沉积分异现象。

（5）矿石的条带中有铁白云石和镁菱铁矿，往往与磁铁矿共生，证明这些矿物形成的物理化学条件是弱酸性或中性还原环境。

（6）混合岩化作用使铁矿层的铁硅质再分异，靠近混合岩的矿体下盘往往铁质被搬运而形成多孔疏松含绢云母的含铁石英岩或混合质的绢云石英片岩，局部地段矿体厚度受混合岩化作用而变薄。

实习路线二　辽宁清原树基沟铜锌矿矿床成矿特征

辽宁省清原满族自治县树基沟铜锌矿产于华北地台北缘东段的太古宙花岗岩－绿岩地体中，区内发育我国著名的太古宙 VMS 矿床——红透山铜锌矿，是我国典型的太古宙块状硫化物矿床分布区（图 5-2）。

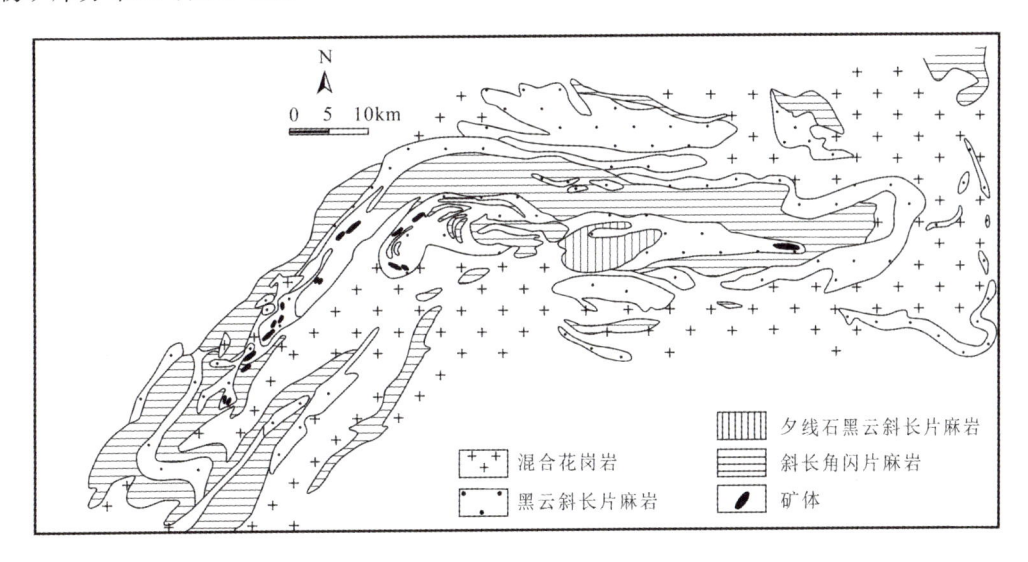

图 5-2　树基沟矿区地质略图（据张雅静等，2014）

矿区出露的地层为清原群红透山组树基沟段。清原群自下而上分为景家沟组、石棚子组、红透山组和南天门组，各组地层之间均呈不整合接触关系。其中，红透山组是一套以镁铁质－长英质火山岩为主，夹火山碎屑岩及少量沉积岩的沉积－火山建造，自下而上又可以分为树基沟段、红透山段和大荒沟段。树基沟段主要由黑云斜长片麻岩和斜长角闪片麻岩组成（图 5-2）。矿体主要产于黑云斜长片麻岩中，原岩推测为一套中酸性火山凝灰岩。

含矿围岩经历了温度条件为 600～560℃，压力为 0.8～1.6GPa 的高角闪岩相变质，岩石片理与岩性界线基本一致。整个树基沟矿区，构成太古宙绿岩带中的一个紧闭倒转向斜构造，两翼倾向均为 SSE，倾角 50°～60°，两侧岩层基本对称，顺层产出的矿体受褶皱作用的影响随地层发生褶皱，褶皱轴迹走向为 NEE。后期叠加轴部走向为 NNW 的宽缓褶皱构造使紧闭褶皱的轴迹发生弯曲。

矿体主要赋存于条带状黑云斜长片麻岩中，具有层控性的特点，局部产于斜长角闪片麻岩中，具有穿层的现象（图 5-2）。矿体产状与片麻理基本一致，呈似层状、脉状、囊状、似筒状等形态产出。当片麻岩片理发生局部小褶皱时，形成以斜切片理为主的裂隙与次要的层间或层内小裂隙，此时形成的矿体往往与片理不一致，分支复合现象明显。当层间裂隙与次一级的小裂隙共存时，在其交叉部位的矿体往往膨胀形成矿囊、矿巢或矿柱等筒状矿体，

-279-

铜锌元素的品位升高，但是仍沿一定的层位呈似层状分布。

另外，分布于树基沟层状矿体附近局部产出的直闪石片麻岩和金云母变粒岩可能是海底热液蚀变带变质后的产物。国外一些学者认为，在 VMS 矿床的形成过程中，下盘蚀变筒中 Mg 和 Al 的相对富集以及 Ca 和 Na 的相对亏损导致绿泥石岩的形成。在高级变质作用过程中，这种绿泥石岩就会被一些富 Mg 矿物如金云母、堇青石、直闪石和富 Al 矿物如夕线石和刚玉等替代。

矿区产出两种类型的矿石：

（1）矿物组合简单而稳定，主要金属矿物有黄铁矿、磁黄铁矿、闪锌矿与黄铜矿。脉石矿物有石英、金云母、绿泥石及方解石等。

（2）金属矿物以黄铁矿为主，其次为黄铜矿、少量闪锌矿、无磁黄铁矿、脉石矿物以石英为主，其次为重晶石、少量绿泥石和绢云母。

树基沟铜锌矿床赋矿围岩黑云斜长角闪片麻岩原岩为典型的火山弧岩浆作用产物。形成的构造背景大致为在俯冲带板块俯冲到地幔，在强烈的温度和压力作用下，俯冲板块发生脱水形成俯冲流体，导致地幔部分熔融形成岩浆，岩浆在海底构造薄弱地带向上运移、汇聚、喷发、固结成岩，并形成富含普通金属的岛弧火山岩。同时海水在补给处向下渗透，淋滤富含普通金属的火山岩中的成矿元素，在下部热的岩浆作用下（地幔柱？）向渗透性差的部位运移富集，富集的含矿流体沿着深渗透性的断裂构造喷出地表，热的含矿流体与冷的海水作用在喷流口形成块状硫化物矿床。在鞍山运动期间，发生大规模火山活动，同时伴有同期碰撞花岗岩侵入，混合岩化和区域变质作用使最初形成的火山岩进一步变质变形形成片麻岩，同时也使块状硫化物矿床富集并发生变质变形。

第二节　吉林省境内重要矿产实习路线描述及教学内容

实习路线一　磐石市西错草硅灰石矿床

西错草硅灰石矿位于磐石市北东约 40km 处，赋存于古生界寒武—奥陶系小三个顶子组硅质条带及硅质结核大理岩中，矿体呈似层状，受地层、岩浆岩、构造控制。

矿区内出露地层为寒武—奥陶系小三个顶子组大理岩段（$\epsilon-Ox^2$），主要岩性为白色、灰白色大理岩、硅质结构及硅质条带大理岩，局部夹有白云质大理岩、碎屑岩等（图 5-3）。地层总体走向为 320°，倾向南西，倾角 60°～80°，出露厚度 265m，根据岩性组合及含矿性自下而上划分为三层。

（1）大理岩夹碎屑岩层（$\epsilon-Ox^{2-1}$）：由白色厚层大理岩、硅灰石化大理岩夹石英砂岩组成，见有零星硅灰石矿化，出露厚度 61.6m。

（2）硅质条带及硅质结核大理岩层（$\epsilon-Ox^{2-2}$）：其岩性为灰白、白色大理岩、硅质条带及硅质结核大理岩夹薄层石英砂岩及透镜体状的白云质大理岩，出露厚度 243m。该层为含矿层，全部硅灰石矿体赋存在该层中。

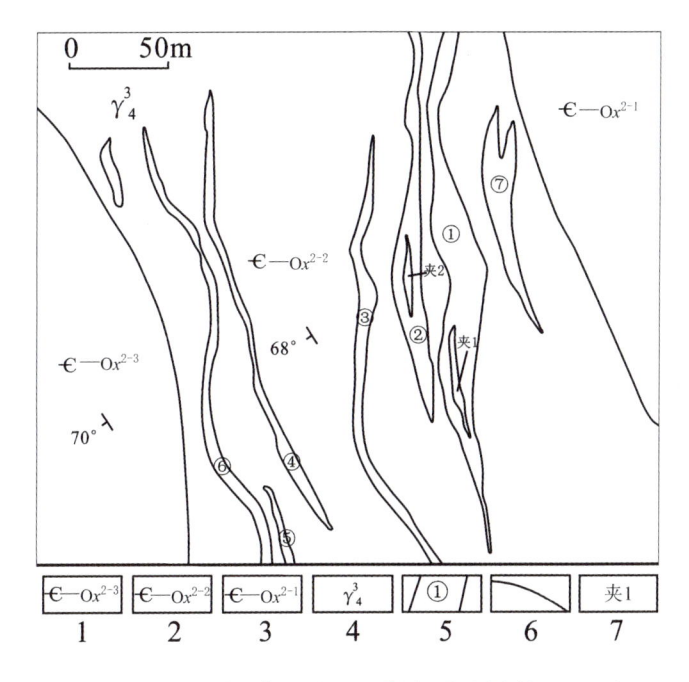

图 5-3　西错草硅灰石矿区地质图（据刘小楼，2002）

1—含硅质条带大理岩层；2—硅质条带、硅质结构大理岩层；3—大理岩夹硅质岩层；
4—花岗岩；5—矿体及编号；6—实测及推测岩层界线；7—夹层及编号

（3）大理岩、含硅质条带大理岩层（$\epsilon-Ox^{2-3}$）：由灰白、白色大理岩、含硅质条带大理岩、含硅灰石大理岩等组成，偶见薄层硅灰石矿，但未发现工业矿体，出露厚度53m。

矿区内岩浆岩不发育，华力西期黑云母花岗岩呈岩株或脉状侵入小三个顶子组中，分布在矿区边缘北西部，面积较小。黑云母花岗岩为灰白色，花岗结构，块状构造。矿物成分有：钾长石，他形粒状，粒径 2～3mm，含量40%；斜长石，他形粒状、长柱状，有聚片双晶，粒径 1～2mm，含量29%；石英，他形粒状，粒径 1～2mm，含量25%；黑云母，片状，含量5%；角闪石很少。

区域变质岩类型主要有石英砂岩和大理岩。

（1）石英砂岩：灰色、黑灰色，花岗变晶结构、变余砂状结构等，块状构造、变余层状构造。矿物成分主要为石英，粒状、含量70%～85%，其次为黑云母、绢云母、透辉石等，含量15%～30%。

（2）大理岩：乳白色、灰白色、白色，粒状变晶结构，块状、条带状构造，主要由方解石组成，依其出现的变质矿物组合及构造特征进一步划分见表5-2。

表 5-2　大理岩矿物共生组合（据刘小楼，2002）

岩石名称	主要矿物共生组合
硅质条带大理石	方解石、石英
含硅质结核大理岩	方解石、石英
硅灰石大理岩	方解石、硅灰石、石英
白云质大理岩	方解石、白云石、透闪石
大理岩	方解石

矿床由7个矿体构成含矿带。含矿带地表出露长400余米，宽近200m。含矿带总体走向320°，倾向南西，倾角60°～80°。

矿体属似层状或透镜状，平行分布。矿体长度不等，一般在200～300m之间，矿体最大真厚度17.57m，平均厚度一般为2～5m，勘探深度在350m（标高）以上，垂深在140m以内。从地表探槽和深部钻探结果看，矿体沿走向、倾向均有一定的延伸。

硅灰石以条带状赋存于硅质条带大理岩中，条带一般宽20～40cm，形态不甚规则，与硅质条带相间产出，常有分枝和复合现象。硅质条带一般宽10～20cm，在局部地段，硅灰石和硅质条带密集排列呈条带状。

矿石主要由硅灰石、方解石、石英组成，含有少量透辉石、石榴子石等。矿石中主要矿物含量见表5-3。

硅灰石呈白色、乳白色，具玻璃光泽，晶体多为柱状、纤维状，少量为粒状晶体，晶体一般长2～5cm，最大可达10cm以上，地表风化后呈土状，多为灰色或浅黄色，极似生石灰。

表5-3　主要矿体矿石中矿物含量（据刘小楼，2002）　　　　　　　　　　　　　%

矿体编号		硅灰石	方解石	石英	透辉石	石榴子石
矿床①	变化范围	46.79～92.24	1.63～29.21	0.85～12.59	2.11～16.09	0.53～5.79
	平均值	78.07	6.48	4.94	6.57	1.65
矿床②	变化范围	45.71～84.08	1.45～45.55	2.40～23.54	3.78～13.88	0.49～2.43
	平均值	67.57	13.13	8.86	8.13	0.77
矿床③	变化范围	52.80～88.96	1.48～8.88	1.04～23.33	2.54～27.40	0.75～6.84
	平均值	71.83	5.21	7.95	11.15	2.18

硅灰石矿床的形成受地层岩性、岩浆岩和构造的控制，它们互相制约、三者缺一不可，是硅灰石矿生成的地质条件。

西错草硅灰石矿体赋存于寒武—奥陶系小三个顶子组（$\epsilon—Ox^2$）大理岩、硅质条带大理岩层中，受原岩层及岩石矿物组分所制约。矿体呈似层状或透镜状产出，矿体与围岩产状基本一致，具层控性。

硅灰石矿体产于华力西期花岗岩或花岗闪长岩的侵入岩体的附近。受岩体的穿插、破坏，小三个顶子组支离破碎，接触边界不规则，呈港湾状或呈捕房体状产出，接触面积大，为成矿提供了足够的热源，特别是捕房体对成矿更为有利。

矿床处于北西向、南北向两组区域断裂的交汇部位，岩浆活动强烈，断裂为岩浆的侵入提供了通道及空间。岩浆岩侵入小三个顶子组中，使含硅质大理岩层受热变质形成硅灰石矿体。构造控制了各期岩浆的活动，也控制了小三个顶子组的分布。

小三个顶子组含硅质大理岩为硅灰石矿体的生成提供了硅质和钙质；断裂为岩浆的侵入提供了通道及空间；华力西期的酸性侵入岩提供了足够的热源，使富含硅质大理岩在新的物理化学条件下进行新的矿物组合，生成了硅灰石矿，剩余的钙质和硅质呈方解石、硅质团块残留在原层位中，其反应式如下：

$$CaCO_3+SiO_2 \longrightarrow CaSiO_3（偏硅酸钙）+CO_2\uparrow$$

硅灰石矿床经区域变质、接触变质两次作用而形成，矿体形态较规则，多为似层状或透镜状产出，矿体与围岩产状基本一致，硅灰石矿床受小三个顶子组硅质条带大理岩层所控制，因此，西错草硅灰石矿床属层控接触变质矿床。

实习路线二　通化东热石膏矿地质特征及找矿方向

通化市东热石膏矿位于中朝准地台辽吉台隆太子河—浑江坳陷的浑江上游凹陷西南段，行政区划隶属吉林省通化市鸭园镇东热村，位于东热村南侧。在矿区出露地层中，寒武系最为发育，并以歪头砬子山为中心呈椭圆封闭环带分布；震旦系仅出露于矿区周边。出露地层包括震旦系八道江组（Z_1b），寒武系黑沟组（ϵ_1h）、碱厂组（ϵ_1j）、馒头组（ϵ_1m）、毛庄组（ϵ_1mo）、徐庄组（ϵ_2x）、张夏组（ϵ_2z）、崮山组（ϵ_3g）、长山组（ϵ_3c）、凤山组（ϵ_3f）（图5-4），具体岩性如下所述。

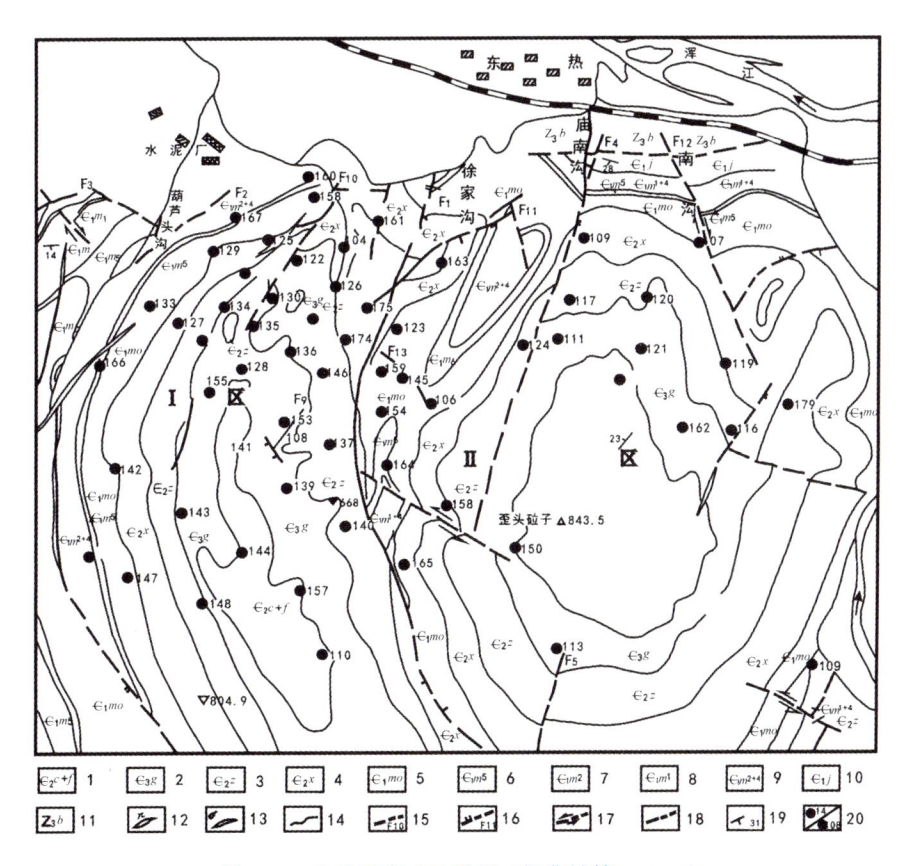

图 5-4　东热石膏矿地质图（据曹健等，2017）

1—长山凤山组灰绿色薄层灰岩夹竹叶状灰岩；2—崮山组灰紫色粉砂岩竹叶状灰岩；3—张夏组白色厚层灰岩；
4—徐庄组灰绿色粉砂岩夹灰岩；5—毛庄组紫—紫色云母粉砂岩为主；6—馒头组砖红色泥岩段；
7—馒头组下部含膏岩段，上部含膏岩段未分；8—馒头组砾岩段；9—馒头组未分；
10—碱厂组沥青质灰岩、白云质灰岩；11—八道江组灰白色厚层叉叠层灰岩；
12—正长斑岩；13—闪长斑岩；14—地质界线；15—实测及推测正断层及编号；16—实测及推测及逆断层；
17—平推断层；18—性质不明断层；19—地层产宜状；20—钻孔及编号

震旦系八道江组（Z_1b）：仅见其上部灰白色厚层状叠层石灰岩。
寒武系下统黑沟组（ϵ_1h）：紫红色中厚—薄层含磷海绿石粉砂岩、细砂岩，底部有 0.02～0.05m 胶磷砾岩。
寒武系下统碱厂组（ϵ_1j）：深灰色中厚层白云质灰岩、沥青质灰岩，底部为含燧石角砾钙质砂岩。

寒武系下统馒头组（ϵ_1m）：主要由一套砖红—紫红色细碎屑岩、青灰色碳酸盐、石膏、硬石膏、白云质水云母泥岩、砾岩等组成不同级别和规模的多韵律结构地层。根据地层层序、沉积韵律、岩性岩相、含石膏性将其自下而上划分为五个岩段：

（1）砾岩段（ϵ_1m^1）：紫灰色、杂色砾岩和角砾岩相组成。砾石成分主要为条带状灰岩、粉砂岩、白云质灰岩。该段厚度为 4.21～45.1m。

（2）下部含石膏岩段（ϵ_1m^2）：灰色—深灰色微晶白云质灰岩，纹层含黄铁矿白云岩夹硬石膏层与含石盐假晶泥晶白云岩。该段厚度为 1.69～15.5m。

（3）粉砂岩与碳酸岩互层岩段（ϵ_1m^3）：紫红色复矿（长石、石英粒径>0.05mm）粉砂岩、含粉砂白云岩、泥质白云岩、层纹白云质灰岩、含叠层石白云质灰岩、角砾状白云岩，具鸟眼结构；偶夹 1～3 层石膏矿层，不具工业意义；厚度为 23～63m。

（4）上部含膏岩段（ϵ_1m^4）：为区内重要含膏岩段。主要为紫红色细砂岩，粒径 0.03～0.05mm；灰色微晶白云质灰岩；纹层状含膏白云岩、石膏、泥质石膏；层纹石叠层石白云质灰岩以及一套次生灰岩、膏溶角砾岩组成。该段地表多为次生灰岩，膏溶角砾岩，与矿层层位相当，属于淋湿带产物。该段厚度为 11.4～46.8m。

（5）砖红色泥岩段（ϵ_1m^5）：砖红色，块状结构、泥质结构，主要为水云母及白云石组成，有少量石英、石膏粉砂晶屑，具微细层理。该段底部纤维石膏一般为 1～3mm。该段厚度为 10.35～42.08m。

寒武系下统毛庄组（ϵ_1mo）：猪肝色云母质粉砂岩夹多层细砂岩，少量含海绿石鲕状灰岩，底部有 1～2 层含黄铜矿、黄铁矿化灰岩（Cu 含量 0.01%～0119%）。该组厚度 42.8～130m。

寒武系中统徐庄组（ϵ_2x）：紫灰色—黄绿色粉砂岩，夹少量含海绿石生物碎屑灰岩，顶部有灰绿色粉砂质页岩与灰岩互层。该组厚度 45.4～137m。

寒武系中统张夏组（ϵ_2z）：灰白色厚层灰岩、生物碎屑灰岩，含海绿石鲕状灰岩；厚度为 51.72～146.23m。

寒武系上统崮山组（ϵ_3g）：紫色薄层粉砂岩、粉砂质页岩夹竹叶状灰岩。厚度为 60～108.40m。

寒武系上统长山组、凤山组（ϵ_3c+f）：灰紫—灰绿色薄层粉砂岩、粉砂质页岩夹竹叶状灰岩，上部为薄层灰岩、条带状灰岩、黄绿色页岩；厚度>150m。

矿区位于浑江向斜西南部，为次级向斜盆地。经后期构造影响，盆地内发育次一级小褶曲和部分断层，属简单至中等构造类型。向斜为本区基本的构造形式，控制着石膏矿床的产状、形态及其分布。由盆地边缘至中心，依次出现寒武系下统各组地层。东西向断层为区内最早形成的断层，经受后期构造破坏，零星分布于矿区北部边缘地带，对矿床无影响，属于南倾的正断层。

在通化市东热一带含膏岩系层序如下：

上覆地层：毛庄组猪肝色粉砂岩

-- 整　　合 --

13. 砖红色含石膏粉砂岩、粉砂质泥岩	33.50m
12. 石膏、泥膏及含石膏粉砂岩	3.25m
11. 青灰色、紫灰色粉砂岩，水平层理发育	0.52m
10. 青灰色石膏白云质灰岩	1.50m
9. 紫色含石膏粉砂岩，含石盐假晶	10.40m

8. 含石膏白云质灰岩 1.10m
7. 硬石膏层 0.30m
6. 紫色含石膏粉砂岩、灰色钙质粉砂岩夹泥质灰岩 2.64m
5. 青灰色、灰紫色粉砂岩、钙质粉砂岩，夹有两层石灰岩，产 Redlichia sp. 1.50m
4. 青灰色与紫色粉砂岩互层，其间含石膏细脉 27.88m
3. 硬石膏层、含石膏白云质灰岩 0.58m
2. 灰紫色含石膏砂岩、石盐假晶发育，沿裂隙面有石膏细脉充填 11.23m
1. 深灰色杂色砾岩，砾石成分主要为粉砂岩、条带状灰岩、在砾岩裂隙间有石膏细脉充填 2.26m

～～～～～～～～～不整合～～～～～～～～～

下伏地层：碱厂组沥青质、白云质灰岩

根据岩石类型、结构组分、元素组合、沉积构造等综合标志，将辽吉南部下寒武统馒头期确定为过渡相带：局限海台地相—台地蒸发相的潮坪、潟湖环境（图5-5）。

馒头组沉积期该区北部、西部铁岭—靖宇古陆与南部的千山狼林古陆表现为平原地形特点，而由北向南出现的柳海辉盆地、龙岗水下高地、浑江盆地、老岭水下高地、鸭绿江上游长白海盆及辽阳海侵犯，其基底平缓，接受来自南西太子河方向海侵，形成以陆表海为特征的潮坪—潟湖古地理景观。

就浑江盆地而言，海盆呈北东向延伸。从沉积韵律、岩相组合、沉积厚度分析，该海盆自南西向北东依次出现（鹿圈子洼地、东热洼地、下四平洼地、浑江—大阳岔洼地、湾沟洼地）5个洼地与3个水下高地（铁厂—梯子沟水下高地、旱沟水下高地、大东水下高地）。上述5个洼地被数个水下高地相隔（图5-6）。

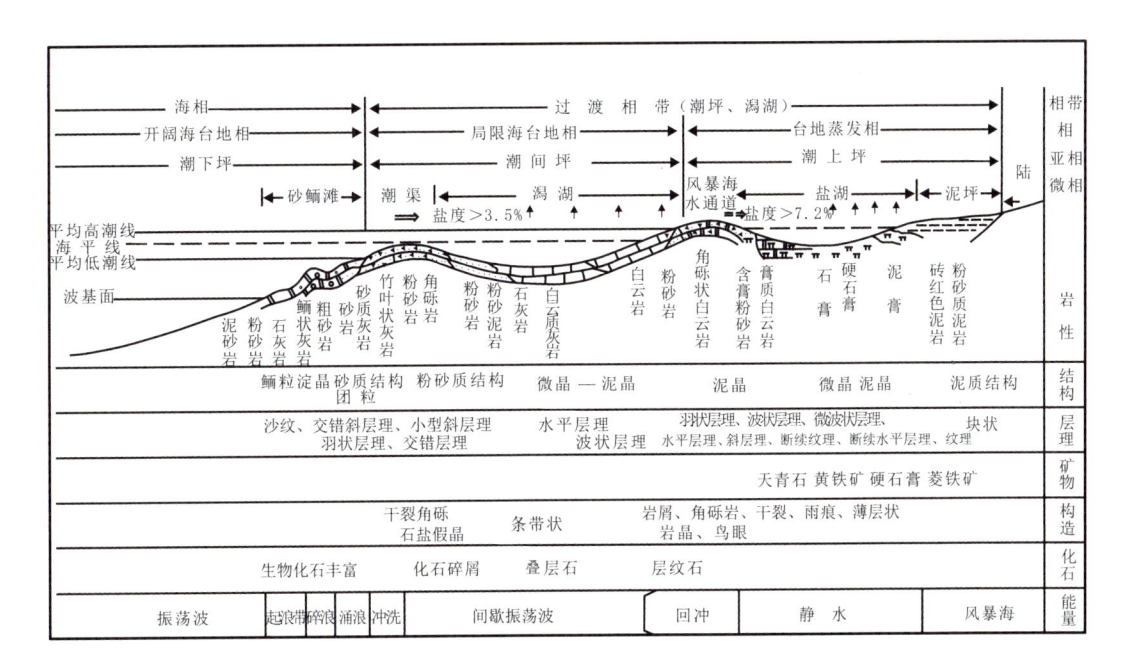

图5-5 潮坪、潟湖沉积模式图（据何云霞等，2008）

矿石主要矿物成分为石膏、硬石膏、白云石、方解石、水云母等黏土矿物，含少量石英、玉髓、赤铁矿、菱锰矿以及磷灰石、电气石等。石膏、硬石膏多呈显微薄层状、杂纤维

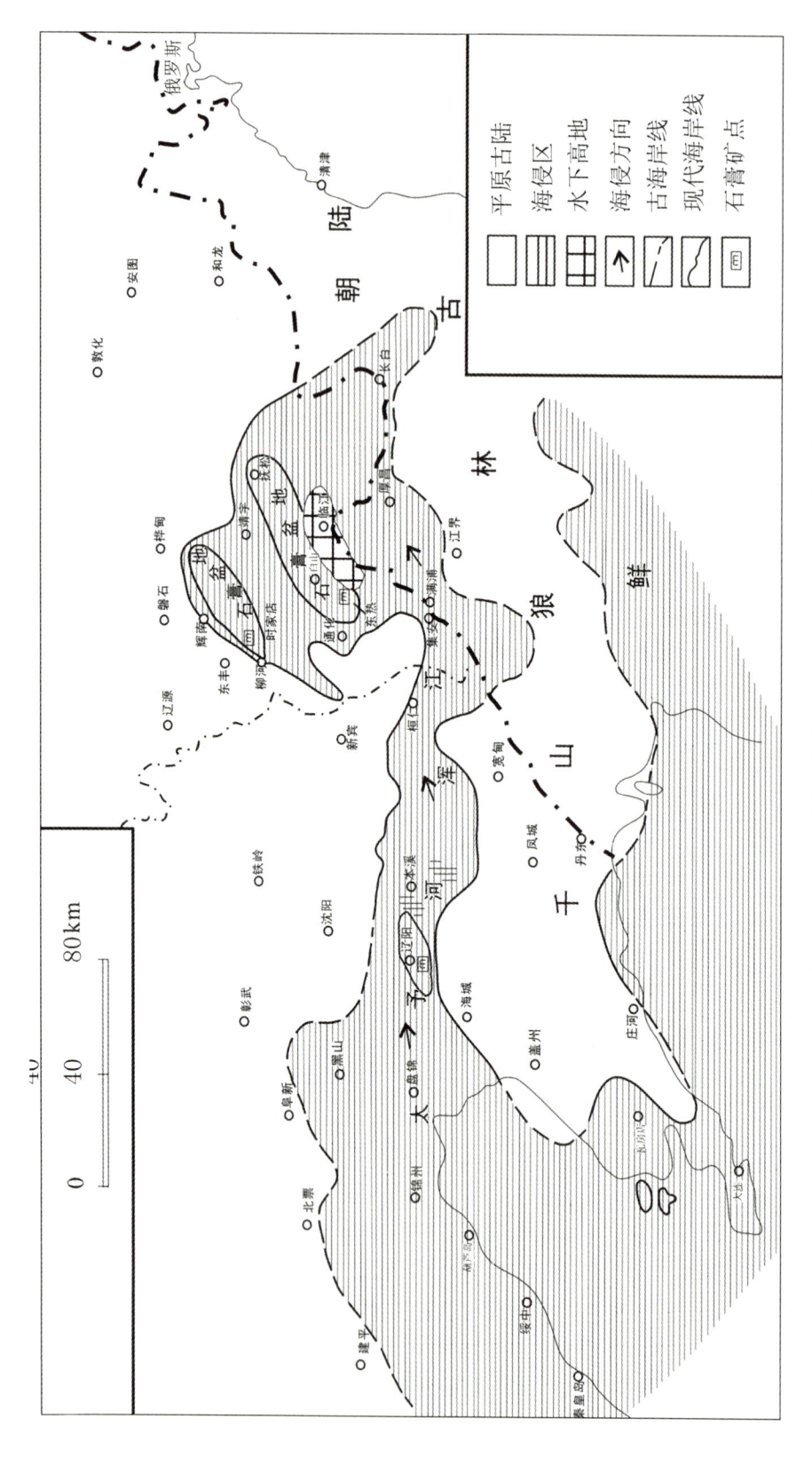

图 5-6 辽吉南部早寒武世馒头期古地理示意图（据何云霞等，2008）

状集晶体、似脉状、团块状，沿层理、节理、裂隙、空洞充填和交代，有的以胶结物形式出现。石膏矿物含量、结构构造、赋存形式，视矿石类型不同而异。

根据矿石组合、结构构造，结合产出地质环境，将东热石膏矿石分为4个基本自然类型：

（1）块状晶质硬石膏：结晶块状结构，花岗变晶结构。主要成分为硬石膏，含量80%～90%；其次为石膏（3%～12%）、白云石（3%～7%），还有微量黏土矿物。硬石膏多呈半自形板柱状、柱状及集晶体，粒径多在0.05～0.2mm左右，具聚片双晶。石膏呈杂纤维脉状交代硬石膏，两者界线模糊，为硬石膏水化作用产物。此类型品位$CaSO_4$含量在90%以上。

（2）块状晶质石膏：块状结构、纤维结构、鳞片显微结构、花岗变晶结构。石膏含量为80%～90%，含少量硬石膏、白云石、方解石等。石膏多呈半自形板状晶粒和纤维状、雪花状集晶体。晶粒一般0.5～1mm。在石膏集晶体中常见有硬石膏斑状残晶与白云石呈菱面体分布于石膏晶体之中。矿区石膏岩顶部常见角砾状、斑状结构的角砾状白云质石膏。矿石品位$CaSO_4 \cdot 2H_2O$含量均大于80%。

（3）白云质石膏：具有工业意义，主要为微细层构造、块状构造，纤维状结构、粒状结构。石膏含量在60%以上，硬石膏含量3%～7%，白云石含量大于25%，还有少量水云母、微量玉髓等。石膏呈杂纤维状集合体沿裂隙充填呈脉状。矿石品位$CaSO_4 \cdot 2H_2O+CaSO_4$含量为62%左右。

（4）含白云石泥质石膏：微细层状构造，微粒—细粒结构。石膏呈长板粒状或集晶体及平行纤维状与泥晶白云岩、水云母、黏土矿物相互更替组成密集微层理。纹层厚0.5～1mm。石膏含量大于50%，硬石膏含量在3%～5%，水云母等黏土矿物在25%～35%，白云石含量在5%～10%，还有少量方解石、石英、玉髓、赤铁矿、黄铁矿以及电气石、磷灰石等混入物。

此外还有石膏—硬石膏、硬石膏—石膏过渡类型，属低品位石膏矿床，可做水泥缓凝剂。

浑江盆地石膏成矿规律如下：

（1）成膏盆地均处于中朝准地台内部坳陷区，严格受其Ⅳ级构造单元浑江坳陷与柳海辉坳陷制约，而坳陷又有多个洼地分布，这些局限洼地就是石膏形成富集的场所。

（2）含膏岩系的形成是以局限海为特征的潮坪、潟湖环境，控矿微相属于微咸化潟湖藻坪盐池、潮上坪萨勃哈两个序列，纵向上具有鲜明的旋回性，横向上具环带性。

（3）含膏岩系属于稳定的蒸发式白云岩型蒸发岩建造。区域具有共性，分布稳定，受纹层状藻白云岩—石膏，砂屑、粉屑状泥质白云岩，粉屑含泥白云岩—粉屑含泥白云质石膏—粉屑白云岩—粉屑状含泥膏质白云岩—粉屑状含泥白云质石膏所制约。石膏与纹层状藻白云岩，特别是馒头组Ⅲ岩段石膏与粉屑状泥质白云岩密切共生是该区石膏矿层的两个普遍规律。

（4）本区的局部地段，石膏赋存在纹层状藻白云岩之上，石膏与纹层状藻白云岩有规律地组合，藻席层在短距离内有规律地分布。相反分布较广的是含泥白云质石膏赋存在砂屑—粉屑状泥质白云岩之上的组合，具有较广泛意义，即馒头组沉积期早、中期形成的石膏是局部的；馒头组沉积期形成的石膏才具有区域上的普遍意义。

浑江盆地馒头组沉积期由南西向北东依次分布7个洼地，即鹿圈子、东热、下四平、浑江、大阳岔、湾沟以及样子哨洼地等。这些低洼地段，均具有成膏有利条件。目前东热石膏矿、下四平石膏矿、大阳岔石膏矿已初步探明，应继续对其外围进行勘查，并对鹿圈子、湾沟以及样子哨等洼地，选择有利部位开展找矿工作。

实习路线三　吉林省大阳岔金矿床地质特征及成因探讨

大阳岔金矿床位于东西向兴华白头山天池断裂带与NE向老岭复背斜的复合部位，老岭复背斜北东端"横路岭—荒沟山—四平街"S形构造的NE弧形转弯处。

矿区出露地层主要为太古宇杨家店组（图5-7），其次是分布在矿区东侧的中元古界老岭群达台山组和珍珠门组新元古界青白口系分布在矿区北侧。杨家店组主要沿老岭背斜轴部呈NE向展布，出露面积约280km^2，主要岩性为混合花岗岩、斜长角闪岩。混合花岗岩与典型的岩浆侵入体有着明显的差异，在短距离内混合花岗岩中的暗色矿物（含Bi、Sb）局部呈聚集体出现，含量高；局部范围内岩石中常见矿物粒度变化大。通过对矿区不同岩石的微量、定量元素分析表明：混合花岗岩和斜长角闪岩均有较高的含金背景值，为地壳平均金丰度的3～10倍左右。这说明杨家店组可能为金矿成矿的初始矿源层。

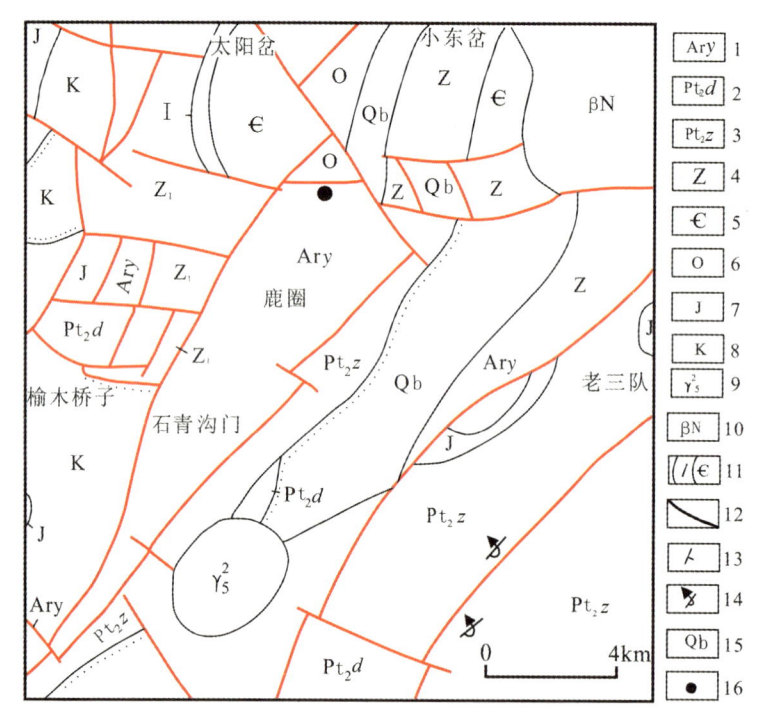

图5-7　矿区地质图（据周斌等，1999）

1—杨家店组；2—达台山组；3—珍珠门组；4—震旦系；5—寒武系；6—奥陶系；7—侏罗系；
8—白垩系；9—花岗岩；10—玄武岩；11—地层界线；12—断层；13—地层产状；
14—倒转褶皱产状；15—青白口系；16—金矿点

区内岩浆活动主要有二期，与矿化关系较为密切的为太古宙混合花岗岩。它是太古宙经混合交代重熔形成的花岗岩杂岩体，是高度混合岩化作用的产物，主要分布在老岭背斜的轴部。矿区所见混合花岗岩与后期地层呈断层接触，为残块状，无后期沉积物覆盖，表明其形成后受构造活动的影响有可能处于长期隆起的状态；其内部相变不明显，且常见有老变质岩的残留体。矿区南部有多个燕山期中酸性侵入体呈小岩株产出，主要岩性为花岗岩、花岗闪长岩类。

矿区构造以断裂为主，褶皱构造不明显。断层以近 EW 向、NE 向为主，此处还有 SN 向和 NW 向断裂。近 EW 向断裂属于兴华白头山纬向构造带之西川杨木斜冲断带的组成部分，是矿区最主要的构造之一，形成时间最早，与区域上鞍山运动形成的 EW 向构造痕迹为同期产物，长期活动。由于受后期构造运动的影响和改造，原有构造形迹的性质和运动方向发生改变。如因受 NE 向构造作用的影响，构造的走向由东西向归并为 NEE 向（70°~85°）；断裂性质由早期的压性变为压扭性。矿区已知矿化带及矿体均受该组断裂控制，走向一般为 70°~85°，倾角为 60°~70°，倾向 SE。NE 向构造形迹主要为与老岭背斜同步的一系列压扭性断裂，它们切割、牵引、复合了东西向断裂，控制了震旦纪、古生代地层的展布，这些地层走向一般为 40°~50°，SE 向缓倾斜。NW 向断裂为张扭性构造，形成较晚，大部分切割其他构造线。南北向断裂在矿区内少见，属于成矿期后断裂，在坑内可见其切割矿体，使石英脉微错动。

大阳岔金矿床由主石英脉群（Ⅱ号矿化蚀变带）、北侧平行石英脉群（Ⅰ号矿化蚀变带）、南侧平行石英脉群（Ⅲ号矿化蚀变带）组成，目前仅在主石英脉群中发现有工业矿体。主石英脉群产在近东西向（N85°E）压扭性构造中，矿（化）体围岩为混合花岗岩、斜长角闪岩，矿体与围岩界线较清楚。主矿化带已控制长度 3000m，由平行侧列的 8 条脉体组成，编号为Ⅱ-1~Ⅱ-8。矿体呈脉状、透镜状等形式产出，单个矿体控制长 10~80m，宽 0.25~3.80m，金品位（0.58~32.1）×10^{-6}（平均品位），具有平行产出、成群成带分布的特点。矿体产状走向 70°~90°，倾角 50°~60°，倾向 SE。总体上看，无论沿走向还是沿倾向延伸，含矿石英脉均连续稳定，宽度、产状变化不大，后期构造的破坏作用也不大，但矿体品位分布较不均匀，厚度变化也较大。

目前已知金矿（化）体中，以Ⅱ-1 规模最大。通过槽探、坑探、钻探等工程控制，含矿石英脉带全长 3000m，十分稳定，走向 N75°E，倾角 60°，倾向 SE。Ⅱ-1 矿体在 6~13 线间，地表 8 个槽探工程控制延长 400m，矿体宽 0.25~3.80m，平均 1.13m；金品位（1.07~68.60）×10^{-6}，平均 29.91×10^{-6}。通过含矿石英脉打坑道进行探矿，在 6~3 线间已连续控制 21 号矿体（含硫化物石英脉），长 170m。其中 2~3 线间为工业矿体，长 88m，宽 0.20~0.75m，平均 0.38m，金品位（3.60~82.70）×10^{-6}，平均 12.97×10^{-6}；4~2 线为矿化体，长 37.4m，平均宽度 0.23m，金品位（1.48~4.07）×10^{-6}，平均 3.82×10^{-6}。矿区钻探表明，Ⅱ-1 号脉在深部斜深 200m 处也存在，其中 3 个钻孔探到工业矿体，矿体厚度与地表、坑道所揭露的厚度基本一致，变化不大；金品位变化与硫化物含量呈正消长关系。

矿区其他矿（化）体走向一般为 70°~90°，倾角 50°~60°，倾向 SE。矿体规模较小，厚度、品位变化均较大，主要为含金硫化物石英脉型。

矿石主要矿物有黄铁矿、方铅矿、黄铜矿、闪锌矿、自然金，氧化物矿物有褐铁矿、孔雀石、蓝铜矿等。矿石中硫化物含量较少，为少硫化物矿石。脉石矿物以石英为主，仅有少量长石、方解石、绢云母等，它们可能是石英脉捕虏围岩的蚀变矿物。

矿石结构有：

（1）他形粒状结构：黄铁矿、方铅矿、闪锌矿、黄铜矿等呈他形粒状分布在矿石中，此结构是矿石主要结构之一。

（2）网状结构：方铅矿沿黄铁矿裂隙充填交代，构成网状结构。

（3）溶蚀包含结构：方铅矿交代且包含黄铁矿、闪锌矿。

（4）乳滴状结构：黄铜矿（黄色）呈无序乳滴状分布于闪锌矿中。

（5）碎裂结构：黄铁矿受构造应力作用而破碎，裂纹发育，形成碎裂结构。

（6）交代侵蚀结构：方铅矿沿黄铁矿裂隙交代黄铁矿。

矿石构造包括：

（1）浸染状构造：金属硫化物呈浸染状分布在石英脉中，一般以稀疏浸染状为主。

（2）块状构造：金属硫化物局部集中呈团块状分布在石英脉中。

（3）网脉状构造：金属硫化物细脉沿石英脉裂隙充填交织成不规则网状。

（4）脉状构造：金属硫化物呈细脉状分布在矿石中。

（5）蜂窝状构造：金属硫化物集合体经氧化流失后留下许多孔洞，呈黄褐色，这种构造在Ⅱ-1矿体近地表部位可见。

按矿物组合，将该区矿石划分为4种类型：

（1）含金黄铁矿矿石：金属矿物主要为稀疏浸染状黄铁矿，含量小于5%。该类型矿石品位较低，主要分布在Ⅰ号带。

（2）含金方铅矿矿石：金属矿物方铅矿呈集合体形式存在，含量大于80%。该类型矿石品位很低，大多小于1×10^{-6}，达不到工业品位，主要分布在Ⅱ-1号矿脉的上部近地表位置。

（3）含金多金属硫化物矿石：金属矿物主要有黄铁矿、方铅矿、黄铜矿、闪锌矿，金品位一般为$(3\sim10)\times10^{-6}$，个别可达100×10^{-6}，是矿区的主要工业矿石类型，具团块状、浸染状、细脉状、网脉状构造。

（4）含金氧化矿石：受后期风化淋滤作用影响，金属矿物已被氧化成褐铁矿、蓝铜矿、孔雀石等，具蜂窝状构造，在矿体近地表位置常见，是本区的一个重要找矿标志。

矿床内围岩蚀变强烈，主要有硅化、绢云母化、黄铁矿化、碳酸盐化等；矿脉两侧的蚀变宽度一般为0.5~3m，从矿脉向两侧，蚀变作用逐渐减弱，并且因围岩性质不同而异。黄铁绢英岩化主要发育在矿体围岩混合花岗岩中，远离矿体则以硅化、弱硅化为主；碳酸盐化、纤闪石化、绢云母化多发育于斜长角闪岩中。各种蚀变作用在各矿化阶段均有不同的发育，与矿化关系密切的蚀变作用主要为硅化和黄铁矿化。

矿区位于兴华白头山天池东西向构造与NE向老岭复背斜的复合部位，东西向断裂形成较早，并且由于长期活动，为赋存在岩石中的金不断活化和迁移提供了有利通道、富集空间和足够的地质能量。太古宇老变质岩基底（即高级变质区岩石）中普遍含有丰度较高的Au、Ag、Pb等，形成了含金丰度相对较高的矿源层。区域性的混合岩化作用是以升温和碱质交代为特征，对于溶解围岩中的金并使其活化迁移十分有利。断裂破碎带所产生的压力差使成矿元素从两侧向破碎带迁移、聚集，最终富集成有工业意义的金矿床。

实习路线四　通化县水洞磷矿

含磷岩系主要分布在寒武系下统水洞组及毛庄组，如水洞大中型磷矿床、长白半截沟磷矿床及白山市大阳岔磷矿。含磷岩系为一套碎屑岩夹碳酸盐岩。

在通化县水洞一带，含磷岩系层序如下：

上覆地层：黑沟子组

-- 整　　合 --

14. 土黄色钙质粉砂岩，含磷　　　　　　　　　　　　　　　　　　　　　　　6.32m

13. 灰至黄褐色薄层状含长石粉砂岩、细砂岩，见胶磷矿碎屑　　　　　　　　6.15m

12. 紫色至黄绿色薄层粉砂岩，含磷　　　　　　　　　　　　　　　　　　　7.83m

11. 暗灰色胶磷砾岩、砂岩　　　　　　　　　　　　　　　　　　　　　　　0.39m

10. 灰绿色胶磷砾岩，含大量小壳动物化石。含磷高达 22.8%

9. 灰紫色中厚层含铁质磷块岩　　　　　　　　　　　　　　　　　　　　　3.76m

8. 灰绿色中厚层状海绿石、砂质磷块岩，层面具有波痕和雨痕　　　　　　　2.34m

7. 灰色中厚层状砂质磷块岩与黄绿色薄层状砂质磷块岩互层　　　　　　　　4.23m

6. 灰紫至黄绿色中层状粉砂质细砂岩含磷　　　　　　　　　　　　　　　　5.68m

5. 紫色至黄绿色中薄层状胶磷砾岩，含 P_2O_5 高达 15.1%，含有丰富的小壳动物化石
　　　　　　　　　　　　　　　　　　　　　　　　　　　　　　　　　　3.96m

4. 紫红色薄层状粉砂岩，局部夹粉砂岩海绿石铁质细砂岩，具波痕及干裂构造，含磷并产化石　　　　　　　　　　　　　　　　　　　　　　　　　　　　　　　3.56m

3. 紫红色含砾粉砂岩，含磷高达 11.5%　　　　　　　　　　　　　　　　　1.46m

2. 黄绿色薄层状海绿石粉砂岩　　　　　　　　　　　　　　　　　　　　　0.25m

1. 棕黄色薄层风化壳，主要为棕黄色软泥，在软泥中含有胶磷矿砾石　　　　0.17m

-- 整合或不整合 --

下伏地层：青沟子组或八道江组

上述含磷层系有两个含磷层位。上部含磷层位是以灰绿色、暗灰色胶磷砾岩、磷块岩和胶磷矿为主，含大量小壳动物化石，含 P_2O_5 高达 15% 以上。

含磷岩系覆于震旦系青沟子组和八道江组的不同层位之上，有的为蠕虫状灰岩、中薄层状灰岩、黑色页岩及叠层石灰岩等。在多数情况下，它们的界面是凸凹不平的，具有冲刷面特征，并且有胶磷砾石及古风化壳黏土物质存在，二者为超覆关系。含磷岩系应属水洞组，其地质时代为梅树村期。

磷矿层多呈透镜状及扁豆状产出。磷矿石主要为胶磷砾岩型，由胶磷碎屑、磷质砾石及生物碎屑组成。含砾石较多的磷矿石 P_2O_5 含量超过 12%，最高可达 22.8%。含生物碎屑较多的磷矿石 P_2O_5 可高达 12%，一般在 6%～10% 左右。胶磷砂岩型磷矿石含石英碎屑较多，构成以石英碎屑为核心以磷质为表壳的鲕状颗粒，胶结物为泥质胶磷矿。据统计，含石英碎屑越多，则含磷较高。

通过含磷岩石的化学分析可知，胶磷砾岩型 P_2O_5 含量较高，一般在 6.3%～22.8%，SiO_2、K_2O 偏低，而 CaO、Fe_2O_3 含量较高。胶磷砂岩型含 P_2O_5 为 2.11%～6.0%，SiO_2 含量偏高，CaO、Fe_2O_3 含量较低。含生物碎屑较多的胶磷砾岩 MgO、Fe_2O_3、Al_2O_3 较低，而 TiO_2 含量相对较高。上述矿物含量的不同，可能是生物磷矿与胶体磷酸盐形成环境所造成的。

含磷岩系由北向南 P_2O_5 含量增高。通过剖面资料分析，含磷岩系由样子哨盆地→浑江盆地→鸭绿江沿岸发展延伸，形成一个青沟子组至八道江组沉积时期一个古海岸滨海带的环境中。就浑江盆地而言，含磷岩系的厚度从通化至白山水洞组的厚度从西往东逐渐加厚；生物化石的含量从西往东逐渐减少；从含磷性上，水洞—黑沟一带以胶磷砾岩和含磷砂岩为

主,为高磷矿化带,而在白山市十八眼井—干沟子一带以钙质砂岩为主,含 P_2O_5 较低,在 1.5% 以下。

通过对含磷岩系剖面资料及粒度分析,含磷层系属滨海浅滩环境。含 P_2O_5 较高的应属于滨海浅滩环境的浅滩堤坝 A 区,反之则为浅滩堤坝 B 区。就含磷岩系的沉积环境而言,叠层石灰岩的出现应为滨海潮间带,而蠕虫状灰岩和钙质石英砂岩的出现无疑为滨海潮汐淡化潟湖;水洞组底部紫红色薄层状粉砂岩、含砾粉砂岩及白云岩的出现,普遍反映了干旱气候咸化潟湖的沉积环境。含磷岩系是处于上述两种环境交替过程中形成的。

上述特征是在寒武系底部水洞组找含磷层系的一般规律。要认真研究早寒武世地层的含磷建造、找矿标志,注意地球化学特征的研究和岩相古地理及沉积环境的分析。

实习路线五　通化板石沟铁矿

板石沟铁矿位于华北地台东北部,吉林省白山市北约 10km 处(图 5-8)。铁矿产于太古宇鞍山群中,围岩主要为斜长角闪岩类岩石和各类片麻岩。矿体小而多,成组成带出现,已发现 170 余个矿体,划属为 19 个矿组和南北两个矿带。

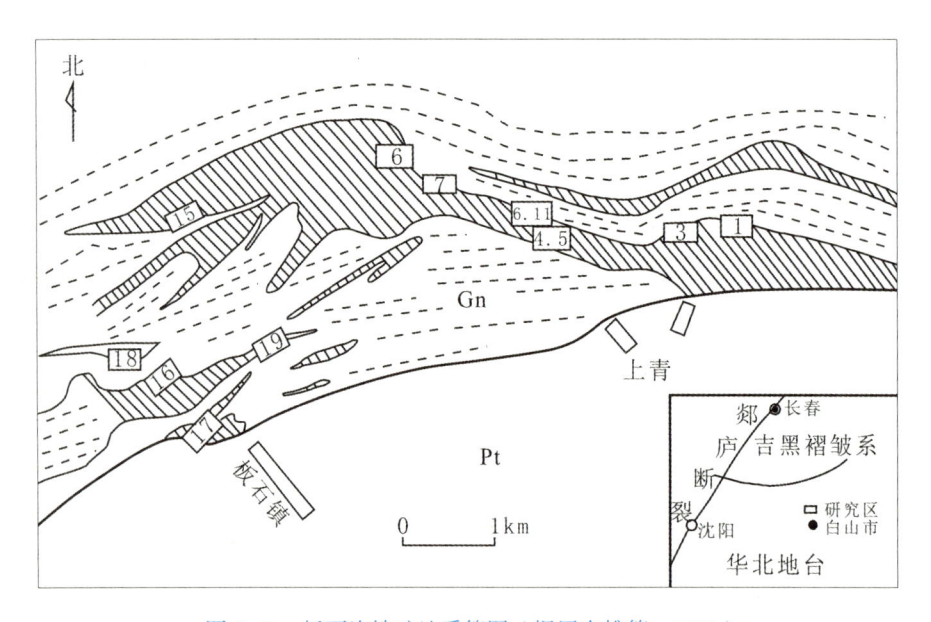

图 5-8　板石沟铁矿地质简图(据屈奋雄等,1992)

图中斜线为斜长角闪岩,方框及数字为矿组位置及编号;Gn 为片麻岩;虚线为片麻理;
Pt 为元古宇;右下角为板石沟铁矿位置图

矿区主要有太古宇杨家店组和元古宇老岭群珍珠门组出露,分布矿区北南两部,出露面积大致相等。

太古宇杨家店组为矿区内最古老的基底岩石,分布广泛,总体走向北东,倾向北西或南东,倾角 60°~80°,呈条带状波浪状起伏分布,是区内铁矿的含矿地层。根据岩石组合、原岩建造、火山沉积旋回及含矿特征,杨家店组自下而上分三层,第一、三层为磁铁矿赋矿层位。

元古宇老岭群珍珠门组分布于矿区南部,走向北东,倾向 170°,倾角在 70° 左右。与下伏表壳岩系呈断层接触。珍珠门组从老到新分三个岩性段:下部为绢云母碳质白云石大理岩夹千枚岩、绢云母片岩；中部为硅化白云石大理岩、透闪石白云石大理岩、石墨片岩、碳质板岩、碳质大理岩、含磷白云石大理岩、角砾状白云石大理岩；上部为灰色厚层大理岩。珍珠门组与上覆青白口系钓鱼台组呈角度不整合接触。

含矿层为矿区出露大面积的太古宙表壳岩（杨家店组），初步划分3段：

（1）表壳岩下段（Ary^1）：下部为黑云变粒岩、黑云斜长片麻岩夹透镜状斜长角闪岩，厚度1000m左右；上部为斜长角闪岩、黑云斜长片麻岩，厚度400m左右。

（2）表壳岩中段（Ary^2）：由斜长角闪岩、黑云角闪斜长片麻岩、黑云角闪片岩组成，见似层状、透镜状磁铁石英岩、磁铁角闪石岩（含矿层），厚度820~1200m。

（3）表壳岩上段（Ary^3）：由黑云斜长片麻岩、黑云变粒岩夹斜长角闪岩等组成，厚度在850m左右。

太古宙表壳岩原岩应属中基性火山喷出岩。

板石沟铁矿矿石类型主要为条带状磁铁石英岩，根据其中闪石类矿物含量的多少可分为石英磁铁矿石和角闪石英磁铁矿石两种。矿体产于绿岩带中，分南北两个矿带（含矿层位）。铁矿与薄层石英岩渐变过渡，与斜长角闪岩类岩石紧密共生。

矿区170余条矿体均为透镜状、层状，每个层位含矿1层至10余层，矿组处为多层矿，矿组间无矿或仅有1~2层极薄矿，矿体沿走向尖灭或相变。

矿区矿石以中粒粒状变晶结构为主，当有闪石类矿物时构成柱粒状变晶结构。镜下观察，磁铁矿多呈自形、半自形晶，粒度细小、均匀，多在0.05~0.1mm之间，与石英呈平整晶界、平衡共生，反映出变质重结晶的特征。未变质的原生沉积氧化物相矿石主要由燧石、碧玉或石英、磁铁矿组成。这些矿物在变质作用时，主要表现为重结晶作用，即由隐晶质变为显晶质，由细粒变为粗粒。可以认为本区铁矿中的中粒结构是变质作用的反映，多数并非沉积粒度。

本区矿石以条纹、条带状构造为主，条纹、条带宽窄不等，宽者可达1cm，细者仅0.05cm，表现为磁铁矿、石英、硅酸盐矿物的分异和相对集中，传统上均被认为是沉积条带（S$_0$）。详细的构造解析及显微构造研究发现，本区铁矿现在所见的条纹、条带与鞍山、本溪等地前寒武纪铁矿的条纹、条带一样，绝大多数为构造置换条带，是变形和变质分异的产物，代表S$_1$构造面；而代表原始沉积韵律的沉积条带仅在局部（如有些褶皱转折端）可见。置换条带与沉积条带的主要区别是前者条带细、较平直，代表褶皱构造的轴面；后者条带宽窄不等，有时可见粒级层，代表褶皱构造的形面，在构造置换较弱部位可清楚地看出两者的关系。

参考文献

毕明丽，2009.白山地区金多金属矿产资源预测研究［D］.长春：吉林大学

毕明丽，2012.白山地区地球化学元素组合分布特征及其地质意义［J］.长春工程学院学报（自然科学版），13（1）：69-73

曹瀚升，2016.松辽盆地嫩江组 C-N-S 生物地球化学循环和古环境演化［D］.长春：吉林大学

曹花花，许文良，裴福萍，等，2012.华北板块北缘东段二叠纪的构造属性：来自火山岩 U-Pb 年代学与地球化学的制约［J］.岩石学报，28（9）：2733-2750

陈会军，钱程，庞雪娇，等，2016.东北地区花岗岩地质图(1：1500000)编图及其说明［J］.地质与资源，25（6）：506-513

陈继军，商贵东，高鹏伟，2013.吉林白山地区金矿床类型、成矿带划分及找矿前景［J］.黄金地质，34（5）：27-30

陈旭，周志毅，2005.奥陶系全球界线层型剖面和点位（GSSP）的研究［J］.地层学杂志，29（2）：165-169

陈云峰，2007.燕山板内造山带东段中生代构造格局及形成演化［D］.北京：中国地质大学（北京）

程日辉，刘招君，1995.松辽东缘石碑岭中生代盆地的含煤沉积旋回［J］.煤田地质与勘探，23（4）：1-6

程三友，2006.中国东北地区区域构造特征与中—新生代盆地演化［D］.北京：中国地质大学（北京）：16-17

程三友，刘少峰，苏三，2011.松辽盆地宾县—王府凹陷构造特征分析［J］.高校地质学报，17（2）：271-280

程三友，刘少峰，苏三，2013.索伦—林西缝合带北侧西段中二叠统哲斯组砂岩碎屑分析及其构造意义［J］.东华理工大学学报（自然科学版），36（2）：161-165

代堰锫，张连昌，朱明田，等，2013.鞍山陈台沟 BIF 铁矿与太古代地壳增生：锆石 U-Pb 年龄与 Hf 同位素约束［J］.岩石学报，29（7）：2538-2540

戴洪建，王信，2000.通化二密铜矿地球物理特征及综合找矿标志［J］.吉林地质，19（3）：45-70

第五春荣，刘祥，孙勇，2018.华北克拉通南缘太华杂岩组成及演化［J］.岩石学报，34（4）：1000-1014

董宝忠，1993.东北地区上地幔顶部深度及其深部构造特征［J］.东北地震研究，9（1）：25-35

董田城，韩合军，邵宏伟，1996.关于桓仁滑石物相分析方法的研究［J］.建材地质，5：31-35

董玉，2018.佳木斯地块与松嫩—张广才岭地块拼合历史、年代学与地球化学证据［D］.长春：吉林大学：18-20

杜传业，刘正宏，李鹏川，等，2017.吉南板石沟地区英云闪长质片麻岩 LA-ICP-MS 锆石 U-Pb 定年、地球化学特征及其地质意义［J］.世界地质，36（3）：736-738

冯光英，刘燊，冯彩霞，等，2011.吉林红旗岭超基性岩体的锆石 U-Pb 年龄、Sr-Nd-Hf 同位素特征及岩石成因［J］.岩石学报，27（6）：1595-1596

冯广生，沈而述，姜春潮，1993.对吉林省通化南部金厂—龙胜一带金矿矿床成因类型的新认识［J］.吉林地质，12（2）：45-55

高迪，邵龙义，吴克平，等，2009.浑江煤田石炭二叠纪含煤岩系层序地层与聚煤作用［J］.矿物岩石地球化学通报，28（4）：401-406

高林志，乔秀夫，1992.浑江末期前寒武纪丝藻状及其环境意义［J］.地质论评，38（2）：141-146

高林志，乔秀夫，1992.浑江末前寒武纪丝状藻类及其环境意义［J］.地质论评，38（2）：140-146

高明珠，路恩兰，范国友，等，2014.吉林省白山市木通沟铁矿地质特征与找矿预测［J］.吉林地质，33（4）：15-18

高仁文，胡晓刚，宫长胜，2009.关于桓仁县沙尖子镇葫芦头一带多金属矿找矿方法的探讨［J］.硅谷（7）：2-3

高瑞祺，何承全，乔秀云，1992.松辽盆地白垩纪两次海侵的沟鞭藻类新属种［J］.古生物学报，31（1）：17-22

高万里，王宗秀，李磊磊，等，2018.佳木斯—伊通断裂韧性剪切变形时代及其地质意义［J］.地质力学学报，24（6）：750-751

高有峰，2010.松辽盆地上白垩统事件沉积与高分辨率层序地层［D］.长春：吉林大学：38-43

高有峰，王璞珺，王国栋，等，2010.松辽盆地东南隆起区白垩系嫩江组一段沉积相、旋回及其与松科1井的对比［J］.岩石学报，26（1）：103-107

葛肖虹，1999.中亚大陆一次重要的板内会聚事件［J］.地学前缘，6（4）：330

顾承串，朱光，等，2016.依兰—伊通断裂带中生代走滑构造特征与起源时代［J］.中国科学，46（12）：1580-1582

郭东鑫，唐书恒，解慧，等，2012.松辽盆地油页岩勘探开发有利区预测［J］.西安科技大学学报，32（1）：57-61

郭锋，范蔚茗，李超文，等，2009.早古生代古亚洲洋俯冲作用：来自内蒙古大石寨玄武岩的年代学与地球化学证据［J］.中国科学：D辑，39（5）：569-578

郭洪方，1993.辽宁铁架山花岗岩变形与成因的显微构造分析［J］.吉林地质，12（3）：32-39

郭胜哲，2012.大兴安岭及邻区石炭—二叠纪地层和生物古地理［J］.地质与资源，21（1）：59-66

郭胜哲，苏养正，黄本宏，1990.吉林中部二叠系新认识［J］.中国地质科学院沈阳地质矿产研究所所刊，22：83-88

郭真，贾海明，于明宽，等，2014.辽源建安一个新的晚白垩世火山群的确定［J］.世界地质，33（4）：788-790

韩作振，郭志平，高丽华，等，2016.辽宁昌图地区下二台群盘岭组火山岩年代学及地球化学特征［J］.山东科技大学学报，35（5）：1-8

韩作振，宋志刚，高丽华，等，2017.吉林省"大黑山条垒带"晚古生代火山事件及其构造意义［J］.地学前缘，24（2）：186-199

何保，2009.浑江煤田推覆构造特征、演化及找煤远景区预测［J］.沈阳：东北大学：11-22

何云霞，高丽英，王淑君，2008.吉林省白山地区硅藻土矿基本特征及应用［J］.吉林地质，27（1）：26-28

洪雪，彭晓蕾，刘立，等，2009.吉中磐石地区下石炭统鹿圈屯组海相暗色泥岩特征［J］.吉林大学学报（地球科学版），39（2）：226-230

胡波，翟明国，彭澎，等，2013.华北克拉通古元古代末－新元古代地质事件：来自北京西山地区寒武系和侏罗系碎屑锆石LA-ICP-MSU-Pb年代学的证据［J］.岩石学报，29（7）：2508-2527

胡大千，1996.吉林省通化地区早元古代变质杂岩变质变形作用与构造环境［J］.长春地质学院学报，26（2）：159-164

胡晋伟，李东涛，周勇，等，2000.昌图县下二台群的构造—岩层分析［J］.辽宁地质，17（4）：271-276

胡铁军，宋建潮，孙立军，等，2008.桓仁夕卡岩型铜锌矿床成矿机制和深部预测研究［J］.地质找矿论丛，23（3）：195-198

华铭，张梅生，1997.吉南元古代片岩建造中构造蚀变带型金矿床控矿因素：以通化南岔金矿为例［J］.辽宁地质，1：55-62

黄汲清，任纪舜，姜春发，等，1977.中国大地构造基本轮廓［J］.地质学报，2：118-119

黄汲清，1979.试论地槽褶皱带的多旋迴发展［J］.中国科学，4：384-396

黄汲清，1979.对中国大地构造特点的一些认识并着重讨论地槽褶皱带的多旋回发展问题［J］.地质学报，2：99-110

黄略，金永新，侯永莉，2009.吉林省白山地区磁异常解释推断［J］.辽宁工程技术大学学报（自然科学版），28（增刊）：303-304

贾大成，1989.辽宁北部槽区下二台群及其区域对比［J］.辽宁地质，4：361-366

贾大成，1990.伊通县放牛沟地区早古生代岩浆演化特征及其与矿产关系［J］.吉林地质，2：49-56

贾大成，1994.吉林省伊通县放牛沟地区古生代岛弧岩系岩石化学特征及其演化［J］.吉林地质，13（3）：29-37

贾大成，卢焱，崔圣哲，1994.吉林中部石炭系岩石建造及其构造环境［J］.长春地质学院学报，24（1）：11-14

贾大成，卢焱，1999.吉林中部早古生代弧后盆地地质特征［J］.吉林地质，18（1）：19-24

贾军涛，等，2007.松辽盆地东南缘营城组地层序列的划分与区域对比［J］.吉林大学学报（地球科学版），37（6）：1110-1121

贾军涛，王璞珺，张斌，等，2006.哈尔滨东宾县凹陷白垩纪地层层序及其与松辽盆地的对比［J］.地质通报，25（9-10）：1144-1147

贾三石，赵纯福，王恩德，等，2008.吉林白山金英金矿区域构造研究［J］.大地构造与成矿学，32（4）：492-499

荆惠林，王云飞，裴玉敏，等，1990.营城盆地聚煤规律与含煤预测［J］.煤田地质与勘探，3：7-13

荆夏, 2011. 松辽盆地东部晚白垩世孢粉化石组合及其古生物记录[D]. 北京: 中国地质大学(北京): 34-35

寇林林, 韩仁萍, 张森, 等, 2014. 辽宁清原红透山铜矿成矿特征和成因探讨[J]. 矿床地质, 33(增刊): 411-412

旷红伟, 金广春, 刘燕学, 等, 2004. 从地球化学角度看微亮晶臼齿碳酸盐岩形成的环境条件: 以吉辽地区新元古代微亮晶碳酸盐岩为例[J]. 天然气地球化学, 15(2): 150-154

旷红伟, 刘燕学, 孟祥化, 等, 2006. 吉林南部通化二道江剖面新元古界万隆组臼齿构造及其沉积特征[J]. 古地理学报, 8(4): 458-464

雷广新, 程培起, 等, 2014. 辽宁桓仁地区八里甸子一带早白垩世侵入岩与矿产的关系[J]. 地质与资源, 23(1): 66-70

冷知瑜, 2013. 辽宁桓仁二棚甸子铜锌矿床地球化学特征及矿床成因[J]. 世界地质, 32(4): 747-752

李佰龙, 邓清禄, 杨敏, 等, 2016. 桓仁地区岩堆工程地质特征与评价[J]. 低温建筑技术, 5: 129-131

李斌, 金巍, 张家辉, 等, 2013. 鞍山陈台沟地区太古宙花岗岩组成与构造特征[J]. 世界地质, 32(2): 192-195

李春华, 路来君, 毕明丽, 等, 2010. 吉林白山地区金矿综合信息找矿模型[J]. 世界地质, 39(1): 71-76

李东见, 张成国, 2003. 通化南部金矿成矿特点及找矿方向探讨[J]. 吉林地质, 22(1): 1-7

李东涛, 胡晋伟, 李京弘, 等, 2008. 郯庐断裂带在辽北地区三叠纪左行韧性剪切带的发现及变形特征[J]. 地质与资源, 17(4): 255-257

李东涛, 刘中元, 等, 2008. 下二台群的构造变形特征及同位素测年的地质意义[J]. 地质与资源, 17(2): 81-85

李罡, 陈丕基, 万晓樵, 等, 2004. 嫩江阶底界层型剖面研究[J]. 地层学杂志, 28(4): 297-299

李国祥, 赵鑫, 2009. 吉林大阳岔寒武系—奥陶系界线剖面冶里组海绿石化海绵骨针化石[J]. 古生物学报, 48(1): 24-25

李建源, 温守钦, 王英鹏, 2013. 吉林白山金英金矿有机烷烃地球化学特征研究[J]. 矿物学报(增刊): 18-19

李景光, 钟长林, 张晓兰, 等, 2012. 吉林白山五道羊岔钒钛磁铁矿地质特征及找矿标志[J]. 吉林地质, 31(4): 67-73

李俊建, 沈保丰, 李双保, 等, 1999. 辽北—吉南地区太古宙绿岩带[J]. 华北地质矿产杂志, 14(1): 28-30

李绵铁, 张进, 杨天南, 等, 2009. 北亚造山区南部及其毗邻地区地壳构造分区与构造演化[J]. 吉林大学学报(地球科学版), 39(4): 585-598

李敏, 2008. 白山金英金矿金的储存状态及矿床成因探讨[D]. 沈阳: 东北大学: 7-12

李芃, 2006. 辽宁省桓仁地区滑石矿床地质特征[J]. 中国非金属矿工业导刊, 5: 60-61

李清泉, 房京宇, 周永昶, 等, 2007. 吉林白山(浑江)金矿床岩石地球化学特征[J]. 地质与勘探, 43(1): 54-57

李三忠, 张勇, 郭玲莉, 等, 2017. 那丹哈达地体及周缘中生代变形与增生造山过程[J]. 地学前缘, 24(4): 200-209

李守军, 赵秀丽, 贺森, 等, 2014. 东北地区晚古生代构造演化与格局[J]. 山东科技大学学报(自然科学版), 33(4): 1-4

李双林, 1996. 中国满洲里—绥芬河地学断面放射性元素与岩石圈热结构及温度分布[J]. 地质地球化学, 2: 73-77

李双林, 迟效国, 戚长谋, 1996. 中国满洲里—绥芬河断面域构造地球化学层与构造演化[J]. 地质地球化学, 6: 45-51

李双林, 迟效国, 尹冰川, 等, 1996. 中国满洲里—绥芬河地学断面地球化学研究[J]. 矿物岩石地球化学通报, 15(2): 114-116

李伟, 王锡华, 2015. 桓仁双岭子地区多金属矿床矿化特征及成因浅析[J]. 有色矿冶, 31(4): 1-3

李伟, 王锡华, 2016. 浅析桓仁松兰地区断裂构造特征[J]. 有色矿冶, 32(4): 6-8

李益龙, 周汉文, 钟增球, 等, 2009. 华北与西伯利亚板块的对接过程: 来自西拉木伦缝合带变形花岗岩锆石 LA-ICP-MSU-Pb 年龄证据[J]. 地球科学: 中国地质大学学报, 34(6): 931-937

李玉超, 张苏, 张钰莹, 等, 2013. 辽宁省草河掌—桓仁地区铜矿资源量地球化学定量预测[J]. 地质找矿论丛, 25(2): 289-296

李志文, 2011. 桓仁地区钾长石矿床地质特征及开发应用[J]. 中国非金属矿业导刊, 3: 49-50

梁琛岳, 刘永江, 孟婧瑶, 等, 2015. 舒兰韧性剪切带应变分析及石英动态重结晶颗粒分形特征与流变参数估算[J]. 地球科学: 中国地质大学学报, 40(1): 115-126

梁琛岳, 刘永江, 朱建江, 等, 2017. 长春东南劝农山地区早二叠世范家屯组岩石变形组构及流变学特征[J]. 地球科学, 42(12): 2175-2179

林建平，万天丰，冯明，1994.吉林省大黑山条垒南段古生代晚期—中生代构造演化［J］.现代地质，8（4）：467-472
林维峰，2012.辽宁桓仁软玉的宝石学特征研究［J］.岩矿测试，31（5）：794-797
林学燕，1990.吉林浑江煤田石炭二叠系及其古生物特征［J］.中国地质科学院沈阳地质矿产研究所所刊，20：1-44
刘爱，李东津，李春田，1990.吉林省石炭纪岩相古地理特征及沉积相模式［J］.吉林地质，4：1-10
刘凡珍，周树亮，满永路，等，2009.红旗岭3号岩体中②号镍矿体矿石成分特征［J］.吉林地质，28（4）：32-34
刘国兴，张志厚，韩江涛，等，2006.兴蒙、吉黑地区岩石圈电性结构特征［J］.中国地质，33（4）：824-829
刘嘉麒，1989.论中国东北大陆裂谷系的形成与演化［J］.地质科学，3：209-214
刘建辉，2006.黑龙江杂岩带的地质成因及其构造意义［D］.长春：吉林大学
刘建军，1990.通化二密矿区爆发角砾岩筒成矿地质特征及成因探讨［J］.吉林地质，1：50-56
刘金玉，郗爱华，葛玉辉，等，2010.红旗岭3号含矿岩体地质年龄及其岩石学特征［J］.吉林大学学报（地球科学版），40（2）：321-326
刘静兰，杜世政，刘雅琴，等，1982.黑龙江省东风山前寒武纪变质金矿床的层控性质［J］.吉林大学学报（地球科学版），S1：96-116
刘静兰，1987.前寒武纪条带状含铁建造中的金矿床：以东风山金矿床为例［J］.地质学报，1：58-70
刘静兰，1988.佳木斯中间地块前寒武纪地质研究［J］.长春地质学院学报，18（2）：144-156
刘静兰，1988.前寒武系变质岩的含金性及其研究意义［J］.地质论评，34（4）：311-320
刘军，曹玉莲，王国君，等，2010.辽宁省桓仁县穷棒子沟钼矿床成矿特征［J］.有色金属：矿山部分，62（3）：27-30
刘明军，王洪波，于昌明，2018.音频大地电磁测深在齐大山铁矿王家堡子采区深部找矿中的应用［J］.地质找矿论丛，33（4）：627-632
刘朋元，柳成志，辛仁臣，2015.松辽盆地东南缘籍家岭泉头组沉积微相特征及演化：由冲积扇演化为曲流河的典型剖面［J］.现代沉积，29（5）：1339-1345
刘文香，满永路，王兴昌，2009.吉林省白山市金英金矿床地质特征及成因探讨［J］.地质与资源，18（4）：279-283
刘小楼，2002.磐石市西错草硅灰石矿床地质特征及成因初探［J］.中国非金属矿工业导刊，6：32-34
刘效良，陈从云，杨学增，等，1992.辽吉下二台群—呼兰群中昌图动物群的发现及其意义［J］.地质学报，66（2）：182-192
刘训，李延栋，耿树方，等，2012.中国大地构造区及若干问题［J］.地质通报，31（7）：1028-1030
刘永江，张兴洲，金巍，等，2010.东北地区晚古生代区域构造演化［J］.中国地质，37（4）：943-951
刘招君，王东坡，刘立，等，1992.松辽盆地白垩纪沉积特征［J］.地质学报，66（4）：327-337
刘正宏，刘雅琴，冯本智，2000.华北板块北缘中元古代造山带的确立及其构造演化［J］.长春科技大学学报，30（2）：110-114
路晓平，吴福元，郭敬辉，等，2005.通化地区古元古代晚期花岗质岩浆作用与地壳演化［J］.岩石学报，21（3）：721-733
路晓平，吴福元，张艳斌，等，2004.吉林南部通化地区古元古代花岗岩的侵位年代与形成构造背景［J］.岩石学报，20（3）：382-384
莽东鸿，1980.吉林桦甸县早二叠世大河深组的岩石及生物群特征［J］.地质论评，26（2）：96-98
孟靖瑶，刘永江，梁琛岳，等，2013.佳—伊断裂带韧性变形特征［J］.世界地质，32（4）：801-803
穆宏玉，刘正宏，贾大成，等，2017.吉林省白山市板石沟铁矿断裂构造地球化学特征［J］.地质与资源，26（5）：479-487
欧祥喜，2001.通化二密地区中生代火山成矿作用及找矿方向［J］.吉林地质，20（1）：19-26
潘桂棠，陆松年，肖庆辉，2016.中国大地构造阶段划分和演化［J］.地学前缘，23（6）：1-22
潘桂棠，王方国，肖庆辉，2009.中国大地构造单元划分［J］.中国地质，36（1）：4-10
彭向东，张梅生，李晓敏，1999.吉黑造山带古生代构造古地理演化［J］.世界地质，18（3）：24-27
齐成栋，张永焕，彭玉鲸，等，2017.吉林省成矿规律与预测的新认识［J］.世界地质，36（3）：850-857
钱义元，1987.论吉林浑江大阳岔寒武、奥陶系的分界［J］.地层学杂志，11（4）：260-270

乔国华，王福山，路孝平，等，2004.通化地区老岭群花山组与珍珠门组平行不整合的发现及意义［J］.吉林地质，23（3）：6-8

乔秀夫，高林志，高励，等，1995.吉林浑江流域新元古界露头层序地层［J］.中国区域地质，2：99-111

邱殿明，2005.黑龙江省东部岩石圈演化特征［D］.长春：吉林大学

任纪舜，牛宝贵，刘志刚，1999.软碰撞、叠覆造山和多旋回缝合作用［J］.地学前缘，6（3）：85-87

任纪舜，邓平，肖藜薇，等，2006.中国与世界主要含油气区大地构造比较分析［J］.地质学报，80（10）：1491-1499

任利军，单玄龙，等，2007.松辽盆地营城组古火山机构的剖析：以东南隆起区三台珍珠岩山为例［J］.吉林大学学报（地球科学版），37（6）：1159-1164

任战利，崔军平，史政，等，2010.中国东北地区晚古生代构造演化及后期改造［J］.石油与天然气地质，31（6）：734-742

单玄龙，刘青帝，任利军，等，2007.松辽盆地三台地区下白垩统营城组珍珠岩地质特征与成因［J］.吉林大学学报（地球科学版），37（6）：1148-1150

单玄龙，衣健，李建忠，等，2010.松辽盆地三台地区营城组珍珠岩地球化学特征及地质意义［J］.岩石学报，26（1）：93-95

邵广凯，王飞，刘维英，等，2010.通化地区金矿找矿模型与资源潜力探讨［J］.矿产勘查，1（增刊）：102-105

邵济安，唐克东，王成源，等，1991.那丹哈达地体的构造特征及演化［J］.中国科学：B辑，7：744-750

邵建波，李景光，王洪涛，等，2014.吉林白山五道羊岔新太古代大型钒钛磁铁矿床地质特征及锆石U-Pb年龄［J］.中国地质，41（2）：463-479

邵兴坤，李清泉，闫岩，等，2015.吉林白山金矿床稳定同位素地球化学特征［J］.吉林地质，34（4）：31-35

沈艳杰，2012.松辽盆地营城组火山碎屑岩相结构、应用［D］.长春：吉林大学

石国平，矫革峰，张书麟，1984.试论松辽盆地湖盆三角洲沉积类型［J］.石油实验地质，6（4）：279-286

石新增，1986.吉林南部下寒武统的划分及其底界［J］.中国区域地质，2：221-226

时建民，周永恒，鲍庆中，等，2013.辽宁桓仁多金属成矿带成矿特征及综合信息找矿模型［J］.地质与资源，22（1）：14-19

水谷伸治郎，邵济安，张庆龙，1989.那丹哈达地体与东亚大陆边缘中生代构造的关系［J］.地质学报，3：204-212

司伟民，席党鹏，黄清华，等，2010.松辽盆地东部宾县凹陷青山口组介形类生物地层与生态环境［J］.地质学报，84（10）：1389-1399

宋彪，伍家善，万渝生，等，1994.鞍山地区陈台沟变质表壳岩的年龄［J］.辽宁地质，6（1-2）：13-14

宋彪，伍家善，万渝生，等，1994.鞍山地区陈台沟变质表壳岩时代归属的初步研究［J］.地球学报，1-2：14-16

宋恩宝，1986.通化煤矿区奥陶纪石灰岩岩溶发育规律的探讨［J］.吉林地质，1：29-34

宋建潮，王恩德，张承帅，等，2007.辽宁桓仁矽卡岩型铜锌矿床成矿模式及深部预测［J］.地质与资源，16（4）：280-283

宋建潮，王恩德，付建飞，等，2010.桓仁矽卡岩型多金属矿床地质特征与流体包裹体研究［J］.地球化学，39（6）：531-241

宋建潮，王恩德，付建飞，等，2010.桓仁矽卡岩型多金属矿床流体包裹体研究［J］.矿床地质，29（增刊）：603-604

苏养正，1996.中国东北区二叠纪和早三叠世地层［J］.吉林地质，15（3）：55-65

宿晓静，臧兴运，2010.吉林省白山市板庙子金矿床地质特征及成因分析［J］.地质找矿论丛，25（4）：326-330

孙宝善，1988.通化—浑江地区构造演化特征与古生代煤田分布［J］.吉林地质，4：27-34

孙德有，吴福元，高山，等，2005.吉林中部晚三叠世和早侏罗世两期铝质A型花岗岩的厘定及对吉黑东部构造格局的制约［J］.地学前缘，12（2）：263-274

孙德有，吴福元，张艳斌，等，2004.西拉木伦河—长春—延吉板块缝合带的最后闭合时间：来自吉林大玉山花岗岩体的证据［J］.吉林大学学报（地球科学版），34（2）：175-180

孙凡梅，李旭平，李守军，2011.黑龙江杂岩带的形成演化及地质意义［J］.地质论评，57（5）：623-630

孙潇，2017.松辽盆地南部哈尔玛尔村附近青山口组二、三段红色泥岩物源区及沉积环境［D］.长春：吉林大学：7-9

孙晓猛，龙胜祥，张梅生，等，2006.佳木斯—伊通断裂带大型逆冲构造带的发现及形成时代［J］.石油与天然气地质，27（5）：637-642

孙晓猛，刘永江，孙庆春，等，2008.敦密断裂走滑运动的 $^{40}Ar/^{39}Ar$ 年代学证据[J].吉林大学学报（地球科学版），38(6)：966-968

孙晓猛，王书琴，王英德，等，2010.郯庐断裂带北段构造特征及构造演化序列[J].岩石学报，26（1）：165-173

孙晓猛，张旭庆，何松，等，2016.敦密断裂带白垩纪两期重要的变形事件[J].岩石学报，2016，32（4）：1114-1116

唐大卿，2009.伊通盆地构造特征与构造演化[D].武汉：中国地质大学

田莉玉，臧兴运，2009.吉林白山小石人金矿床地质特征及找矿方向[J].黄金地质，30（9）：16-20

佟文选，王福泰，任锡钢，1992.吉林省四平南部下二台群小壳化石的发现及其地质意义[J].长春地质学院学报，22（1）：9-13

万波，钟以章，1997.东北地区的新构造运动特征分析及新构造运动分区[J].东北地震研究，13（4）：64-74

万阔，孙晓猛，何松，等，2017.佳伊断裂带晚白垩世走滑—逆冲事件的新证据[J].世界地质，36（2）：437-440

万渝生，耿元生，沈其韩，等，2002.鞍山中太古代铁架山花岗岩中表壳岩包体的地球化学特征及地质意义[J].地质科学，37（2）：143-151

万渝生，刘敦一，殷小艳，等，2007.鞍山地区铁架山花岗岩及表壳岩的锆石 SHRIMP 年代学和 Hf 同位素组成[J].岩石学报，23（2）：242-244

汪啸风，等，2015.全球奥陶系底界的"金钉子"问题及我国特马豆克阶（Tremadocian）的划分与对比[J].中国地质调查，2（5）：14-24

汪新文，刘友元，1997.东北地区前中生代构造演化及其与晚中生代盆地发育的关系[J].现代地质，11（4）：434-442

王成源，2000.吉林李家窑范家屯组中的二叠纪北温带牙形刺动物群[J].微古生物学报，17（4）：430-442

王成源，李东津，王光奇，等，2013.吉林桦甸二叠系寿山沟组的牙形刺及其地质时代[J].微体古生物学报，30（1）：88-89

王德海，谢宏坤，温泉波，等，2011.吉林市上二叠统杨家沟组沉积环境[J].吉林大学学报（地球科学版），41（1）：163-167

王东，杨伟红，2014.通化二密铜矿金的成矿地质条件分析及其找矿前景[J].世界地质，33（2）：433-437

王衡鉴，曹文富，1981.松辽湖盆白垩纪沉积相模式[J].石油与天然气地质，2（3）：227-241

王骞，王世煜，胡艳飞，2006.佳木斯地块—兴凯地块附近上部岩石圈电性结构特征[J].吉林大学学报（地球科学版），36（专辑）：33-35

王丽娜，马文坡，2013.桓仁中生代盆地及其周边有色金属成矿条件初步分析[J].有色矿冶，29（6）：4-6

王利，2010.对吉林省通化县南岔金矿床成因的分析[J].科技传播，10（下）：49-60

王璞珺，赵然磊，孟启安，等，2015.白垩纪松辽盆地：从火山裂谷到陆内坳陷的动力环境[J].地学前缘，22（3）：105-113

王书琴，2010.郯庐断裂带北段构造样式—变形序列研究[D].长春：吉林大学，13-15

王硕，2014.吉黑东部显生宙岩浆演化与成矿作用研究[D].长春：吉林大学，12-24

王思程，2009.国外大陆裂谷构造研究现状及展望[J].安徽地质，19（3）：181-185

王文清，罗守文，邵会文，1993.桓仁—宽甸地区金、有色金属成矿规律[J].辽宁地质，1：1-15

王五力，郭胜哲，2012.中国东北古亚洲与古太平洋构造域演化与转换[J].地质与资源，21（1）：27-32

王五力，李永飞，郭胜，2014.中国东北地块群及其构造演化[J].地质与资源，23（1）：4-20

王锡华，2012.桓仁地区矽卡岩特征与成矿关系浅析[J].矿产与地质，26（3）：221-227

王兴安，刘正宏，王挽琼，等，2012.内蒙古大青山逆冲推覆构造带中同构造方解石脉[J].吉林大学学报（地球科学版），42（增刊3）：111-117

王烜，等，2015.辽东本溪—桓仁地区古生界事件地层划分及特征[J].地质与资源，24（4）：317-324

王训练，2002.从综合地层学的观点论确定全球界线层型剖面点（GSSP）的步骤和方法[J].中国科学：D辑，32（5）：358-366

王友勤，苏养正，1996.东北区区域地层发育与地壳演化[J].吉林地质，15（3-4）：118-132

王智慧，2017.那丹哈达地体中生代、早新生代构造、岩浆演化[D].长春：吉林大学，9-12

温升福，2017.松辽盆地南部上古生界石油地质特征与综合评价[D].长春：吉林大学

温守钦，朱恩静，王英鹏，等，2010.吉林白山金英金矿石英包裹体特征研究［J］.矿床地质，29（增刊）：613-614
吴春林，曲延耀，1994.桓仁县黑沟石墨矿床地质特征及成因研究［J］.建材地质，4：25-27
吴迪，2013.辽宁省桓仁县木盂子铁矿床地质特征及找矿标志［J］.有色矿冶，29（1）：1-3
吴福元，叶茂，张世红，1995.中国满洲里—绥芬河地学断面域的地球动力学模型［J］.地球科学：中国地质大学学报，20（5）：535-538
吴明韩，2018.浑江煤田石炭—二叠系找煤前景分析［D］.长春：吉林大学：5-48
吴晓红，王兴昌，邵玉铉，2013.吉林省白山市江源区西川金矿地质特征及找矿标志［J］.西部探矿工程，7：128-132
武子玉，李云辉，周永昶，2004.吉林白山地区原煤微量元素地球化学特征［J］.煤田地质与勘探，32（6）：8-10
席党鹏，万晓樵，荆夏，等，2009.松辽盆地东南部姚家组—嫩江组一段地层特征与湖泊演变［J］.古生物学报，48（3）：557-565
席党鹏，万晓樵，冯志强，等，2010.松辽盆地晚白垩世有孔虫的发现：来自松科1井湖海沟通的证据［J］.科学通报，55（35）：3433-3436
肖军，曹丽君，段会升，等，2011.辽宁昌图下二台水泥石灰石矿床地质特征及远景分析［J］.中国科技信息，12：15-18
解洪晶，王玉往，孙志远，等，2018.华北地块北缘铅锌矿床类型、地质特征及构造演化［J］.地球学报，39（6）：708-709
解立发，王继梅，王抒群，等，2013.白山市大阳岳石膏矿床地质特征及找矿标志［J］.中国非金属矿工业导刊，4：60-62
解立发，2014.白山市硅藻土矿床地质特征及其开发应用［J］.中国非金属矿工业导刊，6：44-47
徐中杰，刘万洙，丁日新，等，2007.九台营城煤矿区珍珠岩特征、成因及储层地质意义［J］.吉林大学学报（地球科学版），37（6）：1139-1144
薛天武，1997.吉林省通化市东南部七道沟—老岭一带中生代地层及岩浆活动特征［J］.吉林地质，16（4）：49-60
闫晶晶，2007.吉林农安地区青山口组和嫩江组生物地层及古气候变化［D］.北京：中国地质大学（北京）：7
闫晶晶，席党鹏，于涛，等，2007.松辽盆地青山口地区嫩江组下部生物地层及环境变化［J］.地质学杂志，31（3）：296-301
杨宝俊，刘财，梁铁成，1998.满洲里—绥芬河地学断面域内莫霍的基本特征（详细摘要）［J］.长春科技大学学报，28（1）：111-113
杨宝俊，穆石敏，金旭，等，1996.中国满洲里—绥芬河地学断面地球物理综合研究［J］.地球物理学报，39（6）：772-782
杨宝忠，夏文臣，杨坤光，2006.吉林中部地区二叠纪岩相古地理及沉积构造背景［J］.现代沉积，20（1）：62-65
杨慧之，邓清禄，李佰龙，2016.桓仁岩堆特征及稳定性研究［J］.低温建筑技术，5：126-128
杨明善，陈斌，2014.通化地区古元古代双岔似斑状花岗岩成因及其构造意义［C］.中国地球科学联合学术年会：2271
杨森，1999.辽北辽河群和下二台群［J］.吉林地质，18（3）：11-18
杨树源，王光奇，刘嵩源，1986.松辽盆地中部东缘早白垩世地层研究的新进展［J］.吉林地质，2：63-69
杨学林，孙礼文，1981.松辽盆地东部的营城组［J］.地层学杂志，5（4）：276-284
杨玉斌，王凤春，2011.浅谈营城聚煤盆地找煤重点区域［J］.西部探矿工程，3：164-166
杨占兴，骆念岗，2015.辽东桓仁西部小岭旋回火山岩地球化学特征及成因［J］.地质找矿论丛，30（4）：267-274
杨忠习，刘文华，孙野，2013.羊草沟盆地龙家堡矿区营城组沉积环境与聚煤特征［J］.吉林地质，32（2）：64-69
姚大全，刘加灿，翟洪涛，等，2004.郯庐断裂带白山—卅铺段第四纪以来的活动习性［J］.地震地质，26（4）：622-627
姚庆海，潘彦平，2012.吉林省白山金英金矿地质特征及找矿方向［J］.西部探矿工程，11：145-150
叶茂，张世红，吴福元，1994.中国满洲里—绥芬河地学断面域古生代构造单元及其地质演化［J］.长春地质学院学报，24（3）：241-245
于凤金，王恩德，宋晓军，等，2004.辽宁清原地区铜锌矿床找矿标志及找矿方向［J］.地质与资源，13（4）：229-232
于凤金，王恩德，2005.红透山式块状硫化物铜锌矿床古火山环境及与成矿关系研究［J］.矿产与地质，19（1）：112-115
于洪顺，王景明，2012.吉林省白山市大横路铜钴矿综合找矿模型［J］.吉林地质，31（1）：41-45
于倩，2014.吉林中部大河深组火山岩的年代学和岩石地球化学［D］.长春：吉林大学：10-14

余超，田毅，王广伟，等，2014.辽宁鞍山地区陈台沟蛇绿岩地球化学特征［J］.地质与资源，23（6）：543-549

余和中，2001.松辽盆地及周边地区石炭纪—二叠纪岩相古地理［J］.沉积与特提斯地质，21（4）：70-83

余中元，2016.依兰—伊通断裂带的晚第四纪构造变形与分段活动习性［D］.北京：中国地震局地质研究所

翟明国，2010.华北克拉通的形成演化与成矿作用［J］.矿床地质，29（1）：24-36

张承帅，王恩德，宋建潮，等，2009.桓仁夕卡岩型多金属矿床分带研究［J］.地质与资源，18（1）：23-26

张璟，2009.西鞍山铁矿典型铁矿床研究及"鞍山式"铁矿深部预测［D］.长春：吉林大学：7-9

张旗，王焰，钱青，等，2001.中国东部燕山期埃达克岩的特征及其构造—成矿意义［J］.岩石学报，17（2）：236-242

张森，赵东方，吕广俊，等，2007.辽宁红透山铜锌矿床地质特征及成因浅析［J］.地质与资源，16（3）：173-182

张拴宏，赵越，刘建民，等，2010.华北地块北缘晚古生代-早中生代岩浆活动期次、特征及构造背景［J］.岩石矿物学杂志，29（6）：824-842

张威，唐文，张卓，等，2011.辽宁桓仁地质灾害形成条件及影响因素分析［J］.科协论坛，8：120-122

张兴洲，杨宝俊，吴福元，等，2006.中国兴蒙—吉黑地区岩石圈结构基本特征［J］.中国地质，33（4）：816-818

张兴洲，乔德武，迟效国，等，2011.东北地区晚古生代构造演化及其石油地质意义［J］.地质通报，30（2-3）：205-212

张雅静，孙丰月，霍亮，等，2014.辽宁树基沟铜锌矿成矿时代及矿石再活化机制［J］.吉林大学学报（地球科学版），44（3）：786-793

张远动，王志浩，冯洪真，等，2005.中国特马豆克阶笔石地层述评［J］.地层学杂志，29（3）：215-230

张长厚，王根厚，王果胜，等，2002.辽西地区燕山板内造山带东段中生代逆冲推覆构造［J］.地质学报，76（1）：64-74

赵富有，张晓博，曹成润，等，2007.东北地区及邻区晚古生代晚期构造特征及其演化规律［J］.吉林地质，26（4）：8-13

赵来社，杨复顶，张勇，2015.通化大川地区稀有稀土矿找矿方向研究［J］.吉林地质，34（2）：71-75

赵祥麟，林尧坤，张舜新，1988.吉林浑江地区奥陶纪新厂阶笔石序列：兼论寒武—奥陶系界线［J］.古生物学报，27（2）：188-199

赵晓敏，王新法，王大鹏，2015.吉林省通化县复兴村金矿成矿地质条件及找矿方向分析［J］.河南科技，9：68-69

赵英利，刘永江，李伟民，等，2010.佳木斯地块南缘牡丹江地区高压变质作用：黑龙江杂岩的岩石学和地质年代学［J］.地质通报，29（2-3）：244-247

赵永发，赵中学，高明珠，等，2004.吉林省白山市板庙子金矿地质特征及找矿标志［J］.吉林地质，23（2）：9-14

赵越，张拴宏，徐刚，等，2004.燕山板内变形带侏罗纪主要构造事件［J］.地质通报，23（9-10）：854-861

郑春子，王光奇，杨树源，等，1999.吉林晚石炭世威宁期石头口门裂陷槽的发现及地质意义［J］.地质论评，45（6）：633-637

郑亚东，王士政，王玉芳，1990.中蒙边界区新发现的特大型推覆构造及伸展变质核杂岩［J］.中国科学（B辑），12：1229-1304

郑亚东，Davis G A，王琮，等，1998.内蒙古大青山大型逆冲推覆构造［J］.中国科学：D辑，28（4）：289-294

郑永飞，2003.新元古代岩浆活动与全球变化［J］.科学通报，48（16）：1706-1716

周建波，张兴洲，马志红，2009.中国东北地区的构造格局与盆地演化［J］.石油与天然气地质，30（5）：530-538

周杰，赵光剑，姜建军，2015.吉林省通化市二密铜矿床含金性分析［J］.西部探矿工程，8：176-181

周晓东，2009.吉林省中东地区下石炭统—下三叠统地层序列及构造演化［D］.长春：吉林大学．

周勇，胡晋伟，李东涛，2002.辽北早白垩世泉头组沉积体系［J］.地质通报，21（3）：144-148

周志宏，周飞，吴相梅，等，2011.东北地区佳木斯隆起与周缘中新生代盆地群的耦合关系［J］.吉林大学学报（地球科学版），41（5）：1336-1343

周中彪，王志伟，曹花花，等，2018.吉林中部伊通地区放牛沟火山岩的形成时代及其地质意义［J］.世界地质，37（1）：47-53

朱春生，仇本仁，2011.吉林省通化市江沿区金矿床地质特征及找矿标志［J］.吉林地质，30（2）：41-45

朱恩静，王恩德，温守钦，等，2009.吉林白山金矿金的赋存状态与分布规律研究［J］.矿物学报，29（1）：82-86

朱凯，2016.鞍山—本溪地区太古宙绿岩带的形成及演化［D］.长春：吉林大学：591-593

朱凯，刘正宏，徐仲元，等，2016.鞍山地区东鞍山花岗岩年代学、地球化学特征及成因研究［J］.岩石学报，32（2）：591-594

朱勤文，路凤香，谢意红，等，1997.大陆边缘扩张型活动带火山岩组合：松辽盆地周边中生代火山岩研究［J］.岩石学报，13（4）：551-561

朱志立，程宏岗，张敏，等，2016.吉林市上二叠统杨家沟组烃源岩地球化学特征［J］.河北工程大学学报（自然科学版），33（3）：94-98

祝有海，马丽芳，2008.华北地区下寒武统的划分对比及其沉积演化［J］.地质论评，54（6）：731-740